都市計画教科書

第三版

都市計画教育研究会編

彰国社

都市計画教育研究会

企画・編集

川上　秀光
鈴木　忠義　（東京工業大学名誉教授）
戸沼　幸市　（早稲田大学教授）
広瀬　盛行　（TPI 都市計画研究所代表）

執　筆

渡辺　貴介
川上　秀光
広瀬　盛行　（TPI 都市計画研究所代表）
石黒　哲郎　（芝浦工業大学名誉教授）
田畑　貞寿　（千葉大学名誉教授）
深海　隆恒*（東京工業大学名誉教授）
阪本　一郎　（明海大学教授）
内山　久雄　（東京理科大学名誉教授）
鹿島　　茂　（中央大学教授）
牛見　　章*（元埼玉県住宅防火対策推進協議会会長）
鈴木　忠義　（東京工業大学名誉教授）
保野健治郎　（元近畿大学教授）
森村　道美*
尾島　俊雄　（早稲田大学名誉教授）
戸沼　幸市　（早稲田大学名誉教授）
相羽　康郎　（東北芸術工科大学教授）
川手　昭二*（筑波大学名誉教授）
日端　康雄　（慶應義塾大学教授）
小泉　允圀　（元明海大学教授）
宮澤美智雄*（元社会開発総合研究所理事長）
長峯　晴夫*
中出　文平　（長岡技術科学大学副学長）
勝又　　済　（国土交通省国土技術政策総合研究所主任研究官）

（＊印は編集分担者）

序　文

　1984（昭和59）年頃，建築学科だけでなく，土木工学科はじめ建設系の諸学科─公園・緑地系や都市工学科，社会工学科などの諸学科で共通して利用できる都市計画教科書を，現在，教育に携わっている人々がそれぞれ専門の立場から協同して編集，執筆する構想が浮かび上がった。それ以来3年程の間，東京大学・川上光秀，東京農大・鈴木忠義，早稲田大学・戸沼幸市，明星大学・広瀬盛行各教授が編集メンバーとして集まり，都市計画教科書構想の具体化を進めたのであった。初期の段階において内外から数冊の都市計画教科書を選び，比較・検討を試みたのである。その際，気がついたことを挙げると，まず著者の出身分野が土木・建築あるいは造園のいずれであるかにより，また，著者の学生が所属する学部・学科，さらに教科書利用の想定対象によって，当然のこととは言え，それぞれの教科書に見られる著しい特徴として内容のいわば偏りがあった。すなわち土地利用計画，交通計画および公園緑地計画の何れか一つを柱として選び，これに著者が必要と考えた類の都市施設の立地論，計画論と都市計画制度，事業論に，都市計画の沿革を加えて教科書を構成するのである。要するに著者の出身分野と関心によって柱と都市施設の選び方が異なるのである。とりわけ顕著に見られたのは，都市計画の歴史，制度・手法，公共建築物，住宅問題，住宅地計画，交通施設計画と環境計画に対する比重の置き方であった。大学教育では，著者の立場，思想が色濃く現れることは当然にせよ，都市計画の全領域をカバーしている教科書は見当たらないことに気がついたのである。現代社会の都市計画課題の必要に対応する教育には不十分の恐れなしとは言えない訳であって，改めてわれわれが都市計画教育の研究に関心を持たなかったことに気がついたのであった。このような観点からこの教科書の編集は企画されたのである。

　この教科書は，都市と都市計画を知る（1～4章），人間生活・居住の場としての都市（5，6章），都市の仕組みと構造の計画（7，8章），都市設計（9章），都市計画の制度手段（10章），国土（11章），第三世界の都市計画（12章），の12章構成を取っている。原則として，16ページを1単位とし，3章（1.5単位），8章（2.5単位）以外はすべて1単位の分量からなっている。

　各大学における都市計画の講義は，半年間の場合と通年の場合があり，その学部・学科に応じて特徴があるのは当然であり，もとより必ずしも都市計画の全領域を講義する必要はない。しかしながら，講義担当者自身が得意とする領域だけにとどまってよいはずはなく，必要な分野についても正確な知識を伝授

する必要がある。この教科書はそれを意図して編集している。したがって講義の担当者はこの点に特に留意いただいて，専門領域とそれに近い分野は自分の学識と持ち味を生かした講義を，この教科書とは別に独自の内容にしていただき，専門外の諸分野について，必要，重要と思われる部門・分野についてはこの教科書を十分に活用していただきたい。

またこの教科書は図表などの資料が豊富であるが，これらは努めて原典から直接引用することとし，かつ最新の資料を選択する方針を採っている。各章の執筆者は，専門領域について的確に把握した内容を平易に表現しており，本教科書は教養書として通読しても楽しく，編集の意図は，この意味では成功したと自負している。

この教科書が最初に刊行されたのは1987（昭和62）年の6月であった。その後都市計画法の改正等もあり，内容に不十分な点も生じてきたので，今回小改訂を行った。また改訂にあわせて年表・都市計画資料を新しく加え，参考文献にも解題をつけるなどの工夫をした。うまく利用して頂けたら幸いである。

1994年12月

都市計画教育研究会

第三版によせて

1987年に初版を刊行以来，好評を博してきた本書は，1995年に新規データの追加や都市計画法等の改正等の改訂を行い第二版を出し，今回2000年の都市計画法の改正に伴って関連事項の見直しを行い，ここに第三版として刊行する。

2001年1月

編集部

目　　次

1　都　市　論 ……………………10
1.1　都市の時代 ……………………10
都市の時代の到来　10／都市の基本的性格，機能，立地　11／都市の範域　12／都市の分類　14
1.2　都市化と都市問題 ……………………15
近代の都市化と都市の変容　15／古典的都市問題　15／現代的都市問題　16
1.3　現代日本の都市と都市化 ……………………19
日本の都市の形成課程　19／日本の都市と都市化の特徴　21／現代日本の都市の課題　23

2　都市計画論 ……………………26
2.1　都市の機能・構造と都市計画 ……………………26
2.2　都市計画とその社会的役割 ……………………27
都市計画とその基本的機能　27／都市計画と地域社会の事象の物象化と空間化　28／都市像の発想・描出と情報伝達機能　28／自治体行政と国家政策の道具　29／調整と総合機能　29
2.3　現代都市計画の思想，概念，方法のルーツ ……………………30
オスマンのパリ改造　30／北海道開拓使の函館街区改正　30／東京市区改正　31／都市拡張と区画整理　32／田園都市　32／工業都市　33／シティ・ビューティフル運動　33／ゾーニングの思想　33／公園系統の思想　34／生物学，社会学的視野に立つ都市計画の調査と表現　34／自動車交通への対応　35／アムステルダムの会議の7原則と大都市問題対策　36／ル・コルビュジエの300万人の都市とアテネ憲章　36／ジードルング　37／近隣住区理論　37／都市の適性規模と配置を求めて　38／国土・地方計画へ視野の展開　38／大ロンドン計画　38／ニュータウン　39／都市再開発　40／都市のマスタープラン　40

3　都市の構成要素 ……………………42
3.1　道路とサーキュレーション ……………………42
都市と道路　42／道路の分類　42／道路網の構成　43／道路の段階構成と居住環境地域　46／住宅地における細道路網と歩道車の分離　47／都心商業地における道路網　49／各種道路の断面構成　50
3.2　建築と敷地 ……………………50
都市における建築の存在と作用　50／建築の形態を決定する基本的要因　53／都市の環境と建築　54／建築に対する都市からの規制　57
3.3　緑と都市オープンスペース ……………………60
緑地・オープンスペースの意味　60／緑地・オープンスペースの機能　64／緑地・オープンスペースの分類　65／緑地・オープンスペースの段階的構成　67／緑地とオープンスペース計画　67

4　都市の把握と解析 ……………………69
4.1　都市計画の資料と情報処理 ……………………69
都市計画の計画立案プロセス　69／都市計画と情報　70／情報の収集と処理　71
4.2　都市把握の理論 ……………………74
都市の本質の理解　74／都市の分布と位置付け　75／土地利用のパターン　76／土地利用のメカニズム　77／都市の内部構造のあり方　78
4.3　計画策定の計量モデル ……………………79
解析方法の種類　79／事象の計量的表現　80／数理統計解析　81／数理計画法　83／シミュレーション・モデル　83／計量評価モデル　84

5 都市と居住 ……………………………85

5.1 都市化と住宅問題 ……………85
地価高騰と住宅難 85／居住立地限定階層の住宅問題 86／日本の住宅事情と住宅問題 86

5.2 居住環境と住宅水準 ……………89

5.3 住宅政策 ……………92
住宅・宅地・都市政策の変遷 92／国の制度の一覧 94／行政組織 96／問題点 96

5.4 住宅・宅地供給計画 ……………97

5.5 これからの課題 ……………98
上からの住宅・都市政策の破たんと下からの住宅・都市政策への転換 98／新しい土地政策への転換 99／高齢社会における居住問題への対応 99／国際社会で果たす役割 100

6 都市の環境 ……………………………101

6.1 人間と環境 ……………101

6.2 人間・都市・環境 ……………101

6.3 都市環境を理解するためのキーワード 102
自然と文明 102／マクロとミクロ 102／公益と公害 102／公・共と私 103／ハードとソフト 103／サービスとセルフサービス 103／過去と未来 103／学習と遊び 103／生産と消費 103

6.4 都市環境と用・強・美 ……………103
都市環境における"用" 104／都市環境における"強" 104／都市環境における"美" 104

6.5 都市の安全 ……………104
都市と災害 104／都市と火災 106／都市と公害 108／都市と自然災害 112

7 都市の構成計画 ……………………………120

7.1 都市空間構成の実態 ……………120
市街地規模 120／都市空間の捉え方 121／各種利用空間単位の構成 124／各種利用空間単位の立地パターン 125

7.2 都市空間構成の計画 ……………126
都市基本計画の立案プロセス 126／密度と密度計画 128／住区と住区計画 130

7.3 都市空間構成の実現 ……………135
実現の手法 135／実現につなぐ計画の形 135

8 都市の構造計画 ……………………………137

8.1 都市交通計画 ……………137
都市交通の特性と計画の課題 137／総合交通体系計画の内容と方法 138／都市交通調査 139／将来交通需要の予測 141／都市総合交通体系計画 145

8.2 緑地網計画 ……………152
緑被地調査法 152／緑地構造の把握 154／緑地の計画基準 155／公園などの施設計画・設計 156

8.3 都市水系計画 ……………160
都市水系 160／利水計画 161／親水計画 162／上水道計画 162／下水道計画 164

8.4 情報システムとエネルギー供給計画 …165
新しいインフラストラクチュアと地下利用 165／エネルギー使用量の増大と地域冷暖房 168／情報化社会の新基盤施設 168／ハイブリッド・システムの活用 169

9 都市設計 ……………………………170

9.1 都市と形 ……………170
現代都市の形の特徴 170／都市生活と形 172

9.2 都市設計のためのキーワード ……………174
都市美と人間尺度 174／快適さ（アメニティ）とその場所らしさ（アイデンティティ） 175／私と公 176／風土と歴史 177

9.3 都市設計の対象の大きさと内容 ……………178
建築物と土木構造のスケール 178／都市の構成単位の階層性と場所の特徴 179／施設系の都市設計 182

9.4 都市設計の道具と技法 ……………183
発想を得るための道具と技法 183／設計のための道具と技法 183／表現の道具と技法 184

9.5 都市設計の実例 ……………184
新宿西口副都心 185／丸の内オフィス

　　　　街　185／原宿表参道　186

10　都市の基本計画を実現する手段としての都市計画法 …………187
10.1　都市の基本計画とは何か …………187
　　　都市計画法の「整備・開発または保全の方針」　188／市町村の都市計画に関する基本的な方針　188
10.2　都市計画規制 …………188
　　　都市計画区域　188／市街化区域・市街化調整区域　188／地域地区　190／地区計画　196／開発行為の規制　197／建築等の規制　198
10.3　都市計画事業 …………199
　　　新住宅市街地開発事業　199／土地区画整理事業　200／市街地再開発事業　201
10.4　都市計画事業の財源 …………204
　　　事業主体と負担主体　204／各主体の事業費の財源　205
10.5　都市計画決定手続 …………208

11　都市計画と国土の利用 …………210
11.1　国土の成立ちと国土利用 …………210
　　　国土の成立ち　210／国土利用計画　211／土地利用基本計画　212／土地利用規制　213
11.2　地域の計画 …………214
　　　市町村の計画　214／都道府県の計画　215／広域生活圏の計画　215／特定地域の計画　217
11.3　大都市圏と地方圏の計画 …………218
　　　首都圏整備計画　218／近畿圏と中部圏の計画　219／地方圏の開発計画　220
11.4　国土の総合開発計画 …………221
　　　国土総合開発計画の推移　221／三全総から四全総へ　222
11.5　都市計画と国土の利用 …………223
　　　国土利用の展望　223／国土政策の方向　224／都市計画の課題　224

12　第三世界の都市と都市計画 …………226
12.1　都市と都市化の実態 …………226
12.2　都市開発政策 …………229
　　　農村自体の開発整備計画　229／地方中小都市の総合開発　230／大都市の開発整備をめぐる重要課題　233／都市開発政策の今後の課題　238
12.3　都市計画ならびに関連諸制度 …………240

都市計画年表 …………246
都市計画関連資料 …………248
演習問題 …………255
参考文献（解題） …………258
図版提供・出典 …………265
索引 …………268

編集分担
川上　秀光　2章, 3章
鈴木　忠義　1章, 6章
戸沼　幸市　9章
広瀬　盛行　8章
深海　隆恒　4章
牛見　章　5章
森村　道美　7章
川手　昭二　10章
宮澤美智雄　11章
長峯　晴夫　12章

執筆分担
渡辺　貴介　1章
川上　秀光　2章
広瀬　盛行　3.1節, 8.1節
石黒　哲郎　3.2節
田畑　貞寿　3.3節, 8.2節
深海　隆恒 ⎫
阪本　一郎 ⎬ 4章
内山　久雄 ⎪
鹿島　茂　 ⎭
牛見　章　5章
鈴木　忠義　6.1節, 6.2節, 6.3節, 6.4節
保野健治郎　6.5節, 8.3節
森村　道美　7章, 都市計画関連資料
尾島　俊雄　8.4節
戸沼　幸市　9.1節, 9.2節
相羽　康郎　9.3節, 9.4節, 9.5節
川手　昭二　10.1節, 10.2節, 10.3.1項, 10.3.2項
日端　康雄　10.3.3項
小泉　允圀　10.4節
宮澤美智雄　11章
長峯　晴夫　12章
中出　文平　都市計画年表
勝又　済　都市計画関連資料

都市計画
教科書

1 都市論

　本章は，都市計画を学ぶにあたりその出発点となるように，都市とは何か，都市化とは何か，また都市問題とは何かなどの基礎的な事項について述べたものであり，都市を知り，理解する基礎を与えようとするものである。
　そこでまず第1節では，今日の都市化の状況を見た上で，都市の基本的性格と機能，都市の立地条件について，原初的な都市の誕生過程を考えながら述べている。さらに，都市の範域はどのように定義されるか，また，都市を分類する様々な視点にはどのようなものがあるかついて示している。
　第2節では，産業革命の頃からの近代の都市化と都市の変容の諸相を述べ，19世紀を中心とする時代の古典的都市問題と，20世紀後半の現代的都市問題について，それぞれ対比的に解説している。
　第3節では，日本での今日までの都市形成の略史をたどり，その中で形成されてきた日本の都市の特徴と，20世紀半ばからの急速な都市化の特徴を述べたあと，現代の日本の都市にはどのような課題が存在するかについて，概括的な解説を行っている。

1.1 都市の時代

1.1.1 都市の時代の到来

　歴史をさかのぼること約5,000年前，人類は採取・狩猟から農耕・牧畜の定住の文明へ離陸した。その文明離陸の凝集的成果として，都市が誕生したといわれている。そしてその後の歴史の中で，数多くの都市がつくられ，栄枯盛衰を繰り返してきた。都市の歴史は人類の文明史とともに古い。しかしながら，つい200年ほど前までの世界をみると，都市というかたちでの人間居住と人間活動の場は，むしろ極めて例外的なものであり，人類の大部分は長い間，主として農耕・牧畜を営みとして，村落の形態で生きてきた。
　ところが，18世紀のイギリスで進行した産業革命によって状況は大きく変転する。工業化と資本主義経済が世界的規模で進展し，工業文明が普遍化する中で，既成の都市への人口の集中と都市の拡大や周辺への拡散，工業都市の急増などによって，都市という形態で暮らす人口も都市の数も大幅に増加を続け，今日にまで至っている。1980年現在，世界の人口44.6億人のうち42％がすでに都市人口であり，21世紀の初めには過半数を超えると予測されている。
　このような都市人口の増加ないし，都市的生活様式の浸透を都市化と呼べば，都市化は日本ではもちろん，世界的規模で今もなお進行中であり，まさに都市の時代と呼ぶにふさわしい時代が到来しているといえる。
　さて，この進行中の都市化という現象は，大別して三つの意味をもっている。
　第一は，工業化および工業文明を基礎においた管理中枢，情報中枢の機能や，それに付帯するサービス産業等の都市への集積がひき起こす都市人口の増加，都市の増加，都市の巨大化や連担化という意味での都市化である。いわゆる産業の二次・三次化の進展により，都市人口の吸収力が増大していくことによる都市化であり，先進諸国がたどっている道である。
　第二は，急速な人口増加を農村が吸収しきれず，耕地も就業機会も得られない余剰の人口が，就業と居住の場を求めて都市へ流入し，その結果として都市人口が増加するという意味での都市化である。東南アジア，インド，アフリカ，ラテンアメリカなどの開発途上国では，こうした意味での都市化が進行しており，都市人口の増加速度が二次・三次産業の発達の速度を上回っている。その結果，職業と住宅を得られない人々が，いわゆるスラムを形成するかたちでの都市化が進行している。
　第三は，非都市地域の農山漁村での生活様式が，衣食住や文化活動はおろか，就業のスタイルまで，都市生活者と区別しがたいほどの都市的生活様式になっていく，という意味での都市化である。農村への工業の導入と兼

表1・1 日本の都市人口（1920年—2000年）*1 単位：百万人

年	全国人口	都市人口(％)
1920	55.4	10.1(18)
1930	64.4	15.4(24)
1940	73.1	27.6(38)
1950	84.1	31.4(37)
1960	93.4	40.8(44)
1970	103.7	55.5(56)
1980	117.1	69.9(60)
1990	127.2	85.6(67)
2000	135.0	96.6(72)

（注）都市人口の定義は，1960年以降市部人口からDID（人口集中地区）人口に変更された。 資料：政府報告書

業化，都市住宅地の近郊への拡散，交通網と情報網の発達などが農村を包み込んできた結果である。

日本では主として第一と第三の意味での都市化が，過去30年ぐらいの間に急速に進展した。表1.1に示すように，1950年に3,140万人だった全国の都市人口は，30年後の1980年には6,990万人と倍以上に増え，全国人口との比も37％から60％にまで増大している。そして2000年までには，これまでの30年間の都市人口の増加分にほぼ匹敵するほどが追加されて9,660万人，全体の72％が都市人口になると予測されている。

このように，国民の生活と経済・文化等の諸活動の大部分が都市を舞台として展開する時代，しかも高水準の生活・経済・文化を要求する成熟社会，さらに長寿社会，高度情報化社会，国際化社会等々の枠組の中で，いま本格的な都市の時代が到来しているのである。

1.1.2 都市の基本的性格，機能，立地

都市とは何かについては，これまでにも多くの人によって様々に論じられてきた。ここでは，都市はどのようなものとして誕生したのかを考えることによって，都市の基本的性格と機能は何か，またどのような立地を求めるのかを探ることとする。

古代の都市を誕生させた農耕・牧畜の文明への離陸は，青銅器の発明と普及による道具の発達，灌漑等の水利土木技術や栽培育種技術などの発達によってもたらされた。これによって食糧の計画的な生産，増産，貯蔵ができるようになり，余剰生産物と余力が生まれ，このことが人類の定着的居住と，食糧生産に直接かかわらなくてすむ専門家集団の存在を可能にした。そしてその専門家集団によって，播種，刈入れ，家畜の草場への移動などの農事暦の情報，灌漑・用排水などの土木技術，道具や建造物等の生産技術など，定着的居住を維持するための情報の蓄積と開発と管理が行われた。また余剰生産物の管理，配分，流通などが組織的に行われ，これらのことによって生産の安定と増加，そして蓄積がさらに進むという社会的循環が確立されていった。都市は，こうした人間の定着的居住と生産にかかわる情報を蓄積し，それを発信して周辺の農耕・牧畜地を管理し支援していく中心的結節拠点として，またそうしたことにかかわる専門家集団が集住する拠点として誕生したといわれている。

こうした都市とその周辺の農耕・牧畜地は，恐らくは幾世代にもわたって自然を拓き，洪水や旱ばつ等の天災に抵抗し，努力と知恵の結集の末に，人間の計画的営為の所産として造られていったものであろう。それゆえ，都市はこうした神聖なる努力と知恵の遺産が集約され，蓄積された拠点として，また，集団の統合と安住のシンボルの地として，いわゆる守られた聖なる地を選んで，あるいは聖なる地たるべく工夫された地に，造られていったに違いない。そしてそのことを表現するにふさわしく，中心拠点たる都市には祖霊を祭る宗廟や記念碑や神殿がつくられ，人々はそこに定期的に集まり，集団の統合や結集や共感を確かめあう祭祀や儀式を行ったことであろう。都市は，神と人，人と人との交流の舞台となり，宗教や芸術・芸能や学問などの文化を生み，発達させるとともに，こうした諸活動を支え発達させる諸技術や仕組みや製品を育てていったのである。

このような拠点としての都市は，その様々な富の蓄積のゆえに，遊牧民や他の部族にとっては格好の略奪攻撃の対象でもあったし，また互いに交易し補完しあう相手でもあった。そのため，都市は自らを自然の脅威から守るだけでなく，他の人間集団からも守るために，武装をするとともに，山や川の自然の地形を利用したり濠や城壁をめぐらしたりして，自らを囲う防御のかたちを工夫した。と同時に，その限られた空間の中で比較的高密度に集住しつづけるための様々な人工的装置の工夫も生み出していった。

そしてその一方で，交易のための門戸は開かれ，都市の中に市場がつくられ，また都市へ至る広域の交通路が次第に形成されていった。市場は，ものの交易・交換の場であるとともに，人と情報が集まり交流する場でもあり，異質のものが対話することによって，新しいものや情報が生産されたり，珍しいものが伝播したりして，広

図1・1 マヤ文明の都市チツェン・イツァは今も残る巨大な神殿を中心に形成されていた。

図1・2 中国西域シルクロードのまち，カシュガルのバザールは昔の姿を残したまま，今も賑わっている。

く文明と文化を波及させる発信・中継地の役割を果たすものでもあった。

以上のように，都市は人類が農耕・牧畜文明へと離陸し，商業と手工業を発達させ，文明と文化を発展させていく過程で，その集約的成果の拠点としてつくられ，機能してきたといえる。

メソポタミア，エジプト，インダス川流域，そして黄河流域のいわゆる四大文明の発祥の地に，人類が初めてつくり出した古代都市は，やがて鉄器の発明と普及によって，その都市文明をユーラシア大陸の西端から東端にまで波及させ，さらにアルプスを越えてヨーロッパ北部へ，海を越えて日本へも都市を生み出していく。以後，古代都市から中世・近世の都市へ，さらに18世紀の工業文明への離陸以降の近代都市・現代都市へと，社会，経済，技術等の文明と文化が動いていく歴史の中で，人類は様々な都市をつくり，また，都市は様々に盛衰を重ねてきた。都市は，その時代とその土地の条件を背負って，多様な姿を見せるが，しかしながら，われわれは古代の原初的な都市の中に，人類がつくり出した都市というものの性格や機能や立地の原型ともいうべきものをうかがうことができよう。

すなわち，都市は人間社会の定住の一形態として，村落と対をなすかたちで人類がつくり出したものであり，食糧生産以外のいわゆる二次・三次の産業と機能に従事する人々が中心となる高密度集住空間である。そしてその空間は，何らかの意思をもって囲い込まれた範域をもち，集住を支える容器としての共通的な人工的装置を備え，したがって人工景としてあらわれる。こうした二次・三次の産業と機能，高密度集住空間，囲い込まれた範域，共通的な人工的装置，人工景といった要素をもつことが

都市の基本的性格といえる。

またその本質的な機能は，周辺および広域に対する統合やサービスや交流・交易の中心性と結節性の機能であり，その中心性と結節性をもたらす要素を生産する機能である。日本語の都市という言葉をつくっている「都・みやこ」に由来する政治，宗教，文化，経済，軍事等の情報発信の中枢的機能と，「市・いち」に由来する人，もの，かね，情報等が交流する結節機能，この二つを有することが都市の都市たるゆえんの機能といえる。そしてその機能が発揮される結果として，都市は人類の文明と文化を育て，集積し，それを受・発信し伝播する拠点として歴史の中で機能してきたのである。

こうした都市の性格と機能からみて，都市はこれらが全うされる位置に立地を求める。すなわち，高密度集住空間として自然的かつ社会的に安全であり，水，食糧，エネルギーの供給と廃棄物の処理が容易かつ衛生的にできること，中心性と結節性が十分発揮できるように象徴的であり，交通と情報の要衝たりうること，この二つが基本的な立地条件といえる。これらの条件は，その時々の社会の思想や価値観，政治・経済・軍事的体制，土木・建築その他の諸技術の水準，過去からの蓄積などによって，具体的な条件としては変化する。しかし，こうした基本的な立地条件に当を得ている間の都市には繁栄と成長があり，条件が失われるときに都市は衰退することは，これまでの歴史が示す通りである。

1.1.3 都市の範域

都市はもともと，その空間的な形態としては自らの周りを囲い込み，外に向かっては防御的かたちをとるものであった。囲い込むための装置は，川や丘のような自然

図1・3 南フランスの中世都市エーグモルトのまちは頑丈な城壁をめぐらしてまちを守ってきた。

地形の場合もあれば、城壁・土居・堀のような構造物の場合もあり、これらをめぐらした上で、一部に門や木戸や橋を置くことで内外の出入をコントロールしてきた。

こうした時代には、都市の範囲は景観的にも行政的にも明確であったが、やがて近代国家が成立し、また軍事技術が発達することによって、都市が自ら防御的性格を備えることは不必要となり、囲い込むための装置は意味をなさなくなってきた。加えて、鉄道や自動車交通の発達により、職住の空間的分離が可能になると、都市はかつての空間的範囲を越えて、外延的にあるいは非都市的部分を抱えながら拡散的に広がるようになった。

それゆえ今日では、どの範囲を指して都市と呼ぶかは必ずしも明快ではなく、世界各国でもその定義は異なっている。またひとつの国でも統一的定義があるとは限らない。現在のわが国でも、都市の範囲を統一的に定義づけるものはないが、代表的なものとして、行政単位としての「市」、国勢調査の「人口集中地区」、および都市計画法でいう「都市計画区域」の三つが用いられている。

行政単位としての「市」は、地方自治法第8条で次のような要件をそなえるものと規定されている。
① 人口5万以上（1954年以前は3万人）。
② 中心市街地を形成している区域内の戸数が全戸数の6割以上。
③ 商工業その他の都市的業態に従事する者およびその者と同一世帯に属する者の数が全人口の6割以上。
④ 当該都道府県の条例で定める都市的施設その他の都市としての要件を具えていること。

このような定義によって市制をとっている地方公共団体は、1980年現在全国で647ある（東京23区は1と数える）。

また、市に住む人口は約8,900万人、全人口の76％に達しているが、定義からも明らかなように、必ずしと市部人口のすべてが都市人口であり、市域はすべて都市域であるとは限らない。また、人口3万人以上という条件のときに市となったところが少なくないことや、市制施行以降の様々な情勢変化によって、人口5万人という要件が必ずしも維持されているわけではなく、5万人に満たない市が全国で247、全体の38％を占めている。

国勢調査の「人口集中地区」は、DID（Densely Inhabited District）とも略称され、人口密度4,000人/km²以上の調査区（約50世帯の区域）が、互いに隣接して、5,000人以上の人口になる地区として定義されるものである。4,000人/km²という人口密度と5,000人以上という人口規模は、都市的形態の市街地を形成していることの反映と見なせることから、この人口集中地区は実質的な都市地域と考えることができる。また、人口集中地区の人口は実質的な都市人口と考えることができる。DID人口としてDID面積とともに、都市化の指標として用いられることが多い。

1980年現在、全国のDID面積は約10,000 km²、DID人口は約7,000万人、全人口の約60％を占めている。

都市計画法でいう「都市計画区域」は、一体の都市として整備、開発および保全する必要がある区域として指定されるものである。これは必ずしも市町村の行政区域にとらわれることなく、計画的意図をもって総合的な判断に基づいて画定される。

1980年現在、全国で1,179の都市計画区域数があり、区域面積は約91,300 km²、区域内人口は約1億200万人で、それぞれ国土面積の約24％、全人口の約88％を占めている。

以上のような都市の範囲の定義のほかに、都市圏というとらえ方もある。都市化の進展に伴い、市街地の連担拡大や拡散が進み、また都市の経済・社会的活動の及ぶ範囲も拡大する方向に動くことから、単独ないし複数の都市を中核とした圏域が形成されていく。このように形成される一体的範囲を指して都市圏という呼称が用いられる。

アメリカの「標準大都市統計圏」(Standard Metropolitan Statistical Area：SMSA)や、イギリスの「標準大都市労働圏」(Standard Metropolitan Labour Area：SMLA)などはそうした都市圏を定義し設定している例である。

日本でも近年、「標準大都市雇用圏」(Standard Metropolitan Employment Area：SMEA）という名称で，中心都市の常住人口，常住就業人口の構成比，昼夜間人口比，周辺市町村の就業人口の構成比，通勤率，圏域の総人口などを指標として大都市圏を定義し設定した試みがあるが（山田浩之・徳岡一幸による），多くは大まかに慣用的に都市圏という言葉が使われている。東京を中心に，埼玉・神奈川・千葉の3県と茨城県南部を含めた地域を東京大都市圏と呼んでいるのはその例である。

このように，都市といってもその空間的な範域は必ずしも統一的ではない。市と人口集中地区と都市計画区域でも，互いに重なる部分はあっても一致しているわけではない。また市といっても，例えばスウェーデンでは200人以上，カナダでは1,000人以上，アメリカでは2,500人以上などとなっていて日本の基準とは異なるため，比較する際には注意を要する。また，都市圏と呼ぶ範域もわが国では必ずしも明快ではなく，慣用的に使われることが多い。

それゆえ，都市について外国との比較をしたり，過去の都市との比較をしたり，都市の未来を語ったりする際には，どのような定義で範域づけられた都市を指しているのか，また都市のことなのか都市圏のことなのか，十分に吟味してとり組まなければならない。

1.1.4 都市の分類

今日，都市は様々なところに，様々な性格と内容をもって存在し，また誕生している。こうした多様な都市に対して，全体としてあるいは個々に，計画的対応を考えていく際には，まず都市の履歴と現状を認識することが基礎となる。都市の分類・類型化は，この認識の助けとなるものである。

都市を分類する視点には，おおむね次のようなものがある。

1) **地理的立地条件による分類**　地形や気候によるもので，臨海都市・内陸都市という位置的分類，低地都市・丘陵地都市・高原都市・オアシス都市などの属地地形的分類，豪雪地都市・寒冷地都市・亜熱帯都市などの気候的分類などがある。日本の場合，海から3km以内にある都市を臨海都市と呼べば，約半数の48％の都市（市）が臨海都市である。また約90％が氾濫原や扇状地に立地する低地都市である。

2) **歴史的系譜による分類**　都市の発生が何であったかとか，いつだったかという視点からの分類である。城下町・門前町・宿場町・市場町・国府・軍都・開拓村など，その都市がどんな機能から発達してきたかという面からの分類，あるいはもっとマクロに近代社会としての明治時代の以前に都市的機能をもっていた歴史的都市か，明治時代以降新営された非歴史的都市かという分類，あるいは1889（明治22）年の最初の市制施行で市になった都市か，それ以降に市になった都市かという分類，などがある。日本では，城下町の系譜の都市が約30％，次いで宿場町が約20％，港町が約10％である。また，1889年の市制施行で市となった都市が約20％，残りの80％は，1948年以降に市となった都市である。

3) **都市機能による分類**　都市の主な機能や産業が何であるかによるもので，政治都市・軍事都市・工業都市・商業都市・観光都市・保養（リゾート）都市・住宅都市・大学都市・宗教都市などの分類がある。当然のことながら，これらの類型のひとつに特化する都市もあれば，複合的に兼ね備える都市もあり，複合化されるほど大きな都市となる。

4) **人口規模，人口動態による分類**　都市人口の大きさや，人口の増減率の大小によるもので，巨大都市・大都市・中都市・小都市という分類や，人口急増都市・人口安定都市・人口停滞都市・人口減少都市などの分類がある。具体的に，人口何万人，増減率何％を閾値として類型化するかは，必ずしも統一的ではないが，おおむね人口100万人以上を巨大都市，50万人以上を大都市，10〜50万人を中都市，10万人未満を小都市と呼んでいるといえよう。

5) **階層的関係による分類**　都市は勢力圏・影響圏の大きさや他の都市との関係で，階層を成していることから，その階層体系の中でどこに位置づけられるかという視点からの分類である。首都・ブロック中心都市・地方中核都市・地方中心都市などという分類や，核都市・拠点都市・母都市・衛星都市などの分類がそうである。

以上が主たる分類の視点であるが，このほかにも都市の空間的形態による分類（線状都市・双子都市・連環都市など），災害履歴による分類（震災都市・戦災都市・原爆都市など），環境による分類（田園都市・公害都市など）など様々な視点がある。いずれにしろ，都市を分類・類型化することは，ひとつの都市を様々な面から認識し，その負っている制約や問題点，可能性を明確にしていく上で有効な方法である。

図1・4 鉄道と工業の導入は，都市の姿を大きく変えた：1848年のイギリス・ストックポートの風景画 [*2]

1.2 都市化と都市問題

1.2.1 近代の都市化と都市の変容

16世紀以降，商品経済と貿易の発達，中央集権的国家の成立が次第に進み，ヨーロッパでも日本でも多くの都市が誕生した。その後，18世紀のイギリスにはじまる産業革命が他国へも波及するにつれ，世界は工業文明へと離陸していき，このことによって，それまでに発達してきた諸都市よりもさらに広範囲にわたって，急速な都市化が進展することとなった。

この産業革命は，工業生産技術の革命だけでなく，ほぼそれに並行して，近代的統一国家と市民社会の成立，および資本主義経済体制の発達をもたらした。また，工業生産技術の革命は，工業力の飛躍的発達となり，その成果は，建築・土木技術の発達，交通機関の高速大量化，軍事技術の発達へと及んでいった。

工業の発達と資本主義の発達は，多くの工業都市を誕生させるとともに，旧来の都市に工業的機能を装備させていった。都市の工業都市化である。そしてその工業生産の拡大につれて経済も増強拡大され，流通や管理機能をもつ都市を発達させていった。

また近代的統一国家の成立は，その国家の政治・行政の体制と国土の広がりに合わせて，政治・行政の中枢拠点を再編成することとなり，新しい首都や地方の政治拠点都市を誕生させていった。政治中枢都市には，多くの場合，経済や文化の中枢機能も集まり，都市の発達をもたらした。反面，従来そうした機能をもっていた都市を衰退させることとなった。

産業革命が生み出した蒸汽船と鉄道は，高速かつ大量の輸送を可能とする交通機関として登場し，新しい運河網，航海路，鉄道網を形成していった。これに伴い通商交易の範囲と規模は格段に広がり，また，従来の交通体系を前提とした行政や軍事の体制を大きく変えることとなった。このことは，都市の立地条件と相互関係に変化をもたらし，新しい都市の誕生，好位置となった都市の成長，そして新しい交通体系にとり込まれなかった都市の衰退をもたらした。また，高速大量性をもつ交通機関の登場は，都市の範域の拡大を可能にし，巨大都市誕生の出発点となった。

さらに，産業革命のインパクトは建築・土木技術の分野での材料，建設機械，工法の発達をもたらした。このことは建設の経済力の拡大とあいまって，都市の街路，上下水道，建築物などの規模や性能の増強となり，都市の形態や規模や都市景観を大きく変えることとなった。また，産業革命がもたらした新技術と工業力は，直ちに軍事技術の革新ともなり，このことと統一国家の成立から，都市と都市とが互いに防御的備えをとることの必要性は急速に失われていき，都市形態に大きな変容をもたらした。

以上のようなことは，総じて相乗的に作用し，その結果として多くの都市の誕生と旧来の都市の様々な変容を生むこととなった。そしてそのことが，さらなる次の都市の誕生と都市の変容をもたらすという循環が形成されていった。そしてこの過程で，都市の中にいわゆる都市問題が発生していった。

1.2.2 古典的都市問題

産業革命は，世界を工業文明へと離陸させ，都市を工業都市化していった。この工業都市化は，その一方で進行した農村での農業経営の資本主義化によって，そこを追い立てられた大量の労働者が，都市労働者として流入してくることによって支えられた。これらの都市労働者は，産業資本による工業生産の労働力となって，生産と経済を拡大する力となったが，産業資本はその収益を最大化することにのみ専心し，労働者の生活環境，生活水準に対してはほとんど無関心であった。その結果，工業生産と経済の拡大再生産によりますます都市へ流入してくる労働者たちは，極度に貧弱で不衛生な住環境の下に住みつかざるを得ず，劣悪な生活を強いられていった。

都市にはこうした都市労働者だけでなく，農村を追い立てられ，定職もないまま流民化した人々も大量に流入

図1・5 大英帝国の首都ロンドンでも劣悪な居住環境があった：1877年のロンドンの街路夜景 *3

し，同様の劣悪な住環境を形成していった。

古典的都市問題とここで呼ぶ都市問題の中心は，こうした都市労働者や都市流民となった都市生活者たちに集中的にしわ寄せされた問題である。それは，19世紀から20世紀初頭にかけて資本主義経済体制を発達させた国々の工業都市や大都市では，どこでも見られた問題であった。エンゲルスの「イギリスにおける労働者階級の状態」(1845)は，こうした古典的都市問題の有り様をロンドン，ダブリン，リヴァプール，グラスゴー，マンチェスターなど，イギリス諸都市について詳しく描写している。

しかし古典的都市問題は，こうした極めて劣悪な環境の下におかれた人々だけの問題にとどまらなかった。その不衛生な状況からは，容易にコレラなどの伝染病が発生し広がっていったし，工場の煤煙や河川の汚れも，都市の劣悪でないところを侵しはじめていった。

そのため，こうした問題の解決の方策が，いろいろと考えられ，また具体的に講じられていった。その方策を振り返って見てみると，大きくは三つの流れがあったといえる。

第一は，問題の原因を資本主義経済体制そのもののもつ矛盾に求め，この体制を変更することによって解決を図ろうとするもので，マルクスとエンゲルスが目指した流れである。

第二は，資本主義経済体制は認めるものの，公的な介入を行うことによって，産業資本の活動の無制限な展開を制約したり，下水道や労働者住宅を公的資金で建設したりして解決を図ろうとするもので，イギリスの公衆衛生法（1848）を嚆矢とするいわゆる都市計画の法律体系を整備していく流れである。

第三は，より直接的に〝もの〟としての都市を，初めから理想的なかたちと仕組みで新しくつくり出すことで解決を図ろうとするもので，ロバート・オーウェンの理想工業村の提案（1816）をはじめとして，その後のカンパニータウンやエベネザー・ハワードの田園都市の提案（1898）などと続いていく流れである。

大まかに言えば，こうした三つの方向性をもって，またそれが互いに影響しあい複合しながら，古典的都市問題の解決が進められてきたといえよう。

1.2.3 現代的都市問題

産業革命以降の工業文明の発達は，一次産業から二次産業へ，二次産業から三次産業へと，人口と資本を移動させながら経済を拡大成長させていった。その経済成長の過程で，工業文明国では，人口そのものの急速な増大がもたらされた。

また，特に20世紀半ばからは，交通・通信技術の大幅な革新と普及，石炭・蒸気から石油・電気へのエネルギー利用の変革とその消費量の急速な増大，各種生産における技術革新とその産業化，経済・産業の体制や組織構造の高度化と巨大化，そして全体的な所得と生活水準の上昇および民主化の進展による大衆消費社会の出現等々が，相互促進的に，しかも急速に進展していった。

これらのことは，いずれも都市人口の増大を要請し，また可能にするものであった。と同時に，都市に住む人々やそこに業を営む企業の要求を多様化させ，その要求水準を高度化させ，行動様式を変化させるものであった。

交通・通信体系の変化や産業構造の変化は，国際的な関係においても，国内的関係においても，都市の立地条件を変化させ，都市人口の全体的増加の流れとあいまって，一方では，人口・資本・機能が激しく集中する都市を，またその反面では，停滞ないし衰退する都市を生み出していった。

図1・6　東京有楽町付近は，1959年ごろには極度の交通混雑状態にあった。（首都高速道路公団15年史）

図1・7　都市の旺盛な活動は，ゴミの増大となって現われ，東京ではゴミの搬送と処分場をめぐって区の間での深刻なゴミ戦争が起こった。

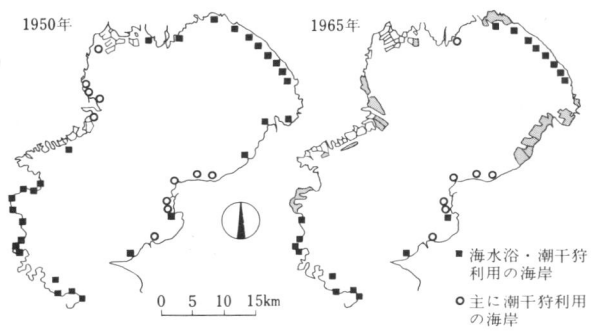

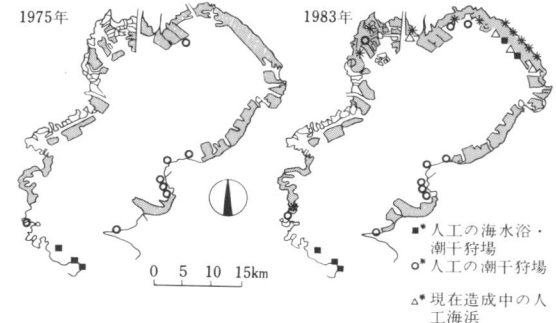

図1・8　東京湾岸から消滅した自然海岸と海水浴・潮干狩の海岸

人口・資本・都市的諸機能が激しく集中し増殖していく都市においては，既成の都市の諸装置や仕組みでは，量的にも質的にもとても即応しきれず，そこにアンバランスが生じ，過密と混乱が拡大することによって，種々の問題が噴出してきた。例えば，住宅の狭少と密集，上下水道・生活道路・公園等の生活環境施設不足などの住宅および住宅地に関する問題。交通の混雑，渋滞，事故の危険性，通勤遠距離化などの交通に関する問題。河川や海の水質汚染，自動車の排ガス等による大気汚染，種々の騒音や振動，ごみの増大とその処分地問題などの様々な都市公害に関する問題。地盤沈下，がけ崩れ，中小河川の氾濫，爆発・延焼危険物や有害物の増加などの都市災害に関する問題。緑地・レクリエーション空間の喪失，文化財の喪失，都市景観の画一化・無個性化・混乱などの都市アメニティに関する問題。さらに，地域共同体としてのコミュニティの変質や崩壊，伝統的文化の断絶，都市犯罪や非行の増加，老人や母子家庭や障害者などの生活行動環境の悪化等々の社会的問題。これらの問題は，その根底に土地問題や自治体財政問題を抱えながら，急速成長型の都市において，程度の差こそあれほぼ共通して現象化したが，特に大都市では顕著であり，深刻化した。

これらの都市問題は，古典的都市問題と違って，問題が必ずしも特定の地区や人々にのみ限定的にしわ寄せされるのではなく，より全域的全面的に現れており，しかも問題は，相互に複雑に関連しあっているために，個別単独の対策ではかえって他の問題の深刻化を助長することになりかねない。例えば，交通混雑を軽減するための道路建設は，騒音や振動問題を助長しかねないし，住宅の狭少を解決するための住宅地の新開発は，一方で緑地の喪失や河川氾濫の危険性の増大をはらんでいる。そうした意味でも，現代的都市問題は古典的都市問題と比べて，より深刻であるといえよう。

一方，停滞ないし衰退傾向の都市では，都市の存立基盤となる産業や交通施設等の機能が衰えることから，都市全体の活力の低下と不安定化が起こり，それに伴って諸問題が現れてくる。産業の縮退による雇用の減少，失業者や貧困者の増加，福祉などの行財政需要の増加，そ

図1・9 巨大都市東京が吐き出す粗大ゴミが集められた東京湾の埋立地風景(地域交流センター提供)

の一方での財政難,生活環境整備の遅滞による環境の悪化,犯罪・非行等の社会不安の増加,都心の沈滞化等々の問題がそうである。例えば,かつて造船,繊維,機械等を基幹産業として栄えたイギリスのグラスゴーやリヴァプール,マンチェスター等の都市は,1970年代になってこうした都市問題に直面した。わが国でも,九州や北海道の炭鉱を基幹産業とした諸都市が,石炭から石油へのエネルギー転換によって,こうした縮退による都市問題を経験した。

これらの都市問題は,その問題発生の過程で,社会的強者はより良い場を求めて流出し,社会的弱者は残留せざるを得ないために,弱者へのしわ寄せとなる,という点では古典的都市問題と類似する。しかし諸問題が都市全体に波及し,相互に関連するという点では,古典的都市問題よりも深刻である。わが国でも今後,人口の増加や経済の成長が鈍化し,かつ世界的な産業構造の再編などが進行するにつれて,こうした都市の縮退に伴う都市問題が発生し深刻化するおそれは少なくないといえる。

ところで,以上のような成長型の都市にも衰退型の都市にも共通して,現代的都市問題は古典的都市問題と大きく様相を異にする性格をもっている。それは,古典的都市問題を生起させた時代と20世紀後半の今日とでは,冒頭に示したように,技術,産業経済,社会の性格が大きく変わっており,そのことが,都市の人々と企業の要求を高度化させ,巨大化させ,行動様式を変えたことに因っている。いわば,今日の文明がもつ様々な恩恵と,それを成立させている諸条件にひそむ諸問題と矛盾,その表出としての都市問題として特徴づけられるものである。

すなわち,まず第一に今日のわれわれの生活の利便は,もの,空間,資源,エネルギー等の大量かつ多様な消費によって支えられているが,この大量性と多様性に起因する特徴である。大量かつ多様な消費は,その生産,空間占有,流通,消費,排泄,廃棄の各段階の規模を著しく増大させ,巨大化させ,広域化させることによって成り立っている。先行する時代に比べて飛躍的にものがあふれ,流動し,消費され,廃棄される社会,またその装置として,自動車や大規模高層建築などが大幅に発達普及した社会という今日の状況に対して,都市という器は,ハードな社会資本としても,ソフトな仕組みとしても,いまだ十分に量的・質的に対応しきれず,そのことが都市の中に様々な問題をひき起こしている。

第二に,今日のわれわれの生活に便利さと快適さを与えてくれる各種の装置が,その一方で危険で迷惑なものとなる危険性を併せもっているというその矛盾性に起因する特徴である。例えば,自動車は便利であるが,一方で危険な凶器にもなりうる。洗濯機や水洗トイレは便利であるが,一方で河川や海を汚染させるものにもなりうる。舗装された道路は快適であるが,一方で雨水排水を中小河川にしわ寄せし,氾濫の危険等を増大する。電化製品等の耐久消費財は生活を豊かにするが,一方で粗大ごみ,危険物質を含むごみとなって,処理場という迷惑施設の立地問題や土壌汚染の危険性を生むことになる。このことは,個人にとっても,地域にとっても,一方で便利さや快適さを享受しながらも,一方ではその危険と迷惑に当面するという自己矛盾をもたらすことになり,実践的な問題解決を難しくしている。

第三に,都市は多様の人々と企業の集合から成り,その多数の主体は自らの行動原理と行動様式をもって活動しているが,その多様さと権利を尊重する社会の実現が自ら孕んでいる矛盾に起因する特徴である。多様さと権利の尊重は,その一方で個としての利益・犠牲と都市全体としての利益の間の調整を困難にし,都市問題の解決を難しくする。また,権利の尊重の反面としての身勝手さの容認は,都市環境の悪化や都市景観や土地利用の混乱等に対して,その整序への合意の形成と実現に多大の時間と労力を必要とし,問題の早期解決を著しく阻害している。

その他,効率を追求するあまりの画一的対応や大型装置による対応が,都市の個性や人間的ぬくもりを喪失させがちであること,地域共同体や家庭の中でとられていた救済的手段が,コミュニティの崩壊や核家族化や働く婦人の増加などの進展によって社会化し,都市としての

対応の必要性が大幅に増えていること，なども現代の都市問題を特徴づけるものである。

今日われわれが住み働く都市は，以上に述べてきたような現代的都市問題に直面している。その問題の解決は空間的制約，時間的制約，技術的制約，財政的・経済的制約，制度的・社会的制約等々のために，必ずしもスムーズな進捗を見ているとはいえず，今後，なお一層の実践的英知と実行力が求められている。

1.3 現代日本の都市と都市化

1.3.1 日本の都市の形成過程

わが国の都市の成立は，7世紀末ごろからの古代国家の統一と確立にはじまると言われている。その後の歴史を通観すれば，わが国では大きく分けて，四つの時期に集中的に都市建設が行われ，今日に至っている。

第1期は，7世紀末から10世紀初頭にかけての時期であり，大陸からの仏教文化，律令制度，土木・建築技術等の流入・導入により，中央集権の律令体制をもった古代国家が確立されていき，そのことに伴う中央および地方での活発な都市建設の時期である。

まず全国統治の中心地となる首都として，7世紀末にわが国で初めての計画的都市と言われる藤原京がつくられた。その後国土経営の範囲が広がるにつれて，国土経営上有利なように，首都はその規模を大きくしながら北の方向に移されていき，8世紀初頭に平城京が，また8世紀末には平安京がつくられた。これらの「京」は，律令国家の首都として，その律令体制を象徴するように，方格の条坊制をもつ中国の都城を模してつくられ，政治・行政はもちろん，文化・流通・消費都市としても機能した。

一方，全国的な国土経営のために，主要道および駅馬・伝馬の制が整備され，それとともに地方統治の中心地となる都市として，10世紀初頭ごろまでに大宰府や国府がつくられていった。国府は全国の66国2島にひとつずつ，中央を模した方格条坊制の都市として建設され，地方の政治・行政都市であるとともに，その近くには国分寺や軍団も置かれた宗教・軍事都市でもあった。

第2期は，16世紀後半から17世紀前半にかけての時期であり，戦国大名およびその後の幕藩体制での領国大名によって活発に城下町がつくられ，また南蛮貿易の拡大や沿岸舟運の発達によって港町がつくられていった時期である。

特に城下町は，1600年の前後の50年間に100余も建設されており，第1期の都市が，唐の都市を模して一律

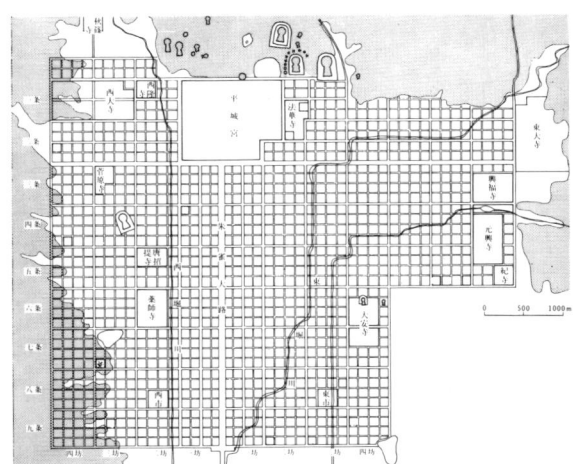

図1・10 710年飛鳥藤原京から平城京に遷都された。"四禽図に叶い三山鎮を作す"という地を選んで造営された平城京は，華やかな国際都市として最盛期には20万人の人口を容していたという。*4

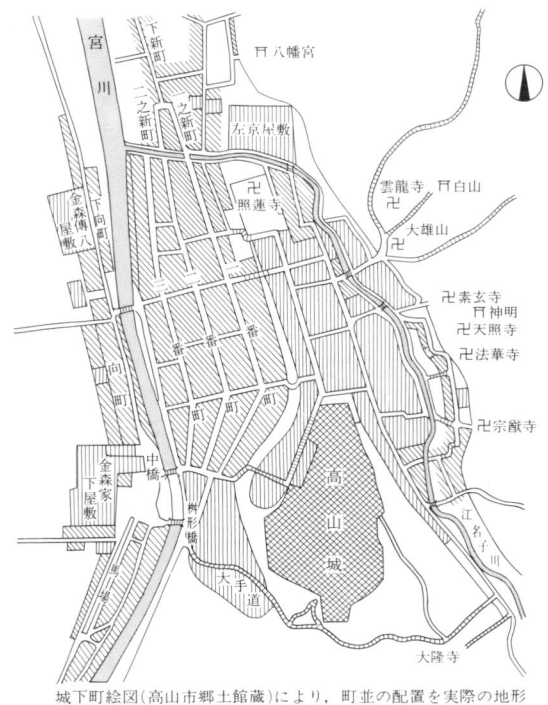

城下町絵図（高山市郷土館蔵）により，町並の配置を実際の地形に合わせて作図した。

▨ 高山城　▥ 武家地　▦ 町人地

図1・11 16世紀末から始まった金森氏の城下町飛騨高山は，計画的に造営されていった当時の典型的城下町のひとつ。図は17世紀中ごろの高山城下町の配置図*5

的につくられたのに対し、城下町はそれぞれ独自に、個性的な形態をもつ都市として計画・建設された。城下町は、大名の領国統治の中心地であり、政治・行政・軍事・商工業の拠点都市として機能した。

こうした城下町の中から、徳川幕府による中央集権的な幕藩体制の確立後は、江戸が全国的な政治・行政の中枢都市として、また大坂が全国的な流通・経済の中枢都市として栄えてゆき、この二つに前時代からの首都であった京都を加えた3都が、全国的な文化都市として機能していった。江戸はやがて人口100万人の都市へ、大坂と京都はそれぞれ人口50万人の都市へと成長していった。

第3期は、19世紀後半から20世紀前半へかけての時期で、明治維新後の近代国家体制への再編と工業化および資本主義経済の発達に伴う都市建設の時期である。

鎖国から開国へ変わったことによる横浜・神戸等の開港都市、北海道経営が加わることによる札幌・旭川・帯広等の都市、近代的軍事体制の確立に伴う横須賀・呉・佐世保等の軍都など、新しい都市が建設され登場していった。それとともに、多くの工業都市、例えば八幡・日立・宇部・四日市などの都市が誕生し発達し、また既存の都市の工業都市化が進展していった。

これらの都市は、全国的な人口の急増と農村からの人口吸収によって、都市人口を増加させ発展していった。特に、東京・大阪・京都・名古屋・横浜・神戸の6大都市が大きく発展した。

第4期は、20世紀後半のわが国の高度経済成長期における旺盛な都市化と都市建設の時期である。

第二次世界大戦により、わが国の200余の都市は何らかの戦災をうけ、1955年頃までその復興が進められた。そして、1955年頃から1970年頃まで、わが国は重工業化の進展をもとに、世界にも類例を見ない急速な経済成長をみることとなり、その過程で、一次産業から二・三次産業への大規模な人口移動が起こり、急激な都市化が進展した。その結果、全国的に都市人口が農村人口を凌駕する本格的な都市化が進行するとともに、東京・大阪・名古屋を中心とする圏域に人口や諸機能が集中し、いわゆる巨大都市圏が形成されていった。

表1・2　日本の主要ニュータウン[1]

ニュータウン名	所在都道府県	事業期間(年)	予測人口(人)
多摩	東京都	1966－1990	373,000
千葉	千葉県	1969－1993	340,000
港北	神奈川県	1974－1992	300,000
市原	千葉県	1977－1992	130,000
北摂	兵庫県	1971－1993	100,000
筑波	茨城県	1968－1985	100,000
高蔵寺	愛知県	1977－1992	81,000
竜ヶ崎	茨城県	1977－1992	75,000
平城	京都府	1965－1990	73,000
合計			1,661,000

資料：建設省

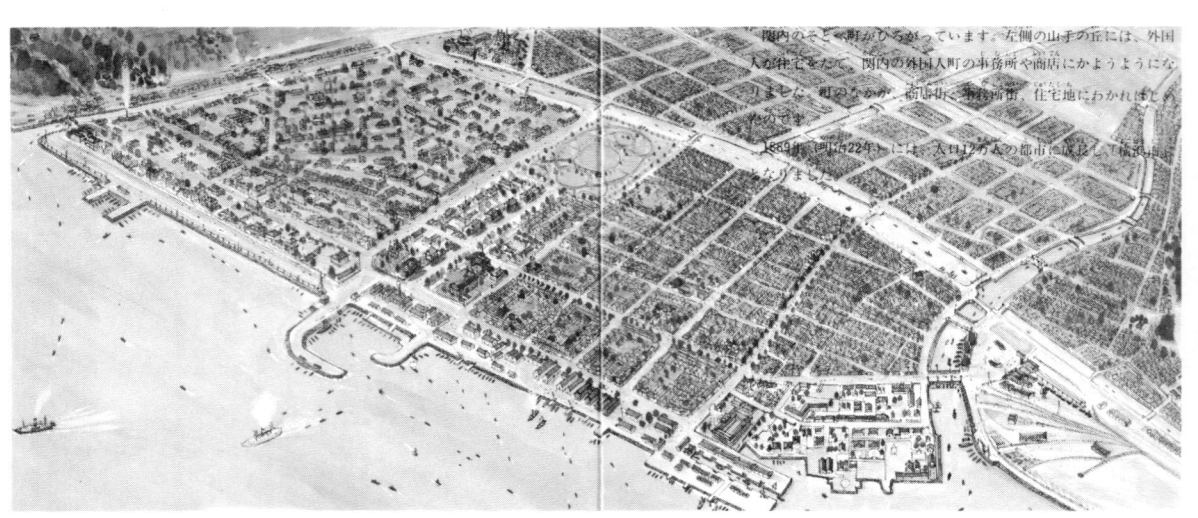

図1・12　開港から33年目、港町から近代都市へ脱皮した人口12万人当時の都市横浜の姿(1892年)[6]

巨大都市圏の形成は，中心となる東京や大阪などの大都市への機能集積や過密化をもたらしつつ，その周辺に衛星都市や住宅都市をつくりながら進行した。もちろん地方においても，重化学工業を基幹とする新産業都市や県庁所在都市において都市人口の増加をみない訳ではなかったが，それをはるかに上回って3大都市圏に都市人口が集中していった。

以上のように巨視的にみれば，わが国は四つの旺盛な都市建設期を経て，今日に至っている。四つの時期はいずれも国土経営のシステムの変革期であるとともに，人口が急増していく時期であり，しかもそれがほぼ全国一斉に進行した時期といえる。工業化社会の到来以前に，第1期と第2期のように2度にわたって，全国一斉に計画的な都市づくりが行われたということは，世界的にも特徴的なことである。また，わが国は南北に長く，多様な気候と地形を有しているにもかかわらず，こうした4期にわたる都市建設の積重ねによって，様々な場所に都市が立地してきている。このような歴史と風土条件の上に今日のわが国の都市は，形成されてきているのである。

1.3.2 日本の都市と都市化の特徴

1980年現在，東京23区を1市と数えれば，市となっているところは日本全国で647あり，この647市を都市と考えれば，現代日本の都市のうち，3大都市圏（東京，大阪，愛知，京都，神奈川，埼玉，千葉，兵庫，三重の各県）の中の都市は217，それ以外の地方圏の都市は430あり，全体の2/3は地方都市である。また都市人口をみると，5万人に満たない都市が全体の38％，5万人から10万人未満が32％で，合わせて70％の都市は10万人以下のいわゆる小都市である。逆に人口60万人以上の都市は13都市しかなく，2％にすぎない。このように見れば，日本の都市の多くは，地方の小都市であるといってよい。

地理的にみると，全国で578都市にも上る約90％の都市は，氾濫原や扇状地などの低地に立地する都市であり，また，48％の都市は3km以内に海をもつ臨海都市である。さらに約25％の都市は，冬季に積雪をみる都市であり，また北海道を除く大部分の都市が，梅雨や集中豪雨や台風に見舞われる都市である。このように日本の都市のほとんどは，自然の四季に恵まれている反面，自然災害の危険性も常に内包している都市であるといえる。

歴史的にみると，都市の発生が城下町の系譜によるものが194都市（30％）と最も多く，次いで宿場町125都市（19％），港町77都市（12％）であり，約60％の都市が江戸時代の町に起源をもっている。つまり日本の都市の60％は，約400年の歴史と，その間に形成された骨組をもつ都市である。しかしながら市制施行の時期でみると，519都市（80％）は第二次大戦後の1948年以降に市となっており，大部分の都市はやっとこの30〜35年の間に本格的な都市化を経験した都市である。

表1・3 各種指標からみた日本の都市の状況（1980年）*7

位置・人口指標		都市数	比(%)
1 位置	3大都市圏	217	34
	地方圏	430	66
2 人口	5万人未満	247	38
	5〜10万人	207	32
	10〜20万人	97	15
	20〜60万人	83	13
	60万人以上	13	2

歴史的指標		都市数	比(%)
1 市街地の発生	農村・集落	46	7
	漁村	14	2
	王都・都	1	0
	国府・国分寺	24	4
	城下町	194	30
	陣屋町	14	2
	門前町	35	5
	宿場町	125	19
	市場町	52	8
	港町	77	12
	湯治場	30	5
	鉱山町	34	5
	新田・開拓	34	5
	軍都	24	4
	その他	27	4
2 市制施行	明治22年 人口1万人未満	39	6
	明治22年 人口1万人以上	89	14
	昭23〜昭28	167	26
	昭28.10月以降	352	54

地理的指標		都市数	比(%)
1. 都市の形成されている地形	山地	9	1
	台地	60	9
	丘陵地	28	4
	低地 扇状地	31	5
	低地 氾濫原	409	63
	低地 三角州湿地	138	21
2. 都市近傍にある地形	海 1km以内	115	18
	海 3km以内	192	30
	海 10km以内	269	42
	山 1km以内	302	47
	山 3km以内	520	80
	山 10km以内	613	95
	川 1km以内	470	73
	川 3km以内	622	96
	川 10km以内	633	98
	湖 1km以内	5	1
	湖 3km以内	16	2
	湖 10km以内	69	11
3. 気候区	オホーツク型	4	1
	北海道型	27	4
	東部北海道型	3	0
	三陸・常磐型	28	4
	東北型	31	5
	関東型	172	27
	北陸型	70	11
	中央高原型	43	7
	東海型	53	8
	山陰型	13	2
	瀬戸内型	143	22
	南海型	53	8
	九州型	72	11

東京23区を1市と数える。

以上のような状況にあるわが国の都市は，その風土的特性とそれに応答してきた歴史的経緯から，以下のような幾つかの共通する特徴をもっている。

　まず第一にわが国の都市は，中国や西欧の都市がもっていたような強固な城壁によって囲まれるということをほとんど経験していない。古代の宮都は羅城によって囲まれていたと言われるが，それも決して強固なものではなかったし，近世城下町もいわゆる城下町であって城内に町を抱えるものではなかった。むしろ日本の都市では，山と水という自然の地形条件を生かし，あるいは場合によっては改造して，それらによって囲まれるというかたちで都市を範域づける考え方がとられてきたといえる。近世の城下町や港町などでは，都市の外周に緑をもった寺院群を配置し，これによって都市が範域づけられたが，これは非常時の軍事的防御装置として配されたと言われている。しかし寺院は，例えば金龍山浅草寺などのように必ず山を称することからみても，寺院を配するということも，都市は自然の山によって囲まれるのを良しとする思想の表れとみることができよう。

　わが国の都市が，こうした強固な域壁をめぐらすという考え方と経験をもたないことは，日本が島国で異民族や異教徒との激しい戦いや略奪がなかったことが主たる理由だと言われている。しかしそのために，わが国の都市は，人口や土地利用の増加の圧力に対して，城壁内での効率的工夫によって対応を図るのではなく，周辺の農地を抱え込みながら容易に外延的にスプロールすることで解決を図るという習性を身につけることとなった。また都市を都市民が一体となって外敵から守るという経験に乏しいことから，都市を一体として考える意識も育ちにくかったといえる。

　第二にわが国は豊かな木材資源に恵まれたため，都市の物的要素である建築物が木造で発達してきたことである。木造であるがために，火災に弱く，防火問題は常にわが国では大きな都市問題となってきた。また木造は石造りや煉瓦造りと違ってもろいため，建築物の壁面によって外部空間を構成し，恒久的なかたちで都市の構造を規定していく考え方は生まれなかった。西欧の都市が，石造りの建築物によって町並みや広場を構成してきたのとは異なっている。日本の都市では，むしろ道路や区画などの地割りだけが都市のパターンを規定してきた。

　しかしながら，木造は火災や風雪に弱い反面，取壊しと建て替えが容易であることから，日本の都市は災害や情勢の変化に対しては，常に迅速で柔軟な対応が可能であり，得意であるという体質をつくってきたといえる。なお，木造であったことは，先にみたような容易に都市域外にスプロールするという習性と組み合わさって，日本での中高層居住の歴史を浅くした。このことが，今日の中高層居住へのなじみにくさと戸建志向の強さの遠因となっているともいえよう。

　第三にわが国の都市は，自然の山と水で都市を範域づけたことや河川の氾濫などの自然災害の危険性を常に抱えていること等々から，比較的狭い可住地の中で高密度の居住と都市活動をしてきたことである。高密度の居住と都市活動は，土地の細分化された利用をもたらし，土地の統合と一体的利用を阻害する方向に働いてきたし，また高密度であるために地価は高くなる方向に動き，それがさらに細分化を促すことにもなった。この細分化された土地での高密度居住と都市活動という特性は，都市の土地利用に混乱や歪みを生み，都市問題の発生を助長するだけでなく，その解決をより難しくしてきたといえる。とはいえ，この高密度こそがわが国の経済的活力の原点のひとつになった，という皮肉な見方もないわけではない。

　第四にわが国の都市には，馬車を都市内交通手段として使った歴史はほとんどないことである。もちろん全くなかった訳ではなく，明治のはじめのわずかな期間，東京の中での乗合馬車や馬車鉄道，主要都市間の郵便馬車が活躍した時期があった。しかしながら，歩行から馬車を経て鉄道と自動車へと段階的に移行してきた西欧の都市に対して，わが国の大部分の都市では，歩行から一気に鉄道と自動車へと移行したといえる。馬車の時代を経験しなかったがために，自動車が登場してくる前までのわが国の都市では，街路のほとんどは狭く，またそれで用が足りていた。さらに街路自体も，交通機能よりもむしろ広場的機能を強くもっていた。そのため，歩道と車道を分ける考え方や，街路以外にも広場的機能を確保する考え方はほとんど発達しておらず，自動車の登場に対応して歩車道分離，歩道併設，駐車スペースの確保と適切な配置，系統的な道路網の形成，広場的機能の補てんなどを行うことが，大きく立ち遅れる結果をまねいてしまった。このことは今日もなお，満足すべき解決を見ていない状況にある。

　これらのほか，わが国では長い間，屎尿の農業への利用が維持されてきたため下水道の発達が遅れたこと，公園や街路樹というかたちでなく，個人の屋敷や寺院や露地に樹木・花木をとり込むかたちでの田園趣味の方が優

勢であること，なども日本の都市に共通して風土的，歴史的に形成された特徴といえよう。

一方，第二次世界大戦後の復興期から高度経済成長期において，大都市はさらに巨大化し，地方部では本格的な都市化へというかたちで，わが国では急速な都市化が進展したが，この間の全国的で急速な都市化は，以下のような幾つかの点で特徴づけることができる。

- 東京大都市圏に代表されるような世界に類例のない巨大都市圏が形成された。
- 日本とアジアとの交流が弱まった状態が続いたため，日本海側と西日本の都市の比重が相対的に弱まり，太平洋側の都市が大きく発達した。
- 急速な都市化により，氾濫原地域へスプロール的に都市が拡大し，そこに人口と資産の集積が進行した。
- 急速な都市化に対して，常に後追い的かつ急場しのぎ的な対応に追われ，またその対応もまず生産基盤の方に傾斜して行われてきた。そのため，住宅および生活関連の社会資本の整備とその良質化，環境悪化への対応，都市景観の混乱と悪化への対応などは，著しく出遅れた。
- 急速な都市化への対応は，その対応を急ぐことから単目的な効率化に陥り，画一化や標準化をもたらし，各都市を個性や魅力の喪失の方向に向かわせてしまった。
- 急速な都市化は，新しく移住し，また初めて都市的生活を開始する都市住民を大量に生み出し，都市に住まい，活動する上での人間関係や社会的ルールを混乱させた。混乱を整序に導くためのルールやシステムはいまだ確立されたとは言えない。
- 急速な都市化は，急速なモータリゼーションを伴って進行し，従来までの都市の各種システムがこれと不適合を起こすことによって生じる都市問題に，ほとんどすべての都市が苦慮することになった。特に，都市交通を全面的に自動車に依存する地方の中小都市で問題が大きく，今日もなお，十分に対応しきれていない。
- 全国的かつ急速な都市化は，農山漁村人口を吸収し，また帰農などはありえないというかたちで進行した。したがって都市化は，都市の問題を生み出しただけでなく，波及的にまた不可避的に過疎地域の問題を発生させることとなってしまった。

1.3.3 現代日本の都市の課題

現代日本の都市は，それぞれに様々な課題を抱えている。しかし大都市圏の諸都市と地方の諸都市とでは，随分とその抱える課題は異なるし，またそれぞれの中でも，そこの人口，位置，産業，環境，発達の経緯等々によって課題は異なっている。それゆえ，全国の都市を一律に論じることは不可能でもあり危険でもあるが，巨視的に言うならば，ほぼ共通して次の二つの視点での課題があるといえよう。

ひとつは，高度経済成長期の激しい都市化を経過した結果，そこで積み残し的に形成されてきた諸問題を解決していくという視点であり，いわばこれまでのツケの解消という課題である。

いまひとつは，現在のわが国で急速に進行しつつある，社会全体の基調の大幅な変化に対して，的確に対応してモデルチェンジしていくという視点であり，いわば21世紀の社会への対応という課題である。

現代日本の都市はすべて，この両方の課題に対して複合的にとり組むことが要請されているといえる。

これまでのツケの解消という包括的課題には，種々の課題が含まれるが，先に述べたわが国の急速な都市化の特徴と対応して考えれば，次のようなことが主たる課題といえよう。

第一は，都市災害の危険性の増大に対してこれを減少させるという課題である。台風や集中豪雨に伴う河川の氾濫やがけ崩れなどの自然災害だけでなく，狭い街路，密集住宅，オープンスペース不足に加えて，ガソリン等の可燃爆発物の増加による都市火災の危険性の増大など，都市災害への抵抗力は多くの都市でむしろ弱まっている。都市の物理的な存立にかかわるものとして，早急な対応が要請されている課題である。

表 1・4 日本における洪水の危険度 *1

	1960年	1970年	1980年
河川氾濫 区域内人口 （百万人）	41.7(44.7%)	48.0(46.3%)	56.4(48.2%)
河川氾濫 区域内資産 （兆円）	62 (51%)	196 (63%)	427 (72%)

(注) ( )内%は全国総人口，総資産比。資産は1980年価格である。

第二は，生活関連の都市基盤施設（都市インフラストラクチュア）の量的不足の早急な解消という課題である。道路，下水道，公園・オープンスペース等は，全般的にまだ圧倒的に不足しており，先進諸国と比較してみても

表1・5　都市基盤施設整備の状況（1960年—1983年）*1

	'60	'65	'70	'75	'80	'83
都市高速道路延長（km）	—	39	164	199	286	329
市町村道舗装率（％）	1.5	4.4	12.0	27.0	41.0	49.4
下水道普及率（％）	6 (1962年)	8	16	23	28	34 (1985年)
都市計画道路整備率（％）	19	26	27	32	36	39
大河川整備率（％）	40	46	46	51	57	59
1人当たり都市公園面積（m²/人）	2.1	2.4	2.7	3.4	4.1	4.7
急傾斜地崩壊対策整備率（％）	—	—	0.3	2.4	9.6	14.1

資料：建設省

表1・6　都市基盤施設整備の国際的レベル *1

	日本	西ドイツ	イギリス	アメリカ
下水道総人口普及率（％）	34 (1985年)	89 (1979年)	98 (1981年)	72 (1977年)
自動車千台当たり高速道路延長（km/千台）	8.3 (1985年)	30.6 (1981年)	16.3 (1981年)	37.5 (1981年)
住宅1室当たりの平均人員数（人）	0.74 (1980年)	0.6 (1981年)	0.65 (1981年)	0.6 (1980年)
1人当たり公園面積	（東京）2.0 (1981年)	（ボン）51.0 (1980年)	（ロンドン）33.0 (1981年)	（ワシントン）45.7 (1976年)

その遅れは明白である。ただし，巨大都市圏内の都市と地方都市とでは必ずしも同じではなく，例えば前者では道路や下水道よりも公園・オープンスペースや住宅地の整備の問題が，また後者では逆に低密度に拡散してきた市街地での道路や下水道の整備の問題がより大きいといえる。

　第三は，都市環境の質の回復と向上という課題である。大気汚染，騒音・振動，河川や海や湖沼の水質悪化などの，いわゆる都市公害を解消していくべきことは言うまでもない。それに加えて，都市のアメニティという言葉で総称される環境の快適さ，落着き，調和，美しさ，潤い，安らぎ等々，急速な都市化の過程で無視され失われていった側面を，都市の全域にわたって回復し，あるいは新たに創造していくことも強く要請されている課題である。

　第四は，共同体としての都市を維持し，協調と整序のためのルールとシステムを確立していくという課題である。都市には多数の多様な主体が住み働いており，それが都市の魅力の源泉でもあるが，逆にそれゆえに，様々な対立や矛盾の発生を常にはらみ，ともすれば分裂や混乱や暴走にも傾きかねない。急速な都市化の過程で，わ

が国の多くの都市はこのことを経験した。先の第一から第三までの課題は，新しい都市の開発というかたちではなく，既存の都市の改造というかたちで複合的に進めなければならないが，そのためにも，その全体に関わる課題としてこの第四の課題は重要である。

　一方，21世紀の社会への対応という包括的課題の中にも，多くの課題が含まれている。現在のわが国では，急速に社会の基調の変化が進行しつつある。経済・産業のソフト化・サービス化，様々な分野での国際化，生活高水準成熟化，余暇社会の進展，長寿化，高度情報化，高速交通化等々のキーワードで語られるように，これまでのわが国が経験してきた成長型工業社会とは，かなり様相を異にした社会が到来しようとしている。

　しかも，こうした社会の基調の変化の中で，わが国はなお大量の都市人口の増加にこたえていかなければならないのである。1980年の全国のDID人口6,990万人，DID面積100万haに対して，2000年にはそれぞれ9,660万人，146万haと予測されており，それは1980年の状態の38％増と46％増という大量のものとなるのである。

表1・7　都市化の推移と予測（1960年—2000年）

	1960年	1980年	2000年
DID人口（百万人）	40.8	69.9	96.6
DID人口比率（％）	44	60	72
DID面積（万ha）	39	100	146
DID人口密度（人/ha）	106	70	66

建設省都市局資料より作成

したがって，やや一般論的に言えば，次のようなことが主たる課題となろう。

　第一は，都市が依って立つ都市産業と都市機能のモデルチェンジという課題である。先に挙げたような幾つかのキーワードに示される社会の変化は，これまで都市を支えてきた基幹産業の存立をゆさぶっているし，また都市の交通的立地条件を変えつつある。こうしたことによる都市の衰退・縮退を避け，都市の就業機会を拡充していくためには，新しい社会に対応したモデルチェンジが不可欠である。現在，その方向として，テクノポリス，コンベンション・シティ，テレトピア，インテリジェント・シティ，ファッション文化都市，リゾート・シティ，マリノポリス等々，実に様々なコンセプトの都市へのモデルチェンジが試行されているが，これらはこの課題へのとり組みの表われといえる。

　第二は，都市環境と都市施設の質的な水準を細部に至

図1・13 横浜市が内港部をモデルチェンジして目指している「みなとみらい21」で構想されている新しい街のイメージ（横浜市提供）

図1・14 いま、都市内の河岸のウォーターフロント・プロムナード化が全国的に展開されつつある。（広島市京橋川の例,1986年）

るまで向上させるとともに，個性的な魅力をもった都市にしていくという課題である。これは，都市に住む人々の生活の意識と行動が高水準に成熟化し，個性化・多様化してきたこと，都市住民の高齢化・長寿化が急速に進展してくること，などへの対応から要請される課題である。そしてこうした対応は，第1の課題である都市産業のモデルチェンジにも強くつながるものである。都市アメニティへの種々のとり組み，文化・スポーツ・レクリエーション・コミュニティ活動の機会の拡充への種々のとり組み，また，ウォーター・フロントへの着目，イベントへの着目，C.I（シティ・アイデンティティ）への着目などに，現在の各都市のこの課題に対する積極的な姿勢をうかがうことができる。

第三は，上記のような個々の都市としてとり組むべき課題ではなく，日本全体としての課題である。すなわち，国としての経済を失速させることなく，いかにして国土の中の各都市が均衡ある発展を果たしつつ都市化を受け止めていくかという課題である。

高度経済成長の時代の都市化と異なり，経済の成長が安定し鈍化する中で，各都市が上記の第一と第二の課題にとり組んでいけば，その結果として，ある都市の成功が一方で他の都市の衰退を惹起するという事態が起こりかねない。これは，東京巨大都市圏と他の都市との間，あるいは地方都市相互の間で，すでに現れつつある問題である。

こうした都市間競争は，必ずしも日本の国内だけでの競争ではなく，今後は世界的広がりの中でも激化してくると思われる。自律的発展力に乏しい人口10万人以下の地方都市が全都市の70％を占めるわが国では，極めて重大な課題であり，国土全体を視野においた適切な政策の展開が強く要請されているといえよう。

以上述べてきたような現代日本の都市の課題は，いずれも決して容易に達成できる課題ではない。しかしながら，ぜひともとり組まなくてはならない課題であることも確かであり，今日，都市にかかわるすべての人々の叡智と努力の結集が強く切望されている。

2　都市計画論

　都市像を，居住，生産，業務，レクリェーションなどの諸機能に対応する各種の土地利用と道路，鉄道，水路，空港などの組合せからなる骨格構造で表現するのが物的計画（フィジカル・プランニング）と呼ばれる手法である。一つの都市全体から，住宅地区，都心業務地区など都市の部分，農山漁村の集落などの都市部分，大都市圏などより広い地域にも物的計画の手法は適用されて，地域社会の過去・現状を分析し，把握し，将来を洞察して地域社会の将来の機能を設定し，構造を設計する。物的計画は都市を対象として，近代以降，人文・社会科学の成果をも取り入れながら，概念・方法・技術と制度が発達した。その実績の多くは都市を舞台として展開してきたので，「都市計画」と一般に呼ばれている。現代日本都市計画を構成する主な思想・概念・方法の起源を辿る。

2.1　都市の機能・構造と都市計画

　対象都市の都市機能を設定しそれを支える仕組み—すなわち都市構造を計画・設計するのが都市計画である。今少し解説を加えるならば，対象都市が国土の一部としての地域の中心として持つべき働き・役割と，当該都市および都市圏の住民の生活や，企業活動に対して及ぼす役割が都市機能である。これを設定するのは一般に都市政策と呼ばれる行為の任務である。その役割・働き，すなわち都市機能の円滑な遂行を支え，可能とする仕組みが都市構造である。都市機能を担う企業，機関から個々の一般市民にまで及ぶ諸活動の場である土地・建物利用を活動体として組織する，道路，鉄道，河川，運河，橋梁，港湾，空港などの諸要素から都市構造は組み立てられる。これらはしばしば骨格と称せられることがある。さらにこれらの一般に都市基盤施設と呼ばれる都市構造の諸要素は，位置と形態が地形によって基本的な制約を受けている。したがって都市構造を形成する要因として地形が重要な意味をもつ。また，鉄道・道路など，都市の骨格に例えられる基盤構造に依存して，これらの上下空間を利用してエネルギー供給，水の供給・処理，情報通信などの施設が整備される。これらの諸要素群からなるシステムを総称して，都市構造と考えるべきである。放射環状型都市構造や多心型都市構造といった例を想い起こすと十分に納得できよう。都市計画を「都市政策が目標として設定する都市機能の，達成・実現・稼働を支える仕組みである都市構造の，規模，形態，システムを計画・設計する技術である」と定義することができる。計画の対象が地方圏であれ，都市全体であれ，あるいは都市の部分である地区であっても，対象空間の機能の高次化，合理化，効率化の目標が設定されれば，都市計画はその実現策として，

1. 都市構造の強化・拡充策を取り上げる。すなわち道路，地下鉄，空港，港湾，新交通システムなどの

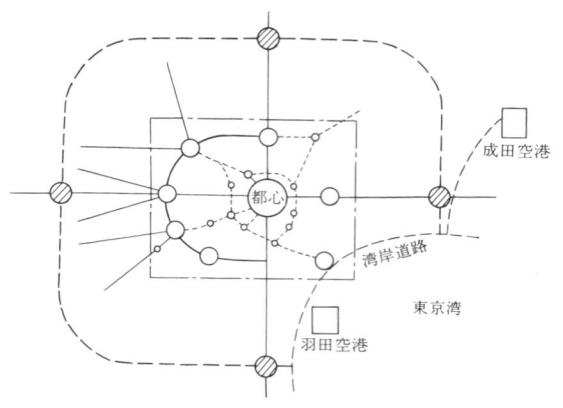

　　――――　大都市構造（湾岸道路，放射環状高速鉄道及び道路）
　　------　都 市 構 造（国電，地下鉄網からなる）
　◎　核都市
　○　副都心
　○　地域中心

　図2・1　東京の大都市構造（大村虔一と筆者の合作）

都市交通施設やエネルギー供給，情報通信などの諸施設のシステムの強化・拡充，あるいは新システムへの高次化を計画する。従来，地方計画，都市計画におけるマスタープランは，主としてこの課題を担ってきたのである。

2. 都市構造の改変と転換を計画する。例えば，従来都市交通の大宗を担ってきた鉄道，とりわけ貨物輸送の機能が急激に低下し，あるいは港湾機能が変化しつつある。これら基幹施設の機能と共に，従来これらが使用してきた線路や駅，ヤード，港湾ならびに倉庫施設等が不要となる。面的跡地，およびそれらを結び合わせる道路や鉄道のネットワークのスペースは，沿道，沿線，沿岸の土地利用と共に一斉に転換を迫られる。これらの状況に加えて，とりわけ大都市では，都心部において都市機能の過集積が様々な弊害をもたらす一方で，広範な市街地に対して公共・民間の投資がままならず，改善の再開発事業が停滞するだけでなく，環境の維持・管理すら十分に行われない事態が発生する。これに対して都市全体を活性化するために，東京の場合は多心型都市構造への転換によって過集積問題の軽減と下町など停滞地区の再生を図るのである。このような際に，都市計画の課題は，道路，鉄道，港湾，空港，河川など基幹的施設の仕組みを拡充しながら都市機能集積の場，すなわち副都心の候補地としての地区機能を転換整理することである。

地方，都市圏，都市の計画，あるいは都市の部分を計画する地区計画に共通して言えることは，地域・都市政策は対象地域が持つべき機能を想定した上で，経済活動，社会活動，文化活動などの集積の質と量，およびそれらの活動範囲，つまり圏域の広がりを計測し計画する。そのような都市機能を支える構造の仕組みを対象として取り上げて，そのシステムを計画するのが都市計画である。

2.2 都市計画とその社会的役割

都市計画の社会的役割は地域社会像を図化して誰にでも分かるように提示する都市計画固有の基本的機能と，描き出した像の計画実施を遂行するための機能と，描いた絵が結果として果たす情報機能とに，大きく三分してとらえることができる。加えて，これらを総合化して国と自治体行政の道具としての都市計画が果たす機能を考えるのが適切である。

2.2.1 都市計画とその基本的機能

都市計画の定義は次節において多数の例で示されるように，都市を創り，あるいは発展・改造するために地域社会像を絵にして提示する行為であるといえる。これを基本的機能という意味は，まず，時代・国を超えて都市計画が社会において果たしてきた役割として普遍的であることが第一であり，ついで地域社会像を絵にして提示することは唯一都市計画のみが果たし得る社会的役割であるという点である。都市計画が帯びている役割，期待されている諸機能は，時代の変遷と共に様々に複雑化して現在に至っているが，これらのいわば派生した諸機能は，ここにいう基本的機能を遂行する前提として，ある

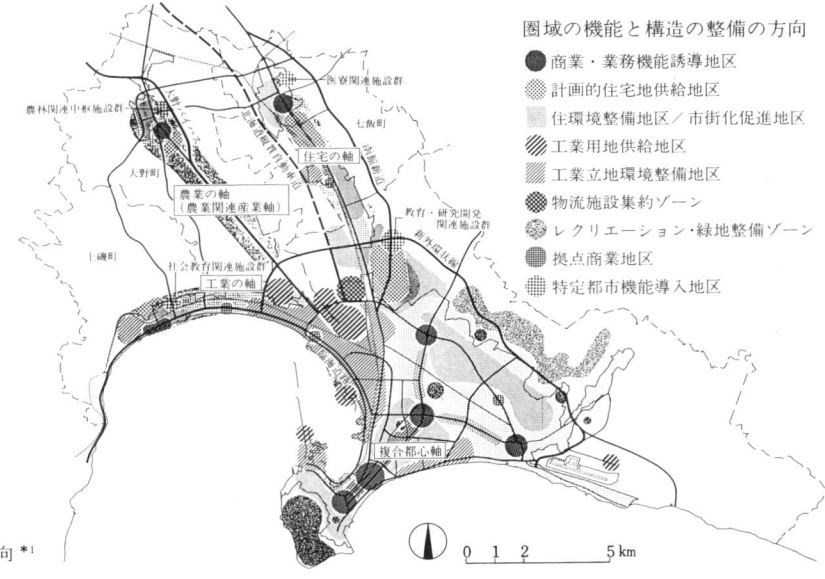

図2・2　圏域の機能と構造の整備の方向[*1]

いは結果として派生してきたものである。すなわち都市，市街地の機能・構造と課題の現況を分かりやすく図示し，現況認識において関係者間の合意形成を行い，計画策定の出発点とする。「形から入って形を作ることに終わる」のが都市計画の社会的任務である。地域社会像の提案は様々に表現される。都市憲章，スローガン，キャッチフレーズ，シンボル，地域社会の現状および将来の特徴と目標を示す文章と数字群からなるフレーム，さらには，教育・文化・産業振興や社会福祉のソフトウェアを文章で述べるなど，様々な形の表現伝達手段もあるが，とりわけ提案を空間化して絵を描くことが有効であり，都市計画のみが果たし得る基本的機能として強調しておきたい。

2.2.2 都市計画と地域社会の事象の物象化と空間化

都市計画の基本的機能である「絵にする」ことに関連して都市計画が必然的に帯びざるを得ない機能として，調査で得られた情報を操作して物象化，空間化する機能がある。調査は，地域社会の構造，機能等の現状を認識，把握する。まず従来，官公庁が行う都市計画基礎調査をはじめとして，計画策定作業にインプットされる情報を得るための調査がある。プランナーが行う現地踏査，居住民が日常活動から体得する情報活動なども，調査の重要な一部である。その計画提案が地域社会においてもつ現実性，具体性を調査した上で，提案が実現した場合に地域社会に対してもつ物的・社会的な意味と，産業，雇用，景観，環境等に及ぼす影響を予測するインパクト調査，アセスメント調査等がある。さらに最近問題になっているものとして，計画策定後目標年次に至った段階において計画目標達成度や地域社会にもたらした成果の総合的な事後評価を行う調査も，これに加えられる。

調査は他の諸分野，例えば社会学・地理学等においても一層精力的に進められているが，この中にあって，都市計画調査の特徴は絵を描こうとする発想から調査の目的，項目，集計と分析，結果の総合化，体系が組み立てられるところにある。つまり調査目的の設定，項目の立て方，得られた情報の解析等すべてにわたって，調査そのものが計画なのである。

調査によって得られた諸情報を操作して「絵にする計画」の対象とするために，様々な社会事象を目に見える形にすることを，われわれは特象化・空間化と呼んでいるが，人間関係例えば通信や交通，自治会，商店会や文化グループの活動範囲などは，それらの関係を予測して物象化することによって図化が可能となり，したがって都市計画の対象と化し得る。

2.2.3 都市像の発想・描出と情報伝達機能

都市像の絵としては永い歴史を持つ理想都市があり，近代都市計画の表現は平面図で示されるのが一般的となった。現在では各国・各都市において，法定計画図のほかに地域社会の現状・将来を示す概念図がある。的確に描かれた概念図は，永年にわたって都市政策を指導する理念を表現するものである。街区，地区，市街地全域，都市行政区域，さらには，広域都市圏に及ぶ様々な空間レベルを対象とする，法律で規定されない任意の工夫による計画図がある。例えば，地方公共団体が持つ基本構想図や土地利用計画図は，法定ではない。計画提案図は，計画者のイメージ，計画課題と対応策の提案を，地域社会の首長，行政官，議員，市民団体，住民各層あるいは民間企業者に，いかに分かりやすくかつ有効に伝達するかを意図している。すなわち都市計画がつくる図面は，現況調査解析図も含めてすべて情報伝達手段である。

その結果都市計画は，まず都市の建設整備の指針として機能する。すなわち国，都道府県，市町村にとっては公共投資のガイドラインとして利用され，道路・地下鉄・下水道・公園・市街地開発事業等の位置・規模，およびそれら施設と事業の重要度を為政者が判断する情報となる。このような情報提供において法定都市計画は，市街地開発事業，都市施設の建設整備と線引き，地域地区制，

図2・3　いわき市都市整備の基本構想概念図 [*2]

地区計画制度等を規定して，地方公共団体がもつ都市整備の責任範囲を明示する一方，土地，建物利用に関する私権制限をも明示する。しかしながら法定都市計画がもつ公共・民間の都市整備，開発行為に対する情報提供力には明らかな限界が認められつつあり，その限界をカバーし乗り越えるため様々な主体が地区開発整備計画を提案し，市町村はそれぞれ基本構想・基本計画に多彩な工夫を凝らしている。加えて定住圏構想等の広域計画が検討されているのが実情である。

2.2.4 自治体行政と国家政策の道具

都道府県・市町村は地方公共団体として，また国は国家政策を遂行する主体として，都市計画の三つの機能を包括し，多くの分野にわたって都市計画をその行政，政治の道具として利用している。地方公共団体は政策の基幹である基本構想・基本計画を都市計画のよりどころとして組み立てるのが一般化してきた。ここ20年来，地方公共団体の総合計画において，物的部門とそれに関する計画の諸分野が占める比重は増加の一途をたどっている。交通や生活環境のみならず，教育・文化・産業・福祉に至るすべての部門計画が，施設設置・配置と土地利用にかかわり合いをもつに至っている。

一方，国は「都市化社会のルールとしての都市計画」を標榜し，都市と農村を問わず教育文化，社会福祉，衛生健康，老人問題，産業振興等にかかわる対策を空間化し，その一般解を「人間居住の総合的環境」に求めて地区計画の施行するミクロ的な視野の必要性を強調する一方，広域都市計画の展開の必要性をも強調して，日本列島を広域都市圏の線引きで区分することを繰り返している。さらに昨今では，民間活力の投資対象の場の拡大のために，規制緩和，新設を都市計画に強く求めている。

2.2.5 調整と総合機能

ここ数年来，区市町村策定の都市総合計画は共通した傾向を見せつつある。すなわち行政が総花化しつつ，縦割りが強まる傾向に歯止めをかけるために，総合性を強調しその具体化を図っている。総合性の強調は直接的な文言のほかに，基本構想・基本計画の編成と内容の工夫を通じて現れてくる。とりわけ，福祉・教育・文化をはじめ，ほとんどすべての行政課題と施策が施設系統（いわゆるハコモノ）の拡充・整備を要求するが故に，施設をつかさどる都市計画はかつてのように総合計画書の独立した特定の部・章に属せず，全編にわたって分散して

フィジカルプランニングがもつ総合の機能を展開していることに端的に現れている。一見，都市計画部門の解体とも受け取れるこのような傾向は，都市行政の全地域にわたって都市計画の調整と総合化の機能が展開した結果ともいえる。重要なことは，この過程で都市計画は法定都市計画の枠をはるかに超え，さらに，官庁内で都市計画を担当する部局の所管を超えて，地方公共団体が行う地域社会の空間利用と制御管理の計画を指す概念となってしまったことである。

土地利用計画を主軸とする都市計画が取り上げる調整の対象は，当該都市内におかれるべき公共・民間の各種都市施設の位置，規模，形態および事業化順位の優位性，つまり空間占用とその時期，建設資金の獲得の優位性をめぐる対立関係が基本的なものである。

一方，都市政策，都市計画の総合性，総合化が期待され強調される割には，「総合」の概念内容が具体的に追求されていない。都市計画の調整機能が目指すものは取りも直さずこの総合であることからして，ここで都市政策，都市計画における総合の概念に立ち入って検討を加えてみる。

国，都道府県，市町村および専門家の都市政策，都市計画書ないし諸論における数々の用例から，総合，総合化，総合的といった政策概念ないしは計画概念は，およそ次のような内容を意図していると考えられる。

1. 地方公共団体がかかえている行政課題について，もれなく取り上げ，バランス感覚をもって体系化して計画を策定しようとする姿勢を総合化と呼ぶ。
2. 地域社会が，現在・将来はらんでいる問題点に対する必要な対策は，地方公共団体のレベルのみならず国，公共諸団体，民間企業，さらには住民参加によって対策，手段，手法をもれなく取り上げ，かつそれを体系化する。
3. 地域社会の住民のニーズについては，すでに把握されているものはもとより，いまだ把握されていないものも把握された時点においてもれなく取り上げ対応しようとする。
4. 計画策定のみならず，実施の段階までもプログラムの概念によって計画化して対象とする。この結果体系化されたものを称して総合計画と呼ぶ。
5. 国，都道府県，区市町村すべてのレベルにおいて，それぞれがかかえている諸問題に行政が対処するには，計画が総花的にならざるを得ない理論構造をもっている。すなわち行政機構の構造は縦割りの守備

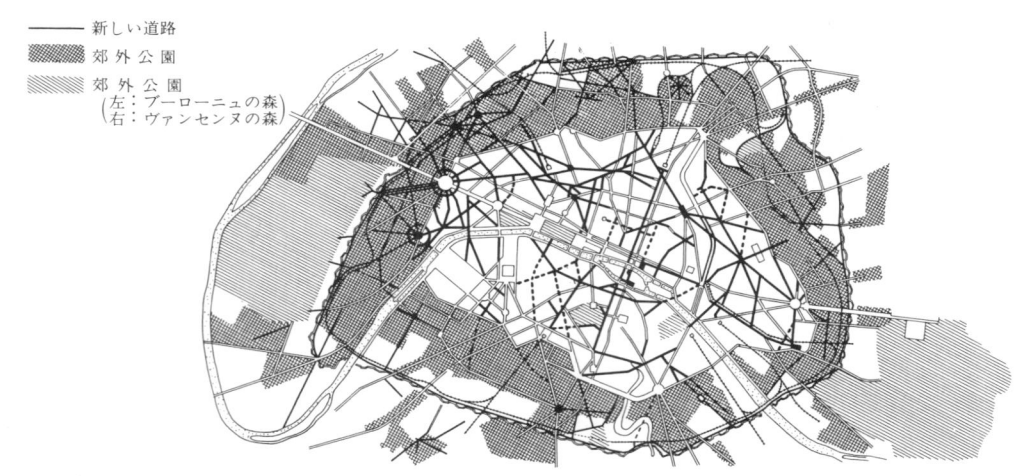

図2・4 オスマンによるパリの改造事業*3

範囲，権限範囲である。一方，対象とする地域社会の問題の発生と構造すなわち課題は総合的であるが故に行政側の計画も総花的でありながら，課題に対応して総合的にならざるを得ないとする理由が生じる。そこで地域社会の目標と対策を地図に投影した土地利用計画が，この矛盾した関係を整理し，解決する役割を帯びる。

このような政策，計画の発想，策定途中のプロセスおよび成果物とその実施を通じて，都市計画に期待されている機能を指して，総合，総合的，総合化といっているのが，今までの諸計画書から抽出しうる概念といってよい。

2.3 現代都市計画の思想，概念，方法のルーツ

ここではわが国の現代都市計画の理念，概念と方法，制度と思想に大きな影響を及ぼした計画提案と思想，事業，施設……すなわちルーツを紹介する。

2.3.1 オスマンのパリ改造：1851～1870

19世紀のパリは，中世，近世の宮殿，寺院，広場，庭園などの素晴らしい遺産が混乱し切った町中におかれ，錯雑して街路に囲繞されて孤立していた。ナポレオン3世の権力，オスマン（Gerge-Eugene Haussman, 1809～1891）の能力，技術者の高い水準，1840年の土地収用法と50年の衛生法の二つの法律によって，17年間にパリは大改造された。偉大なる伝統に対して立派な骨組みによる舞台を用意し，鉄道駅と道路整備に対処して工業時代に順応した最初の大都市にするのが彼の念願で

あった。パリを貫通し，行政，商業，慰楽中心，鉄道駅に導くブールバールを緑豊かに造り，かつこれら相互を結合し道路網を完成し，これを郊外に編入した広い新市域にも拡張した。ブローニュ，ヴァンセンヌの森はじめ数多の公園は道路網とも組み合わさって公園系統を造った。19世紀中葉期のパリ改造は，ブールバール，公園系統，中央駅と幹線道路などのディテールが各国都市で大いに模倣されただけでなく，大都市を技術的な問題として取り上げて根本的に改造する思想を生み，明治前期の東京計画に大きな刺激を与えたのである。

2.3.2 北海道開拓使の函館街区改正：1878～80

18世紀末から蝦夷開拓の基地として発達した函館は，開港以後，貿易，商工業，漁業など都市機能の集積が進み，北海道開拓使は埋立，防火建築の奨励，大通りの拡幅などの計画をたてた。1878（明治11）年11月16日に13町を焼く大火があり，黒田清隆長官は直ちに防災再開発の方針をたてて鈴木大亮書記官を派遣して「道路狭溢，家屋粗薄此ニ燹」の改正を「防災，健康保全，営業利益永続の基礎，殖産富国の根源」として奨めた。道路を広くする分だけ狭くなる敷地において建物を2，3階，地下室の工夫による土地利用高度化の利を諭した。罹災市民はこの方針に従い，防災再開発が実現するに至った。開拓使は測量，市街地設計，市民への融資，立退者への土地斡旋，事業などを担当した。翌年12月6日，再び33町2,245戸を焼く大火が起こったが，防災再開発を実施した市街地は全く災を免れたので，市民の間から焼失地の道路改正を請う声が上がった。鈴木書記官は再び函館に赴き，前年に実施した不燃化事業の効果を市民と共に

図2・5　明治11年，12年函館火災街衢改正図 *4

確認の上，「市街区画は十字型の割り方を以て第一の良法とするのが各国の公論」であるとして碁盤目状街路網が水道，ガス供給，照明，交通等の面で市街地の近代化にもつ利点を挙げた。焼失区域の道路区画を碁盤目状に改造し，そのパターンを「焼失セサル現在，市街ニ及シ改正スヘキ豫定スル者ナリ（中略）函館港将来繁盛ヲ慮リ豫定図ヲ作ルハ永遠ノ規画トス」と述べた。単なる焼失再開発の域をこえて函館港の発展を支える市街地の拡張と整備のマスタープランの概念に到達したのである。

2.3.3 東京市区改正：帝都の偉容と東洋の一大市場都市の形成　（1884〜1918（明治17〜大正7）年）

明治維新後，10年代に入ると東京に近代的都市活動が徐々に育ち始め，幕藩封建施設跡地の転用で対処した。大封建都市の遺構をそのまま転用し続けた限界が，錯雑の市街地，曲折した狭い道路の交通問題と，次第に様々な形をとって現れるに至った。芳川顕正知事は測量や調査，計画案作成等の準備を経て，1884（明治17）年11月「東京市区改正ノ儀ニ付上申」を政府に提出した。内容は近代都市経営，特に交通，運輸の観点で江戸の遺構からなる当時の東京を「道幅に一定の度なく，市街に斉整の状を欠ける」とし，首都改造の必要性を強調した。彼は局面一新より，「旧慣に依る改良主義」による都市計画の提案を数葉の図面と共に行った。規模，土地利用計画，道路，鉄道，運河，橋梁の計画からなる，わが国最初のマスタープランの体系と表現をもっていた。建議は政府に受け入れられ，芳川を委員長とする東京市区改正審査会が設置され，13回の審議を経て1885年10月に東京の近代化に対応する都心部の土地利用転換と大公園や劇場を含む帝都にふさわしい新施設配置を整える都市構造を提案し，欧米列強首府と同水準の内容をもつ計画策定を

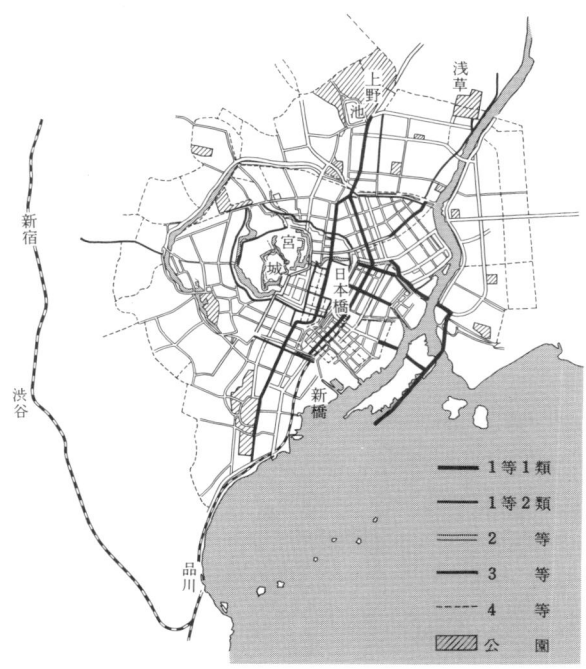

図2・6　東京市区改正審査会計画図 *5

目指した。同時に国の事業としての市区改正，すなわち帝国が帝都をつくる方針を明確にした。1888（明治21）年8月16日，東京市区改正条例が発布され，東京市区改正委員会（芳川委員長）が実施計画を策定した。委員会は百年後の見通しを論議しながら計画をたて，港湾計画との接合の可能性を残しながらも宮城周辺整備に重点をおいた政治と小売商業都市のイメージが強い設計を行った。

市区改正は実施に移されても財源難で進行がはかどらず，道路交通問題が深刻化した36年，宮城周辺地区整備と市電網設置に必要な幹線道路整備に重点を絞った速成計画に修正され1918（大正7）年に完成した。

市区改正は封建都市・江戸の遺構を放射環状の都市構造として近代化したことに加えて，大手町から虎ノ門に至る江戸城外濠の内側にあった封建施設跡地が現在に見る中枢業務地区として形成される基盤をつくったのである。さらに，東京市区改正はわが国の都市計画に対して，計画策定は国主導型，事業実施は地方の責任，道路を中心とする基盤構造重視の基本的性格を形成し，大正期になってからは，条例を大阪以下の大都市に準用したこと，条例が旧都市計画法の骨組みとなったこと等で大きな影響を残した。

2.3.4 都市拡張と区画整理

ドイツでは1870年代から都市人口が急増した。1874年，ベルリンにおけるドイツ建築家技術者協会第1回大会においてカールスルーエ大学教授バウマイスタ（Reinhard Baumeister, 1833〜1917）は都市拡張を提案した。複雑で解き難い問題の山積みする既成市街地より，計画的コントロールが容易な新市街地に焦点をあてようとする発想であった。彼は都市拡張に関する重要な建築規制として，建築線，防火，保健衛生，相隣関係の規定内容について論究し，加えて市町村が公共性の目的で旧来の土地所有境界を強制的に廃棄して新しい建築に適した土地所有境界に再編すること，すなわち区画整理の制度化を提言した。

シュテューベン（Hermann J. Stüben, 1845〜1936）もその主著「都市計画」において都市拡張を取り上げ，市街地の骨格を決める「拡張プラン」とそれを受ける街区計画であるB-プラン，建築条例と区画整理を説いた。彼は1875年のプロイセン街路線および建築線法の限界をこえて多数の土地所有者によって分割所有されている街区では，任意での敷地境界の調整は困難であり，公共側が介入して区画整理も行われる必要を説いた。

1892年，アディケス，フランクフルト市長（Frantz Adickes, 1846〜1915）は，プロイセン会議に区画整理の法案を提出した。彼はその後，根拠として住宅問題の存在を取り上げ，都市周辺の宅地供給増大を行う適切な方策として区画整理を主張した。この法案は論議の未廃案となり，1902年フランクフルト市に限定された地区区画整理法として成立した。

2.3.5 田園都市：1890年代〜1920年代

大都市に工業集積，人口集中が進み，都市間に鉄道網が張りめぐらされつつあった19世紀末に，テオドール・フリッシュ（Theotdor Fritsch）の「田園都市モデル Die Stadt der Zukunft」(1896)，エベネツィア・ハワード（Ebenezer Howard, 1850〜1928）の「明日の田園都市」(1898)が提案された。いずれも母都市を中心に放射同心円状に構想される幹線交通路の郊外における結節点に新都市を構想した。ハワードの田園都市は建築家レイモンド・アンウィン（Raymond Unwin, 1963〜1940）の協力によりレッチウォース(1902)，ウェルウィン(1920)の2都市として実現した。「都市と田舎は結婚しなければならない。そしてこの結合から新しい希望，新しい生活，新しい文明が生まれる」とハワードは言う。彼の新しい概念の中で本質的で独創的な点は，

1. 田園都市の土地は個人所有に分割されず，低密度でありまた土地利用変更を抑えた。
2. 統制のある成長と制限ある人口であり，彼はその数字を約3万とした。
3. 田園都市は田園および田園都市内部の家庭，工業，市場と行政，社会厚生機関などの間の機能的結合の概念である。

彼の主張は1899年に結成された田園都市協会により

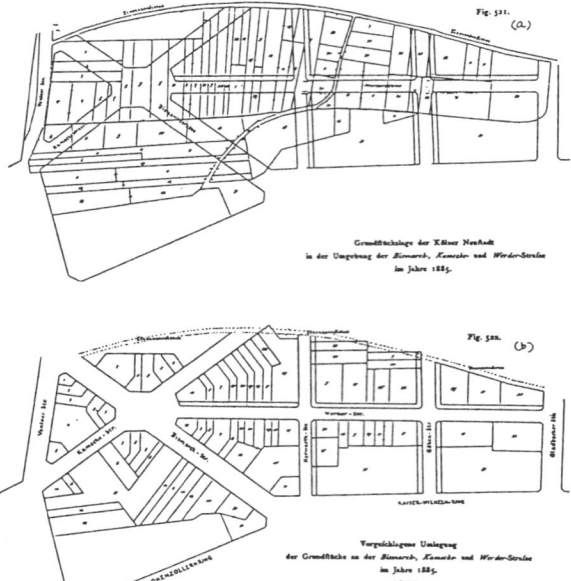

図2・7　ケルン郊外での区画整理計画 *6

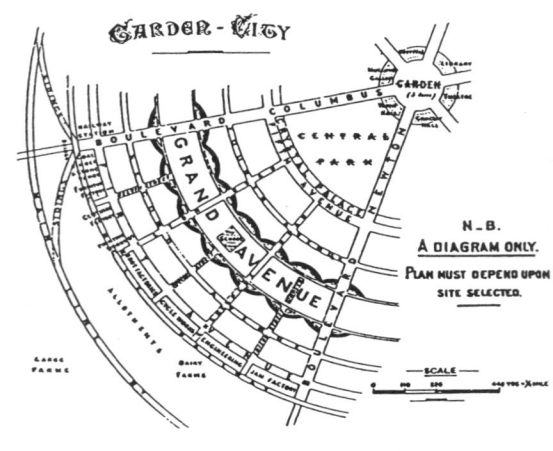

図2・8　田園都市概念図 *7

新都市の建設と国際的な運動に発展し，国際住宅および都市計画協会の前身となった。

2.3.6 工業都市

トニー・ガルニエ（Tony Garnier, 1869～1948）はボザール在学中（1898年），工業都市のデザインを構想し，1901年から4年にかけて，その構想をパリで発表し，1917年に大著『工業都市（Une cité industielle, etude pour la construction villes)』をまとめた。

近代都市を支える工業を都市計画の主題として都市を市街地と工業地に分け，市街内地では住宅と公共施設用地を分け，これらの都市機能を分担するスペースをグリーンベルトで明快に分離した。都市間高速道路とインターチェンジで交差する幹線道路と鉄道からなるサーキュレーションシステムと，川の沿岸に掘られた港が都市構造として分離配置された都市機能を支える。

近代都市が備えるべきすべての施設と空間を構成要素として，それぞれの機能と環境を考えて配置して工業都市，すなわち近代都市の全体像を組み立てたのである。

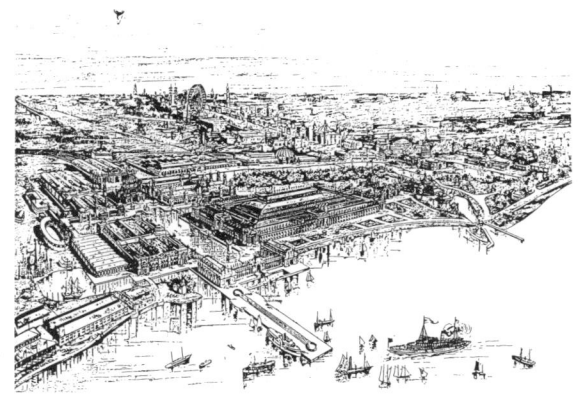

図2・10　シカゴ博会場 *9

図2・9　工業都市 *8

当時，新技術であったコンクリート構法による建築デザインをすべてのエレメントに試みて，都市の全体像を提示する体系をつくったのである。1907年，ル・コルビュジエはガルニエを訪れ，強い影響を受ける。

2.3.7　シティ・ビューティフル運動

近代都市の公館地区を中心とする市街地整備のきっかけは，1893年シカゴで開かれたコロンビア記念博の会場がもたらした。会場の巨大建築のマッスの調和あるグルーピング，統一的な囲まれたシビックスペース，これらのすべてが人々を魅了した。バーナム（Danier Burnahm, 1846～1912）が提唱したそのデザイン哲学，プランニングと意匠がアメリカ都市計画に根をおろし，10年足らずの間に全米主要都市，すなわち連邦政府自身が灯をかかげ総合計画を策定したワシントン（1900年）をはじめ，サンフランシスコ（1902年），サンディエゴ（1907～08年）等の再開発に市民運動を伴って波及して行った。シビックセンターとビスタを作りだす広場，ブールバールと斜路の導入，公園系統などからなる全市街地に対する壮麗な設計へと発展した。しかし，大火後のサンフランシスコが典型的な例であったが，公表された期日の問題と財政と，このような事業に投入されるエネルギーを無視していたために部分的にしか採用されなかった。1910年頃この運動は終焉したが，恒久的な都市計画機関が設置され，都市計画の研究，プランの策定と実施が進展する等，アメリカから世界に影響が及んだ。

2.3.8　ゾーニングの思想

都市の住民が身分階級，職業，人種，宗教などで住みわける慣行や制度は古来からあった。近代的なゾーニングは，1810年10月15日ライン左岸や北海沿岸まで広がっていたフランス帝国の版図に対して，環境汚染を根拠に住宅施設との位置関係から工場施設を3種に区分して立場規制を行う定めを制定したナポレオンのデクレに始まる。都市域をいくつかの地域に分けて，それぞれの地域ごとに異なった建築，土地利用規制を行うゾーニングに関する考え方が体系的に示されたのは，1893年第18回ドイツ公衆衛生協会大会であった。用途規制に加えて，

環境抑制，地価上昇抑制のための密度規制，オープンスペース，道路幅員と建築の高さ・形態・構造規制に関する11の主題提言を行った。以後ドイツ各都市に普及する。一方，環境の劣化を防ぎ個人の財産価値を守る目的で，洗濯屋の立地規制が1880年代にカリフォルニア州各市で行われ，1916年ニューヨーク市の建物用途，高さ，容積等に関する総合的なゾーニング条例が制定されるに至る。

わが国でも1879（明治12）年12月12日，楠本正隆（1838～1902）東京府知事が後任の松田道之に対する事務引継演説書において，東京を山手と下町を二つに分けた3地区に分け，山手を官舎，学校，病院および邸宅，本所・深川区を重量物資の市場と倉庫，製作所，日本橋・京橋・神田・浅草区を市塵（商業）に適するとし，この地区を東京の内町として都市近代化事業のための「将来ノ地図」計画をたてることを申し送った。

これを受けた松田道之知事（1839～1882）は，翌年5月「中央市区劃定之問題」を府会に諮問する。東京のインナエリアの区画整備と築港を主内容としたが，その中に火災予防のための「家作制限」と「人民職業ノ位置ノ制」を設けるとしていた。防火造規制と衛生，安全交通発生，風紀等の観点からのゾーニング構想であった。

2.3.9 公園系統の思想

欧州では公園をアメニティのためのものと見ていたがアメリカでは，市民，特に劣悪な環境に住む移民の道徳心を喚起し向上させる手段と見てきた。フレデリック・ロー・オームステッド（Frederik Law Olmstead, 1822～1903）はこの理念の実践者であって，ニューヨークのセントラルパーク（1858年コンペに当選）はじめ各都市の大公園を多数設計し，実現させた。セントラルパークの技師であったジョージ・E・ケスラー（George E. Kessler）はカンザスシティの公園委員会技師に就任，3年余の作業を経て1883年に『少数の公園を超えた大きな』公園系統のリポートをまとめた。都市の地形，交通パターン，人口の密度と増加，工業地，住宅地の現況と将来展望等について，詳細かつ総合的な把握に基づいたものであった。当時，9マイルの公園道路と1エーカーの公園しかなかったが，1917年には5大系統126マイルの公園道路と1992エーカーの公園を有するに至った。公園系統はクリーヴランド（H. W. S. Cleveland）が1883年に計画したミネアポリス，ケスラーが1907年に計画したシンシナティと展開した。彼らは地形，水路，自然景

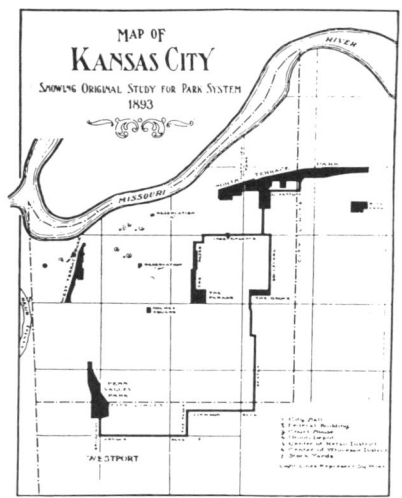

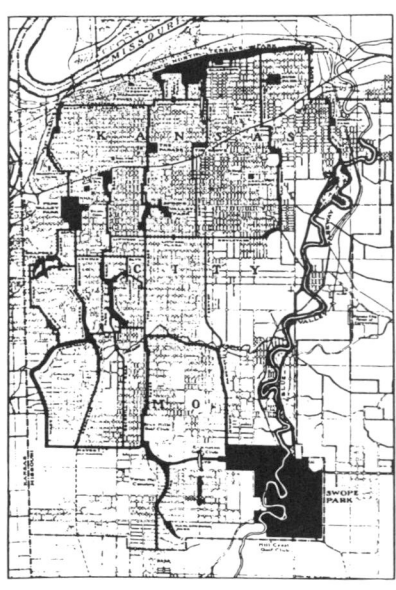

図2・11　カンサスシティの公園系統 *10

観と都市構造をダイナミックに把握し，交通系統を計画し，公園をダウンタウンのモール，ブールバール，河畔に配置して，「公園そのものが都市」の設計と事業を進めたのである。

2.3.10 生物学，社会学的視野に立つ都市計画の調査と表現：パトリック・ゲデス

エディンバラ大学の社会学部長であり植物学担当教授であったゲデス（Patrick Geddes, 1854～1932）は生物学の基礎の上に社会学を展開し，その実践の場を都市計画に見いだした。彼は1892年エディンバラに都市生活を総体的に研究する the Outlook Tower 誌を創設し，人

事実，経済循環，歴史的遺産を取り上げ，仲間と共に都市状態の秩序整然たる診断と処置の型をつくりあげ，分析結果と提案を多くのパネルに表現した。都市計画展はその初期の成果であった。ゲデスは第1次大戦中はインドに赴いて，カルカッタ，マドラスはじめ各都市において彼の理論を現地の実態に合わせ適用する努力を行った。密集荒廃市街地にクリアランスによる再開発ではなく，詳細な地区調査に基づき井戸や寺の周りのオープンスペースに着目した『控え目な手術』すなわち修復を提案した例は，彼の面目を示すものである。

2.3.11 自動車交通への対応（1912年）

建築家エナール（Eugene Henard, 1849～1923）は1903年から1909年にかけて「パリの改革についての一連の研究」を出版し，1912年には「パリの拡張と改造のための計画」を作成した。フランスの首都パリだけでなく大都市全体にも及ぶ原則をつくりあげた。その考え方は国際的にも認められ1910年ロンドンで開かれた国際会議に招かれて「未来の都市」について講演をした。当時，交

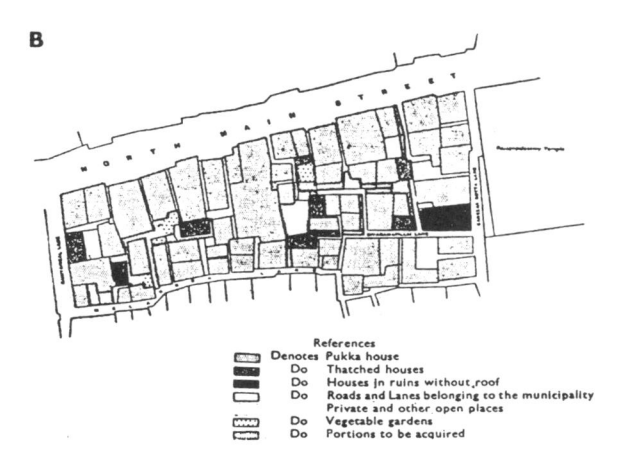

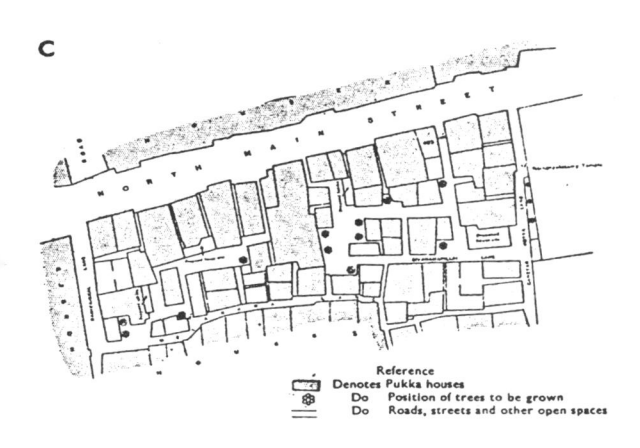

図2・12 密集市街地に対するひかえ目な手術 *11

間存在の全容を把握することがフィジカル・プランニングを社会的，経済的改善を統合する基礎とすると主張した。彼は，1904年『都市開発』と題する最初の著書を発表，1910年にエディンバラで都市計画展を開催した。彼とその仲間は，都市計画とその実施に先立つものとして徹底的な都市調査を行った最初の人であった。ゲデスは最も重要なこととして地理的環境，風土および気象学的

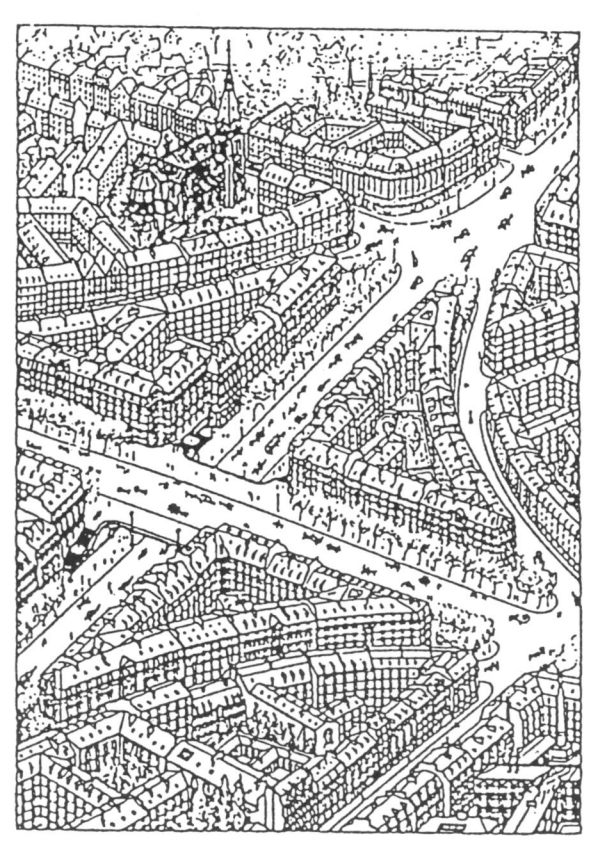

図2・13 エナールの交差システム *12

通手段の飛躍的発展を意味していた地下鉄が建設中であったが，彼はその重要な役割を評価しながらも自動車時代の到来を予見し，パリの道路網を徹底的に再建し直すことを提案した。都心で交差する2本の巨大な横断道路と新たな環状道路を設定する案であった。彼はこの計画の中で現代の都市交通計画の基礎となっている諸概念に到達している。まず6種類の交通（家事，職業，営業，社交と娯楽，お祭，大衆用）に区別し，それぞれが独特の特徴（定期的，均一的，複合性もしくは分岐的なもの）を持つことを示し，異なった種類の交通に最も適した道路と交通手段のタイプを選定するよう提唱した。

彼は道路網が効果的に機能するかどうかは交差点の計画次第であることを考え，二つの解消策を提案した。一つは2段立体交差で，もう一つは交差点の地下に歩行者路がある広い並木道路であって，いずれも後に都市計画に広く取り入れられた。

2.3.12 アムステルダムの会議の7原則と大都市問題対策（1924年）

ハワードの田園都市運動に端を発して結成された国際住宅および都市計画協会は，1924年アムステルダムで会議を開き，大都市圏計画に関する次の7原則を宣言した。すなわち，①.大都市の無限の膨張は好ましくない。②.過大都市予防方法として衛星都市による人口分散。③.緑地帯で既成市街地を囲む。④.自動車交通問題重視。⑤.地方計画の重要性。⑥.弾力性のある地方計画。⑦.土地利用計画の重視。

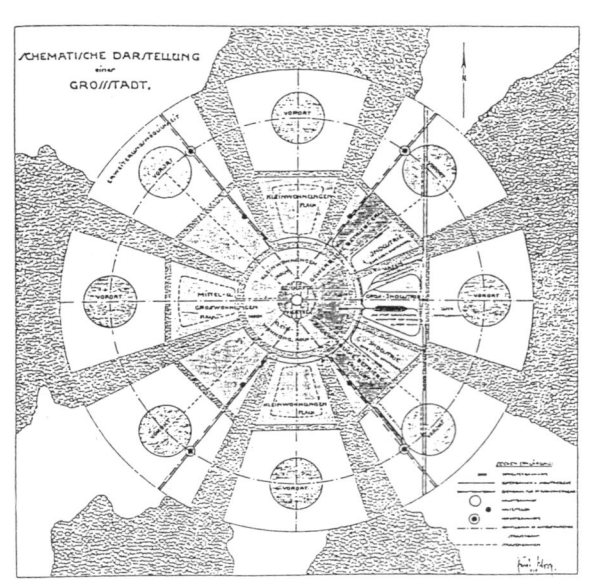

この会議の指導者の1人が，レッチウォースとウェルウィンを設計したR.アンウィンであった。この7原則には近代都市計画が大都市計画に取り組んで来た基本方針が明確に示されている。1926年ドイツのヴォルフ（Powl Wolf）による大都市モデル，1928年ニューヨーク大都市地方計画，1934年東京緑地計画，1940年イギリスの王立工業分散化委員会（バーロー委），1941年わが国の企画院の過大都市論と展開を見た。

2.3.13 ル・コルビュジエの300万人の都市とアテネ憲章

近代建築の巨匠，ル・コルビュジエ（Le Corbusier, 1887〜1965）は自動車時代の到来に都市構造が対応できていないことを強く意識して，大都市中心部をすべてつくり変える衝撃的な提案を行った。1922年，サロンドートンヌ展にパリ中心部計画，1925年パリ国際装飾芸術展に「300万人の大都市案」と呼ばれた計画を出品，1924年，都市計画理論「ユルバニズム」を発表した。彼は超高層建築群と高架自動車道からなる都市構造で垂直の都市を

図2・14 大都市計画の概念図[*13]

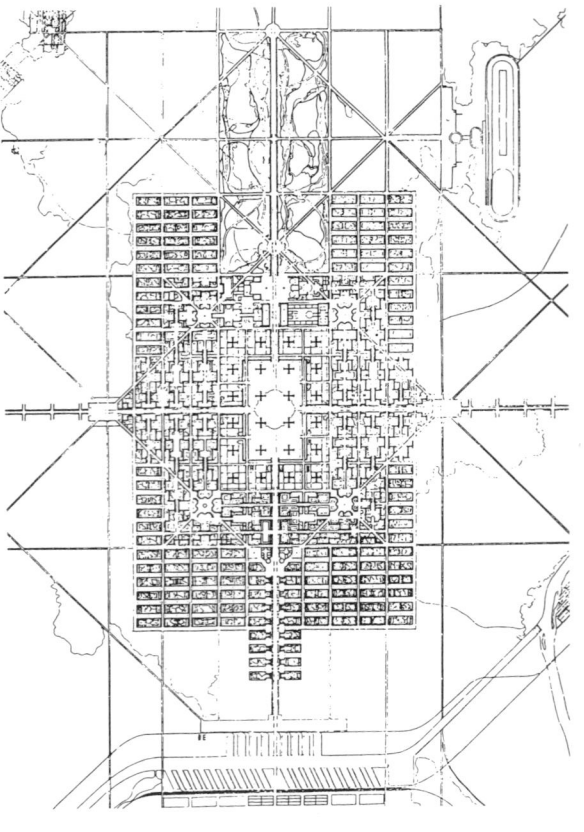

図2・15 300万人の大都市案[*14]

描き，近代建築を道具手段として都市問題の解決に対処しようとした，世界的に大きな影響を及ぼした建築の諸概念をつくり上げた。方法論として生物学，生理学からの著しい影響を受け，都市と人体構造のアナロジーを構成した。例えば大きな緑地は肺であり，「現代の街路は新しい組織体，一種の長い工場，多くの複雑で精巧な器官（配管，配線）をもつ空中の倉庫」と考えた。

コルビュジエはまた，1928年のラ・サラ宣言で設立された国際近代建築家会議（CIAM）の創始者の一人であった。この宣言は，都市計画を各種地域・地区の組織化であり，その本質からいって，機能的なものであると言っている。CIAMは1932年第4次大会を機能的都市をテーマに，アテネを巡る船中で開きアテネ憲章をとりまとめた。18ヵ国，33都市の分析に基づいて総則，都市の現状，危機と対策（住居，余暇，勤労，交通，都市の歴史的遺産），結論から，アテネ憲章は構成されていた。結論の要点は，住む，働く，楽しむ，往来する，の4機能に都市計画の鍵はあると主張した。

2.3.14 ジードルング：板状アパートの団地計画

第1次大戦後，わが国を含めて全世界に中層集合住宅を主とする団地建設が圧倒的な規模で進展した。居住者の生活機能を完全に発達維持させるために必要な空間，空気，光，熱の最小限住宅の条件を根本から検討した。古代ローマ以来，欧州諸都市の高密度居住に使われてきた中層集合住宅を最小限居住の集合として組み立てた板状アパート方式を開発したのは，W. グロピウス（Walter Gropius, 1883～1969）とマルセル・ブロイヤー（Marcel Brouer, 1902～1981）である。グロピウスはCIAMの創設者の一人であり，ワイマール共和国時代にバウハウス（Bauhaus, 1919～1924）を開設して建築を中心とする総合芸術運動を高めたが，その主要な仕事がドイツの定住地に関する伝統的なジードルングの概念を都市住宅地の形成に適用した団地計画であった。最小限住宅の規模決定と同じ考慮が，住宅棟を集め団地を計画する際の決定的な因子として取り上げられた。すなわち集会住宅のすべての住戸に最大限の明るさと太陽と空気を与えることであった。均一的な建物方位，建物間のスペースから交通を排除，全住戸のプライバシーと平穏のために住棟は街路に直交配置し，建物高さと比例したオープンスペースを確保して学校，教会，商店群等からなるセンターをおいた。近隣住区理論の実践であった。CIAMはその後最小限度住居論と住宅地計画を取り上げて，その波及は1940年頃にわが国にも及び，特に満州（現中国東北地方）の諸都市で多量の建設を見る。

2.3.15 近隣住区理論

小学校を中心として，幹線道路を境界とするコミュニティの単位を近隣単位といい，1928年にペリー（C. A. Perry, 1872～1944）がそれをニューヨーク大都市圏地方調査双書全8巻の第7巻の論文で唱えた。彼はコミュニティ形成の仕組みと維持に関する社会学的分析の進歩した理論から支援をうけた。幹線交通を境界として，内部は自動車による交通事故や分断の脅威から安全な日常生活の場として完結した市街地単位をコミュニティの場として計画し，提案を行った。ペリーは近隣単位の規模（面積と人口，中心から境界までの距離），コミュニティ機能を支える公園・レクリエーション施設，コミュニティセンター，商店街などの種類・数と配置原則を設定し，街路体系の計画論を展開した。

彼自ら，アメリカにおいてラドバーン（Radburn）ほ

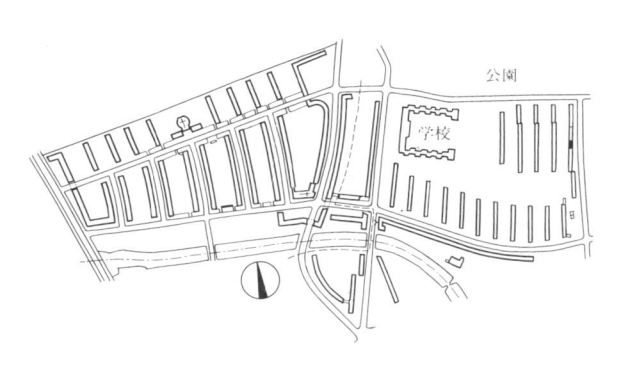

図2・16　ジーメンスシュタット住宅地計画[15]

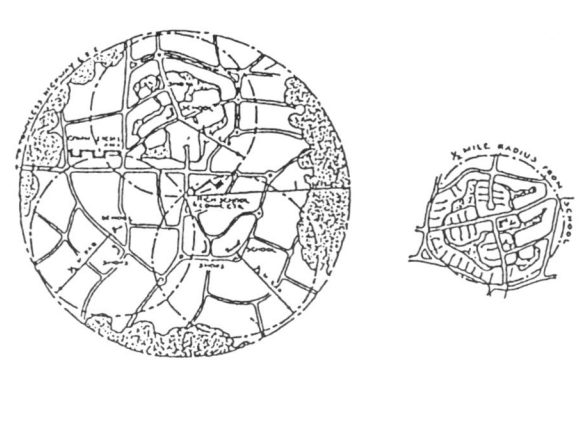

図2・17　近隣住区構成概念図[16]

かの住宅地の設計にこの計画理論を適用した。近隣単位論は以後，住宅地計画の基礎理論となり，大ロンドン計画にも取り入れられ，ハーローをはじめとするニュータウン，わが国では千里ニュータウンが近隣単位論に忠実な設計を行った。昭和31年住宅公団発足後，わが国の大規模住宅団地は，わが国都市計画における近隣単位論によって計画されたのである。

2.3.16 都市の適性規模と配置を求めて：フェーダー
（Gottfried Feder, 1883～1941）

都市の適性規模を求め，生活圏と核の段階構成論のもとに都市配置を論じ，1939年『新都市 Die Neue Stadt』を著し，戦時中，戦後のわが国の都市計画，地方計画に大きな影響を及ぼした。彼は古代から近世に至る都市計画の歴史をたどり，大都市の変質と問題，特に危険と巨大な浪費を避けるべき課題として強調した。ドイツ各地方の定住圏（Siedlung）の実態分析，都市のタイプ分類，居住者の職業分析から人口2万人を都市の適性規模とし，都市統計の分析操作によって居住者の職業構成，様々な機能を果たす公共施設をはじめ都市施設の種類と規模と形態の基準を設定し，企業の産業別分析から2万人都市における企業数，雇用についての基準を求め，彼が理想とした2万人都市の土地利用構成と，各種都市施設と企業配置基準を作成した。わが国の高度成長期の新産都市計画の原単位論，3全総における定住圏構想にもつながる計画論であった。フェーダー理論に従った計画論としては Heintz Kilns Kuhn Frohlich による新都市計画や，ベルリン近郊，ブランデンブルグ近郊の住宅都市計画の例が慨る。

2.3.17 国土・地方計画へ視野の展開

イギリスでは大ロンドン地方計画委員会が1923年に設立され，1924年，アムステルダムの大都市地方計画会議，1928年にラッセルセイジ財団の大ニューヨーク地域地方計画と展開を見た。一方，全国土を対象とし，いくつかの地方に分割して計画する構想は，ナチスドイツが第1次4ヵ年計画（1932），ソ連のゴスプラン（国家計画委）による第1次5ヵ年計画（1928）に国土計画を織り込んだことから始まる。1937年，パリで開催された国際住宅および都市計画会議が国土計画を唱導し，同年富山での全国都市計画協議会でわが国に初めて取り上げられたのであった。翌年，北村徳太郎内務技師がドイツから帰朝し地方計画を伝え，飯沼一省調査官がその情報を企画院に入れた。商工省では工業地方分散化委員会を設置した。

国土計画，地方計画への視野の展開は第2次大戦直前の時代思潮であった。

2.3.18 大ロンドン計画

アーバークロンビィ卿（Abercrombie, 1879～1957）による大ロンドン計画（1944年）は，バーロー報告の勧

図2・18 新都市の土地利用構成ダイアグラム*17

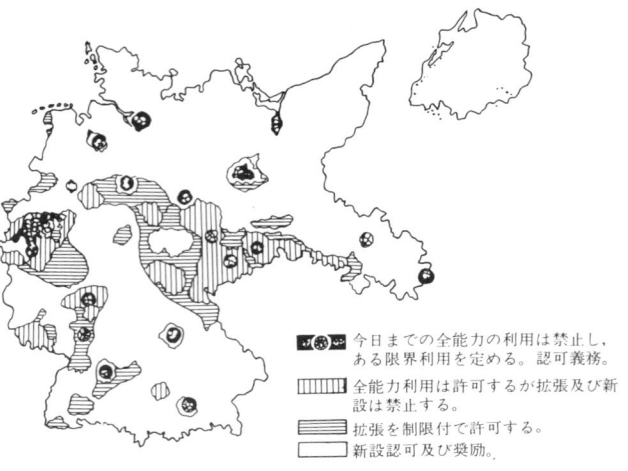

図2・19 ドイツの国土計画図*18

告を計画の仮定条件とする第2次大戦開始以来の3計画の一つとして策定された。すなわち，シティ・オブ・ロンドン・プラン，カウンティ・オブ・ロンドンプラン（1943年）と本計画であった。この計画が冒頭に挙げた五つの仮説があった。すなわち，①.ロンドンとホームカウンティでは特別なケースを除いて新しい工業は認められない。②.ロンドンの混雑した地域から人口と工業を分散する。③.バーロー勧告に従い，この地域の人口は増加せず，かえって減少する。④.ロンドンの将来は大港湾都市として考える。ロンドン港が繁栄をとめるならばロンドンは衰退に向かうだろう。⑤.地価のコントロールを含めてプランニングのための新しい権力が利用できるものとする。

　すなわち，大ロンドン計画は過密混雑地域を適正密度に再開発をして，あふれ出る人口と工業を移転させて郊外にニュータウンや拡張都市を整備して受け入れようとする大都市の改造計画であった。125万人にのぼる膨大な移動を内容とし，半径50マイルに達する圏域を対象とした総合計画であった。

　大ロンドン計画は中心部の再開発と分散の政策と既成市街地，グリーンベルトを含む四つのリングの計画概念とニュータウン建設による整備手法によって大都市圏計画の模範とされ，特にわが国の首都圏，近畿圏整備計画は大きな影響を受けたのである。

2.3.19　ニュータウン

　大ロンドン計画は8ヵ所のニュータウンを図上に示したのである。1945年，リース卿を長とするニュータウン委員会が発足し，その答申をまって46年にニュータウン法が成立した。リース委によってニュータウンの骨格が形づくられた。すなわち，ニュータウンはいわゆるベッドタウンと対立する概念である「雇用の自給自足とバランスのとれた町」であることを特色とし，大都市過密地域再開発に直結した受皿づくりを，人口減少，産業衰微地域に行って地域の振興と再編を進めるとされた。ニュータウンは地方計画の中にその目的，機能，性格が位置づけられたのである。

　初期のニュータウンはすべて近隣住区理論に基づいて都市構成を計画した。小学校，教会，コミュニティセンター，ショッピングセンター，パブ等を中心とした人口5千〜1万の近隣住区を単位とした。ハーロウでは6千人程度の住区単位が二〜三集まってサブセンターを構成し，それがさらに四つ集まってニュータウンを組み立てている。

　50年代以降，ニュータウンの計画論はイギリスに限っても変化したが，目的や機能も，各国に波及する間に一層変わったのである。スプロール対策は依然として多いが，快適なコミュニティ生活の器を準備する例は，千里・多摩などわが国にも例があり，工場誘致とセットになった開発は各国に多く，高水準の住宅・宅地の多量供給はイギリスの田園住宅地の流れを引いて世界の各都市に多い。大学，研究所，政府機関と住宅地の組合せで特色を持つニュータウンを国策として造る例（筑波，ノボシビルスク，果川），大都市圏の構造転換プロジェクトの推進事業（パリ）としてのニュータウンなどが見られる。

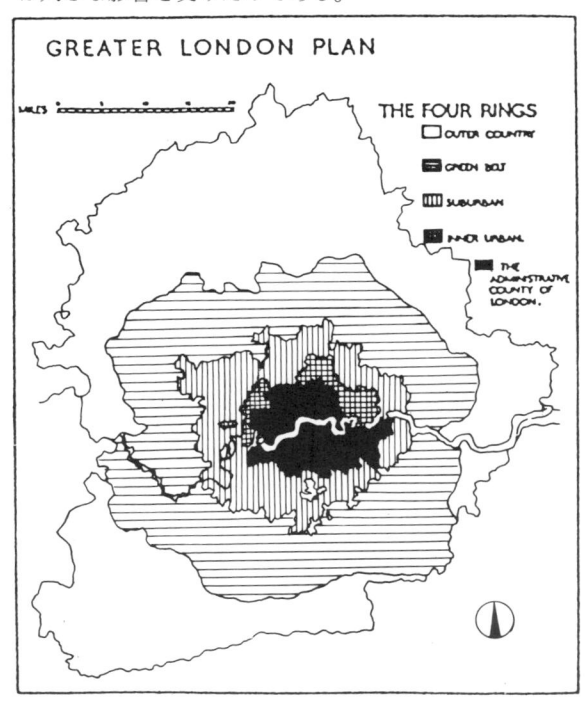

図2・20　大ロンドンの四つのリング[19]

図2・21　ハーロウニュータウン[15]

2.3.20 都市再開発

オスマンのパリ改造,東京の市区改正などは19世紀に首都の威容を整え,近代の交通手段に堪え,都市機能を高めようとする全市街地的な都市再開発の源流であったが,前後して英米に生じた動向は,これらが見落としていた観点を主座に据えたのである。1875年および1879年に制定されたクロックス法は,不良住宅を改善する純住宅法的な観点をこえて地区を対象にして不良住宅の除却再建をすることを規定した。以降,イギリスの住宅法はスラムクリアランスの事業手法を漸次,都市計画的な課題に対応するような対象と方法に改善して,1909年,住宅・都市計画法の制定に至る。アメリカでは,1937年,連邦住宅法によって住所得者に対する公営住宅供給とスラムクリアランスに対する補助金,融資の制度を設け,公営住宅の建設戸数と同数の不良住宅除却を補助の条件とした。1949年,住宅法は都市のスラム,荒廃地区を除去して「スラムクリアランスとコミュニティの開発,再開発」をすすめる事業方式を打ち出し,1954年,住居法で対象を商業地,工業地の再開発にも拡大した。英米の再開発は住宅と居住条件の改善から出発して,都市のマスタープランに沿って市街地のスラム,すなわち悪化・老朽停滞化に広く対処し,コミュニティの再開発を都市計画の主対象としたのであった。1958年,ハーグにおいて都市再開発に関する国際会議が開催され,再開発の定義と分類を規定した。地区再開発,またはスラムクリアランス,修復および保全の3カテゴリーと,これらを包括する概念としての都市再開発(Urban Renewal)である。

2.3.21 都市のマスタープラン

都市の全体像を図面で表現し,都市計画の意図,目標を示そうとする試みは,多くの理想都市計画の事例のように古くから行われてきた。近世以降はロンドン,パリ,ベルリンなど,特に大都市改造に際して,複雑な対象をとらえ計画意図を主張するために市街地像が描かれた。一方,さまざまな目的・動機をもって建設された新都市は,インドの英領植民都市,アメリカの諸都市,日本の満鉄付属地,ニュータウン,ブラジリア,イスラムバードなどの新首都などに見るように,時代を超えて,主要道路網からなる骨格が地形と対応してつくり出す都市構造と土地利用と施設配置が織りなす都市機能の構成を総合して示すマスタープランで目標を示し,指針としたのである。アメリカでは地域制条例の基盤を確立するために土地利用に関する総合計画が必要であるという主張が育ち(30年代),さらに連邦補助金による再開発事業を実施しようとする都市は,再開発の必然性と都市計画にお

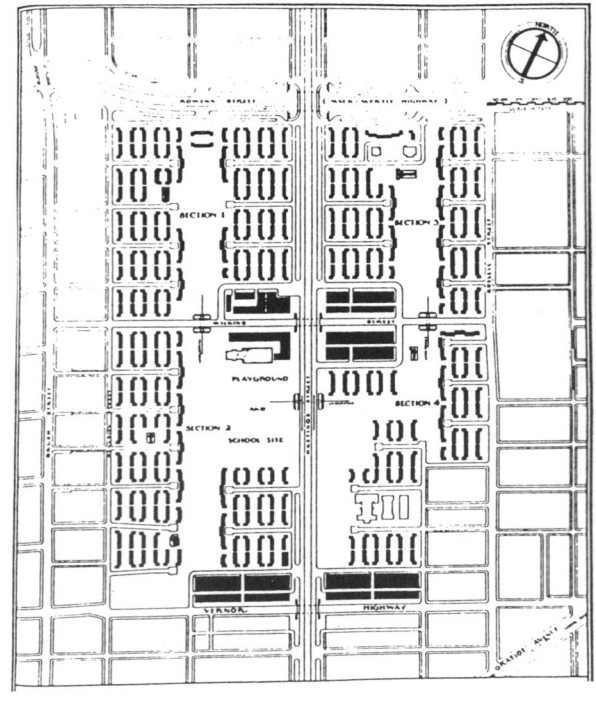

図2・22 デトロイトスラムの再開発(左が当時の状況,右が計画案)*10

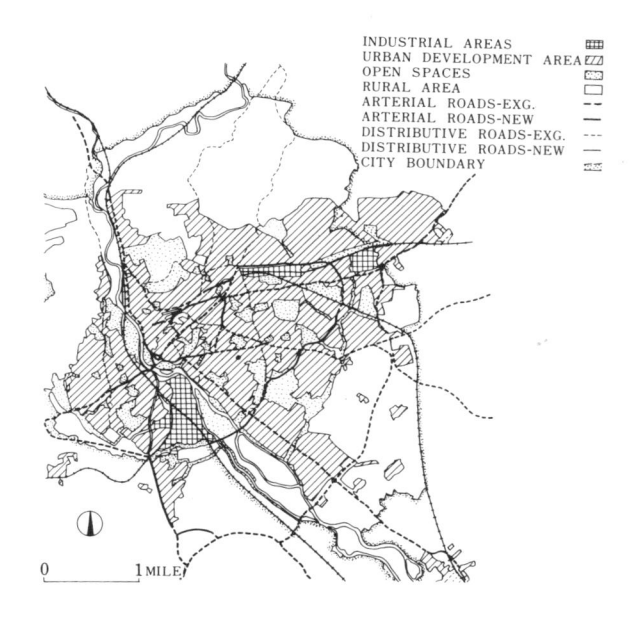

図 2・23　エクセターマスタープラン *15

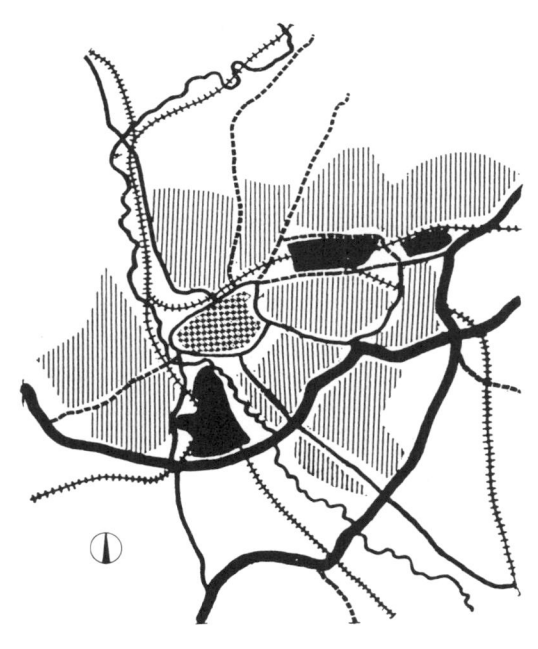

図 2・24　エクセター概念図 *15

ける整合性を明らかにするためにマスタープランの策定を義務づけられるに至った(1949年)。マスタープランという用語は，大規模敷地の施設，団地，都市から都市圏を対象とした計画に至るまで使われているが，以上のルーツに見るように，その契機は新都市開発，再開発を主題とするものであった。総合計画は地域の全域にわたる土地利用計画をベースとする交通，産業，教育文化など全部門についての開発計画の体系であり，基本計画という用語は行政体による行政区域内の開発政策の基礎となる長期総合計画を意味する。

3 都市の構成要素

　都市の物的構成要素であり都市計画の主な対象である道路，建築と公園，緑地について概説する。われわれが日常的に利用し見慣れた存在である割に，都市全体のシステムの中で，それぞれの存在の意味ととらえ方を正確に知らない，あるいは深く考えようとしないのが実情である。特に，土木，建築，造園といった各出身分野によって，それらの認識は偏っているといわねばなるまい。都市計画者が建築物，道路等を都市の構成要素として，知るための視点，視野を提供する。

3.1 道路とサーキュレーション

3.1.1 都市と道路

　都市における道路は，単に人や物の輸送に役立つことのみならず，次の点においても重要な役割を果たしていると言える。

(1) 都市には種々の道路が存在しているが，その中で幹線道路は都市の構造を形成する基本的な施設となっている。

(2) 道路の両サイドの歩道部分には，電気ならびに電信電話などの諸施設があり，路面下には地下鉄，上下水道，ガス施設等の埋設されている場合が多く道路は各種公共施設に利用される帯状の多目的利用空間としての役割を果している。

(3) 沿道の建築物に対しては，通風，採光などの空地的な効果を果たしていると共に，その他，保安，防火，防災などに役立つ重要な施設となっている。

(4) 道路は沿道開発によって市街化を促進する重要な機能を果たしている。すなわち，道路が新たに開設されれば，沿道の土地利用が制限されている区間は別として，従来の農地は宅地に，また住宅地は商業地へと土地利用の変化をもたらすことになる。

3.1.2 道路の分類

　都市内における道路は，主として機能面から次のように分類することができる。

　1) **都市高速道路**　　日本の大都市における首都高速道路や阪神高速道路のように，都市内における自動車専用道路であって，比較的トリップの長い自動車交通に供

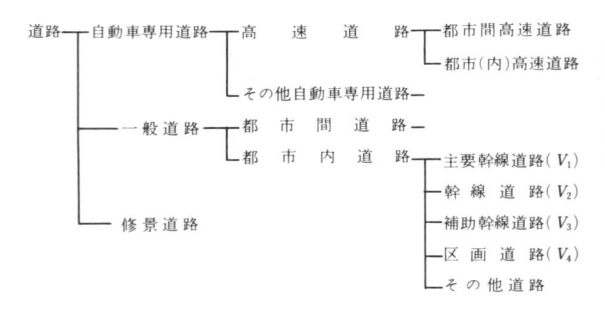

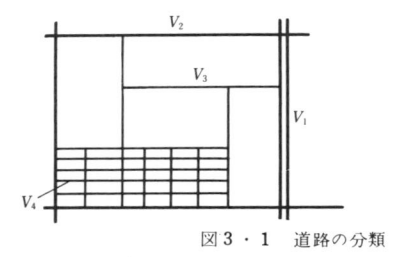

図3・1　道路の分類

図3・2　都市高速道路（首都高速道路公団提供）

図 3・3　主要幹線道路（環状 7 号線, 東京）

図 3・4　幹線道路（和歌山市）

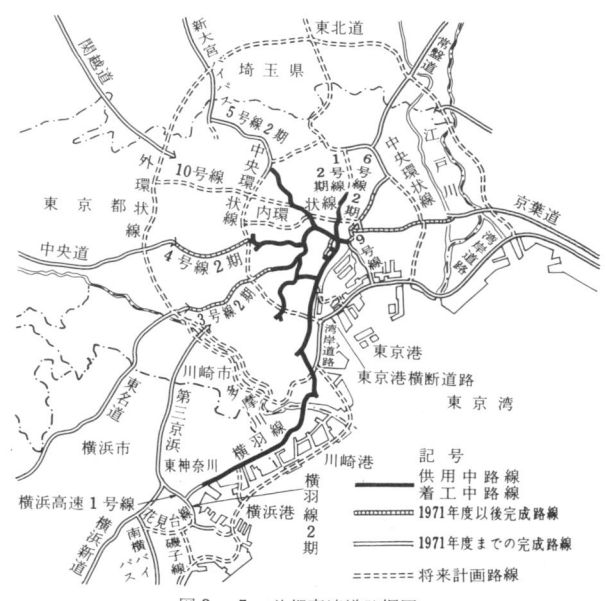

図 3・5　首都高速道路網図

記号
━━━━　供用中路線
━━━━　着工中路線
＝＝＝＝　1971年度以後完成路線
────　1971年度までの完成路線
‐‐‐‐‐‐　将来計画路線

され，高速化と大容量サービスを目途として計画されている。そして平面道路との交差を避けるために，出入はインターチェンジ等に限定され，高架，掘割やトンネルなどの構造になっている（図 3.2）。

2）**主要幹線道路**（V_1）　地方都市における国道のバイパス，または大都市の主要な放射・環状線道路であって，都市内の一般道路の中でも特に広域幹線としての性格が強いものである。また，これらは都市内高速道路に準ずるものであり，大量の自動車交通を処理する点が重視されるために，主要な交差点は立体化されている場合が多い（図 3.3）。

3）**幹線道路**（V_2）　都市内においては，前述の主要幹線道路と一体となり，市街地の骨格となる幹線道路網を構成することになる（図 3.4）。

4）**補助幹線道路（住区幹線）**（V_3）　この路線には二つの機能があり，その一つは幹線道路網を補強するためのものであり，他の一つは区画道路と幹線道路の中間にあって，この両路線を相互に結びながら住区内の骨格を形成する「住区幹線」としての役割である。

5）**区画道路**（V_4），**および特殊道路**　市街地において街区を構成する道路であって，すべての建築物はこの路線に接して配置されることになる。

以上のほか，特殊道路として歩行者専用道路，自転車専用道路，ならびにモノレール等の専用道路がある。

3.1.3　道路網の構成

都市における道路網は，前述の各種道路が各路線の機能を発揮しつつ，また相互に補充し合いながら複雑な形態をとっている。そして，その構成は各都市における歴史的な幹線道路の配置，地形上の制約，また，新都市では目標とする都市形態のあり方によって異なっている。しかし，一般的には後で述べるような「計画のプリンシプル」ともいうべき考え方が存在しており，特に最近では自動車交通と住環境の調和を重視した街路網形態が種々工夫されつつある。

a．都市高速道路網の構成

都市高速道路網は，地方都市におけるバイパスは例外として，周辺地域から都心方向への放射幹線と環状線によって構成されている場合が多いが，網のパターンは都心部への導入方法によって次の二つのタイプに区分することができる。その第 1 は，東京，ならびにボストンの例にみられるごとく，多くの放射幹線を都心環状で受け

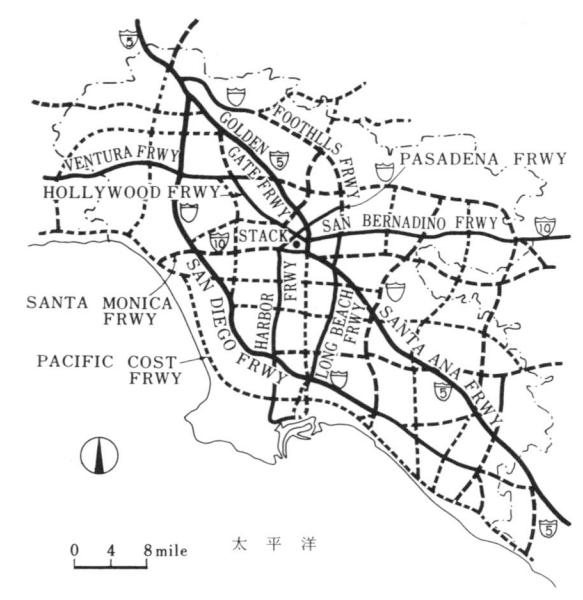

図3・6 ロスアンジェルス高速道路網図

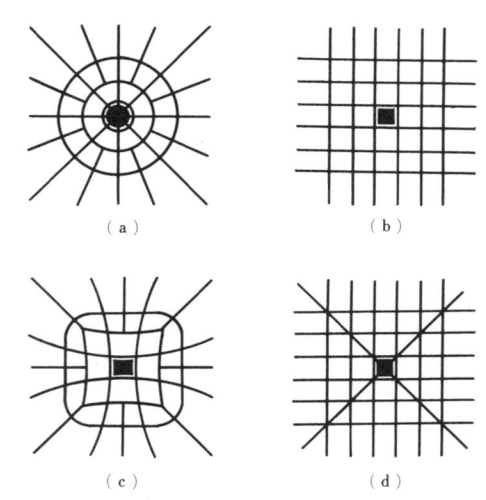

図3・7 幹線道路網の基本型

ているパターンである。

第2はアメリカのロスアンジェルス、ならびにダラス市にみられるように、都心直通のタイプである。この両パターンの選択に関しては多くの議論のあるところであるが、都心環状で受ける場合は、都心部の土地利用構成等からみれば合理的であるが、反面、都心環状に過度の自動車交通が集中し、網の容量が都心環状の容量によって大きく制約されるという問題が生じる。一方、都心直通型では、以上の点は改善されるが、都心近くに大規模なインターチェンジが必要となり、都心部における土地の有効利用ならびに都市土地利用上の景観等において問題が生じる場合が多い。

b. 幹線道路網の構成

1) 基本形式　幹線道路網の構成は極めて多様であるが、その基本型は次の4タイプに分類することができる。

a) 放射環状型　古い歴史を有する放射幹線を骨格とし、市街地の拡大に伴って新規に加えられる環状線によって構成されるこの形式は、必然性があり、かつ、合理的であるために、非常に多くの都市でその例をみることができる。大都市のパリ、ロンドン、ベルリン、ならびに東京はその典型である。

b) 格子型　ギリシャ、ローマ時代ならびに中国、日本の古代都市で広く普及していたパターンであり、その時代の都市形態を現在においてもとどめている都市、ならびにその後に計画されたアメリカのニューヨーク、フィラデルフィア、札幌や、また、最近におけるイギリスのニュータウンのミルトンケインズにその例をみることができる。

c) 格子・環状混成型　都心部とその周辺は格子型の形態をとり、郊外部に行くに従って放射環状の性格が強まるパターンである。この形は、都心部では交通の分散を可能にし、周辺部には環状線を有することになるので非常に合理的な構成であると言える。アメリカのシカゴ、日本の大阪、名古屋の街路網はこの典型である。

d) 斜線型　18〜19世紀に欧米諸都で多く用いられたパターンであるが、交通路の結節点に記念碑等を配置し、都市の美観向上に役立たせたり、交通動線の短縮化をはかるために格子型の基本型に斜線を付加したものである。

アメリカのワシントン、デトロイト、ならびにメキシコシティがその典型事例であるが、最近では道路の結節点で交通渋滞が発生するなどの理由で問題が多いとされている。

2) 幹線道路の配置間隔　幹線道路の望ましい配置間隔は、その都市における自動車の普及状況、土地利用

表3・1 道路網間隔の標準

地域区分	網間隔〔m〕	人口密度〔ha〕	発生台数/〔ha〕
高密住居地帯	500〜700	300〜400	400
中密住居地帯	700〜900	200〜300	200
低密住居地帯	1000〜1300	200〜100	100
都心業務地帯	400〜700	(1000〜3000)	800
住商工混合地帯	500〜1000	300〜400	400

(注) ( ) は昼間業務

図3・8 東京都区部における幹線道路網図

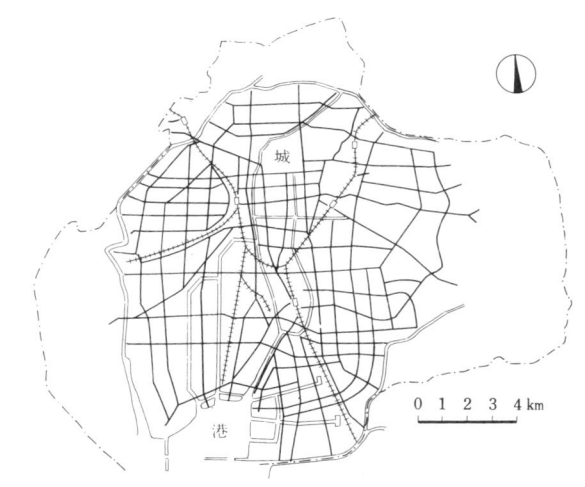

図3・10 名古屋旧市街都市計画道路網図

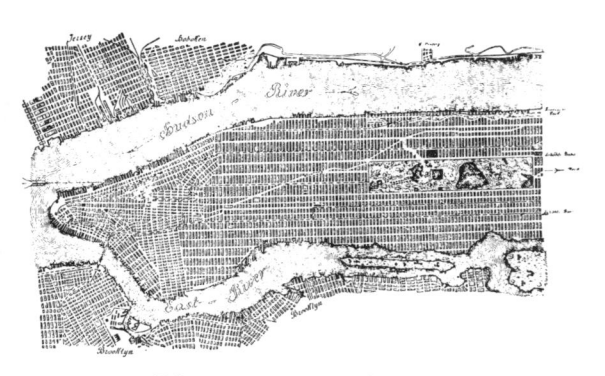

図3・9 ニューヨーク市道路網図

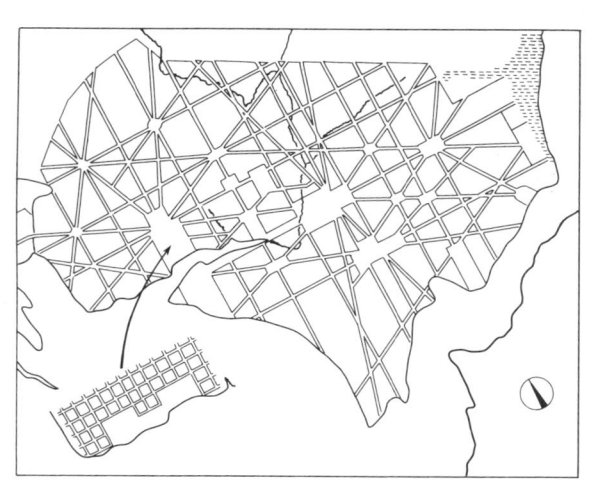

図3・11 ワシントンにおける道路網図

状況,開発密度,ならびにバスの運行状態によって異なるが,わが国の都市では次の標準によって計画されたものが多い。

1933(昭和8)年　内務省次官通牒,街路計画標準

軌道,乗合馬車等の交通線を含む主要幹線街路の間隔は,住居地域に於ては大体500m以上1km迄とし,其の他の地域に於ては500m以下なるを妨げず。

1946(昭和21)年10月　復興院次長通牒,街路計画標準

軌道,地下鉄道,乗合自動車等の交通線を含む主要幹線街路の間隔は商業地域及び工業地域に於ては500m以下,住居地域に於ては500m以上,1000m以下とすること。

補助幹線街路の間隔は商業地域及び工業地域に於ては200m以下,住居地域に於ては250m以上500m以下とすること。

なお,表3.1は大都市の場合を想定して各種土地利用に対する望ましい配置間隔を例示したものである。

3) 幹線道路網構成の事例　図3.8は東京都区部における主要な都市計画道路網を示したものであるが,多数の放射線と8本の環状線によって構成されている典型的な放射環状パターンとなっている。図3.9はアメリカのニューヨークのマンハッタン島における道路網であるが,典型的な格子型パターンとなっている。

図3.10は名古屋旧市街地における道路網を示しているが,都心とその周辺は格子型に組系されており,郊外に行くに従って環状線の形態をとる格子環状混成型となっている。図3.11はアメリカのワシントンにおける道路網であるが,格子型道路網の主要地点に斜線を入れた事例となっている。

図3・12 イギリスにおける道路の段階構成

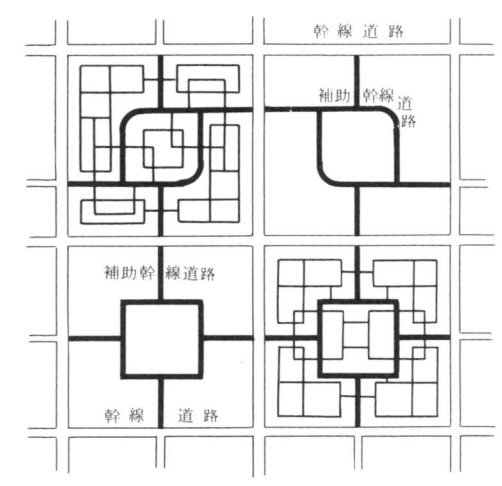

凡例：
━━━ 主要幹線道路
━━ 幹線道路
─ 補助幹線道路
--- 区画道路
▨ 居住環境地区

図3・13 わが国における道路の段階構成のパターン

3.1.4 道路の段階構成と居住環境地域

a. 道路の段階的構成

自動車時代の都市における道路網計画ではスムーズな交通の流れを確保し，市街地構成と道路網構成との調和をはかるために，各道路の性格づけを明確にし，これを段階的に構成することが重要になってきている。

イギリスの計画指導書ともいうべき「Roads in Urban Areas」では図3.12に示すように4段階に分類し構成している。

第1段階の幹線分散路（Primary Distributor）は主として旅行距離（トリップ長）の長い自動車交通が対象となり，自動車交通が最も優先されるべき道路であり，能率的な運行を確保するために交差点の多くはほとんど立体交差となっている。

第2段階の道路は地区分散路（District Distributor）であり，わが国における幹線道路または補助幹線に相当するものであり，市街地の骨格を形成することになる。また，この段階の道路の役割で特筆すべき点は，この路線によって後述の居住環境地域が設立されることである。

第3段階の道路は局地分散路（Local Distributor）で，わが国の補助幹線，または住区幹線に相当している。住区内の区画道路から発生する交通を上位の地区分散路に導く機能を有しているが，この路線は住区内通過交通を可能な限り減少せしめるように工夫されている。

第4段階の出入路（Access Road）は，わが国の区画道路に相当しており，すべての建物はこの種の路線に沿って配置されることになる。この出入路の構成において特に工夫されている点は，道路の段階構成を重視し，周辺の地区分散路と出入路の接続を一切許容していないことである。

図3.13は以上の考えをわが国の一般住宅市街地に適用したモデルパターン図である。

b. 居住環境地域の設定

街路網と市街地の空間構成との関連を重視した計画の考え方は，決して新しいものとは言えないが，1963年に発表されたイギリスのブキャナン・レポートの「Traffic in Town」は非常に興味ある提案を行っている。

この基本的な考え方は，市街地の中に居住環境地域（Enviromental Area）を設定し，これを前述の街路網の段階的構成に対応させ，市街地の基本的な構成単位にしようとするものである。この居住環境地域の概念は，次のパターン図，図3.14, 3.15に示すように，市街地の中に自動車の通過交通から守られるべき「都市の部屋」を形成せしめる。そしてこの中では，自動車交通は住民の生活環境を侵さない範囲で許容され，区域内では歩行者交通がより重視されることになる。

ここで問題となるのは，各地域における居住環境地域の規模をどのような指標で決定すれば良いかであるが，ブキャナン・レポートでは，その地域の居住環境を害する程度の街路が地域内を通過しないことを条件としているので，例えば自動車交通密度の高い地域では，居住環境地域の規模は小さく，逆に密度の低い地域では小学校区，またはそれ以上に拡大することもあり得るとしている。

次に，道路の居住環境容量，すなわちその地区の居住

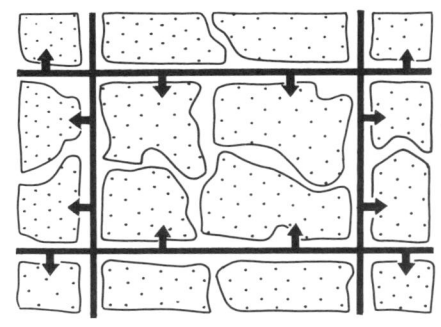

図3・14 居住環境地域の考え方

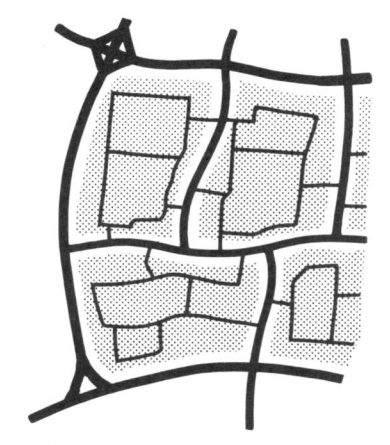

図3・15 居住環境地域設定のパターン

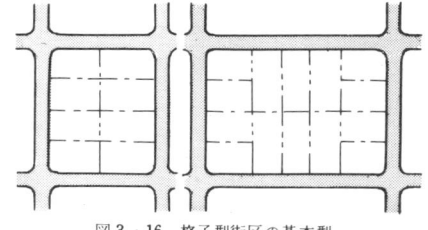

図3・16 格子型街区の基本型

図3・17 格子型による街区設計の例

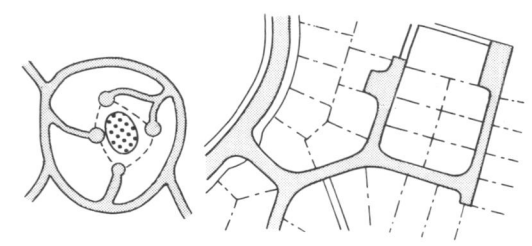

図3・18 クルドサックの基本型

図3・19 クルドサックによる街区設計の例

環境を害さない範囲内の自動車交通量についてであるが，これは歩行者が安全に地先道路を横断することができる水準をもって検討し得るとしている。

3.1.5 住宅地における細道路網と歩車道の分離
a．細道路網

細道路は段階構成における末端の道路で，各住戸へのサービスを第1の目的としている。したがって，通過交通は極力避け，住宅地の安全と静かな環境をつくり出すことが重視される。

実際に住宅地を設計する場合，どのような細道路網のパターンを採用するかは，住戸の形式，地形，事業方法，ならびに歩車道分離計画の方法によって異なるが，基本的には次の三つのパターンが選択の対象となる。

1）**格子型**　わが国の住宅地設計では最も多く採用されている形式であって，図3.16に示すように画地を長辺に沿って2列配置を原則として，敷地は南北方向に長くとるのが一般的である。画地が道路に接する部分を短くすると，道路面積が節約でき，また整然とした分かりやすい細道路網を形成するが，単調な長方形ブロックの並列になるきらいがあり，通過交通が混入しやすく安全性に問題があるとされている。図3.17は格子型を採用した住宅地の例をみたものである。

2）**袋路型（クルドサック）**　このタイプは欧米の住宅地では非常に多く用いられている。各住戸に無関係な車が進入しないので通過交通がなく，安全で静かな住環境が得られる。高低差のある地形に採用しやすい点もあ

47

図3・20 ループ形式

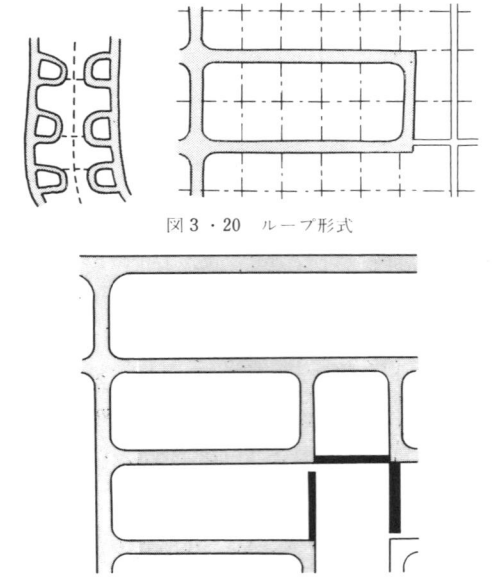

図3・21 ループ形式による街区設計の例

るが，迂回路がなく分かりにくい等，利便性に欠ける問題がある（図3.18，3.19）。

3) **ループ型**　迂回路のないクルドサックの欠点は改良されており，同時に通過交通が利用しにくい形となっているために，住環境と安全性は確保される（図3.20, 3.21）。

以上の各パターンの普及状況をみると，集合住宅団地ではクルドサック，ループ形式が多く，一戸建の宅地開発ではグリッド，ループ形式が多い。わが国の宅地開発で従来グリッドパターンが単純に採用される例が多かったが，次に述べる，人と自動車交通の分離等，交通安全への配慮が重視されるようになって，次第にループまたはクルドサック形式が多く用いられるようになってきている。

b. **歩車道の分離**

過去においても，自動車と歩行者交通を分離するために，市街地内の幹線では歩車道の区分，横断歩道の建設，ならびに通学路の設定等多くの努力が払われてきた。しかし，最近では，以上のような部分的な対策のみでは不十分であり，自動車から歩行者を守るためには，人と自動車の通路を完全に分離することが重要であると指摘されるようになった。

分離計画の手法は，住宅地と商業地，新都市と既成市街地によって必ずしも一様ではないが，その基本型は1928年のライトとスタインの共同設計で実現したアメリカのラドバーンにみることができる。

この計画は急速に進みつつあるモータリゼーションか

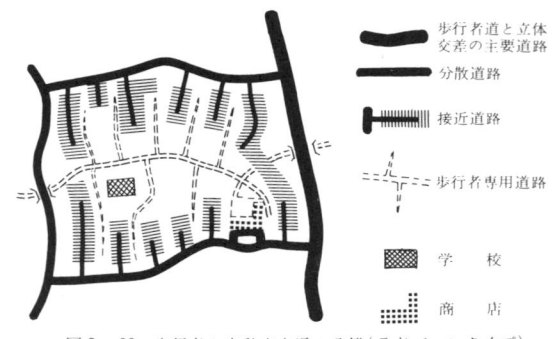

図3・22 歩行者と自動車交通の分離（ラドバーンタイプ）

図3・23 多摩ニュータウンにおける事例

ら生活環境を守ることを重視し工夫されたものであり，図3.22のパターン図に示すように，住宅地を取り巻く道路から袋路を出し，多くの住宅はこの袋路に面して建てられることになっている。そして建物の裏側には歩行者専用道が確保され，自動車を利用する人たちは袋路によって外周道路に導かれ，歩行者は裏側の緑道を経由し，小学校，幼稚園，その他の日常生活圏施設に徒歩で行くことができるようになっている。

このパターンは，最近の内外における住宅地の設計では大変に普及しており，単に新市街地の住宅地のみならず，既成市街地の改良，中心商業地の再編にまで及んでいる。

図3.23は多摩ニュータウンにおける歩車分離計画の事例であるが，基本的には前述のラドバーン・タイプが

図 3・24 千葉都心部における道路網

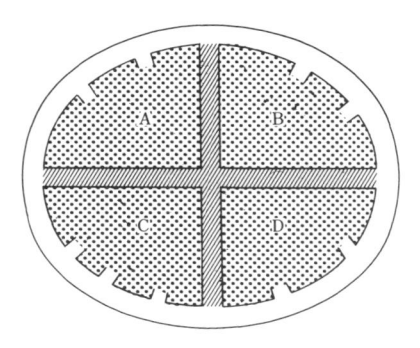

図 3・26 「交通セル」の基本型

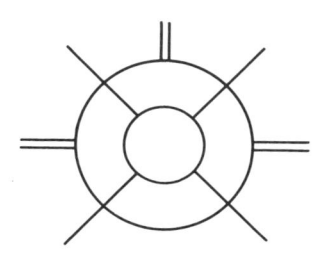

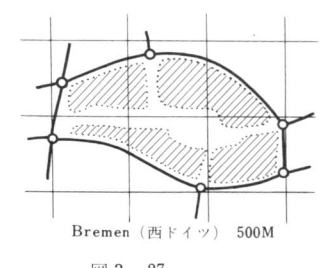

図 3・25 都心2重環状システムのモデルパターン

Bremen（西ドイツ）500M
図 3・27

適用されていると言える。

3.1.6 都心商業地における道路網
a. 基本型
都心部において幹線道路の沿道に商業施設が立地する傾向が強く，環境問題も住宅地ほどきびしくないので，道路網のパターンも必然的に格子型になる場合が多い。図 3.24 に示す千葉市中心部もその典型である。

b. 最近における新たな要請
都心地域における自動車交通の混雑緩和，より魅力的な商業地育成の視点から，従来とは異なった次のような考え方が導入され始めている。

1) 都心の二重環状システム　この方式は都心部における道路交通環境の改善のため工夫されたものであるが，図 3.25 のパターン図に示すように，外側の環状線は広域的な放射幹線を受け，都心に無用な交通をバイパスさせるのに役立ち，内側の都心環状は都心地区にサービスする有効な新線であると共に，都心に流入する交通を各路線に均等に分散させることに役立つことになる。

2) 都心地区における交通セル方式　前述の住宅地

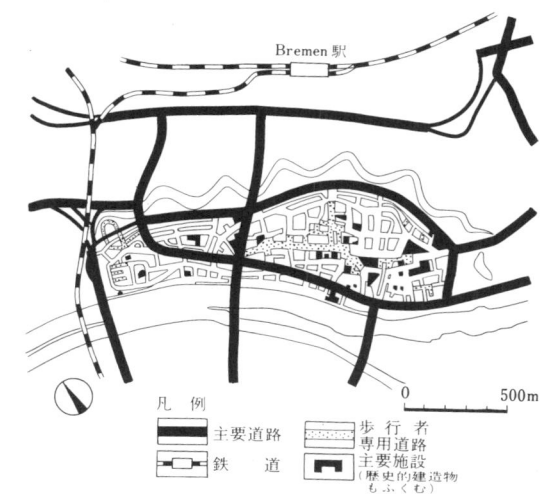

図 3・28 西ドイツのブレーメンにおける「交通セル」計画の事例

凡例：主要道路／歩行者専用道路／鉄道／主要施設（歴史的建造物もふくむ）

における「居住環境地域」と同様に，都心地区では次に述べる「交通セル」の考え方が普及しつつある。セルとは蜜蜂の巣の子袋を意味するものであるが，図 3.26 のパターン図に示すごとく，都心環状線からサービスされるA，B，C，D の四つの区域（セル）から成り，各セル間の境界には「交通の壁」が設定される。この壁によって各セル間相互を通過する自動車交通は完全に禁止されることになる。したがって，この壁が歩行者に解放される場合には歩行者専用のショッピングモールとして形成されることになる。

49

この構成は都心地区における交通環境を備える点からはもちろんのこと，商業発展策からも歓迎されるので，特に古い歴史を有するヨーロッパのまちづくりでは大幅に採用されつつあり，わが国でも都心地区の交通環境整備計画を目標とする「総合交通施設整備計画」ではこの考え方が基本的指針となっている。
　図3.27，3.28は西ドイツのブレーメンにおける交通セルの計画概要を示したものである。

3.1.7　各種道路の断面構成

　都市内における各種道路の断面構成は，将来における自動車交通量，バス路線の有無，沿道の土地利用，景観等を総合的に判断して決定することになるが，標準的な断面は次の道路構造令の定めるところによるところとなる。
　すなわち，主要幹線道路と幹線道路は構造令における4種1級に，補助幹線道路は4種2級，そして区画道路は5種を適用することを標準とする。しかし，都市内にあって，特に都市美観を強調したい場合は十分な歩道の広さと積極的な緑化が必要となってくる。また，沿道立地を前提とする区間については原則として停車帯を設ける必要がある。
　なお，特殊道路の歩行者専用道，ならびに自転車専用道に関しては，交通量とその周辺状況を考慮に入れ，適宜に定めることになる。
　図3.29は各種道路の標準的断面構成を示したものである。

3.2　建築と敷地

3.2.1　都市における建築の存在と作用

a．建築は人間の生活を包み，都市を表現する

　都市は人間が集まって生活するための場である。
　「住む」，「働く」，「楽しむ（余暇に）」と「往来する」はCIAMが1933年に発表したアテネ憲章[1]において，都市計画の鍵がその中にあるとした四つの基本的な都市の機能であるが，都市では人間生活にとっての原点となる住生活を中心に，生活を維持・向上させ発展させるための生産活動や，レクリエーションに加えて教育・文化といった人間社会の価値を生み出す活動まで，あらゆる生

---

1) ル・コルビュジエ，吉阪隆正編訳：アテネ憲章（SD選書102），鹿島出版会，1976

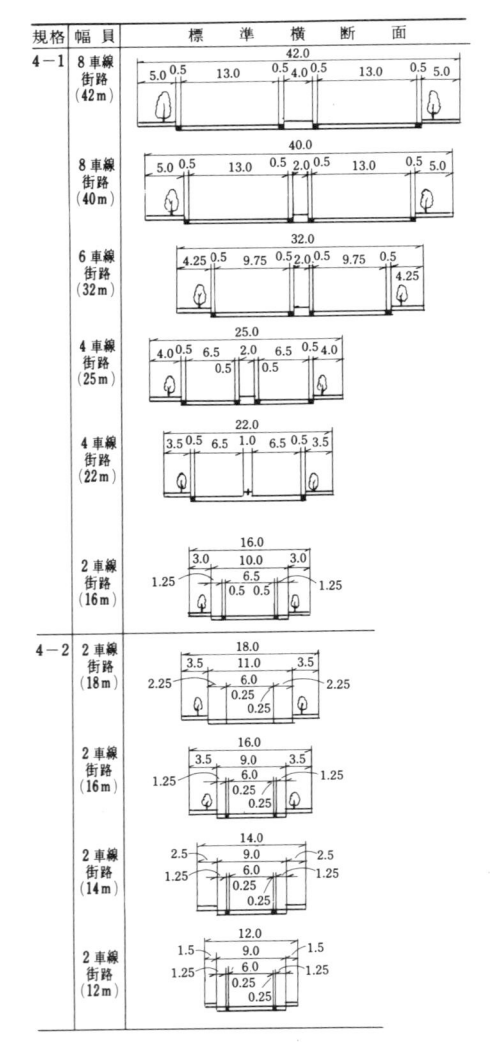

図3・29　各種道路の標準断面

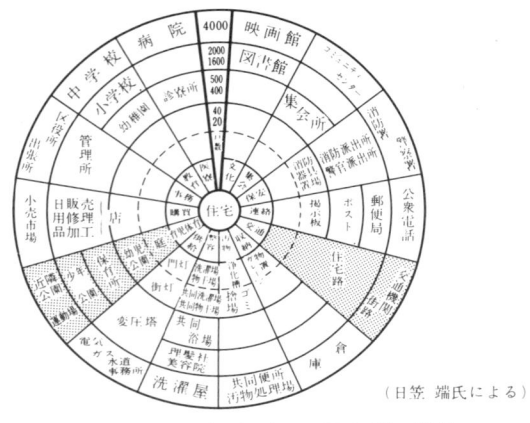

図3・30　住宅地の規模に応じた共同施設一覧[*1]（日笠　端氏による）

表3・2 共同化の考えられる生活行為と施設

共同化の考えられる行為	施 設 名 称	共同化の考えられる行為	施 設 名 称
食 事	食 堂	炊 事	炊 事 場
入 浴	浴 場	洗 濯	洗濯場, 物干場
用 便	便所, 化粧室	裁 縫	作 業 場
保 健	診療所, 理髪, 美容所	収 納	共 同 倉 庫
娯 楽	娯楽室, 映画館	暖 房	ボイラー室
教 養	講演・講習室	作業(内職)	作 業 場
運 動	室内運動場, 野外運動場	配 給	配 給 所
読 書	読 書 室	保 安	巡査派出所, 消防署
交 際	談話・社交室, 共同宿泊所	管 理	区役所出張所, 管理事務所
保 育	保育所, 遊戯場	通 信	郵便局, 電話ボックス
教 育	学校, 運動場	交 通	停留場, エレベーター

(吉武泰水氏による)

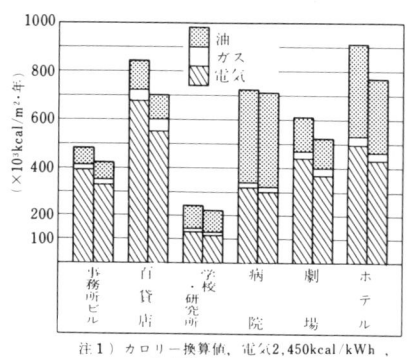

表3・3 建物用途別分類のタイプ
〔Aタイプ〕

中 分 類	小 分 類
官 公 署	地 方 国 家 施 設
	自 治 体 施 設
都市運営施設	供 給 処 理 施 設
	運 輸 施 設
	通 信 施 設
文 教 施 設	教 育 施 設
	研 究 施 設
	文 化 施 設
	宗 教 施 設
	記 念 施 設
厚 生 施 設	医 療 施 設
	運 動 施 設
	社 会 保 護 施 設
娯 楽 施 設	興 業 施 設
	風 俗 営 業 施 設
専用商業施設	宿 泊 施 設
	業 務 施 設
	集 合 販 売 施 設
一般店舗施設	一 般 店 舗 施 設
工 業 施 設	併 用 工 業 施 設
	専 用 工 業 施 設
住 居 施 設	独立及び2戸建住宅施設
	集 合 住 宅 施 設
農漁業施設	農 業 施 設
	漁 業 施 設

〔Bタイプ〕

中 分 類	小 分 類
公共系施設	官 公 庁 施 設
	教 育 文 化 施 設
	厚 生 医 療 施 設
	供 給 処 理 施 設
商業系施設	事 務 所 建 築 物
	専 用 商 業 施 設 等
	住 商 併 用 建 物
	宿 泊・遊 興 施 設
	スポーツ・興業施設
住居系施設	専 用 独 立 住 宅
	集 合 住 宅
工業系施設	専 用 工 場・作 業 所
	住居併用工場・作業場
	倉 庫・運 輸 関 係 施 設
	農 林 漁 業 施 設

図3・31 建築型別エネルギー使用量

注1) カロリー換算値, 電気 2,450 kcal/kWh,
    ガス 5,400 kcal/m³, 油 9,600 kcal/l
 2) 棒グラフの内, 左側は通常時を, 右側は
    オイルショック後を示す。

活行為が高密度に集積している。

建築は, それらの生活行為に対応して人間生活を包みこむシェルター(殻)である。それ故に建築は, 相互に関連して地域的に集積し, 人間とその生活の集積を物的に表現することになる。(表3.3)

建築は, 都市にあって単に物的に空間を構成する要素として存在するだけではなく, 都市における人間の生活を, 都市の機能と活動を規定し, かつ表現する。

b. 建築は, 交通や情報を発生させ集中させる

建築は都市に居住する人々の生活行為に対応して多様な用途に分かれて用意される(表3.2, 図3.30)。

したがって, 人間生活は複数の建築によってはじめて成立することになり, 集団としての都市活動は各種の建築を拠点として行われることになる。

建築は単独ではその役割を果たしえない。

人々の交通のために, 建築は道路に接してはじめて成立するが, 道路は火災時の消防活動や物の運搬のためにも, さらに電気やガスなどのエネルギーの供給や給排水等にも不可欠なものである。

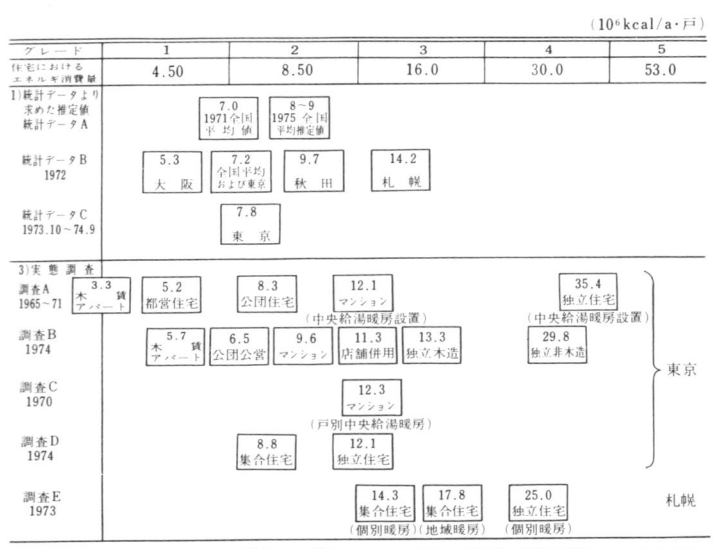

図3・32 住宅用エネルギー消費量とグレード

グレード	1	2	3	4	5
住宅におけるエネルギ消費量 (10^6 kcal/a・戸)	4.50	8.50	16.0	30.0	53.0
1) 統計データより求めた推定値 統計データA		7.0 1971全国平均推定値	8〜9 1975全国平均推定値		
統計データB 1972	5.3 大阪	7.2 全国平均および東京	9.7 秋田	14.2 札幌	
統計データC 1973.10〜74.9		7.8 東京			
3) 実態調査 調査A 1965〜71	3.3 木賃アパート	5.2 都営住宅	8.3 公団住宅	12.1 マンション（中央給湯暖房設置）	35.4 独立住宅（中央給湯暖房設置）
調査B 1974		5.7 木賃アパート	6.5 公団公営	9.6 マンション／11.3 店舗併用／13.3 独立木造	29.8 独立非木造
調査C 1970				12.3 マンション（戸別中央給湯暖房）	
調査D 1974			8.8 集合住宅	12.1 独立住宅	
調査E 1973			14.3 集合住宅（個別暖房）	17.8 集合住宅（地域暖房）／25.0 独立住宅（個別暖房）	

注　この表に示したエネルギ消費量は，電気・ガス・灯油の消費量を単純換算したものである。すなわち，電力1kWh＝660kcal

図3・33　建築の外観事例

交通，人々のコミュニケーションを円滑にし，都市活動を活発にするためには，その拠点となる建築相互を交通施設だけではなく，通信施設でも結ぶことが不可欠な要件となる。マスメディアによる一方的な情報の発信から相互の情報交流まで，今日，そのメディアは多様に発達し，都市内のみならず国際情報交流も21世紀に向けて顕著な増加をみせることとなろう[2]。

建築は，そのために特化したものを含めて交通と情報を発し，同時にそれらを集中させる機能をもつものである。

c． 建築はエネルギーと水を消費する

建築は，その中で暮らし活動する人々が，肉体的にも精神的にも健全で快適に，満足して利用できる環境を持つものでなければならない。

そのため，室内環境のうち，特に熱環境（温度・湿度など），空気環境（空気中に含まれる粉じん・有害ガス・臭気などと気流）や光環境（明るさ）などの物理的環境の制御に多くのエネルギーを消費することになる[3]。

また，建築内部には，人間の移動や物の運搬などの基本的な機能を充足するためのエレベーターやリフト，揚水ポンプなどの動力源としてのエネルギーや維持管理などのためのエネルギー，水の消費が不可欠となる。

一方，生活活動や経済活動のためのエネルギーや水の消費も，当然のことながら不可欠である。

このように，建築は，その用途や機能によって量的な差をもちながらも大量のエネルギーと水を消費する（図3.31, 3.32）。したがって，建築は都市にそれらの供給を要請し，それが充足されてはじめて存立する。いいかえれば，都市の供給処理施設の整備によって，建築はその機能を発揮することができるものであるといえる。

d． 建築の外観は情報を発信する

建築は，その大きさや形態だけでなく，外装の色彩や材質をも総合した外観によって自己の存在を主張するばかりでなく，その性格や機能をも表現している。

さらに建築に取り付けられた看板は，建築と一体となって，内包するアクティビティをも情報化し発信する。

建築単体のこのような自己主張は，しかし，都市の中で無秩序に行われると，しばしば都市景観をカオス的状態に陥れる結果となるが，反対にあまりに統一が過ぎると都市空間がモノトーン化する危険もある。

しかしながら，都市空間の主要で基本的な景観構成要素である建築の外観は，建築単体についての情報を発信すると同時に，都市や地区の性格や機能から，さらには歴史に至るまでの情報を発信するものとして重要な役割をもつものであることに変わりはない（図3.33）。

建築に付随する看板その他のさまざまなサインによってつくり出されるカオス的景観こそが盛り場であることの情報の発信であるという判断もあるが，商業地の賑いや住宅地の佇まいをつくり出す主体としての建築がどのよ

---

2) 国土計画・調整局編：日本21世紀への展望，大蔵省印刷局，1984，1985
3) 藤井正一：住居環境学入門，彰国社，1984

図3・34 合掌造りの事例*2

図3・35 外庭住宅（日本住宅）の事例

図3・36 中庭住宅（韓屋）のダイアグラムの事例*3

・かっての「舎廊房」と抹楼を改築して，若夫婦の居室にしている。
・中庭に浴室を増築し，その上を醬甕台（チャンドクテ）にしている。

図3・37 京都の街区と宅地割りの変化*4

図3・38 町屋の事例*5　図3・39 江戸の町のパターンと長屋の間取り*6

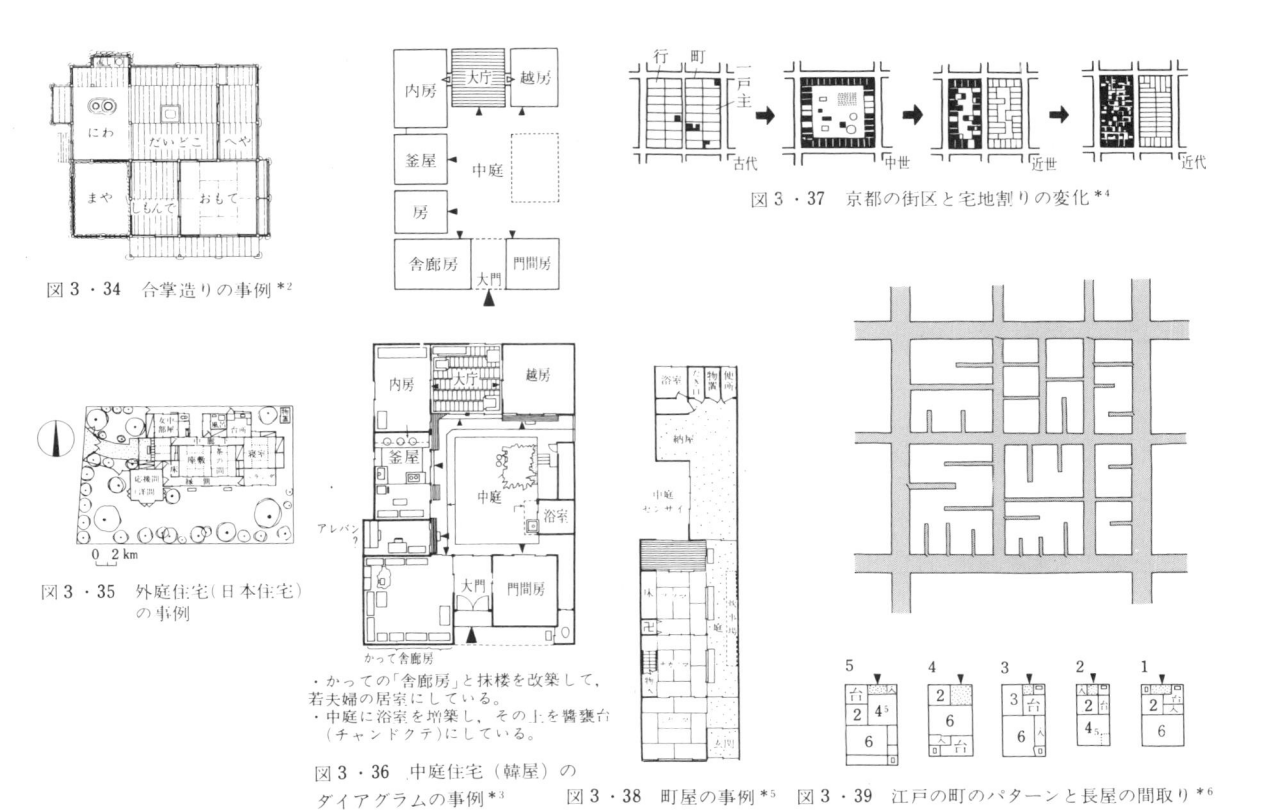

うに役割を果たすかが都市の建築に問われている。

3.2.2 建築の形態を決定する基本的要因
a. 風土と建築——建築様式の成立

建築は，人間の英知の結晶としての文化，文明の総合的具象化の大きな成果の一つである。したがって，建築の形態についての考察に当たっては「風土」とのかかわりから始める必要がある。

歴史的にみて，建築の形態は，なによりもまず人間が居住する地域の風土に深くかかわって決定され，地域的な，あるいは民族的といわれるさまざまな「様式」として固有化されてきている[4]。

外庭形式や中庭形式などに代表される平面様式や，高床式建築や合掌造りなどの構造様式は，建築のための材料——土，石や木材など——とそれを利用する構法などの技術的な発達と制約の中で，基本的に風土によって規定されてつくりあげられてきたものである。

それは今日にもなお「伝統」として生き続けており，将来にわたって建築と風土の関係を問い続ける原点を示しているといえ，いかなる科学技術の発達をもってしても，ついには消し去ることができるものではない。

b. 生活と建築——都市住宅の形成

建築の形態を決定する重要かつ不可欠な要因の一つに人間生活の態様があることはいうまでもない。

それは，社会的には生産手段との関連や，社会階層との関連において表れると同時に，人々の「集住」の態様によって顕著にみることができる。

その集住の形態としての都市が，わが国においてはじめて成立したのは，律令体制下の古代社会の「ミヤコ」においてであるが，そこでの中心的な建築は，平安後期に，商業・交通の発達によって集ってきた商人たちの「店店，俗にいう町家」（類聚名義抄）であるといえる。

---

4) 和辻哲郎：和辻哲郎全集（第8巻），岩波書店，1962

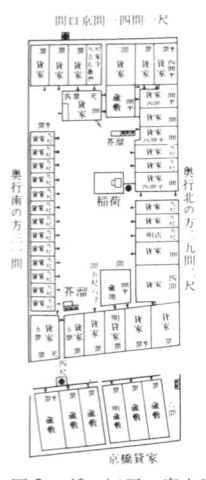

図 3・40 江戸, 富山家の京橋貸家(1731年)*7

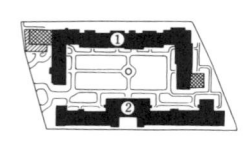

図 3・41 同潤会・江戸川アパート(1934年)の全体配置と代表的田の字型プラン

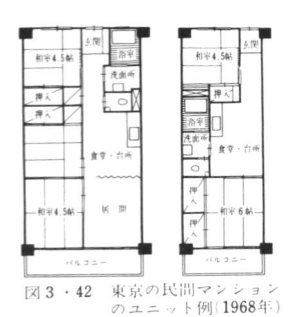

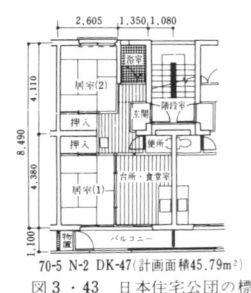

図 3・42 東京の民間マンションのユニット例(1968年)

図 3・43 日本住宅公団の標準設計例(1970年代)

それらの町家は，条坊制による都市区画とその中での敷地割り――当初の一敷地は，間口5丈・奥行10丈（約15m×30m）の「一戸主（へぬし）」と呼ばれた――を細分化し，両側が隣家と接し，前は街路に後は裏庭に開いている，わが国の町屋の原型となる。

それは京都において完成し，中世以降各地で形成された宿場町，門前町や城下町などに伝播され，仕舞屋（しもたや）をも含んで，最も普遍的なわが国の都市住宅の形態となる。

その間，建築構造技術の発達と普及は，鎌倉時代以降に民家を急速に変化させ，江戸時代を経て完成の域に達するが，それは地方の民家――農家においても豪農，庄屋などに町家と武家造書院との折衷様式がつくられはじめ，同時に数寄屋風茶室建築の影響も加わりながら一般化した過程にみることができる。

この形態の流れは，都市住宅としての町家にも影響するが，一方で後の都市郊外型サラリーマン住宅に受けつがれ，いわゆる日本住宅と呼ばれる「外庭形式」の住宅形態をつくり上げることになる。

わが国における都市住宅の形態を考えるに当たって，もう一つ忘れてはならないものに「長屋」が挙げられる。最初大名家の家来たちの住まいとしてつくられた長屋は，江戸時代に入って商家などの手でもつくられはじめ，都市の発展とともに一団地長屋群の建築までみられるようになったが，明治時代に工場労働者の住宅として一層促進され，戦前の都市住宅に大きなシェアをもつに至っている[5]。

現代都市住宅，共同住宅の形態を考える際して，このような歴史は重要な示唆を与えるものである。

c. 技術と建築――建築形態の多様化

風土に対応した建築様式の確立も，生活に対応した民家形態の完成も，その基盤に建築材料や構法などの技術の発達があった。

それは，例えばわが国の民家において柱の長さが自由にとれることになったことや，あるいは鉄筋コンクリートの開発が，組積造による開口部の制約を解除し，かつ新しい建築の形態を可能にしたという歴史によっても明らかである。

最近における柔構造の開発による，いわゆる超高層建築の実現をも含めて，建築にかかわる技術の発達の根底には，人間の生命と財産の安全と健康で快適な生活を確保することを基本的要件とする思想が貫かれていなければならない。

建築の形態は，今日「科学技術的制約」から大きく解放され，文化的側面から論じられる潮流を生み出しているが，一方で集住技術としての「敷地の規模と形態」が新しく制約条件として注目されることになってきている。

その意味で，建築の形態を決定する技術が材料・構法から，都市設計の技術に比重を移しはじめたともいえる。

3.2.3 都市の環境と建築

a. 生活環境と建築――環境の質としての建築

生活環境は，生活をとりまく有形無形のあらゆる外部的条件を意味する。それらの条件は自然的条件と人為的条件とに大別されるが，人為的条件はさらに物的，社会的，経済的条件に分類される[6]。

都市における物的生活環境を大別すると，①住生活環境，②職場環境，③その他の環境の三つに分けることが

---

5) 西山夘三：日本のすまい I，勁草書房 1981

6) 日笠 端：都市と環境（NHK現代科学講座9），日本放送出版協会，1966

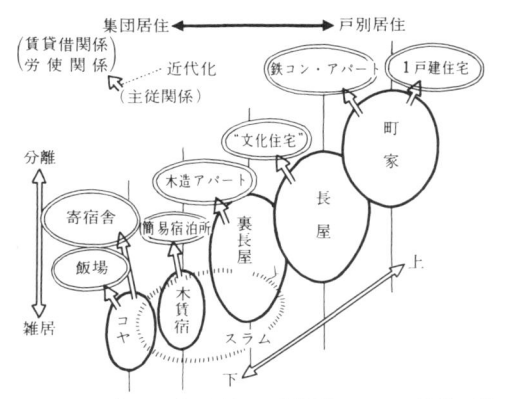

図3・44 独立と雑居／集団居住と戸別居住からみた住居の型のうつりかわり[*4]

図3・45 近代技術による建築形態の多様化の事例

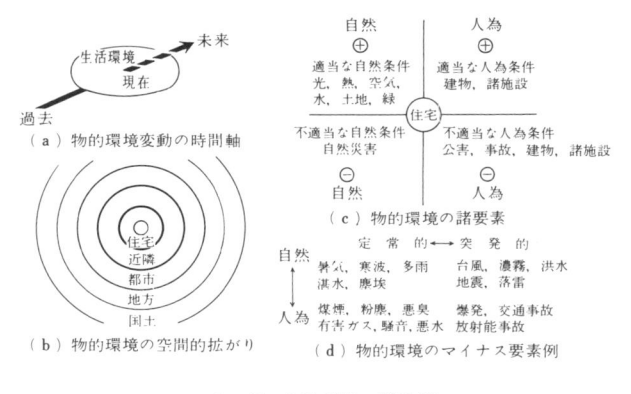

図3・46 物的環境の構造[*8]

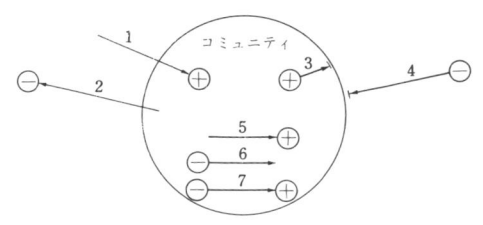

図3・47 コミュニティの環境計画の考え方[*9]

できるが，物的計画の対象としては次の項目が挙げられる。

(1) 住宅基準　住宅規模，構造，設備
(2) 地区環境基準　土地利用率，土地利用強度，各種コミュニティ施設
(3) 都市施設基準　教育・文化・保健・福祉施設，交通通信施設，供給処理施設等。

建築は，それ自身の環境の質が問われると同時に，その配置，密度や形態が都市の環境を決定する上で重要な要素となる。都市計画は，①計画の基礎情報として，②地域地区制の規制対象として，③都市計画の主要な対象である都市施設として建築を分類し，環境としての質を高めるため，①適正配置，②密度制御，③その他の制御——景観，相隣関係などを行うことになる。

b. 建築の適正配置——土地利用の純化と都市施設

都市計画にとって，土地利用の純化は，都市活動を円滑化し，かつその活動のための環境を整序するための基本的課題である。

住宅と工業など，機能の違いは，それぞれの要求する環境目標にも表れ，現実には，しばしば矛盾状況を呈する。それは，危険物貯蔵施設や風俗営業施設と他の建築などの間にもみられ，相互にマイナス効果をもたらすことになる。都市の環境評価は，このような建築の混在性に着目し，①住工混在率，②住工商混在率を延床面積比率や宅地利用比率で計測し，③併用住宅の立地についても木造併用住宅棟数率をも加えて行われる。

都市計画は，このような評価に基づき，混在の排除や予防として行われるが，一方で都市の環境として必要な都市施設を適正に配置することもまた不可欠な計画課題であることは，いうまでもない。

都市における建築のうち，住宅，工場や事務所などの民間施設とは別に，都市において公益性，共用性をもつ公共的施設を都市施設というが，広義には建築以外の施設も含まれる。都市施設の利用や形態はさまざまであるが，サービスエリアや立地要求にそれぞれ特性があり，都市計画に当たって十分な検討が必要となる（表3.4，3.5）。

表3・4 利用の態様と形態による都市施設の分類

	面的施設	線的施設	点的施設
都市スケールでの都市施設	都市公園,緑地,墓苑など	鉄道,幹線道路,上水道,下水道,ガス・電気など	港湾,空港,市役所,病院,大学,図書館,卸売市場,火葬場,ごみ焼却場など
近隣住区レベルのスケールでの都市施設		住区幹線街路	小(中)学校,コミュニティー・センター,近隣公園,郵便局,市役所出張所など
近隣分区レベルのスケールでの都市(地区)施設		区画街路	幼稚園,保育所,集会所,交番,ポスト,児童公園,子供の遊び地など

表3・5 都市計画法第11条で定める都市施設

1) 道路,都市高速鉄道,駐車場,自動車ターミナルその他の交通施設
2) 公園,緑地,広場,墓園その他の公共空地
3) 水道,電気供給施設,ガス供給施設,下水道,汚物処理場,ごみ焼却場その他の供給施設または処理施設
4) 河川,運河その他の水路
5) 学校,図書館,研究施設その他の教育文化施設
6) 病院,保育所その他の医療施設または社会福祉施設
7) 市場,と畜場または火葬場
8) 一団地の住宅施設
9) 一団地の官公庁施設
10) 流通業務団地
11) その他政令で定める施設
  (公衆電気通信施設,防風,防火,防水,防雪,防砂,防潮の施設)

・同法で公共施設という場合には道路,公園,下水道,緑地,広場,河川,運河,水路,消防用貯水施設をいう。
・建築基準法第51条の規定により,都市計画において敷地の位置の決定を要する施設は,卸売市場,と畜場,火葬場,汚物処理場,またはごみ焼却場である。

c. 市街地密度の制御——敷地計画と建築

都市計画にとって,市街地の密度は環境水準を決める重要な基礎概念の一つである。

ここで密度とは,「単位面積当りの諸元の量」をいい,一般に単位面積として土地あるいは建物床面積が,諸元としては人口や世帯数,建物の面積,棟数や戸数などがとられる,広義には,諸元として社会・経済の活動量を用いる場合があるが,それらすべてを含めて「土地利用強度」(land use intensity),「空間利用強度」(space use intensity)という概念を用いることもある。

密度は,したがって市街地・街区・建築などの環境を物的,非物的な諸側面で端的に示し,日照・採光・通風や防火,あるいはプライバシーなどの相隣関係から,さらには地区の景観形成にまで直接的にかかわる指標として,都市計画のさまざまな過程——現況調査・計画立案・制度適用など——で頻繁に使用される。

都市の土地利用計画の立案の基礎となる用地需要の算定は各種土地利用ごとの密度原単位を根拠としてなされ,交通計画はその単位面積当りの発生交通量と集中交通量に基づいて立案される。また都市計画の重要な対象であるコミュニティ施設の計画にも人口密度が基本的な条件となるなど,密度は都市の計画指標として極めて重要なものとして認識されなければならない。

都市計画はこのように,さまざまな密度指標を使うが,それらの最も利用するのは次の指標群である。

(1) 人口と土地の関係:人口密度(夜間人口密度,昼間人口密度)
(2) 人口と建物の関係:居住密度,就労密度,利用密度
(3) 建物と土地の関係:建ぺい率,空地率,空地床面積率[7],容積率(延床面積率,体積率[8])

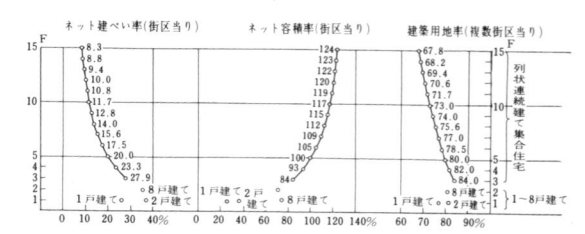

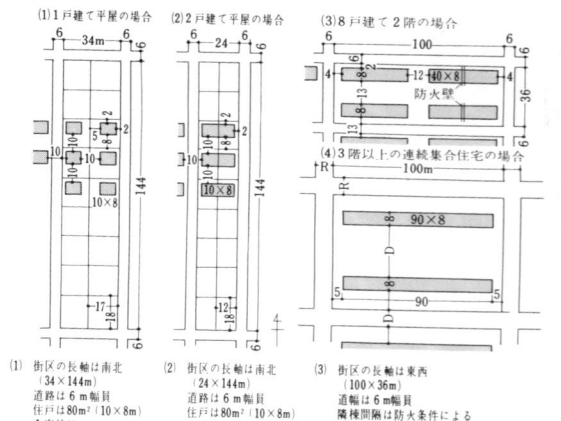

図3・48 住宅の形式・階数と密度 *10

これらの指標のうち,人口密度は,あらゆる指標の総合指標とも基礎指標ともいえ,実際の数値以上の意味を

---

7) 戸沼幸市,佐藤滋:空地条件からみた密度の設定規準に関して,(日本都市計画学会,学術研究発表会論文集第12号)1977にこの考え方が論じられている指標。
8) 西ドイツの詳細計画などに利用されている指標。

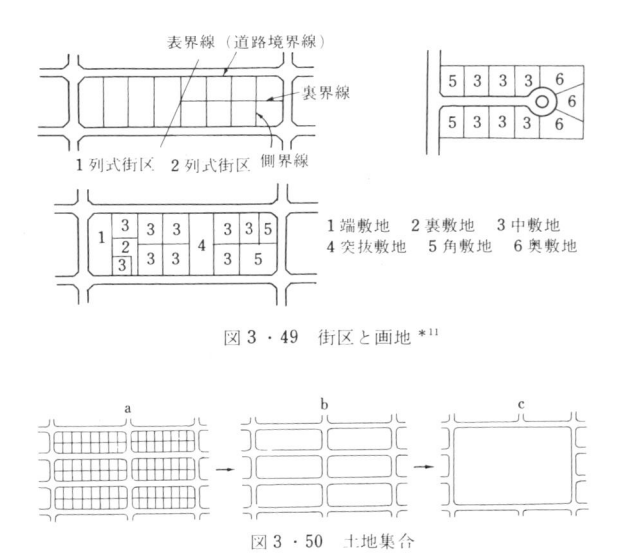

図3・49 街区と画地*11

図3・50 土地集合

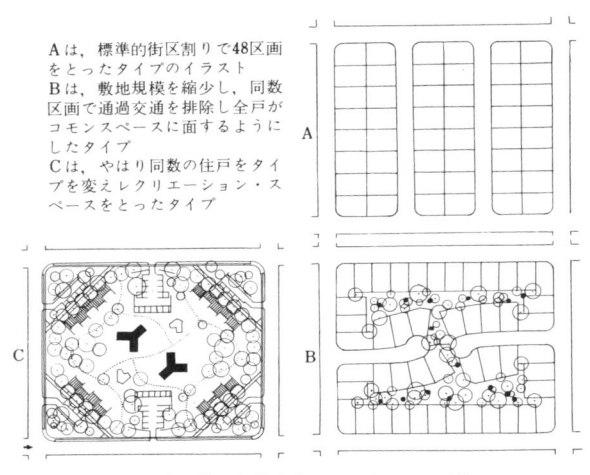

図3・51 空間密度のコントロール*12

もち，密度コントロールの基本をなすものである．

一方，土地と建物との関係を表す密度指標としては，上記以外に，戸数密度，棟数密度の概念があるが，それらを含めて，市街地の空間実体は，建築の構造，形式や高さ（階数）と敷地，街区の規模・形状などが組み合わされて現出するものである[9]．（図3.48，3.49，3.50）

人口密度・建ぺい率・容積率・棟数密度の密度数値の組合せが，住戸形式・建築高さ（階数）や敷地・街区の規模と形状とによって，実際にどのような空間をつくり出せるかについて的確な認識をもつことは，極めて重要なことである（図3.51）．

それは，密度計画が，敷地計画と建築のあり方に基本的な考え方を提示し，ひいては都市景観の創造をも含むアメニティ実現の基本となるものだからである．

3.2.4 建築に対する都市からの規制
a．建築の自由と制限

18世紀から始まった産業革命と資本主義によって推進された近代文明は，個人の自由と権利を確立させ，19世紀に入ると，ドイツにおける建築の自由（Baufreiheit）の概念の成立にみられるように，建築もまたその自由な権利を主張するに至った．

しかし，自由放任主義の社会風潮の中での都市の爆発的膨張は，都市の物的環境を悲惨な状態に陥れ，その解決のために，建築に対する制限が不可避となった．

建築は都市を構成する個体であり，その自由に限度があることは当然である．近代都市計画は，都市の無秩序な膨張と環境の悪化を回避し，制御することを基本課題とし，地域制（zoning）に代表される一連の建築制限を体系化したものといえる．それは，20世紀に入って各国で法制度として確立するが，わが国においても，1913（大正2）年の東京市建築条例（案）に代表される研究立案が相次ぎ，1919（大正8）年に市街地建築物法は都市計画法と同時に公布され，「建築自由の制限」という近代都市計画の考え方が明確なものとなった．

b．集団規定と都市計画

建築の集合体としての都市が，その機能を十分に発揮し，かつ生活環境を整備保全するためには，建築が相互の機能や環境を一定限度内で損なわず，しかも集団として都市の発展や秩序に役割を果たすことが必要となる．

都市計画が，そのための有力な手段の一つとして位置づけている建築規制が集団規定である．建築基準法が定める集団規定は，大別して次の5項目から成っている（法第3章）．

1) 接道義務　建築の機能と安全を確保するため，建築の敷地は原則として幅員4m以上の道路に2m以上接しなければならないという基準である（法第43〜47条）．
2) 用途規制　都市機能の整備保全のため，都市計画は市街地の土地利用計画を地域地区制として定めているが，それに基づいて建築物の用途を制限するものである（法第48〜51条）．
3) 形態規制　都市の土地利用計画においては，用途

---
9) 土井，川上，森村，松本：新建築学大系16 都市計画，彰国社，1981

表3・6 用途地域制度の充実（用途地域の細分化）

	用途地域	趣旨
住居系	①第1種低層住居専用地域	低層住宅の専用地域
	②第2種低層住居専用地域	小規模な店舗の立地を認める低層住宅の専用地域
	③第1種中高層住居専用地域	中高層住宅の専用地域
	④第2種中高層住居専用地域	必要な利便施設の立地を認める中高層住宅の専用地域
	⑤第1種住居地域	大規模な店舗，事務所の立地を制限する住宅地のための地域
	⑥第2種住居地域	住宅地のための地域
	⑦準住居地域	自動車関連施設等と住宅が調和して立地する地域
商業系	⑧近隣商業地域	近隣の住宅地の住民のための店舗，事務所等の利便の増進を図る地域
	⑨商業地域	店舗，事務所等の利便の増進を図る地域
工業系	⑩準工業地域	環境の悪化をもたらすおそれのない工業の利便の増進を図る地域
	⑪工業地域	工業の利便の増進を図る地域
	⑫工業専用地域	工業の利便の増進を図るための専用地域

表3・7 基本地域と用途規制の概要

大分類	番号	例示	住宅地							商業地		工業地		
			第一種低層住居専用地域	第二種低層住居専用地域	第一種中高層住居専用地域	第二種中高層住居専用地域	第一種住居地域	第二種住居地域	準住居地域	近隣商業地域	商業地域	準工業地域	工業地域	工業専用地域
住宅	1	住宅・共同住宅・寄宿舎・下宿	○	○	○	○	○	○	○	○	○	○	○	×
	2	兼用住宅のうち店舗・事務所等の部分が一定規模以下のもの	○	○	○	○	○	○	○	○	○	○	○	×
近隣生活施設	3	幼稚園・小学校・中学校・高等学校	○	○	○	○	○	○	○	○	○	○	×	×
	4	図書館等	○	○	○	○	○	○	○	○	○	○	○	×
	5	神社・寺院・教会等	○	○	○	○	○	○	○	○	○	○	○	○
	6	老人ホーム・身体障害者福祉ホーム等	○	○	○	○	○	○	○	○	○	○	○	×
	7	保育所等・公衆浴場・診療所	○	○	○	○	○	○	○	○	○	○	○	○
	8	老人福祉センター・児童厚生施設等	○[1]	○[1]	○	○	○	○	○	○	○	○	○	○
	9	巡査派出所・公衆電話所等	○	○	○	○	○	○	○	○	○	○	○	○
地域社会施設	10	大学・高等専門学校・専修学校等	×	×	○	○	○	○	○	○	○	○	×	×
	11	病院	×	×	○	○	○	○	○	○	○	○	×	×
地域商業娯楽施設等	12	床面積の合計が150m²以内の一定の店舗・飲食店等	×	○	○	○	○	○	○	○	○	○	○	×[4]
	13	床面積の合計が500m²以内の一定の店舗・飲食店等	×	×	○	○	○	○	○	○	○	○	○	×[4]
	14	上記以外の物品販売業を営む店舗・飲食店	×	×	×	○[2]	○[3]	○	○	○	○	○	○	×
	15	上記以外の事務所等	×	×	×	○[2]	○[3]	○	○	○	○	○	○	○
	16	ボーリング場・スケート場・水泳場等	×	×	×	×	○[3]	○	○	○	○	○	○	×
	17	ホテル・旅館	×	×	×	×	○[3]	○	○	○	○	○	×	×
	18	自動車教習所・床面積の合計が15m²を超える宿舎	×	×	×	×	○[3]	○	○	○	○	○	○	○
	19	マージャン屋・ぱちんこ屋・射撃場・勝馬投票券発売所等	×	×	×	×	×	○	○	○	○	○	○	×
	20	カラオケボックス等	×	×	×	×	×	○	○	○	○	○	○	○
車庫等	21	2階以下かつ床面積の合計が300m²以下の自動車車庫(一定規模以下の付属車庫等を除く)	×	×	×	○	○	○	○	○	○	○	○	○
	22	営業倉庫・3階以上又は床面積の合計が300m²を超える自動車車庫(一定規模以下の付属車庫等を除く)	×	×	×	×	×	×	○	○	○	○	○	○
歓楽施設	23	客席の部分の床面積の合計が200m²未満の劇場・映画館・演芸場・観覧場	×	×	×	×	×	×	○	○	○	○	×	×
	24	客席の部分の床面積の合計が200m²以上の劇場・映画館・演芸場・観覧場	×	×	×	×	×	×	×	○	○	○	×	×
	25	キャバレー・料理店・ナイトクラブ・ダンスホール等	×	×	×	×	×	×	×	×	○	○	×	×
	26	個室付浴場業に係る公衆浴場等	×	×	×	×	×	×	×	×	○	×	×	×

		第1種低層住居専用地域	第2種低層住居専用地域	第1種中高層住居専用地域	第2種中高層住居専用地域	第1種住居地域	第2種住居地域	準住居地域	近隣商業地域	商業地域	準工業地域	工業地域	工業専用地域
工場・危険物貯蔵処理施設	27 作業場の床面積の合計が50m²以下の工場で危険性や環境を悪化させるおそれが非常に少ないもの	×	×	×	×	×	×	○	○	○	○	○	○
	28 作業場の床面積の合計が150m²以下の自動車修理工場	×	×	×	×	×	×	○	○	○	○	○	○
	29 作業場の床面積の合計が150m²以下の工場で危険性や環境を悪化させるおそれが少ないもの	×	×	×	×	×	×	×	○	○	○	○	○
	30 日刊新聞の印刷所・作業場の床面積の合計が300m²以下の自動車修理工場	×	×	×	×	×	×	×	○	○	○	○	○
	31 作業所の床面積の合計が150m²を超える工場又は危険性や環境を悪化させるおそれがやや多いもの	×	×	×	×	×	×	×	×	×	○	○	○
	32 危険性が大きいか又は著しく環境を悪化させるおそれがある工場	×	×	×	×	×	×	×	×	×	×	○	○
	33 火薬類・石油類・ガス等の危険物の貯蔵,処理の量が非常に少ない施設	×	×	×	○²⁾	○³⁾	○	○	○	○	○	○	○
	34 火薬類・石油類・ガス等の危険物の貯蔵,処理の量が少ない施設	×	×	×	×	×	×	×	○	○	○	○	○
	35 火薬類・石油類・ガス等の危険物の貯蔵,処理の量がやや多い施設	×	×	×	×	×	×	×	×	×	○	○	○
	36 火薬類・石油類・ガス等の危険物の貯蔵,処理の量が多い施設	×	×	×	×	×	×	×	×	×	×	○	○

(注) 1 ○建てられる用途 ×建てられない用途(ただし、特別の許可を受けて建てられる場合がある)
2 1)については,一定規模以下のものに限り建築可能。
2)については,当該用途に供する部分が2階以下かつ1,500m²以下の場合に限り建築可能。
3)については,当該用途に供する部分が3,000m²以下の場合に限り建築可能。
4)については,物品販売店舗,飲食店が建築禁止。

表3・8 用途地域と形態規制(建築基準法)

項目		用途地域	第1種低層住居専用地域	第2種低層住居専用地域	第1種中高層住居専用地域	第2種中高層住居専用地域	第1種住居地域	第2種住居地域	準住居地域	近隣商業地域	商業地域	準工業地域	工業地域	工業専用地域	都市計画区域内で用途地域の指定のない区域
容積率(%)			50, 60, 80, 100, 150, 200		100, 150, 200, 300		200, 300, 400				200, 300, 400, 500, 600, 700, 800, 900, 1000	200, 300, 400			50, 80, 100, 200, 300, 400
建ぺい率(%)			30, 40, 50, 60				60				80	60		30, 40, 50, 60	30, 40, 50, 60, 70
外壁の後退距離(m)			1, 1.5												
絶対高さ制限(m)			10, 12												
斜線制限	道路斜線	適用距離(m)			20, 25, 30					20, 25, 30, 35		20, 25, 30			20, 25, 30
		勾配					1.25					1.5			1.5
	隣地斜線	立ち上がり(m)			21							31			31
		勾配			1.25							2.5			1.25, 2.5
	北側斜線	立ち上がり(m)	5		10										
		勾配			1.25										
日影規制	対象建築物		軒高7m超又は3階以上		10 m 超							10 m 超			10 m 超
	測定値(m)		1.5		4							4			4
	規制値(5mラインの時間)		3, 4, 5				4, 5					4, 5			4, 5
敷地規模制限の下限値			200m²以下の数値												

の計画とならんで密度の計画が重要な要素である。そのため,建築の密度に形状をも加えて,用途地域の目的に即して規制を行うものである(法第52～60条)。

4) 防火規制　都市における防火対策の重要な要素となる建築物の延焼防止のため,防火・準防火地域を都市計画として定め,建築の構造・材料の規制を行うものである(法第61～67条)。

5) 美観規制および地区計画等　都市計画は,以上の他,美観地区,地区計画等を定めることがあるが,その場合に必要に応じて行われる建築規制がある(法第68条)。

建築基準法は以上のように「集団規定」の部分で主として都市計画法の地域地区制と連係として,建築物の集団としての立場から規制を行う際の建築基準を定めており,都市計画の実現に重要な役割を果たしている。

しかしながら,建築基準法はその第1条に明記されているように,最低の基準を定めるものであると同時に,確認という制度によって行政庁の裁量を排除しているのに対し,都市計画法は必ずしも最低の基準を定めるものでなく,計画そのものが柔軟性をもっているという両法の基本的性格の相違に加え,前者が専ら建築単体を対象とし,後者がマクロな規制を基本内容とすることから,特に地区または街区の整備手法になお多くの問題を残しているといえる。

なお,1992年に建築基準法の改正が行われ,これら集団規定について用途規制,形態規制および防火規制の充実が図られた。

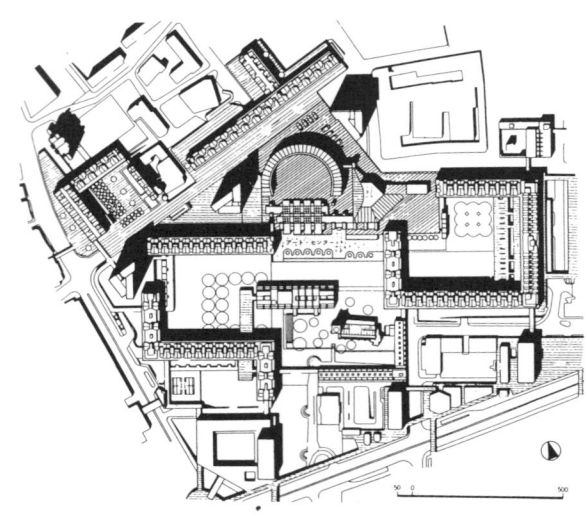

図 3・52　地区再開発の例（バービガン）

これらのうち，用途規制の充実は，用途地域の細分化と新たな特別用途地区の創設（建築基準法第48条，第49条関係等，都市計画法第8条，第9条関係等）によってなされたものである。これは，近年の地価高騰によって住宅に比べて地価負担力が高く，立地圧力が強い事務所ビルが住宅地に無秩序に進出し，居住環境が悪化したり，都心部では居住人口の流出によるいわゆる空洞化現象が加速したりするなどの問題に対応して，適切に住環境の保護を図り，住宅の確保に資するとともに，併せて近年の新たな市街地形態にも対応し，よりきめ細かな用途規制を行い得るようにしたものである。

また形態規制の改正の大きな特徴は，都市計画区域内で用途地域の指定のない区域においても一定の規制を可能にしたところにある。

なお，防火規制については，歴史的建築物の保全に係る規制の緩和が一定条件のもとで行い得るように改正されている。

c．新しい街づくりの制度

戦後の経済社会の発展や生活意識の変革は，建築物の大型化や複合化，人間環境の回復などの新しい要求を生み出し，都市スケールの計画と建築との間をつなぐ地区ないし街区スケールの計画・実現が重要性を増してきた。

それは，建築を与えられた敷地と建築主の私的要求から解放することを意味すると同時に，従来の都市計画規制の見直しにも通じるものといえよう。

イギリスにおける総合開発区域（action area）の手法は，既成市街地の再開発，都市更新に，郊外での団地開発やニュータウンなどに事業手法として発展し，一方では地区詳細計画による規制手法が重要性をもってきたのも，このような社会状況を背景とする。

わが国においても，建築基準法に総合設計制度（法第86条），建築協定（法第69～77条）などが，都市計画法に特定街区，地区計画等の制度などが付加的ではあるが設けられており，一方では特定住宅市街地総合整備促進事業など各種のモデル事業が推進されている。

これらの制度手法が広く活用され，都市設計が推進されてより良い都市がつくられることが期待される。

3.3　緑と都市オープンスペース

3.3.1　緑地・オープンスペースの意味
a．都市基盤としての緑地・オープンスペース
　1）　**東京における緑被地と緑地計画**　環境の悪化が，東京をはじめとする大都市のみならず，地方都市においても社会問題化するようになって久しい。市民生活の場としての都市環境を保全，回復するための物理的なよりどころの一つとして公園・緑地がある。これまで緑地という言葉は，Open space, Green Space（英語），Freiflächen, Grünflächen（独語），Espaevert（仏語）等に対する造園学の専門用語として用いられてきた。しかしながら，昨今では，都市の緑とオープンスペース，あるいは緑のまちづくりなどのスローガンとして，広く一般に用いられる言葉となっている。この背景には，身近な自然の喪失といった生活環境の悪化が挙げられよう。緑地と都市の生活環境との関係を議論する上で，緑被地構造（Green structure）が都市の構造系（System）として，どのように位置付けられるのかが重要な視点となる。

図 3.53 および図 3.54 は，江戸時代(天保)，明治時代(中期)の東京（江戸）の緑被地摘出図である。この両図から，江戸期に広く市街地全域を覆っていた緑が，明治期には周辺部に偏在するようになったことが分かる。これは幕藩体制の崩壊に伴う武家屋敷の消失に起因している。江戸城（皇居）を中心とした 8 km 圏の緑被地についてみれば，江戸期を 100 とすると明治期には 69.5，昭和(1965)では 40.8 となる。つまり，江戸から昭和中期までに約 6 割の緑が消失したことになる。しかし，江戸期から明治期，さらに今日における緑被地の分布は地形との対比でみると，斜面等に存在していることがうかがえる。これは，河川，崖線などの比較を通しても同様

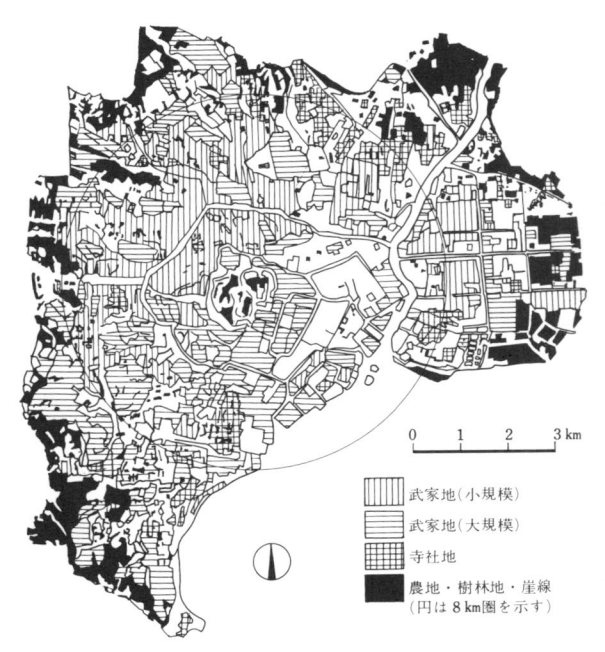

図3・53　1830〜1843年（天保）緑被地摘出図 *13

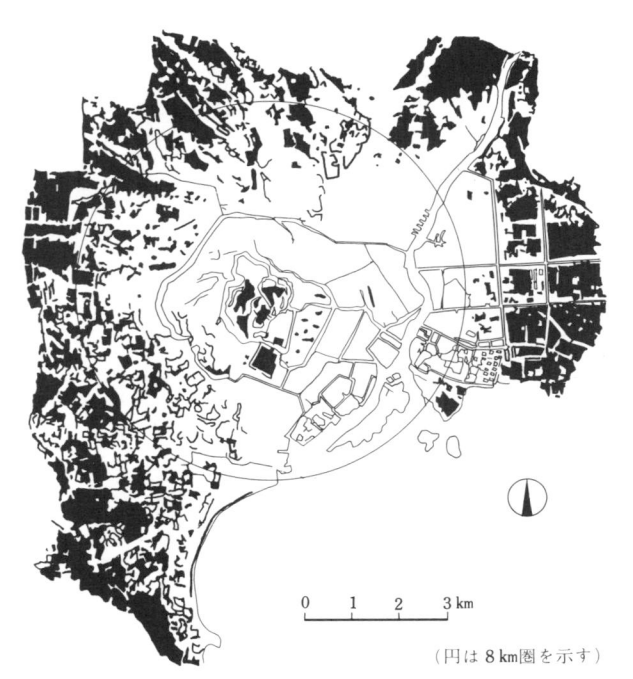

図3・54　1885〜1887年（明治）緑被地摘出図 *13

である。つまり，緑被地の存在は，地形の構成要素と密接な関連があると指摘できる。

上記のように緑被地は，江戸から東京へと変容する中で急激に減少したが，公園として緑を制度の中で位置付けたのは，1873（明治6）年の太政官布達に始まる。この時，東京では，芝，上野，浅草，深川および飛鳥山の5公園が指定されている。明治時代に指定整備された公園には，「江戸の名所」として古くから市民に親しまれていた社寺境内地を利用したものが多い。東京の近代化とともに市区改正への機運が高まり，1884（明治17）年に内務省内に東京市区改正審査会が設けられた。この中では，公園計画の目的を，

1. 衛生上の必要性
2. 首都の美観保持の必要性
3. 非常時における避難用空地確保の必要性
4. 鮮魚・蔬菜等の市場用途に供用
5. 交通の繁劇を緩和

の5項目に大別して，審査を行っている[10]。この計画の中で留意すべき点は，都市の面積・人口からオープンスペースの必要量を算出する方法を用いたことにある。

市区改正審査会の答申に基づき，1888（明治21）年「東京市区改正条例」が公布され，この条例をもとに1889（明治22）年49ヵ所の公園計画が告示された（図3.56）。

その後，関東大震災の復興計画による復興公園（55ヵ

表3・9　江戸城・皇居を中心とした8km圏内の緑被地率

	1830〜1843年（天保）	1885〜1887年（明治）	1965年（昭和）
小規模武家他	6.8%	—	—
大規模武家地	10.8%	—	—
寺社地	3.7	—	—
農地・樹林地	7.7	18.5%	13.6%
水路・河川，岸線	7.2	5.5	3.8
その他海域の一部	6.4	5.6	0.0
計	42.6% (100)	29.6% (69.5)	17.4% (40.8)

（　）内の数値は，1830〜1843年（天保）を100としたときの割合

所，1931（昭和6）年度完成），東京の市域拡大等により東京の公園計画は変化していくが，1939（昭和14）年4月には，国内で初めての総合的な緑地計画として環状緑地計画が策定されている。

戦後，農地解放，政教分離等により公園緑地が激減したが，その後の急速な都市化により公園整備への要請が高まり，都市公園法（1956年法律第79号）をはじめとする法体系も整えられるようになった。

都市における居住環境の悪化は，多様な施策を出現させたが，それらを総合化して強力な都市政策の一つとして公園緑地事業を推進するため「緑のマスタープラン」が策定されるに至った[11]。

10）　東京都建設局：東京の公園110年，東京都，1985

11）　昭和52年4月1日建設省都市局長通達「緑のマスタープラン策定要綱」による。

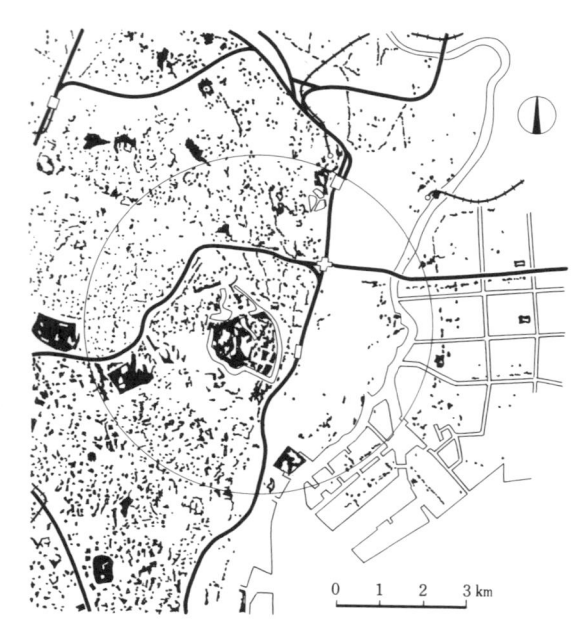

図3・55 昭和(1965年)の緑被地摘出図*14

公園緑地の整備は，前述したように生態学的な合理性と都市構造との整合性の裏付けが必要である。そのため東京都の緑のマスタープラン(1981(昭和56)年)では，以下の方針を定めて作業が行われた。
1. 東京の自然の依拠する自然システムを見いだす
2. これを都市構造の基本的な要素として位置付ける
3. その場を具体のものとして，現に存在するあらゆる資源を有効に活用する。

東京都の緑のマスタープランでは，東京の自然構造を支配するものとして「水系」を重視し，水系を軸としてネットワークを展開している。公園の配置は，単なる機能的な配置にとどまらず，システムとしての合理的な配置が指向されるようになってきていると言える。これは，緑地系統が都市を形成する基盤として機能しているからにほかならない。

2) **欧米における緑地計画** ヨーロッパ(特にイギリス)における公園緑地は，パーク(parc)[12]あるいはコモン(common)[13]をもとに，各時代の社会的要求および造園技術の発達により変化してきたが，都市の発展とともに，これを単独の公園として見るばかりでなく，都市という種々の要素の複合体の一部とする考え方が起きてきた。すなわち，散在的緑地，これをつなぐブールバール(城壁跡地等に建設)，連続した緑地，環状の緑地とい

---
12) 中世の英語で「狩猟場での野獣の保存地」を意味する。森林や狩猟場と異なる点は，それが囲まれていることである。
13) 共有地または共用地と訳される。

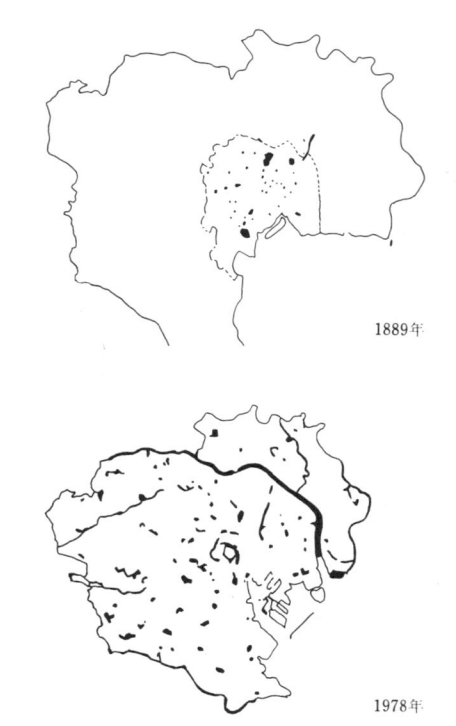

図3・56 東京の緑「明治の計画(上)と現在の計画(下)」*15

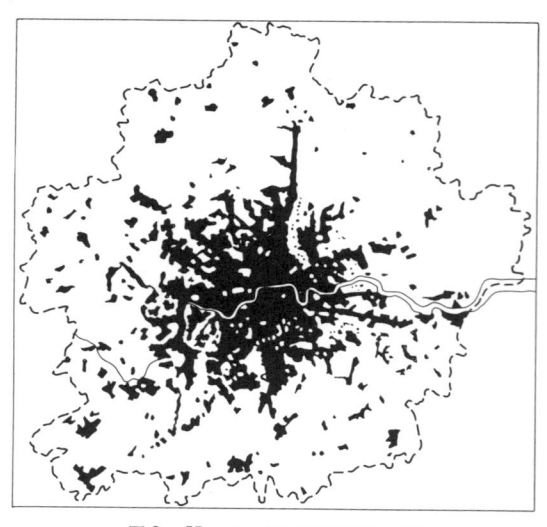

図3・57 ロンドンの緑地計画*16

う形で都市の緑地配置は発展し，さらに公園系統という計画的配置が提案されるようになった。これは公園緑地の利用性のみならず，その存在価値(位置，量)が重視されるようになったからである。

広域の緑地計画には，
1. 都市区域の拡大防止
2. 緑地のもつ農林生産
3. 緑地のもつ防災機能
4. レクリエーション

図3・58 東京都緑被地変遷図（田畑）[17]

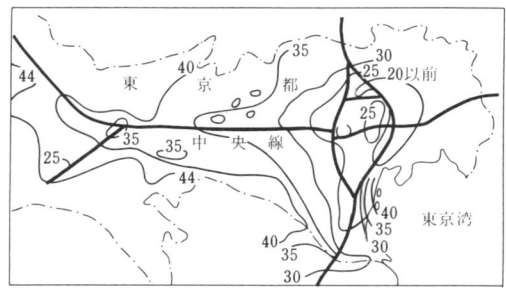

図3・59 ホタルの退行前線 [18]

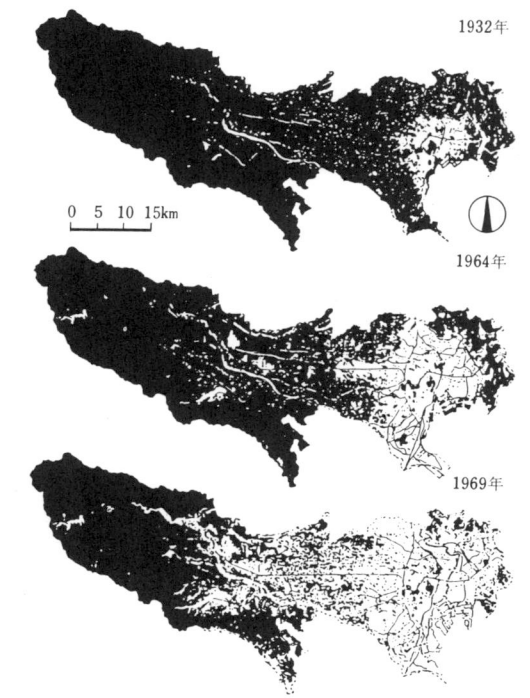

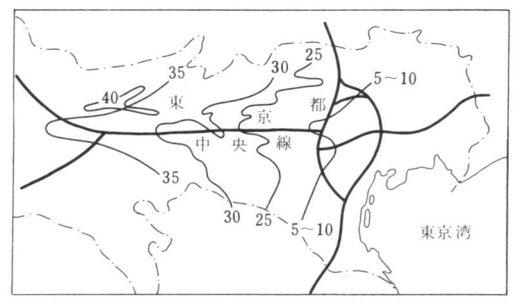

図3・60 トンボ類の退行前線 [18]

の4要素が考慮された。これの4要素を含んだ計画例としては，ロンドン周辺等に設けられたグリーンベルトがある（図3.57）。

b. 自然的な空間としての緑地・オープンスペース

東京の緑被地変遷図（図3.58）を見ると時系列的に大きく減少していくことがうかがえる。これとホタルやトンボの退行前線（図3.59，3.60）とを比較して見ると，緑被地の減少とともに昆虫類の生息域も退行していくことが指摘できる。

都市における緑地環境はさまざまな側面を有しているが，上記のように，都市生態系を支える基盤としても機能しているのである。

c. 生活空間としての緑地・オープンスペース

1）行為と空間の対応 都市の高密度化による日常生活環境の悪化に伴う避難欲求，非労働時間の増大等は，緑地環境の多様化をもたらしている。行為主体，欲求目的に応じた場の確保が求められているのである。これに対応するためには，屋外空間の生活行為に着目したオープンスペースの具備すべき空間機能の階層性の理解が必要になる。

住宅地に焦点を合わせて見ると，その周辺で展開される行為は，

1. 住宅を中心とする幼児・児童の生活空間における行為
2. 買物，通勤，通学などの日常的な生活動線といった線的空間における行為
3. レクリエーション活動の拠点となる空間における行為
4. コミュニケーションの場となる空間における行為
5. すべての空間や施設を一つの系として構成する空間における行為

以上の五つに大別できる。それぞれのオープンスペース系が具備する機能とその行為主体の関係は，図3.54のようにまとめられる。

また，都市公園法に見られる児童公園，近隣公園の住区基幹公園から総合公園等の都市基幹公園に至る公園の配置手法は，屋外空間機能の階層性に対応したものと言える。

2）居住環境と緑地・オープンスペース 都市が拡大し，人口密度が高くなるに従って，緑に代表される都市の自然的環境は失われていったが，その一方で，緑の空間の確保や緑化運動が起きている。これは，身近な自然としての緑の喪失に伴う居住環境の悪化に対する危機感を市民が共有し，より快適な環境を創出していこうとする積極的な動きでもある。この市民意識の一つは，快適環境を形成する上で身近な緑の空間の確保が重要であるという認識である。これは，雑木林や池などの身近な自然の意味を見直し，これらが快適な環境を創造するに果たし得る価値を見いだしていくものである。

特性＼生活空間系	行為主体 幼児	児童	青少年	主婦	主人	老人	サイクル 日	週	月	季節	場 生活	遊び	憩い	運動	移動	買物	集い	収納	技法 造成	舗装	遊具	装置	植栽	保存林
住戸系オープンスペース	●	●		●		●	●				■	■	■					■			■		■	
道系オープンスペース	●	●	●	●	●		●	●			■	■	■	■						■		■	■	
公園系オープンスペース		●	●		●			●	●	●		■	■	■			■		■		■	■	■	■
施設系オープンスペース	●		●	●			●	●			■				■	■	■	■	■		■	■		

図3・61　生活空間系オープンスペースの特性マトリックス *19

二つには，居住環境というものを複合的な要素群と認識して，その総体の保全を考えるというものである。例えば，溜め池の保全について考えてみると，溜め池の周囲の山，樹林地，溜め池の歴史，池の中の動植物といった環境を総体として保全する意味の重要性，さらに溜め池をとり込む水系の管理にまで及ぶ見方である。

三つには，身近な自然を保全活用していく上で，それを存立せしめている社会的な仕組み，広くは，地域に住む人々の生活パターンにまで踏み込んで対策を検討するというものである。

都市内およびその周辺における身近な自然としての緑は極めて脆弱な存在であって，これを保全していくために，市民の合意形成のもとで緑化協定，生垣協定などの環境協定が結ばれる例が近年増えつつある。各種法制度の網にかからない私有地の緑について，その管理を地域住民が行う事例も見られるようになっている。

1960年代の公害問題に端を発するシビルミニマムの発想は，生活圏における最小限の緑の量を確保する根拠となったが，今日ではより好ましい身近な緑の空間，すなわち「生活緑地」の整備が課題となっている。

3.3.2　緑地・オープンスペースの機能

緑地空間系にはさまざまな機能があるといわれているが，ここでは，研究の進んでいる代表的な緑地空間系の存在効果について述べることとする。

a.　物理的効果

1)　気候緩和効果　建築物，舗装道路等に隠ぺいされた都市では，エネルギーの大量消費と相まって，郊外に比べて気温の高いヒートアイランドが出現することがある。この熱汚染を緩和するためには，蒸散というメカニズムを持つ樹林地を都市域に確保することが有効であると言われている。

2)　大気浄化効果　生物としての植物の呼吸に伴い

表3・10　緑の機能の分類 *20

人間に対する緑の機能	分類 中分類	小分類
単独機能	物理的効果	防塵機能　土砂流出崩壊防止機能 防音機能　水源涵養機能 しゃ光機能 防風機能 防雪機能
	生物化学的効果	吸塵機能 湿度継続機能 環境指標機能
	心理効果	美化機能，審美機能 修景機能 安息機能
重合機能		環境保全機能 保健休養機能 コミュニティ存在基盤としての機能 人間の生活を支持する生活財としての機能
総合機能		グリーンコンタクト機能 緑と人間の本質的関係に由来する効果効用 効果，効用より高次元のものでいわば超人的，精神的な面での存在価値

大気汚染物質濃度が減少することが知られている。図3.55は，神奈川県下の公園における二酸化窒素の濃度（単位：ppb）を示したものである。落葉期（2月）と生育期（5月）の濃度の差は，植物の二酸化窒素に対する吸収性を示すものと言われている。

3)　野生鳥獣保護効果　前述したように，緑地環境は都市生態系の基盤として機能しているが，昆虫類のみならず，鳥類，哺乳類等の食餌，営巣の場としても機能している。緑地の樹種，水場，樹林内空地など多様性を高めることにより，野生鳥獣の生息環境としてのポテンシャルを高めることができる。

4)　騒音軽減効果　騒音は，音源から受音点まで大気中を伝搬するにつれエネルギーが拡散し，減衰する。この間に遮断物を置けば，その減衰はより大きくなる。この遮断物として植物を考えた場合，生垣等の形態にもよるが，比較的高い周波数でないと騒音軽減の効果は現

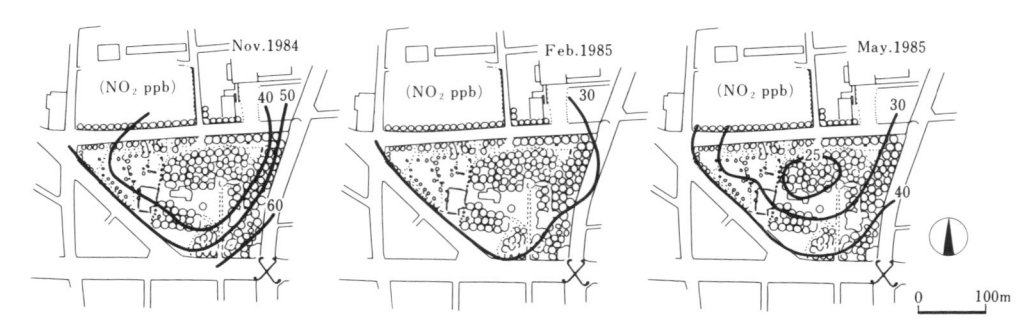

図3・62　公園の二酸化窒素濃度[*21]

れにくい。植物の騒音軽減効果としては，後述する心理的な効果の方が大きく寄与していると言える。

5）防風効果　樹木の防風効果として，最も顕著にその効果が期待されるものとして「防風林」がある。「森林法」に規定されている保安林の中にもこの防風効果に依拠したものがある。都市における防風効果を考える場合，近年急速に増えつつある超高層ビル周辺の風害対策という面で寄与することが多いと考えられる。

6）火災延焼防止効果　空地は，焼止り，避難地として機能する。特に，樹木を十分に備えた空地の場合にはその安全域が拡大する。つまり，樹木の存在は，空地の「避難有効面積」の増加を，市街地火災の延焼拡大の防止を可能にすると言われている。

b．心理的存在効果

緑地空間には，上述したような物理的な効果のみならず，緑の空間の存在を通した心理的な効果もあるとされている。その効果について定量化することは技術的に困難な点が多いが，騒音について緑の存在の有無によって3～5 dB(A)の低減があると報告されている[14]。つまり，同じ音圧レベルの騒音であっても，緑の存在によりその騒音が低く感じられるというものである。

3.3.3　緑地・オープンスペースの分類

a．公共緑地

公園をはじめとする公共緑地は，緑の少ない市街地においては，公共的に確保された営造物であり，期待される環境保全上の機能も大きい。

1）住区基幹公園　都市公園法上の住区基幹公園は，児童公園，近隣公園および地区公園であり，それぞれ利用目的に応じて，標準面積，誘致距離が定められている。

2）都市基幹公園　都市住民全体を利用の対象とし，比較的規模の大きなもの，すなわち，総合公園と運動公園が都市基幹公園である。

これらの公園は規模が大きいため，防災上の効果も大きく，避難地としての利用にも適している。周辺に緑道等を適宜配置することにより利用性はもちろんのこととして，防災上の効果も増大する。

3）都市緑地・緑道等　公害や災害の防止および緩和，環境保全等前述した緑地空間系の有する機能・効果から検討されたものが緑地であって，その目的に応じて緩衝緑地，都市緑地に区分される。

歩行者や自転車の通行の安全性や快適性を保つことを目的として設置されるのが緑道である。緑道はレクリエーションの場としての機能もあるが，災害時の避難道路として利用されるよう計画されているものも多い。

公共的な緑地には，以上のほかに，広域公園，国営公園等の大規模公園がある。

4）地域制公園・緑地　営造物としての公園・緑地は，その土地所有権を管理者が取得して設置するものであるが，これに対し所有権を取得しない地域制の公園・緑地がある。

地域制の公園の代表的なものとして，自然公園法に基づく国立公園がある。すぐれた風致，景観を保全するために工作物の新築や木竹の伐採等の現状を改変する行為を規制し，自然保護と産業的土地利用を調整する制度のもとで成立しているものである。同様な制度のもとで国定公園，都道府県立自然公園が指定されている。

都市において良好な環境機能を有するオープンスペースを保全するために，都市緑地保全法に基づく緑地保全地区制度がある。緑地保全地区内では，工作物の新築，土地の形質の変更，木竹の伐採等の行為が規制されている。これと同様な制度として，歴史的風土特別保存地区制度，近郊緑地特別保全地区制度がある。これらはいずれも地域的な限界があるため，全国の都市における有効な緑地保全を図るために制度として緑地保全地区制度が

設けられたのである。

b. 民有地の緑・オープンスペース

既存の市街地の緑を見るとモザイク状に種々の土地利用が混在するなかで、住宅の緑が大きな比重を占めていることが指摘できる。これらの緑は、細胞のごとく集合し、都市の緑の骨格を形成しているとも言える。つまり、各種法制度のもとで地域制、あるいは営造物として緑地やオープンスペースが整備されているが、量的な比較の上では住宅地内の緑の存在は無視し得ないのである。また、住宅地内の庭は、市民の最も身近な緑であることから居住環境を保全する上でも大きな位置を占めるのである。この緑に着目して緑化協定制度が設けられている。また、良好な地区環境を維持するために風致地区制度がある。

近年、都市住宅の新しい形態としてコーポラティブによる住宅づくりがあるが、住戸まわりの空間を居住者が「共有の庭」として創造し、管理する例が見られるようになっている。

表3・11 都市公園の種類

種類	種別	内容
基幹公園	住区基幹公園	街区公園	主として街区内に居住する者の利用に供することを目的とする公園で誘致距離250mの範囲内で1ヶ所当たり面積0.25haを標準として配置する。

種類		種別	内容
基幹公園	住区基幹公園	街区公園	主として街区内に居住する者の利用に供することを目的とする公園で誘致距離250mの範囲内で1ヶ所当たり面積0.25haを標準として配置する。
		近隣公園	主として近隣に居住する者の利用に供することを目的とする公園で1近隣住区当たり1ヶ所を誘致距離500mの範囲内で1ヶ所当たり面積2haを標準として配置する。
		地区公園	主として徒歩圏域内に居住する者の利用に供することを目的とする公園で誘致距離1kmの範囲内で1地区当たり1ヶ所面積4haを標準として配置する。
	都市基幹公園	総合公園	都市住民全般の休息、観賞、散歩、遊戯、運動等総合的な利用に供することを目的とする公園で都市規模に応じ1ヶ所当たり面積10〜50haを標準として配置する。
		運動公園	都市住民全般の主として運動の用に供することを目的とする公園で都市規模に応じ1ヶ所当たり面積15〜75haを標準として配置する。
特殊公園			風致公園、動植物公園、歴史公園等特殊な公園でその目的に則し配置する。
大規模公園	広域公園		主として一の市町村の区域を超える広域のレクリエーション需要を充足することを目的とする公園で、地方生活圏等広域的なブロック内の容易に利用可能な場所にブロック単位ごとに1ヶ所程度面積50ha以上を標準として配置する。
	レクリエーション都市		大都市その他の都市圏域から発生する多様かつ選択性に富んだ広域レクリエーション需要を充足することを目的とし、総合的な都市計画に基づき、自然環境の良好な地域を主体に、大規模な公園を核として各種のレクリエーション施設が配置される一団の地域であり、大都市圏その他の都市圏域から容易に到達可能な場所に都市計画公園1,000ha、うち都市公園500haを標準として配置する。
緩衝緑地			大気の汚染、騒音、振動、悪臭等の公害の防止、緩和もしくはコンビナート地帯等の災害の防止を図ることを目的とする緑地で、公害、災害発生源地域と住居地域、商業地域等とを分離遮断することが必要な位置について公害、災害の状況に応じ配置する。
都市林			市街地及びその周辺部においてまとまった面積を有する樹林地等において、その自然的環境の保護、保全、自然的環境の復元を図れるよう十分に配慮し、必要に応じて自然観察、散策等の利用のための施設を配置する。
広場公園			市街地の中心部の商業、業務系の土地利用がなされている地域における施設の利用者の休憩のための休養施設、都市景観の向上に資する修景施設を主体に配置する。
都市緑地			主として都市の自然的環境の保全ならびに改善、都市景観の向上を図るために設けられる緑地であり、0.1ha以上を標準として配置する。 但し既成市街地等において良好な樹林地等がある場合あるいは植樹により都市に緑を増加または回復させ都市環境の改善を図るために緑地を設ける場合にあってはその規模を0.05ha以上とする。
緑道			災害時における避難路の確保、市街地における都市生活の安全性及び快適性の確保等を図ることを目的として、近隣住区または近隣住区相互を連絡するように設けられる植樹帯及び歩行者路または自転車路を主体とする緑地で幅員10〜20mを標準として、公園、学校、ショッピングセンター、駅前広場等を相互に結ぶよう配置する。
国の設置に係る都市公園			主として一の都府県の区域を超えるような広域的な利用に供することを目的として国が設置する大規模な公園にあっては、1ヶ所当たり面積おおむね300ha以上を標準として配置し、国家的な記念事業等として設置するものにあっては、その設置目的にふさわしい内容を有するように整備する。

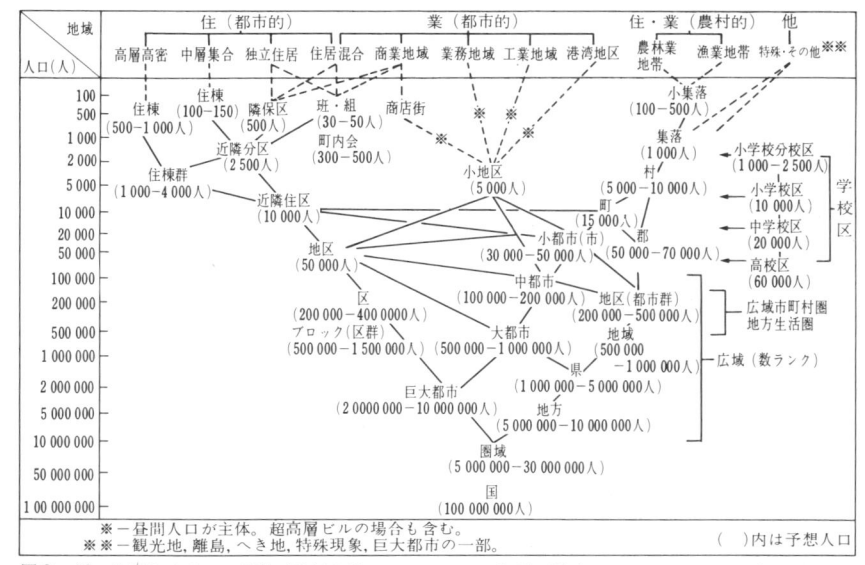

図3・63 公園システムの検討（地域条件とコミュニティ序列）（資料：ランドスケープ18）

図3・64 所有区分が相互に入り組んでいる状態。
住宅回りのランドスケープが私的な領域と公的な領域とを繋ぎ合わせている。

3.3.4 緑地・オープンスペースの段階的構成

緑地・オープンスペースは，前述した分類ごとにさまざまな機能をもち，それらの機能は存在する場所の地域特性や空間のスケールメリットなど，その種別，位置，属性などにより多様なものとなっている。このようなことから緑地空間系は，図3.63に示すような空間スケールに対応して配置・機能分担を計画されるものとなっている。

また緑地空間系の機能について見ると，これには多くの議論があり，時代とともに変化してきたところであるが，おおむね次のように理解されていると考えられる。すなわち，利用効果と存在効果であり，利用効果とは，レクリエーション機能のように利用者による直接的利用がなされて効果を発揮するものであり，存在効果とは，国土保全，環境浄化というように，そこに存在することによって生活環境を快適にするものである。

次に，配置について具体的な例として都市公園について見てみると，表3.11のように，利用という観点から誘致距離と整備量をもとに，その配置計画がたてられている。また特殊公園，大規模公園，さらには地域制緑地といった存在効果の大きな緑地空間系がその周辺に計画されている。これらは，その種別ごとに，機能分担（利用者，機能等）され，その計画区域のスケールに対応して整備標準が定められたものとなり，計画的には，段階的に構成されている。

3.3.5 緑地とオープンスペース計画

a．利用主体・目的・空間

緑地空間系は，前述したようにその種別，配置等により機能分担がなされ，それに対応した施設整備，利用計画がたてられている。ここでは特に，利用という点から緑地空間系の計画について述べる。

緑地空間系の配置・計画面積等は，利用という観点からみれば，その計画区域の大きさ，その利用者特性（属性，目的等）から計画されることが望ましく，その関連を示すと図3.63のようになる。これらの条件を把握するためには，計画にあたって，まず現況の公園等の整備状況からその不足地域，不足量(面積)，不足施設等を洗い出し，さらに市民（利用者）に対する公園意向アンケート調査等から，その望ましい整備のあり方，新たな公園需要等の把握を行うことが必要である。これらの点を把握した後，整備目標量，整備タイプが設定され，整備手法の検討へと移行していくことになる。次に，その具体的手法について，名古屋における事例を参考に，緑道整備の手法について述べる。

b．緑のネットワーク計画

名古屋市では，1980（昭和55）年に緑の保全・整備・育成の施策を総合的かつ強力に推進していくための長期計画として，「名古屋市緑の総合計画」を策定し，この中で，「今後，市街地の整備にあたっては，緑道を積極的に取り入れ，人間本位の交通体系の確立に努める」と定め，

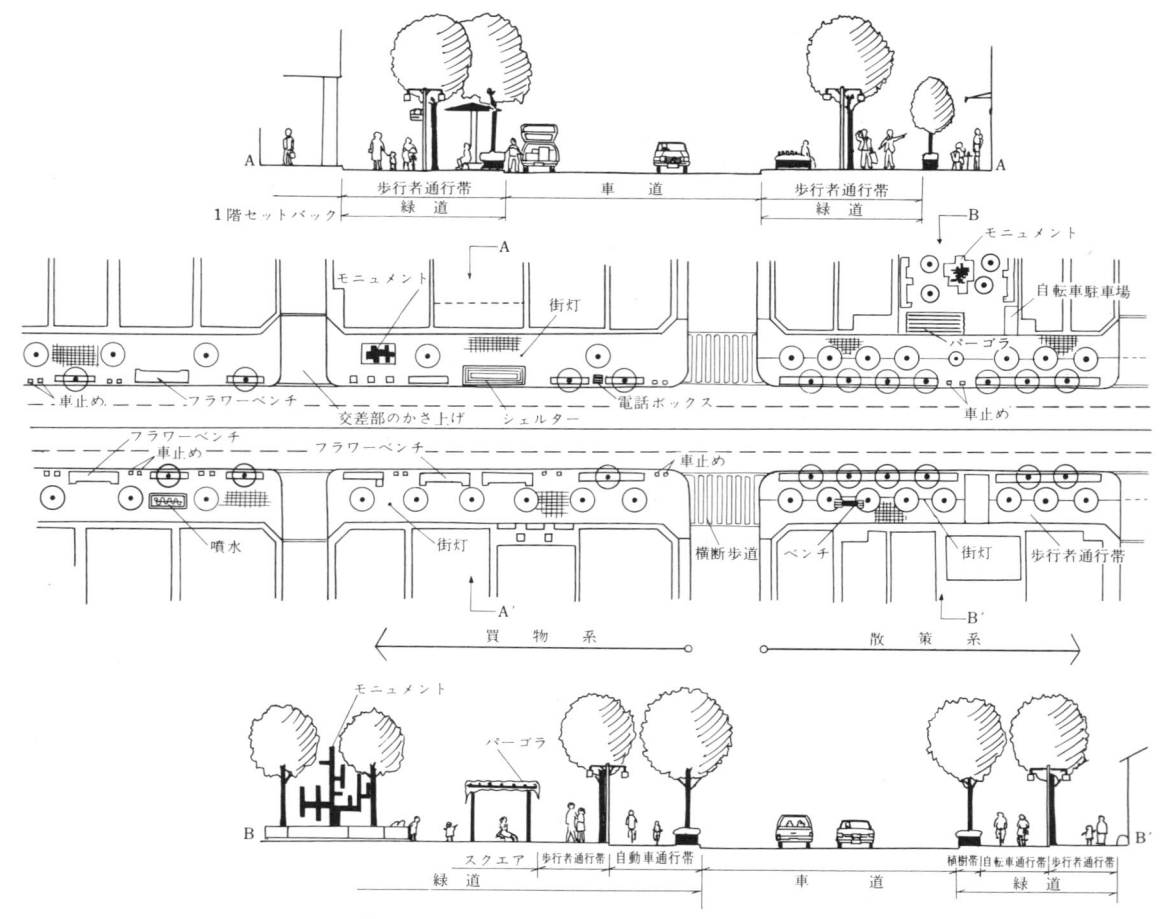

図 3・65 緑道標準整備計画図 [*22]

緑道の整備に対する姿勢を明らかにした。さらに，同年に策定された市基本計画でも，緑道の整備を今後のまちづくりの主要な施策の一つとして位置づけ，34路線，140kmの緑道整備検討路線を定めている。このような状況を背景として，緑道整備における基本的指針を定めることを目的とした緑道整備基本計画を策定している。この中でまず，計画の骨子，構想および市民意識調査，整備路線の現況調査を通して，緑道整備の基本理念と八つの基本方針を定めている。次いで，緑道の機能の整理・分析から，四つの基本分類型を設定し，これに現況の路線形態を組み合わせて12の緑道基本タイプに整理し，その整備方針を定めた。

さらに，緑道整備手法を，①緑道空間の確保，②アメニティーの確保，③連続性の確保の三つに体系化し，その各々の具体的な手法を整理し，目標とする緑道空間の形態を四つに分類した。

以上の調査分析から，次の六つの標準整備タイプを設定した。

Ⅰ．散策系専用型緑道
Ⅱ．買物系部分専用型緑道
Ⅲ．散策系　　〃
Ⅳ．買物系歩車共存［１］型緑道
Ⅴ．散策系　　〃
Ⅵ．散策系歩車共存［２］型緑道

この標準タイプⅠ型の計画図を示したのが図3.65である。

この標準整備タイプを，現況調査をもとに緑道整備検討路線ごとに適用し，その現況特性等から緑道の「顔」となる目標を設定した。

このような緑道を整備することにより，多様なレクリエーション，楽しいショッピングの場を提供するとともに，緑を増大し，交通災害を軽減し，さらには緑道で公園，学校，駅など主要な都市施設を相互に結びつけることにより個々の施設の機能を一層発揮させるなど，市民の生活環境の向上に顕著な効果が期待できる。

4 都市の把握と解析

地区・都市・地域の計画を立てるのには多くの資料を用いる。地区・都市・地域の構成，構造を明らかにしている理論に基づいて資料は集められ，必要に応じて，解析され推計された情報も資料に加えられる。この章では，計画立案プロセスにおいて使われる基礎的資料，調査結果，データ解析，地区・都市・地域に関する理論，計画のためのモデルなど，基本的な事項について概説する。

4.1 都市計画の資料と情報処理

4.1.1 都市計画の計画立案プロセス

a. 二つの計画立案の視点

都市計画の最終的な内容は，①都市計画区域，②土地利用（用途，密度）のパターン，③都市施設の位置，④都市計画事業区域の位置，を示す図面と文章である。将来における都市の範囲を定め，計画の目標に従って，都市内に立地する各種の施設の種類，量，位置を求めて，適正に配置することである。本章では，この作業を行うにあたって必要な，都市の理解のし方や分析・予測の方法について述べる。

大雑把に区分すると，計画づくりの方法は，①システムズ・アプローチと，②規範的アプローチがある。現実的には，この二つのアプローチを併用している。歴史的には，規範的アプローチの方が古い。規範，つまり，あるべき姿を宗教的，軍事的，政治的，美的，社会正義，理論的な根拠によって定めて，現実の都市が，その規範に照らして違っていれば，その違っている点を改正して，規範に合わせていくという考え方である。一方，システムズ・アプローチは，比較的新しい方法である。システム科学の成果を用いて計画をつくる。簡単にいえば，この方法は，現実に何らかの問題が生じたとき，問題とその背景に関連する要因を明らかにして，各要因間の関係を分析し，その関係を用いて，解決策を見いだすという方法である。多くの解決策が考えられるのが普通であるので，その中から，一番費用がかからず，一番効果が大きい解決策を採用する。

二つのアプローチを図示すると，図4.1，4.2のようになる。

規範的アプローチは，規範が誤りであれば，当然，良

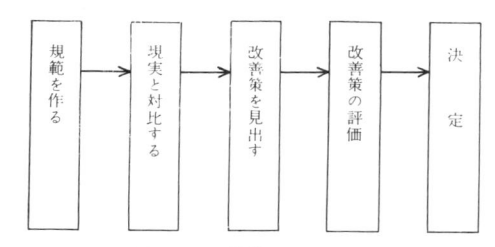

図4・1　規範的アプローチ

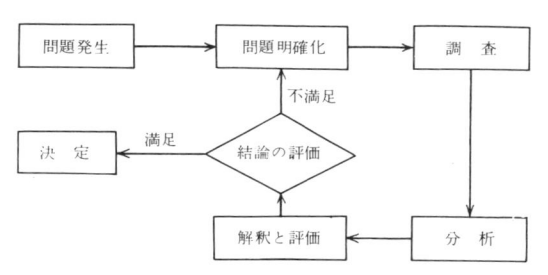

図4・2　システム・アプローチ

い計画はできない。一方，システムズ・アプローチは，もし問題がないと考えられたり，問題がないときには，都市が本質的に誤まっていても改善されない。

現代都市計画においては，都市に居住し，活躍する人間一人一人がそれぞれ尊厳を有しているということを基本にしている。近代都市以前の都市においては，人権が一部で無視されていた。都市に居住し，活躍する人々の個別の要求を満たすことと，都市全体が，宗教上，軍事上，政治上，経済上等の要請によるあるべき姿（上位概念）とが一致すれば良いが，多くは差がある。このため計画者は，両方のアプローチを併用して良い計画を作ることに努力を払う。

b. 二つの計画立案のプロセス

一般的に，計画の目標年次までの期間とそれ以上の期間の過去の分析が必要であるが，現在では，20年以上の都市計画の経験を持つ都市が増え，各種の資料や過去の

表4・1 都市計画基礎資料

資料項目	図・表の別
1．人口	
1）人口規模	
(1) 人口総数および増加数	表
(2) 人口増減の内訳	表
(3) 人口の将来見通し	表
(4) 世帯の将来見通し	表
2）人口分布	
(1) 市街地区分別人口	表
(2) 地区別人口	表
(3) 地区別人口密度現況	図(1/25,000)
(4) 地区別人口密度増減	図(1/25,000)
3）人口構成	
(1) 年齢・性別人口	表
(2) 産業大分類別人口	表
(3) 職業大分類別人口	表
(4) 流出・流入別人口	表
2．産業	
1）産業大分類別事業数および従業員数	表
2）産業中分類別工業出荷額	表
3）産業中分類別商業販売額	表
3．住宅	
1）住宅の所有関係別世帯数,世帯人員,世帯当たり畳数	表
2）住宅の建て方別世帯数,世帯人員,世帯当たり畳数,一人当たり畳数	表
3）世帯人員別,畳数別,普通世帯数	表
4．都市の歴史と景観	
1）都市形成の沿革	
(1) 都市形成略史	表
(2) 都市計画・都市開発年表	表・図(1/10,000)
2）景観・文化財等の分布	
(1) 良好景観要素の分布	図(1/10,000)
(2) 文化財等の分布	表・図(1/10,000)
5．土地利用および土地利用条件	
1）地形条件	
(1) 地形および水系	図(1/10,000)
2）土地利用現況	
(1) 土地利用現況図	図(1/10,000)
(2) 市街地の進展状況	表・図(1/10,000)
(3) 農地・山地現況	図(1/10,000)
(4) 国公有地現況	図(1/10,000)
3）災害および公害	
(1) 既往災害の分布(Ⅰ)	図(1/10,000)
(2) 既往災害の分布(Ⅱ)	表・図(1/5,000)
(3) 公害現況	図(1/10,000)
4）宅地開発等の状況	
(1) 宅地開発の状況	表・図(1/10,000)
(2) 面整備実績	表
(3) 農地転用状況	表・図(1/10,000)
5）法適用現況	
(1) 法適用現況	表・図(1/10,000)
(2) 都市計画事業の執行状況	表・図(1/10,000)
6．地価	
1）地価分布	図(1/10,000)
7．建物	
1）建物用途別現況	
(1) 建物用途別現況	図(1/2,500)
(2) 特定用途建物の分布	図(1/10,000)
2）建物新築状況	
(1) 地区別新築状況	表・図(1/10,000)
8．都市施設	
1）都市施設の位置	
(1) 主要都市施設の位置	図(1/10,000)
(2) 道路網	図(1/10,000)
9．交通量	
1）ゾーン間自動車交通量	表・図(1/……)
2）主要道路断面交通量	表・図(1/……)

都市計画の実績の分析・評価の結果が用いられるようになってきた。この中で，二つのアプローチは，より実際的な工夫がなされ，過去の分析と将来への推計と評価を効果的に活用することで，より合理的，実現可能の高い計画が作れるようになってきた。

しかし，都市に必要なすべての施設の種類，規模，位置を直接計画するには，現実の都市は複雑であり，また将来への人々の努力の成果は予測しがたい。このため計画作りのプロセスは，さらに，①将来フレームの推計およびその配分，②部門・部分計画の積み重ねのプロセスに分かれる。

地区・都市・地域全体の将来の人口や産業活動の予測値を各地域の状況に応じて配分することによって計画を作るのが，将来フレームおよび配分のプロセスである。全体を総括的に検討するのに優れている。一方，部門・部分のプロセスでは，対象となる部分・部門の需要量と需要構造とを用いて地域および供給主体の状況から判断して，それぞれの部分・部門の計画をつくる。各部分・部門の計画が合わせられて全体の計画となる。

4.1.2 都市計画と情報
a. 都市計画基礎資料

計画は，対象となる地区・都市・地域の経済，社会的与件に合う目標を達成するために実現可能な，また環境の破壊を引き起こさないような，土地の利用の区分や都市施設の位置を定めることで，その結果は地図に表現される。

計画を表現するのも地図であるが，計画を作る際の大切な資料が盛り込まれているのも地図である。地図とは地表面のある時期の状況（情報，資料）を，さまざまな記号で示したものである。このような一定の土地に定められた内容を示す資料を属地データ，地理的資料，または，クロス・セクション・データという。しかし，資料の中には地理的変化よりも，時間的変化の方が大切であるものも多い。時間別に示された資料を時系列資料（タイム・シリーズ・データ）という。当然，計画作りには，両方の性格を持つ資料を用いる。また，用いられる資料の項目や内容は，計画課題と対応すべきであり，都市の状況や動向と計画視点によって異なる。

表4.1は，1985（昭和60）年の時点で検討されている都市計画の基礎資料の項目リストである。

これらの資料は時系列で集められたり，地区別に集められたりする。もちろん，この表の資料は，基礎的なものであるので必要に応じて項目を増やしたり，精度を変えたりする。近年，地域に合った計画やよりよく設計された計画が求められているため，地区レベルの多種多様

な情報が計画に用いられる。

b. 情報の精度

情報は時間と費用をいとわなければ，際限なく正確，詳細なデータを求め得る。しかし，計画の目的や対象によっては詳細で，精度の高い情報を必要としないこともある。情報は判断の資料であるから，判断を誤ることのないように必要な精度と質が要求される。一般的に，社会事象は複雑でその関係を広げていけば際限なくなる。しかし，常にある事象に強く作用する要素は存在し，また良い計画者は的確にその要素を指摘できる。

都市計画では，計画の精度を示すのに図面の縮尺を一つの目安にしている。例えば，1/500 で計画をしている場合には，10 m が 2 cm に当たるから，10 m 四方の大きさはその内容も表現し得る。したがって建物の用途や道路の幅員や形は意味をもって表現できる。一方 1/10,000 で計画しているときには，100 m が 1 cm であるから，例えば道路の幅員は表現できず線形のみが示されることになり，建物も示すことはできない。このため地区とか街区が単位となり，その密度や代表的用途が示される。このように，計画図の縮尺を目安にして必要な情報の内容，精度，質を決める。

計画立案のための情報の精度については，真の値からどの程度の差があるか，ということだけでなく，例えば下水道の計画において将来の必要量を決めるときに，多めに予測することと少なめに予測することを比較すると，少なめに予測したときは大変なことになる。このように，真の値から外れる方向にも注意しなければならない。

4.1.3 情報の収集と処理

a. 地図と統計

情報の収集には，調査をして収集するものと，何らかの理由で登録・届け出た資料を集計して作るものとがある。例えば，土地や建物は法務局に登記されているし，また土地や建物の固定資産税を徴収するために台帳が作られている。これらの資料が利用可能なら現在の土地や建物の状況は登記簿や台帳を集計すると情報が収集できる。しかし，このような資料を集計しても求める情報にならないときには調査を必要とする。

調査には，各種の機関や人々が共通に利用する基礎的な資料の提供を特定の機関が定期的に実施していて，その資料が利用できるものと，計画の目的に合わせて新たに実施するものとに区分できる。前者の例としては，地図とか，国勢調査を含む各種の統計調査がある。これらの調査は国などの公的機関が実施している。もちろん，都市計画のために定期的に実施している調査も含まれる。例えば道路交通量調査等である。これらの資料は，国，地方公共団体，各種機関，民間企業，市民の活動の計画や状況の判断に用いられる。これらの主なものを表 4.2 に示す。

b. メッシュ統計資料

特殊な集計を除き一般的には，各種の統計調査資料は市町村等の行政区域ごとに集計される。もし行政区域より小さな区域の情報を欲しいときや，行政区域が変化してしまったときには，この集計では必要な作業ができない。各国では，地理的情報システムの確立に努力している。国土地理院は，1968 年以来各官庁と共同でメッシュ・データとメッシュ・マップの作成を進めてきた。国土を機械的に一定の大きさに区分して，その区分された地区（単位メッシュ）ごとに各種の統計資料を集計する。単位メッシュの大きさは，ほぼ 1 km² で，一般に市町村別の集計より小さい地区別の資料が利用でき，また，従来，統計数値化が困難であった地形，地質，土地利用，気象などの，主として自然条件の因子が計量化できるようになる。

わが国のメッシュ・マップは，全国を緯度 40 分，経度 1 度に区分した区域が 20 万分の 1 の地勢図として作成されているが，この範囲を 8×8 に分割し，さらにその一つ（2 万 5 千分の 1 の地勢図に該当する）を，10×10 に分割した地区を基準メッシュとしている。基準メッシュは緯度 30 秒，経度 45 秒に区分された範囲である。ほぼ 1 km×1 km である。これに，20 万分の 1 の地図の番号 4 桁，2 万 5 千分の 1 の地図の番号 2 桁，基準メッシュの番号 2 桁，計 8 桁の数字でメッシュ番号がコード化されている。

現在，メッシュごとにどのようなデータを整備するかについては，年々追加されている状況である。国勢調査，事業所統計，商業統計，工業統計，住宅統計調査等は，それぞれの調査区の中心の位置に属するメッシュ（中心地同定という）に，調査区の集計値を集計してメッシュの集計値として，メッシュ・データが作られている。国勢調査年に各種の統計が合わせられて，メッシュ・データが編集されて，利用に供されている。

c. 踏査と測量

計画を立案する作業において，より詳細に地理的情報を入手したいときには，現地で調査・計測しなければな

表4・2 基礎的地図・統計資料

地図・統計	内 容	備 考
国土基本図	地表に存在する地物および地形の形状を測量し,作成した地形図 (国土交通省国土地理院)	縮尺1/2,500 等高線 2m間隔 縮尺1/5,000 等高線 5m間隔 縮尺1/10,000 等高線 5m間隔 縮尺1/25,000 等高線10m間隔 縮尺1/30,000 等高線20m間隔
日本地質図	地質について図化するもので,他に地質構造図,水理地質図がある (地質調査所)	縮尺1/200万
日本気候図	気温,降水量,天気日数,湿度,風向,雪・霜,等について図化している (気象庁)	縮尺1/400万-1/800万
植生図	植物の成育分布を図化している (文部科学省)	縮尺1/20万
国勢調査	人について国籍,性,年齢,居住地,勤務地等を調査する (総務省統計局)	全国,全数調査,5年毎
事業所統計調査	事業所について産業分類,従業者形態,創業年等を調査する (総務省統計局)	全国,全数調査,56年以前3年毎,56年以降5年毎
人口動態調査	出生,死亡,婚姻,離婚の届け出を集計する (厚生労働省)	全国,全数,毎月
港湾調査	港湾の状況及び利用状況を調査する (国土交通省)	全国,全数,毎月・毎年
工業統計調査	工業事業所について従業員数,工業出荷額等を調査する (経済産業省)	全国,全数,毎年
農林業センサス	農業・林業の世帯・事業体の状況及び活動状況を調査する (農林水産省)	全国,全数,5年毎
建築着工統計	建築物の建設着工状態を届け出の集計で示す (国土交通省)	全国,全数,毎月
家計調査	非農林漁家世帯約8000の収入と消費の項目,数量,金額を調査する (総務省統計局)	全国,標本,毎月
住宅統計調査	住宅及び世帯の居住状況を調査する。国勢調査区を標本抽出し全数調査する (総務省統計局)	全国,層化抽出,5年毎
商業統計	卸売業,小売業の店舗の従業員数,販売額等について調査する (経済産業省)	全国,全数,52年以前2年毎,52年以降3年毎
自動車輸送統計	輸送用自動車の活動状況を調査する。貨物営業用,路線トラック等別にサンプルの取りかたが異なる (国土交通省)	全国,標本,毎月
全国貨物純流動調査	65,000位の事業所を対象に貨物の流動の実態を調査する (国土交通省)	全国,標本,5年毎
街路交通情勢調査	各都市圏における人の動きを調査する。昭和42年広島都市圏から逐次各都市圏で実施 (国土交通省)	都市圏,標本
全国道路・街路交通情勢調査	各区域境界を横切る道路上のある特定の1日の全車両(路側OD)全車種の使用者の行動(流動)を調査する (国土交通省)	全国,標本,3年毎
住宅需要実態調査	普通世帯の住宅・住環境への意識を調査する (国土交通省)	全国,標本,5年毎
建築物減失統計調査	除却・災害により減失した建物の届出を集計する (国土交通省)	全国,全数,毎月

らない。測量機械を用い正確に計測することもあるが,計画立案には計画者の判新を入れた内容を地図上に記録して(踏査という),それを情報として用いることが良いことも多い。図4.3,4.4は,踏査の例である(踏査図またはフィールド・マップという)。もちろん,踏査の内容は,踏査の目的によって異なる。

d. ヒアリング調査・インタビュー調査・面接調査

地区・都市・地域の計画を立案するには,地区・都市・地域に活躍する人々の意見・意向・態度等をよく把握しなければならない。このとき,人々の意見・意向・態度を直接人々に会って聞くという方法で行う調査をヒアリング調査またはインタビュー調査という。ヒアリング調査は,特定の人または機関の意見・意向を把握するときに実施され,計画対象に対する有機的,立体的な情報を得るのに適している。インタビュー調査は,動機・態度を調査するときに用いられ,デプス・インタビューとグループ・インタビューとが代表的である。デプス・インタビューは,一人に対して質問を繰り返して被調査者の考え方や感じ方を把握する。グループ・インタビューは,多数の人に対して同時に質問を繰り返して人々の考え方や感じ方を把握する。

これらの面接調査は,計画対象が十分理解されていないときに実施され,本格的な情報収集は別の方法によることが多い。

e. アンケート調査とサンプリング

質問を書面に印刷して(調査票という),回答を得るという方法である。回答には,答えを自由に記入するオープン・アンサー方式と答えを幾つか用意しておいてその中から選択させる方式がある。答えを選択してもらうときには,一つのみ許すときと,幾つでも許すマルチ・アンサー方式がある。調査の質問や回答を工夫することを調査票の設計といい,調査の目的や対象,精度を考慮し

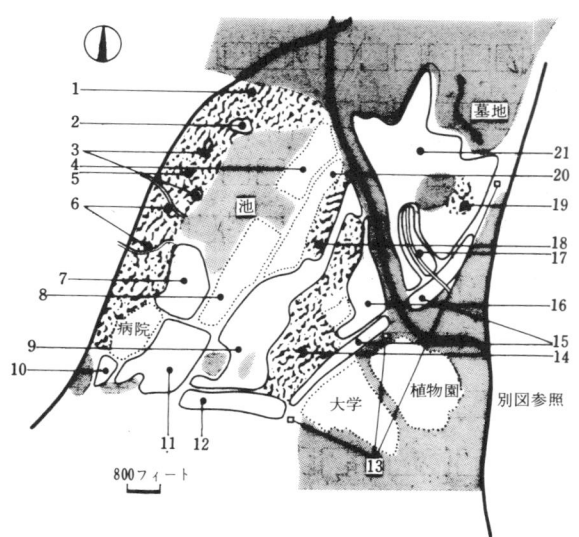

高密度で，内部にオープンスペースがないので，密度をこれ以上あげることは考えられない。しかし地形が起伏にとんでいること。周辺に空地があること。鉄道駅に近いこと等のために，さまざまな開発機会にめぐまれている地区である。

1. 高層アパート，計画中
2. 公園に面した高層アパート
3. 高層アパートに適（現在は空地）
4. 工場用地として残す。
5. 開発適地，地形が波うっていてオープンスペースに近いし眺めもいい。丘の上や池沿いにスポット的な高層アパート，斜面にはガーデンタイプのアパート。
6. 地下鉄駅への歩行者専用路。
7. 大学に接した魅力的な住居地区。基本的には保全地区。
8. 学校用地（大学・高校）として残す。
9. 高密，基本的には高層，現状維持。
10. 魅力的な高層アパート，現状のまま残す。
11. 維持のいい高密度地区。保全。
12. リージョナル・ショッピング・センター（現状のまま残す。）
13. 鉄道駅。もっと多くの乗客を運べる。
14. かなり荒廃している遷移地区空地や他の施設が不足している。空地を確保しながら北より低密度に徐々に再開発を行う。南の部分はやや point残す。
16. 高架鉄道の沿い問題地区。混老朽住宅を除去して非住宅の開発可。
16. さまざまな住戸タイプの混在地区。公園道路に沿って高層アパート，基本的には保全。
17. 商店密集地区として残す。高架駅より公園までを歩行者路（ペデストリアン・モール）に。
18. 開発適地（駅と高校に近い），高層アパートあるいはガーデンタイプですぐに再開発。
19. 老朽住居地区，学校・公園・駅に近いから高層住宅に適地。
20. 操作場を利用して高層アパートの建設可。
21. さまざまな住戸タイプの混在地区，基本的には保全。

図 4・3 開発機会の踏査図の例[*1]

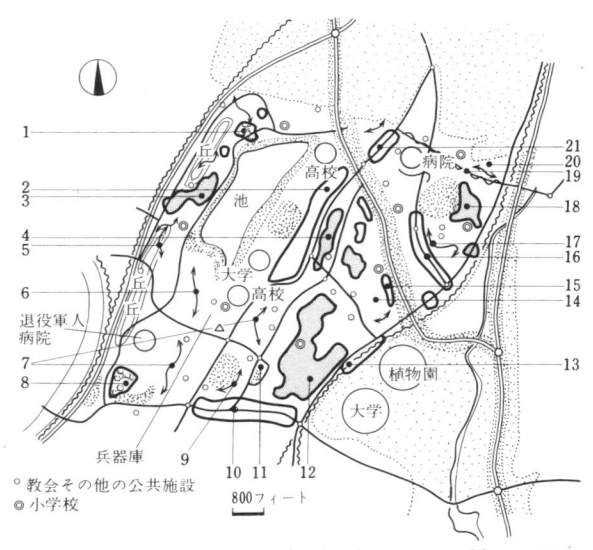

現在も高密度で，もはやこれ以上の高密度は考えられない地区。146,000人が居住している。地域は幹線交通網で分離されていてコミュニティとしての一体観がなく，特に東南部が荒廃している。

1. 12階建の新しい高層住宅プラス公園
2. 工場と操車場
3. 丘の上の老朽住宅群
4. 3階建の老朽住居群，1階の商店には空家もみられる。
5. 町屋（Row Housing）
6. 二戸建やアパートがまじって魅力的
7. 建ぺい率高い。エレベーターなしのアパート
8. 戦後建設された民間アパート。9～16階。1,118戸
9. 高密度なエレベーターつきアパート
10. 交叉点にできた主要なリージョナル・ショッピング・センター
11. 歴史的ランドマーク（エドガー・アラン・ポーの住宅）
12. 荒廃した住居群，主として旧法による借家とエレベーターなしのアパート。エレベーターつきアパートもいくつかある。
13. 自動車車庫・軽工業・倉庫等
14. 混合地区
15. パークウェイに沿った魅力的なエレベーターつきアパート
16. 商店密集地区，維持良，1階建の専用建築。
17. 混合地区
18. 1戸建老朽住居
19. まばらな商店，殆どが併用アパートの1階を利用している。
20. 新しいエレベーターつきアパート
21. 1階建の専用商店，維持悪い。

図 4・4 基礎条件の踏査図の例[*1]

て調査票の内容や調査票の配布・回収の方法を決める。

　一般には，調査したい対象全部に対して調査票を配布することはしないですむことが多い。調査対象の個々の回答が必要な場合もあるが，多くは，調査対象全体の回答の比率が求めたい情報である。このときは，調査対象（これを母集団という）から調査実施対象（これをサンプルまたは標本という）を選び（これをサンプリングという），調査票を配布する方法（これを標本調査法という）をとる。

　調査票による調査は質問を説明しながら回答を調査票に書いてもらう方法（口問法）と，郵送その他の方法で間接的に回答を得る方法がある。間接的に文書による質問は理解に困難や誤解が伴いがちである。これらの諸点を考慮して調査票の設計をする。

　標本調査法の場合，母集団が何であるかを明らかにすることが大切である。調査するのは母集団のどの特性であるかを明確にし，必要な質問と回答をつくる。続いて標本を選定する。標本の選定は，一般的には無作為抽出（ランダム・サンプリング）で行う。例えば母集団の数が6であり，その中から一つのサンプルを選びたいとき，サイコロを振って出た目の番号の対象をサンプルとするという方法で抽出する。標本数は，一般に母集団の性質や回答の許容される誤差によって決まる。例えば，答え

がイエスかノーのいずれかであるとき，次の公式を利用して標本数を決めよう。
$$\sigma = \sqrt{\frac{(N-n)}{(N-1)} \cdot \frac{P(1-P)}{n}}$$
ここで，σ：標準偏差
N：母集団の総数
n：標本数
P：母集団のイエスの比率

いま，母集団の総数が1,000で，誤差の範囲として95％の信頼度でプラス，マイナス4％が許されるとすれば，$2\sigma=0.04$，$N=1,000$である。Pが未知であると，少し工夫して，この公式でPの変化に対してσがどのように変化するかを見ると，$P=0.5$のときσは最大になる。そこでPが未知のとき$P=0.5$と仮定すると，標本数nは，公式にσ，N，Pを入れて計算すれば，$n=384.8$となり，最小限385のサンプルが必要であることが分かる。$N=10$万のときは，同様にして，$n=621.1$となる。Nがもっと大きくなっても，$n=625$程度である。これは，二者択一の比率についてのサンプリングであるが，より複雑な条件の場合についても検討することができる。より詳しくは，標本調査法の専門書を参照してほしい。

f．リモート・センシング

リモート・センシング（remote sensing）は，日本語では遠隔探知，遠隔探査，遠隔測定，などと訳されており，「遠く離れたところから，対象物あるいは対象とする現象を観測すること」といえよう。そして，地球表面およびその周辺を対象とする観測は，通常飛行機および人工衛星上からなされ，ここ10～15年間に，急速に発展をとげつつあるのは，電磁波輻射エネルギー強度の観測であって，しかもデータが映像あるいは地図の形で得られるものである。リモート・センシングが今日見られるような国際的課題として取り上げられるようになった背景には宇宙開発の進展と世界中の人類が直面している資源問題と環境保全の問題があるからである。

都市計画への利用については，現在多くの試みがなされている段階である。例えば，都市気候悪化，スモッグ被害などについて地表温度の役割が大きいことと都市構造物の分布との関係を明らかにする研究がある。しかし，まだ多くの未解決の部分があり，計画に利用されるのは，少し時間がかかると思われる。リモート・センシング・データは，広い範囲について時系列データがアナログ情報として得られ，これを機械処理することによって多くの有用な情報とすることができるので，今後は大いに期待される。

g．コンピュータの利用

電子計算機の発達は単に数値計算だけでなく，検索，図形認識および処理等に広く利用されるようになった。また，マイクロ・コンピューターの発達は，これらの計算，画面，文章処理を画面を通じてコンピューターと対話しながら行えるようになってきた。都市計画においても，この便利な機械をさまざまな状況で用いている。これらを簡単に紹介すると次のようである。

1. 計画に使う資料や計画そのものをコンピューターに記憶させておき，必要なときに求める形で利用する。特に，数字等の情報を画面情報に変えて一般の人々に分かりやすくし，的確に情報を伝えるとともに，各種の判断を容易にする。中には，地理的情報をカラー画面に映し計画支援システムとして利用するなど，多くの工夫がなされている。

2. 計画立案時に多くの情報処理をしなければならないが，大型コンピューターも含めて多種多様な利用がなされている。高速の処理を利用して膨大な計算をする解析手法も簡単に使用されてきている。さらに，現実の動きを模型化してその模型を使って予測等の作業をするのにも多用されてきた。また，単に計算だけでなく，地図上での作業もコンピューターの画面の上で行うことにより，形や位置についての検討と同時に面積や密度等の検討も加えながら計画立案作業を行う試みもなされている。

3. 今後，各コンピューター間がネットワーク化され，各種の情報がネットワークを利用して使用できるようになれば（資料を保存し利用の要請に応じて情報を提供するようにつくられた資料群をデータ・バンクという，当然データ・バンクがネットワーク化されると大変便利になる），特に，都市計画の現場，例えば行政部局では短時間に大量の情報を使って対応ができる。現在は，これらのシステムづくりの段階であるといえる。

4.2 都市把握の理論

4.2.1 都市の本質の理解

都市を成立させている原理は何かという問いに対しては，集積の利益を挙げるのが一般的解答であろう。複数の活動が個々バラバラに立地するよりも互いに近くに立地することによって余分の利益を得ることができる，すなわち1+1が2よりも大きくなる現象を集積の利益と

呼ぶのである。多様な活動が高密度に集積した都市の場合には，この利益がさまざまな側面で生じており，都市の立地魅力となっている。しかし集積の利益のみが都市の原理ではない。都市は本質的に社会の大きな流れを強く反映して姿を変え，同時に社会の新しい流れを生みだすという性格を持っていることを忘れてはならない。そうでなければ，都市の理解は極めて一面的かつ短期的なものになってしまう。残念なことに，いかにして都市は変化するかというこの重要な問題に取り組んだ研究は多いとは言えない。その中で今世紀への変わり目に活躍したドイツの巨人，マックス・ウェーバーの研究は特に高く評価されている。最近ではアメリカでの観察をもとに現代社会における都市の動学的原理を述べたジェイコブスの研究がある。

ウェーバー（M. Weber） 近代資本主義が成立するための都市の必要条件を明らかにすることをねらいとして，東洋と西洋の都市の相違，西洋の古代都市と中世都市の相違を比較検討した。経済的政治的軍事的側面から都市の支配権力の主体とその特性を記述し，"市民"および"都市共同体"の成長なしには近代資本主義は成立しなかったことを述べている。

ジェイコブス（J. Jacobs） 都市の動態の本質，すなわち都市を成長させる原理の解明に取り組んだ。都市には多数の分業化した経済活動（その中には非効率な状態のものも含まれている）が存在しているが，新しい経済活動はその中からこそ生まれ，大規模に効率化された活動の中からは生まれにくいこと，そして新しく生まれた活動は新たに多様な分業を生みだすこと，この循環の中に都市成長の本質があると彼女は主張する。さらに，都市が従来輸入していた財を自都市で生産するようになると，それによって新たな経済活動が都市内に生じ，そのため新しい財を輸入するようになり，都市の経済活動が質量ともに拡大し，再び輸入財を都市内で生産するようになり……という循環による乗数効果が爆発的に都市を成長させると説明している。この論理は都市の非効率的部分を即座に切り捨てていくような都市政策の不毛を指摘するなど，都市を考える際の重要な視点を提供している。

4.2.2 都市の分布と位置付け

都市を一つの単位ないし点としてとらえ広域の中での都市の分布や位置付けを把握するという巨視的視点が，国土計画や地域計画を考える上でしばしば必要になる。

都市の空間分布の法則性を述べた理論の中では，クリスタラーの中心地理論が代表的である。彼はこの理論を都市の分布則として提示したが，都市内の商業サービス施設の分布等にも適用することができる。ただし原料生産地との関係が重要である工業都市の分布の理解には適さない。このような場合に限らず一般に空間分布を考える場合には，常に距離の定義に注意する必要がある。

都市を分類する場合に，産業構造等の多数の分類指標が考えられるが，規模は多くの場合に最も有効な分類指標となる。そして規模を表す指標として一般的なものは人口である。さまざまな規模の都市が存在しているが，規模の大きい都市ほど少ないということが世界的に共通な現象である。そこに法則性を見いだそうとする試みが数多くなされたが，ジップの順位規模法則はその代表的な例である。ところでこの問題を考える際には，都市を単純に行政区界でとらえるだけでなく，郊外を含めた都市圏でとらえることも要求される。

都市をより小さな空間やより大きな空間との関係の中で把握することはクリスタラーやジップにおいても行われているが，特にその点を強調したものとしてドクシアディスの研究がある。将来の都市の姿の変貌を考える上で彼の提示した視点は有効であろう。

クリスタラー（W. Christaller） 中心地の空間分布の理論を提示し，ドイツの都市の分布に対して実証分析を行った。中心地（＝財の供給地＝市場＝都市）とその補完地域（市場圏）の定義を行い，ある一つの財について購買者が自由意志で購入地点を選択するものとすると，中心地の勢力圏である補完地域が六角形で蜂の巣状に分布するのが均衡解であることを求めた。そして中心地で供給される財にも低次（狭域的）のものから高次（広域的）のものまであり，それに応じて中心地にもヒエラルキーがあり，それらが図4.5に示すような階層的蜂の巣状分布をすることが均衡解であることを導いた。

ジップ（G. K. Zipf） 都市間の人口分布の法則性に

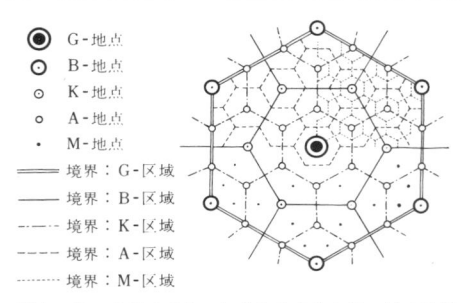

◉ G-地点
◎ B-地点
◯ K-地点
○ A-地点
・ M-地点
━━ 境界：G-区域
── 境界：B-区域
－・－ 境界：K-区域
─── 境界：A-区域
・・・ 境界：M-区域

図4・5 クリスタラーによる中心地とその補完地域の階層的分布 *2

着目し，都市の人口と人口規模の順位のあいだに見られる関係についての過去の研究の上に，順位規模法則と呼ばれるものを提案した。これは，

$$\log P = -a \log R + b$$

（P：人口，R：人口規模順位，a，b：パラメータ）なる式で表されるものである。この式が現実とよく符合していることは広く認められているが，その意味については賛否両論がある。ベックマン（M. Beckman）は財の供給に関する都市のヒエラルキーを想定して，この法則の解釈を行っている。

ドクシアディス（C. A. Doxiadis） 人間が定住する活動空間を，部屋というミクロな空間から地球規模のマクロな空間の広がりの中でとらえる必要があること，そして過去から進展してきた活動空間の拡張現象は将来も続くことを主張した。したがって都市も変貌して，中小都市が大都市に成長し，隣接の都市や村を飲み込んでメトロポリスが成立し，さらにそれらが連担してメガロポリスへと成長してきたが，将来はこれらの都市地域が成長を続けて相互に関連を強め，地球全体を覆うネットワークをつくり，世界が一つの定住社会（エキュメノポリス）を形成するに至ると述べている。

4.2.3 土地利用のパターン

都市の空間的内部構成の実態や構成原理を知らずに都市の政策や事業を検討しても一般に成功は望めない。経験的事実に基づき土地利用のパターンを抽出しようとする試みは，20世紀前半のアメリカにおいてバージェスやホイトの理論として成果を挙げた。このような帰納的方法による研究は，得られた結果の一般性という点に注意しなくてはならないが，現実が内包する豊かな情報を表現しやすいという長所を持つ。バージェスやホイトの提示したモデルはシンプルなものであるが，現在でも魅力的な研究課題を提示している。ところで彼らが観察した

のは第二次世界大戦前のアメリカの都市であるが，日本の都市においては，かれらの観察結果と比較するとむしろ所得の高い者ほど中心部に近い場所に居住する傾向があり，明治維新以前からの都市構造の影響，所得階層の相違，交通機関のサービスの相違等によって違いが生じたと考えられる。

この種のモデルは現実の都市をなるべく詳細に表現しようとして複雑化へと傾斜しがちであるが，かえってそのために一般性を失う結果となる。ハリスとアルマンの多心モデルにおいてはすでにその気配が見られる。したがって戦後はこの方面での成果はあまり見られないが，70年代の後半に人口密度の拡散現象をとらえてクラッセンとパーリンクが都市の成長衰退を表現するモデルを提案している。

バージェス（E. W. Burgess） シカゴについての実証研究をもとに都市内の土地利用分布の同心円モデルを提示した。同心円は五つの土地利用区分によって構成されている。このモデルの特徴は二つあり，第1に土地利用の同心円構造を述べていること，第2に都市の成長衰退に伴う推移地域の移動拡大を述べていることである。すなわち都市の成長衰退に伴い同心円は半径を変化させるが，同時にスラムのように土地利用の固定的な地区も生じ，特に衰退期には推移地域が内側に拡大することを述べている。この同心円構造は後に都市経済学の主要テーマとして多くの研究がなされたが，もう一つの動学的側面は，いまだに研究課題として残されている。

ホイト（H. Hoyt） 都市内の土地利用分布のセクター（扇形）モデルを提示した。初期の時点で形成された土地利用パターンが，都市の成長に伴い放射状の自然

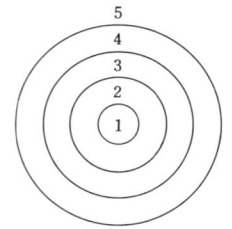

1　C.B.D.
2　推移地域
3　労働者住居地域
4　中産階級住居地域
5　通勤者住居地域

1、C.B.D.　　　：小売り店舗，劇場，ホテル，事務所，金融機関が中心部に分布し，そのまわりに市場，卸売り店舗，倉庫，水際であれば港湾施設，工場が分布する。
2、推移地域　　：工場や卸売り等の中心部の諸施設がしみだしてきている地域であり，昔の住宅の残存物，低水準の住宅スラムが混在している。
3、労働者住居地域：工場労働者，一般労働者の住宅が分布する。
4、中産階級住居地域：中産階級の良好な住宅が分布する。
5、通勤者住居地域：郊外の市町村を含み，高所得階層である通勤者の住居が分布する。

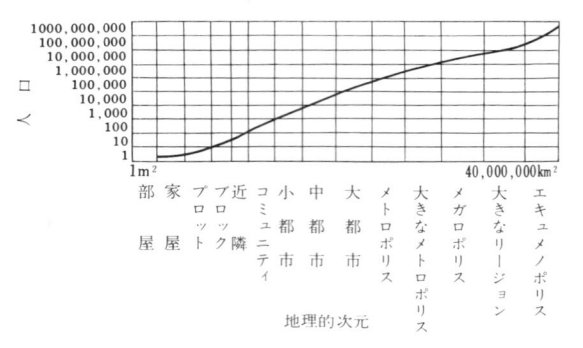

図4・6　ドクシアディスによる定住圏の広がり[*3]

図4・7　バージェスの同心円モデル

図4・8 ホイトのセクターモデル

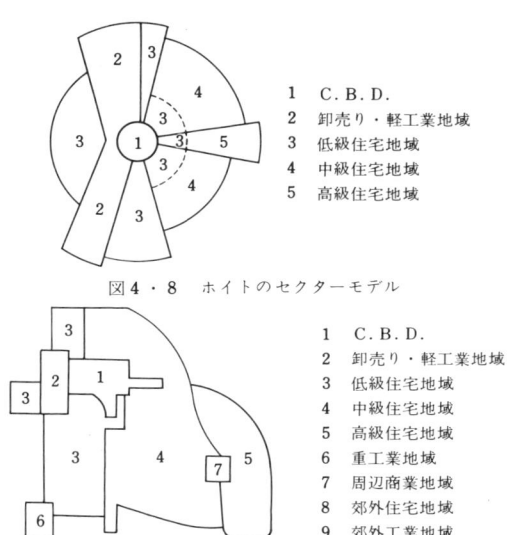

1 C.B.D.
2 卸売り・軽工業地域
3 低級住宅地域
4 中級住宅地域
5 高級住宅地域

図4・9 ハリスとアルマンの多心モデル

1 C.B.D.
2 卸売り・軽工業地域
3 低級住宅地域
4 中級住宅地域
5 高級住宅地域
6 重工業地域
7 周辺商業地域
8 郊外住宅地域
9 郊外工業地域

的人工的構造体に沿って外側に拡大していくことによって，セクター（扇形）の形状の土地利用パターンが形成されるとしている。特に土地利用パターンの決定に主導的役割を果たすとみなした高級住宅地の外延的進行の方向について詳細に分析した。バージェスが同心円モデルにおいて都心距離に着目したように，セクターモデルにおいては方向による立地条件の差が重要な要素であることを主張している。しかし後の都市経済学においては，方向より立地条件に差があることは同質平面の単なる変形であり，土地利用の同心円構造の応用に過ぎないものとして扱われている。すなわち，セクターモデルに内包されている土地利用パターンの決定における，例えば主導的性格や集塊的性格といった土地利用の相互関連性が長い間無視されることになった。ようやく近年になって土地利用の外部性として取り上げられつつある。

ハリスとアルマン（C. D. Harris & E. L. Ullman） 都市内の土地利用が多心状の分布をすることを述べた。この多心モデルは土地利用の集塊的性格や離反的性格を強調したものである。都市の中心は一つではなく，都市の成立時から存在している核や都市の成長に伴い発生した核が複数の中心を形成することを述べている。

複数の核が形成される理由としては以下のことが挙げられている。

1. 活動によっては特殊な立地条件を要求すること。
2. 同種の活動が集塊的に立地することで利益を享受できること。
3. 他の活動に敬遠される活動が寄り集まること。
4. 高い地代や家賃のために最適な立地点に立地できないこと。

どのような核がどのような場所に成立するかは都市の置かれた状況と過去の歴史に依存するとして，一般化はしていない。

クラッセンとパーリンク（L. H. Klaassen & J. H. P. Paelinck） ヨーロッパの多数の都市圏の動態の観察から，表4.3に示すような都市変化モデルを抽出した。まず中心都市に人口が集まり都市の成長が始まる。人口増加は郊外にも広がるが，そのうち人口増加の中心は郊外に移動し，都市の面的広がりが進む。しばらくすると中心都市の人口が減り始め，次に都市圏全体の人口が減少するようになる。最終的には郊外の人口も減少するようになる。これが都市変化のストーリーであるが，そこには大きな課題が残っている。第1に，このストーリーは果たして正しいのか。特に都市の衰退期にも分散的傾向が続くのあろうか。第2に，中心都市と郊外という本来流動的な地域区分の下でこの結果をどのように見たらよいのか。第3に，このストーリーを説明する論理は何か。

表4・3 クラッセンとパーリンクの都市の成長衰退モデル*

都市変化の段階	人口の変化			
	中心都市	郊外	都市圏	
都市化	＋	－	＋	絶対的集中成長
	＋＋	＋	＋＋	相対的集中成長
郊外化	＋	＋＋	＋	相対的分散成長
	－	＋	＋	絶対的分散成長
逆都市化	－	＋	－	絶対的分散衰退
	－－	－	－	相対的分散衰退

＊用語の日本語訳は山田（1981）による。

4.2.4 土地利用のメカニズム

土地利用の構成原理を演繹的理論構築によって導く試みは都市経済学の分野で積極的に展開されている。その基本は立地論にある。立地論とは一つの活動主体の最適立地点を求めようとする学問分野である。工場の立地点を決める場合には，原料の輸送費と製品の輸送費が安いことが重要であり，原料生産地と製品の消費地との位置関係を考慮する必要がある。工場の立地要因は，そのほかにもいくつか考えられる。A. ウェーバーの工業立地論はこの問題を扱った代表的なものである。彼以降も多数の研究が成されているが，複数の生産者が競合状態にあるときに，それらの立地の決定に取り組んだホテリング（H. Hoteling）などがいる。

都市の土地利用は異なる立地主体の競合関係の中で決定されるので，個々の立地主体の最適立地点を求めるだけでは不十分である。競合関係の中での土地利用決定のアイディアを最初に提示したのがハードであり，それを理論的に表現したのがアロンゾである。これは完全に等質な平面を想定し，都市の中心までの距離だけが立地の決定要因であるという単純化された抽象的都市モデルを用いて，同心円状の土地利用を導いているものである。アロンゾとほぼ同時期にミュースやウィンゴがおり，彼らによって都市経済学が明確に形作られ，しかもいまだにその分野の中心的成果であり続けている。都市経済学は新古典派経済学の均衡理論の成果を用いて土地利用のメカニズムを解釈しようとする学問分野であるため，新古典派経済学の均衡理論の持つ弱点を同様に持っている（宇沢，1978参照）。最近では，外部経済（不経済）の考慮，副都心の想定，などの展開がなされている。この分野の研究は政策評価等に用いられることが多いが，都市政策の道具としてさらに有益な情報を提供するためには，理論の動学化，都市の固定的性格の考慮，土地供給側の分析等の取組みが期待される。

　ウェーバー（A. Weber）　立地論の先駆者である。工場の立地因子として輸送費用と労働費用に注目し，その和の最小となる地点を最適立地点と考えた。輸送費用は原料と生産物についてそれぞれ計上し，原料の質による輸送費用の相違を「原料指数」の概念を用いて表現した。労働費用は賃金水準の地域差の故に立地因子とされた。工場集積は労働生産性の向上による労働費用の節約をもたらすとして「集積の利益」を考慮している。

　ハード（R. M. Hurd）　チューネン（J. H. von Thünen）の農業地代と同様の概念を都市内部に持ち込み，後にバージェスの提起する同心円モデルと同種の土地利用パターンを導いた。土地利用主体間の競合関係を最高の地代付け値の提供者が立地するものとし，各土地利用主体の地代付け値は中心への近接性によって決まるとした。彼はこのことを，土地の価値は経済地代によって決まり，地代は位置によって，位置は便利さによって，便利さは近接性によって決まるのであるから，中間を省略して，価値は近接性によって決まると言ってよいだろうと述べている。

　アロンゾ（W. Alonso）　均質平面上の単一都心の仮定の下で都市の土地利用決定理論を提示した。彼は地代付け値関数を展開し，農業，都市企業，住宅についてそれぞれ地代付け値を定義し，さらに地代付け値曲線の

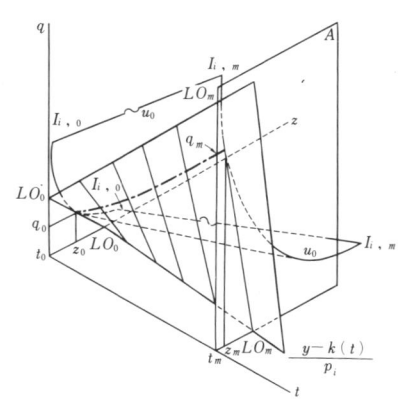

図4・10　アロンゾによる等効用曲面と機会軌跡 *5

傾きが急であるものから順に郊外に向かって立地が決定されることを示した。彼の家計の効用関数は土地面積と都心距離およびその他の消費財（合成財という）との三つの要素から成り，予算制約の下で効用を最大にすることで部分均衡が得られる。図4.10は合成財 z と土地 q と都心距離 t のあいだの等効用曲面上での予算制約に基づく機会軌跡（均衡解）を，1点鎖線で示している（所得 y，合成財価格 p，交通費 $k(t)$，等効用曲面 I）。

　ミュース（R. F. Muth）　住宅立地について詳細な分析を行った。彼の家計の効用関数は合成財と住宅の広さの二つの要素から成り，予算制約の下で効用最大化を行っているが，予算制約には時間価値の概念が含まれていることが特徴である。また土地利用者と土地所有者の外に住宅生産者を登場させ，場所による住宅密度の均衡解を求めている。さらに都市内の人口分布についてのモデルを提示し均衡解を求めている。彼の研究は理論展開の周到さと厳密さに優れている。

　ウィンゴ（J. Wingo）　移動費用について詳細な分析を行った。移動費用を移動距離と都心の混雑で定まる運賃と時間費用で構成し，その下で住宅の均衡立地を求めている。しかし彼の理論は，家計の地代支出と移動費用支出の和を一定とするという仮定の上に組み立てられている。

4.2.5　都市の内部構造のあり方

　都市の把握の理論という枠からは若干はみだすが，都市内部の構造に関する理論的提案として代表的な二つを紹介する。計画と理論を結び付ける試みで成功したものはあまりないが，ペリーの近隣住区理論とブキャナン・レポートはその影響力という点でも大きな意味を持っている。

ペリー（C. A. Perry）　1920年代のアメリカにおいて「近隣住区理論」を発表し，住宅地設計の基本的理論の一つとして現在まで広く受け入れられている。住宅地のプランや現実の地区の観察を通して，小学校区を単位とし，通過交通を排した近隣地区を形成することが，自動車時代における都市型の良好なコミュニティづくりに役立つことを主張した。そのコンセプトは，同時代のラドバーン計画（Radburn, New Jersey）にも採用されており，同地区は現在でもニューヨーク郊外の環境良好な住宅地として高い評価を維持している。

ブキャナン・レポート（Buchanan Report）　自動車交通の急速な増加によってもたらされる社会問題に対処すべく発表されたイギリスの報告書である。自動車交通を土地利用と関連させて議論しなければならないこと，ある規模以上の都市では全交通を自動車が担うことは道路や駐車場の必要面積との関係で無理であること等広範な結論を導いている。

4.3　計画策定の計量モデル

4.3.1　解析方法の種類

a．計画の方法と解析

　計画を作る作業は，計画目標を明らかにするための哲学的な要素や多くの歴史的事実や世界各国の経験の詳細な記述的な考察がその中心をなす。これらの考察の中から，前節に示したように理論や規則性が見いだされ蓄積されてきている。また，この理論や規則をより厳密にするため，数字や数式を用いて記述・表現するようになってきている。都市計画においても，各分野で得られた成果を利用し厳密な検討ができるよう努力されている。特に，計量的な解析については，電子計算機やシステム科学，数理科学の発達により，例えば，施設の容量を決めるさまざまな値の予測・推計がなされ，そのための新しい方法が開発されている。一方，計画作りにおいてさまざまな評価の作業がなされているが，計量的な評価方法も数多く開発されてきている。

　これらの解析，評価の手法は，数学的に高度な内容を含むものも多い。また，厳密に展開されているために，多くの前提が設けられていて，その適用に際し現実の都市計画作りの具体的内容とそれらの前提とが合っているのか，適切に利用しているのか，しばしば問題になる。都市計画の内容と解析・評価手法の両者の理解が必要である。この節では，比較的多く利用されている手法を簡単に示す。

　予測・推計・評価を行う方法として，段階的に，大雑把に区分すると，次のようになる。いずれかの方法を使えばよいということではなく，それぞれの方法で別々に求めてみて，その信頼性を検討するなど，補完的に用いる。

b．類似比較による方法

　予測・推計・評価する内容と類似のものがどこかに存在すれば，その類似のものを検討することによって，予測・推計・評価する内容は求められる。同じものがあるとは限らないから，いつも成功するとは限らない。しかし，認識の基本的方法であり，また，対象内容が有機的，総合的に理解できる。

c．原単位による方法

　類似比較の方法のある面を強調して類似の内容を持つ対象を一般化すると，例えば，人口1万人当り幾つの施設といった形で表現できる。この数字を原単位といい，予測・推計・評価に用いる。この原単位は，求められる量が一つの要因によってのみ変わるといった考えに基づいている。その他の要因・時・場所等の条件が，ある意味で一定のときにしか利用できない。しかし，人が活動するための空間量のような場合は，一人当りの空間量の値はある値を中心にして一定の分布をしている。このことが経験的にせよ確かめられれば，中心の値は有用である。また，よい計画者は，個人的に原単位に似た数字を多くの経験から作って持っている。

d．理論・制度による方法

　関連する諸要素が理論や制度によって規定されているとき，その規定内容を用いて予測・推計・評価を行う。この中には，定義式も含まれる。都市計画において利用される理論には，都市計画の対象についての理論もあるが，他の学問領域での成果を都市計画に応用することもある。このとき，①前節で見たような経済地理学の成果である立地条件に関する理論を利用するといった場合，②物理学のポテンシャル理論を人文社会現象に当てはめて利用する場合がある。後の2者の場合には，理論・方法，あるいは使用されている概念が，都市計画で対象とする事象と合っているか注意深く検討する必要がある。

e．理論手法，経験・統計手法による方法

　数理科学の発達によって，学問領域内の事象に対する理解も深まっているが，他の学問領域にとってその数理的取扱いが解析手法として利用されることが多くなっている。また，純粋に解析手法も研究され，その成果は多

くの分野で利用されている。特に，計画の方法を数理理論として構築している数理計画法は都市計画を含む広く計画に関連する分野で利用されている。

また多くの資料の中から関係や特性を見いだすのに，数理統計学の推論，検定，決定評価の方法を利用することも，多くの分野で一般的に行われている。都市計画の分野においても，資料が整備され，調査の機会が増すに従って，数理的検討や統計処理はますます増え，不可欠になってきている。その結果方法的には精密な計画作りがなされるようになったといえる。

f. シミュレーション・モデルによる方法

都市のように有機的に一体となっている対象に対して，解析したり，評価をしたり，予測したりするのに，対象の模型（モデル）を作り，そのモデルを操作することによって，解析・評価・予測することがしばしば行なわれている。船の構造を解析するため，その模型を水の上に浮かべて実験する方法はこの代表例である。社会現象についても，それぞれの関係を数式等で表現し，多数の数式をいろいろな場合について，演算することで社会現象の変化を示すという方法は，近年いろいろな形で数多く行われている。この様な方法をシミュレーション実験といい，実験に使う模型をシミュレーション・モデルといっている。都市計画の場合は，社会現象をシミュレートすることが多いので，コンピュータで計算等の情報処理が出来る様な形でモデルが作られる場合が多い。

4.3.2　事象の計量的表現

a. 要因の種類と演算

都市計画で利用する資料の中の要素，要因は多種多様である。図があり，数があり，言葉がある。人口は自然数で，面積は実数で，性は男か女かで，表現される。人口なら，人口という言葉と自然数とがあればその内容が決まる。性なら，性という言葉と男または女という言葉があればその内容が決まる。前者を要因，項目，変数，変量等という（ここでは要因という）。後者を要因等の値，内容という（ここでは値という）。値の種類には，図，言葉(カテゴリー)，順位，数，等がある。図を拡大，回転，影をつける，等の操作をする。文章を作り，表現する。数を掛けたり，割ったりする。目的に合わせて，要因の値の性質に合わせて，いろいろな処理，演算をする。これらの処理，演算を迅速，大量，正確にするためコンピューター等の機械を利用するときは，要因やその値の表現や演算の方法を工夫する必要がある。画像処理，自動翻訳，パターン認識，人工知能等現在少しずつ実用化されてきている。このため，改めて要因やその値の性質，演算・処理の目的が詳細に検討されている。単純に四則演算をする場合でもその意味が検討される。

要因やその値の性質によって，①質的要因，②量的要因と区分したり，①決定論的要因，②確率論的要因と区分したりする。確率論的要因とは要因の値が偶然的に決まる要因をいう。要因の値が質的であったり，偶然変動するときは，量的要因を四則演算や微分積分するような訳にはいかない。質的要因は特別な演算を用意するか，数量化して量的要因に変えるかして処理しなくてはならない。偶然変動する要因は確率論を用いて確率変数として取り扱うという工夫がいる。また，要因の値が観測された値や推計された値のときは観測誤差や推計誤差が含まれた値であり，誤差が偶然変動するから，これらの要因は確率変数として取り扱われる。

要因の値の表現としては，一つの値で構成されていることもあるが，$(x, y, z, ……)$のように多くの値が組にされ，それを改めて一つの値として処理することもある。要因の値が数のとき，スカラー，ベクトル，行列等というのはその例である。

b. 特別な演算の例

図4.11の駅間の距離をマトリックス（行列）：Dとして表現してみる。要素 D_{ij} はi駅とj駅の間の距離を示し，$D_{ij}=\infty$は隣接接続のないことを示す。駅間の最短距離を求めるために，D_{ij} を min $\{D_{ik}+D_{kj}\}$ に置きかえる。これはiからjへいくルートを全部の経由駅kについて調べ，その中で一番小さいものを求めているのである。この操作をi，j，kについて繰り返し行い，Dの値が変化しなくなれば，そのときの行列の要素は各駅間の最短距離である。

この例は，駅間の距離を行列で表現したことと，その行列を利用して最短距離を求めるために，特別な演算を工夫したことである。このように一つの要因を一つの変量で表現するだけでなく，ベクトルや行列など多くの要因をまとめて，一つの変量として表現することが目的を達成するのに良いことも多い。

c. 質的要因の数量化

質的要因に対して，例えば，性で男に1.0，女に0.8といった数字をやみくもに当てはめても，意味がない。質的要因の何らかの性質を解明するために，数量化するのであるからその性質を検討して数量化の方法を工夫しなくてはならない。その例として，カテゴリー・スケール

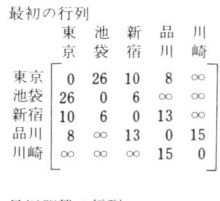

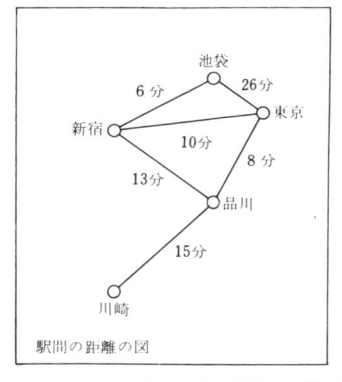

図4・11 駅間の距離の図、行列表現

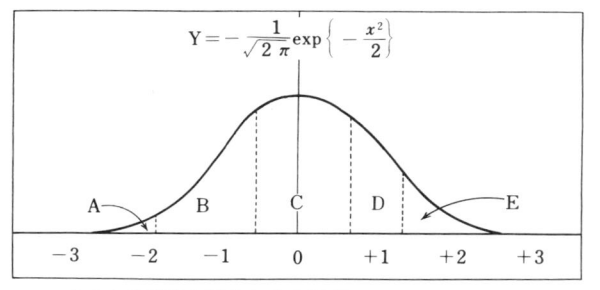

図4・12 カテゴリー・スケール

$$Y = \frac{1}{\sqrt{2\pi}} \exp\left\{-\frac{x^2}{2}\right\}$$

A：大変好きと答えた人の比率　p_A
B：やや好きと答えた人の比率　p_B
C：どちらともいえないと答えた人の比率　p_C
D：やや嫌いと答えた人の比率　p_D
E：大変嫌いと答えた人の比率　p_E
ただし，$p_A + p_B + p_C + p_D + p_E = 1.0$

の方法を見てみよう。調査で対象にする好き，嫌いを聞くものがある。大変好き，やや好き，どちらともいえない，やや嫌い，大変嫌いの中から〇印を付けるといった調査である。これに好きから嫌いまで1，2，3，4，5の数値をあて，調査結果を単純平均して，Aグループは2.5でBグループは3.5であったからBグループはAより，1.4倍嫌いであるとするのは，無茶である。

この種の態度調査結果は，大量観察をすると，大変細かい段階分けがなされたとして，好きから嫌いまでの頻度分布をとると図4.12のようになることが経験的に知られている。このような経験則が質的要因の性質を解明するのに受容されるならば，図のA，B，C，D，Eに当たる比率で頻度分布を区分して，各区分の図心の位置を示す数値を好き，嫌いの数値とする。この数値を使って個人やグループの値を求め，何倍好きかといった分析は経験則の範囲以内で意味がある。

質的要因の数量化は量的な操作が可能なようにして質的要因の解釈をしようとするのであるから，多くの数量化の方法がある。都市計画でよく利用されているのに，林氏の数量化理論がある。この方法は，大きく四つのタ

イプがあり，量的要因を質的要因で推計したり，質的要因を分類するときに利用される。

d. 偶然変動と確率分布

要因の値が偶然変動するとき，その値の出現する度合いを確率といい，その要因を確率変数という。例えば，駐車場の入口で車が到着して，次の車が到着するまでの時間はすぐ来るときもあり，長い時間の後に来ることもある。このとき，到着間隔時間は確率変数で，個々の到着間隔時間の値はある確率で出現する。到着間隔時間の値に対してその確率の変化を示したものを到着間隔時間の確率分布という。この場合，到着間隔時間は正確に計れば，その値の種類は無限に多くあり，その出現する度合いは0になってしまうので，何分以内に到着する到着間隔時間の出現する度合い，つまり確率で表現する。このような場合を連続的確率分布といい，例えば，サイコロの目のような場合を離散的確率分布という。また，時間的な変化が確率的に変化する事象についての理論を確率過程論といい，図4.13のマルコフ・チェーンはその中で一番簡単な例である（詳しくは確率論の本を参照してほしい）。都市計画において，確率的な事象は少なくなく，確率論を応用することが多い。

4.3.3 数理統計解析
a. 予測と分類の問題

問題のタイプの一つに，ある要因の値が求めたいというのがある。その要因の値はその他の要因群によって決まる。これは，$y = f(x_1, x_2, x_3, \cdots)$ とかける。この f が，一次式なら，$y = a_1 x_1 + a_2 x_2 + a_3 x_3 + \cdots + b$ となる。この時，$a_1, a_2, a_3, \cdots, b$ をパラメータというが，このパラメータをきめれば，式がきまるから，$x_1, x_2, x_3, \cdots$ の値があたえられれば，y の値は計算できる。$x_1, x_2, \cdots$ が量的要因の時，y が量的要因なら回帰分析，y が質的要因なら判別分析という。このパラメータを，サンプルや観測値から推計するのに，数理統計学を用いる。

問題のタイプに，沢山の要因があり，それぞれの要因は互いに関係しあっていて，数個の要因で対象の理解ができると予想される。あるいは，沢山の要因をいくつかのグループに分類したいというのがある。この時も，成分分析等数理統計学を用いる。

これらは，データの統計的処理として，都市計画においても，広く利用されている。

b. 統計的方法

サンプル，観測の値は，偶然変動するから確率的に把

地区の人口密度は、①0-50、②50-100、③100-200、④200-300人/haの四段階のいずれかであるとする。地区がそれぞれの段階にある時、次の時にどの段階の人口密度の地区になるかは、次の表の様な確率で決まるとする。

遷移確率行列

後の段階 前の段階	① 0 50	② 50 100	③ 100 200	④ 200 300
① 0-50	p_{11}	p_{12}	p_{13}	p_{14}
② 50-100	p_{21}	p_{22}	p_{23}	p_{24}
③ 100-200	p_{31}	p_{32}	p_{33}	p_{34}
④ 200-300	p_{41}	p_{42}	p_{43}	p_{44}

ここで、$\sum_{j=1}^{4} p_{ij} = 1.0$
また、Aの段階からBの段階へ移る時、Aの段階にどの段階から移ってきたかによらず、表の確率によって決まるとする。

今、都市の人口密度の段階別の地区の構成比を、それぞれ、q_{jk} とする。ここで、$j=1,4$ で段階、k を時間、とする。この時、次の時間 $k+1$ では、人口密度の段階別の地区の構成は、次の様になる。$q_{j,k+1} = \sum_{j=1}^{4} p_{ij} q_{ik}$ これを続けると、$p_{j,k+\infty}$ は一定の値に収束する。つまり、都市の人口密度の段階別分布は一定になる。これが、マルコフ・チェーンといわれる確率的に遷移する時のモデルである。

図 4・13 マルコフ・チェーンの応用例

表 4・4 確率分布 *6

分布名	密度関数	パラメーターの説明	説 明	分布図
正規分布	$f(x) = \dfrac{1}{\sqrt{2\pi}\cdot\sigma}$ $\exp\left(-\dfrac{(x-m)^2}{2\sigma^2}\right)$ $(-\infty < x < \infty)$	m：平均 σ^2：分散	ガウスの誤差分布とも呼ばれている分布で、大部分の連続型分布の極限分布として用いられる。記号で $N(m,\sigma^2)$ と示す	
ポアソン分布	$P(X=r) = \dfrac{e^{-\lambda}\cdot\lambda^r}{r!}$ $(r=0,1,\cdots, \lambda:定数)$	λ：単位時間内に事象Aが起こる平均回数	事象Aが単位時間内に平均λ回起こる時、r回起こる確率をあらわす。	
χ^2分布	$f(\chi^2) = \dfrac{1}{2^{\frac{n}{2}}\cdot\Gamma\left(\frac{n}{2}\right)}$ $\cdot(\chi^2)^{n/2-1}\cdot e^{-\chi^2/2}$ $\chi^2 > 0$ $0\cdots\chi^2 \leq 0$	n：自由度 $\Gamma\left(\dfrac{n}{2}\right)$：ガンマ関数	確率変数 $X_1,\cdots,X_n$ が正規分布 $N(m,\sigma^2)$ に従うとき $\sum (X_i-m)^2/\sigma^2$ は自由度 n の χ^2 分布になる	
F分布	$f(x) = \dfrac{m^{\frac{m}{2}}\cdot n^{\frac{n}{2}}}{B\left(\frac{m}{2},\frac{n}{2}\right)}$ $\cdot\dfrac{x^{m/2-1}}{(mx+n)^{(m+n)/2}}$ $x > 0$ $x \leq 0$	m, n：自由度 $B\left(\dfrac{m}{2},\dfrac{n}{2}\right) = \dfrac{\Gamma\left(\frac{m}{2}\right)\cdot\Gamma\left(\frac{n}{2}\right)}{\Gamma\left(\frac{m}{2}+\frac{n}{2}\right)}$	確率変数 X, Y を独立でそれぞれ自由度 m, n の χ^2 分布に従うとき $x=\dfrac{X/m}{Y/n}$ は自由度 m, n の F分布になる。	
t分布	$f(x) = \dfrac{1}{\sqrt{n}\cdot B\left(\frac{n}{2},\frac{1}{2}\right)}$ $\cdot\left(1+\dfrac{x^2}{n}\right)^{-(n+1)/2}$	n：自由度 B：ベータ関数	確率変数 $X_1,\cdots,X_n$ が $N(m,\sigma^2)$ に従うとき $\dfrac{\bar{X}-m}{s/\sqrt{n-1}}$ は自由度 $(n-1)$ の t分布になる $\bar{X} = \sum \dfrac{X_i}{n}$ $s^2 = \sum (X_i-\bar{X})^2/n$ $n\to\infty$のとき $N(0,1)$	

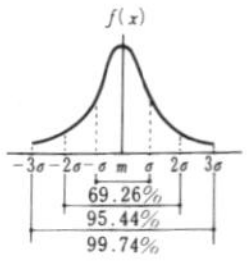

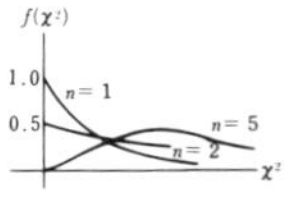

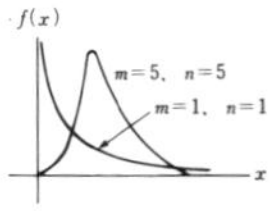

握し取り扱う必要がある。つまり、サンプル、観測の値はある確率分布をもつ確率変数として位置づけ、考察の対象の全体である母集団について、確率変数の確率分布の性質を利用して推論する。これが統計的方法で、推定と検定とで成る。

1) 確率分布　代表的な確率分布としてポアソン分布、正規分布があり、統計的推論に用いる χ^2 分布、F分布、t 分布等がある。それぞれの性質は、表4.4の通りである。

2) 推定　母集団に関する性質（特性値）をサンプル、観測の値から推計することを推定という。一つの定まった値として推定する点推定、ある信頼性のもとで特性値が存在する区間を推定する区間推定がある。点推定には推定値が①不偏性（推定を繰り返すことで得られる推定値の平均値が母集団特性値に等しくなる性質）②一致性（母集団特性値と推定値との差の二乗の平均値がサンプル、観測を増やしていくと0になる性質）、③有効性（推定値が特性値のまわりに分布し、かつ、そのバラツキが小さいという性質）、④充足性（特性値に関してサンプル観測の値の提供するすべての情報を包む性質）などの性質を持っているかが検討される。区間推定は信頼性が推定値の分布により検討される。サンプル、観測値の確率変数から推定のために作られる確率変数を推定量といい、不偏性を持つ推定量を不偏推定量という。これらの推定値の性質を持つ推定量の求め方が工夫されている。例えば、最尤法がある。母集団の分布が分かっているとき、母集団特性値のほかはサンプル、観測値として確定するため観測値の確率変数を特性値の関数として考え（尤度関数という）この関数を最大にする特性値を最尤推定値といいその関数を最尤推定量という。

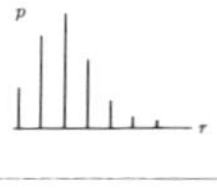

3) 検定　統計的検定は、母集団の特性値が定められれば母集団分布からサンプル、観測値の分布が決まるから、仮説として特性値を定め、得られた観測値が仮説による分布と比較して、得やすいか、得がたい値なのかを判定する。仮説が正しいときに、これを正しくないと判定してしまう誤りを第一種の誤りといい、仮説が正しくないときにこれを正しいと判定してしまう誤りを第二種の誤りという。この二つの誤りを小さくすることが望まれ、そのため、仮説の作り方として、第一種の誤りのおこる確率（危険率または有意水準という）を0.05とか0.01に定め、積極的に仮説が正しくないと判定するようにつくる。このように作った仮説を帰無仮説といい、仮説を正しくないとすることを、仮説を棄却するという。$y=ax+b$ の a の推定値の検定のとき $a=0$ という仮説をたて、判断する。この仮説が棄却されれば、このパラメーター a は0以外の値で $y=ax+b$ の式が意味を持つことになる。

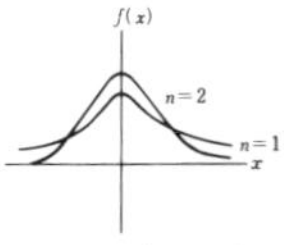

c. 平均, 分散, 相関

確率変数を x とし、その確率（x が連続確率変数のときは確率密度）を $f(x)$ とするとき、次の μ を平均値（期待値）という。また、次の σ^2 を分散という。

$$\mu = \sum_{i=0}^{n} f(x_i)x_i \quad \text{または} \quad \mu = \int_{-\infty}^{\infty} f(x)xdx$$
$$\sigma^2 = \sum_{i=0}^{n} f(x_i)(x_i - \mu)^2 \quad \text{または} \quad \sigma^2 = \int_{-\infty}^{\infty}(x)(x-\mu)^2 dx$$

二つの確率変数 x, y の確率（確率密度）を $f(x)$, $f(y)$ とするとき，次の $c(x,y)$ を共分散といい，ρ を相関係数という。

$$c(x,y) = \sum_{i=0}^{n} f(x_i)(x_i - \mu_x)f(y_i)(y_i - \mu_y)$$
$$\int_{-\infty}^{\infty} f(x)f(y)(x-\mu_x)(y-\mu_y)dxdy$$
$$\rho = c(x,y)/(\sigma(x)\cdot\sigma(y))$$

この相関係数は二つの変数の直線的関係の方向および関連の度合いを表し，＋で正の関連を，－で負の関連を示し，±1.0で直線的関係を，0.0に近づくに従い関連の度合いがなくなることを示す。

d. 回帰分析

確率変数 y, x_1, x_2, x_3, …が，次式の関係をもち，パラメータ a_1, a_2, a_3, …, b を推計し，その値を分析することを回帰分析という。

$$y = a_1x_1 + a_2x_2 + a_3x_3 + \cdots + b$$

説明変数 x_1, x_2, x_3, …の数が2以上のとき，重回帰分析という。パラメーターの推定，検定の方法は数理統計学の本を参照してほしい。この分析は，y の予測式を作ったり，説明変数の役割を検討するときによく用いられる。またシミュレーション・モデルの一つ一つの式を確定するときにも用いられる。

このほかに，判別分析，成分分析，因子分析，クラスター分析，正準相関分析，分散分析，実験計画法等数理統計学の解析手法は多く，詳しくは専門書を参照してほしい。

4.3.4 数理計画法
a. 数理計画，OR

計画や制御において，最適化，最大化によって計画目標を達成しようとしたり，最適なレベルを保つように制御しようとする時，関係する要因の働きを数理的に表現し，数理的手法を適用することは古くから行われていた。例えば，ラグランジェの未定係数法で知られる次の方法がある。

$f(x_1, x_2, x_3, \cdots) = 0$ の条件で，$h(x_1, x_2, x_3, \cdots)$ の最大または最小をもとめるためには，次の式を解けばよい。

$$f = 0, \quad \partial(h - \lambda f)/\partial x_i = 0, \quad i = 1, 2, \cdots,$$

ここで，λ はラグランジェの未定係数という。

このような数理的手法を行動計画や制御のために開発して，全体を総称して Operations Research (OR) といった。一方，OR の代表的手法である線形計画法 (linear Rrograming LP) がでた後，動的計画法 (Dynamic Programing DP) がでて，これらをまとめるものとして，数理計画法 (Mathematical Programing) の概念が成立した。

計画をある主体の「意志決定」または「行動の選択」とすると，数理計画法は「意志決定の科学」の中の一部分である。数学で条件付き極値問題といわれるものと同じ形の問題を対象とするのが数理計画法といえる。意志決定の科学の中心的位置に数理計画法があるが，ほかにも多くの理論や方法がその中に含まれる。シミュレーション，サーボ理論，ゲーム理論，情報理論等があり，これらの基礎には，確率論，ことに確率過程論，数理統計学，統計的決定論，微分方程式，差分方程式，積分方程式等多くの数学的理論の体系がある。これらの内容はOR の教科書や数理計画法の本を参照してほしい。

都市計画において，これらの手法は当然有力な方法である。しかし，その高度な数学的処理と都市計画での処理とを合わせることに成功することが少なく，現在，ネットワーク・フローなどを除いて，十分活用しているとは言えない。今後発展が期待される分野である。

b. 線形計画法

多くの数理計画法の中で，基礎的な線形計画法の概要を示す。線形計画の問題は次の通りである。

$$y = y_1x_1 + y_2x_2 + y_3x_3 + \cdots + y_nx_n \rightarrow \max \quad \cdots\cdots(1)$$

$$\left. \begin{array}{l} a_{11}x_1 + a_{12}x_2 + a_{13}x_3 + \cdots + a_{1n}x_n \leq r \\ \\ a_{n1}x_1 + a_{n2}x_2 + a_{n3}x_3 + \cdots + a_{nn}x_n \leq r \end{array} \right\} (2)$$

$$x_1, x_2, x_3, \cdots x_n \geq 0 \quad \cdots\cdots\cdots\cdots\cdots\cdots(3)$$

(2), (3)の条件のもとで(1)を求める問題である。ここで，(2)の≦は，≧，＝でもよい。(2)を制約条件式，(3)を非負条件という。解き方は専門書を参照してほしい。

4.3.5 シミュレーション・モデル
a. 計量経済

社会の経済現象については経済学で理論研究がなされている。現実の経済量を計測し理論式のパラメーターを予測し，経済活動のモデルを作る研究が計量経済学として発達した。コンピューターが利用できるようになり，大量のデータ処理が可能となり，経済モデルも計算できるようになって経済政策等の目的にそのモデルを使いシミュレーションが行われた。経済変数は理論に基礎をおく数式で示され，数式群で示されている変数の決定の因果関係は無矛盾で完結している。変数は，モデルの中で

計算される内生変数やモデルに外から与えられる外生変数に区分され，外生変数には初期値や政策で決められる値がある。その後，数式群でモデルを作り，回帰分析等でパラメーターを決めシミュレーションが数多くなされている。この場合，変数の因果関係が理論的基礎をもたないことも多く，結果の判定は慎重にする必要がある。これらのモデルを一般的に因果連鎖モデルという。

b．モンテカルロ型モデル

確率事象をシミュレーションするためコンピューターで乱数を作り，乱数と確率分布を使い変数の値を定め，シミュレーションをする方法がある。累積確率分布を用意しておき，0から1までの間の数を，作った一様乱数から決め，その数の累積確率を示す変数の値をシミュレーションに利用する方法である。

d．ポテンシャル・モデル

人々の行動が，力学における物質の行動に似てるとして，行動を左右する要因でポテンシャルを形成し，そのポテンシャルで行動が決まるモデルを中心にしてシミュレーションを行う。交通計画のOD配分の重力モデルや商業計画のハフ・モデル等例は多い。ハフ・モデルの例では，人々が商業地を利用する確率はその商業地の規模に比例し，商業地までの距離に反比例するというものである。

d．ローリー・モデル

I. S. Lowry が 1964 年ピッツバーグの計画で提案したモデルである。都市内の立地主体を基幹産業部門，地域産業部門，住宅部門とし，基幹産業部門の配置は所与とする。基幹産業の従業員の住宅はそれぞれの働き場所周辺に分布する。その住宅の夜間人口にサービスする地域産業が立地し，地域産業に従業する人々の住宅がその周辺に立地する，その住宅の夜間人口にサービスする地域産業が立地し，…。このような繰り返し演算で都市内の土地利用がシミュレートされる。土地条件が制約条件になる。

e．システム・ダイナミックス・モデル

ボストン市長から MIT の客員教授になった J. F. Colins の刺激でシステム・ダイナミックス（SD）の創始者 J. W. Forrester が 1968 年に都市計画に SD を適用し，アーバン・ダイナミックスの本を出版した。SD はシミュレーション用の独特の表現形式で示された数式群から成り，その主たる関心の対象はストック量である。ある期のストック量は，前期のストック量に前期から今期までに追加されたり，削除された量を加減して得られる。ストック量をレベル変数といい，追加，削減される量をレイト変数という。レイト変数はレベル変数の値により，影響をうけ，フィードバックされる。社会は複雑な非線形フィードバック・システムであるとする Forrester の主張のように都市計画に広く利用されている。

f．交渉型モデル

複数の主体が交渉あるいはゲームと同様の様式で集団の行動が決められることを中心の課題として，シミュレーション・モデルがつくられている。交渉の結果が各主体の行動の組合せに対応して用意され，その結果が都市にどのような影響があるかを示す。例えば，地主と開発業者と公共団体の間の開発に関する交渉で，開発がどのような都市を形成するのか，公共団体はどのように行動すれば良い都市が形成されるか，シミュレートするときのモデルである。

g．多目標型モデル

都市計画の目標は，安全で，便利で，快適な都市をとか，多くの人々の期待を満足させることであるとか，一つでないことの方が多い。このように多くの目標間の関係やヒエラルキーを明らかにしながら，シミュレーションをするモデルが工夫されている。

4.3.6 計量評価モデル

複数の計画案の優劣を評価するためには，評価の対象範囲を時間的空間的社会的にどこまで広げるか，評価主体は誰か，複数の主体の評価をどのようにまとめるか，複数の目的についてのそれぞれの評価をどのようにまとめるか等について，態度を決めなければならない。さらにその上で計画案の優劣を計量的に表現することが求められる。

a．コスト・ベネフィット分析

計画案の評価を計量化する代表的なモデルである。多数の型が提案されているが，$V=B/C$ が基本的である。計画によって得られる便益 B を費用 C で除した値 V が計画の評価値で，これが大きいほど好ましい計画と判断される。C は金額で表現され，社会的費用を含めることもある。B は金額で表現されなくてもよいため，モデルの適用範囲が広い。

b．目標達成マトリックス法

計画目的別，評価主体別に長所（便益）短所（費用）の評価値とウェイトを求めたマトリックスを計画案ごとに作成して，計画案の比較を行うモデルで，利害の異なるグループが存在する場合に適している。

5　都市と居住

　人間が集まって住む所が都市である以上，居住の問題を抜きにして都市の計画はありえない。本章ではまず，無計画な都市化が住宅問題を惹き起こし，結果として住みにくい都市が形成されることを，産業，人口の都市集中，地価高騰，居住立地限定階層問題という観点から理解したうえで，日本の住宅事情と住宅問題の推移と現況を把握する。次に，都市環境の最重要な要素である居住環境と住宅水準の現状を具体的な資料で学習し，居住環境水準の向上がこれからの都市計画の最重要課題であることを理解する。次いで，都市計画専門家として必要最低限度の常識として，住宅・宅地・都市政策の変遷，国の制度の概要，行政組織，住宅・宅地供給計画のたて方について学習し，最後に，住民参加による自治体主導のいえづくり，まちづくり，土地政策の転換，高齢社会への対応，国際社会での果たす役割など，これからの課題について認識を深めてほしい。

5.1　都市化と住宅問題

　産業，人口の都市集中による住宅事情の悪化，経済の発展に伴って，産業，人口が都市に集中し，住宅難をひき起こすことは世界的な傾向である。わが国においては1960年代，経済の高度成長に伴って，東京，大阪，名古屋の三大都市圏に対する急激な人口集中が起こった（図5.1，参照）。都心部への業務施設の集中が進み，都心地域が拡大するにつれて，その周辺の既成市街地においては，住宅から業務用建築物に土地利用の転換が進むとともに，賃貸アパートや分譲マンションへの建替えによる建詰りが起こり，居住環境の悪化が進んだ。一方，農村や地方都市から大都市圏へ流入してきたものの，都内区部の既成市街地に住居をもち得ない人々は，都下三多摩地域や周辺の県に流入し，その急激な住宅需要に対して計画的な都市整備が追いつかなかったため，大都市周辺地域では，鉄道沿線に，無計画なヒトデ状の虫喰い的開発，いわゆるスプロール現象をひき起こした。このような，都市地域の拡大は，モータリゼーションによって拍車をかけられ，郊外居住者に遠距離通勤をもたらすのみならず，既成市街地居住者に対しても，騒音，振動，大気汚染，交通事故などの公害をもたらし，居住環境を一層悪化させ都市を住みにくいものとしている。

5.1.1　地価高騰と住宅難

　都市化は必然的に土地需要の増大を招き，地価上昇の

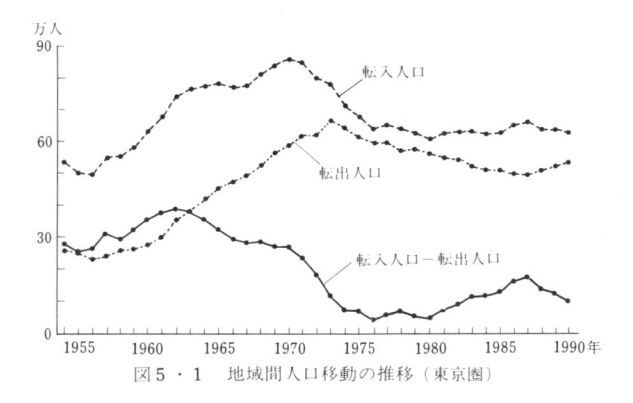

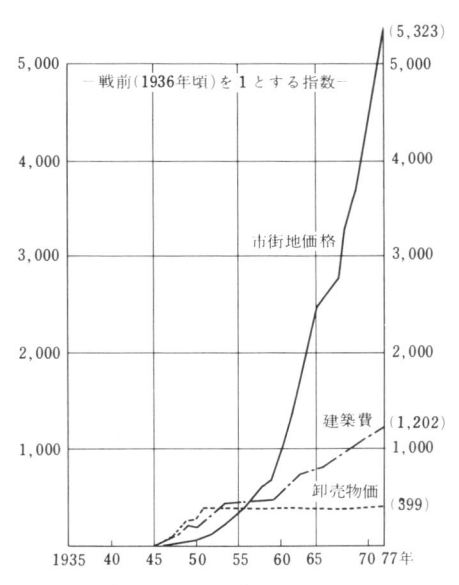

図5・1　地域間人口移動の推移（東京圏）

図5・2　地価・建設費・物価の上昇カーブ[*3]

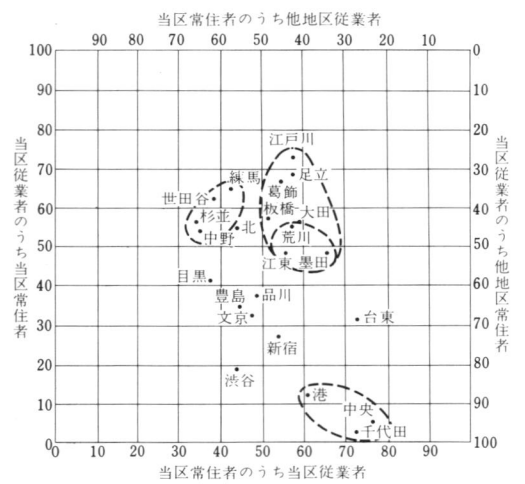

図5・3 東京都，区別，常住地—従業地率（％）（昭55国勢調査）

要因となる。都市国家の歴史をもつ欧米諸国においては，公有地の拡大，開発利益の公共還元，「計画なくして開発なし」[1]という原則の確立など，早くから土地政策が行われているのに対し，わが国ではこれまで土地政策が皆無に等しいような状態であったため，土地の低利用放置，不適正利用，売惜しみ，買占め等が広く行われ，そのために世界に類をみない地価高騰をひき起こした（図5.2参照）。そのため既成市街地においては，高地価でも採算の合う業務用建築物の立地が優先し，住宅の立地は極めて困難な状況になっており，都市計画のネックになっている。

このように土地問題は，住宅問題にとっても都市計画にとっても最大のネックになっているが，これは，世界にもまれな現象であって，日本が明治以来の富国強兵政策，戦後1960年代以降の経済の高度成長政策によって，司馬遼太郎が「土地と日本人」でいみじくも指摘したように，国民全体が「心よりも物」「われ勝ち」主義にはしり，世界中がエコノミック・アニマルといわれるような社会体質になってしまったことによるもので，1990年の経済のバブル化現象の崩壊後もつづいており，この病根は極めて深いと考えるべきである。

5.1.2 居住立地限定階層の住宅問題

都市居住者が居住地を選択する場合，居住立地を限定される要因として，①地縁性など地域社会的要因，②職業，労働条件，所得階層など経済的要因，③年齢，世帯構造的要因，④性格，趣味，教育，文化，娯楽など文化的要因が挙げられる。特に①，②，③，の要因は極めて厳しい限定性をもっており，中小零細事業主，職人層，低所得共稼ぎブルーカラー層，日雇など半失業者層，高齢年金生活者，母子世帯，失業者層といった階層は，一般サラリーマン階層と異なり，職住分離がしにくく，職場の近くに居住立地を限定される。このような居住立地限定階層は，東京都において約50％を占めているが，図5.3で分かるように，その割合は郊外住宅地域に少なく，下町地域や都心地域に多く，特に下町地域は絶対数も多い。巨大都市化とともに，地価の高い都心地域は，業務地域に特化して，ごく少数の居住立地限定階層が夜間人口として居住するにとどまり，その反対に，通勤階層が居住する周辺住宅地域の夜間人口が急増する，いわゆるドーナツ現象も進んでおり，都心地域にとり残された居住立地限定階層や下町地域居住者の居住環境悪化は次第に深刻化しつつあると同時に，これらの階層が高齢低所得階層であることなどから，地域の再開発計画を進める上で，最大の課題になりつつある。

5.1.3 日本の住宅事情と住宅問題

大平洋戦争直後の1946年，戦災都市は全国で120都市，住宅不足数は4,200千戸と推計された。住宅の量的不足には，絶対量の不足のほかに，需要が潜在している相対的不足もあるので，これらを測るために，住宅としてそなえるべき質の基準を定め，それ以下のものの数を数えるという方法が考えられる。日本では1952年頃から，住宅の規模，居住密度，老朽度について一定の基準[2]を定めこれに不適格なものを「住宅難世帯」と呼んで，その解消を図るための供給方策を講ずる方法がとられるようになった。戦後の住宅建設戸数は，表5.1に見られる通り，終戦直後の応急仮設的建設が完了した1949年以降しばらくの間，低迷していたが，1955年「もはや戦後は終わった」として「世帯1住宅」のスローガンをかかげ，日本住宅公団を設立するなど，住宅政策をはじめて国の重点施策としてとり上げた鳩山内閣誕生の頃から，公的資金による住宅の建設戸数が増加をはじめ，さらに1960年代の所得倍増政策に始まる経済の高度成長に支

---

[1] ヨーロッパは，都市のマスタープランに沿って都市の形成が進められることは長い都市国家形成の歴史のなかで一般化しているが，特にドイツでは，地区詳細計画を法定し，それに従う開発行為しか許されないことになっている。

[2] 例えば，狭小過密住の基準としては1952年には「9畳未満の住宅に，1人当り2.5畳未満の密度で居住しているもの」を定めたが，1961年には「9畳未満の住宅に2人以上又は12畳未満の住居に4人以上住んでいる世帯」と改めた。最近の基準は表5.7参照のこと。

表 5・1 戦後の住宅建設戸数 (単位：千戸)

区分＼年度	1946	1950	1955	1956	1960	1961	1962	1963	1964	1965	1966	1967	1968	1969	1970	1971	1972	1973	1974
公 営 住 宅	48.8	32.1	52.0	46.8	52.4	53.4	54.1	56.0	58.9	65.9	72.7	82.1	88.0	99.8	103.1	112.2	99.9	96.1	75.6
改 良 住 宅	—	—	—	—	2.0	3.7	4.4	4.1	4.4	4.4	4.4	4.4	5.0	5.5	8.0	10.4	11.6	9.4	8.0	6.0
公 庫 住 宅	—	65.5	49.0	76.1	104.3	102.1	108.6	118.2	129.1	171.6	168.1	199.1	222.6	245.9	251.6	281.5	302.5	309.5	369.0
公 団 住 宅	—	—	17.2	21.8	31.1	32.5	38.4	34.3	36.3	52.6	53.0	61.0	64.8	79.2	77.0	83.6	48.4	49.5	44.8
その他の住宅	106	26	26	23	25	37	53	58	75	98	107	118	122	149	168	154	132	126	125
公的資金による住宅計	155	124	144	168	215	229	254	271	304	392	405.5	465	503.5	582	610	644	593	589	621
民間自力建設住宅	304	217	250	280	372	407	418	530	581	603	686	764	795	918	1,021	973	1,294	1,285	769
合　　　計	459	341	394	448	587	636	670	801	885	995	1,091.5	1,229	1,298.5	1,500	1,621	1,617	1,887	1,874	1,390

(単位：千戸)

区分＼年度	1975	1976	1977	1978	1979	1980	1981	1982	1983	1984	1985	1986	1987	1988	1989	1990(見込)	1991(見込)
公 営 住 宅	68.7	69.7	66.5	69.9	69.0	56.6	49.0	48.9	47	43	42	43	42	40	40	38	44
改 良 住 宅	5.1	6.1	6.5	5.9	5.3	4.0	4.6	4.3	4	4	3	3	3	2	2	2	2
公 庫 住 宅	401.4	367.2	474.5	598.9	572.0	533.6	508.2	558.3	481	462	447	485	506	498	505	501	483
公 団 住 宅	57.0	25.5	32.7	35.0	35.5	34.0	23.2	20.2	21	20	20	20	22	21	22	22	22
その他の住宅	129	124	133	120	101	100	101	90	83	73	71	69	60	59	62	68	80
公的資金による住宅計	661	592	713.5	830	783.5	729.5	686	721	637	603	584	621	634	622	631	631	832
民間自力建設住宅	851	1,099	894	753	788	565	496	462	498	604	667	779	1,095	1,041	1,042	1,043	711
合　　　計	1,512	1,641	1,607.5	1,583	1,571.5	1,294.5	1,182	1,183	1,135	1,207	1,251	1,400	1,729	1,663	1,673	1,665	1,343

(注) 1. 公営住宅には，災害公営住宅を含む。
 2. その他の住宅は，厚生年金還元融資住宅，雇用促進住宅，地方単独住宅，国家公務員住宅等をいい，一部推定を含む。
 3. 1952～59年度の「民間自力建設住宅」には，住宅事情の緩和に役立つと考えられる増築戸数を推定で含む。
 4. 1960年度以降の「民間自力建設住宅」は，住宅事情の緩和に役立つと考えられない一部の狭小住宅（木造賃貸アパート各室等）を推定で除く。
 5. 戸数は住宅建設五箇年計画ベースのものである。(1985年6月1日現在)

えられて，民間自力建設住宅の建設戸数も大幅な伸びを示し，総建設戸数は1966年に1,000千戸の大台を超え，オイルショックによって経済が低成長に転ずる直前の1972年には実に1,887千戸に達し，その後，住宅事情の好転と景気の低迷によって，建設戸数は大幅に減少したものの依然として1,000千戸の大台を維持している。その結果，戦後の総建設戸数は38,000千戸に達している。

その結果，住宅のストック量は，表5.2で明らかなように，1965年には世帯数を上回るに至り，住宅の量的不足は解消し，住宅問題は量の問題から質の問題へと移行したといわれている。

わが国の住宅事情について概観すると，まず住宅の所有区分別について見る。1945年以前の，わが国の大都市では70～80％が貸家であったが，戦後，持ち家指向が高まって1955年までは70％に達した。しかし，表5.2に見られるように最近では貸家の割合が次第に増加する傾向にある。

構造別についてみると，表5.3に見られるように，戦前はほとんど木造であったが，現在では，鉄骨，鉄筋コンクリート造が20％，防火木造が30％を超え，木造は一戸建で60％，全体では半数以下となっている。また，戸建形式について見れば，共同建が27％と著しい伸びを示している半面，一戸建は65％でやや減少傾向，長屋建は8％で大幅に減少している。

表 5・2 世帯数と住宅数 (単位：1,000)

調査年次			1950年	1955	1960	1965	1970	1975	1980	1985	1990
普通世帯数			16,425	17,394	19,571	23,100	26,856	31,271	34,008	36,478	40,670
住宅数	総　数		14,740	16,570	19,270	23,160	26,773	31,216	33,973	36,640	39,319
	居住住宅	計	14,627	16,311	18,851	22,578	26,443	30,992	33,836	36,309	38,994
			(100％)	(100％)	(100％)	(100％)	(100％)	(100％)	(100％)	(100％)	(100％)
		持　家	10,214	11,711	12,666	13,733	15,581	18,162	20,849	22,618	24,060
			(70)	(72)	(67)	(61)	(59)	(58)	(61)	(62)	(62)
		借　家	3,400	3,516	4,881	7,165	8,989	10,791	10,970	11,741	13,091
			(23)	(21)	(26)	(32)	(34)	(35)	(33)	(33)	(33)
		給与住宅	1,013	1,084	1,304	1,680	1,873	2,039	2,011	1,950	1,843
			(7)	(7)	(7)	(7)	(7)	(7)	(6)	(5)	(5)

資料)「国勢調査」(各年)。

表5・3 建て方・構造別住宅数　（単位：千戸）

	総数	一戸建	長屋建	共同建	その他
住宅総数	37,454	23,377	2,535	11,344	197
木造	15,546	13,144	1,258	1,101	43
防火木造	11,845	8,924	726	2,147	47
ブロック造	438	140	225	71	1
鉄骨・鉄筋コンクリート造	9,114	944	284	7,788	99
その他	512	225	43	238	7

資料）1988年住宅統計調査

ところで「住宅難」という場合、建物とか設備など、物的に判定できるもので客観的な基準を定めて算出できるが、私たちが「住宅に困っている」と感じる場合は、測定不能な要素や、基準以上であっても満足しないというような、居住者個々の主観的要素が多分に入っているものであって、これを「住宅困窮」と呼んで「住宅難」と区別しており、一般的に、住宅難世帯よりも住宅困窮世帯の方が多いが、最低所得階層では住宅難世帯よりも住宅困窮世帯が少ないという現象が見られる。

住宅困窮の理由としては、同居、狭小過密居住、設備不良、設備共用、高家賃、ローン地獄、住宅の老朽化、遠距離通勤、環境悪化などが挙げられる。表5.4は、居住実態別に居住者の住宅困窮の度合を、住宅及び住環境の総合評価という形でしらべたもので、建て方別にみた場合、一戸建居住者の住宅に対する評価が高いのは当然のことながら、住環境に対する評価はむしろ共同建（団地）居住者の方が高いことから、一戸建でも無計画なバラ建の環境の悪さがうかがわれるし、長屋建、最低居住水準未満、借家、遠距離通勤、の居住者の住宅に対する評価が低いのは当然のことながら、居住費負担率の高い持家居住者の住環境に対する評価が低いことは、居住者の評価が居住密度や居住費・家賃負担率といった個々の住宅の評価だけでなく、住宅の立地、建て方の計画性といった都市計画にかかわる住環境の評価も重視せざるをえない実態をよくあらわしている。

なお、表5.5および図5.4に示すように、住宅事情や住宅問題は地域によって、かなりの相違があり、東京、大阪など大都市ほど深刻化する傾向にあり、劣悪で、問題も多い。この社会的歪みを是正することが21世紀に向けての日本の大きな課題となっている。

表5・5　最低居住水準未満居住世帯（規模要因によるもの）の内訳
（単位：千世帯，％）

所有関係 地域	持家		借家		計	
	世帯数	比率	世帯数	比率	世帯数	比率
全国	634	2.8	2,941	21.0	3,575	9.6
大都市圏計	364	3.7	1,992	25.0	2,356	12.9
京浜大都市圏	227	4.3	1,209	25.8	1,436	13.9
中京大都市圏	21	1.4	163	18.8	184	7.9
京阪神大都市圏	116	3.7	620	25.6	736	13.0
その他の地域	270	2.1	949	15.8	1,219	6.4

（注）1．「1988年住宅統計調査」による。
　　　2．比率％は、当該地域の当該所有関係の住宅に居住する世帯に対する比率である。

表5・4　居住実態と住宅及び住環境の総合評価（全国）　（単位：％）

居住実態(住宅層性)		住宅に対する評価				住環境に対する評価			
		満足	まあ満足	多少不満	非常に不満	満足	まあ満足	多少不満	非常に不満
建て方	一戸建	10.8	42.1	26.6	9.6	12.8	54.7	27.3	4.3
	長屋建	3.5	26.6	43.3	25.2	7.5	51.0	32.6	7.5
	共同建(団地)	3.7	31.6	45.4	18.0	9.7	57.9	27.3	3.8
	共同建(その他)	5.0	35.1	41.7	17.1	7.8	53.0	32.3	6.0
居住密度	最低居住水準未満	2.9	21.8	45.5	27.3	7.5	52.0	32.6	6.7
	誘導居住水準未満	5.5	35.0	43.9	14.6	9.7	55.0	29.8	5.0
	誘導居住水準以上	14.2	48.0	32.4	5.8	13.6	56.4	26.0	3.7
居住費負担率 (持家)	0 ％	11.3	42.6	36.8	9.4	13.7	55.6	26.3	4.1
	1～10％未満	8.8	45.2	38.0	7.2	11.2	57.2	27.0	4.0
	10～20％未満	8.9	45.4	37.5	6.8	10.8	56.0	29.5	3.7
	20％以上	10.1	44.6	36.5	8.5	9.5	53.0	32.3	4.9
家賃負担率 (借家)	0 ％	6.4	38.3	36.3	19.0	10.6	58.8	26.0	4.5
	1～10％未満	3.0	26.5	45.8	24.5	8.6	57.3	28.3	4.6
	10～20％未満	3.9	32.0	45.7	19.2	7.4	55.0	32.2	5.5
	20％以上	5.1	35.2	43.0	16.1	7.7	54.6	31.5	5.8
通勤時間	自宅又は住み込み	10.8	41.2	35.6	10.8	13.8	54.0	27.3	4.5
	30分未満	7.5	38.1	40.8	13.4	11.6	56.3	28.6	4.5
	30～1時間未満	6.5	36.4	41.5	15.2	8.9	54.7	30.6	5.5
	1.0～1.30未満	6.0	37.5	41.9	14.1	8.4	53.3	31.9	5.3
	1時間30分以上	6.9	39.0	40.0	13.3	8.4	52.1	32.1	6.3

（注）1988年「住宅統計調査」による。

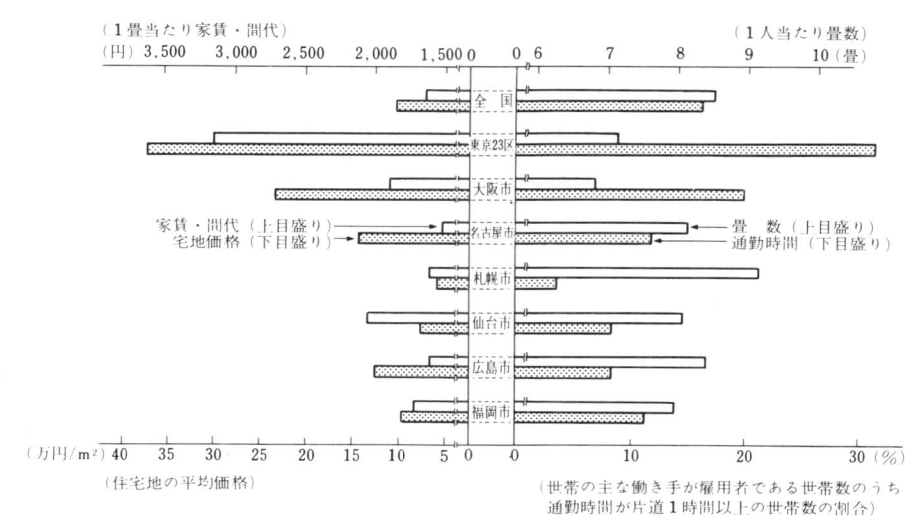

図5・4　都市別住宅関連指標比較[*2]

5.2　居住環境と住宅水準

住まいの状態については，最初，人が住まう容れものである「住宅」(dwelling house)という一つの建物の規模，構造，設備，老朽度のような物的な水準を示す「住宅水準」という言葉が使われていたが，都市における住宅の共同化が進むとともに，アパート，マンションなどの，住戸 (dwelling unit) を含むと同時に，建物まわりの庭など屋外付帯施設を含む物的な水準を示す「住居水準」という言葉が使用されるようになった。ところで，都市の物理的な形態という視点では，都市の構成要素としての住宅の規模，構造，階数設備，敷地の広さなどが問題になるが，社会的な視点では，人の「住まう」という行為の側に立った概念で，居住密度，収入階層別家賃など，これまでの物的水準に居住者の状態を組み合わせた人的・物的水準が生活実態に即していることから，最近では，この「居住水準」という概念が定着しつつある。

表5.6は，わが国の住居水準および居住水準の都道府県別現況であって，住居水準については多雪地域が高く南西地域が低いこと，居住水準については大都市地域が低いことなど，地域差が大きいことを示している。

表5.7は，1986年から始まる第5期住宅建設5箇年計画策定のために，国の住宅宅地審議会が示した最低居住水準および誘導居住水準の目標値である。

さて，わが国の住宅は，個々の住宅の規模，設備などの面では，欧米諸国からは「ウサギ小屋」程度といわれながらも，アジア・アフリカ諸国に比べれば，かなりの水準に達している。しかし，1960年以降の経済の高度成長に伴う都市への人口の急激な集中に対して，土地政策の欠除，都市基盤整備の立ちおくれ，無計画なバラ建ち開発などによって，市街地の過密化，地価高騰を来し，表5.8に示すように，住宅敷地の狭小化が進み，オープンスペースの不足による，大気汚染，日照阻害，緑の不足，プライバシーの低下など，住居をとりまく環境の悪化，集合体としての居住地の水準の低下が目立つようになっており，特に民営借家と一部の小規模持ち家（いわゆるミニ開発建売住宅），とりわけ，設備共同の民営借家の居住環境の劣悪さが目立っており，このような地区の再開発の必要性が叫ばれている。要するに，わが国のこれまでの都市計画が住宅政策と連動することなく，インフラストラクチュアの整備を主とし，住宅地の計画的形成を重視しなかったことが，このような住宅問題と都市計画の歪みをもたらしたものといえよう。

これからは居住環境の水準あるいは居住水準の向上が，都市計画において大きな課題になってくるものと思われるが，その際に検討すべき諸要素を列記してみると，次の通りである。

① 建物敷地の自然的条件
　　地盤——高低（出水，湿気），切土・盛土
　　地形——南斜面，北斜面，勾配（眺望），がけ地（がけ

表5・6 住宅関係主要指標の現状（都道府県別）

	1住宅当り居住室数（室）	1住宅当り居住室の畳数（畳）	1住宅当り延べ面積（m²）
全　　　　国	4.86	30.61	89.28
北　海　道	4.55	31.54	83.41
青　　　森	5.68	39.56	116.23
岩　　　手	5.83	40.66	115.62
宮　　　城	5.01	33.64	98.03
秋　　　田	6.22	43.92	136.06
山　　　形	6.03	41.50	132.65
福　　　島	5.46	36.61	111.51
茨　　　城	5.13	33.61	98.94
栃　　　木	5.13	33.30	100.16
群　　　馬	5.11	33.04	101.54
埼　　　玉	4.51	28.26	79.39
千　　　葉	4.56	29.10	81.47
東　　　京	3.55	21.48	60.27
神　奈　川	4.09	25.52	70.25
新　　　潟	6.15	42.35	131.41
富　　　山	7.04	48.28	153.17
石　　　川	6.15	42.78	130.86
福　　　井	6.29	41.71	140.35
山　　　梨	5.27	35.31	108.47
長　　　野	5.80	40.26	122.91
岐　　　阜	6.33	41.27	117.94
静　　　岡	5.12	33.28	96.51
愛　　　知	5.17	33.18	92.53
三　　　重	5.97	37.87	107.97
滋　　　賀	6.61	41.22	121.40
京　　　都	4.86	28.51	83.76
大　　　阪	4.23	24.58	68.88
兵　　　庫	5.01	30.00	87.07
奈　　　良	5.95	36.68	107.98
和　歌　山	5.30	30.87	96.69
鳥　　　取	6.17	38.11	120.38
島　　　根	6.00	36.39	121.18
岡　　　山	5.69	34.45	104.84
広　　　島	5.17	31.96	92.69
山　　　口	5.34	31.35	96.10
徳　　　島	5.58	34.45	101.56
香　　　川	5.84	35.96	108.05
愛　　　媛	5.28	31.07	94.65
高　　　知	5.12	28.18	88.48
福　　　岡	4.65	28.34	83.71
佐　　　賀	5.67	35.41	114.05
長　　　崎	4.97	29.10	92.20
熊　　　本	4.87	29.95	94.12
大　　　分	5.22	31.38	85.14
宮　　　崎	4.74	27.73	88.25
鹿　児　島	4.50	25.05	77.79
沖　　　縄	4.48	26.31	70.32

注) 1. 総務庁統計局「住宅統計調査」（1985年）による。
2. 居住世帯ありの住宅についての集計である。

表5・7 居住水準の目標
A 最低居住水準

世帯人員	室構成	居住室面積	住戸専用面積（壁厚補正後）	（参考）住戸専用面積（内法）
1人	1K	7.5m²(4.5畳)	16m²	14.0m²
1人（中高齢単身）	1DK	15.0 (9.0)	25	22.0
2人	1DK	17.5 (10.5)	29	25.5
3人	2DK	25.0 (15.0)	39	35.0
4人	3DK	32.5 (19.5)	50	44.0
5人	3DK	37.5 (22.5)	56	50.0
6人	4DK	45.0 (27.0)	66	58.5

B 誘導居住水準
B－1 都市居住型誘導居住水準

世帯人員	室構成	居住室面積	住居専用面積（壁厚補正後）	（参考）住戸専用面積（内法）
1人	1DK	20.0m²(12.0畳)	37m²	33.0m²
1人（中高齢単身）	1DK	23.0 (14.0)	43	38.0
2人	1LDK	33.0 (20.0)	55	48.5
3人	2LDK	46.0 (28.0)	75	66.5
4人	3LDK	59.0 (36.0)	91	82.5
5人	4LDK	69.0 (42.0)	104	94.5
5人（高齢単身を含む）	4LLDK	79.0 (48.0)	122	110.5
6人	4LDK	74.5 (45.5)	112	102.0
6人（高齢夫婦を含む）	4LLDK	84.5 (51.5)	129	117.0

B－2 一般型誘導居住水準

世帯人員	室構成	居住室面積	住居専用面積（壁厚補正後）	（参考）住戸専用面積（内法）
1人	1DKS	27.5m²(16.5畳)	50m²	44.5m²
1人（中高齢単身）	1DKS	30.5 (18.5)	55	49.0
2人	1LDKS	43.0 (26.0)	72	65.5
3人	2LDKS	58.5 (35.5)	98	89.5
4人	3LDKS	77.0 (47.0)	123	112.0
5人	4LDKS	89.5 (54.5)	141	128.5
5人（高齢単身を含む）	4LLDKS	99.5 (60.5)	158	144.0
6人	4LDKS	92.5 (56.5)	147	134.0
6人（高齢夫婦を含む）	4LLDKS	102.5 (62.5)	164	149.5

人口密度，周囲の建て込み方，土地柄，住居以外の用途の混合度―用途地域

日照，通風――周囲の高層建築，建ぺい率，容積率，高さ制限，斜線制限，容積地域，騒音，振動，排ガス

③ 前面道路

幅員，舗装，側溝，街灯，交通騒音，交通危険度

④ 周辺の諸施設

供給処理施設――上下水道，都市ガス，電気，電話，CATV，ごみ処理

くずれ）

地質――硬軟，表土

周辺の樹林，敷地の広さ，生態系，地下水

② 敷地の社会的条件

表5・8　住宅の所有関係別・1住宅当たり敷地面積・日照時間別の住宅数 (1988年)　　　　（単位：1 000戸）

		総　数	持ち家	借家					
				総　数	公営の借家	公団・公社の借家	民営借家（設備専用）	民営借家（設備共同）	給与住宅
敷地面積	一　戸　建	23,377	20,646	2,606	91	0	2,231	17	268
	50m²未満	843	435	408	6	0	380	4	18
	50～99	3,834	2,736	1,098	39	0	981	6	73
	100～149	3,447	3,040	407	25	0	332	4	48
	150～199	4,065	3,754	310	15	0	248	1	47
	200～299	4,455	4,246	209	4	0	161	1	42
	300～499	3,975	3,848	126	1	—	97	1	26
	500～999	2,154	2,114	40	1	0	28	1	12
	1,000m²以上	478	471	7	0	0	2	0	3
	長　屋　建	2,535	583	1,929	598	21	1,112	31	169
	50m²未満	1,036	193	843	164	7	609	24	40
	50～999	1,027	246	781	285	12	411	4	68
	100～1499	250	81	170	84	2	54	1	29
	150～1999	110	32	78	38	0	22	1	17
	200～2999	61	20	41	21	0	9	1	10
	300～4999	23	9	14	4	1	6	0	4
	500～9999	6	3	3	1	0	1	0	0
	1,000m²以上	0	0	0	—	—	0	—	—
日照時間	住宅総数	37,413	22,948	14,015	1,990	809	9,127	550	1,550
	1時間未満	1,313	477	836	34	14	584	106	37
	1～3	4,888	2,350	2,538	245	112	1,860	154	167
	3～5	8,873	4,846	4,027	575	265	2,653	143	391
	5時間以上	21,890	15,275	6,614	1,135	418	3,960	146	955

住宅統計調査による。

　レクリエーション施設——子供の遊び場，公園，スポーツセンターなど
　保健，医療施設——診療所，病院
　公共，行政サービス施設——保育園，郵便局，警察，消防，区役所出張所，公衆電話など
　文化的施設など——集会所，公民館，コミュニティセンター，図書館，銀行，娯楽場など
　めいわく施設——高速道路など
⑤　各種の便益
　買物の便——商店街への距離，付近の物価，都心への交通（時間，頻度）
　通勤の便——バス停などへの距離，職場への交通（時間，頻度，始発，終発の時刻）
　通学の便——小・中学校への距離，高校・大学への交通（時間，頻度）
⑥　その他
　高齢者施設
　サークル活動
　文化財

　表5.9は，住宅および居住環境に関する各国の水準や，国民の満足度を国際比較したものである。日本の場合，住戸規模，居住密度，設備については，水洗便所以外は，数字の上ではほぼ，北アメリカ，ヨーロッパ諸国の水準に達しており，アジアの他の諸国に比べると高い水準にあるように見えるが，住宅に対する国民の満足度がわずか44％で，北アメリカ，ヨーロッパ諸国の66～78％と比べて，極めて低く，フィリピンの45％以下であることから，住戸の狭さ，性能の悪さ，遠距離通勤，高家賃など総合的にみて，住宅の質がまだまだ低いことが分かる。

　さらに，居住環境について，首都または代表都市について1人当り公園面積，電線類の地中化率の数字をみると，日本は北アメリカ，ヨーロッパ各国と比べて，その水準は格段に低く，国民の満足度が北アメリカ，ヨーロッパ諸国の39～56％，フィリピンの30％に比べて，わずか6.4％と極めて低いことからみても，居住環境の劣悪さがうかがわれ，これからの都市計画において，居住の問題が最重要課題であることを明示している。

　また，日本を除く，アジア諸国の居住水準は，この表に示す通り，住戸規模，居住密度，設備別割合のいずれもが極めて低く，これら発展途上国に対して，日本の果たすべき役割の重要性を示している。

表5・9　住宅及び居住環境に関する国際比較

国　名	調査年	住戸規模		居住密度		設備別割合			首都または代表都市の居住環境		国民の満足感	
		1戸当り室数	1室のみの住宅の割合	1室当り人員	1室当り3人以上の住宅の割合	屋内水道	便所	水洗	1人当り公園面積	電線類の地中化率	住宅に対して	生活環境に対して
		室	％	人	％	％	％	％	m²	％	％	％
（北アメリカ）												
アメリカ合衆国	87	5.2	11.7	88　0.4	60　0.3	77　98.4	―	85　97.6	77　19.2	72.1	71	39.3
カ　ナ　ダ	79	76　5.4	11.4	76　0.6	71　0.2	99.3	98.3	98.5	76　13.0	―	87	48.3
（ヨーロッパ）												
イ　ギ　リ　ス	88	5.2	71　22.1	0.5	71　0.1	71　93.6	―	71　98.9	76　30.4	100.0	71	56.3
オ　ラ　ン　ダ	77	5.0	0.6	―	―	71　96.9	99.7	―	73　29.4	―	―	―
スウェーデン	85	87　4.3	75　4.9	0.5	75　0.2	75　98.3	―	75　96.3	66　80.3	50.8	―	―
ドイツ連邦共和国	87	4.8	78　2.0	0.5	75　0.2	72　99.2	72　100.0	81　97.1	84　37.4	100.0	76	48.3
フ　ラ　ン　ス	84	89　7.0	75　7.6	0.7	73　1.0	82　99.2	75　74.4	82　87.3	12.2	100.0	66	50.3
（アジア）												
日　　　本	88	4.9	83　4.4	0.7	―	83　94.0	100.0	65.8	87　2.5	93　38.3	44	6.4
インドネシア	81	3.1	10.9	1.5	16.9	3.3	47.0	12.8	―	―	―	―
タ　　　　イ	76	1.9	39.0	―	―	11.7	50.3	0.5	―	―	―	―
フィリピン	70	2.4	30.2	2.3	43.6	24.0	63.3	22.6	―	―	45	30.1
出　典		UN：Annual Housing Survey 建設省「建設統計要覧」平成5年版							建設省「都市計画ハンドブック」1992	海外電気事業統計1977	十三ヶ国価値観調査データブック80	

注　（　）内は調査年。

5.3　住宅政策

5.3.1　住宅・宅地・都市政策の変遷

この分野での先進国といわれるイギリスでは，すでに19世紀の前半から，農民が工場労働者に転職して都市に集中するようになり，住宅不足，過密居住，スラムの発生といった都市問題が次々に発生し，それが原因となって都市住民の間に慢性，急性の伝染病が多発し，産業の能率を著しく低下させるとともに，資本家階層の健康，生命まで危険にさらされるような状態に立ち至った。そこで，1848年の公衆衛生法をかわきりに，1851年には共同宿舎法，労働者階級宿舎法，1875年にはスラム・クリアランスを行うための職人・労働者住居階層法が制定されるなど，公衆衛生行政の一環としての住宅政策が開始された。その後，貧困階層に対する1915年家賃法，住居を集団として把握しようとした1909年住居・都市計画法というように，イギリスの住宅政策はその守備範囲を大幅に拡大し，現在では，住居法を主軸として，都市・農村計画法，ニュータウン法がそれを支えるような形になっており，このような歴史的経過の中で，国の主務省は，保健省→住宅省→住宅・計画省→住宅・地方行政省→環境省，と変遷しているが，この中で一貫していることは，行政の主体はあくまでも地方自治体であることと，政策の目標はあくまでも住民の健康と福祉の増進におかれていることであり，このことは住宅・環境監視員（インスペクター）制度，公営住宅入居希望者の申告登録（ウェイティングリスト）制度として有効に機能しているところである。

これに対して，日本の場合，国の住宅政策は極めて立ちおくれ，図5.5に示すように，1924年，関東大震災の復興住宅建設機関として設けられた同潤会が，不良住宅地区改良事業に着手したのが手はじめで，その後，1940年，厚生省に住宅課が設置されたものの，その役割はむしろ軍需産業労働者用住宅の供給促進におかれ，その実施機関として住宅営団が設けられ，同潤会もそれに吸収されるといった状況であった。この時代，同潤会が大都市に建設したRC造アパート団地や，住宅営団で市浦，西山などが提唱した，住宅平面の標準化や食寝分離論が，後に太平洋戦争終了後，戦災などによる膨大な住宅不足を解消するために，本格的な国の住宅政策として登場する公営住宅（その延長上にある公団住宅），住宅金融公庫融資住宅などの標準設計として具体化することになる。その後，1960年代からの経済の高度成長に伴う人口の急激な都市集中，さらには1970年代後半以降の低成長経済，高齢社会への移行に伴う，さまざまな都市問題の中での住宅問題に対して，図に示すように，その都度さまざまな政策を積み重ねてきたが，主権在民，地方自治が根づいていないわが国では，政策はいまだに中央集権型であり，景気対策程度の位置づけで，住民の健康や福祉という観点は，自治体の役割とともに，最近ようやくその重要性が見直されるようになったばかりである。

今後は，国・自治体・住民，企業の役割分担の明確化，土地制度の抜本的な見直し，都市問題としての総合的な取組みが必要である。

(社会…国際・日本)	(衛生・環境・住宅)	(建築・都市計画・地域開発)
1868(明1)英国職人労働者住居法		
1877 日本にコレラ大流行		明19 東京，長屋建築法
1890 英国労働者階級住居法		明21 東京市区改正条例
明27〜28 日清戦争		
1900(明33)年	明30 伝染病予防法	
	明33 汚物掃除法，下水道法	
明37 明38 日露戦争		明38 貧民長屋建築取締規則
		明40 長屋構造制限
1909 英国，住居及都市計画法	明42 建物保護に関する法律	明42 大阪府建築取締規則
1910(明43)年		
(大1)		
14(大3)〜18(大7) 第1次世界大戦 大7 米騒動		
1919 英国，住居，都市及地方計画法	大8 公益住宅融資制度	大8 市街地建築物法，都市計画法
1920(大9)年		
	大10 住宅組合法	
	大10 借地法，借家法	
大12 関東大震災	大13 借地借家臨時措置法，同潤会設立(仮設住宅)	
	同潤会賃貸住宅開始	
(昭和) 27(昭2)〜29(昭4) 世界的大恐慌	昭2 不良住宅地区改良法，同潤会分譲住宅開始	
1930(昭5)年		
昭6 満州事変		
昭12 日中戦争	昭13年厚生省設置，公衆衛生院新設	
	昭14 厚生省に住宅課設置，地代家賃統制令	昭14 木造建物建築統制規則
1940(昭15)年		
41(昭16)年〜45(昭20)年 太平洋戦争	昭16 貸家組合法 ─── 住宅営団法	
1946 英国，ニュータウン法	昭20 戦災復興院設置，住宅緊急措置令	
	昭21 地代家賃統制令(全国)	昭21 臨時建築制限令
	昭23 建設省発足	
1950(昭25)年 朝鮮戦争	昭25 **住宅金融公庫法**	昭25 **建築基準法**　昭25 首都建設法／国土総合開発法／(新)土地収用法
昭26 サンフランシスコ講和条約	昭26 **公営住宅法**	昭27 耐火建築促進法
	昭28 産業労働者住宅資金融通法	昭28 土地区画整理法
昭31 日ソ国交回復，国連へ加盟	昭30 住宅融資保険法，**住宅公団法**	昭30 住宅建設10ヵ年計画
		昭31 都市公園法，首都圏整備法
	昭33 (新)下水道法	昭33 首都圏の近郊地帯及び都市開発区域整備法
1960(昭和35)年	昭35 **住宅地区改良法**	
1961 ILO，労働者住宅に関する報告		昭36 防災建築街区造成法，宅地造成等規制法／市街地改造法
昭37 第1次全国総合開発計画	昭37 建物区分所有法	昭37 新住宅市街地開発法／新産業都市建設促進法
昭40 同対審答申	昭40 地方住宅供給公社法	昭41 第1期住宅建設5ケ年計画
	昭41 **住宅建設計画法**	昭41 流通業務市街地整備法／都市開発資金貸付法
	昭42 公害対策基本法	
	昭43 大気汚染防止法，騒音規制法	昭43 (新)都市計画法／都市再開発法
昭44 新全総	昭44 同和対策特別措置法	
1970(昭45)年	昭45 小集落地区改良事業制度	
1972 昭47 日本列島改造論	昭46 農住法	昭46 第2期住宅建設5ケ年計画
日中国交回復		
昭48 オイルショック		昭48 都市緑地保全法
	昭49 国土庁設置	昭49 生産緑地法　昭49 **国土利用計画法**
1975 ベトナム戦争終了	昭50 宅地開発公団法	昭50 大都市地域における住宅地供給促進特別措置法
		昭51 第3期住宅建設5ケ年計画
昭52 三全総(定住圏)	昭53 住環境整備モデル事業制度	昭53 住宅宅地関連公共施設，整備促進法
		昭54 特定住宅市街地総合整備促進事業制度
1980(昭55)年	昭55 農住組合法	昭55 **地区計画制度**(都市計画法，建築基準法の一部改正)
	昭56 **住宅・都市整備公団法**	昭56 第4期住宅建設5ケ年計画
1982 昭57 日本住宅会議発足	昭57 木造賃貸住宅地区総合整備事業制度	
		昭61 第5期住宅建設5ケ年計画
		平1 土地基本法
1990(平2)年	平2 ゴールドプラン(高齢者保健福祉推進10ケ年戦略)開始	
		平3 地価税創設
		第6期住宅建設5ケ年計画　平4 地方拠点都市法
	平5 特定優良賃貸住宅供給促進法	

図5・5　日本の住居および都市政策関係法制度の変遷

改良前 　　　　　改良後
同潤会不良住宅地区改良事業（横浜市南太田町）*4

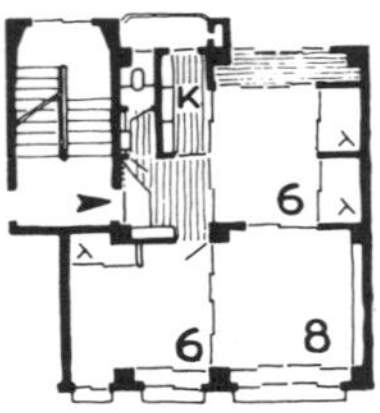

① 同潤会江戸川アパート
② 住宅営団規格住宅・標準平面案　間尺制、V型中 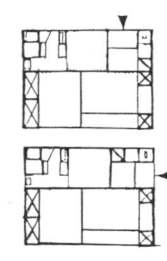
③ 公営住宅　51C型 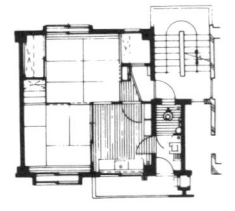
④ 1951年公庫メニュー集　茶の間＋応接間型 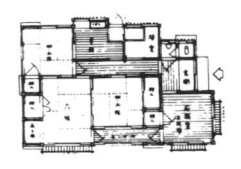
⑤ 公団67-5N型 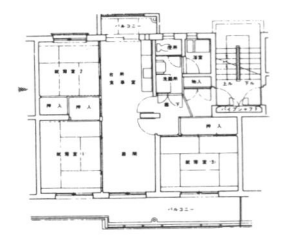
⑥ 公営古市団地（1955） 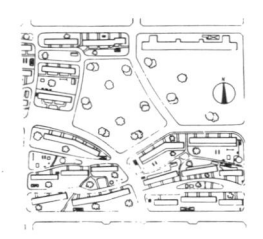
⑦ 公団大島4丁目市街地住宅団地（1966） 

図5・6

さしあたり、ヨーロッパ諸国の前例にならって、自治体における住宅・環境監視員制度と住宅入居希望者申告登録制度を確立して、即地的かつ的確な住宅需要を把握し、このような、住民と自治体の協同作業によって策定されるコミュニティ・カルテを都市計画の基礎資料として活用するシステムを作動させること、建設省が目下推進中のHOPE計画制度[3]を自治体レベルで地域の総合計画に高めるとともに具体的な都市計画に結びつける努力をすること、国・公有地、私有地のいかんを問わず、土地信託制度を活用して土地の有効利用を促進することが急務であり、これらの課題に取り組むために、国に「住宅・都市・環境省」を設けるべき時期にきていると思われる。

5.3.2 国の制度の一覧

a. 国および各都道府県住宅建設計画の策定

住宅建設計画法（1966年）

国および多都道府県は、住宅難、住宅困窮の実態の把握、居住水準の設定、民間自力建設戸数の推定を行い、公営住宅、公庫建認戸数の推定を行い、公営住宅、公庫融資住宅、公団住宅など政府施策住宅の建設5箇年計画を策定する制度

b. 公的賃貸住宅の建設・供給

○公営住宅法（1951年）

市町村および都道府県が、住宅に困窮している低額所得者に低廉な家賃の賃貸住宅を建設・供給する場合に、国がその建設費の一部を補助する制度

第1種…工事費の1/2補助

第2種…工事費の2/3補助

（用地費はいずれも起債対象で、その利子に対して家賃補助がある）

○都市基盤整備公団法（1999年）による賃貸住宅供給制度

住宅不足の著しい大都市地域で、住宅に困窮する勤労者のために、耐火性能を有する構造の集団住宅を適当な家賃で供給するために、国が都市基盤整備公団（旧日本住宅公団）を設立し、国の低利長期資金を供給して住宅水準の確保と家賃引下げを行う制度。

c. 公的分譲住宅の建設・供給

○都市基盤整備公団法（1999年）による分譲住宅供給制度

○地方住宅供給公社法（1965年）による分譲住宅供給制度（首都圏不燃建築公社、日本勤労者住宅協会による制度も同様）

d. 民営賃貸住宅の建設・供給に対する公的援助

○農地所有者等賃貸住宅建設融資利子補給臨時措置法

住宅不足の著しい大都市圏域で、農地の所有者がそ

---

[3] 9-13参照

表5・10 主要国の住宅対策費および住宅関係減免税額

国　名	アメリカ	イギリス	フランス	西ドイツ	日　本
年　度	1989(見込み)	1989(実績見込)	1990(予算)	1988(予算)	1990(予算)
歳出総額　A	百万ドル 1,137,000	百万ポンド 141,492	百万フラン 1,220,439	百万マルク 275,400	億円 662,368
住宅対策費　B	16,667	4,291	59,246	1,886	8,420
B／A	1.5%	3.0%	4.9%	0.7%	1.3%
普通歳入　C	979,500	144,920	1,129,461	236,266	380,040
住宅関係減免税額　D	43,130	7,080	17,330	2,776	3,680
D／C	4.4%	4.9%	1.5%	1.2%	0.6%
参考 B+D	59,797	11,371	76,576	4,662	12,280
参考 B+D／A	5.3%	8.0%	6.3%	1.7%	1.9%

(注) 1. 各国の住宅関係減免税額は、住宅の取得に係る国税関係の減免税額であり、キャピタル・ゲイン等に係る減税については、住宅の取得のための直接的な優遇措置とはいえないので除外した。
2. 西ドイツは、所得税、法人税および付加価値税について当初から連邦、州および市町村の収入割合、減収割合、(例えば、所得税の割合、連邦および州は各42.5%、市町村は15%)が定められている特殊な制度(共同税)を採用しており、本表における減免税額はそのうちの連邦分のみを計上した。
3. 普通歳入とは、租税収入と印紙税収入等の一般会計分である。

資料出所:『住宅経済データ集』1990年

の農地を転用して行う賃貸住宅の建設に要する資金の融通について国が利子補給を行う制度

　　利子補給率3.5%
　　利子補給期間10年

○都市基盤整備公団の民営賃貸用特定分譲住宅制度
○住宅金融公庫の

　　土地担保賃貸住宅
　　一般中高層耐火建築物　　　　　　　　　　　　　　　　　　　　　　　　　　　　　　　　　　}制度における再開発
　　土地担保中高層耐火建築物 賃貸住宅
　　市街地再開発等
　　に対する長期低利資金の融資制度

e. 民営分譲住宅の建設・供給に対する公的援助（長期低利融資）

○住宅金融公庫の

　　民間分譲住宅（建売,団地,高層）
　　一般中高層耐火建築物
　　土地担保中高層耐火建築物 }制度における再開
　　市街地再開発等 発分譲住宅
　　に対する長期低利資金の融資制度

f. 個人の持ち家住宅建設・購入に対する公的援助（長期低利制度）

○住宅金融公庫法（1950年）による、個人の持ち家建設を容易にするため住宅建設資金を長期低利で貸し付ける制度

　一般貸付、老人など割増貸付、災害など特別貸付、ガケ地近接貸付、共同住宅貸付、増改築貸付、中古住宅購入資金貸付などいろいろの制度がある。

○年金福祉事業団の厚生年金還元融資制度

住宅金融公庫の融資と併用される。

○雇用促進事業団の勤労者財産形成転貸資金貸付制度

なお、公営住宅、公庫住宅、公団住宅の建設実績は表5.1に示すごとくである。

g. **不良住宅地区改良法（1960年）**

不良住宅が密集する地区の環境改善を図るとともに、不良住宅居住者が健康で文化的な生活を営むに足る住宅の集団的建設を促進する事業を行う市町村に対して国が補助する制度で、地区指定は都道府県都市計画審議会の議を経ることになっている。

地区指定の要件としては、面積0.15ha以上、不良住宅戸数50戸以上、不良住宅率80%以上、住宅密度80戸/ha以上、国庫補助率は、不良住宅除却費1/2、一時収容施設設置費1/2、土地整備費2/3、改良住宅建設費2/3

○小集落地区等改良事業制度

住宅地区改良事業の一種で、同和地区など小集落地区で用いられる制度。小集落地区改良事業は、不良住宅15戸以上、不良住宅率50%以上の地区に、水害危険集落改良事業は、溢水、湛水などによる災害の危険のある、おおむね10戸以上の住宅がある地区に適用される。

○住環境整備モデル事業制度要綱（1978年）

住宅地区改良事業の一種で、1ha以上不良住宅50戸以上、不良住宅率50%以上、住宅密度55戸/ha以上の地区に適用される。

なお、これに類する各種の制度要綱が各年度の予算措置で設けられている。

h. 公営住宅を核とする地域住宅計画の推進
○ HOPE（地域住宅）計画制度
　市町村が主体となって，地域の発展と創意による良好な住宅市街地の形成などの事業を推進しようとする場合，その計画策定費の1/2を国庫補助するとともに，住宅の建設，住環境の整備に対して，住宅金融公庫が優遇貸付けをする制度。

i. 住宅宅地開発関連公共施設の整備促進
○ 住宅宅地関連公共施設整備促進事業制度要綱
　　住宅および宅地の供給を特に促進する必要がある三大都市圏などの既成市街地，近郊整備地帯または都市開発区域で行われる300戸以上の住宅供給または16ヘクタール以上の住宅地開発事業の推進を図るため，これに関連する国土交通省所管の公共施設（道路・公園・下水道・河川・砂防設備など）の整備予算が優先的に配分される制度

j. 民間金融機関の住宅ローンに対する保険
○ 住宅融資保険法
　　金融機関が住宅ローンをする際，貸付資金について，住宅金融公庫と特約した保険会社の保険をかけることにより，返済金の焦げつきに対する損失保証を行い，融資の円滑化を図ろうとする制度

k. 住宅関連の税の減免
○ 所得税（国税）に関する制度
　　・住宅取得控除
　　・新築貸家住宅などの割増償却
　　・給与所得者などが住宅資金の貸付けなどを受けた場合の課税の特別
　　・居住用財産を譲渡した場合の特例
　　・居住用財産の買換えの場合の長期譲渡所得の課税の特例
○ 登録免許税（国税）に関する制度
○ 相続税，贈与税（国税）に関する制度
○ 不動産取得税（地方税）に関する制度
　　・税率の軽減
　　・新築住宅に係る課税標準の特例など
　　・住宅用土地に係る減額
○ 固定資産税（地方税）に関する制度
　　・住宅用地の課税標準の特例
　　・小規模住宅用地に対する課税標準の特例
　　・新築住宅に対する固定資産税の減額
　表5.10は，欧米主要国の住宅対策費および住宅関係減免税額が歳出総額に占める割合を日本と比較したもので，日本は住宅対策費について，ようやく西ドイツを上回っているものの，住宅関係減免税額については欧米主要国の1/10以下であり，両者を合計した数字で比較すると，欧米主要国の24～43％程度で，住宅政策に対する力の入れ方が少ないことを如実に示している。

5.3.3 行政組織

　国や土地においては，国土交通省（主として住宅局，都市計画関連については都市局，宅地関連については建設経済局）が主であるが，福祉関連や雇用促進関連については厚生労働省が所管しており，セクショナリズムの通弊で相互の連係は必ずしもスムーズには行われていないのが実情で，その影響は各省別の事業を執行している都道府県，市町村にも及んでいる。都道府県段階では，土木部（大きな府県では建築部，住宅都市部，都市部）の住宅課（大きな府県では，住宅行政課，住宅建設課，住宅管理課などに分かれている）が主管するが，都市計画関連は都市計画課，福祉関連は生活福祉部の関連各課（福祉課，老人福祉課，母子福祉課，障害福祉課など）というように各省別に所管しているのがほとんどである。市町村段階でも大都市では，都道府県に似た状態であるが，中小程度の市では，建築部住宅課，福祉部住宅課程度で主管しており，市町村の規模が小さくなるにつれて，セクショリシズムの弊害は少なくなってくるが，その反面，人員の少ない割に，国の法律や制度のメニューが多すぎて対応しきれないのが実態である。

5.3.4 問題点

　図5.7は，欧米主要国の社会資本ストック，住宅ストックの対GNP比率および1人当り資産を日本のそれと比較したものであって，日本はいずれもきわめて低く，特に住宅ストックについては，各国とも社会資本ストックを大きく上回っているのとは対照的に，日本だけが下回っているということは，日本の国の政策，とりわけ公共事業が住宅政策を冷遇してきたことを如実に示している。

　また，イギリスの政策などと比較した場合，人権，福祉，保険の観点から，人間にふさわしい住居を全国民に保障するための住宅基本法がないこと，土地政策が欠除していること，自治体中心の行政が行われていないこと，住宅建設と都市計画の整合性がないことなど，現在の日本の住宅政策には問題点が山積している。

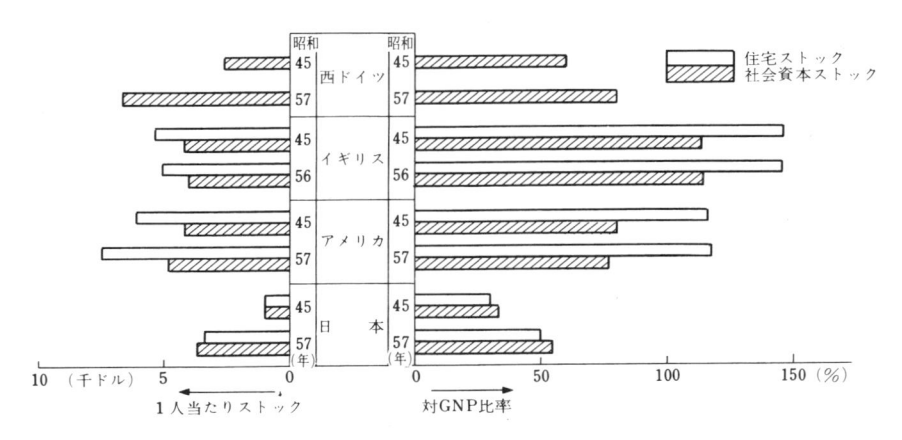

図5・7 社会資本ストック，住宅ストックの対GNP比率及び1人当りの資産の国際比較 [*2]

5.4 住宅・宅地供給計画

住宅の供給計画は，新築のみならず，建替え，空家入居なども含める必要があり，欧米の自治体のように，住宅監視員による居住不適格建築物の是正措置や，公的住宅への入居希望者の登録制度があるところでは，極めてきめ細かな供給計画がたてられている。わが国の場合，1966年に制定された住宅建設計画法によって，国および各都道府県は，5年ごとに行われる国勢調査，住宅統計調査，住宅需要実態調査で得られた数字を基礎として，普通世帯の増加，減失等の住宅の補売など，住宅需要要因別に5箇年計画期間中の建設必要戸数を検討し，民間自力建設予想戸数を差し引いたものを，各種の政府施策住宅（公的資金による住宅）として建設する住宅建設計画を策定することになっており，表5.11はこれまでの各5ヶ年計画の概要である。策定手法について説明すると，例えば，第6期（1991〜1995年度）住宅建設5箇年計画における住宅の建設戸数の推計は，

1989〜1995年度の住宅建設戸数	10,660千戸
イ．普通世帯の増加	3,350
ロ．非住宅居住等の解消	50
ハ．空家等の増加	820
ニ．建替え等	6,440
（控除）1989，1990年度の住宅建設戸数	△3,260
1991〜1995年度住宅建設戸数	7,400

次に，公的資金による住宅の建設戸数の算定については，借家等については，自力では最低居住水準以上の住宅を確保できない低所得階層および都市勤労者等の中所得階層に対する供給必要戸数の推計および事業主体の計画の積上げ等を基礎とし，また持ち家については，計画期間中の持ち家建設需要を勘案して，良質な住宅ストックの形成を図るため必要な援助戸数を確保することとし，その結果公的資金による住宅の建数戸数は3,800万戸（公営300千戸，公庫2,705千戸，公団150千戸など）になるとしている。

欧米の自治体計画のように，各世帯の居住実態や要望を一つ一つ積み上げたものではなく，マクロな統計数値を数理的に処理しただけのものなので，住宅困窮者の需要実態と著しく食い違い，各期の達成率が，公営住宅で92.1％，72.9％，72.8％，71.9％，84.9％，公団住宅で95.7％，61.7％，52.6％，55％，84.5％というように，特に公的賃貸住宅の低下が目立っている。とりわけ，住宅難の著しい大都市地域では，住宅困窮度はむしろ増大しつつある状況なので，国においても1999年度からの第6期5箇年計画の策定に当っては，都道府県のみならず，むしろ各市町村が地域の実態に即した具体的な供給計画を積極的に立案するように呼びかけるような状態に立ち至っている。

ところで，住宅供給計画の前提となる宅地供給計画については，土地政策が確立せず，宅地の計画的開発が極めて困難な日本の状況下では，住宅建設計画の実効を裏付ける宅地供給計画を策定することは，極めて困難であるということで，計画に含まれていない。しかし，それでは住宅建設計画そのものの存在を問われるということで，第2期住宅建設5箇年計画から，区画整理事業や，公団，公社，民間企業の宅地開発事業による完成見込み面積を戸数に換算（平均戸当りネット敷地面積を，戸建・長屋建の場合173㎡，共同住宅の場合52㎡，共同住宅率35.5％とした場合，平均戸当りミディアム・グロス敷地面積156㎡となり，これを必要宅地原単位とする）した

表5・11 住宅建設五箇年計画の推移

区分			一期 (1966～70年度)	二期 (1971～75年度)	三期 (1976～80年度)	四期 (1981～85年度)	五期 (1986～1990年度)	六期 (1991～1995年度)
背景			残存する住宅難を解消するとともに，高度成長に伴う人口の大都市集中等による住宅需要に対処する。	残存する住宅難を解消するとともに，ベビーブーム世代の世帯形成による住宅需要に対応する。	住宅の量的充足を背景に長期的視点に立った居住水準の向上を図る。	大都市地域に重点を置いて引き続き居住水準の達成に努めるとともに，戦後ベビーブーム世代の持家取得需要等に対処する。	21世紀に向けて安定したゆとりある住生活の基盤となる良質な住宅ストックの形成を図る。	90年代を通じた住宅対策を推進し，良質な住宅ストックの形成，大都市地域の住宅問題の解決，高齢化社会への対応等を図っていく。
計画の目標			住宅難の解消 「一世帯一住宅」の実現	住宅難の解消 「一人一室」の規模を有する住宅の建設	居住水準目標の設定 ○最低居住水準……1985年を目途に，すべての国民に確保すべき水準。1980年までに水準未満居住のおおむね2分の1の解消を図る。 ○平均居住水準……1985年を目途に，平均的な世帯が確保することが望ましい水準	引き続き居住水準目標の達成を図る。 「住環境水準」を別途設定する。	新たな居住水準目標の設定 ○最低居住水準……基本的には四期水準を引き継ぐ。計画期間中できる限り早期にすべての世帯が確保できるようにする。 ○誘導居住水準……2000（平成12）年までに半数の世帯が確保できるようにする。 都市居住型―都市の中心及びその周辺における共同住宅居住を想定 一般型―郊外及び地方における戸建住宅居住を想定 四期の住環境水準を維持しこれを指針として住環境の向上に努める。	誘導居住水準確保を目指した施策展開 ○誘導居住水準……五期の水準を引き継ぐ。2000年に全国で半数の世帯が，さらにそのあとできるだけ早期に，すべての都市圏で半数の世帯が確保することを目標とする。 ○最低居住水準……すべての世帯が確保すべき水準とし，特に，大都市地域に重点を置いて最低居住水準未満の世帯の解消に努力。 住環境水準を指針として，引き続き住環境の整備・改善に努める。
建設戸数(千戸)	計画	総建設戸数	6,700　(50.0)	9,576　(55.3)	8,600　(60.0)	7,700　(71.4)	6,700　(63.3)	7,300　(61.2)
		公的資金による住宅	2,700　(43.3)	3,838　(40.1)	3,500　(60.0)	3,500　(68.8)	3,300　(72.1)	3,700　(68.2)
(持家率)(%)	実績	総建設戸数	6,739.3 (50.7)	8,280　(59.5)	7,697.5 (70.6)	6,104　(63.0)	8,306　(49.2)	―
		公的資金による住宅	2,565.3 (40.3)	3,108　(57.6)	3,648.5 (76.0)	3,231　(76.8)	3,138　(95.1)	―
備考			(1968年住調) 全国的には住宅数が世帯数を上回る。	(1973年住調) すべての都道府県で住居数が世帯数を上回る。	(1978年住調) 全体としての居住水準は着実に改善する。空家が268万戸に達する。	(1983年住調) 最低居住水準未満居住について解消に遅れがみられる。	(1988年住調) 最低居住水準未満居住が1割を下回った。 (9.5%)	

ものを，宅地需給見通しとして，参考にかかげることになったが（表5.11参照），これはあくまでも期待推計値にすぎず，図5.8で見るように最近の新規宅地供給量は減少の一途をたどっているのが実態である。

5.5 これからの課題

5.5.1 上からの住宅・都市政策の破たんと下からの住宅・都市政策（住民参加による自治体主導のいえづくり，まちづくり）への転換

これまでの住宅・宅地供給計画は，住宅困窮世帯の具体的な需要を積み上げるのではなく，図5.10に示すように統計数値から算定したマクロな全国計画を上位計画として，都道府県，市町村と順次下方へ割り当てていく方式であったから，末端自治体での実施計画は，全く住民の実態とかい離したものにならざるを得なかった。しかも都市計画の立ちおくれ状態のなかで，土地政策がないまま政府が持ち家政策を推進したため，バラ建ち，スプロールが進行し，地価上昇を来し，その結果，ミニ建売住宅開発やワンルーム・リース・マンションに見られるような居住環境の悪化をもたらす一方では，公営住宅の用地買収費や住宅開発関連公共施設整備費の増加が自治体財政を圧迫し，公営住宅や公団住宅の事業停滞となってあらわれ，結果的には，住宅に困窮する低所得階層をおき去りにするという事業に立ち至っている[4]。そこで，これからは図5.11に示すように，欧米各国で行われてい

---
[4] 1988年「住宅需要実態調査」によれば住宅に対する不満率は持家層で45.0%（83年：39.0%），借家層で64.1%（83年：60.0%）と借家層で高く，かつ持家層・借家層とも83年調査よりも増加している。

図5・8 宅地供給量の推移

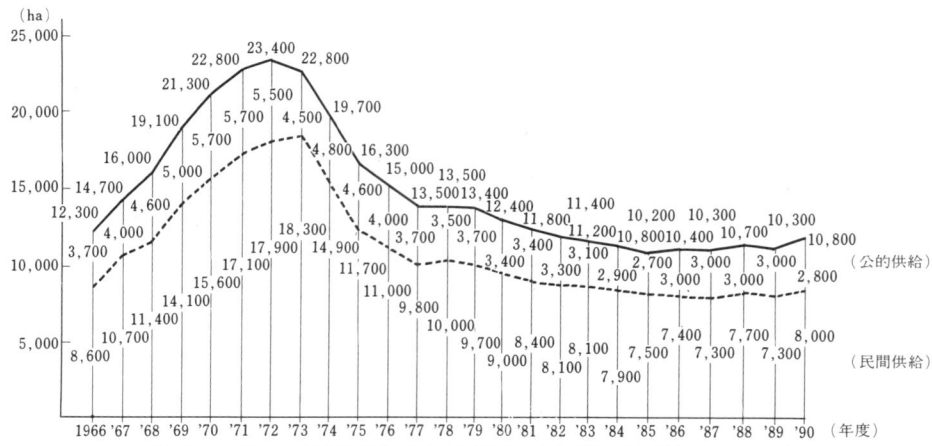

注：1）公的供給とは、住宅・都市整備公団、地方公共団体等の公的機関による供給であり、これらの機関の土地区画整理事業による供給を含む。
2）民間供給とは、民間宅地開発事業者、土地所有等の民間による供給であり、組合等の土地区画整理事業による供給を含む。

るように，住宅環境監視員制度などを活用して住民要望をすい上げ，住宅入居希望者の申告登録制度による配分の合理化，コミュニティ・カルテや地区計画方式の活用による福祉や都市計画との整合性を図るなど，住民参加による自治体主導の下からの総合的な住宅・都市政策への転換を図ることが必要で，住民意識の高揚と，自治体の果たす役割はこれからの総合的な住宅―福祉―環境―都市計画の実現のために極めて重要である。

5.5.2 新しい土地政策への転換（所有から利用へ，個別利用から共同利用へ）

現在，都市の地価は売り惜しみや買い占めによって高騰の一途をたどっており，そのため図5.12のように土地の細分化が進んで，居住環境の悪化を来していることは周知の事実である。この状況を改めるためには，土地の売買を伴わないので地価を顕在化させないという利点をもつ借地方式，土地の等価交換方式，土地信託方式などが有効に働くよう，国は法制度の整備，改善をすべきであり，自治体住民・企業は地区計画や再開発事業における，これら手法の活用を図ることにより自らの地域のよりよき形成を目指すべきである。

5.5.3 高齢社会における居住問題への対応

図5.9に示すように，わが国は現在，急速に高齢社会へ移行しつつあり，2025年頃には世界第一の高齢社会になることが確実視されている。高齢化のスピードは，欧

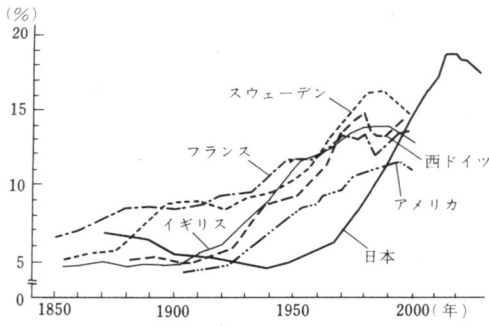

1．資料：外国の過去の人口は，United Nations. "The Aging of Populations and Its Economic and Social Implications" (1956) およびUN "Demographic Yearbook" により，将来人口は，UN "Population by Sex and Age for Regions and Countries 1950-2000, As Assessed in 1973 : Medium Variant" (1976) による。日本は，1920～75年は「国勢調査」，その他の年次は人口問題研究所の推計による。
2．注：西ドイツについては，1933年以前は全ドイツ。
3．出典：年金制度基本構想懇談会「わが国年金制度の改革の方向」（54年）

図5・9 主要国の65歳以上人口の構造係数（65歳以上人口の総人口に占める割合）の推移

米諸国の数倍に達する，極めて早いものであり，高齢者対策の先進国といわれるスウェーデンでも経験したことのない早さであるにもかかわらず，わが国の対応は極めておくれている。バリア・フリーの住宅供給，住宅改造，バリア・フリーの都市形成，都市改造，コミュニティにおける高齢者，障害者を主対象とするサービス・ハウス・システムの充実を早急に具体化していく必要があり，とりあえず，それぞれの居住地域ごとに世代の交代や遺産

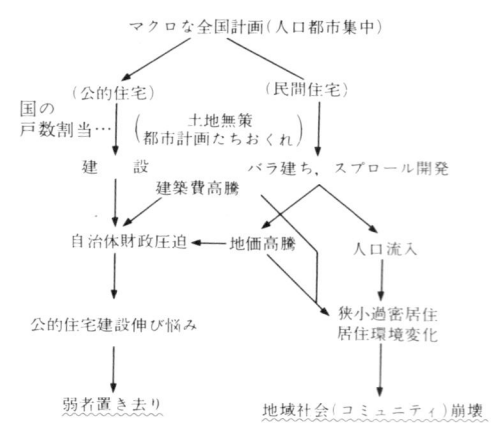

図5・10 上からの住宅政策の破たん*6

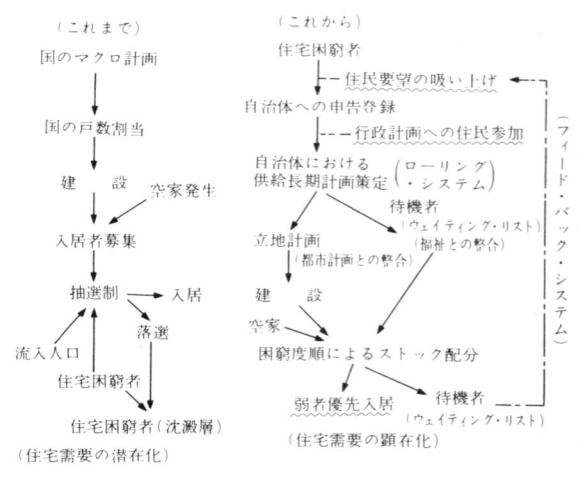

図5・11 下からの住宅政策への転換*6

の相続,住宅の老朽化に伴う個別の増改築や建替計画を,住民同士で話しあって,地区全体の改善計画に適合するように内容やタイムスケジュールを調整することによって,地区の居住環境を高齢社会にマッチしたものにつくりかえていくシステムを早急につくる必要があり,世田谷区の住宅白書づくり,神戸市のまちづくり専門家派遣制度,武蔵野市の不動産担保によるケアサービス制度を活用して,さらに積極的な住民参加による自治体行政システムの構築が望まれる。

5.5.4 国際社会で果たす役割

現在,発展途上国特に東南アジア各国では急激な人口の都市集中によって,極めて深刻な住宅難を来している。その状態は,かつて日本が明治維新当時に経験した状態に類似しているといわれている。そのような意味で日本の経てきた貴重な経験を,発展途上国の住宅問題解決に役立てることは,われわれ日本人にとって国際社会における大きな責務である。

さらに現在,わが国は貿易摩擦解消策として,欧米諸国から住宅・都市政策の推進による内需の拡大をもとめられているが,このことは外国から要求されるまでもな

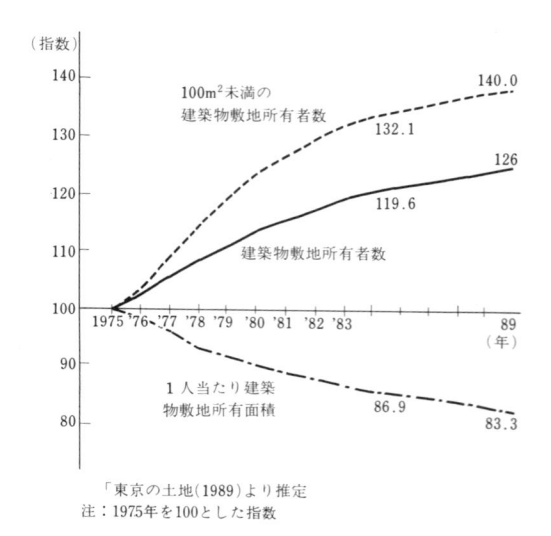

「東京の土地(1989)」より推定
注:1975年を100とした指数

図5・12 東京都区部の土地所有状況(建築物敷地)

く,広く国民の望んでいる問題であり,居住環境向上を軸とする都市計画の推進は,21世紀へ向けての国民的課題であると同時に,国際社会における大きな責務でもあるのである。

6　都市の環境

　本章は都市計画という一冊の本の中で，都市の環境を述べる一章である。人間は環境の動物であり，また人間は環境を応用し，環境を創造する動物でもある。そこで，都市計画は本文でも述べるように，都市環境を創造していくことを主たる目的として行われるもので，本書では各章で，その計画を述べている。それゆえ，本章においては，都市環境ということを理解することにより，各章の計画の中に環境の概念を組み入れることをねらいとし，重複する記述を避けることとした。

　ところで，人間の欲望や興味を満たすために計画されたものには，両刃の剣として，反作用として，様々なマイナスの効果が発生したり，効用相互に矛盾が発生することが通常である。すなわち，〝公益〟を目的とした計画行為から，〝公害〟が発生するなどはその例である。それゆえ，都市を都市環境としてとらえ基本的な事項と公害・災害など他の章で触れていないことを記述した。

　都市には様々な用途地域の指定があり，それらを脈絡づけるインフラストラクチュアが存在する。それら個々について環境への配慮が行われ，都市の環境が成立している。例えば，住居地域の環境，工業地域の環境などにもそれぞれ講じられている。また都市の水の環境，河川環境，道路環境，街路環境などネットワークをなすものとして環境が考慮されるし，公園緑地，学校，病院などの都市施設にも，それぞれの環境施策が講じられている。本章においては，それら個々のものには言及していないことを了承されたい。

6.1　人間と環境

　〝生きもの〟は外界との関係を持ちつづけることにより，生命を維持しつづけることができる。〝人間〟が生きものであることは誰も疑いを持つものはない。そこで，人間は外界との関係を持ち，具体的に関係しあうところが環境である。ところで，人間をとりまく自然環境は，人間に貴重な恵みを与えてくれるけれども，そのすべてが人間にとって好ましい環境ではない。一方，人間は天性として様々な欲望や興味を持っており，環境からの影響（これをアクションという）に抵抗（これをリアクションという）を加え，新しい環境をつくりだしたり，環境を変化したりする。このアクションとリアクションの相互作用によって，人間も環境もともに変化する。その結果，人間の欲望や興味が満足される。そこで，この欲望や興味を無限に持ちつづけたり，方向を間違えると，環境の変化が急変し，人間への影響も予想をはるかに越えるものになったり，長い時間の中に思わぬ人間への影響があらわれることになる。

　ところで，人間にとっての環境は，自然環境のみではない。歴史的環境も社会経済的な環境も存在する。そして，これらの環境も同様に相互に変化していくものである。また人間にとっての環境は物的な環境（ハードの環境）と非物的な環境（ソフトの環境）とに大別して考えることができる。

6.2　人間・都市・環境

　人類は長い歴史の中で高度の文明社会を築いてきた。このことは疑うことのない事実である。人間が開発し，創造した文明（の利器）をどのように使うか，使えるようにするかによって，人間の環境は変化し〝人間の生きざま〟は変化する。すなわち人間の築く〝文化〟が変化していくことになる。

　そこで，欧州の諺「神は農村をつくり，人間は都市をつくった」が容易に理解されよう。都市は文明の集積であり，その文明をどのように駆使して都市文明を組み立て，そこでの生きざまとして都市文化を遂行するかということであり，それをそこで生存しつづける人間を主体として考えたときに〝都市環境〟ということができる。それゆえ図6.1の環境という部分が自然・歴史・文化の上の文明の集積であり，それを享受する人々も含めると

101

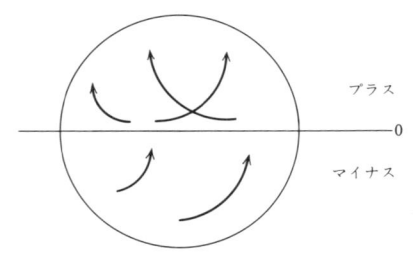

(a) 主体と環境

(b) プラス要素をプラスにすることの混乱と、マイナス要素の合意はゼロに向けばよい。

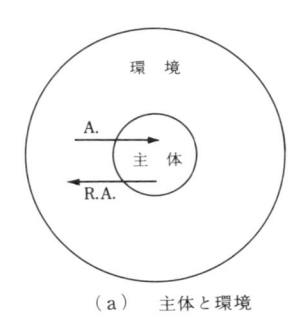

図 6・1

き，ハード・ソフトの都市環境が成立することになる。ここで誤解をまねかないために，一言付加しなければならない。都市は文明だけの集積ではなく，都市と田園，都市と山村，大都市と中小都市といった相対を考え，これまでの自然・歴史・文化と文明の共存についての程度を述べたものである。

そのように考えたときに，初めて都市環境という，文明の集積の総合的概念としての，都市環境の発生が存在することになる。

6.3 都市環境を理解するためのキーワード

われわれが居住する地球は常に太陽の影響を受けていることから，人間も自然も超長期から瞬時に至るまで，時の推移の中で変化している。それゆえ人間と環境との関係は，人間も変化するし，環境も変化することから，"均衡系"ではなく，常に矛盾を含み，変化をはらみつつ動いていく"運動系"なのである。すなわち，人間の欲求や興味を追求していく過程において，多くの矛盾や変化が伴うことになる。

都市は人間が集まり，物的にも連担と集積が起こることから，多くの環境のメリット・デメリットが共存することになる。それを理解するために，以下は二元論で記述を試みることとする。

6.3.1 自然と文明

自然を"緑"で代表してみると，"都市に緑を"ということは全国民の都市づくりの合言葉である。しかし，緑の多い農山村では"文明"を求めている。そこで自然と文明の欲求と供給とがどの程度かが問題になる。それは量的な問題のみならず，緑の自然についても，千差の緑が存在する。またその緑そのものが変化し，それを効果的に維持していくことも課題となる。

6.3.2 マクロとミクロ

都市地域の環境にしても，大気や水はすぐに広域化するし広域からの影響も受けやすい。人間生存の基本問題であるだけに，常に地球レベルの思考を必要とするし，また局所的なレベルでも，大気や水の問題は存在する。

騒音・振動・臭気・日照など局部的な規模から，近隣的な局所的な環境悪化の問題など，文明とその集積による環境悪化の問題の数々が日々顕在化しつつある。このように，環境問題はマクロとミクロの視点が存在する。

6.3.3 公益と公害

公害の対称を公益とする。そこで，人間の行動が公益的動機であっても，社会的にそれが利益であり受け入れられなければ成立しない場合が多い。ある地域で迷惑施設といわれている施設も，より広い地域にとっては広域の人々のための公益施設なのである。ごみ処理場などはその典型といえる。

ところで計画を立案したり推進したりするとき，公害であれば，それをゼロにすることで，市民全員はすぐに賛成する。ゼロが不可能な時にそれがどの水準で我慢できるかということになると難しい問題になる。公益においても同じような問題が存在する。誰でもが必要とする都市施設であれば問題は発生しない。ところが十分条件を満足させるような問題だと，その水準は容易に決定できない。ましてや何を整備して，十分条件を満たすかという問題になると，市民ひとりひとりの十分条件の価値意識が異なるから，決定が難しくなる（図6.2）。

また，別の問題として，作用と反作用は環境問題にはつきものである。公益計画にも反作用として，公害がなにがしか発生する。この公害を内部的に発生源で減少させることはもちろんであるが，どのように外部的に吸収し減衰させていくかが総合的な都市環境計画で重要なことである。その場合，複数の解決案で検討が進められることが多い。

6.3.4 公・共と私

一口に公共といわれているが，本来は公的機関の仕事とともに共同で行うことも環境問題では重要である。住民参加によるまちづくりなどはその例で，口だけ出すのではなく，資金や空間や労力や知恵を出すこともミクロな環境では重要になる。個人の所有や権利の主張も大切ではあるが，環境を享受する一員であれば，それに対して応分の代償を負担したり補償に応ずることも，利益として還元されることが明瞭ならば，共同生活を円滑に営んでいくためには重要なことである。環境とは全体の概念であることを思い出す必要がある。

6.3.5 ハードとソフト

コンピューター用語として出現したハードウェア・ソフトウエアは，今日，"物と思考"との対語として広く用いられている。ハードは都市の物的な環境で容易に理解されよう。ソフトは人間にまつわる問題で，住みやすさ，治安のよさ，文化性などに大きく影響する。ここで大切なことはハードとソフトが大きく重なり，その重なりの中で人間は居住しているということである。美しい環境などは，ソフトとハードの見事な重なりにおいてのみ実現するものであり，そこの住民の"こころ"の問題と深くかかわりがある。

6.3.6 サービスとセルフサービス

これらは環境問題におけるソフトの重要な要素である。どこまでサービスを受け，どこをセルフサービス（自助努力）でするかの選択が問題となる。一般にミクロな環境であれば，自助努力が優先するであろう。しかし，個人では解決し得ない問題も多く存在する。それを共同でするか行政でするかの選択は，都市計画という範ちゅうで考慮することになる。

6.3.7 過去と未来

歴史的，文化的な蓄積が重要視され，都市の再開発などで，文化的な諸対象の保全と開発が未来に向かって問題になってきた。文明が巨大になればなるほど，先の自然や歴史や文化の保全への価値意識が高揚され，改変について注意深く扱うことが要求される。そのようなことの繰返しの上に，歴史的環境は成立してきたといえる。

6.3.8 学習と遊び

遊びは単なる遊興ではなく，人間としての最高の欲求

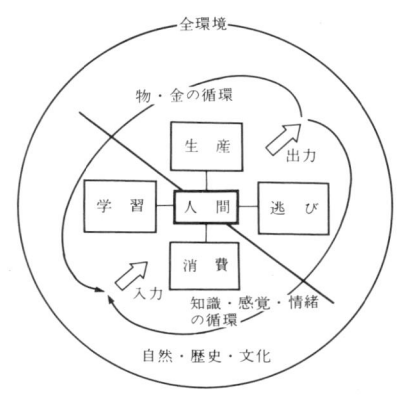

図 6・2 人間を支える環境

である"自己実現"のことである。"学術・芸術・教育"は文化の基礎であり，新しいものを創造し，活性化していく原動力である。単なる産業の集積のみでは，都市は必ず滅びてしまう。学ぶための環境，自己実現のための環境こそが，人間にとって，インプットとアウトプットのための環境となる。前述の歴史環境こそ，未来のための環境といえる。

先進国の一員といわれるとき，このような環境問題と考え方は都市環境の創造において，極めて重要な課題となろう。

6.3.9 生産と消費

文明社会においては，分業生産と消費の循環により，人間の生存が成立している。それゆえ生産の場と消費の場が基本的に必要となる。単純化すれば働く場所と住む場所ということになる。そこで都市の中では，この二つの空間が同じ屋根の下にある人もいれば，毎日数時間もかけて通勤する人もいる。それゆえ，それぞれに環境問題が存在するとともに，相互の環境問題も同時に存在する。

6.4 都市環境と用・強・美

人間が理想として求めてきた思考に"真・善・美"という価値が存在する。このことを都市環境に適応させてみることにより，都市環境が探求できると考えられる。そこで以下にその適応を試みることとする。

まず，真・善・美を強・用・美に置換することからはじめる。真は合理的なことから，丈夫であったり，安全であったり，耐久性があると解することができる。善は役立つこと，有用なこと，したがって機能的なことと解することができる。美はそのまま美であるが，美は最終的

な人間の価値観であり，一点の非の打ちどころもない完璧なものということになる。外見の美しさや景観などのことのみではない。そこで順序を入れ替えると用・強・美に合わせて真・善・美は善・真・美となる。

6.4.1　都市環境における"用"

人間が求める都市環境は機能的で使いやすいということになろう。住宅環境にしても，通勤・通学，買物，文化行動への参加，医療，……すべて都市計画で追求されている利便性が次々に挙げられる。商業地域，工業地域など，それぞれが目的的に機能が配置され利便性が求められることとなる。

ところで，この機能性が時とともに変化し，より高い水準が求められるところに，常に環境問題が含まれるのである。このことは科学・技術の進歩により現実に実現されていくのである。"都市は生きもの"といわれるのも一つにはこのことに起因する。

また，技術的に解決できるとしても，人間の欲求や興味を機能的にどこまで追求するか，対象を選択するかということが環境を考える上で重要となる。このことから環境は"常に矛盾をふくみ，変化をはらみつつ動いていく運動系である"といわれるところである。

6.4.2　都市環境における"強"

都市は常に自然災害にさらされている。また，ときどきは事故や公害にも悩まされている。古い諺に"治にいて乱を忘れず"ということがあるが，わが国民は自然災害については，楽観的というか，あきらめ型というか，無感心というか，実におかしな国民といえる。常に災害を繰り返している。

防災都市計画などと掛声はかかるが，一向に進んでいない。環境を長い年月をかけて創造していくことも好まないようである。したがって，耐久性ある都市環境とはいいがたい。このことはマクロ・ミクロの環境についてでも指摘されるところである。

6.4.3　都市環境における"美"

外見や景観だけが美の概念ではないことはすでに述べた。ソフトの美しさが都市美に影響することは，個人の住宅のたたずまいやその集合としての屋並み，広告物など多くのものが指摘される。要は，コモンセンスとしてどのように都市環境が理解されているかという問題である。そのことが，公共の様々な事業に影響することになり，総合の概念としての都市美への影響となってあらわれることとなる。

今日いわれているアメニティなども，まさに都市環境の質の問題であり，まちづくりにおけるハード部門において，材料と設計が主たる解決策につながる問題で，環境における"美"の範ちゅうの主要なものである。

6.5　都市の安全

6.5.1　都市と災害[1,2]

都市災害の特徴は，個々の施設の被害が互いに影響しあって被害を拡大していき，場合によっては大災害になることである。

関東大地震（1923（大正12）年）においては，家屋などの倒壊による直接被害よりも，発生した火災によって東京市内の約1/2が焼失した。

宮城県沖地震（1978（昭和53）年）では，地震はあまり強くなく，家屋倒壊，火災延焼，避難などの問題はほとんどなかったが，地震直後は身内の安否を多くの人々は気づかった。そこでは，電話などの通信障害と医療体制が問題となった。時間がたつにつれてガス・水道・電力の供給停止による生活維持の要求が強まり，復旧方法が問題とされた。

長崎水害（1982（昭和57）年）においては，災害直後は，公共交通機関が麻痺したために自家用車の利用が増大し，それに災害復旧車が加わって交通渋滞が生じた。道路は，約1か月間も遮断されて，都市生活機能の回復が遅れ，社会活動が大きく制約された。

ニューヨークの大停電（1977年）は，一変電所の事故によって引き起こされたものであるが，その大混乱ぶりは，現代都市の弱点をさらけ出したものといえよう。

東京の電話ケーブル火災（1984（昭和59）年）は，電話ケーブル工事によって1か所の電話ケーブル事故を引き起こしたものであるが，多くの電話が長期間不通となって，社会生活の機能が麻痺して，市民に多大の影響を与えた。

このように都市に災害が発生した時，どのような被害になるか，地域社会に及ぼす影響はどのようなものなのか，若干の試算がなされているが[3]，多くの検討課題を残

---

[1] 消防庁編：消防白書（平成4年版），大蔵省印刷局，1992.11
[2] 国土庁編：防災白書（平成5年度版），大蔵省印刷局，1993.6
[3] 志賀敏男：大地震時における都市生活機能の被害予測とその保全システムに関する研究，文部省科学研究費自然災害特別研究(1)502004，昭和56年3月

表6・1　傷病程度別搬送人員の状況[*1]

(1991年中)

事故種別 \ 区分 傷病程度	12大都市					その他の市町村					全体				
	死亡	重症	中等症	軽症	計	死亡	重症	中等症	軽症	計	死亡	重症	中等症	軽症	計
急病	5,813 (1.3)	40,666 (9.1)	177,662 (39.6)	224,477 (50.0)	448,618 (100.0)	25,548 (2.9)	145,157 (16.3)	355,179 (39.8)	366,689 (41.1)	892,573 (100.0)	31,361 (2.3)	185,823 (13.9)	532,841 (39.7)	591,166 (44.1)	1,341,191 (100.0)
交通事故	636 (0.3)	8,725 (4.7)	37,327 (19.9)	140,938 (75.1)	187,626 (100.0)	5,565 (1.0)	47,910 (8.7)	136,672 (24.7)	363,096 (65.6)	553,243 (100.0)	6,201 (0.8)	56,635 (7.6)	173,999 (23.5)	504,034 (68.0)	740,869 (100.0)
一般負傷	385 (0.4)	4,422 (4.4)	26,735 (26.5)	69,401 (68.8)	100,943 (100.0)	1,807 (0.9)	23,699 (11.5)	60,367 (29.3)	120,451 (58.4)	206,324 (100.0)	2,192 (0.7)	28,121 (9.2)	87,102 (28.3)	189,852 (61.8)	307,267 (100.0)
その他	1,041 (1.0)	19,959 (19.3)	47,293 (45.8)	34,970 (33.9)	103,263 (100.0)	4,030 (1.5)	94,696 (35.2)	111,726 (41.5)	58,897 (21.9)	269,349 (100.0)	5,071 (1.4)	114,655 (30.8)	159,019 (42.7)	93,867 (25.2)	372,612 (100.0)
計	7,875 (0.9)	73,772 (8.8)	289,017 (34.4)	469,786 (55.9)	840,450 (100.0)	36,950 (1.9)	311,462 (16.2)	663,944 (34.6)	909,133 (47.3)	1,921,489 (100.0)	44,825 (1.6)	385,234 (13.9)	952,961 (34.5)	1,378,919 (49.9)	2,761,939 (100.0)

(注) 1. 死亡とは，初診時において死亡が確認されたものをいう。
2. 重症とは，傷病程度が3週間の入院加療を必要とするもの以上のものをいう。
3. 中等症とは，傷病程度が重症または軽症以外のものをいう。
4. 軽症とは，傷病程度が入院加療を必要としないものをいう。
5. ( )内は構成比を示し，単位は%である。

している。そして，災害による直接被害を軽減するだけでなく，早い復旧をどのようにするかが大きな問題となっている。別の表現をすれば，早い復旧ができる都市構造を考慮した，より安全な都市を造ることが都市計画における重要課題となってきた。

わが国の多くの都市は，ここ数十年の間大きな災害に対して未経験である。特に巨大都市では，高度経済成長期以降，居住民の流動性が著しく高まり，新しい住民が多く移住しており，災害に対する知識と訓練をどのようにするかが重要課題である。そして避難に必要な正しい情報とその伝達方法が研究されねばならない。情報不足による不安の増加とパニックの発生も予想される。

また，都市が安全でなければ，その結果として死者と物的損害（風水害や火災など）が発生する。そこで，わが国の病死以外の死者・行方不明者と物的損害を，主な都市災害である交通事故，犯罪，火災，公害，自然災害に分類できるが，1991年度の交通事故による死者（約11,000人／年）と犯罪による死者（約1,400人／年）と，公害については，その統計数値が明らかにされていないので，ここでは説明しない。

放火自殺者を除いた火災による死者数は1987～1991年で約1,100人／年である。

一方，自然災害では，戦後最大の伊勢湾台風が起こった1959年（昭和34年）までは，ほぼ1,000人をこえる死者・行方不明者がでているが，昭和60年代後半以降は，100～200人程度で推移している。そして，治山治水事業等国土保全事業の推進と災害対策基本法の制定等による防災体制の整備等によるところが大きいといわれている。

物的損害については，火災による損害額（残存価格で算出）は，ここ5年間は約1,500億円／年程度で推移している。また，自然災害による施設関係等の被害額は，1986年から1991年の間で約1兆～1兆2,000億円となっており，死者・行方不明者は年々減少しているが，物的被害額は逆に増加傾向にある。

また，1992年4月1日現在，全市町村の94.7％に当たる3,067団体が救急業務を実施し，全国民の99.3％がその対象となっている。災害が発生すると消防署より救急出動が要請される。1963年の救急出動件数が239,939件（搬送人員215,804人）であったものが，1991年には2,829,248件（2,765,836人）と年々増加している。その救急出動件数を事故種別ごとにみると，急病（約50％），交通事故（約23％），一般負傷（約12％），転院搬送（約8％），労働災害（約2％），加害（約1.5％），その他（約1.4％），自損行為（約1.2％），運動競技（約0.8％），火災（約0.7％），医師搬送（約0.2％），資器材等輸送（約0.11％），水難（約0.1％），自然災害（約0.04％）となっている。1991年の搬送人員2,765,836人のうち，医師の診断を受け傷病程度と判明した2,761,939人の状況では，入院加療を必要としない軽症が49.9％を占め，その割合は12大都市ほど高くなっている（表6.1）。応急手当は早く行えば行うほど効果は大きいから，救急隊が現在到着までに関係者による適切な応急処置がなされることが望ましい。事故や疾病が多様化し医療体制の機能が分化しているので，救急隊から医療機関への傷病者情報の正確な伝達とヘリコプターなどによる医療機関への迅速な搬送と医療機関の適正な配置が必要である。

また，1992年4月1日現在，救助隊は842消防本部に

表6・2　事故種別救助出動及び活動の状況[*1]

(1991年中)

区分 \ 事故種別		火災	交通事故	水難事故	自然災害	機械による事故	建物等による事故	ガスおよび酸欠事故	爆発事故	その他	計
救助活動件数		5,359 (23.1)	12,228 (52.6)	1,037 (4.5)	216 (0.9)	796 (3.4)	1,070 (4.6)	151 (0.7)	6 (0.0)	2,365 (10.2)	23,228 (100)
救助人員		925 (3.9)	16,441 (69.5)	925 (3.9)	695 (2.9)	1,126 (4.8)	1,155 (4.9)	113 (0.5)	4 (0.0)	2,277 (9.6)	23,661 (100)
消防職員	救助出動人員	279,943 (43.0)	222,419 (34.1)	24,640 (3.8)	5,131 (0.8)	18,276 (2.8)	21,336 (3.3)	4,355 (0.7)	405 (0.1)	75,012 (11.5)	651,517 (100)
	救助活動人員	96,147 (37.7)	104,200 (40.9)	13,141 (5.2)	2,702 (1.1)	6,821 (2.7)	9,416 (3.7)	1,798 (0.7)	45 (0.0)	20,496 (8.0)	254,766 (100)
消防団員	救助出動人員	117,928 (82.7)	2,566 (1.8)	6,392 (4.5)	2,631 (1.8)	88 (0.1)	83 (0.1)	59 (0.0)	12 (0.0)	12,877 (9.0)	142,636 (100)
	救助活動人員	14,452 (55.6)	1,212 (4.7)	4,808 (18.5)	1,498 (5.8)	3 (0.0)	8 (0.0)	28 (0.1)	0 (0.0)	4,003 (15.4)	26,012 (100)
1件当りの救助活動人員		20.6	8.6	17.3	19.4	8.6	8.8	12.1	7.5	10.4	12.1

(注)　1.　( )内は構成比(%)
　　　2.　「出動人員」とは、救助活動を行うために出動したすべての人員をいう。
　　　3.　「活動人員」とは、出動人員のうち実際に救助活動を行った人員をいう。

おいて，1,383隊設置され，救助隊員は19,249人となっている。事故種別の救助活動件数および救助人員では，交通事故（52.6％，69.5％），火災（23.1％，3.9％）となっており，その事故および災害の内容も複雑多様化しており，それに対応できる救助技術の向上を図る必要がある（表6.2）。

以下，「都市の安全」を火災，公害および自然災害の項目に分けて説明する。

6.5.2 都市と火災

a. 火災の現況[1]

「火災」の定義は国によって異なっている。「火災件数」は，出火から鎮火までを1件とする。もし消防隊が引き揚げた後に再燃しても，これを別の火災として数えている。「火災の種別」は，建物，林野，車両，船舶，航空機およびその他の6種類に区分している。1991年の火災の概況を示す（表6.3）。その構成比をみると，建物火災が全火災の62.4％で最も高く，都市における火災では建物火災が重要であることが分かる。1991年度の出火率（人口1万人当り1年間の出火件数）は4.5であるが，都道府県別の出火率では，最高は茨城県，東京都および広島県の5.6，最低は富山県の1.9となっている。この出火率を都市規模別にみると，年によって異なるが，12大都市で7程度，その他の市で6程度，全町村で3程度であり，社会経済活動の活発な都市部ほど高い値となっている。

建物火災を火元構造別でみると，木造建物が建物出火件数の50.9％を占め，また火元建物以外の別棟に延焼した火災件数の割合（延焼率）を火元建物の構造別にみると木造建物（23.7％），防火造建物（14.0％），簡易耐火

表6・3　火災の概況[*1]

区分	単位	1991年 (A)	1990年 (B)	増減 (A)−(B) (C)	増減率 (C)/(B)×100 (%)
出火件数	件	54,879	56,505	△1,626	△2.9
建物		34,263	34,768	△505	△1.5
林野		2,535	2,858	△323	△11.3
車両		6,207	6,173	34	0.6
船舶		123	148	△25	△16.9
航空機		3	4	△1	△25.0
その他		11,748	12,554	△806	△6.4
焼損棟数	棟	46,043	47,536	△1,493	△3.1
全焼		11,053	11,782	△729	△6.2
半焼		3,848	4,063	△215	△5.3
部分焼		31,142	31,691	△549	△1.7
建物焼損面積	m³	1,656,447	1,674,064	△17,617	△1.1
林野焼損面積	a	273,890	133,325	140,565	105.4
死者	人	1,817	1,828	△11	△0.6
負傷者	人	6,948	7,097	△149	△2.1
り災世帯数	世帯	32,317	32,853	△536	△1.6
全損		8,098	8,164	△66	△0.8
半損		2,703	2,960	△257	△8.7
小損		21,516	21,729	△213	△1.0
り災人員	人	96,882	98,878	△1,996	△2.0
損害額	百万円	161,420	148,458	12,962	8.7
建物		149,928	142,088	7,840	5.5
林野		635	467	168	36.0
車両		5,414	3,291	2,123	64.5
船舶		1,456	578	878	151.9
航空機		1,210	70	1,140	1,628.6
その他		2,777	1,964	813	41.4
出火率		4.5	4.6	△0.1	—

(注)　1.　「死者」には，火災により負傷した後，48時間以内に死亡した者を含む。以下同じ。
　　　2.　出火率とは，人口1万人当たりの出火件数をいう。
　　　3.　損害額は，百万円未満を四捨五入したため，火災種別の計と一致しない場合がある。
　　　4.　損害額等については，調査中のものがあり，異動することがある。

造建物（10.0％），耐火造建物（2.1％）となっており，全建物火災では18.0％の延焼率となっている。

火災種別の死者数では，1991年度において建物火災（1,208人，66.5％）が多く，その年齢をみると，放火自殺者を除く死者総数の58.7％が高齢者，乳幼児，病気または身体不自由の者であり，高齢化・福祉社会の重要課題となっている。死に至った経過では，逃げ遅れが，放火自殺者を除く死者総数の66.3％を占めている。

また，過去3年間の出火原因をみると，こんろ，たばこ，放火，たき火，放火の疑いの順であるが，大都市になれば，放火が第1位になっており注目される。

建物火災1件当りの焼損面積（小火を含む）は，全国平均で48 m^{2}であり，最高は，富山県（122 m^2）で，最低は，東京都（17 m^2）である。一般に大都市ほど出火件数は大きいが，火災1件当りの焼損面積は小さく，小火が多くなる。

b. 都市の火災危険度

都市の火災危険度には，種々の考え方があるが，「火災危険度」＝「出火危険度」×「延焼危険度」という現行の都市等級方式もその一つである。この方式は一般に堀内の式が使用され，木造火災のみ計算されている。したがって，耐火構造系建物（簡易耐火，耐火）火災は，都市の火災危険度に考慮されていない。

これに対して次のような火災危険度算定方法もある[4]。全建物構造（裸木造，木造，防火木造，簡易耐火，耐火）を対象として，出火の要因（出火危険度，全出火件数），消火困難（消火危険度，出火から放水開始までの時間），延焼要因（延焼危険度）より火災による物的被害（焼損面積，損害額）を算出する。次に焼損面積より避難の難易（避難危険度，避難の難易による死者，負傷者）を計算し，前述の火災による物的被害を合計（人的被害も金額で表示し，物的損害額に合計する）した総合火災指標（総合火災危険度）を算定する方法もある（図6.3）。もしこの総合火災指標を市街地面積，全建物延床面積などで割れば，上述の都市等級に相当するものになる。以上の諸方法は，各都市の消防署・消防出張所・消防水利施設・消防自動車や人員などの改善策などを検討するのに有効である。これと全く同じ方法を，市街地の各地区ごとに適用して，各地区の火災危険度や総合火災指標を計算し，より危険な地区に対して，都市計画的な対策などを講ずることもできる。そして，諸対策がどのような

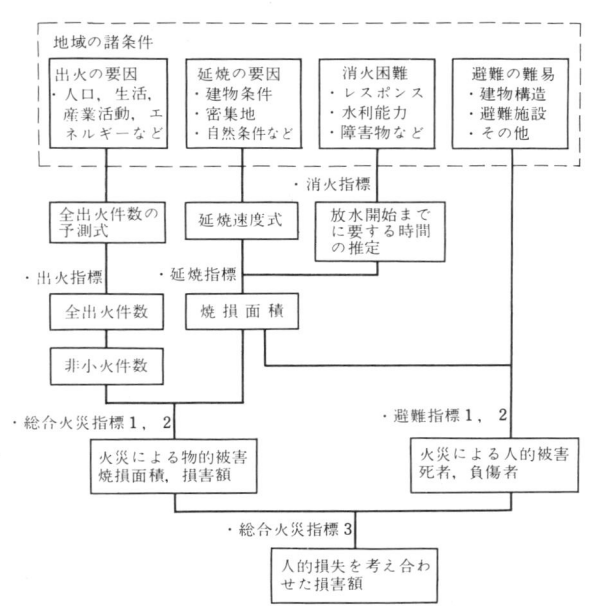

図6・3 地域の潜在火災指標値の算定フローチャート[4]

効果をもたらすかを，これらの方法によって数量的に表示することができる。

c. 都市火災の今後の課題

火災による被害を少なくするためには，出火を少なくし，火災を早く発見し，すぐ消火することである。

表6.4は，K市の過去10年間の構造別建物火災における活動所要時間である。潜伏時間をみると，耐火造の火災発見が一番遅れていることが分かる。通報時間は簡易耐火造と耐火造，駆け付け時間は裸木造と簡易耐火造，放水開始時間は，簡易耐火，耐火，裸木造に多くの時間がかかっている。これらを合計した火災発生から放水開始までの時間では，簡易耐火造と耐火造に多く時間を要している。そして，簡易耐火造が1火災当りの焼失面積（小火を除く）が一番大きくなっている。

では，火災発生から放水開始までの時間は，どの程度が適当であろうか。都市の火災を考える基本的な立場として，種々の考え方があるが，「出火した火元が全焼するのは仕方ないとしても，隣家への延焼拡大はさせない」[4]ということが考えられる。そのためには，いろいろな研究[4]によると出火から放水開始まで時間は約10分でなければならず，そのときの平均焼失面積は約100 m^2（小火を除く）である。したがって表6.4の場合には，潜伏時間（0.5分，発生—発見）と通報所要時間（0.8分，発見—覚知）の短縮は，住民側で努力し，消防関係者は，駆け付け時間（0.5分，覚知—現場到着）と放水準備時間

---

[4] 保野健治郎：神戸市の消防需要および必要消防力の検討，近畿大学工学部，1985.8

表 6・4 過去10年間の構造別建物火災における活動所要時間[*4]

建物構造	対象件数（件）	延焼損面積（m²）	潜伏時間 発生－発覚（分）	通報所要時間 発見－覚知（分）	駆け付け時間 覚知－現着（分）	放水準備時間 現着－放水（分）	RESSPONSE TIME 発見－放水（分）	発生－放水（分）	鎮圧所要時間 開始－鎮圧（分）	鎮圧－鎮火（分）	鎮火所要時間 開始－鎮火（分）	死傷者（人／100m²）
総数	1274	129.8	5.10	2.29	3.91	1.89	8.09	13.19	23.10	46.90	70.01	0.490
裸木造	87	136.0	3.86	2.23	4.92	2.03	9.18	13.04	20.02	50.60	70.62	0.154
木造	360	157.9	5.40	2.05	4.18	1.94	8.17	13.57	21.75	56.64	78.39	0.304
防火造	488	109.7	5.02	2.26	3.41	1.59	7.25	12.27	20.10	42.86	62.96	0.401
木造系	935		5.06	2.18		1.77						
簡易耐火造	145	149.5	4.50	2.81	4.74	2.29	9.85	14.35	27.77	46.96	74.73	0.187
耐火造	194	110.8	5.76	2.48	3.58	2.19	8.25	14.01	31.05	37.32	68.37	0.821
耐火構造系	339		5.22	2.62		2.23						

（0.4分，現場到着－放水開始）について短縮しなければならない。このように都市の火災に対する安全は，消防関係者のみならず，住民の努力がぜひとも必要である。

もう一つの課題は，表6.4にもあるように耐火造建物火災の死者の比率（0.821人／焼失面積100 m²）が高く，上階での死者が発生していることである。これは，耐火構造建物で火災が発生したら，他の建物構造より危険であることを意味している。その主な理由として，耐火性の新建材からの有毒ガスの発生が考えられるので，より安全な建築材料を採用すべきである。

また，消防水利の問題も重要な課題である。消防水利は火災鎮圧のために不可欠なものであるが，その種類には，消火栓・防火水槽・プール等の人工水利と河川・池・湖沼・海等の自然水利がある。人工水利のうち消火栓約74％，防火水槽約25％，井戸約1.4％となっている。消火栓は，上水道配管に敷設されている。火災時には，日常使用水量よりも，はるかに多い水量が上水道配管網から，消火用水として必要となるが，その必要消火水量に対応できない場合が数多く発生しており，市街地の火災に対する安全性に重大な問題が提起されている。これに対処するために，ビルの地下に大容量の防火貯水槽を建設することが提案されているが，これの実現には，数多くの問題が山積している。なお，都市の消火用水量を考慮して，水道配管は口径を決定すべきであるが，飲料水を中心とした水道局としては，十分な消火用水を考慮した管容量にしたのでは，管内流速がかなり遅くなって，管内滞溜時間が長くなり，塩素消費量を増加させ，その分だけ浄水場はより多くの塩素を浄化された水に混入させなければならない，後述するように塩素処理による有害物質（トリハロメタンなど）の生成問題もあり問題を一層複雑なものにしている。しかも，管容量の増大は，水

道財政を悪化させるから，水道事業関係者としては，十分な消火水量を保証しにくい立場にある。したがって，出火件を減少させる予防対策と，初期消火としてのスプリンクラーの問題を重要課題として再検討する必要がある。

6.5.3 都市と公害[5]

都市をとりまく環境の現状を把握するために，公害の現状および国際的な環境問題の動向について述べることにする。

公害の定義については種々あるが，公害対策基本法においては，「事業活動その他，人の活動に伴って生ずる相当範囲にわたる大気の汚染，水質の汚濁等により，人の健康または生活環境に係る被害が生ずること」としている。1991年の公害の苦情件数（約77,000件）の全体に対する割合は，大気汚染（12.4％），水質汚濁（10.1％），騒音（21.9％），振動（2.4％），悪臭（13.7％），土壌汚染と地盤沈下（0.3％）および典型7公害以外の苦情（39.2％）である。そこで，これら典型7公害とこれらに関連を持つ廃棄物および化学物質について説明する。

a. 大気汚染

人間の健康を保護する上で維持することが望ましい基準（環境基準）として，現在，二酸化硫黄（SO_2），二酸化窒素（NO_2），一酸化炭素（CO），光化学オキシダント，浮遊粒子状物質（SPM）について設定されている。

1) 二酸化硫黄（SO_2） 二酸化硫黄の環境基準（1時間値の1日平均値が0.04 ppm以下であり，かつ1時間値が0.1 ppm以下であること）の達成状況は一般環境大気測定局で99.7％，自動車排出ガス測定局で98.6％

---

5) 環境庁編：環境白書（平成5年版），大蔵省印刷局，1993.6

となっている。

2) **二酸化窒素（NO₂）**　二酸化窒素の環境基準（1時間値の1日平均値が0.04 ppm から0.06 ppm までのゾーン内またはそれ以下であること）については，1991年度では，一般環境大気測定局で0.06 ppm を超えた測定局の割合は6.4％，自動車排出ガス測定局では，0.06 ppm を超えた測定局の割合は37.2％となっている。

0.06 ppm を超える高濃度測定局は，東京都，大阪府，神奈川県等の大都会地域に集中している。

3) **一酸化炭素（CO）**　主に自動車排出ガスによるものとみられる一酸化炭素の環境基準（1時間値の1日平均値が10 ppm 以下であり，かつ，1時間値の8時間平均値が20 ppm 以下であること）は，すべての測定局で達成している。

4) **光化学オキシダント**　光化学オキシダント注意報（光化学オキシダント濃度の1時間値が0.12 ppm 以上で，気象条件からみて，その状態が継続すると認められる場合に発令）以上の濃度が出現した1局当たりの平均日数は，1987年度からの継続測定局でみた場合，一般大気測定局で1.5日，自動車排出ガス測定局で0.2日となっている。

5) **浮遊粒子状物質（SPM）**　浮遊粒子状物質は，大気中に浮遊する粒径10ミクロン以下の物質であるが，一般環境大気測定局について，環境基準（1時間値の1日平均値が0.10 mg／m³ 以下であり，かつ，1時間値が0.20 mg／m³ 以下であること）の達成率は，1991年は一般環境大気測定局で49.7％（1,348局のうち670局），自動車排出ガス測定局では30.1％（166局のうち50局）であり依然として低い。

また，最近ディーゼル車の増加とともに，ディーゼル黒煙等ディーゼル排出ガスの問題，積雪寒冷地におけるスパイクタイヤ使用による粉じん等が問題となっている。

b．**水質汚濁**

水質汚濁による環境基準は，人間の健康の保護に関する基準（健康項目）および生活環境の保全に関する基準（生活環境項目）よりなっている。

健康項目は，カドミウム，シアン，鉛，クロム（六価），砒素，総水銀，アルキル水銀，PCB，1993年3月の告示によりトリクロエチレン等9項目の有機塩素系化合物，シマジン等4項目の農薬など15項目を追加し，有機燐を削除して合計23項目としている。さらに水質汚濁の未然防止の観点から，クロロホルム，トルエンなど25項目を要監視項目に指定している。生活環境項目は，河川において生物化学的酸素要求量（BOD），pH，浮遊物質（SS），溶存酸素量（DO），大腸菌群の5項目，湖沼において化学的酸素要求量（COD）と河川と同じ4項目および全窒素，全りんの計7項目，海域において，COD，pH，DO，大腸菌群数，ノルマルヘキサン抽出物質の計5項目となっている。なお，海域にも全窒素，全りんの環境基準の検討がなされている。

健康項目は，1991年度の公共水域で不合格率は0.02％となっており，近年ほぼ横ばいで推移している。

生活環境項目の代表的な項目BOD（河川），COD（湖沼および海域）でみると，環境基準を達成している水域は，1991年度は全体の75.0％，河川75.4％，湖沼42.3％，海域80.2％となっている。特に河川のうち都市内の中小河川や湖沼，内湾，内海等の閉鎖性水域で達成率が低い。

水質汚濁の被害には，水道水源の汚濁，工業用水の汚濁，農業被害等があるが，特に水道水源の汚濁に問題がある。現在の殺菌汚染や無機汚濁を主な対象とした水質管理の水道施設では，水道水の質は原水水質でほぼ決定される。1991年の河川，湖沼の環境基準の達成状況をみると，有機汚濁指標（BODまたはCOD）については，河川75.4％，湖沼42.3％であり，達成率が低い。しかも，達成率の判定は，年間75％基準内にあるかどうかで決定されており，残りの25％の期間（約3か月）の水道水の水質管理が問題である。[6]

湖沼等，停滞水域の富栄養化に伴う異臭味による被害は，1986～90年には，73～98事業体，給水人口で約1,500～2,150万人におよんでおり，近畿および関東地域で主に発生している。

また，トリクロロエチレン等による地下水の汚染，水道水から検出されたトリハロメタンという発癌性の微量の有機化学物質の問題がある。そして，トリハロメタンは，現在の浄水方法による病原菌対策として行われる塩素処理によって生じ，通常の処理方法（病原菌と無機物除去）では，その除去が困難である。

WHOの飲料水水質ガイドライン（1984年）によれば，2,000種以上の化学物質が水中に検出され，そのうち750種が飲料水中にあり，さらにそのうち600種は有機物であるという。このように，発癌性や遺伝変異原性といった許容値を定め難い微量物質を考慮して水質管理をする

---

6) 山村勝美：水道における水質上の諸問題，京都大学環境衛生工学研究会第8回シンポジウム講演論文集，1986.7

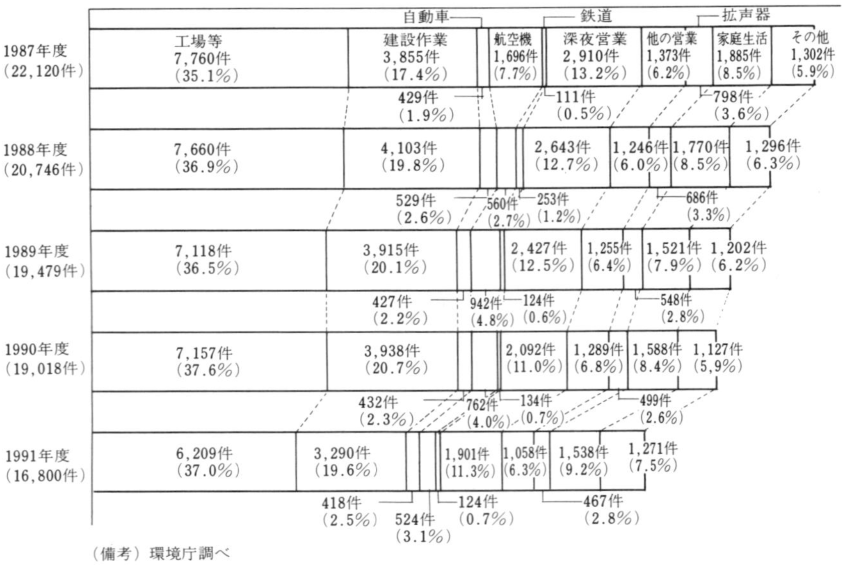

図6・4 騒音に係る苦情の内訳[*3]

ことは実際上不可能である。したがって，これらの微量化学物質の人体影響に関する基礎データを国際的な協力によって集積する必要がある。また，「化学物質の審査および製造等の規制に関する法律」(1974年)による人工合成化学物質の事前審査制度を運用して，発生源段階で未然に防止しなければ，水道水中の微量有機物質問題の解決は困難である。また，半導体関係の先端産業からの溶剤や廃溶剤による土壌，地下水の高濃度汚染と先天性異常児出産の関連が問題とされたシリコンバレイ（アメリカ）があるが，わが国でも同様な諸問題から発生する可能性があり，市中に散在するクリーニング業からの排水による汚染も重要である。

c．騒　音

騒音は種類ごとの苦情件数の内訳では，工場・事業場（37.0％）が最も多く，建設作業，深夜営業がそれに次いでいる。近年の苦情件数をみると，全体では減少しているが，家庭生活騒音は横ばいとなっている（図6.4）。

自動車騒音については，環境基準達成は長期的には悪化の傾向にあり，朝，昼，夕，夜の4時間帯のいずれにおいても環境基準を達成している地点は13.6％に過ぎず，逆に4時間帯すべて環境基準を超過した地点は54.6％である。

新幹線騒音については，75ホン対策区間における達成率は，東海道（78％），山陽（84％），東北（50％），上越（67％）となっており，全体で76％であるから，75ホンを超える地域が残っており，一層の努力が必要である。

d．振　動

振動の発生源の主なものは，建設作業(40％)，工場・事業所（40％），交通（14％）であり，これらを合わせたものが全体の94％を占めている。また，近年，人には聞きとりにくい低周波空気振動にかかわる苦情も発生している。

e．悪　臭

悪臭にかかわる苦情件数は，騒音に次いで多く1991年度は10,616件であり，この主な発生源は製造事業場（27.0％），畜産農業(22.5％)，サービス業・その他(21.7％)，個人住宅等（12.0％）となっている。

f．土壌汚染

土壌汚染は「農用地の土壌の汚染防止に関する法律」において特定有害物質に指定されている，カドミウム，銅，砒素の汚染地域および汚染のおそれがある地域が1991年度までに128地域，7,050 haに達している。

市街地における土壌汚染としては，工場，試験研究機関の跡地より水銀等の有害化学物質が検出され問題となっている。

g．地盤沈下

地盤沈下は，地下水の過剰な汲上げが主な原因であるが，地下水の利用状況を表6.5に示す。

1991年度までに地盤沈下が認められている主な地域は36都道府県61地域である。

長年継続した地盤沈下で多くの地域に建築物，治水施設，港湾施設，農地および農業用施設等に被害が発生しており，ゼロメートル地帯では，洪水・高潮・津波等の

表6・5　わが国の地下水利用状況

(単位：億m³/年)

用　途	全水利用量 (用途別の 割合%)	表流水その他 (用途別の 割合%)	地　下　水 (用途別の 割合%)	地下水 依存率 (%)
工　業　用	105.9(12)	75.1(10)	30.8(27)	29
上 水 道 用	163.8(19)	127.7(17)	36.1(31)	22
農　業　用	586.0(68)	547.2(13)	38.8(33)	7
その他(建築 物用等)	10.9(1)	—(—)	10.9(9)	
合　　　計	866.6(100)	750.0(100)	116.6(100)	

(備考)　1.　工業用は1990年通商産業省「工業統計表」(1990年調査)
により操業日数300日として算出。工業用の全水利用量とは
回収水を除く淡水取水量，地下水とは井戸水（浅井戸，深井
戸または湧水から取水した水）をいう。
2.　上水道は，1990年度厚生省「水道統計要覧」(1990年度調
査) により算出。（上水道事業及び水道供給事業の合計）
3.　農業用全水利用量は1992年版「日本の水資源」における農
業用水の使用量による。農業用地下水は第3回農業用地下水
利用実態調査結果（農林水産省が1984年9月から1985年8月
にかけて実施）による。地下水とは，深井戸，浅井戸及び集
水渠・集水池より取水されるものをいう。
4.　建築物用等は環境庁「地下水揚水量等実態調査」(1971～
1991年度)，地方公共団体による実態調査等により実態の判
明した地下水利用量である。

被害の危険のある地域もある。

h．廃棄物

廃棄物には，し尿，ごみ等，主として住民の日常生活より発生する一般廃棄物と事業活動に伴い排出される廃酸，廃アルカリ，廃油等や汚泥などの産業廃棄物とがある。

一般廃棄物のうち人の日常生活に伴って生じるごみの排出量は，1990年度で約5,044万トンであり，1人当たりのごみ排出量は，約408.8kgである。し尿の処分量は下水道の普及などにより減少傾向にあり，約3,621万klである。

浄化槽の設置基数は，約684万基設置されており，国民の約4分の1に当たる約3,360万人の便所の水洗化に寄与している。

産業廃棄物の排出量は，1990年において39,474万トンであり，家庭ごみ排出量の約8倍となっている。最終処分量は約8,973万トンとなっている。

排出量の内訳は，汚泥（43％），家畜糞尿（20％），建築廃材（14％）などである。また，有害廃棄物の越境移動は，1980年代前半は例えばヨーロッパ内での移動にとどまっていたが，80年代後半（昭和60年頃）にはアフリカや南米の国々に急速に広がり始めた。こうした地球規模での有害廃棄物の越境移動に対して，国連環境計画(UNEP)を中心に国際的なルール作りが検討され，1989年3月，スイスのバーゼルにおいて，「有害廃棄物の国境を越える移動及びその処分の規制に関するバーゼル条約」が作成された。バーゼル条約は，1992年5月5日に発効し，わが国でも1992年12月10日に「特定有害廃棄物等の輸出入等の規制に関する法律」が制定され，条約への早期加入と国際的な枠組みの下での対策の実施に向けた努力がなされている。廃棄物処理については，最終処分地の確保が重大な問題となっている。

i．化学物質

化学物質は，現在工業的に生産されているものだけでも数万点にもおよぶが，様々な経過で環境中に排出され，環境汚染の原因ともなる。調査対象物質は，年々増加しているが，PCB，DDT，殺菌剤などに使用されているトリブチルスズ化合物，白アリ駆除剤のクロルデン類，ハマチ養殖の漁網防汚剤の有機すず化合物・ビストリブチルスズオキシド（TBTO）が，魚介類より検出され調査中である。ごみ焼却処理施設の焼却灰から検出されたダイオキシンや使用済乾電池に含まれる水銀による環境汚染の可能性もあり，十分注意する必要がある。

j．国際的な環境問題

国境を越える環境問題として酸性雨，放射性物質，地球温暖化，オゾン層保護などの問題がある。

1) **酸性雨**[7]　　大気中の二酸化炭素($25°C$, 320 ppm)と平衡状態にある純水のpHは5.6～5.7となるが，それ以上のpHを示す降雨を酸性雨といっている。酸性雨は，二酸化硫黄や窒素酸化物などによって引き起こされるが，湖沼，河川を酸性にし，陸水生態系や陸上生態系を破壊する原因となっている。スウェーデン国内に降下する硫黄酸化物の85％は，他の国から国境を越えて来るといわれている。また，カナダでは，酸性雨の被害は，年間国民総生産の8％にもなるといわれている。しかも，東部カナダの酸性雨の原因となる酸性降下物の50％は，国境を越えてアメリカから来たものといわれ今世紀最大の環境問題であるとされている。一方，わが国の酸性雨問題は，1972～73年に霧雨などによる人体被害（眼，皮膚刺激など）として発生している。酸性雨調査という目的で，長期にわたる組織的な調査は1973年からであるが，今後とも地道な調査が必要である。

---

7)　古明地哲人：酸性雨，空気調和・衛生工学，Vol. 60 No. 5，1986

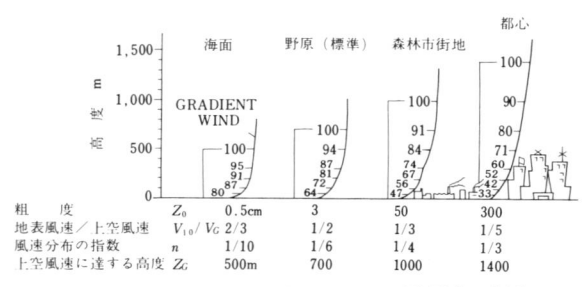

図6・5 いろいろな地表面状態の上での平均風速の分析*4
（n は風速が Z_n に比例するとしたときの指数）

2) **放射性物質** 1986年4月26日午前1時23分，チェルノブイリ原発4号炉（黒鉛チャンネル型，100万キロワット）が事故を起こし，国境を越えて各国に放射性物質を降下させた。この事故に対して，各国は，飲料水，農作物等の汚染を重視し，一部ではその使用を禁止した。わが国もこの事故に対応して種々の調査を行ってきたが，国境を越える環境問題に対処するための，国際的な対応方法について各国が合意し実行する必要がある。また，旧ソ連邦の放射性物質の日本海などへの投棄問題があり，調査を継続する必要がある。

3) **地球温暖化** 地球では大気中に含まれている水蒸気，CO_2，メタン，一酸化窒素（N_2O）などの温室効果ガスが地球から宇宙空間へ放射される熱を逃がしにくくしており，一定の気温が保たれている。気候変動に関する政府間パネル（IPCC）の報告によると，温室効果ガスの濃度が現在の増加率で推移した場合，地球全体の平均気温は2025年までに現在より約1℃，21世紀末前には3℃の上昇が，また海面水位は2030年までに約20 cm，21世紀末前には65 cm（最大1 m）の上昇が予測されている。この地球温暖化対策は，被害が顕在化し，取り返しのつかない事態を生じないよう，直ちに実施可能な対策を国際的な規模で推進していく必要がある。

4) **オゾン層保護** 地球のオゾンの大部分は成層圏に存在し，オゾン層と呼ばれている。オゾン層は太陽光に含まれる有害な紫外線の大部分を吸収し，地球上の生物を守っている。このオゾンが近年クロロフルオロカーボン（CFC，フロンの一種）やハロンなどの人工の化学物質によって破壊されていることが明らかになり，人に対して皮膚ガンや白内障等の健康被害，植物やプランクトンの生育の阻害等が引き起こされることが懸念されている。CFCは炭素，弗素および塩素からなる物質であり，洗浄剤，冷却剤，発泡剤，噴射剤等として，また臭素を含むハロンは主に消火剤として使用されているが，これらは化学的に安定な物質であるから対流圏では分解されず成層圏に達する。CFC等によるオゾン層の破壊は，一旦生じるとその回復に長い時間を要し，その被害は広く全世界に及ぶ問題であるから，国際的な規模で対策を実施する必要がある。

6.5.4 都市と自然災害

わが国は，もともと狭い国土であるうえに地価が高いために，山や丘陵地を切り開いたり，低湿地帯を利用したり，海岸線を埋め立てるなどして，無理な都市域を形成してきた。これに対して，自然現象（豪雨，台風，地震など）は，これらの都市化現象とは無関係に発生する。

災害対策基本法は，第2条に自然災害を「暴風，豪雨，豪雪，洪水，高潮，地震，津波，噴火その他の異常な自然現象により生ずる被害をいう」と定めている。

また，河川の洪水対策の基本となる基本高水[8]は超過確率年でA級（200年以上），B級（100〜200年），C級（50〜100年），D級（10〜50年），E級（10年以下）の5段階に分類している。一級河川[9]の主要区間ではA級またはB級，都市域の中小河川ではC級を対象として計画されている。

津波・高潮には，既往最高の潮位を対象として計画している。特に東京湾・大阪湾・伊勢湾などは，その被害が国全体に大きな影響を及ぼすとして，高潮対策には伊勢湾台風をモデル台風として計画対象潮位が計画されている。[10]

建物に対しては，建築基準法の耐震設計規則では，第1に，耐用年限中に数回起こる程度の地動に対して建物が損傷しないこと，第2に，耐用年限中に1回あるかないかという激震を想定して建物が塑性変形してもよいが倒壊しないで人身に危害を生じないこととしている。

自然災害を気象災害と地象災害に分類して，以下各災害項目別に説明する。

a. 気象災害

都市内での平均気温の上昇，湿度の低下，大気汚染などについては多くの研究がある。しかし，災害の原因となるような気象現象が，都市の存在によってどのように

---

8) 河川の洪水処理計画をたてるにあたって，計画の基本となる洪水を基本高水と呼ぶ
9) 一級河川は，国土保全上または国民経済上特に重要な水系で政令で指定したものに係る河川で，政令で指定したものであり，原則として建設大臣が管理するものである。二級河川は，一級河川の水系以外の水系で公共の利害に重要な関係があるものに係る河川で，都道府県知事が指定したものであり，その管理は，国の機関委任事務として都道府県知事が行うものとされている。
10) 石原安雄：都市における自然災害について，学術月報，Vol.38，No.10，1985

表6・6　各地の平均降水量（mm）　　（1961～1990年までの平均値，1993年理科年表より）

地点	1月	2月	3月	4月	5月	6月	7月	8月	9月	10月	11月	12	年
札幌	107.6	94.1	81.8	62.3	54.8	66.4	68.7	142.0	137.7	115.6	98.5	100.1	1129.6
秋田	128.8	93.1	97.5	134.0	114.1	117.0	186.7	189.7	181.9	149.5	181.7	172.4	1746.4
仙台	41.2	48.7	68.3	93.8	108.8	133.1	150.7	164.6	186.8	103.4	69.1	35.9	1204.5
新潟	190.8	129.1	103.0	92.1	98.1	117.2	181.8	133.9	157.4	158.7	197.0	219.3	1778.3
東京	45.1	60.4	99.5	125.0	138.0	185.2	126.1	147.5	179.8	164.1	89.1	45.7	1405.3
長野	47.9	45.4	53.8	61.0	78.7	136.2	144.3	92.5	127.6	68.9	41.9	40.1	938.3
大阪	45.8	60.4	102.0	133.8	139.4	206.4	156.9	94.8	171.5	107.5	65.1	34.4	1318.0
鳥取	185.3	165.2	124.6	120.5	121.4	168.0	202.5	134.8	246.6	147.7	162.0	171.1	1949.5
広島	44.9	59.2	108.8	163.8	153.7	272.0	245.9	116.8	175.2	102.8	72.5	38.7	1554.6
高知	64.7	92.8	160.8	286.3	263.2	378.5	286.2	337.1	356.6	174.2	134.8	47.3	2582.4
熊本	59.9	78.2	121.7	159.8	202.6	392.8	392.7	189.6	157.8	89.9	73.7	49.1	1967.7
那覇	113.0	106.0	162.0	152.0	243.2	252.7	190.2	258.9	168.0	150.9	116.9	123.0	2036.8

発生したか，その相互作用はどうかという点になると，あまり研究されていない。

気象災害を風害・水害・雪氷災害，および沿岸海洋災害に分けて説明する。

1) **風害**[11]　地表面付近の風は，上空では自由に吹くが，地表面では摩擦のために風速はゼロに近づく。

図6.5によれば，2階建程度の家屋の密集地域は，森林地域とほぼ同程度の風速分布になっている。したがって，都市といっても市街地とその周辺においては，風の速度分布が大きく異なっている。

現在の建築基準法では，平らな野原（草地）と大差のない，場合によっては少し強過ぎると思われる風速を考えて設計するよう要求している。ただ，大都市の建物群の中では，風は平均的に弱くなるが，逆に乱れによる風速・風向の変動が大きくなる。

都市では，風による物体の飛散で二次的な災害が生じることがある。建物の隅角部などの広告，アンテナなどの工作物の施工には十分注意をする必要がある。

寒冷地では建物外部に付着した着氷雪の落下で人を傷つけるので注意が必要である。

また，風雨による街路の信号機の故障や送電線の事故は，1か所の故障であっても都市全体に大きな災害を与えることがある。したがって，重要なライフラインである高圧電線は，一部の被害が全体に及ばないような計画がなされる必要がある。例えば，1991年9月28日から29日の間に中国地方（山口・広島・島根・鳥取・岡山県）において，風害と塩害[12]により内陸部約60 km 内にわたり約250万戸の停電と地域によっては3日間の断水が発生した。

2) **水害**[13]　降水は，地域と季節によって大きく変動している（表6.6）。そして，最近の降雨の特徴は，集中豪雨がよく発生することである。集中豪雨とは，限定された地域に特に強い雨が多量に降る現象をいう。その限定された地域とは，数 km² から数千 km² になるといわれている。

強雨は1時間当り50～100 mm の雨を，豪雨は，24時間の総雨量が200 mm 以上の雨を呼んでいる。例えば，1957年7月25日から26日にかけて降った長崎の集中豪雨は，長崎県西郷村で24時間雨量が最大1,109 mm であったのに対して，その豪雨の中心から40 km くらいしか離れていない熊本県天草地方では，100 mm 程度の降雨となっている。また1982年の7月の九州地方の集中豪雨は，長与町役場で23日の19時から20時までに日本最高の時間雨量187 mm を記録し，長崎を中心に約300人の死者・行方不明者を出し，総額3,100億円余の被害となり，集中豪雨の発生を1時間前に予測する方法が重要な研究課題となっている。

この都市水害は，高度経済成長期における都市化に伴って急激に行われた宅地開発に起因している。1976年の台風17号の災害は，その後の都市水害対策に画期的な転換をもたらした。台風17号は，9月8日から14日にかけて，日本列島各地に多くの水害を発生させた。関東以西の各地に総雨量1,000～2,000 mm の大雨を降らせ，徳

---

11) 光田　寧：都市と気象災害, 学術月報, Vol.38, No.12, 1985

12) 塩害は強風が塩分を含んだ海水を運び，碍子などに付着し，台風後のしとしと雨により碍子に付着した塩分が溶け出し，碍子の絶縁機能がなくなり漏電し，送電できなくなる現象。

13) 高橋　裕：都市の変貌と水害, 学術月報, Vol.39, No.2, 1986

表6・7 総合治水対策の構成*5

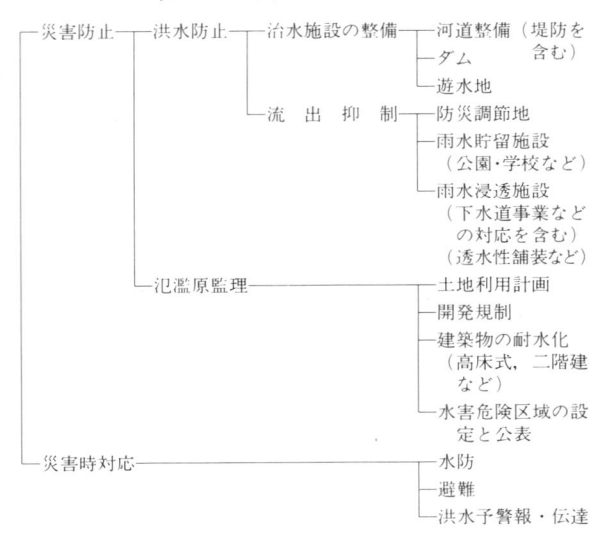

```
災害防止 ─┬─ 洪水防止 ─┬─ 治水施設の整備 ─┬─ 河道整備（堤防を含む）
         │            │                  ├─ ダム
         │            │                  └─ 遊水地
         │            └─ 流 出 抑 制 ─┬─ 防災調節地
         │                             ├─ 雨水貯留施設
         │                             │  （公園・学校など）
         │                             └─ 雨水浸透施設
         │                                （下水道事業など
         │                                 の対応を含む）
         │                                （透水性舗装など）
         ├─ 氾濫原監理 ─┬─ 土地利用計画
         │              ├─ 開発規制
         │              ├─ 建築物の耐水化
         │              │  （高床式，二階建
         │              │   など）
         │              └─ 水害危険区域の設
         │                 定と公表
災害時対応 ─┬─ 水防
           ├─ 避難
           └─ 洪水予警報・伝達
```

島県日早で2,781 mm が記録されている。小豆島では，山地崩壊により，死者行方不明者167人，家屋の流失・全半壊5,020棟，床上浸水10万棟，床下浸水42万棟，被災者40万人という大災害を発生させた。

この台風以後，建設省の治水行政に「総合治水対策」という考え方が打ち出された（表6.7）。すなわち，都市水害を防ぐには，降水をできるだけ流域内に保水し，遊水させ一気に河道に流出させない方策である。そのためには，調節池を設け，学校の運動場，公園，団地などに雨水貯留施設を造る。道路も透水性舗装とし，透水雨水ますを適用し，下水道でも雨水管に管内貯留の働きをもたせて河川への排水を遅らせ，浸透管を使用して雨水を地下に浸透させるなど，雨水をなるべく河川に流さないようにする。浸透しやすい地区の市街化を抑制し，地下トンネル分水路河川[14]，多目的遊水池[15]，高床式などの耐水性建築を進める。洪水氾濫予想区域の設定と公表，洪水時の住民への予想伝達体制，水防体制の強化などを提言している。従来のダム，堤防，放水路，排水機場といった対策だけでは不十分であるとしている。

3) **雪氷災害**[16]　日本海の沿岸地域は，世界でも有数の豪雪地域であるが，そこに約2,000万人の人々が生活している。

表6.8に近年の主な豪雪による被害を示す。雪害の様相も時代とともに変化している。

1963（昭和38）年の三八豪雪では，鉄道と都市間の幹線道路の機能が麻痺したため長岡・富山・福井などの地方中心都市が孤立化し，食糧・燃料不足，通勤・通学の不能が大きな問題となった。これを契機として，都市内外の除雪態勢，消雪道路の整備等がなされた。

1981（昭和56）年の五六豪雪では，北陸自動車道などの道路交通は比較的よく確保され，山間部は別として，都市間の幹線道路はなんとか保たれた。むしろ，ドカ雪のために車の路上放棄が多く，除排雪が困難となって，都市内交通の混乱が大きな社会問題となった。自家用車に依存する地方中心都市の交通問題が大きく浮上し，今後の都市計画の再検討が要求された。

1982年の防災白書によると，雪害で死亡した119名中，70歳以上の人が43％を占めており，若者の流出による高齢者の屋根雪処理が問題となっている。

社会の変容とともに雪害に対する要求も多様化してきており，豪雪の予測とその情報伝達システムの開発，刻々と変化する道路状況や気象情報を収集・伝達し，除排雪や屋根雪作業を効率化しようとする情報システムの開発，ロードヒィーティング，消雪パイプ，流雪溝なども整備されてきた。豪雪は大変な災害をもたらすが，一方で貴重な水資源となるから，豪雪をうまく利用しながら雪害に強い都市を造るようにすべきであろう。

4) **沿岸海洋災害**[17]　わが国の海岸の総延長は約34,480 km あり，海岸災害の被害を受けるおそれのある

---

[14] 市街地において，既存の河川を改修して洪水を分水できない場合に，地下にトンネルを掘ってそれを河川として洪水を分水しようとするものである。
[15] 市街地において，洪水時には一時的に水を貯留し，平常時（水が貯留されていない場合）は，公園，運動場など多目的に使用するものである。
[16] 栗山 弘：雪国の都市計画の進め方，雪氷，Vol. 38, No.1, 1986

表6・8 近年の主な豪雪による被害*6

	三八年豪雪	五二年豪雪	五六年豪雪	五九年豪雪
期 間	1963年1～2月	1976年12月下旬から1977年3月上旬	1980年12月中旬から1981年3月	1983年12月中旬から1984年3月
死者・行方不明(人)	231	101	153	121
負傷者(人)	356	785	2,144	733
住家全半壊(棟)	1,717	136	431	47

（国土庁防災白書，地域防災データ総覧・雪害編等による）

人口は，全人口の約18％に達する。1956年に海岸法が制定され，海岸保全地区が指定されている。1992年4月現在，海岸保全区域に指定された海岸総延長は13,706 kmにのぼり，全延長の39.8％に達する。さらに指定を必要とする海岸は2,228 kmもあるといわれ，全延長の46.2％にもなる[18]。

海岸災害には波浪，海浜変形，高潮および津波などの災害がある。

波浪は，台風によるものだけでなく，冬季の移動性低気圧によって大きな波が生じ，日本海沿岸では各地の港湾施設，特に防波堤が被害を受けやすく，その頻度は，高潮災害よりもはるかに多い。

繰り返しの波浪を受けて海底の土砂が移動し，災害が徐々に進行するものに海浜変形がある。そのうちでも海岸侵食は社会的関心を集めているが，小規模な港では土砂の堆積による機能低下も発生している。

わが国では年平均約170 haの海岸が失われており，新潟海岸，下新川海岸（富山），湘南海岸，屛風ケ浦海岸（千葉県），静岡海岸，皆生海岸（鳥取県）などが主な侵食海岸である。この海岸侵食対策としては，海岸堤防・護岸消波堤・突堤，離岸堤，養浜工などがある。

高潮は，台風や低気圧などにより気圧が下がって海面が上昇し，同時に強風が海面に作用して，海水を吹き寄せることによって発生する海面の異常な上昇現象である。1959年の伊勢湾台風による伊勢湾沿岸の最大潮位偏差（潮位変化から天文潮を引いたもの）は，3.45 m，死者・行方不明者約5,000人，湛水深は長島南部で5.7 m 浸水面積310 km²の被害が発生している。高潮対策には海岸堤防，防潮堤，高潮水門などがある。

地震・噴火・地すべりなどによって海底地形に変動が起こると，海面に異常に大きな波を発生するが，これが津波であり，地震によるものが多い。そして震源の深い地震では津波は起こりにくい。危険な津波が発生するのは，地震の規模（マグニチュード）M＝7.7以上の地震であるといわれている。

近年におけるわが国最大の近地津波が，1933年三陸の震央でM＝8.5の地震により発生した。津波の高さは田老で6.4 m，白浜で29.3 mに達し，死者約3,000人，負傷者約1,200人，流失家屋5,000戸，倒壊家屋約2,500戸，浸水家屋約4,500戸，焼失家屋約250戸，流失船舶約300隻，破壊船舶約900隻に達した。外国で発生した大きな遠地津波は，1960年に起こったチリ地震津波があり，太平洋を横断して翌日わが国の沿岸に来襲して，死者・行方不明者約150人，負傷者約900人，田畑被害約7,500 ha，建物被害約47,000棟，船舶被害約3,700隻の被害をだしている。わが国の津波の大部分は，海底地震によるものであるから，その津波による被災地発生場所は，経験的によく分かっており，大津波の場合三陸沖，南海沖，東海道沖，エトロフ沖など，小津波の場合，鹿島灘，日向灘などである。対策には，海岸堤防，防潮堤や津波防波堤などがある。また，津波の侵入，予測と共に，避難対策を確立する必要がある。遠地津波に対しては，津波情報センターがハワイに設けられている。

b． 地象災害[19],[20]

地象災害を地盤災害，火山災害および地震災害に分けて説明する。

1） 地盤災害　1960年代になって，都市は土砂災害に弱い体質になっている。山間部の開発，道路網の発達などによる土砂災害危険地域が増大しており，1965年以降における自然災害による死者数のうち，崩壊や土石流などによる土砂災害の比率が高くなっている。

以下，崖崩れ，土石流，地すべり，地盤沈下，クイックサンド，について説明する。

崖崩れの斜面勾配は，30°〜60°程度であり，移動土砂の深さは約2〜3 mである。地すべりと違って移動速度がはやいので，人的被害が発生しやすい。

西日本に位置する広島県では，1945年の枕崎台風により，崩壊，土石流による災害で死者2,012人を出している。

崖崩れは人家集落近くで発生することが多く，死者の多くは，崖から20 m以内のところで発生している。この崖崩れの危険箇所は，全国で約81,850箇所ともいわれている。

崖崩れ防止対策には，崖崩れの原因となる雨水や地下水を防止する方法と崩れようとする力に対して力で対抗しようとする方法があるが，崖近くに人家を建築しないようにすべきであろう。

土石流は，日本だけでなく，中国，ソビエト，ヨーロッパ，アルプス地方，環太平洋の諸地域に発生している。

土石流は，土砂・石礫・転石といった固体と水が一体

---

17) 堀川清司：海象災害，学術月報，Vol. 38, No. 11, 1985
18) 谷本修志：海岸行政の現状と問題点，海岸，No. 25, 1-6, 海岸協会，1985
19) 芦田和男：都市化現象と河川の土砂災害，学術月報，Vol. 38, No. 10, 1985
20) 青木 滋：最近の土砂災害について，安全工学，Vol. 25, No. 1, 1986

となって流れるが，その特徴は，巨石が流れる速度が速く（流速5.0〜40.0m/secが記録されている），直進性が強いことであり，その破壊力が大きく被害の範囲は崖崩れよりも広範囲である。

1982年，気象観測史上最高の時間雨量187mm（長崎県長与町役場）の豪雨によって土石流が発生し，125人の死者と316戸の全半壊の人家の被害が生じた。

土石流災害対策には，砂防ダムなどの構造物の建設と災害危険地域の土地利用制限，予・警報，避難といった方法がある。そして，危険地域からの住宅の移転も考えられる。

地すべりは，斜面勾配が10°〜25°であり，地下のある深さ（日本の平均約20m）に，強度の小さいすべり面を境に，主に地下水が原因となって斜面の一部が約0.01〜10mm／日の移動速度でゆっくりと下方に移動する現象である。この地すべりの最上部には滑落崖（急な崖）が生ずる。そして，現在の地すべりは，ほとんどが過去地すべりを発生した所の再活動であるから，古い地すべり地形を調査する必要がある。地すべりの発生には，湧水，亀裂の発生などの確認が一つの目安となる。1985年7月26日，長野市地附山で，幅350m，深さ40〜60m，長さ700m，移動土量約350万m³の大規模な地すべりが発生した。土砂は，老人ホーム，住宅団地を破壊し，死者26人，全壊家屋51棟の被害が発生した。

地すべりの危険箇所は全国で約11,042箇所（1993年・建設省所管）もあり，一度に多量の土砂が移動するので，道路，河川などに大きな被害を与えることが多い。

地盤災害の中で慢性的緩速に，広範囲に被害の発生するものに地盤沈下がある。

地盤沈下が社会の関心事となったのは，1934年の室戸台風からであるといわれている。地盤沈下が起こっていた西大阪は，この台風で泥海となり，浸水区域は大阪市全体の約30％にもおよび約10日間も水が引かなかった。そして，1938年に地盤沈下観測所が大阪に初めて設置されている。

地盤沈下の対応策としては，工業用の地下水を工業用水道に変更したり，ビル用の地下水をクーリングタワー方式に転換するなど，地下水の汲上げを減らす地下水規制をすることである。

地震時の地盤災害にクイックサンド現象がある。

1964年6月の新潟地震では，地下数mの深さから大量の砂が噴出し，建物が傾斜し，橋が落ち，下水道管が地上に飛び出したりした。これはクイックサンド現象といわれるものである。

よく締まった砂のような粒体の集合体は，力を加えて変形させると体積が膨張するがゆるくてやわらかい粒体は逆に収縮する。地震時の地盤では，地震力で砂が変形し間隙水圧が発生して砂粒子間の接触圧力は低くなり，砂が外力に対する抵抗力をなくして単位体積重量が1.8〜1.9t/m³の砂と水の混合液体となり，構造物が沈下したり，砂と水が地下から噴出するクイックサンド現象が発生する。

2) **火山災害**[21]　日本は火山国であると言われているが，火山災害の特徴としては次のような点が列挙されよう。

(1) 他の自然災害ほど頻繁に起こらないこと。
　　日本列島を通じて火山の大噴火は数百年に1回あるかないかである。
(2) 起こる場所が限られていること。
(3) 災害の規模の範囲が大きいこと。
　　火山近くに都市はありえないので，都市型災害として火山災害の占める位置は大きくない。もっとも，人口約50万の鹿児島は，数km離れた桜島火山の火山灰降下によって，現在も被害を受けている。

火砕流は，火山灰や軽石・スコリア[22]が火山ガスや空気と混合して斜面を流下する，気・固混相流である。例えば，1902年西インド諸島マルチニク島のプレー火山の小型火砕流により約28,000人の死者を出している。

数百℃以上の火山灰が，秒速数十cmの高速で斜面を流下するものを阻止するような対策は現実的ではないだろう。しかし，土石流と同じく，地形に大きく作用される現象であるから，立地計画段階で火砕流を考慮することも必要である。

南米の北部アンデス山脈にあるネバド・デル・ルイス火山（北緯4°53′，西経75°22′，海抜5,400m）が，140年間の沈黙を破って，1985年9月に水蒸気爆発を開始し，11月13日爆発的な軽石噴火を起こした。

噴火で発生した泥流（ラハール）は山麓の街を破壊し多くの死傷者を出した。11月22日のコロンビア政府の発表によれば，死者24,740人，負傷者5,485人，崩壊家屋5,680戸，被害者総数約17万人である。

アンデス山脈の噴火災害は，同じ環太平洋の火山帯に属するわが国に，噴火災害に関する貴重な教訓を与えた。

---

21) 荒牧重雄：火山災害，学術月報，Vol. 38, No. 1, 1986
22) Scoria（がんさい），岩滓，火山放出物のうち黒・かつ・赤色の多孔質のものであり，一般に軽石より重い。

表 6・9　関東大地震以後の主な地震災害[*1]

発生年月日	地震名等	規模(マグニチュード)	家屋損失戸数 全壊	全焼	流失	計	死者数
1923. 9. 1	関東大地震	7.9	128,266	447,128	868	576,262	142,807
1924. 1.15	丹沢山塊地震	7.3	1,298	—	—	1,298	19
1925. 5.23	北但馬地震	6.8	1,295	2,180	—	3,475	428
1927. 3. 7	北丹後地震	7.3	12,584	3,711	—	16,295	2,925
1930.11.26	北伊豆地震	7.3	2,165	—	75	2,240	272
1931. 9.21	西埼玉地震	6.9	206	—	—	206	16
1933. 3. 3	三陸沖地震	8.1	2,346	216	4,917	7,479	3,008
1935. 7.11	静岡地震	6.4	814	—	—	814	9
1939. 5. 1	男鹿半島地震	6.8	585	—	—	585	27
1943. 9.10	鳥取地震	7.2	7,485	251	—	7,736	1,083
1944.12. 7	東南海地震	7.9	26,130	—	3,059	29,189	998
1945. 1.13	三河地震	6.8	12,142	—	—	12,142	1,961
1946.12.21	南海地震	8.0	11,591	2,598	1,451	15,640	1,432
1948. 6.28	福井地震	7.1	35,420	3,691	—	39,111	3,895
1949.12.26	今市地震	6.2	873	—	—	873	8
1952. 3. 4	十勝沖地震	8.2	815	—	91	906	33
1960. 5.23	チリ地震津波	8.5	1,571	—	1,259	2,830	139
1961. 2. 2	長岡地震	5.2	220	—	—	220	5
1962. 4.30	宮城県北部地震	6.5	369	—	—	369	3
1964. 6.16	新潟地震	7.5	1,960	290	—	2,250	26
1968. 2.21	えびの地震	6.1	368	—	—	368	3
1968. 5.16	1968年十勝沖地震	7.9	673	18	—	691	52
1974. 5. 9	1974年伊豆半島沖地震	6.9	134	5	—	139	30
1978. 1.14	1978年伊豆大島近海地震	7.0	94	—	—	94	25
1978. 6.12	1978年宮城県沖地震	7.4	1,383	—	—	1,383	28
1982. 3.21	昭和57年(1982年)浦河沖地震	7.1	13	—	—	13	—
1983. 5.26	昭和58年(1983年)日本海中部地震	7.7	1,584	—	—	1,584	104
1984. 9.14	昭和59年(1984年)長野県西部地震	6.8	14	—	—	14	29
1987. 3.18	日向灘地震	6.6	—	—	—	—	1
1987.12.17	千葉県東方沖地震	6.7	16	—	—	16	2

(注)　1. 家屋損失には非住家を含む。
　　　2. 死者には行方不明者を含む。
　　　3. 1985年以降の地震については，マグニチュード6.0以上で，死者の生じたものを掲げている。
　　　4. 1923年から1925年までの地震のマグニチュードについては，理科年表（東京天文台編）より抜すい。
　　　5. 1927年から1960年までの地震のマグニチュードについては，気象庁において再計算が行われた数値を掲げている。

中部日本以北の火山で，冠雪時の噴火で同様な災害が予想されている。

　北海道の十勝岳の噴火（1926年5月）で残雪が融解し泥流が発生した。泥流は平均時速60 km程度であり，美瑛と上富良野の町を襲い，144人が犠牲となった。北海道防災会議の十勝岳火山報告書（1971年）に，将来の噴火でも同一ルートで泥流が発生する可能性があるとしている。[23]

　カメルーン北西部のニオス湖周辺で1986年8月22日夜，火山性有毒ガスが噴出し，2,000人以上の死者が出た。この有毒ガスは，空気より重いので無風で窪地の条件が重なれば，滞留して災害が起きやすい。

　雲仙岳は，1990年11月17日，198年ぶりに噴火を開始し，1991年5月26日の火砕流では負傷者1人，6月3日の火砕流では，死者・行方不明者43人，負傷者9人の人的被害等が生じ，6月8日および9月15日の火砕流では人的被害はなかったものの家屋等に被害が生じた。6月30日には降雨に伴い土石流が発生して負傷者が1名出た。1992年8月8日〜15日には大規模な土石流等が発生し，家屋等に被害が生じた。これらのほか，公共土木施設，農林産業関係施設等で被害が生じているが，現在なお現地への立ち入りが不可能なため，被害の詳細については，十分把握できないでいる。

　これらの災害を繰り返さないためには，災害予想図を考慮した地域計画を行って災害の被害を減少させるべきである。そして緊急時の情報伝達システムと避難体制の確立がぜひとも必要である。

　3)　**地震災害**[24),25),26)]　　都市化が進み，都市機能が高度化し，その規模を拡大した都市に地震が発生したら，都市の地震危険度は，どのようになるのであろうか。関東大震災後の主な地震災害を表6.9に示す。

---

23) 石川俊夫ほか：十勝岳，火山地質・噴火史・活動の現況および防火対策，北海道防災会議，1971

1993年7月12日の北海道南西沖地震では奥尻島を中心に，死者・行方不明は230人にのぼり，約600世帯が家を失い，被害総額も約1,333億円に達している。

　都市の地震危険度に関連する要因は，一つは自然的要因であり，地震震源地域の特性とそれからの距離，地質・地盤・地形条件などである。もう一つは人工的要因であって都市規模，密集度，用途，都市施設，建築物などよりなる。

　都市施設である電気・ガス・上水道・下水道などの供給システム，鉄道・道路・航空路・航路，通信・情報システムなどのライフライン（lifeline）は，今日の都市では必須のものとなっており，これの危険度予測は重要である。このライフシステムは全体的に相互に関連して成り立つよう人工的に造られている。このシステムの中でも，特に電力への依存度が大きく，地震直後の対応や復旧に対しては，通信・交通が重要な役割を持っている。しかもこのライフラインシステムは，震災時には平常時よりも機能が一般に低下しているが，災害時には逆にその需要が高まる。住民は震災時の情報から独自に判断して行動しようとする。その行動が新たな危険度を発生する可能性を持っている。したがって，「どのような情報を住民にいつ知らせるべきか」が重要な課題となる。

　また，震災後は，老幼病者が犠牲になる可能性があるので，少なくとも水・食料・医薬品を各家庭に常備すべきであろう。地震後の水道システムに要求される機能水準を表6.10に示す。

　地震時の被害とその復旧過程を計算する方法は種々あるが，まだ多くの検討課題が残されている[27),28)]。そして，長期的対策としては，耐火造建物を建設し，市街地を小さくブロック化し，道路と緑地による不燃帯で延焼拡大を阻止する必要がある。また，避難場所（所要面積0.5～1.0 m²/人）とそこへの防災道路の確保も重要である。

　震災対策の現況を以下に説明する。

　1971年5月の「大都市震災対策推進要項」等の中央防災会議決定に基づき，図6.6のような震災対策がとられている。また，1969年に設置された地震予知連絡会において，観測強化地域として2地域，特定観測強化地域として8地域を指定したが，これが図6.7である。

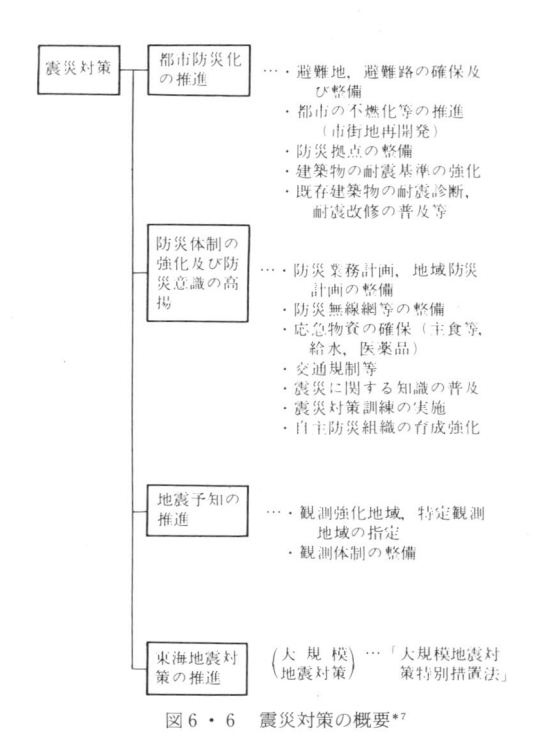

図6・6　震災対策の概要[*7]

表6・10　地震後の水道システムに要求される機能水準

区分	需要点	用途	最低限の要求機能水準
第1段階	消火栓	消火	流量・水圧
第2段階	広域避難所・病院等	生命維持・医療等	3ℓ/人日[*]
第3段階	一般家庭	最低限の都市生活	105ℓ/人日[**]
第4段階	すべての復旧作業終了		

注：① *印，災害救助法の基準水量
　　② **印，「大阪大都市地域における防災都市構造強化計画策定調査」における試算例

　また，東海地震が発生した場合，震度6以上の地震動を受け，伊豆半島南部から駿河湾内部に大津波が発生する地域として，地震防災対策強化地域（強化地域）が，1979年8月に指定された。図6.8に表示する。

　強化地域の観測データによって，地震防災対策強化地域判定会が大規模な地震の発生を予測した時は，気象庁長官より内閣総理大臣に報告され，閣議にかけて，警戒宣言を発し，強化地域内の住民等に警戒体制を呼びかける。

　警戒宣言や地震予知情報は，国，都道府県，市町村およびテレビ，ラジオ等の報道機関を通じて地域住民等に伝えられる。

　強化地域内では，地震災害および二次災害の発生を防

---

24) 佐武正雄,和泉正哲：都市の地震災害, 学術月報, Vol. 38, No. 10, 1985
25) 定成美夫：震災対策の現況, 学術月報, Vol. 39, No. 4, 1986
26) 尾池和夫：地震予知と震災予防, 学術月報, Vol. 39, No. 1, 1986
27) 保野健治郎ほか：定差図法による建物火災の延焼速度式に関する基礎的研究, 日本建築学会論文報告集, No. 325, 1983.3
28) 東京消防庁：地震時における市街地大火の延焼性状の解明と対策（調査報告書）, 1985.3

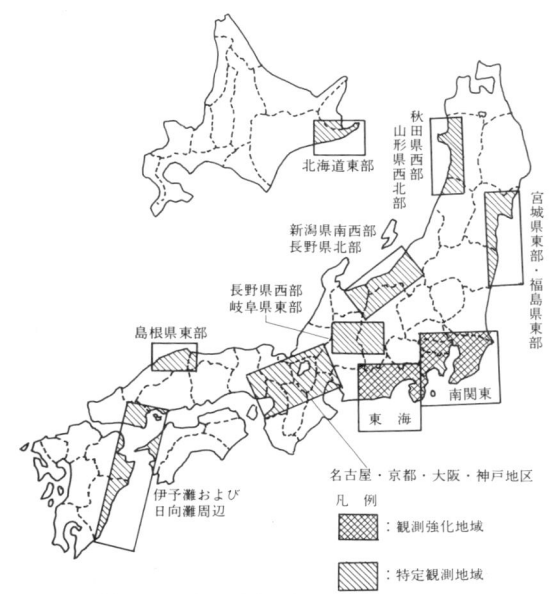

図6・7 観測強化地域および観測地域
(資料：地震予知連絡会)

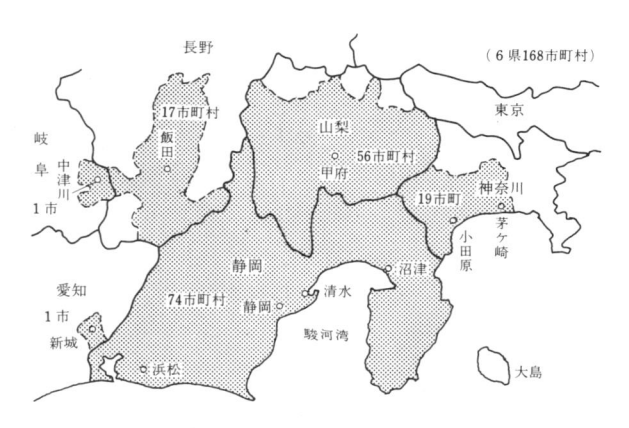

図6・8 地震防災対策強化地域（6県169市町村）*3

止し，災害の拡大を防ぐための具体的な行動計画（地震防災計画）を，防災上重要な施設の管理者等が事前に定めている。

主要施設の対応処置を表示したものが表6・11である。なお「地震時の火災対策として，上水道に付設された消火栓に頼ることが困難となる場合に備えて，耐震防火水槽を設置する施設が有効であると考えられる。そこで，経済的な投資効率の面から耐震防火水槽の最適数を算定した例によると，100 m³（6口のホースで約30分間放水可能な水量）の水槽を1 km²当り約16基程度整備すべきである[29]。地震時においても，火災被害を最小限にとどめるための基本的な対策は初期消火（出火後1時間以内）であり，耐震防火水槽の整備は重要な施策である。

[29] 難波義郎ほか：決定理論による耐震防火水槽計画，土木学会論文集Ⅳ-2, No.353, 1985

表6・11 東海地震の警戒宣言に伴う措置*7

	地域・震度	
	強化地域内（震度6以上）	東京都（震度5以下）
1. 電 気	供 給	供 給
2. ガ ス	供 給（併せて緊急停止へ準備）	供 給
3. 水 道	供 給	供 給
4. 電 話	通話規制（青・黄・緑・防災用は確保）	通話規制（青・黄・緑・防災用は確保）
5. 国 鉄・私 鉄	最寄りの安全な駅に停車 強化地域外からの進入禁止	地域の実情に応じ，可能な限り運転（原則として40km/hの徐行運転）
6. バス・タクシー	運行中止	地域の実情に応じ，可能な限り運行
7. 船	運航中止	原規運航（ただし，強化地域に向う船を除く。）
8. 道 路	強化地域外からの進入は極力制限，避難路，緊急輸送路では禁止又は制限減速運転（一般20km/h, 高速自動車道40km/h）	非強化地域から都内への進入は極力抑制 減速運転（一般・首都高20km/h, 高速自動車道40km/h）一次目的地まで走行したら，以後車を使わない。
9. 銀 行・郵 便 局	営業停止（警戒宣言発令時に店舗内にいる顧客への普通預金支払いは行う。）	極力営業
10. デパート・スーパー	買物客を外に誘導	極力営業（ターミナルデパートはいったん閉店）
11. 病 院	外来診療は中止	極力診療
12. 劇 場	営業中止	営業自粛
13. 超 高 層 ビ ル	—	営業自粛
14. 学 校	保護者引渡し，帰宅	保護者引渡し，帰宅
15. オ フ ィ ス	退社する場合は，時差退社	退社する場合は，時差退社

7　都市の構成計画

　都市の基本計画は，一般に土地利用計画と交通計画の二つを軸として組み立てられている。この章での記述は，土地利用計画にかかわる内容が中心となるが，あえて「構成計画」としたのは，都市を構造づける幹線交通網と土地利用との関係や，各種都市的土地利用の立地性向，各種土地利用の量と分布を考えるうえで重要な役割を果たす密度や密度構造，空間の段階構成など，土地利用の構成システムを重視して章を展開しようと意図したからにほかならない。1節では都市の土地利用の実態が(都市空間構成の実態)，2節では土地利用計画立案プロセスとその際の鍵となる概念である密度と住区について(都市空間構成の計画)，3節では計画された将来土地利用の実現のための手法や対応（都市空間構成の実現）が扱われる。

7.1　都市空間構成の実態

7.1.1　市街地規模

　一定の規模人口が都市活動を営むために，どの程度の市街地面積が必要であろうか。ここでは市街地としてDID（人口集中地区，Densely Inhabited District）をとり，都道府県庁所在都市を対象に考える。まず，都市人口とDID人口との関係を眺めておく。

　図7.1.は，県庁所在都市の1980年の人口とDID人口の関係を示したものである。人口規模の大きな都市ほどDID人口率が高く，大都市ではこの率はほとんど100％であるが，10～30万の都市では60％前後（50～70％の間），50～100万の都市では80％前後の率であることが分かる。

　次に，DID人口とDID面積との関係，つまりDID人口密度をみる。図7.2は，DID人口の大きい都市ほど高密度であることを示していて，東京（141人/ha）・大阪（126）に対して，DID人口が50～100万都市では70人/ha前後，10～20万都市では50～60人/haの都市の多いことが読みとれる。ただし，個別にみると，地形や風土を反映してかなりの差が目立つ。100万台の都市でも札幌（1）に比して京都（26）・神戸（28）が高密度なこと，数十万都市における長崎（42）・那覇（47）などはその例である。

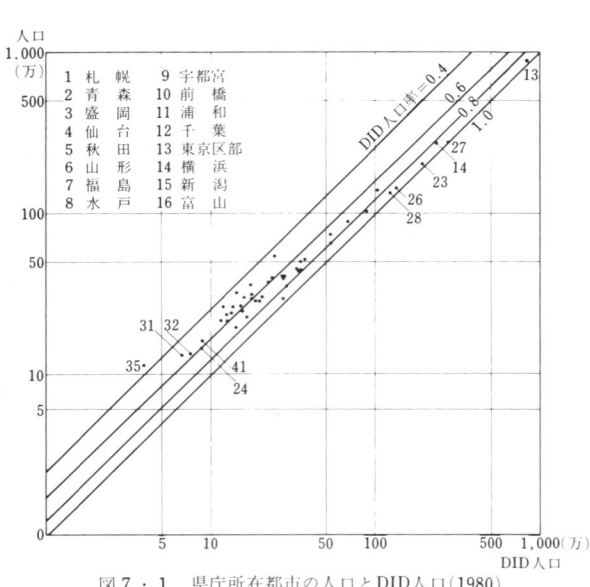

図7・1　県庁所在都市の人口とDID人口(1980)

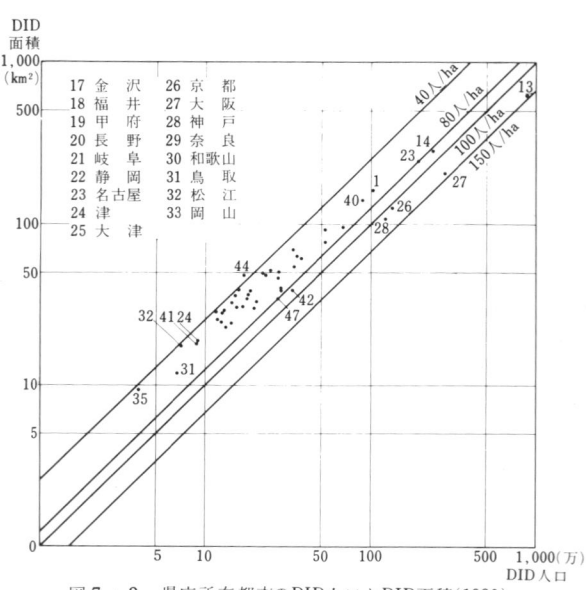

図7・2　県庁所在都市のDID人口とDID面積(1980)

表7・1　全国人口集中地区の人口・面積・人口密度の推移（1960〜1990）

年次	全国人口（万人）	DID人口（万人）	DID人口増（万人）	DID人口率（％）	DID面積（km²）	DID面積増（km²）	DID人口密度（人/km²）
1960（昭和35）	94,301.6	4,083.0 (100)	>643.1	43.3	3,865.8 (100)	>739.7	10,563 (100.0)
1965（〃 40）	99,209.1	4,726.1 (116)	>873.6	47.6	4,604.9 (119)	>1,839.2	10,263 (97.2)
1970（〃 45）	104,665.2	5,599.7 (137)	>782.6	53.5	6,444.1 (167)	>1,831.3	8,690 (82.3)
1975（〃 50）	111,939.6	6,382.3 (156)	>611.2	57.0	8,275.4 (214)	>1,740.2	7,712 (73.0)
1980（〃 55）	117,060.4	6,993.5 (171)	>399.5	59.7	10,015.6 (259)	> 551.1	6,983 (66.1)
1985（〃 60）	121,048.9	7,334.9 (180)	>480.8	60.9	10,570.7 (273)	>1,161.5	6,438 (65.7)
1990（平成2）	128,611.2	7,815.2 (191)		63.2	11,732.2 (303)		6,661 (63.1)

出典：国勢調査。

DID人口密度は，時間軸の中で急速に変化してきた。表7.1に見るように，1960年から1980年の20年間に，全国DIDは人口1.71倍となったのに対してDID面積は2.59倍となり，DID人口密度は1960年の105.6人/haから69.8人/haへと低下した。特に1965年以降の低下が目立つが，この背景には宅地需要者の土地取得能力をはるかに上回る地価の急騰，農家の土地売り惜しみ，自家用車の普及などを指摘できる。スプロール現象に歯止めをかけることを目的に，1968年に改正された都市計画法は「市街化区域」の概念を導入したが，運用の不手際もあって，スプロール市街地の拡大を阻止できぬままに現在に至っている。ただし，1980年以降はDID人口密度はあまり変化していない。拡散的市街化にある程度の制約がはたらいたといえる。図7.3は，1960年から1980年の県庁所在都市のDID人口密度の動きをみたものである。密度低下は大都市のみならず地方都市でも進行していること，むしろ地方都市の方に低下の度合いの著しい事例がみられ，高度成長期突入以降，いかに拡散的な市街化が全国至るところで進展したかを読むことができる。

表7・2　新都市の人口と面積

新都市名	①計画年次 ②実施年次	計画人口（千人）	敷地面積（ha）	グロス密度（人/ha）
高蔵寺	① 1961 ② 1964	87	850	102
千里	① 1961 ② 1961	150	1,150	130
多摩	① 1962 ② 1966	300	3,000	100
泉北	① 1964 ② 1964	188	1,520	124
港北	① 1966 ② 1970	350	2,530	138
千葉	① 1966 ② 1970	340	2,900	117

出典：「都市空間の計画技法」，彰国社編，p.157，1973

計画的に開発される新都市のグロス人口密度は，同程度のDID人口規模の既存市街地のそれよりもかなり高く計画されている（表7.2）。人口10万から30万，100〜140人/haの密度のものが多い。

7.1.2　都市空間の捉え方―物理的空間を構成する三つの系

都市の空間は物理的視点以外に，社会的，経済的な非物的視点からも捉えることができる。市町村域・行政区・地区・住区・町丁目・町内会区域・自治会区域・学区・通勤通学圏・駅勢圏・商圏・物資供給圏などがこれに相当する。都市を計画する際には，このような非物的視点からの的確な空間把握も重要な意味をもつことはいうまでもないが，フィジカル・プランナーには上記視点に加えて，物理的視点に立脚した空間把握が要求される。フィジカル・プランナーは，物的視点を中心に据えて都市空間を考えるのが役割だからであり，非物的空間のありように対する十分な理解のうえに，非物的空間を物的空間に投影して考えること，さらに，場合によっては物的空間の立場から非物的空間のあり方について発言していくという役割をもつからである。規模のあまり大きくな

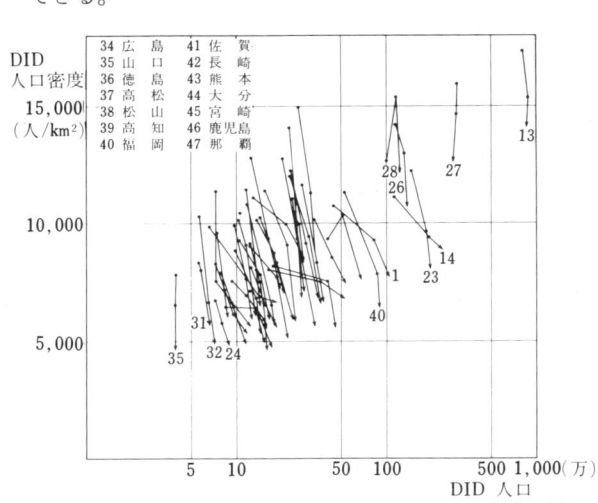

図7・3　県庁所在都市のDID人口とDID人口密度の推移（1960, 1970, 1980）

34 広島　41 佐賀
35 山口　42 長崎
36 徳島　43 熊本
37 高松　44 大分
38 松山　45 宮崎
39 高知　46 鹿児島
40 福岡　47 那覇

い孤立都市を想定すれば，社会的，経済的，物理的に捉えた空間は一致するといえる。しかし現代ではそのような都市はほとんど存在せず，各空間は，大きな地域的広がりの中で複雑に錯綜している。

物理的空間に話を戻して，ここでは都市の物理的空間を，三つの系——1) 地形・水系・地質・地盤などの空間基盤系，2) 交通・情報伝達・供給処理などを目的に網目を構成している循環施設系，3) さまざまの用途に供される土地や建物で構成される利用空間単位系——の重ね合わせとして考えてみる。この三つの系は，都市空間を物理的視点から理解し考える際の基本であり，それ故に計画を立案する際には，まず，1) 白地図から等高線や河川網を丹念に抽出した地形・水系図，2) 同じく白地図にすべての道路の幅員を正確に色づけした道路現況図，3) 地目別にあるいは建物用途別に土地や建物を色分けした，土地利用現況図や建物利用現況図が作成されるのが通常である。これらの図は前記した三つの系に対応しているわけで，循環施設系のうちから道路を選ぶのは，道路網が都市の構造を一番分かりやすく伝えてくれるからであり，また，地下に埋設されたり地上に架せられる，電線・電話線・上下水道管・ガス管，さらに路面電車・地下鉄・光ファイバーなど循環施設系の多くが，道路にその配置を規定されるからである。

a．三つの系の関係

三つの系の関係を考える。かつて都市が比較的に緩やかな成長を続けていた頃，そして工学技術が空間基盤を大規模にかつ安価に改造するほどの力をもたなかった頃は，空間基盤系が循環施設系を規定し，循環施設系を手掛りとして誘導されつつ利用空間単位系が配置されてきた。しかし高度成長期には，産業構造の変化とそれに伴う大量の人口移動を受け止めるために空間単位系の需要（土地需要）が先行し，空間基盤系や循環施設系とのあるべき関係を無視した開発が横行した。K. リンチはその著書[1]の中で，土地を開発する際には人間の利用目的を考えると同時に，土地そのものの資質や先住者により土地に付与されたイメージを尊重すべきことを警告しているが，高度成長期の市街化はこのような指摘に耳を傾ける余裕を与えなかった。これに対する反省は，環境悪化が誰の目にも明らかなものとなり，次いでオイルショックにより市街化のスピードが鈍化した1975年前後から，具体的な形をみせ始める。1) 都市の将来人口規模算定に際して，一定傾斜以上の斜面や災害危険区域や緑地資源を，

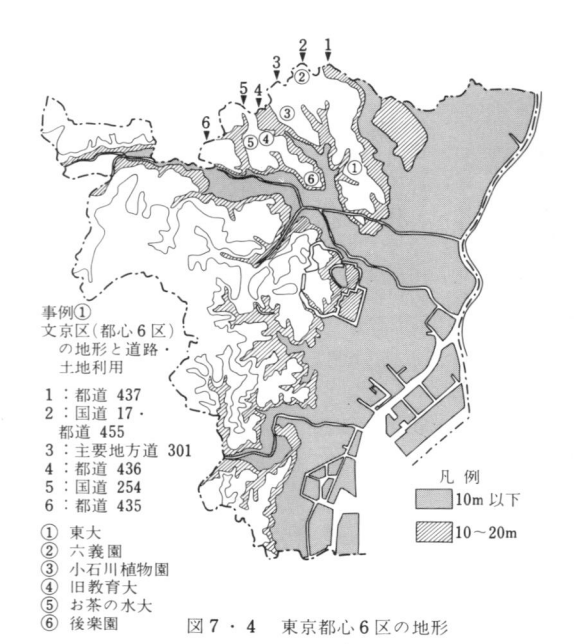

1) K.Lynch : Site Planning, The M. I. T. Press

事例①
文京区（都心6区）
の地形と道路・
土地利用
1：都道437
2：国道17・
　都道455
3：主要地方道301
4：都道436
5：国道254
6：都道435

凡例
■ 10m以下
▨ 10～20m

① 東大
② 六義園
③ 小石川植物園
④ 旧教育大
⑤ お茶の水大
⑥ 後楽園

図7・4　東京都心6区の地形

ベースとなる可住地から除外する考え方，2) 河川の水質を一定水準以上に保つために流域の開発量を制限する考え方，3) かつては工場や流通施設に占有されていた埋立地に公園緑地をつくることによって，水際線を市民に開放する考え方の萌芽などはその一例である。

三つの系のさまざまな関係を，具体的事例で眺めてみよう。

b．事例1——東京都都心6区

地形が土地利用を規定している一例を，東京の都心6区（千代田・中央・港の都心3区に台東・文京・新宿を加えたもの）に見てみる。図7.4は当該地域の等高線を10m間隔で示したものである。図に見る通り10mから20mの間に急斜面が存在し，江戸期にはこの斜面下が町人街（下町），上が武家屋敷や寺社用地（山手）として利用されていた。この土地利用の原型は，後にさまざまな変容を経つつも，現在の当該地域の土地利用を大きく規定している。

c．事例2——昭和40年代初期の広島市

広島市は，山を背にして，太田川のデルタに発展した町である。その地形の概略は，標高25mくらいまでは緩やかな傾斜で昇り，25mを超えると傾斜は徐々に急となり，さらに100mを超えると宅地造成のほとんど不可能な急傾斜地となる。図7.5は，100m間隔の等高線と主要街路と鉄道を示しているが，主要道路と鉄道は地形に規定されて，東・西・北部の狭い谷あいに集中していることを読みとれる。図7.6は，昭和40年代初期の都市的土地利用の概略である。一部に標高100m近くの住宅

図7・5　昭和40年代初期の広島の地形と交通網

図7・6　昭和40年代初期の広島の都市的土地利用

開発が散見されるが，おおむね地形に素直に順応し道路に誘導された市街地ということができよう。当市の市街地の海側の多くは，埋立により造成された土地に形成されたものであるが，その水際が工場用地に占有されていること，市街地の中央を走る旧国道2号を軸に中心商業地区が形成されていることなどを特徴として挙げることができる。

d．事例3——昭和40年代以降の広島市の丘陵開発

三つの系の関係が比較的安定していた広島市に，そのバランスを崩す形で宅地開発のブームが押し寄せたのは，昭和40年代の後半であった。社会増人口の受け皿として，あるいはより良い住宅と住環境を求めての既成市街地（特に都心以南に広範囲にひろがる狭小借家で構成された老朽過密市街地）からの転出希望に列島改造論が拍車をかけた結果，1981年末現在，1 ha以上の開発ですでに完了したものが298件（2,292.5 ha），工事中のものが36件（757.7 ha），計画中のものが30件（1,148.0 ha），合計で364件（4,198.2 ha）を数えるに至っている。これら開発がすべて完了し，100人/haの住宅用地として利用されると仮定すると，1980年の当市人口（約90万）の半数近い人口収容が可能なこととなる。開発は標高50〜100 mの傾斜地に連担する形で行われているが，災害への危惧，河川の汚染，緑の破壊，義務教育施設需要による市財政の圧迫，長時間通勤，通勤時における都心からの放射道路の市街地入口での慢性的な交通渋滞，などの諸問題をひき起こした。

図7.7は，中小規模の住宅開発がことに連担して行わ

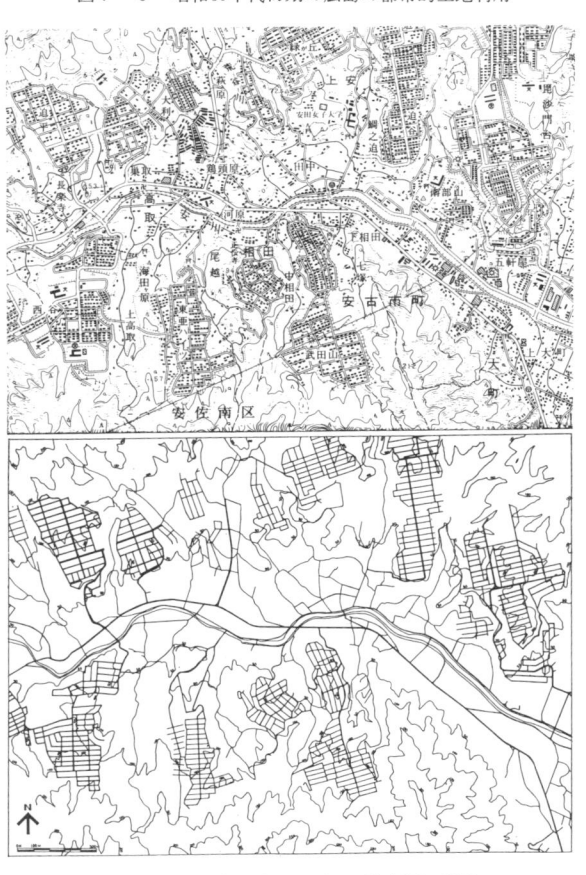

図7・7　広島市安佐地区の丘陵部団地開発

れた地区の，1982年時点での状況である。中央を東西に流れる安川を縫うように走る県道に，10〜50 haの団地が，それぞれ個別に取付け道路をもち，南斜面にも北斜面にも同じように開発されている。市は，開発時に宅地

開発指導要綱を準備していなかったから，学校新設の必要に迫られたときに用地を団地の山側に探し，単独で小学校区を形成できない規模の団地がほとんどであることから，児童生徒の通学のためにも団地連絡道路の後追い整備を行わざるを得なかった。

e. 事例4——越谷市の旧い地形と浸水地域

越谷市は，中川流域の低湿地に位置し，市内を古利根川・新方川・元荒川・綾瀬川などの一級河川が流れている。都心から20〜30 kmの近距離にあたるため，1962年に市中央部を走る東武伊勢崎線が地下鉄日比谷線に乗り入れた頃から人口急増をみせはじめ，1960年の約5万人から，1980年には25.4万人となっている。20年間で5倍増である。かつての集落は自然堤防上に立地し浸水に自衛していたが，高度成長期の市街化は低湿地を避ける余裕と見識をもたなかった。したがって集中豪雨や大雨の度に被害をこうむることとなる。図7.8は，台風18号（1982年）による家屋浸水・田畑冠水地域と，かつての池沼跡（徳川幕府成立に前後して行われた河川改修により干拓・開田され，大部分が水田となった）を比較したものである。両者の類似性をみてとることができる。

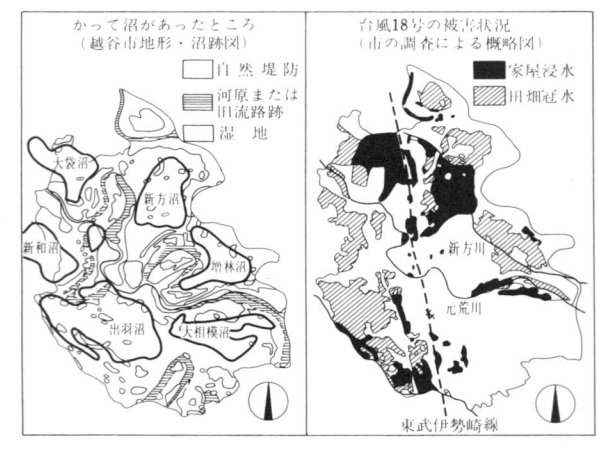

図7・8 越谷市の池沼跡と'82年の18号台風による浸水地域

7.1.3 各種利用空間単位の構成

わが国の市街地（例えばDID）が，農地・水面等の非都市的土地利用を多く含んだものであること，DIDにおける非都市的土地利用の混在率は，都市人口規模が小さくなるほど，時間が最近に近づくほど（建てづまりの大都市を除外すれば）大きくなる傾向にあることは7.1.1で確認した。

では，宅地・道路・公園などの都市的土地利用は，人口に対してどの程度必要であり，どのような構成比をもっているか。1967年の広島市，1980年の東京都区部の調査例で眺めてみよう。1967年時点の広島市は人口51万に対して 3,085 ha の宅地を有していた（60.5 m²/人）。また1980年時点の区部は人口835万に対して 34,300 ha の宅地を有していた（41.1 m²/人）。そして，ともに人口当り 10 m² 強の道路，3〜4 m² の公園を有していた。宅地の利用別内訳は，表7.3の通りである。

表7・3 既存都市の都市的土地利用とその構成比

		広島市の場合(1967年)[*1]			東京都区部の場合(1980年)[*2]		
		面積(ha)	1人当り面積(m²)	構成比(%)	面積(ha)	1人当り面積(m²)	構成比(%)
道 路		623	12.2	16.1	9,878	11.8	20.8
公 園		163	3.2	4.2	3,156	3.8	6.7
宅 地		3,085	60.5	79.7	34,300	41.1	72.5
宅地(内訳)	1 官公庁		1.4		1 官公庁施設		2.1
	2 都市運営施設		7.9		2 教育文化施設		10.2
	3 文教施設		9.7		3 厚生医療施設		1.2
	4 厚生施設		2.9		4 供給処理施設		1.7
	5 娯楽施設		0.7		5 事務所建築物		3.3
	6 専用商業		4.1		6 専用商業施設		1.6
	7 一般店舗		4.9		7 住商併用建物		7.3
	8 工業		19.1		8 宿泊遊興施設		0.6
	9 住居		45.8		9 スポーツ興業施設		0.9
	10 農漁業施設		3.5		10 専用独立住宅		39.9
					11 集合住宅		17.2
					12 専用工場・作業場		6.3
					13 住工併用工場・作業場		2.9
					14 倉庫・運輸関係施設		4.8
					15 農林漁業施設		0.2

[*1] 出典：広島市総合計画策定資料，no.9，「地区対策の検討」，広島市企画局，1969年
[*2] 出典：「東京の土地利用―現況編」，東京都都市計画局，1983年

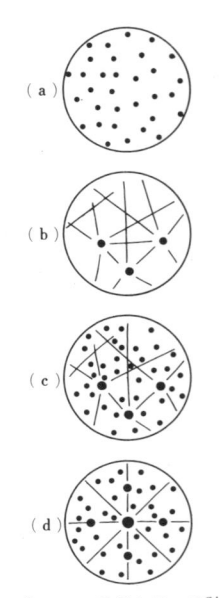

図7・9 フィラデルフィア計画の施設立地コンセプト

表7・4 ニュータウン土地利用，単位：ha．（　）内は構成比％ *1

	住宅用地	幹線道路用地	公園・緑地	教育施設用地	その他		計
千里	505 (43.9)	249 (21.7)	274 (23.8)	76*1 (6.6)	商工業施設用地	46 (4.0)	1,150 (100)
多摩	1,410 (47.0)	477 (15.9)	342 (11.4)	312 (10.4)	公益的誘致施設用地 商業・交通・ユーティリティ施設用地	276 (9.2) 183 (6.1)	3,000 (100)
泉北	670 (44.1)	334 (22.0)	334 (22.0)		公益施設用地 商工業施設用地	91 (6.0) 91 (6.0)	1,520 (100)
港北	763 (57.9)	275 (20.9)	100 (7.6)	114 (8.5)	河川・水路 その他の施設	4 (0.3) 63 (4.8)	1,319 (100)
千葉	1,375 (47.3)	595 (20.5)	325 (11.2)	260 (9.0)	行政商業業務用地 関連施設用地	190 (6.6) 155 (5.4)	2,900 (100)

　この二つの調査は，調査時点，対象都市の性格，宅地分類の方法を異にするので，単純に比較することはできないが，1）都市的土地利用の約3/4が宅地であること，2）宅地のうち6割前後が住宅用地，1割前後が文教施設用地で，専用商業・業務用施設用地は4〜5％であると判断していい。また大都市ほど土地は高密度利用されるという法則を読みとっていい。

　計画的に作られたニュータウンは，就労や消費の場の多くを中心都市に依存していること，オープンスペースを多くもっていることで，既存市街地とは異なった土地利用構成比をもっている。表7.4は数都市の例であるが，1）45％前後の住宅用地，2）20％前後の幹線道路用地，3）10〜20％の公園緑地が平均的な構成比といえよう。

7.1.4　各種利用空間単位の立地パターン

　市街地を構成する各種利用空間単位（土地利用）は，各々固有の立地性向をもっている。当然のことながら計画は，この立地性向を踏まえて立案されなければならない。立地性向を統計数理的に解明することは，都市解析の分野の役割である。アメリカでは1950年代から，日本では60年代中頃から，交通計画立案のベースとなる発生集中交通量の算出に利用することを目的に，さまざまな土地利用（土地開発）モデルや住宅立地モデルが開発されてきているが，ここでは問題を定性的にとらえ，各種土地利用の立地性向を概観しておきたい。

　グーテンベルクは，1960年にまとめられたフィラデルフィア総合計画[2]の基本概念の中で，プランの目的を「すべてのひとびとに諸施設利用の便宜をはかることであり……そのためには居住の場に施設を配置するか，ひとが移動して施設を利用するかの二つの方法がある」と述べた後に，各種施設の立地の仕方には，①利用頻度も高く公共福祉にとっても重要であることから全市域にわたって分散配置されるべきもの（図7.9(a)）と，②交通網を使った移動を前提として配置されるもの（同b）とがあり，③都市構造はこの二つの配置方法の重なり合ったものであるが（同c），④全市民の移動距離を最小にしようとすると，市域内の特定地区に位置や規模の点で特権が付与され，このことが大都市のCBD（中央業務地区）や放射形態に機能上の意味を与える（同d）と続けている。

　グーテンベルクが言及しているように，施設立地には，①人口分布・居住密度に規定されるもの（児童・近隣・地区公園，幼稚園や保育園，小中学校，近隣店舗，消防署や警察派出所，出張所，コミュニティセンター等の住区施設），②都心や副都心に集中するもの（業務施設，専用商業施設，広域にサービスする教育・文化・厚生・行政施設）があり，さらに③交通・水利条件など特定の条件に規定されるもの（工場・倉庫・流通施設等）がある。東京都区部を対象に，上記3種の立地性向をもつ施設の代表例を示したものが図7.10〜7.12である。

　教育文化施設（図7.10，小中高校・大学・美術館・博物館・寺社等）は，大敷地の大学・神社は都心周辺に多いが，中小敷地の小中高校は区域全体に分散立地していること，専用工場・作業場（図7.12）は，大きくは東京湾・多摩川・隅田川・荒川放水路等に，内陸部では神田川・目黒川等の中小河川に規定されて立地していること，事務所・銀行建築物（図7.11）は，丸の内，八重州を核として皇居を囲む形に，また新宿・渋谷・田町方面に線状に枝を出す形で立地していることが分かる。

　計画立案の基礎情報として建物利用現況図は重要なものであるが，計画立案過程では，単一土地利用だけを抽

[2] Comprehensive Plan-The Physical Development Plan for the City of Philadelphia, 1960

出したこのような図の作成が有効である場合が多い。

7.2 都市空間構成の計画

7.2.1 都市基本計画の立案プロセス

C.エイブラム著「都市用語辞典」(伊藤滋監訳)によれば，基本計画(マスター・プラン)は「交通施設・住宅地・コミュニティ施設等がいかにあるべきかを明示する公的な想定と，工業立地・商業・人口配置，その他成長と開発に関する種々の提案をまとめた計画書であり……都市や地域の成長と開発を導く意図をもった総合的な長期計画」と説明されている。個別の都市計画や開発を誘導すべき基本計画は，平成4年の都市計画改正以前は，わが国の都市計画制度の中には明確な位置づけをもっていなかった。強いていえば「整備・開発又は保全の方針」[3]が，これに相当すべきものといえるが，同方針は現在のところ部門別基本計画の充実の方向に動いていて，本来的な意味での基本計画というには問題が残っていた。平成4年の制度改正で，各市町村は市町村マスタープラン(基本方針)を作成することとなり，基本計画は都市計画の体系の中にはっきりした位置をもったといえる。

基本計画は，都市の空間構成上重要な役割を担う土地利用計画(利用空間単位系の計画)と交通計画(循環施設系の計画)の二つを軸に組み立てられる。ここでは土地利用計画を主体として，基本計画の立案プロセスを考えてみる。

さて，立案プロセスは，一般的には図7.13に示すように記述することができる。各段階について若干の説明を加えておこう。

0) **計画区域の設定と基礎調査の実施**　まず，計画区域と分析単位が設定され，現地踏査を含めて基礎調査が行われる。基礎調査は，都市計画法第6条に基づき行われるもので，建設省の作成した調査要綱には，自然条件，人口・産業等の推移と見通し，都市や都市計画の歴史，土地利用の現況・動向と土地利用条件，地価，建物利用現況と立地動向，住宅の状態，交通その他主要都市施設の現況と動向等が項目として挙げられている。調査実施の際留意すべきことは，計画区域と調査区域の関係である。人口や産業の動向は，一体として活動している都市圏を対象に行われなければならない。

---

[3] 都市計画法第7条に規定されているもので，少なくとも7項目について，必要ある場合には他に4項目について，基本的な考え方を示すものとされている。項目は7.3.1に具体的に記されている。

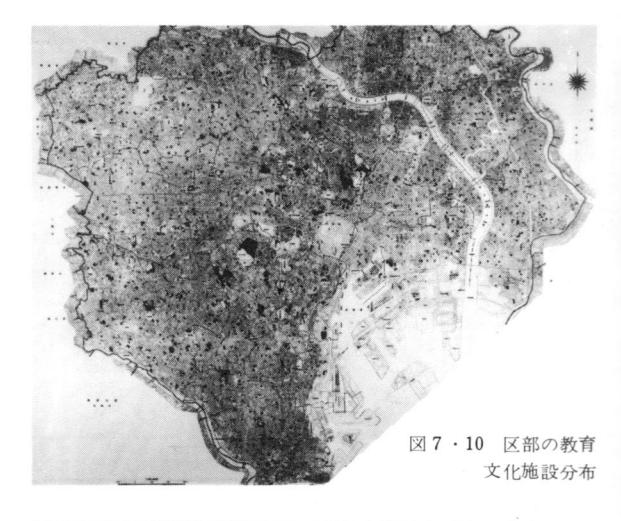

図7・10　区部の教育文化施設分布

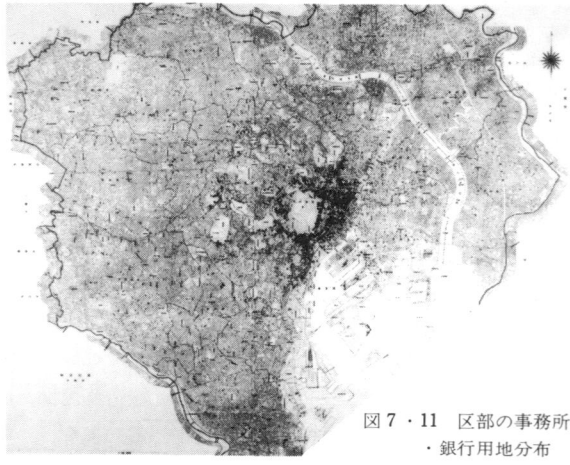

図7・11　区部の事務所・銀行用地分布

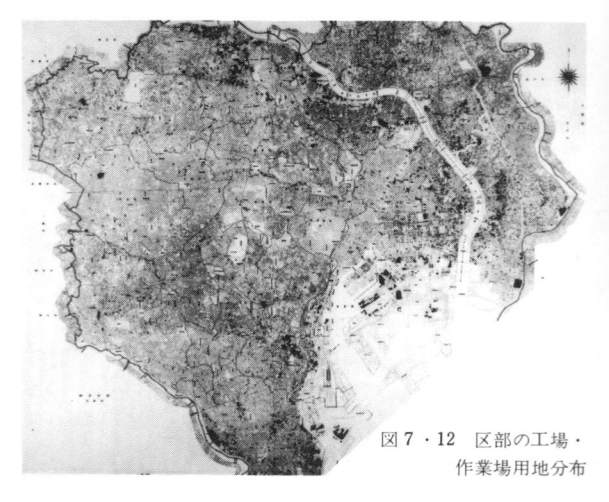

図7・12　区部の工場・作業場用地分布

1) **現状の認識と課題の発見**　基礎調査の結果を十分に読み込むことで，過去の経緯を踏まえた現況が把握される。数値表現された資料をグラフや図にしたり，いくつかの図面を重ねて考えることは現況の的確な理解を

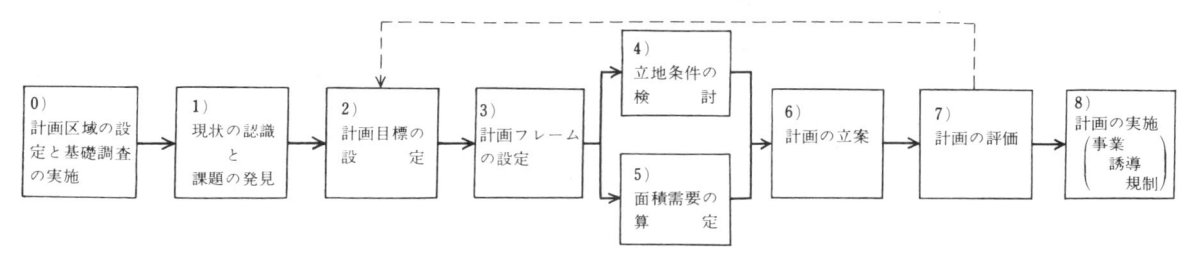

図7・13 基本計画（土地利用計画）立案の一般的プロセス

助ける。結果として，都市計画が解決すべき多数の課題が発見される。次には計画観・価値観に基づく課題の優先順位づけが必要となり次の段階につながる。

2) **計画目標の設定**　計画の目標は，都市の規模，性格，施設や環境の水準について語られる。つまり，産業構成・近隣市町村との関係・昼夜間人口規模・住民像等の点でどのような都市を目標とするのか，家族数やライフ・ステージに応じた住宅の規模・形式・位置，住宅と職場との関係，さまざまな住区施設・地区施設・都市対象施設の整備基準，市街地と農村や自然環境のあるべき関係などについて考察されなければならない。

3) **計画フレームの設定**　計画目標をにらみつつ，人口・世帯・就業者・工業出荷額・商品販売額等の計画フレームが設定される。フレーム設定に際しては，通常，各指標について，過去の推移を統計的に処理したトレンド予測が一方で行われる。ここで注意すべきことは，トレンド予測の値と目標を受けた値との乖離を熟視することであり，計画とは可能な限りにおいてトレンド値を目標値に修正していく行為であるということである。

4) **立地条件の検討**　人口や産業活動量等のフレームを計画図（プラン）に置き換えるには，各種土地利用の立地条件の検討と面積需要の算定という二つの作業が必要となる。前者についていえば，まず土地そのものの資質，つまり地質・地盤・傾斜度・植生・災害危険度などの点からどのような利用に向いた土地であるかの判断が必要である。さらに，7.1.4で概述したように，各種土地利用がそれぞれ独自の立地性向を持っていることの理解が必要である。立地を条件づけるものには，中心へのアクセシビリティ，地価，循環系施設との位置関係，他の土地利用との関係等がある。CBDや大規模工場の立地には基幹交通施設との関係が重要であること，住宅地と工場との間には緩衝ゾーンとしてのオープンスペースの配置が望ましいこと等はその一例である。

5) **面積需要の算定**　面積需要は，直接土地面積で求める場合と，建物延床面積で求め容積率を媒介として土地面積に置き換える場合とがある。住宅地や工業用地は前者で対応する場合が一般的で（グロス人口密度やグロス就業者密度を使用），商業・業務用地の算定は後者で算定することが多いが（就業者1人当りの床面積を基礎に），いずれにしても「密度」の概念が決め手となる。したがって計画者は，さまざまな形式・規模の建築物がつくり出す諸密度について的確な知識をもっていることが肝要である。住宅地についていえば，住戸形式とネット人口密度の関係，さらに宅地化率の相違によるグロス人口密度の変動などである。

6) **計画の立案**　4)，5)を踏まえて，それを総合化する段階である。ここでは，①土地利用配置と交通網との整合性，②住区＝地区＝行政域といった地域の段階構成に見られるような，さまざまなレベルにおける空間の物理的，社会的まとまりの概念，③シビックセンター，都市軸，緑のネットワークなど都市を構成づける仕組み等への配慮が必要となる。

7) **計画の評価**　出来上がった計画は，2)で掲げた目標を達成しているかどうか，市民（議会）に受け入れられるものかどうか，制度的，財政的に十分裏づけがあり，実現可能であるかどうかのチェックを受けなければならない。これらの点で問題がある場合は，計画目標を見直したうえで再び上記手順を繰り返すこととなる。

8) **計画の実現**　評価をパスした計画は，実現へ向けて，各種事業・誘導・規制手法に翻訳される。このことについては，7.3で述べる。

以上が一般的なプロセスであるが，このプロセスは単純に0)から8)へと一方に流れて終了するというものではない。計画の評価の項で述べたように，問題があれば目標設定にまで立ち返る必要があるし，基礎調査にしても，初期の段階ですべて行うよりも，初期にはやや粗い調査を行い，プロセスを進める過程で具体的，目的的に詳細調査を補足する方が効率的であり，かつよい結果を生む場合が多い。このことを重視したプロセスの表現として，二例を紹介しておこう。

図7.14は，土井[4]による都市基本計画策定の手順である。一般的には，準備作業→基礎調査→フレーム設定→スケッチ→計画案作成→計画評価→計画図書作成と表現できるが(a)，多くの場合，評価の結果新たに課題が発見され，スパイラルを描きつつ(b)成案に近づくこととなる。

また，F.S.チェピンは，土地利用計画というものは，三つの展開が相互に関連しながら進められるのが望ましいとしている。三つの展開とは，①課題設定→目的設定→対応原則の決定→長・短期の解決策の設定→評価→実施という，スパイラルを描いて進む〝操作化された合理的手順〟，②手順の各段階での縦方向の手法の精緻化，③各段階の，実施段階へ向けた直接的貢献であり，ダイアグラム化すると図7.15のようになる。前述したように計画行為は決して一方通行では済まないことを，この図も語っている。

7.2.2 密度と密度計画
a．密度とは

「単位面積当りの諸元の量」を密度といい，単位面積としては土地や建物床面積が，諸元としては人口・建物床面積，各種都市施設用地，各種経済活動量があるが，都市計画において頻度高く使用される密度は，①人口密度（人口／土地面積），②建ぺい率（建築面積／土地面積），③容積率（建物延床面積／土地面積），④道路・公園率（道路・公園用地／土地面積）等がある。また，⑤１人当りの各種施設面積（例えば，オフィスの事務室は10〜15 m²/人，ホールの客席部分は0.6 m²/人など）は，建築計画では重要な指標である。

密度は，ベースとして土地のとり方で，①総密度（Gross Density），②純密度（Net Density），その中間としての③半総密度（Semi-gross Density）などさまざまな値をとる。住宅地の人口密度を例にとれば，地区の全面積に対する密度が①，住宅用地として利用されている宅地に対する密度が②，半総密度はさまざまな測り方があるが，例えば住宅用地と住宅関連施設用地の合計に対する密度をいう。密度はまた，小学校区，町丁目，街区，単位メッシュなど，測定単位の設定の仕方によってさまざまな数値をみせる。いうまでもなく測定単位が大きくなればなるほど数値は平準化され，狭域な小地区の環境の差が見えなくなってしまう。計画時には，目的に応じた土地面積・測定単位を選ばなければならない。

さまざまな市街地の諸密度について，実態空間と数値を対応させて理解しておくことが重要であるが，これはⅢ章に譲ることとして，ここでは市街地内での密度分布（密度構造）にのみ触れておこう。

b．夜間人口密度構造

世界の主要都市の19世紀以降の夜間人口密度構造を

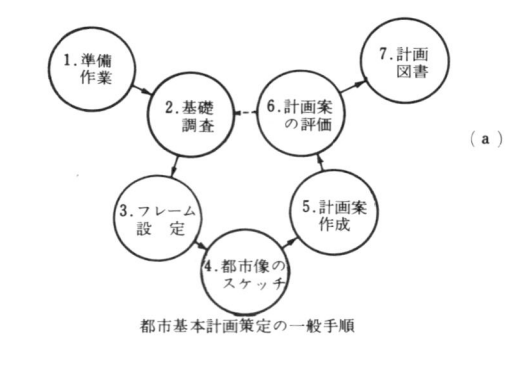

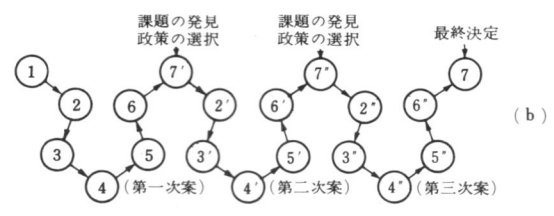

図7・14　漸新的な計画法（スパイラル方式）*2

4) 土井幸平：新建築学大系16，「都市計画」，P.179〜180，彰国社，1981

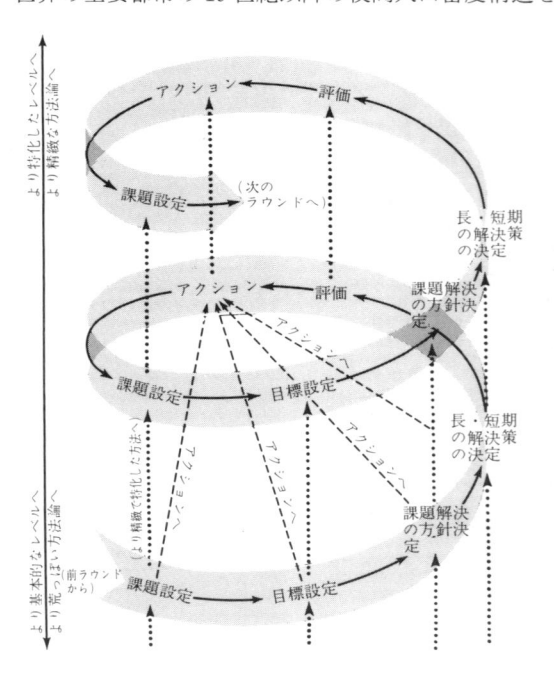

図7・15　F.S.チェピンによるプランニング・プロセス*3

時系列的に解析して，密度が都心からの距離の指数関数で表示されると唱えたのは，C.クラークであった (1951)。彼は，都心の人口密度を D_o とするとき，都心から距離 x 地点の人口密度 D_x は，$D_x = D_o e^{-bx}$ の式で表示されると結論づけた。労作ではあったが，この式では都心の密度が突出していて，近年になって顕著になったいわゆる人口の「ドーナツ化現象」を表わすことができない。このためクラークの式を改良して，1961年にはJ.C.ターナーが $D_x = D_o e^{-bx^2}$ の式を，1969年には B.E.ニューリングが $D_x = D_o e^{bx-cx^2}$ の式を提示した。ターナーの式では都心の人口密度は頭打ちの形をとり，ニューリングのそれでは最高人口密度は都心を離れた地点となり，ドーナツ化現象を表現することができる。密度構造の具体例を，東京都区部で眺めてみる。

東京区部と限らず一定規模以上の活動集積をもった市街地の場合，その構造を都心を核とする同心ゾーンと都心から放射するセクターの複合型として把握することができる。前者は E.W. バージェス[5]により (1929)，後者は H. ホイト[6]により (1939) 指摘された事象である。東京の場合これに加えて，山手（西）と下町（東）という地形のもたらす側面が作用する。図7.16は，区部を，東京都庁を中心点とする2kmごとの同心ゾーンと，東北=南西，北西=南東の2軸で4分したセクターに分け，ゾーン別・セクター別の1977年のグロス夜間人口密度を示したものである。北・東セクターでは6~8kmのゾーンに200人/ha弱のピークを，南・西セクターでは8~10kmのゾーンに200人/ha強のピークをもつ，山型の密度構造が読みとれる。

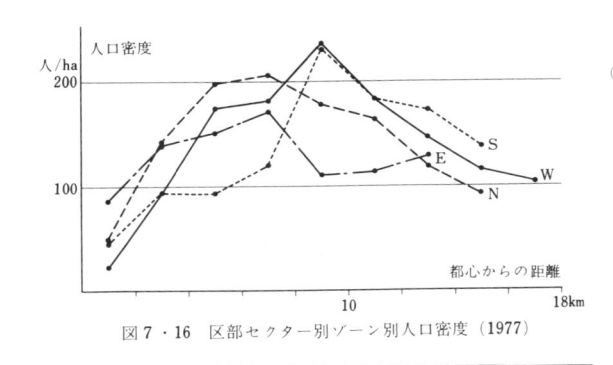

c. 建物容積率構造

市街地のシルエットを形成する容積率構造は，前記夜間人口密度と，都心に顕著なピークをもつ昼間人口密度を加え合わせた形をもつものということができる。

図7.17は，東京駅を中心に1km間隔のゾーンを設定し，1980年のグロス容積率を示したものである。全建物容積率は，0~1km圏（以下1km圏と記す）の260%をピークに4km圏の100%まで急減して，4km以遠では徐々に密度を下げながら15km圏の48%に至っている。7km圏の小さな山は副心の存在による。

容積率を建物用途別に見ると，①都心に容積のピーク

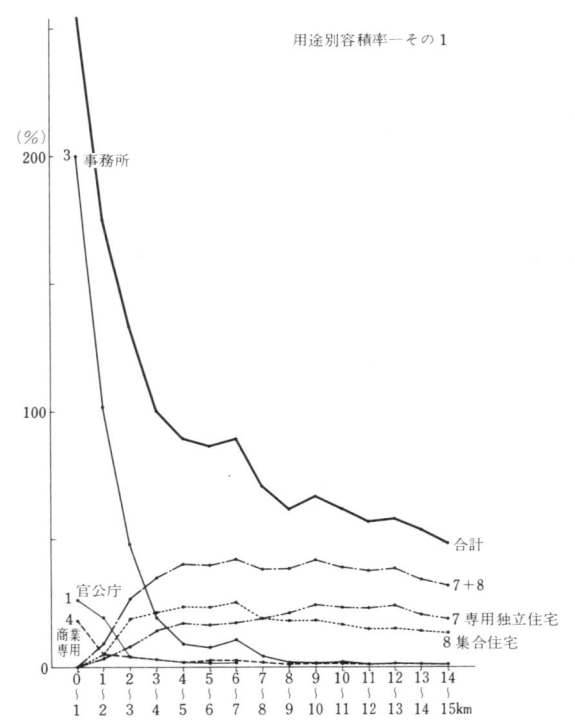

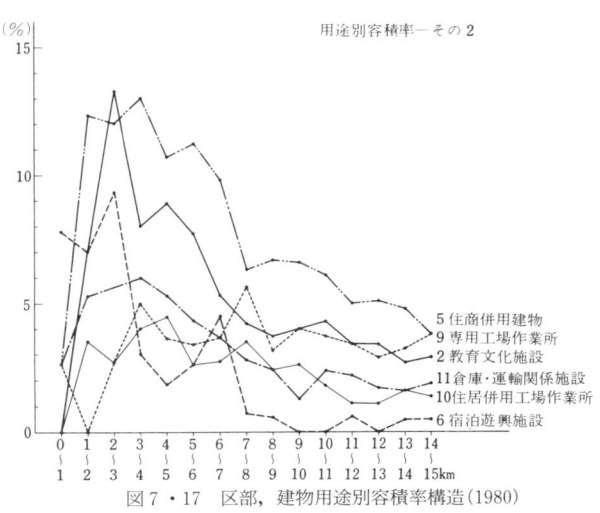

図7・16 区部セクター別ゾーン別人口密度（1977）

5) Burgess, E.W.: The Growth of the City, in R.E.Park et al.(eds), The City, Chicago; University of Chicago Press 1925

6) Hoyt, H.: The Structure and Growth of Residential Neighborhoods in American Cities, Washington; Federal Housing Administration, 1939

図7・17 区部，建物用途別容積率構造（1980）

をもつもの，②都心を離れるにつれて容積を増しやがてほぼ一定値となるもの，③都心を少し離れたところにピークをもつものが存在する。①には事務所・官公庁・専用商業施設，②には住宅・工場，③には住商併用建物（ピークは 4 km 圏）・教育文化施設（同 3 km 圏）・倉庫運輸関連施設（同 4 km 圏）・住宅併用工場（5 km 圏）・宿泊遊興施設（同 3 km 圏）が該当する。なお，事務所や宿泊遊興施設では 7 km 圏に顕著な 2 次ピークがありこれら施設が副都心の重要な構成要素であることを示し，住宅の場合 8 km 圏を境にして集合住宅と独立住宅の量が逆転すること等が読みとれる。

d．密度計画例

7.1.4 で触れたフィラデルフィア総合計画では，計画の基本概念の一つに密度構造を取り入れ，密度はすべての施設へのアクセシビリティに規定され，アクセシビリティは，①都心や副都心で高い（図7.18（a）），②かつ鉄道駅や高速道路の交差点でも高い（同図 b），③これら地点から離れるに従って減少する（同図 c），4）密度計画の方針はこれら事象を基礎にたてられるべき（同図 d）ことを述べている。分かりやすい説明である。

7.2.3　住区と住区計画
a．近隣住区理論の体系化

近隣住区理論は，1920 年代に C. A. ペリーによって体系化され，その内容は，1929 年に刊行された「ニューヨークとその周辺の地域調査」双書全8巻の第7巻「近隣とコミュニティの計画」に全貌をみせている。1920 年代のアメリカは，交通災害をはじめとする既成市街地の環境悪化が進行した時期であり，千人当りの車の保有率は，大衆車（フォード T 型）の開発やその月賦販売システムの普及により，1920 年の約 80 台から 30 年には約 200 台に増加し，交通事故も急増した。このような都市状況を背景に，ペリーは近隣住区の物理的形態を，次の六つの原則にまとめている（図2.19）。

1. 規模　　一つの小学校を必要とする人口の大きさ。実際のひろがりは人口密度によるが，当時のニューヨークの平均的郊外住宅地では半径 1/4 マイル，約 160 エーカー。
2. 境界　　周囲はすべて十分な幅員の幹線街路で画される。住区の通過交通の排除が目的である。
3. オープンスペース　　住区の需要に見合う公園・リクリエーションの用地を計画する。独立住宅の場合，住区の約 10 %。
4. 住区施設用地　　中心部のコモンの周囲に，小学校・教会・コミュニティビルディング等を配置する。
5. 商店　　人口に見合う商店群を，住区周囲の交差点近くに，隣接住区のそれと近接する形で 1 か所以上配置する。
6. 内部街路　　街路網は，格子状パターンをやめ，住区内の動きを容易にし，かつ通過交通を排除するように計画する。

ペリーは，1912 年からの 10 年ほどを，ニューヨーク郊外の住宅地フォレスト・ヒルズ・ガーデンに居住していたが，この住宅地の納税者組合（後に法人格の近隣組合に改組）は，団地内の共有地の管理，土地利用の規制，共同サービスの提供，そのための必要経費の徴収等を行っていた。近隣住区の理論の根底には，この経験に基づく地区協議会的構想が存在していたものといわれてる。

b．近隣住区理論の新都市開発への適用

近隣住区理論は，郊外住宅地の計画に次々と適用されていった。なかでも，1928 年から開始されたラドバーンの開発は，計画人口 2 万 5 千人を，小学校を核とする三つの住区に分け，住区内の計画については，延長 100 m 未満のクルドサックに 20 戸足らずがクラスターする単

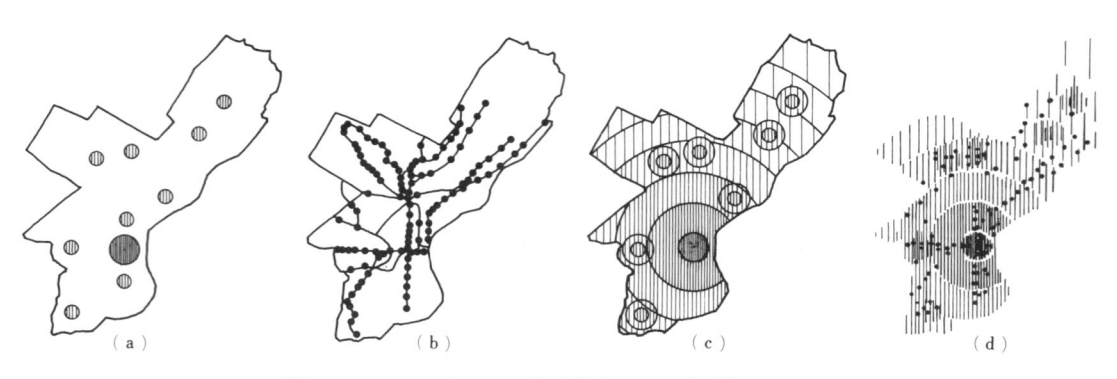

(a)　　　　　(b)　　　　　(c)　　　　　(d)

図 7・18　フィラデルフィア総合計画における密度構造コンセプト

位を基本とする，いわゆるラドバーン・システムを創造することで，①格子状街区を廃してスーパーブロック的に扱う，②機能により街路を段階分けにする，③歩行者と車を完全分離するなど，近隣住区理論を市街地形態として純化し，後の住宅地計画に大きな影響を与えた。しかし，近隣住区理論の広範囲な区域にわたる体系的な適用は，戦後の新都市建設をその場とした。イギリスの事例を中心に概観してみよう。

イギリスの新都市は，その計画時期によって，ハーロウやスティヴネイジに代表される1940年代後半に指定を受けた第Ⅰ期新都市群，1950年代後半のカンバーノルドやフックの第Ⅱ期群，1960年代半ば以降のランコーンやミルトンケインズに代表される第Ⅲ期群に分けてとらえるのが一般的である。3期にわたって，人口規模は約6万→10万→25万と拡大するとともに，立地位置の外延化やマストランジットによる市街地の構造づけが行われていくにつれて，市街地構成や住区の扱いも少しずつ変化していった。

1) **ハーロウ**（ロンドン北方約48 km，計画人口当初6万人，面積2,450 ha）　人口約6千人の近隣住区が2〜3個集まって地区を構成し，地区が四つ集まって都市を構成するという，3段階の市街地構成をとっている。住区や地区相互は緑地と道路によって明確に区分されていて，住区・地区・都市は各々センターを有している。近隣住区の中心には，小学校，4〜6店舗，ホールやパブから成るサブセンター，教会等が配置されている（図7.20）。日本の例では，千里ニュータウン（計画人口15万，面積1,150 ha）等がこのタイプに属する。

2) **フック**（ロンドン西方約60 km，計画人口10万，面積3,000 ha）　第Ⅰ期のニュータウンの経験から，中間段階である地区中心の性格が曖昧となることが明らかとなった。また，あまりにスタティックな近隣住区理論の適用も問題視された。これらの事項に対する批判から計画されたのが計画倒れになったフックであり，ワンセンター・システムの新都市として話題を呼んだ。この都市でも，ハーロウと比較すると開かれた形ではあるが，近隣住区的まとまりは配慮されている（図7.22, 7.24(a)）。住区のまとまりは，800 m×400 mで居住人口4〜5千人。周囲を分散道路が走り，中央にセンター（長さ1.2 km，幅0.4 km）に通ずる歩行者路が計画され，さまざまな住区施設が配置されている。高規格道路で囲まれ，このような住区で構成されるインナータウンには全人口の60%が居住し，アウタータウンは各々サブセン

図7・19　ペリーの近隣住区ダイアグラム[*4]

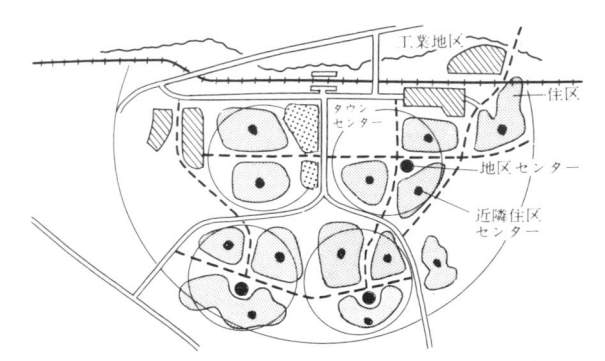

図7・20　ハーロウ・ニュータウン[*5]

図7・21　フック・ニュータウン[*6]

ターをもつ三つの近隣住区にまとめられている。日本の事例では，高蔵寺ニュータウン（計画人口8.7万人，面積850 ha）がこの影響下にワンセンターとして計画されている。

3) ランコーン（リバプールの西南方約22 km，計画人口10万人，面積2,900 ha，中に人口3万人の既存市街地を含む）　新都市全体は，800 mピッチで停留所をもつ8字形のバス専用ルートにより構造づけられている。バス停留所の中間には，ローカルセンター・小学校・クラブハウス・教会等により構成されるコミュニティの中心地区が配置されている。人口8千人の規模をもつコミュニティは，人口2千人の住区に分割されその中心には店舗群をもつ。コミュニティの外側には環状の高速道路が走り，これから各住区への分散路が分岐して車の専用ネットワークを形成すると同時に，住宅地と外周の工場ゾーンを分離している（図7.22，7.23(b)）。同様に，住区をマストランジットにより構造づけたものとしてアーヴィン（計画人口8.4万，面積4,960 ha，住区のまとまりは約6千人）があり，日本では，泉北ニュータウン（計画人口18.8万人，面積1,520 ha）や多摩ニュータウン（計画人口30万人，面積3,000 ha）がこの型に属し，ともに中心都市から放射する鉄道を分岐導入することで，鉄道駅を中心にもつ住区の連続により都市全体が構成されている。

c. 近隣住区理論の既成市街地への適用

新開発において，住区理論を基礎とした市街地の段階

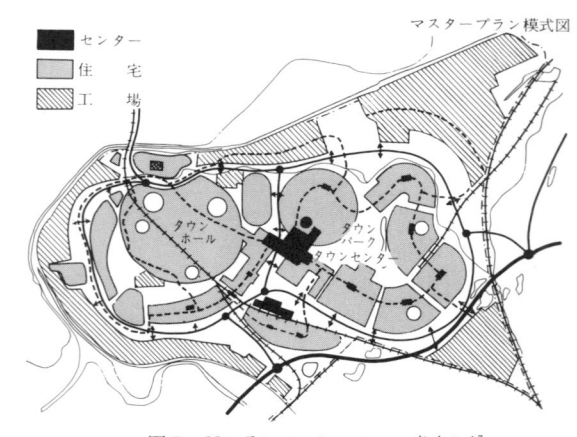

図7・22　ランコーン・ニュータウン*7

構成の有効性が確認されると，次には非計画的につくられた既成市街地をこの理論に基づいて再構成することが試みられる。1950年代のアメリカ諸都市において策定されたジェネラル・プランには，コミュニティ（地区）〜住区という市街地の段階的区分を行って，地区更新や地域施設整備の手掛りとしている例が多いし，昭和40年代中頃以降，日本の諸都市においてその策定が急速に普及した市町村総合計画（基本計画）においても，住区の考え方を根底においた段階的地区区分を行って，諸施策の基本としているものが一般的である。

さて，ハーローのように近隣住区理論を厳格に適用した新開発計画では，町内会・自治会などの社会空間，各種公共公益施設の利用圏としての機能空間，市街地の構成要素や環境の面で同質な等質空間，通過交通の多い幹

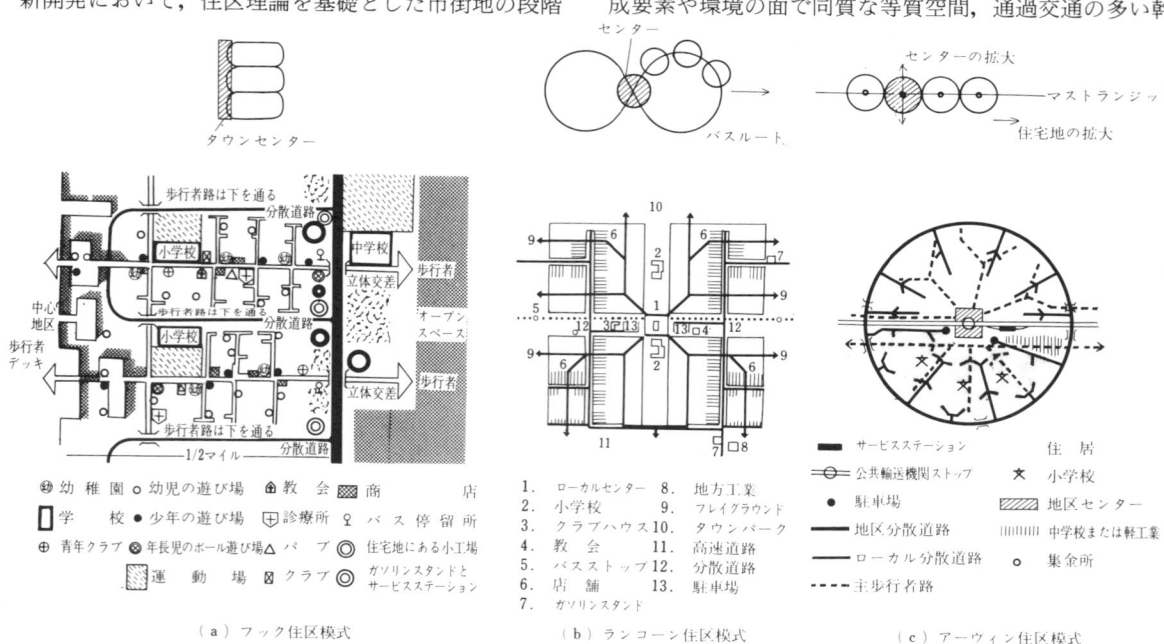

（a）フック住区模式　　（b）ランコーン住区模式　　（c）アーヴィン住区模式

図7・23　ニュータウンにおける住区模式*8

線街路等で囲まれる居住環境空間を完全に一致させることが可能である。非計画的につくられた既成市街地に住区理論を適用する際に問題となるのは，既成市街地の場合上記した社会空間・機能空間・等質空間・居住環境空間が一致しない場合が一般的なことである。これら諸空間の不一致のなかで各自治体は，当該自治体にとって一番重要な切口を手掛りに地区区分を決断しなければならない。

図7.24の一番左の図は，ある自治体の総合計画の中で行われている住区区分である。この計画は，鉄道や幹線街路，つまり居住環境空間を区分の手掛りとしているが，図のハッチで示した住区に注目すると，この住区は，三つの小学校区，二つの駅勢圏，三つの商圏，四つの町内会区域，二つの等質地域にまたがっていることが分かる。

計画における地区区分は，「住区」等の名称で呼ばれている1次生活圏，1次生活圏をいくつか集めた「地区」等の名称で呼ばれている2次生活圏，さらに2次生活圏をいくつか集めた3次生活圏，そして市区町村域といった風に段階的に行われるのが一般的で，段階数は市町村の人口規模や広がりによる。図7.25は，昭和60年頃の東京23特別区の基本構想・基本計画の中で地図上に空間的に明示されている地区区分をまとめたものである（計画の考え方としては存在するが，空間表示されていない下位の区分は示されていない）。図から，①多くの区が住区＝地区＝区行政域という3段階の地区区分を行っていること，②区分単位の面積は，主として人口密度が影響して都心区で小さく外周区で大きいことが読みとられる。また図からは判読できないが，区分の手掛りとしては，幹線街路を重視している区（足立区や世田谷・練馬区），出張所圏を重視している区（中野・目黒・大田区等），駅勢圏を重視している区（杉並区）などさまざまである。

d．総合計画の中で住区計画の扱い

総合計画の中での住区区分は，当初は住区内生活幹線や公園等の公共施設，保育所・小中学校・集会室・老人いこいの家・出張所等の公益施設の設置の目安として行

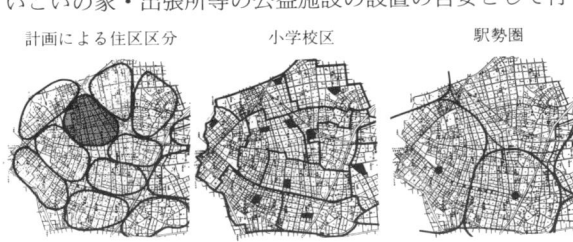

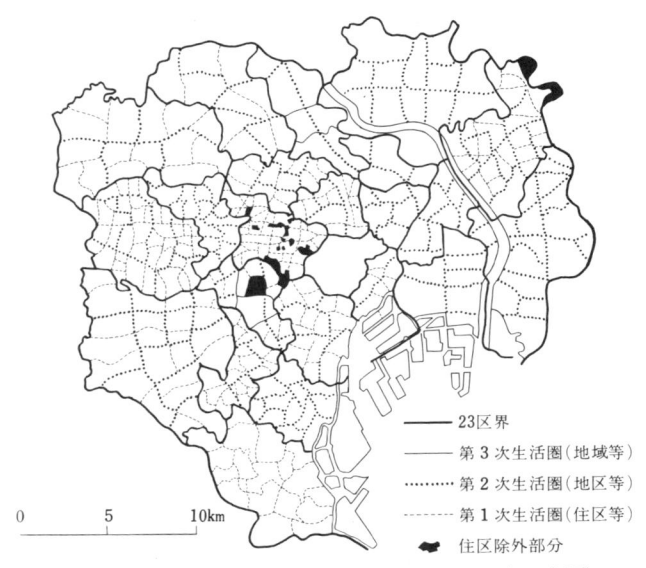

図7・25 東京23特別区の計画にみる地区区分（昭和60年頃）

われ，徐々に生活街路の創設や，住宅などの民有施設の整備・改善等をも取り込んだ「まちづくり」の単位としてとらえられるようになる。そして公共・公益施設整備のための単位としての住区区分も，⓪住区割だけの明示の段階から，①住区割と施設整備基準を合わせて明示する段階，②①に加えて基準を空間化して示す段階，③住区割と施設整備基準を明示し住民参加による空間化を志向する段階等さまざまな扱い方が行われてきている。23特別区の事例を中心に，これら諸段階の具体例を眺める。

1）住区割と施設整備基準の明示──文京区基本計画（1972年） この計画では，行政域を，計画路線を含む幹線街路で囲まれた人口1～2万人の住区コミュニティ（原則として半径500m），住区コミュニティが3～4集まって形成される住区ブロック（人口3.5～4.5万），住区ブロックが五つ集まって区域という具合に3段階構成でとらえ（図7.26），各々の広がりに対して施設整備基準を掲げている。この計画は近隣住区理論の素直な適用といえるが，幹線街路による地区区分が日常生活における付き合い範囲などの社会空間や小学校区などの機能空間と一致していないという点で住民に不評であったことや，

図7・24 既成市街地における諸空間

計画がコンサルタント中心に行われ行政に定着しなかった等の理由で，十分には機能しなかったと聞く。

  2） **住区割・施設整備基準の明示とその空間化**——世田谷区総合計画〈基本計画〉（1971年）　当計画では，都市計画街路（計画路線を含む）を境界に区全域を11の地区に区分し，さらに地区を2～3に再分割して計23の区域を定め，かつ区民の日常生活圏に近い約1km²の広がりをもつ60～80の住区を想定して，区域を含め4段階構成で把握された広がりに対して整備施設を対応させている。ここまでは前記した文京区基本計画とほぼ同じであるが，この計画の特色は，基準を空間化して表現していることである。図7.27は，ひとつの地区の計画例であるが，各種施設の現況に加えて，整備基準と照らした場合今後必要となる諸施設を現況施設と色を違えて，土地取得が可能でかつ位置的に適切であると判断される位置にプロットしている。各種施設は，その各々が望ましい位置にあるだけではなく，施設相互が望ましい位置関係にあることが期待される。このような施設配置を可能にする方法の一つは，基準を計画的に空間化することである。しかし，基準のこのような空間化は，それを手掛りにいくつかの施設建設が実現したというメリットをもつ一方，同時に不確定要素を含んだままの空間化は混乱をまねくというデメリットも併せもつと聞く。

  3） **住区割・施設整備基準の明示とその空間化・計画決定**——札幌市住区整備基本計画（1973年）　札幌市では，1971年に長期総合計画を立案し，その中で住区整備基本構想を打ち出した。当市では，この構想の体系的実現を図るべく，計画基準の空間化（住区整備基本計画の立案）を図った。

  つまり，1970年のDID外市街化区域内を，鉄道・河川・幹線街路・行政区界等を手掛りに，小学校区規模にほぼ対応する116の住区（面積約100ha，）に区画し，各住区に対し次頁図7.28の下表に示す基準をもとに，小中学校，近隣・地区公園，住区内街路等を1：5000の地図に空間化したわけである（図7.28）。さらに緊急度の高い施設からその都市計画決定をはかるよう誘導し，一定の成果を収めている。

  4） **施設整備基準の住民参加による空間化**——中野区・目黒区の例　住区割と施設整備基準を明示し，かつ住区協議会を設けることによって住民参加による行政を展開しようと試みている区がある。

  中野区では，出張所を五つの機能（①地域情報の収集・処理，②市民活動の援助，③地域事業の実施，④地域

図7・26　文京区基本計画における地区区分（1972年）
〔出典〕文京区：文京区基本計画

B：住区ブロック
C：住区コミュニティ
Cは幹線街路で区分されている

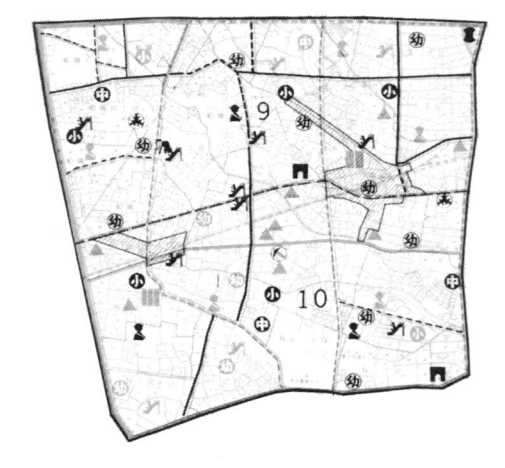

図7・27　世田谷区総合計画(1971)におけるひとつの地区

の企画・立案・調整，⑤地域でのサービスの提供）をもつ「地域センター」（区内で15か所）に拡充改組することで，このことを達成しようとしている。

また目黒区では，区域を五つの地区（人口5～7万，最大半径1.5km），22の住区（人口8～20千人，半径1km，原則として町丁目界を基礎に小学校区を尊重）に区分し，前者には地区集会施設（土地・建物延床面積とも1,600m²）を含む，後者には住区集会施設（土地350m²，建物200m²）を含む施設基準を提示し，住区協議会の議論を踏まえた街づくりを目指している。

e．**地区別計画，総合的「まちづくり」計画へ**

1975年を前後とする頃から，地域施設（主としてハコモノ）整備中心の住区計画から，生活街路や住宅の整備改善も含めた総合的なまちづくりの試みが始められている。このため，東京都23区をはじめとする大都市を中心に，行政域を数個から数十個に区分した「地区別計画」を策定するようになってきた。「地区別計画」の策定は，今後地域的にひろがり，内容も豊富化されていくものと考えられる。建設省はさまざまな事業手法を創出するこ

とでこの方向を支援している。過密住宅地区更新事業（1974年），住環境整備モデル事業（1978年），特定住宅市街地総合整備促進事業(1979年)，都市防災不燃化促進事業(1980年)，木造賃貸住宅地区総合整備事業，同密集地区整備事業（1982年）等がそれである。

また，平成4年の都市計画法改正では，市町村マスタープランは全体像と地域別構想で構成されるものとされ，地区別計画の立案が加速される方向にある。

7.3 都市空間構成の実現

7.3.1 実現の手法

立案された基本計画は，さまざまな規制・誘導・事業に読み替えられることで，実現に橋渡しされる。これら実現手法に関して現行法は，10章で詳述されるように七つの内容（市街化区域および市街化調整区域，地域地区，促進区域，都市施設，市街地開発事業，予定区域，地区計画等）をもっている。また現行制度では，県の作成する市街化区域および市街化調整区域に関する「整備・開発又は保全の方針」と，市が策定する「市町村マスタープラン」（基本方針）が「基本計画」の役割を担うものとして位置づけられており，市街化区域の画定を除く上記六つの具体的都市計画は，この方針に基づいて決定されるべきものとされている。方針は，少なくとも定めるべき7事項（①都市計画の目標，②土地利用の方針，③市街地の開発及び再開発の方針，④交通体系の整備の方針，⑤自然環境の保全及び公共空地系統の方針，⑥下水道及び河川の整備の方針，⑦その他の公共施設の整備の方針）と，地域の特性に応じて定めるべき4事項（①′市街地整備のプログラムと基本的事項，②′公害防止又は環境の改善の方針，③′都市防災に関する方針，④′住宅の建設の方針）とで組み立てられることとなっており，このうち主として②に基づいて地域地区の指定が，③に従って地区整理や都市再開発等の市街地開発事業や地区計画等が，④に従って都市計画街路等の交通施設が計画されるわけである。また，基本方針は全体像と地域像がそれぞれ明確化されるべきものとされている。

7.3.2 実現につなぐ計画の形——土地利用計画の地区対策計画への読み替え

a．地区対策計画（Treatment Plan）の必要性

基本計画の主要な構成要素である土地利用計画は，将来都市像を土地の利用という視点から空間的に表示した

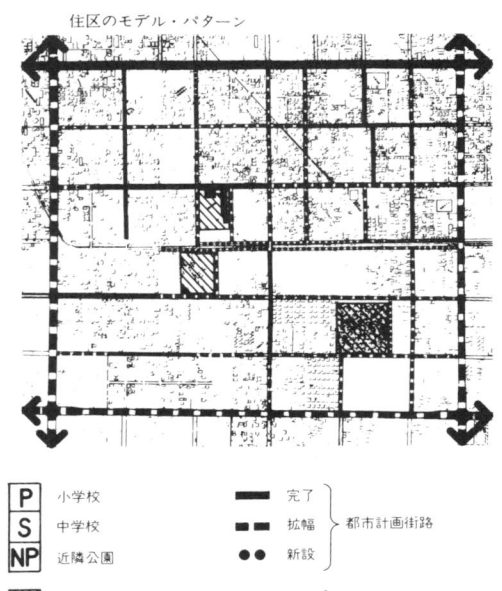

図7・28　札幌市住区整備基本計画（1973）

ものであり，いわば「到達すべき目標」を提示したものである。そして目標の十分な達成には，多様な規制・誘導・事業手法が相互関係をうまく保ちつつ展開されることが必要である。ところで個別の手法は，いわゆる「縦割り行政」機構の中で，各々別の部局で担われることが多く，その相互調整をとるためには，「到達すべき目標」を提示するだけではなく，それを「目標に至る手段」に読み替え，部局間相互のさらには民間部門を含めた共通の認識とする必要が生ずる。ここではこのような目的をもつ計画図（形式）を「地区対策計画」と呼ぶこととする。

地区対策計画立案の必要性は，都市計画の関心がフロー収容対策中心からストック全体の再整備・維持管理を組み込んだものに移行する過程で——わが国の場合でいえば，高度成長期にみられたような郊外部での新市街地造成や，都心部での局所的，拠点的建替え型再開発中心から，1975年頃から徐々に明らかになってきたような，

新開発ばかりでなく建替え・改善・保全策を総動員した既成市街地全体の更新（広義の都市再開発）を組み込んだ型へと移行する過程で——より拡大されてきたということができる。

b．制度にみる地区対策計画

土地利用計画から地区対策計画への重点の移行は，各国の都市計画制度の中で，各々の国の都市の状況変化や必要とされる都市計画の内容・質の変化に応じて行われてきた。

アメリカの場合，都市更新の基本計画ともいわれるCRP（Community Renewal Program）——既成市街地を再開発地区（Redevelopment）・改善地区（Rehabilitation）・保全地区（Conservation）に区分し，その実現に必要な手法・財源・時期等を明らかにする計画——の策定が，更新のための連邦補助を受ける要件として自治体に義務づけられたのは1959年であった。またイギリスにおいて，将来の土地利用の明示を含む詳細な内容をもつ基本計画（Development Plan）が，Structure Plan と Local Plan に分解され，前者においては「目標」とする将来土地利用の明示に合わせてそれに至る「手段」（再開発・改善・保全・新開発）の検討を要求されるようになったのは1968年法においてであった。ともに地区対策計画を重視する方向での変更であるが，両国では約10年のタイム・ラグをもっていた。日本において同様の考え方は，さらに10年余を経え，市街地整備基本計画（1977）や都市再開発方針（1980）という形式で展開されることとなる。前者は市街化区域内既成市街地外を，後者は既成市街地（例えば1965年のDID）を主たる対象とした計画である。また，前者は公的計画にかかわり，後者は公的計画に加えて民間投資にも対応する計画である。

c．市街地整備基本計画

1977年度より三大都市圏の人口急増都市と地方中枢都市を主対象に策定が要求されることとなった計画で，根幹的都市施設整備（道路・公園・下水道）と面的整備（区画整理や再開発）を総合して，各事業間の調整および公共投資財源との調整を図りつつ，市街地全体整備に関する体系的プログラム——整備の手法・財源・時期（20年間を3期に区分）を明らかにした——を策定することを目的とするものである。市街地整備の立遅れや厳しさを加える財政面での制約の認識に立つ計画であり，1984年3月末現在，全国線引き都市計画区域(325)のうち215区域（66％）で策定されている。

d．都市再開発方針

1980年の都市再開発法の一部改正により，当面22政令都市（東京区部・大阪市とその周辺市，名古屋・京都・札幌・広島・北九州・福岡の各市）に義務づけられることとなった計画である。この計画では，当該都市計画区域内にある「計画的な再開発が必要な市街地」（1号市街地）の再開発の目標や合理的かつ健全な高度利用および都市機能の更新に関する方針を明らかにすること，また，1号市街地のうち特に「一体的かつ総合的に市街地の再開発を促進すべき相当規模の地区」（2号地区）について整備または開発計画の概要を明らかにすること，さらに2号地区に準ずるものとして「戦略地区」や「要整備地区」の検討を行うこと等が要求されている。ここでいう再開発は，都市再開発法でいう建替え型再開発に限定されることなく，改善・保全・新開発のすべての手法を含んだものと考えられている。建設省は，将来的には一定規模以上のすべての都市において同様の検討が行われることを構想していると聞く。土地利用計画から地区対策計画へと都市計画の重点が移行していることがうかがえる。

e．市町村マスタープラン（基本方針）

1968年法では，都道府県が作成する「整備・開発又は保全の方針」が都市の基本的計画として位置づけられたが，1992年の法改正により，市町村が作成する「基本方針」（市町村マスタープラン）がこれに加わることとなり，都市計画における市町村の役割が強まることとなった。1993年6月25日付通達によれば，基本方針は「全体像」と「地域別構想」で構成され，前者では，①都市構造・空間形成の基本的考え方，②土地利用・施設整備・市街地開発事業等の方針，③良好な都市環境形成の方針，④都市景観形成の方針等とそのプログラムを明らかにすることが，後者では，①建築別の用途・形態，②整備すべき諸施設，③緑地の保全・創出，④空地の確保，⑤景観形成上配慮すべき事項が明らかにされるよう指示されている。都市計画は，住民参加を踏まえたミクロな環境整備を取り込む方向に動いているといえる。

8 都市の構造計画

　都市の基本構造を形成する基盤施設は多様であるが，ここではその主たるものを取り上げて，都市交通，緑地網，都市水系，ならびに情報システムとエネルギー供給の各施設を対象とするものとした。
　1節では都市における道路網計画を主とした都市交通計画論を，2節では都市における緑地構造のあり方を中心とした緑地計画について，3節は都市水系に上，下水道計画を含めた都市水系計画を，4節では主として新しい時代が求めつつあるエネルギー供給施設と情報システム施設計画に重点をおいている。

8.1 都市交通計画

8.1.1 都市交通の特性と計画の課題

a. 急速なモータリゼーションの進展に伴う問題

　1955年代の中頃から急速に進んだ自動車の普及状況を諸外国との比較においてみると，図8.1に示すように，わが国では1961年では47.5人/台であったのが，4年後の1965年には15.5人/台，さらに1970年には5.9人/台に急増し，最近の1983年においてはイギリスの3.1人/台をこえ，2.8人/台に達している。これほど短期間に急激に増加した例は他の先進諸国においても見られなかった点である。こうした自動車の増加に対応すべく，道路等の公共施設の整備に多くの努力が払われてきたが，整備のレベルはまだ十分とは言えず，次のような点において多くの問題を生ぜしめている。

　1）**混雑による道路交通サービスの低下**　　道路交通の混雑状況は各地域の特性によって異なるが，地方中心都市，ならびに大都市の多くにおいては，自動車交通需要が道路改良等による交通容量の増加を上回って伸びているために，特に午前，午後のピーク時には相当な交通渋滞が発生しつつあり，その緩和が強く望まれている。道路交通の混雑は，当然の結果としてバスのスムーズな運行にも影響を与えることになっている。

　2）**交通量増加による大気汚染**　　自動車排出ガス規制は昭和40年代から種々実施されて今日に至っている。しかし，交通量の増加の著しい点もあって，CO，NO_2の総排出量は環境濃度を大幅に低下せしめる段階に至っていない。

　1985年12月末に環境庁によって発表された「大都市地域における窒素酸化物対策の中期展望」によると，1983

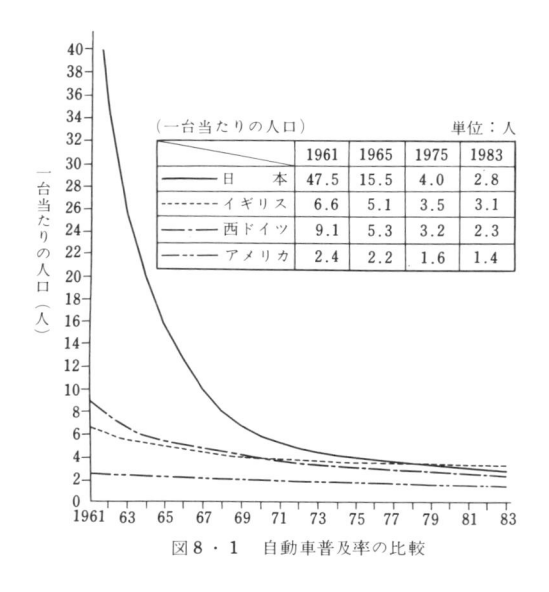

（一台当たりの人口）				単位：人
	1961	1965	1975	1983
日　本	47.5	15.5	4.0	2.8
イギリス	6.6	5.1	3.5	3.1
西ドイツ	9.1	5.3	3.2	2.3
アメリカ	2.4	2.2	1.6	1.4

図8・1　自動車普及率の比較

年度のNO_2排出量のうち，自動車によるものが東京では69％，神奈川では33％，大阪では15％にのぼると推計し，今後，個別の自動車にかけている排ガス規制の効果が出てくるとしても，東京をモデルとした将来予測では，このままでは，1988年度の環境濃度は現在より5～10％程度下がるだけで，全測定局で環境規準達成は「困難だ」としている。

　3）**幹線道路における沿道環境の悪化**　　4車線以上で相当量の交通量がある幹線道路の沿道市街地は，自動車騒音，自動車排気ガスによる大気汚染，ならびに自動車交通量による地域分断等による悪影響（ディスアメニティ）を受けるケースが少なくなく，このことが道路の拡幅，または新線計画における反対運動の主たる理由になっている場合が多い。

　4）**自動車交通が歩行者交通環境に及ぼす影響**　　適

切な交通規制が行われないまま,市街地において自動車交通が増加すれば,当然の結果として自動車交通が住環境と歩行者交通に悪影響を及ぼすことになる。

例えば,住宅地の細街路を通り抜ける自動車は,住環境を害するのはもちろんのこと,沿道住民に交通事故の恐怖を与えることになる。歩道の区分のない商店街でも自動車交通は買物客に多大な迷惑をかけることになろう。またたとえ歩車道の区分がなされている場合でも重交通の幹線道路が集中しているような市街地では,自動車交通がもたらす騒音,振動,ならびに歩行者に与える威圧は「都市のヒューマンスケール」をはるかに超えるものである。よく聞く言葉であるが,「……自動車によって奪われた道路を再び人間の手に取り返すために……」という考え方は,以上の点をよく表していると言えよう。

以上のように自動車の急速な普及が都市環境にもたらしている問題は広範囲に及んでおり,その対策は単に混雑緩和のために道路の拡幅をすれば済むという単純なものではないことが分かる。

b. 大都市圏の過大化と通勤交通問題

大都市圏の急速な成長は種々の問題を生ぜしめているが,その中で特に周辺地域から都心部に向かう通勤交通の対策は非常に重要な問題となっている。

例えば,東京大都市圏（1都3県）についてみると,人口推移は図8.2に示す通りであって,1960年の1,786.4万人が1970年には2411.3万人,そして20年後の1980年には2869.9万人に増加している。

人口の増加と共に都市地域が急速に拡大し,同時に都心部における雇用密度は依然として高まりつつあるので,周辺から都心に向かう通勤交通は人口の増加率を大幅に上回って急増してきている。

表8.1は東京の中心部（山手線以内の13区と都心3区）への通勤通学者の流入量の推移をみたものである。この表からも分かるように,都心13区への流入量は最近では若干伸びが鈍化しつつあるが,1960年から1975年の15年間では5年間に約50万人程度ずつが増加してきている。この増加量は,仮にピーク時1時間の集中量を50%とみた場合,1時間に5万人を輸送し得る地下鉄新線の5本分に相当するものである。

過去において,既存鉄道の改良,複々線化,地下鉄新線の建設等に非常に多くの努力が払われてきたにもかかわらず,ピーク時の混雑が解消し得ないのは,輸送力の増強を超えて輸送需要が増加しているためである。

以上は,東京大都市圏における例であるが,同じく大

図8・2 東京大都市圏（1都3県）の人口推移

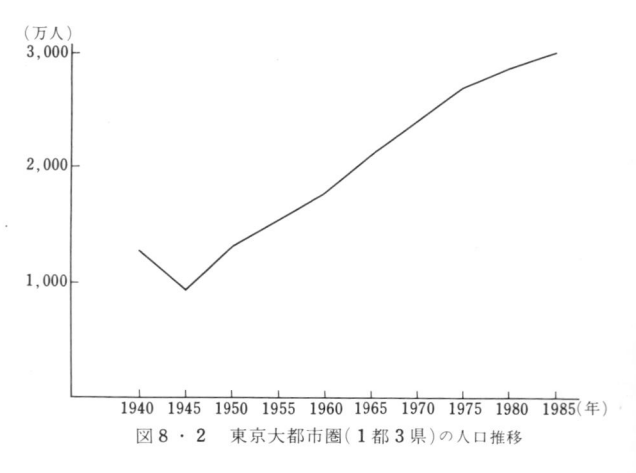

表8・1 通勤通学者の流入量推移（人）

	都心13区流入	都心3区流入
1960年	1488.571	648.829
1965	2058.939	1098.817
1970	2467.961	1310.339
1975	2947.118	1538.665
1980	3103.230	1601.475

注：都心13区は山の手線以内の区部。

阪,名古屋等の大都市圏においても,程度の差こそあれ,同様な問題が生じているとみることができる。

このような大都市圏の通勤交通問題を改善していくためには,輸送需要の増加に対応して輸送力を増強することが基本となるが,需要の増加があまりにも急な場合には,土地利用計画の協力を求めて,多心型構造への転換,または都心周辺における夜間人口の増加対策等,都心地域に流入する通勤交通需要の伸びを鈍化させるような総合的施策が必要になってくる。

8.1.2 総合交通体系計画の内容と方法

都市交通計画の対象は,都市計画道路網の再検討,バイパス計画,地下鉄やモノレールの導入計画ならびに駐車場とバスターミナル整備計画等,極めて多様である。その中で都市交通のマスタープランづくりともいうべき総合交通体系計画は,長期的な視点に立ち,単に交通施設のみならず将来における望ましい都市構造と交通体系を一体的に検討し策定することになる。

計画策定のフローは各都市の特殊事情によって異なってくるが,代表的な事例を示すと図8.3の通りである。次にこのフローについて若干の解析を加えるものとする。

1) **現況調査**　人口,経済活動,土地利用に関する

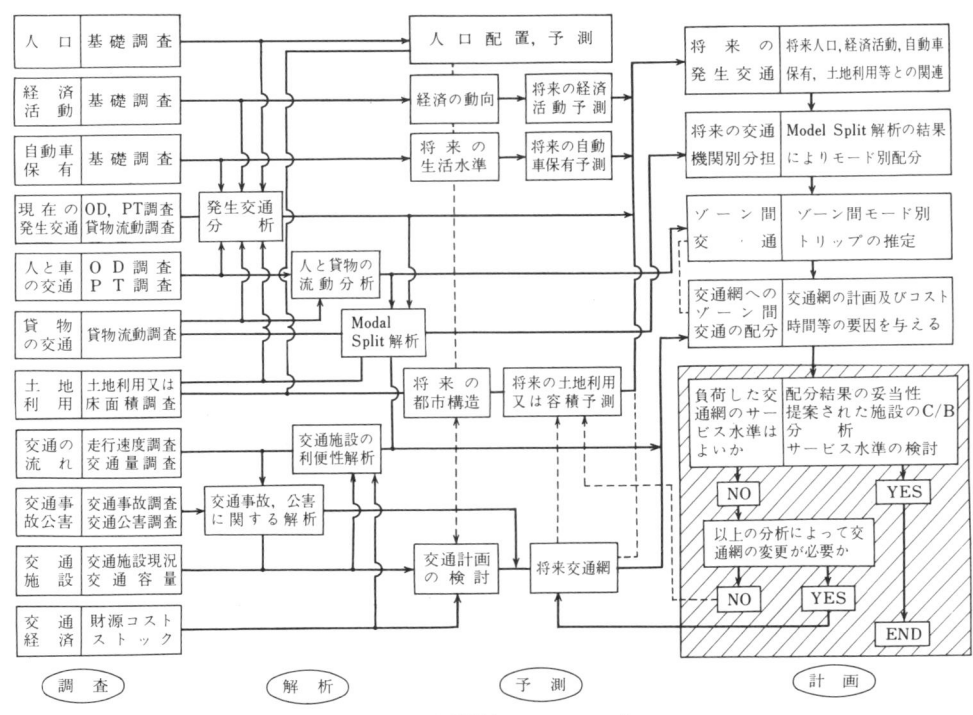

図 8・3 総合交通調査のフロチャート

基礎調査と，交通施設と交通量，自動車 OD 調査，またはパーソントリップ調査（PT 調査）等の交通関係に関する基礎調査を実施する。この中で特に PT 調査は大規模なものであり，本調査の主流となるものである。

2) **解 析**　以上の諸調査を解析することによって，交通計画上の問題点と課題を明らかにすると共に，人口と経済指標等の交通需要予測のための基礎データと予測モデル（発生，分布，modal split 等）を作成する。

3) **将来における都市構造と交通体系（案）の想定**
将来交通需要を予測するためには，予測の前提となる将来都市構造と交通体系を想定しておく必要がある。この段階における都市構造と交通体系はあくまでも素案であって，場合によっては2～3案程度の比較案を想定する場合もあり得る。

4) **将来交通需要の予測と交通体系計画（案）の評価**
後述の4段階方式（発生，分布，modal split，配分）によって想定した各交通路線における将来交通需要の予測をする。次に，各路線ごとに交通需要と容量がバランスしているか否か等を詳細にチェックし，さらに提案された施設の費用便益分析を行い，配分結果の妥当性を検討する。その結果，負荷した交通網のサービス水準が（NO）と出た場合には，当初に想定した都市構造と交通体系計

表 8・2　交通施設調査内容

施設種類	調査項目および調査内容
鉄　道	種類，延長，車線数，駅位置，輸送能力，運行回数
道　路	種類，延長，断面構成，構造等
バス路線	路線別，経営主体別起終点，延長，バス停，時間帯別運行回数，バスターミナル等
駐車場	位置，面積，構造，駐車可能台数等
その他	駅前広場，トラックターミナルに関する種類，構成

画（案）を再検討し，再度交通需要の予測と計画（案）の評価を繰り返し行う。以上の繰返し検討を経て最適案を見いだすことになる。

8.1.3 都市交通調査

都市交通調査の内容は，大きくは交通施設に関するものと，交通量に関するものに区分でき，これに人口，経済指標ならびに土地利用等の関連調査が加わってくる。

a. 交通施設に関する調査

交通施設の種類は，表 8.2 に示すように，鉄道，道路，バスターミナル，駐車場等が主である。これらの諸資料は関連統計から得られるものも少なくないが，一部は実態調査が必要である。

b．交通量に関する調査

1）**断面交通量調査**　この調査法は，路線の特定箇所を対象として，通過交通量を調査するものである。この代表的なものは建設省が実施している一般交通量調査であって，都道府県道以上の全路線を対象として，春と秋の各1日間について調査地点を通過する歩行者，自動車等を時間別，車種別に24時間観測している。

2）**自動車起終点調査（OD調査）**　OD調査は自動車の出発点（origin）と終点（destination）ならびに運行目的等を把握し，自動車交通の分布に関する情報を得ることを主たるねらいとしている。

調査内容は表8.3に示す通りであって，交通発着の場所，時刻，土地利用ならびに車種乗車人員，交通目的，積載貨物の品目等を調査することにしている。

調査方法は多様であるが，大別すると訪問調査（オーナーインタビュー調査），路側OD調査ならびに郵送調査（メイル調査）がある。

3）**パーソントリップ調査（PT調査）**　この調査は，人の動きをベースとし，人の1日の行動を起終点，交通目的，利用交通手段等において追跡調査するものである。

都市交通計画で，自動車と大量輸送交通機関の適正な分担を決めることが重要なテーマになってきた頃から，このパーソントリップ調査が多く行われるようになってきた。1953年のデトロイト市をはじめとして，その後シカゴ，ワシントン，ピッツバーグ，フィラデルフィア，ロンドン等で順次実施され，次第に都市交通計画のための最重要な調査として確立されてきた。

わが国では，本格的なPT調査は1967年に広島都市圏で実施され，1968年に東京都市群（第1回），1970年には京阪神都市圏，1971年に中京都市圏といった順で，最近では多くの地方中心都市で，さらに1978年には第2回目の東京都市群，1980年には同じく第2回目の京阪神都市圏で実施される段階に至っている。

調査項目は，人の属性に関しては個人属性（性別，年齢，職業），世帯属性（所得，自動車の保有，家族構成，居住地等）から成り，トリップについては発着地および施設と時刻，目的と手段等が主たる調査内容になっている。調査結果は調査を実施した都市圏によりとりまとめられているが，各都市圏における調査の解析は，その都市圏の交通計画の基礎になっていることはもちろんのこと，都市における一般的な都市交通の特性把握，交通需要予測モデルの構築等において，非常に重要な役割を果

表8・3　自動車起終点調査

路側面接調査票

観測年月日　昭和　年　月　日　整理番号
路側地点番号

2）通過時刻　10時 11時 12時 13時 14時 15時 16時 17時 18時 19時 20時 21時
　　　　　　22時 23時 24時 1時 2時 3時 4時 5時 6時 7時 8時 9時

3）車籍地　自県　隣県　その他の都府県

4）車種

乗用自動車類				貨物自動車類					
軽自動車（乗用）	小型	普通	バス	軽自動車（貨物）	小型三輪	小型四輪貨物	小型四輪貨客	普通貨物	特種用途車
(8)	(5)	(3)	(2)	(3)	(6)	(6)	(4)	(4)	(1)	(8)
(1)	2	3	4	5	6	7	8	9	0

プレート番号

5）業種

自家用		営業用
個人所有	会社法人所有	
1	2	3

6）出発地・目的地

出発地　都府県　市郡　区町村　町丁目
目的地　都府県　市郡　区町村　町丁目

7）運行目的（自家用車について）

帰宅	通勤・通学	業務	社交・慰楽	家事買物
1	2	3	4	5

8）乗車人員　　　人

6）積載品目

01 空車	09 食料品
02 農水産品	10 金属製品
03 砂利，砂，石材	11 機械
04 液体燃料	12 繊維製品
05 石炭鉱石	13 化学製品
06 木材	14 日用品
07 紙・パルプ	15 その他
08 窯業製品	16 混載

10）積載重量　　　トン
（または積載許容トン数　　　トンの約　　　％）

11）拡大係数

たしてきていると言える。

4）**物資流動調査**　物資流動調査は交通発生の単位である「人」と「物」の動きについて調査する総合都市交通体系調査の一環として「物」の動きについて行う調査である。

調査方法は物資の集散拠点である各種事業所や流通センター，市場，貨物駅等のターミナルを対象とし，物資流動の実態を把握したり，貨物自動車輸送の実態調査がその主たる内容となる。

c．**調査結果に見られる都市交通の特性**

1）**都市規模別自動車の発生・集中トリップ数**　各都市で実施された自動車のOD調査の結果によると，表8.4に見られるように自動車のトリップ数は各都市の人

表8・4 都市規模別自動車の特性[*1]

	人口(人)		面積(ha)			登録台数(台)	トリップ数(トリップ)	発生交通量	総走行	トリップ平均走行距離((km))	1台平均トリップ数	自動車保有率(台/1000人)	人口発生交通量(台/100人)	市街面積発生交通量(台/ha)
	市街地	市域	都心	市街地	市域	全車	全車	全車	台キロ					
都市圏														
A_0 300万以上	6,028,465	6,028,465	3,421	35,164	38,585	564,574	3,266,764	6,008,178	27,352,890	8.37	5.79	93.6	100.7	155.7
B_0 100万〜300万	1,326,658	1,575,972	1,032	13,188	35,662	127,054	771,908	1,440,178	5,877,295	7.61	6.08	80.6	91.4	93.4
C_0 50万〜100万	597,838	677,877	115	7,288	9,010	34,323	216,958	348,705	691,793	3.19	6.32	50.6	51.4	46.7
D_0 30万〜50万	186,508	324,735	375	2,896	14,914	26,161	121,720	229,577	—	—	4.65	80.6	70.7	50.5
E_{01} 20万〜30万	221,788	242,793	127	1,590	9,421	16,137	106,533	138,347	381,728	3.58	6.60	66.5	57.0	68.7
E_{02} 10万〜20万	—	145,613	—	—	11,254	9,672	43,997	67,923	248,774	5.65	4.55	66.4	46.7	—
E_{03} 5万〜10万	—	69,029	—	—	10,705	6,152	22,549	36,410	118,506	5.26	3.67	89.1	52.8	—
E_{04} 5万以下	—	20,649	—	—	2,796	1,722	5,274	10,847	32,025	6.07	3.06	83.4	52.5	—

口規模におおむね比例していることが分かる。しかし、1台当りのトリップ数、並びに人口や市街地単位面積当りのトリップ数、ならびに人口や市街地単位面積当りのトリップ密度は、各都市の特性を反映し、必ずしも一様ではない。

2) 各都市におけるパーソントリップの発生原単位

各都市が行ったパーソントリップ調査から人口1人当りのトリップ数を算出し比較すると、図8.4に見られるように、わが国の都市では徒歩を含むトリップ数では2.5〜2.7トリップ/人、徒歩を除くと1.1〜1.5トリップ/人の範囲にあり、欧米の都市では若干高く1.6〜1.9トリップとなっている。

3) パーソントリップの交通手段別の構成　各調査都市における利用交通手段別の構成を見ると、わが国の大都市では鉄道の分担率が高く、地方都市ではバスと乗用車の利用率が高まっている。

諸外国の都市と比較すると、アメリカのピッツバーグとシカゴでは圧倒的に自動車への依存度が高く、ロンドンは大都市でありながら、バスの比率が高くなっている（図8.5）。

8.1.4 将来交通需要の予測

a. 需要予測の手順

交通計画を策定するためには、まず将来交通需要の予測が必要である。需要予測の方法は計画対象となる交通機関によって異なるが、総合交通体系計画では次の四段階推定法が一般的に採用されている。

この方法は、次のフロー（図8.6）に示すように、まず第一段階に各ゾーンごとの発生・集中交通量を求める。第二段階は、第一段階で求めた発生・集中交通量を用

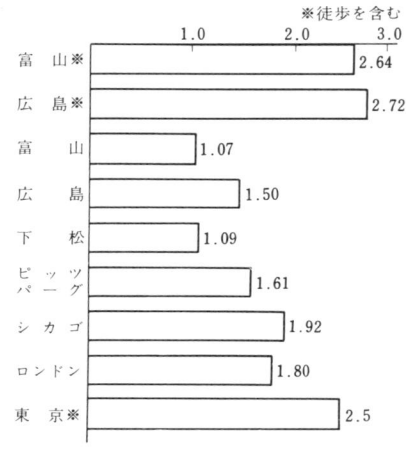

図8・4 人口1人当りのトリップ数

富山※ 2.64
広島※ 2.72
富山 1.07
広島 1.50
下松 1.09
ピッツバーグ 1.61
シカゴ 1.92
ロンドン 1.80
東京※ 2.5

※徒歩を含む

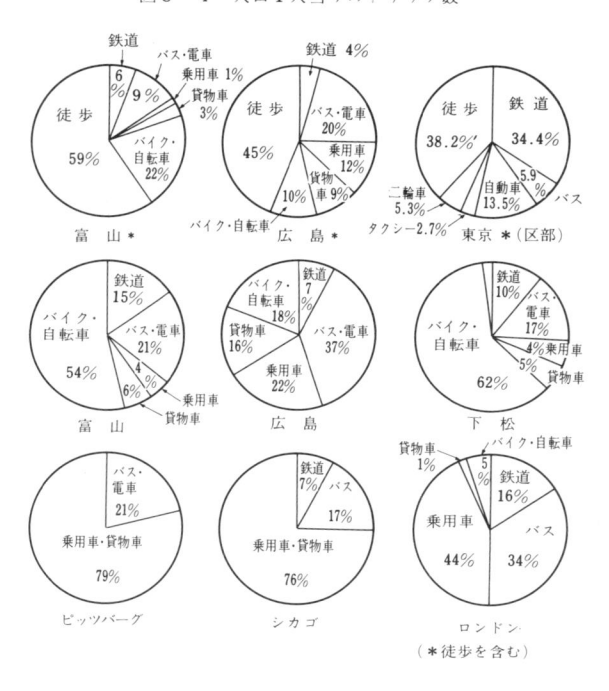

図8・5 パーソントリップの交通手段別構成[*1]

富山*: 鉄道6%, バス・電車9%, 乗用車1%, 貨物車3%, バイク・自転車22%, 徒歩59%
広島*: 鉄道4%, バス・電車20%, 乗用車12%, 貨物車9%, バイク・自転車10%, 徒歩45%
東京*(区部): 鉄道34.4%, バス5.9%, 自動車13.5%, 二輪車5.3%, タクシー2.7%, 徒歩38.2%
富山: 鉄道15%, バス・電車21%, 乗用車4%, 貨物車6%, バイク・自転車54%
広島: 鉄道7%, バス・電車37%, 乗用車22%, 貨物車16%, バイク・自転車18%
下松: 鉄道10%, バス・電車17%, 乗用車4%, 貨物車5%, バイク・自転車62%
ピッツバーグ: バス・電車21%, 乗用車・貨物車79%
シカゴ: 鉄道7%, バス17%, 乗用車・貨物車76%
ロンドン: 鉄道16%, バス34%, 乗用車44%, 貨物車1%, バイク・自転車5%

(*徒歩を含む)

```
第1段階  各ゾーン別        ←  各ゾーン別将来人口
        発生・集中交通量       経済指標・土地利用
            ↓
第2段階  分 布 交 通 量    ←  分 布 モ デ ル 式
            ↓
第3段階  交通機関別分担量   ←  分担率曲線，モデル式
            ↓
第4段階  配 分 交 通 量    ←  配 分 モ デ ル
```

図8・6 交通需要予測のフロー

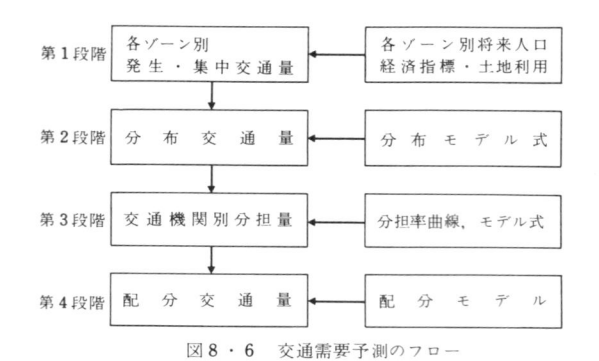

い，分布モデルにより将来の分布交通量を計算する。

第三段階は，各ゾーン間の分布交通量を分担率曲線，またはモデル式によって各種交通機関へ分割する。

第四段階は，事前に想定しておいた計画路線に交通需要を配分し，各路線ごとの将来交通需要を算出する。

b. 発生・集中交通量

各ゾーンごとの発生・集中交通量は，そのゾーンの経済的活動に密接に関連しており，一般には次のような方法で計算される。

1) **原単位計算法** この方法では土地利用，または建物床面積と交通発生量との関係を解析して求めた用途別交通発生力（原単位）を用いる。

$$G_i = b_1 S_{i1} + b_2 S_{i2} + \cdots\cdots b_n S_{in}$$

G_i：i ゾーンの交通発生量
S_{in}：i ゾーンの各用途別面積（m²）
b_n：各用途別交通発生原単位（トリップ/m²）

なお，表8.5はアメリカの各都市CBDにおける原単位の例であり，表8.6は広島都市圏における例である。

2) **回帰モデル計算法** この方法は，まず各ゾーンの将来における居住人口，従業員数，自動車保有台数など発生交通量に関係のある諸指標を推定し，次のモデル式により求める。

$$G_i = a_0 + a_1 x_{i1} + a_2 x_{i2} + \cdots\cdots a_n x_{in}$$

G_i：i ゾーンの交通発生量
x_{in}：i ゾーンの経済諸指標
a_n：経験的に求められるパラメーター

表8.7は東京都市圏における発生・集中交通量を求める際につくられた回帰式である。

c. 分布交通量

分布交通量の計算は，将来の発生・集中交通量の予測値を各ゾーン間に分割することである。分布交通量の計算法はいろいろあるが，一つは現在のODパターンが将

表8・5 CBDの床面積1m²1日当りのperson trip数

	シカゴ	ピッツバーグ	デトロイト	フィラデルフィア	ボルティモア	シアトル
小売業		0.087	0.150	0.160	0.140	0.150
サービス業	0.050	0.056	0.050	0.064	0.048	0.047
卸売業		0.013	0.014	0.014	0.014	0.002
工業	0.085	0.011				

表8・6 広島都市圏の主要用途別，目的別の原単位

（トリップ/m²×10⁻¹）

	発生原単位						集中原単位					
	出勤	登校	帰宅	買物	私用	業務	出勤	登校	帰宅	買物	私用	業務
事務所官公庁	0.21	0.07	14.30	2.43	2.61	9.57	14.24	0.06	0.18	0.09	3.49	11.88
教育	0.07	0.14	20.09	0.86	1.19	0.64	1.67	17.77	0.07	0.02	2.73	1.02
小売	0.29	0.19	65.68	10.46	5.52	12.02	4.92	0.03	1.84	71.77	3.95	11.54
住居	2.49	1.54	0.61	1.96	2.11	0.77	0.02	0.01	8.20	0.15	0.68	0.40
医療	0.35	0.10	15.24	3.33	2.44	2.21	2.39	0.03	0.26	0.10	19.21	1.86
工業*	0.01	0.01	0.92	0.10	0.06	0.35	0.95	0.01	0.02	0.01	0.05	0.45

松本嘉司：交通計画学（1985）より。

表8・7 東京都市圏における発生集中トリップの回帰式

	トリップ目的種別	回帰式	
発生	自宅→勤務先	$T = 2{,}566 + 0.62 \times PE_{(2+3)}$	(0.94)
	自宅→通学先	$T = 159 + 0.24 \times P$	(0.98)
	勤務業務↔勤務業務	$T = -3{,}125 + 0.59 \times EE_{(2+3)}$	(0.95)
	自宅↔業務	$T = -1{,}555 + 2.39 \times PE_1 + 0.22 \times PE_{(2+3)} + 0.19 \times EE_{(2+3)}$	(0.93)
	その他の目的種類	$T = -5{,}141 + 1.05 \times P + 1.46 \times EE_0$	(0.96)
集中	自宅↔勤務先	$T = -1{,}606 + 0.78 \times EE_{(2+3)}$	(0.97)
	自宅↔通学先	$T = 652 + 0.23 \times P$	(0.84)
	勤務業務↔勤務業務	$T = -3{,}035 + 0.85 \times EE_{(2+3)}$	(0.95)
	自宅↔業務	$T = -1{,}434 + 2.37 \times EE_1 + 0.26 \times PE_{(2+3)} + 0.14 \times EE_{(2+3)}$	(0.93)
	その他の目的種類	$T = -5{,}152 + 1.53 \times P + 0.58 \times EE_{(2+3)}$	(0.97)

（注） 1) （ ）内数値は重相関係数を示す。
2) 各英文字は次の内容を示す。
T ：発生集中トリップ数
P ：常住地居住人口（夜間人口）
PE_1 ：常住地別1次就業人口
$PE_{(2+3)}$ ：常住地別2次・3次就業人口
EE_0 ：従業地別総就業人口
EE_1 ：従業地別1次就業人口
$EE_{(2+3)}$ ：従業地別2次・3次就業人口

松本嘉司：交通計画学（1985）より。

来においても大きく変化しないという前提によるものであり，他の一つは現在の分布交通量から分布モデルをつくり，そのモデル式によって将来予測を行うものである。

前者を現在パターン法といい，後者の代表には重力モデル法がある。

1) **現在パターン法** 現在パターン法は各ゾーンの発生・集中交通量の将来値を他の方法で求め，これをコントロールトータルとして現在の各OD交通量を将来値に変えていく計算である。これは次の事例に示すように，一種の収束計算であり，その方法には平均係数法，デトロイト法，フレーター法等がある。

現在パターン法による分布計算の方法—平均係数法による—

表8.8のOD表は，現在のOD分布（$t_{is \to js}$）表にコントロールトータルとしての各ゾーンの将来における発生量（G_{is}）と集中量（A_{js}）を1表にまとめている．

平均係数法による現在パターン法の計算は，このOD表を基礎にして，まず第1回目の計算を次のように行う．

第1回目，修正前の交通量 $t_{is \to js}$ に関連2ゾーン is，js の修正係数 F_{is}，F_{js}（発生・集中量の伸び）の平均値を乗じて $t_{is \to js}$ を $t_{is \to js}'$ に修正する．

すなわち

$$t_{is \to js}' = t_{is \to js}(F_{is} + F_{js})1/2$$

$$F_{is} = \frac{G_{is}}{g_{is}}, \quad F_{js} = \frac{A_{js}}{a_{js}}$$

第2回目

$$t_{is \to js}'' = t_{is \to js}'(F_{is}' + F_{js}')1/2$$

$$F_{is}' = \frac{G_{is}}{g_{is}}, \quad F_{js}' = \frac{A_{js}}{a_{js}}$$

第3回目 $t_{is \to js}''' = t_{is \to js}''(F_{is}'' + F_{js}'')1/2$ となる．

この計算を修正係数 F が1.0に近くなるまで繰り返し行えば，当初準備し現在のD表は，最終的に将来OD表に修正されることになる．

2) 重力モデル法 重力モデル法は，$i \to j$ 間のトリップはそれぞれの発生・集中交通量の大きさに比例し，2ゾーン間の距離に反比例するという考え方に基づいており，自然科学におけるニュートンの万有引力の法則にヒントを得ているものである．この重力モデルには次に述べる基本タイプのほか，いくつかの修正重力モデルが提案されている．

a) 重力モデルの基本タイプ

$$T_{ij} = k \cdot \frac{G_i \cdot A_j}{D_{ij}^\alpha}$$

T_{ij}：$i \to j$ 間の分布交通量
G_i, A_j：i, j ゾーンの発生・集中トリップ
D_{ij}：$i \to j$ 間の距離抵抗を示す指標
k, α：係数

b) ブーヒーズ（Voorhees）型重力モデル

$$T_{ij} = G_i \cdot \frac{A_j f(D_{ij})}{\sum_{j=1}^{n} A_j f(D_{ij})}$$

ここで，$f(D_{ij})$ は $i \to j$ 間の距離の抵抗を表す関数で，一般には $D_{ij}^{-\alpha}$ が最もよく用いられている．

c) アメリカ連邦道路局（Bureau of Public Road）型

$$T_{ij} = G_i \cdot \frac{A_j f(D_{ij}) K_{ij}}{\sum_{j=1}^{n} A_j f(D_{ij}) K_{ij}}$$

ここで，$G_i, A_j, f(D_{ij})$ はブーヒーズ型と同じであるが，新たに K_{ij} が加わっている．この K_{ij} はゾーン $i \to j$ 間の社会的，経済的な結びつきの度合いを示す補正係数である．

表8・8 現在パターン法の収束計算に用いるOD表

	j_1	j_2	…	j_s	…	j_x	…	j_m	計	コントロールトータル	修正係数
i_1	t_{i1-j1}	t_{i1-j2}	…	t_{i1-js}	…	t_{i1-jx}	…	t_{i1-jm}	g_{i1}	G_{i1}	F_{i1}
i_2			…								
⋮	⋮	⋮	⋮	⋮	⋮	⋮	⋮	⋮	⋮	⋮	⋮
i_s	t_{is-j1}		…	t_{is-js}	…	t_{is-jx}	…	t_{is-jm}	g_{is}	G_{is}	F_{is}
⋮	⋮	⋮	⋮	⋮	⋮	⋮	⋮	⋮	⋮	⋮	⋮
i_x	t_{ix-j1}		…	t_{ix-js}	…	t_{ix-jx}	…	t_{ix-jm}	g_{ix}	G_{ix}	F_{ix}
⋮	⋮	⋮	⋮	⋮	⋮	⋮	⋮	⋮	⋮	⋮	⋮
i_m	t_{im-j1}		…	t_{im-js}	…	t_{im-jx}	…	t_{im-jm}	g_{im}	G_{im}	F_{im}
計	a_{j1}		…	a_{js}	…	a_{jx}	…	a_{jm}	t		
コントロールトータル	A_{j1}		…	A_{js}	…	A_{jx}	…	A_{jm}		T	
修正係数	F_{j1}		…	F_{js}	…	F_{jx}	…	F_{jm}			F

d. 交通機関別分担（modal split）

各交通機関別の交通需要を求めるためには，これまで人の動きを対象として予測してきた交通需要量（発生および分布量）を何らかの方法で分割しなければならない。

この分割の方法には2通りあり，発生，集中交通量を求めた直後にゾーンレベルで交通手段別分担を求める場合と，分布交通の計算後に交通手段別に分割する場合がある。

前者をトリップエンドモデル法（trip and model）といい，後者をトリップインターチェンジモデル法（trip interchange model）と言っている。

1）トリップエンドモデル法　各ゾーンにおける各種交通機関の選択性はそのゾーンにおける住民の社会的な特性のほか，都心地区への距離，人口密度，自動車の普及状況，鉄道等の大量輸送交通機関の整備状態によって異なってくる場合が多い。

アメリカのハーバート（Herbert）は，多くの都市における交通調査を分析し，図8.7に示すように自動車の保有率と人口密度により Urban Travel Factor をつくり，このファクターによって大量輸送交通機関の分担率が説明できることを示している。

図8.8は東京大都市圏において各ゾーンに集中する通勤交通の鉄道利用率を算出したものである。この図からも分かるように，通勤交通における鉄道利用は一般的に高いが，やはりゾーン特性によってかなりの差が生じている。

以上のように，トリップエンドモデルは各ゾーンの特性が各種交通機関の分担率にどのように影響するかを分析し作成される。

2）トリップインターチェンジモデル　この方法では，分布交通量を求めた後の段階で各ゾーン間を結ぶ各種交通機関にトリップを分割することになる。

分割にはいくつかの方法があるが，最もよく用いられるのは分担率曲線による場合である。この方法は図8.9に示すようにパーソントリップ調査結果から，各ゾーン間の交通機関別時間比，またはコスト比と各交通機関別分担率の関係を示す曲線をつくっておき，これを用いて将来における分担率を計算するものである。

e. 配分交通

各ゾーン間の分布交通量を各計画路線に配分することを配分交通と言う。

交通需要予測の作業はこの配分交通が各計画路線の容量に適合しているか否かをみることになるので，配分交

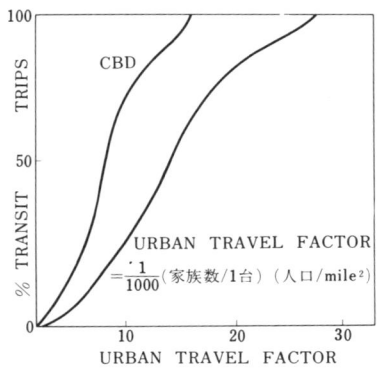

図8・7　トリップエンドにおける分担率曲線

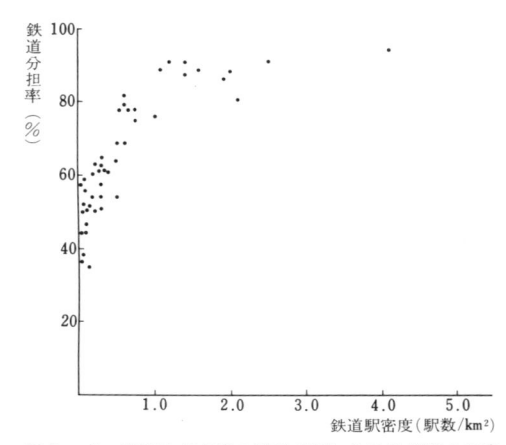

$=\dfrac{1}{1000}$（家族数/1台）（人口/mile²）

図8・8　東京大都市圏の通勤交通における鉄道分担率
　　　　―各市，区部への流入―

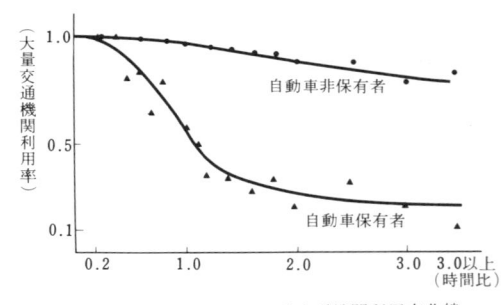

図8・9　出勤目的の大量交通機関利用率曲線

通量を求めることは交通計画上非常に重要な過程であると言える。

配分計算の方法は多様であるが，総合交通体系計画の場合は次のような方法で行う場合が多い。

1）ミニマムパス（Minimum Pass）　すべての経路（路線区間）に走行所要時間を与えておき最短経路を選択させる。

2）オール・オア・ナッシング（All or Nothing）　交通量を配分する際に，ミニマム・パスにすべてのゾーン

間交通を流す方法である。

3) **均衡配分法** この方法はミニマムパスといった一つのルートに全ゾーン間交通量を配分するのでなく，ODペア間を結ぶ各リンクの抵抗値に逆比例させて配分する方法である。

4) **容量制限をしない方法** 施設の容量を考慮に入れないで，すべてのゾーン間交通量を配分する方法で需要配分とも言っている。

この方法は施設の容量を無視してトリップの希望に基づいて配分するので問題はあるが，これによって潜在需要が分かるので，特に隘路がある等，交通路のネックを検討するのに重要な基礎資料を提供することになる。

5) **容量制限をする方法（実際配分）** この方法は前述の需要配分と比較して施設の容量を考慮に入れ，各リンクの混雑度によって交通量に抵抗を与え，一部の区間に過度集中しないように工夫を加えたものであり，配分結果は実際の区間交通量に非常に近くなってくる。

実際には，以上の方法論を種々組み合わせ配分計算を行うことになる。

8.1.5 都市総合交通体系計画

a. 計画の基本的考え方

1) **問題の本質** 今日の都市交通問題の多くは都市に自動車を受け入れる準備が十分整っていないまま，自動車交通が急増している点にあると言える。すなわち，自動車の普及と関連公共施設の整備水準との間に生じているギャップは，図8.10の概念図に示すごとく年々拡大化の方向をたどりつつあり，ここに「問題の本質」が存在していると考えることができる。

2) **対策の基本的方向** 以上の考え方によると，都市における自動車交通対策の基本的な方向は，需要の伸びと施設の整備水準の間に生じているギャップを何らかの方法で縮小していくことであると言える。以上のギャップをどのようにして縮小していくかはその都市の条件によって異なるが，次の3通りの方法があり得る。

第1の方法は，自動車の普及に伴って交通施設を徹底的に近代化しようとするものであり，アメリカ，カナダ等の諸都市にその例をみることができる。

第2の方法は，古い歴史を有するヨーロッパの諸都市における都心部に見られるように，交通施設の増強を行わず都心地区への流入規制を強化して需要と施設容量のバランスを維持しようとするものである。

第3の方法は以上の両手法を同時に導入し，交通需要

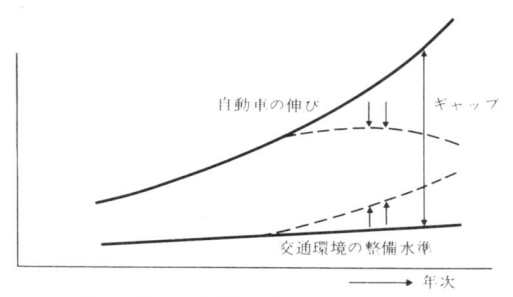

図8・10　交通対策の基本的考え方

の増加の抑制を前提としながらも望ましい水準を目指して交通施設の整備を行い，かつ，交通管理計画等によって望ましい交通環境を維持しようとする方向である。

以上のどの考え方を強調するかは，その都市の置かれた諸条件によって異なってくるが，わが国の諸都市では各都市における交通施設の状況がまだ不十分であること，交通需要増加のインパクトがあまりにも大きいこと等の理由から第3の方向に進まざるを得ないのが実態であろう。また，この方法は多くの諸外国の都市においても普及しつつある点でもある。

3) **目標とする自動車交通施設の整備水準** 第3の考え方を採用する場合，各都市はどの程度までに自動車交通施設を整備すれば良いかという点が重要な問題となってくる。例外を除く多くの都市におけるミニマムの水準については，少なくとも「都市における本質的な自動車交通需要」に対しては十分に自動車交通施設を整備していかなければならないとする主張があり得る。

この本質的な自動車交通とは，地域における防災，救急活動のための交通，貨物輸送，バス運行をはじめとして，日常の業務，通勤ならびに買物交通等において他の交通手段に代替していくような自動車交通を含むものとして想定されよう。

すべての都市が少なくともこの水準を達成しなければならない点は，街路網の整備が非常に困難な都市においても，バス路線，または防災活動に必要な路線の確保等を目標として多くの努力が払われ続けている点でも分かることである。問題は，さらにそれ以上のサービス水準が求められる場合どの程度にまで上げて行くかである。これはその都市が置かれた諸条件によって異なる点であるが，わが国の大都市等では自動車による業務交通需要量を一つの目安として設定している場合が多い。

4) **自動車交通需要の軽減方策** この方法に関してはすでに多くの提案がなされているが，これを要約すると次の通りになる。

a) 自動車交通規制による場合　ピーク時における都心への流入制限，またはバス専用レーンの積極的な採用，都心地域における駐車規制の強化等。

b) 大量輸送交通機関のサービス水準を高める。バスをはじめとして新交通システム，または地下鉄道等を積極的に導入して自動車交通の分担率を低下せしめる。

c) バイパス化の促進　道路網の構成上，多くの通過交通が都心に流入している場合には，バイパス，または都心環状道路を新設して都心部交通量の軽減をはかる。

d) 地下利用の促進　物流ならびにエネルギー輸送の一部を可能な限り地下施設に移し，地上の輸送量を軽減せしめる。

e) 発生交通源の分散化の促進　必ずしも都心部に立地する必要のない工場，または交通ターミナル等を周辺部に分散し，都心部に関連する自動車のトリップ数を減少せしめる。

以上のどの方法を強調するかはその都市の条件によって異なるが，人口30～50万人を超えるような都市ではb)の方法，すなわち大量輸送交通機関のサービス水準を高め，自動車交通需要の増加を軽減する方法が中心的課題になるものと考えられる。

5) **大量輸送交通機関の成立条件を高める工夫**　自動車が普及し，低密度開発が進んでいるような都市地域に，モノレールまたは地下鉄道等の軌道系の大量輸送交通機関を導入する場合には，その路線の成立条件を高めるための工夫が特に重要な課題となってくる。

具体的には，次のような点において工夫が必要である。

a) 交通需要との関連で適切な交通機関を選ぶこと　大量輸送交通機関には，バスから地下鉄に至るまで非常に多くの種類がある。図8.11は各交通機関ごとに輸送力と輸送距離の関係を示し，どの範囲において各機関が最も適しているかをみたものである。

b) 既存交通機関との調整　地下鉄またはモノレール等軌道系のシステムを新規に導入する際には，既存のバス路線と競合するケースが生じる。

こうした増合には，バス網を再編成するなどによって新旧両方の交通機関の成立条件が高まるように工夫する必要がある。

図8.12に示す札幌市の例は，新規に導入された東西，南北2系統の地下鉄郊外駅にバスターミナルを設け，多くのバス路線をここに集中せしめている。これによって従来のバスは混雑する幹線道路を使って直接都心に乗り

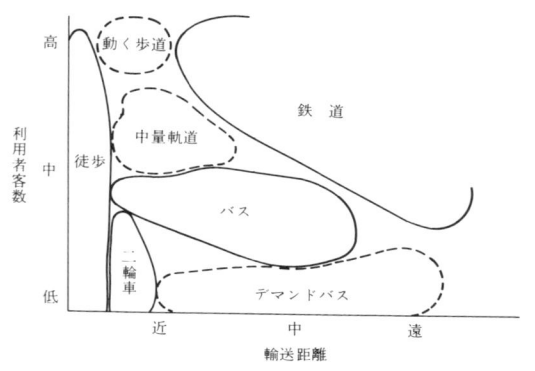

図8・11　都市交通における交通手段の適応範囲

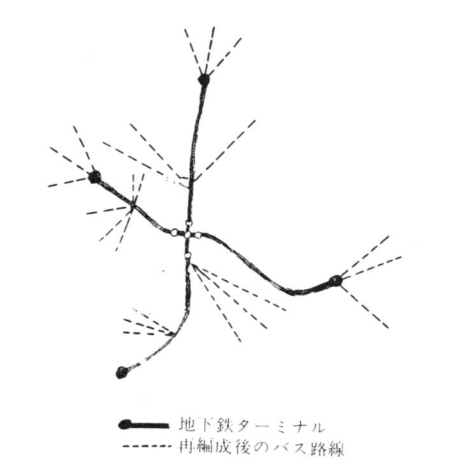

図8・12　高速電車の導入に伴うバス路線再編成の例

入れていたが，新しいシステムでは郊外のバスターミナルまでをバスで，そしてここで地下鉄に乗り換えて都心に入るというパターンに変更され，相互に効果的な運行が可能になっている。

c) 大量輸送交通機関を軸とした都市形態の実現　都市の周辺地域が低密度でスプロールしている場合には新線の効率は極めて低い。逆に新線の駅周辺が高密度に開発されている場合には乗降客数も必然的に多くなってくる。以上のような理由から地下鉄，モノレール等の新線を導入する場合には，土地利用計画と密接に関連させ，新線の沿線に住宅をはじめその他種々の都市機能を積極的に配置し，新線を軸とした「軸都市」を形成せしめることが望まれる。

後述の事例におけるコペンハーゲンのフィンガープラン，ならびにワシントン2000年計画で採用された放射回廊型プランは，いずれも以上の考え方を重視した計画があると言える。

6) **道路網と交通環境の整備** 前述の方法によって自動車交通需要の増加を抑制し得たとしても，需要の伸びと施設の整備水準の間に生じているギャップを縮めるためには，さらに道路網の整備拡充が必要である。しかし，ここで特に重視しなければならない点は，単に施設の拡充を行うことではなく，自動車交通の増加がもたらすさまざまの諸弊害を未然に防止し，自動車交通と周辺環境の調和を図ることが必要になってくる。

この点を強調した交通施設計画は，内外において急速に普及しつつあるが，いずれも次の点が「計画のプリンシプル」として尊重されているとみることができる。

a) **各街路の性格づけと段階的構成** 自動車時代の都市における街路網計画では，スムーズな交通の流れを確保し，市街地と街路網構成との調和を図るために各街路の性格づけを明確にし，これを段階的に構成することが重要となる。

b) **街路網と市街地の空間構成との調整** 住宅地等において自動車交通から住環境を守るために，街路網構成との関連において，「居住環境地域」を設定し，これを市街地構成計画の基本的な単位とする。

c) **自動車と歩行者交通の分離** 歩行者を自動車交通から守るために，住宅地，および商業地において歩行者専用の空間を積極的に拡充していくことが重視されるようになってきている。住宅地においては，ラドバーンタイプが基本形であり，商業地においては「交通セル」方式が普及しつつある。

d) **幹線道路における沿線環境の整備** 交通量の多い幹線道路沿いの市街地は，自動車による大気汚染ならびに騒音等において多くの影響を受けており，その対策が重要な課題となってきている。

この課題における対応は必ずしも単純ではないが，周辺状況に応じて交通規制による方法，道路の両側に緩衝緑地帯を設ける方法，道路の断面構成等を工夫する方法，ならびに再開発によって道路の沿道に近代的な建築物を配置する方法等があり得る。

以上の方法を用いることによって，交通環境の整備が可能になってくる。

b. **交通体系の整備計画**

具体的な交通体系の整備計画は，前述の基本的な考え方はもちろんのこと，その都市の規模，地理的諸条件，ならびに重視されるべき計画のポリシー等を総合的に検討し策定されることになる。

次にいくつかの計画事例を紹介し，計画の考え方を理解するための資料に供するものとする。

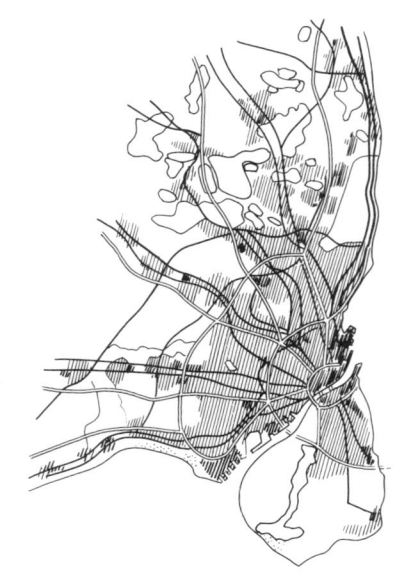

図 8・13 コペンハーゲンのフィンガープラン

1) **コペンハーゲンのフィンガープラン** 1949年，デンマークの都市計画学会によって提案されたこのフィンガープラン（人の掌のような形に大都市圏が構成されている）は図8.13に示すように手の指に相当する郊外鉄道に沿って住宅地と業務地を配置し，フィンガーのつけ根に都心機能を集結せしめている。このパターンは交通機関と軸状の市街地を一体的に整備し，大量輸送交通機関が利用しやすい都市形態を実現した典型とみることができる。

2) **ワシントン2000年計画** ワシントンの将来計画は，1952年に設定された首都計画委員会と首都圏計画委員会が共同し，西暦2000年を目標として立案されたものである。ワシントンの発展は目覚ましく，西暦2000年には人口が200万人から500万人に増加するものと予想されている。現状のままでこの都市が発展すると，市街地は散漫な形で郊外に途方もなく広がり，現在よりもさらに自動車交通への依存度が高くなり，移動距離も長くならざるを得ないとし，また，低密度に開発される市街地を対象として全面的に所要の公共施設を整備することは，経済的に見ても不利であるということが認められるに至り，新しい都市の形態を見いだし，郊外の発展を計画的に誘導することが都市計画の重要な課題となっていた。計画委員会は，ワシントンに最も適しており，かつ，実現可能な都市形態を見いだすために，ロンドン計画のような分散主義に基づく大都市圏構成，または都心から30マイルくらいの所に環状路線を強化し，その沿線に郊

外中心を配置するパターン，およびストックホルムの郊外発展計画に採用されているように，現在の郊外発展地に連続して計画的に周辺地の開発を行っていくパターン，ならびに，都市から積極的に放射状の高速鉄道と道路を計画し，これを軸として適切な規模の郊外中心を育成するいわば放射回廊型などのいくつかのパターンを想定し，各案をいろいろな角度から比較検討した。その結果，ワシントンには最後の放射回廊型（図8.14）による開発が最も適しているとの結論を下し，この基本型に基づいて将来の大都市圏の構成計画が検討されつつある。

3) **マニラ大都市圏の構成** 1970年に約390万人であったマニラ大都市圏の人口は1987年には約750万人に増加すると予測されている。

1970〜1973年に日本の技術協力によって策定された大都市圏交通計画では，このようにどのような交通体系を準備しながら計画的に誘導するかが重要な課題であった。

以上の点に関しては図8.15に示す比較案を想定し，いろいろな角度から検討されることになった。すなわち，a案は計画的スプロールともいうべき案であって，小規模な開発を広範囲にスプロールさせている。b案は周辺地域に大規模な独立都市を育成するパターンである。c案の軸状開発のパターンであり，都心から周辺に伸びる高速鉄道を軸として，その沿線に住宅ならびに業務機能等を集中的に立地せしめている。

以上の各案はいろいろな角度から検討されたが，主として次の理由から，c案の軸状開発がマニラ大都市圏の将来に最も適していると判断された。

1. 将来における交通需要の増加のためには大量輸送交通機関が必要であるが，c案の軸都市開発は大量輸送交通機関の成立条件を高めることに大きく役立つ。
2. 大量輸送交通機関と沿線開発による住宅供給を一体的に行うために，マニラ大都市圏の住宅問題の改善に大きく寄与できる。
3. 周辺と都心を結ぶ通勤交通の混雑緩和に大きく役立つ。

4) **イギリスの新都市カンバーノルド** カンバーノルドは1955年に指定され，Sir Hugh Willsonによって計画された新都市であり，グラスゴーから15マイル離れた位置にあり，計画人口は70,000人で，人と自動車交通を徹底的に分離した実験都市として注目されている。

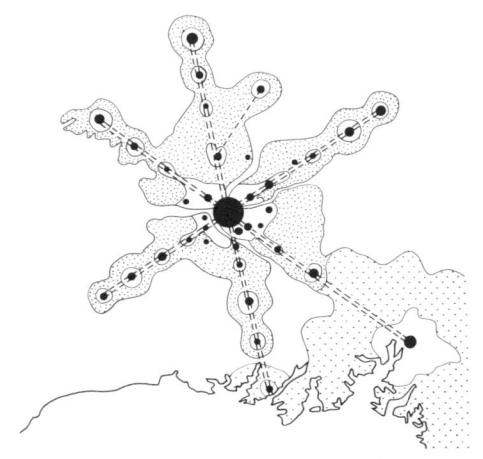

図8・14 ワシントン2000年計画構想図

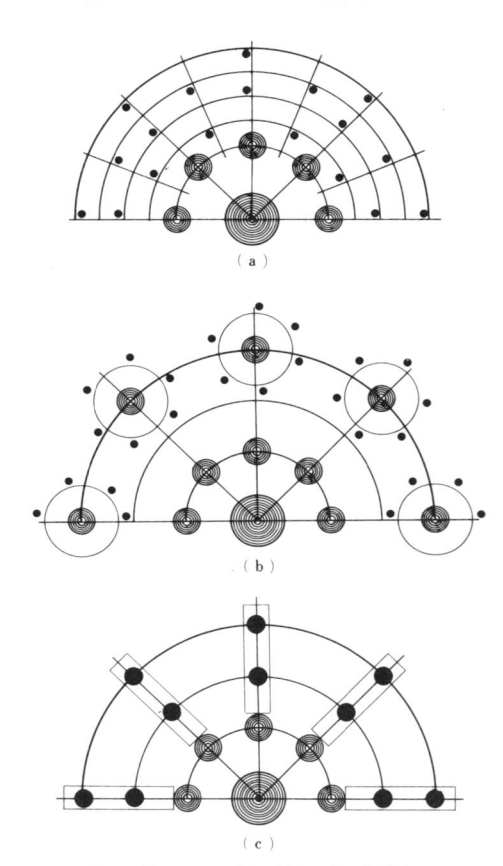

図8・15 マニラ大都市圏構成の比較案

都市構成は図8.16に示すように，線型の都市センターから徒歩で容易に到達できる範囲に住宅地を配置し，住宅地相互，ならびに住宅地と都心部は歩行者専用道路によって結びつけられている。

5) **西ドイツの新都市ケルン** ケルンニュータウンは1958年に母都市ケルンの拡張都市として人口10万人を目標として計画されたものである。

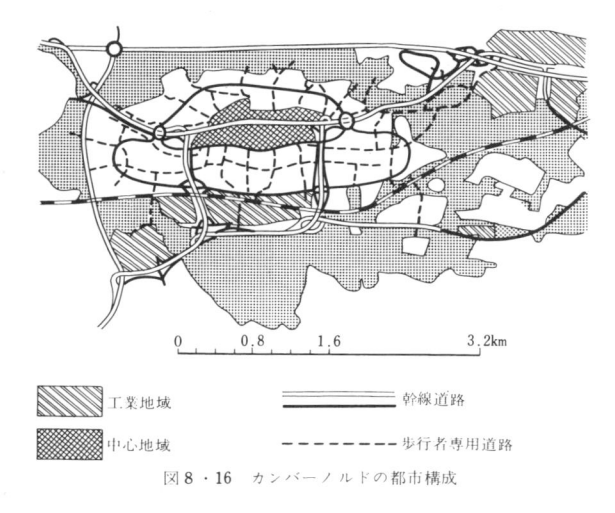

図8・16 工業地域／中心地域　幹線道路／歩行者専用道路
図8・16　カンバーノルドの都市構成

図8・17　新都市ケルンにおける都市構成

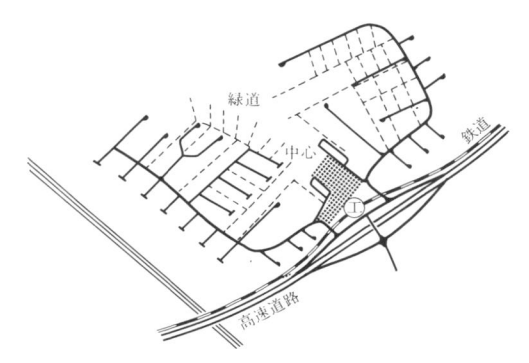

図8・18　新都市ケルンにおける街路網

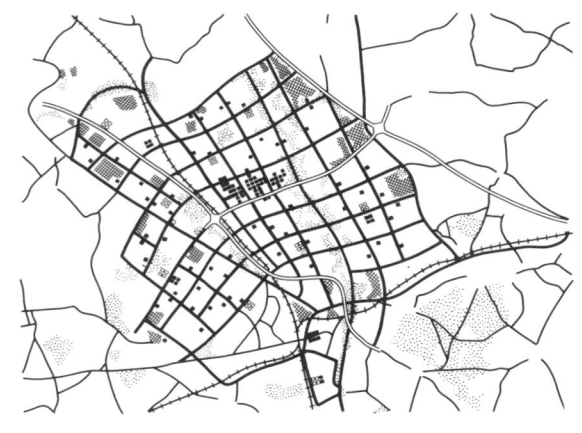

都市構成の基本的な考え方は図8.17に示すように高速道路と市街地鉄道を都市全体の軸とし，これに住区を並列せしめている．

各住区における道路網の構成は，図8.18に示すごとく，歩車分離の考え方を重視し，2方向に分けられた枝状の袋小路を配置し，これを軸としてさらに2次的な袋小路を伸ばし，住宅地への接近道路としている．

自動車によるサービス道路の裏側に歩道網を形成せしめ，その一部は中心地区にも導かれている．

6）イギリスの新都市ミルトンケインズ　1967年に指定されたミルトンケインズニューシティは，ロンドンから72kmに位置し，四つの既存都市を含む，計画人口26万人の大規模な新都市である．

この新都市の都市構成は図8.19に示すように，従来のイギリスにおけるニュータウンとは異なって，幹線道路網は自動車にとって最も便利で，しかも自動車が特定の路線に集中するのを避けるためにグリッドパターンを採用している．そして，土地利用面においては，都心部に集積せざるを得ない機能は別として，可能な限り多くの雇用を周辺部に分散させるように工夫している．

幹線道路網の構成は1km四方のグリッドパターンを基本とし，住区構成との関係は図8.20に示すような考え

図8・19　ミルトンケインズの都市構成
工業業務地／都心／近隣中心／学校（小中）／オープンスペース／幹線道路／幹線街路／分散街路／鉄道

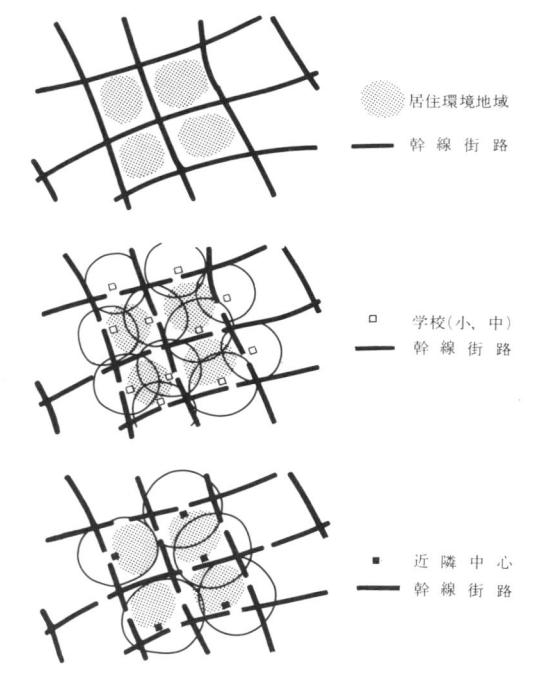

図8・20　ミルトンケインズにおける住区構成
居住環境地域／幹線街路／学校（小，中）／幹線街路／近隣中心／幹線街路

方を採用している。幹線街路で囲まれた居住環境地区内における地区街路はおおむね 300 m 間隔で配置されているが，極力，通過交通が排除されるように設計されている。また，この地区には歩行者道路が設けられ，地区センターに導かれている。この地区センターには商店，学校，パブ，バスストップ等が設置されているが，従来の固定した近隣住区の考え方とは異なって，かなり広範囲からの利用者もその対象となっている。

7） 泉北ニュータウン 泉北ニュータウンは，1964 年に指定され，大阪都心から南へ 20〜30 km，堺市の市街地から約 10 km 離れた所に位置する計画人口 18.8 万人の通勤住宅都市である。

地域の構成は図 8.21 に見られるように，鉄道駅を中心とする三つの計画地区から成り，各地区は数個の住区により構成されている。各計画地区の構成パターンは，図 8.22 に示すごとく，鉄道駅前に地区中心を配置し，背後地にある住区中心を緑道によって結びつけている。この緑道軸は各施設をはじめ，遺跡や公園等を結びつけ，幹線道路とは立体的に処理されたコミュニティモールとなっている。

8） イギリスの都心部周辺再開発設計 (theoretical study) 図 8.23 は，仮想モデル都市を対象として計画された都心部交通体系のあり方をパターン図で示している。この提案の骨子は都心部のまわりに二重の環状線を配置し，外側の環状線には広域的な幹線を連絡し，主としてバイパス交通と分散路の役割を持たせ，内環状線には都心サービスの車とバス交通を導入させるものとしている。また，駐車場を環状線の周囲に多く配置し，中心部に歩行者専用の広場とショッピングセンターを形成せしめている。

9） イギリスのコベントリー市における都心交通体系 第二次世界大戦の復興計画で実施されたコベントリー市の再開発計画は，都心部交通計画においても新しい考え方が採用されている。図 8.24 は再開発における都心部構成をモデル図によって示したものである。すなわち，都心のまわりに二重の環状線を配置し，外側の路線は広域的な幹線を受け，内側の路線は周辺地域につながる分散道路となっている。この分散道路から，さらに中心部に二次的な分散道路が導かれ，その終端にはパーキングが配置されている。そして，全体の中心には自動車交通から完全に分離された買物遊歩道が計画されているが，この遊歩道は鉄道駅とバスターミナルを結ぶ線と中心部においてこれに直行する 2 系統が提案されており，歩道の

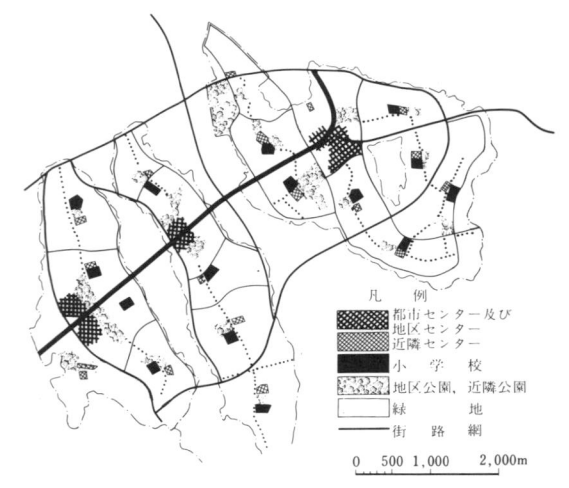

図 8・21 泉北ニュータウンの都市構成

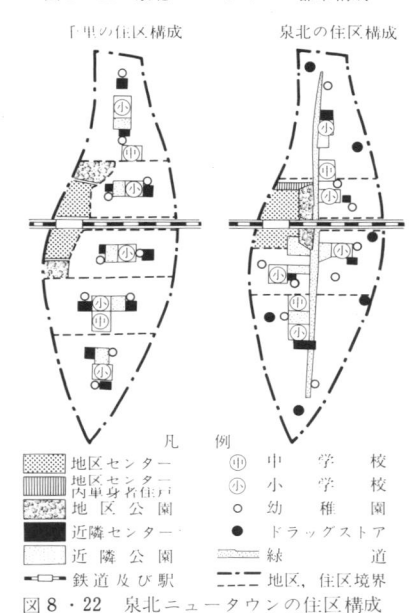

図 8・22 泉北ニュータウンの住区構成

図 8・23 都心部交通体系構成のパターン

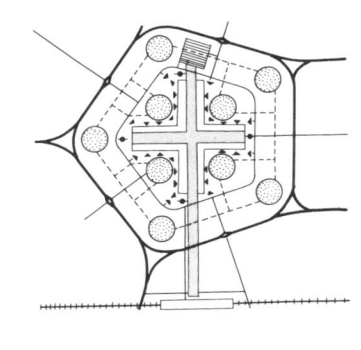

図 8・24 コベントリー市における都心交通体系のパターン図
凡例：バスターミナル、駐車場、駅、歩行者専用道路、幹線道路、分散道路、バスストップ、自動車サービス通路

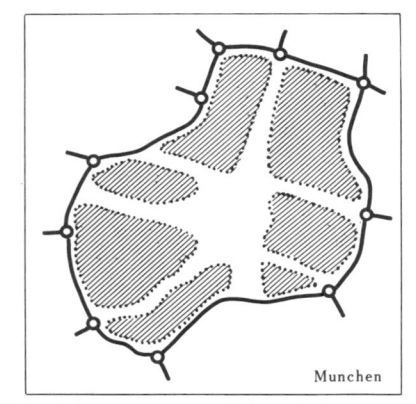

図 8・25 ミュンヘン市の交通セル方式のパターン

両側には商業的建物が配置されている。そして各建物群の裏側には荷物を運ぶためのサービス道路が計画されている。なお，内環状線の直径は 400～500 m であるが，この線と歩道の交点にバスストップが設けられているのが特徴である。

10) ミュンヘン市の交通セル方式 西ドイツのミュンヘン市は，ベルリン，ハンブルグに次ぐ第三の大都市で，人口約 130 万人をかかえている。この歴史的な都市ミュンヘンの都心部は第二次世界大戦の戦災を受けたが，中心部には中世やルネサンス期の建築物が数多く残り，街路網も歴史的な形態をとどめていた。このような都心部に対して交通環境の改善を図るために，新しい交通セル方式が採用されることになった。この方式の実現に向けて 1963 年からは環状道路と放射線道路の整備が始まり，1964 年には面的交通規制の検討が実現され，1970 年には歩行者区域の決定が行われた。

このセル方式は図 8.25, 8.26 に見られるように都心環状線に囲まれた都心区域をいくつかの「セル」に分割し，各セルの境界には歩行者専用のショッピングモールが配置されている。そして図 8.27 に示すごとく，モール周辺には多数（約 8000 台分）の駐車場が用意されている。

11) スウェーデンのヨーテボリにおけるトラフィックゾーンシステム ヨーテボリにおけるトラフィックゾーンシステムと言われる都心部迂回方式の交通計画手法は，環状道路を持った中規模の都心部交通処理の模範的モデルとなっている。

古い都市形態を有するヨーテボリの都心部は，自動車の普及と共に大変な交通混雑に見舞われていた。この状態を改善するために工夫されたのが次のような内容に

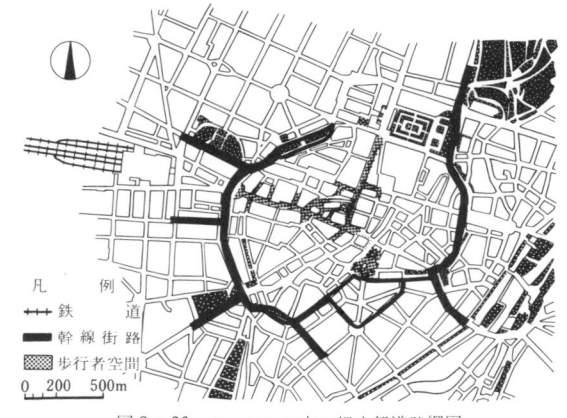

図 8・26 ミュンヘン市の都心部道路網図
凡例：鉄道、幹線街路、歩行者空間

図 8・27 歩行者区域と駐車場分布
凡例：屋内駐車場、屋外駐車場

よるトラフィックゾーンシステムであった。

1. 図 8.28 に示すように都心部を五つのゾーンに区分する。
2. 都心部周辺に環状線を整備する。
3. 異なるゾーン間は車では直接連絡できず，一度都心外に出て改めて外周の環状道路から入るように交通規制を行う。

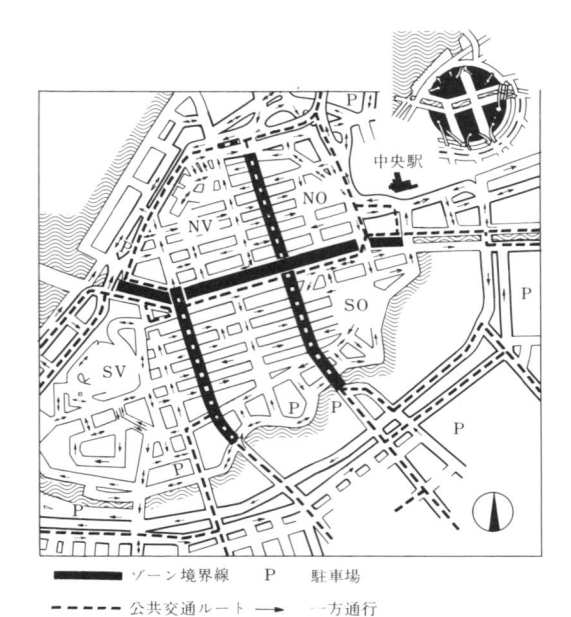

図8・28 トラフィックゾーンシステムの計画概要

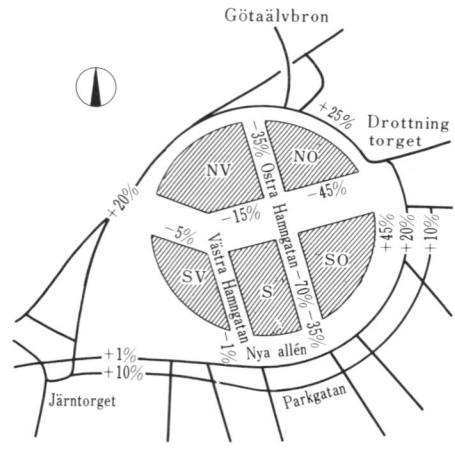

図8・29 ゾーンシステム採用後の交通量の変化

4. 既存街路の有効活用のために細街路については徹底した一方通行方式が採用される。
5. バスには専用レーンが設けられ，路面電車には車の軌道内走行が禁止される。

以上のゾーンシステムは，1970年8月から実施されたが，その効果は大きく，都心部の交通パターンも図8.29に示すような変化が生じた。

1. 都心環状道路では10～25％の交通量の増加があったが，混雑の激しかった都心部の幹線道路では例外はあるが，おおむね15～70％交通量が減少した。
2. 公共輸送システムのスムーズな運行が可能になり，乗客の減少傾向には歯止めがかかった。
3. 都心環状道路では交通事故が若干増加したが，都心内部における交通環境は，車の流れ，歩行環境，大気汚染等において大幅に改善された。

以上のように，このゾーンシステムは，自動車交通の激増に困っている都市にとって自動車交通に秩序を与え，歩行環境を改善し，公共輸送システムの能率化を図るといった多くの面で効果的な改善策を提示したと言える。

この輝かしい成果の影響を受けて，ヨーロッパの多くの都市でこのトラフィックゾーンシステムのような手法が大幅に普及しつつある。

8.2 緑地網計画

8.2.1 緑被地調査法

都市域において人間と自然とのかかわり合いを知るために，一定地域の中で摘出される緑被地を把握し，評価することは都市の計画，あるいは緑地の計画において極めて重要である[1]。ここで言う，緑被地とは，一定の地域に独立または一団の樹林地，草地，水辺湿草地，など植物で覆われている土地の総称である。この緑被地は，地形，水系，植生，動植物相との関係において地域の生態系（regional ecosystem）を構成している。これを緑被地構造（Green Structure）と呼ぶ。ここでは都市の自然環境を構成している緑被地，自然地等の指標を中心にした，緑被地構造[2] および，これにかかわる人為的干渉（Human Inpact）についての関連と緑地計画の基礎的な条件の把握方法について述べることにする。その内容は①広域的にみた緑被地構造の把握，②緑被地の改変とその特性把握，③地域（自治体）レベルの環境構成からみた緑被地構造の把握，④歴史的にみた緑被地構造の関連である。これらを各オーダー別に緑被地構造と関連する諸要因の関係を基軸として関連要因をまとめたものが表8.9の「都市地域の緑被地構造を把握するための枠組みとその展開」である。

1) **広域的にみた緑被地構造の調査** 緑被地による土地区分と水の循環系区分による自然地形からみた土地の自然状態を，地形・地質，起伏量（度）に分けて個別的に解析し，緑被度区分とオーバーレイする手法により，それぞれ緑被度と地形分類との検討から緑被地構造の区

---
1) 田畑貞寿，志田隆秀：都市地域の環境把握手法（ランドスケープ No. 19, 1976）
2) 田畑貞寿：自然環境保全に関する計画的研究（都市計画 69, 1972）

分を行うことができる。このオーダーでは自然地の特性を明らかにし[3]，それぞれの土地保全，利用の方向，緑地空間のゾーニングなどの計画的行為にとっての基礎的条件を整理する上で有効である。

2) **緑被地の改変とその構造の調査**　緑被地の人為的改変の度合いから緑被地構造を把握しようとするもので，①人間と自然とのかかわりのプロセスを知り，②緑被地構造にどのような改変が生じたのかを知り，自然環境から土地利用の評価区分を行うものである。このため，当該地域の自然環境の要因を便宜的に純自然地，半自然地，人工地に区分し，その時系列的変遷をトレースし，それぞれの要因が社会的，自然的な他の要因との関係の中で，どのように位置づけられるのかを知ることが重要である。こうした作業は，調査の目的に応じた評価軸を用意する必要がある。

一般的に，水系，地形，植生等，自然の基盤に対し人為的な干渉が強度に働けば働くほど，道路や防災施設などの人為的干渉を補完するような技術が必要とされている。このことから逆に流域などの閉鎖系において，自然の基盤がどのようなバランスを保持していれば最も安全で快適であるかといった観点から、問題の展開も考えられる。つまり、一定の樹林地がなくなったら、どのくらいの樹林地を整備すれば良いのかといった方策を検討することも可能である。

3) **地域レベルの環境構成からみた緑被地構造の調査**
近年緑化問題がクローズアップされ，その中で地方自治体の緑問題を解決するために緑の土地利用計画が重要視されてきた。

ここでの緑被地構造は，市民生活ないし，日常生活圏に密着した環境把握の方法が必要であること，他方，部分的あるいはミクロな緑被地と都市構造全体との整合性をいかに把握するかが重要な課題となる。

都市の自然的環境に係る総合指標としての緑被地率は，緑被地環境の質的内容を示す基礎的指標である小動

---

[3] 田畑貞寿，志田隆秀：自然地の構造と回復に関する研究（造園雑誌，Vol. 39, No. 3, 1976）

表 8・9　都市地域の緑被地構造を把握するための枠組とその展開（田畑）

緑被地構造把握の指標	緑被地構造把握の方法と展開		自然地改変とその影響把握	自治体緑被地構造把握		歴史的地域構造との関連を中心とする緑被地構造把握
	広域的緑被地構造の把握			流域別環境把握	町丁目別環境把握	
緑被地構造	①緑被地と水の循環系を指標とした自然環境 ②自然地形と自然作用 ③緑被地率と起伏量 ④緑被地率と小生物 ⑤覆樹率と透水地率 ⑥緑被地と植生 ⑦緑被地と歴史的地域構造 ⑧緑被地と景観	①地形 ②地質 ③起伏度 ④緑被地率	を基本に水の循環系を指標とした土地区分 オーバーレイ法 マトリックス手法 自然地摘出図	①対象地域を純自然地，半自然地，人工地に区分し，その歴史的変遷をトレース ②地質 ③地形/谷密度 起伏量（度）傾斜度（率）傾斜方位 ④水系（水の循環系区分） ⑤植生からみた自然度区分 ⑥林業地区分 ⑦樹林地現況 ⑧生物相 ⑨鳥獣保護区域	①緑被地率 ②樹林地率 ③植生と小生物 ④自然地形	①緑被地率 ②覆樹率 ③透水地率 ④郡緑被地率	①緑被地で代表される自然地 ②自然地形よりみた緑システムと地域構造 ③樹林に富んだ居住地の分布と歴史的地域構造 ④地形と社寺仏閣の分布 ⑤水系から緑のシステムと地域構造
緑被地構造への人為的干渉	①緑被地率と人口密度 ②有効空地率 ③建蔽率・道路率 ④緑の容積率 ⑤自然地の改変と災害 ⑥緑被地率と水質汚濁 ⑦緑被地率と帰化植物率 ⑧樹林地と踏圧度 ⑧緑被地率と市民意識	①自然災害との関係（地耐力，洪水，高潮，震災，地盤沈下，地すべり，崩壊） ②植生 ③人口密度 ④主要母都市からの到達時間 ⑤各種土地利用規制などによって検証。		①人口密度 ②土地利用規制 ③土地所有（開発予定区域） ④災害多発帯と災害危険箇所分布 ⑤水質汚濁状況 ⑥海域汚濁状況 ⑦海岸汀線の変遷 ⑧自然環境に対する住民意識	①自然の改変指数 ②水質 ③人口密度 ④道路率 ⑤土地利用 ⑥環境に対する市民意識／自宅付近の自然環境，空気の透度，川の水位，みどりの質，公園の配置，道路の整備，下水道の整備，医療施設，騒音の状況	①人口密度 ②建蔽率 ③道路率 ④非透水地と深井戸水位の低下 ⑤環境に対する市民意識 ⑥用途地域地区指定と緑被地率	①地表面改変状況 ②開発動向 ③緑被地率と地表面改変 ④緑被地率と区画整理 ⑤緑被地率と戦災焼失区域 ⑥河川改修状況
各種計画	①自然地の特性と土地利用計画 ②自然環境保全計画 ③緑のネットワーク計画 ④緑のマスタープラン ⑤緑の整備基準 ⑥環境の「系域」計画	自然地保全区分と，土地利用計画 広域緑地系統計画		自然環境保全区分「開発許容適地」摘出 環境アセスメントへの展開	流域別による各指標群よりみた地域環境区分 行政・政策指標のモデル	市街化のパターンからみた緑被地区分	自然要因からみた「保全の系」 緑のネットワーク計画，アメニティ計画

物，植生を規定する指標となる。また，水の循環系で規定される自然地形などは環境改善のための総合指標となる。水質は，地域の環境構成に係る総合指標となり，緑被地改変指数，人口密度，土地利用等は，緑被地構造の把握ならびに緑地計画のための指標として多く利用されている。

したがって，緑被地の変容とその生態系とのかかわり合いを明らかにしていくことが，緑被地構造の解析にもつながり，また，緑地網計画の基本的な視点とならなければならない。

8.2.2 緑被地構造の把握

都市域において，①緑被地，②自然地形，③歴史的環境，④人為的改変状況，⑤水系，と地域の構造との関係などを相互に関連付け，それぞれを摘出し，それらが有する機能および構造を知ることが計画の上で重要である。ここでは緑被地構造のもつ意味を要因別に述べてみたい。

1) 緑被地からみた緑被地構造の把握 すでに述べてきたように緑被地は，都市地域において存在自体が自然システムの中に組み込まれている。また，同時に人間の土地への働きかけを意味し，その働きかけの量的，質的な差異をも表現しているのである。したがって，土地への人為的干渉度合いを知る方法として，対象地域の「単位ユニットの中心で占める緑被地の割合」を緑被地率とし，それを土地の状態などから度数に読み替えた「緑被度」など，地域の自然的環境を緑被地で代表させ，緑被地率，緑被度等から土地利用区分を行い，その土地のもつ緑被地の質的，量的内容から緑被地構造を把握しようとするものである。

緑被地の時系列的変遷によって，緑被地の変容とその動態が分かるわけで，どのように市街化され，またその中で意図的な緑地（Green Space）とそうでない緑地，自然生態系を維持する緑地などの関係が分かるのである。

緑被地を質的観点からみれば，強い人為的干渉が働いたにせよ，地形や水系と共に自然的営力の働きが強い地域に存在・自立し，それが一つの緑被地構造をなしているとみなすことができよう。

2) 自然地形からみた緑被地構造 自然地形と緑被地の関係は，特に都市化の影響と関係して存在していることが指摘できる。したがって，土地に代表される自然の果たす作用は，水質浄化，洪水調節，土壌浸食調節，地下水涵養等がある。これらの作用は，水を媒介にしたり，直接に水の循環系を指標とした自然地形区分によって把握できる。[4,5]

3) 自然地の類型からみた緑被地構造 水の循環系を指標とした自然地形区分は，各自然地形に対応した自然の作用への許容される干渉の内容および度合いを示すものである。また，緑被地を指標とした土地利用区分は，土地を被覆した植生の質と量から，土地利用によって自然の作用がどのように干渉されたかを示すものである。この自然地形区分と緑被地を指標とした土地利用区分との関連から，自然の作用を効果的に果たしていると考え

---
4) 田畑貞寿：緑地保全を前提とした地域開発，中部圏開発，No. 23, 1972
5) 田畑貞寿：都市のグリーンマトリックス，鹿島出版会，1979

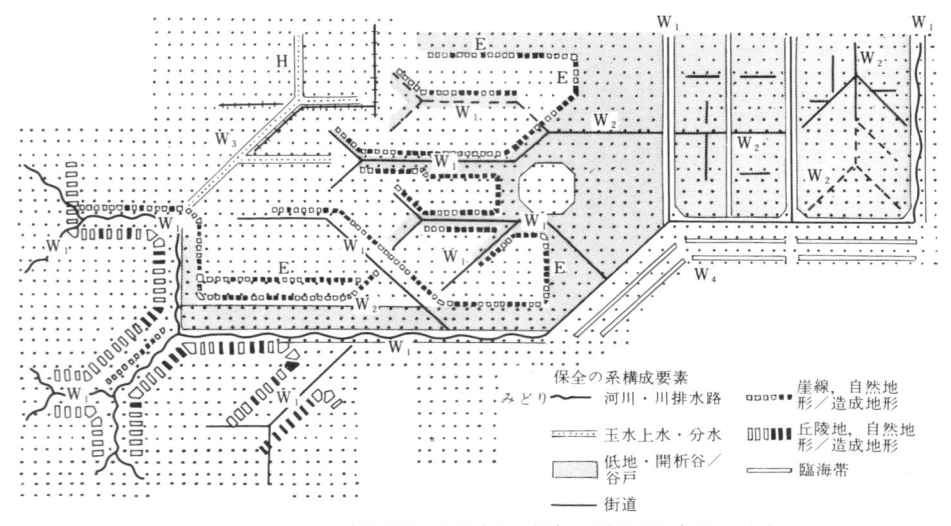

図8・30 自然要因から構成した保全の系概念図（金井・田畑）

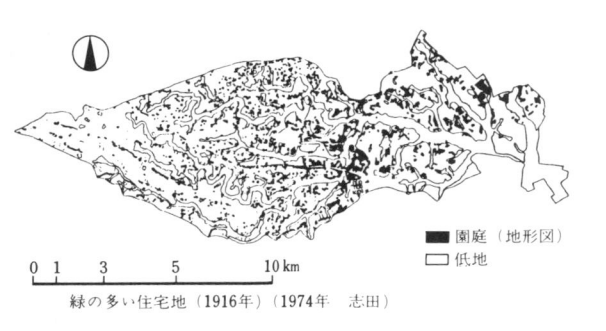

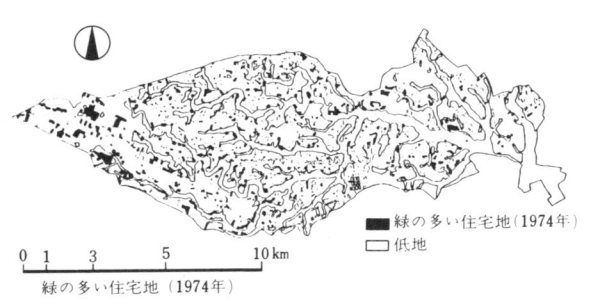

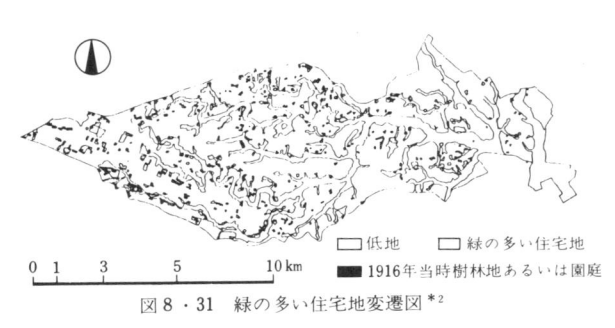

図8・31 緑の多い住宅地変遷図*2

られる自然地を，両者の重なり合いから各種土地利用タイプを摘出し，利用目的により検証することなどに有効である。この摘出された自然地を歴史的環境や人為的改変状況の関連により緑被地構造の質的検討を行うことができよう。

4) 歴史的環境からみた緑被地構造　摘出された緑被地，例えば樹木に富んだ居住地（一定の良好な緑地環境を維持している居住地）の分布が，旧街道や上用水とオーバーラップしていることが多い。また，地域の歴史的シンボルである社寺仏閣の分布は地形との関連（段丘端・低地の微高地といった自然災害上比較的安全な場所に存在する）が強い。つまり，一つには人の生活が水や交通によって支えられてきたこと。二つには，かつての農業社会において屋敷林・二次林として長い時間をかけて管理，育成してきた結果，今日では，緑の多い住宅地という形で環境の財を成しているとも言える。このようにして摘出される自然地と歴史的環境との関連から緑被地構造の価値が見いだせる。

5) 地表面改変状況からみた緑被地構造の把握　地表面の改変状況を知ることは，自然地形の改変，植物にとっての土壌条件をマクロにとらえる一つの手がかりとなる。自然地形に対する切土・盛土・埋立による人工地化は，植物にとっての土壌条件としては悪条件を生みだしているといえる。

一般に都市においては，段丘や崖・段丘端などを人工地化することによって，最も影響の出やすいところを削り，防災基盤上弱いとされる低地に盛土を行い，工場や倉庫・住宅を配置していくといった都市の基盤づくりが進められている。しかし，緑被地が安定的に維持されている崖，段丘，低地の湿草地は，緑被地構造の骨格を規定するものとして重要である。

6) 水系に収斂して把握される緑被地構造　以上見てきたように緑被地構造は，水を媒介として各々の要素が関連していると理解できる。したがって，緑被地構造は水の系，つまり水系に収斂して把握されるとも言える。

緑被地構造を把握する理由は，存在し得る人間生活基盤として重要であるから，この基盤となる緑被地構造をいかに都市の生態系（eco-system）の中で位置づけるかが重要でもあり，計画行為としても欠かすことのできない要因である。

8.2.3 緑地の計画基準

ここでは，都市公園法などによりとり上げられている緑地等の計画の基準について述べることにする。「3.3.2 緑地・オープンスペースの機能」で見てきたように，緑地空間にはさまざまな機能・効果がある。都市を計画する上では，こうした緑地を計画的に配置することが必要であり，法制度により計画水準も定められている。

1) 都市公園法による基準　都市公園法の施行令が1993年に改正され，現在は，一の市町村（特別区を含む）の区域内の都市公園の住民1人当たりの敷地面積の標準は，10 m² 以上とし，当該市町村の市街地の都市公園の当該市街地住民1人当たりの敷地面積の標準は5 m² 以上となっている。また，その配置及び規模については，表8.10のように定められている。

2) 都市計画法による基準　都市計画法上の開発許可の手続の中で，原則として開発区域面積の3％以上の公園・緑地等が必要であるとされている。さらに，開発区域面積が5 ha 以上の開発行為にあっては，1か所が300 m²以上であり，かつ，その面積の合計が開発区域面積の3％以上の公園が必要とされている。また，都市計画

表8・10 地方公共団体が設置する都市公園の基準

都市公園の区分	誘致距離(標準)	敷地面積(標準)
街区に居住する者の利用に供する公園	250 m	0.25 ha
近隣に居住する者の利用に供する公園	500 m	2 ha
徒歩圏域内に居住する者の利用に供する公園	1 km	4 ha
1つの市町村の区域内に居住する者の総合的利用に供する公園	容易に利用できるよう配置	機能を十分発揮できる規模
運動の用に供する公園		
公害または災害を防止することを目的とした公園	設置目的に応じた機能を発揮することができるような配置と規模	
風致の享受の用に供することを目的とした公園等		

表8・11 都市公園の整備標準

種別	対象人口	整備標準(1人当たりm²)
街区公園	市街地人口	1
近隣公園	市街地人口	2
地区公園	市街地人口	1
総合公園	都市計画区域内人口	1
運動公園	都市計画区域内人口	1.5
広域公園	都道府県人口	2

法では,開発に当たって設置すべき緩衝緑地の幅についても規定がある。

3) 土地区画整理法による基準 土地区画整理事業でも,施行区域内の居住人口1人当り3 m²以上,かつ,施行区域面積の3％以上の公園の面積を整備するよう定められている。

4) 都市公園等整備緊急措置法 都市環境の改善と住民の健康増進のため,広範な都市公園等の整備事業を展開することを目的として都市公園等整備緊急措置法が制定(1972年)されたが,この法律によって都市公園等整備5箇年計画が策定されている。この法律の制定を機として表8.11に示すような都市公園の整備水準が示された。

8.2.4 公園などの施設計画・設計
a. 計画技法

ここではすでに述べた,公園緑地などの整備目標量をどのように効果的に配置していくかを,ニュータウン計画を事例として,それらの有機的結合手法—緑のネットワーク—について述べることにする。[6]

緑地空間系は,図8.32に示すように,樹木,歩行者路,遊び場,広場,法面等の多様な要素から構成されている。これらの構成要素は,公園,緑地,遊び場の拠点的なオープンスペースとこれらをつなぐ役割をもつ緑道,歩行者専用道,並木道等の線的な要素および緑の多い住宅地などの面的な広がりをもった地区に分けられ,これらを有機的に,かつ効果的に結びつけていく手法が緑のネットワークである。有機的に結びつけていくことによって,個々の狭いオープンスペースが組合せの仕方により広くて変化のある空間を確保できること,単体としては限られた機能しか発揮できなくても複数の組合せ,あるいは異なる機能を備えた要素の組合せによって新たな機能をもった空間の創出が期待できることなどのメリットがある。これらの要素の組合せの手法としては,以下に挙げるようなパターンが考えられるが,実際には,これらのパターンの変型・複合型が多く,明確には区分できない。

1) 拠点型 わが国の緑のネットワークは公園主体である。

1. 均質分散型／小規模開発においては,児童公園など同規模の公園が均等に分散されていることが多い。
2. 段階的分散型／中規模以上の開発では,地区公園(運動公園・自然公園—誘致距離2,000 m)—近隣公園(同500 m)—児童公園(同250 m)のように段階的に分散配置されるのが一般的であり,多くの開発

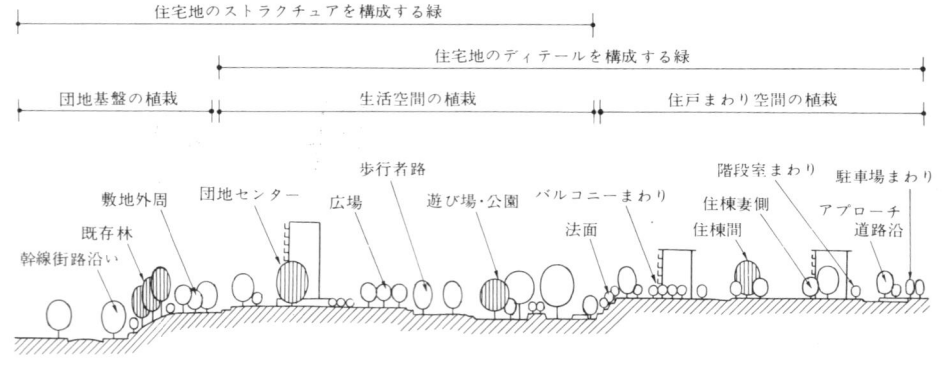

図8・32 緑系オープンスペース構成要素(模式図)

6) 日本造園学会編:造園ハンドブック,技報堂出版,p.408,1978

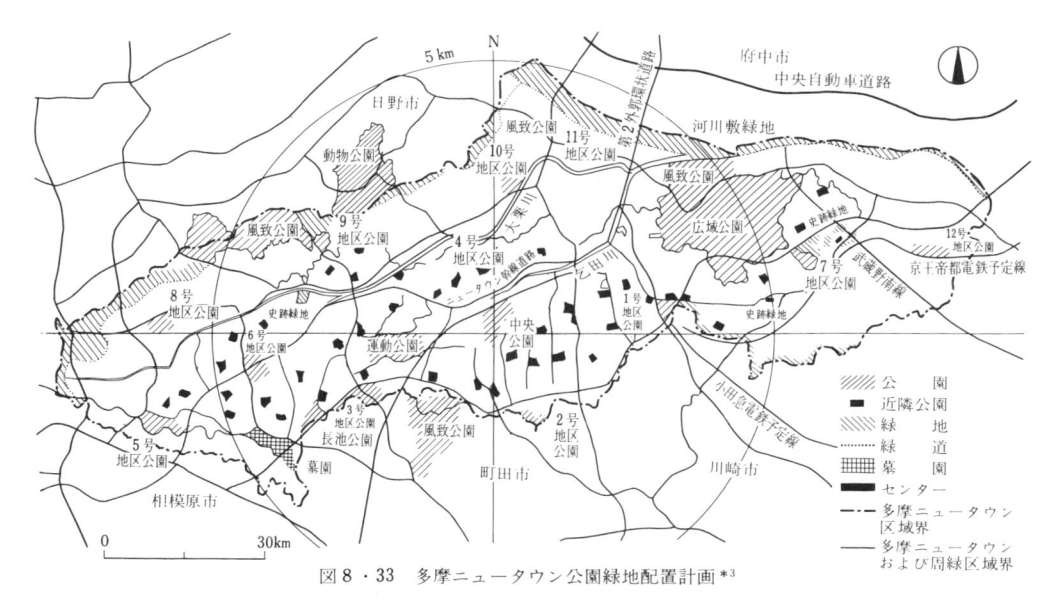

図 8・33　多摩ニュータウン公園緑地配置計画[*3]

で見られる。

3. 集中／間引き造成などによって大規模に残された緑地を中心にして公園・施設を集めるなど，1〜数か所に大規模に集中して拠点をつくる方法であるが実際の例はあまりない。

2） **線状型**　帯状工業都市などに見られる工業地と住宅地との間の緩衝緑地や初期の連続性のないペデストリアンウェイ・緑道などが線状型やその変形分枝型をとっている。

3） **放射状型**　放射状交通体系をもった計画において，道路間にくさび状に緑地が残されたり，道路自体が並木道やパークウェイでつくり出されるが，新開発においては事例が少ない。

4） **環状型**　田園都市の提案では，外周部に都市の規模を規定する環状グリーンベルトがとられ，内部にも環状の庭園や通りが計画されている。

5） **網状型**　緑地や緑道などによって網目状に相互に連絡した系統で，諸施設と有機的に接続し，自由に経路の選択ができる。今後，わが国においてもこの系統の緑地ネットワークを指向するものと思われる。

b. **多摩ニュータウンにおける計画事例**

ニュータウンのオープンスペース計画を考えるにあたっては，ニュータウン内外を一体に考えていく必要がある。多くのニュータウン開発は，都市郊外の丘陵部において行われており，ニュータウン周辺には，都市計画や種々の関連計画により，大型の公園緑地やレクリエーション地，農用地等が決められていることが多い。これらは広域の貴重なオープンスペースと考えられ，ニュータ

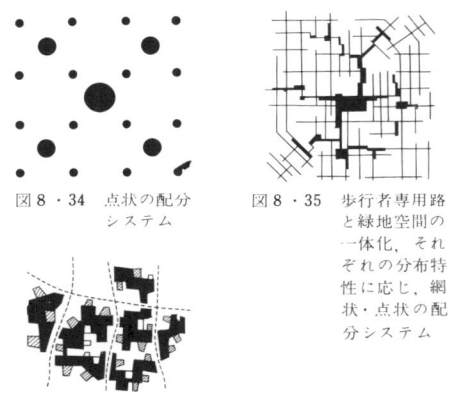

図 8・34　点状の配分システム

図 8・35　歩行者専用路と緑地空間の一体化，それぞれの分布特性に応じ，網状・点状の配分システム

図 8・36　グリーンマトリックスと緑地空間

ウンのオープンスペース計画はこれらとのつながりを考えていくことが重要である。また日本のニュータウン計画ではイギリスのニュータウン計画のように周辺部に広大なオープンスペースをとることはニュータウン開発の目的からみて困難であって，この面からも周辺部の樹林で構成される自然緑地は貴重で，十分に保全活用できるようにすることが必要である。

また，計画区域内においては，残された数少ない自然緑地をできる限り保存し，かつ計画された公園等と有機的に結びつけられた公園緑地のネットワークを構成することが重要である。

公園緑地のネットワークを構成する「緑とオープンスペース」は，「多摩ニュータウンにおける住宅の建設と地元市の行財政に関する要綱」の中で，次に挙げるものが

規定されている。

1. 公園：児童公園，近隣公園，地区公園
2. 自然緑地
3. 造成法面：勾配30％以下，水平投影幅10m以上の連続して植栽可能な法面
4. 宅地内オープンスペース：面積1500m²以上の一体となった空地で，有効に植栽できる区域
5. 緑道：緑化された歩行者専用道路および遊歩道

これらのうち公園については，表8.12に挙げるように各種公園の機能分担を行い，その整備のための条件整理を行っている。これらを踏まえて，各種公園の標準モデル，整備量が出され，さらに広域的な公園やその他の「緑とオープンスペース」との連係を考慮しながら，公園緑地のネットワークが提案されている。これを図示したものが図8.33の公園配置計画である。[7]

c. 遊び場・公園等の計画事例

都市の公園・緑地は，都市環境整備，市民生活などの面から不可欠な都市施設である。公園に要請される機能には，市民生活の多面性から種々のものがある。この機能構成の基盤には，人間―自然―社会という相互の関係がある。公園の計画に際しては，当該公園の地域性を勘案し，他の都市施設，オープンスペースとの機能分担を明確に認識し，当該公園に要請される機能を抽出する必要がある。

公園の計画，施設構成は，公園の種別によって異なるが，敷地全体のオープンスペース性，景観性，利用性に配慮して決定される必要がある。このため，ゾーニング計画，動線計画，施設配置計画が重要な意味をもつ。

[7] 日本住宅公団南多摩開発局，市浦開発コンサルタンツ：多摩ニュータウン計画設計マニュアル'76 計画・設計編，日本住宅公団，1975.12

表8・12 「南多摩新都市開発事業公園緑地基本計画」―公園一覧[*4]

項目	*公園	住区		地区		都市―広域			
		幼児公園	児童公園	近隣公園	地区公園	総合公園	中央公園	運動公園	風致公園
目的・性格	目的	利用者対象		地域対象		特定目的			
	性格	●完結型 ●静的	●完結型 ●動的	●原則的に複合目的で完結型，或は2～3カ所の公園によるワンセット型	●原則的に複合目的なるも，数カ所の公園によるワンセット型も可 ●ACTIVE≒PASSIVE	●総合的利用 ●他の特定目的の公園の状態による	●地域中心性大	●運動主体の公園	●在来の自然風致の保存，観賞
				●ACTIVE≧PASSIVE					
対象	対象圏の性格	●主として子供を通じての地域社会		●学区，自治会，商圏等を通じての地域社会	●住区と都市との間の中間的な地域単位	●都市―行政単位			
	人口	500人	2,000人	2,000人	60,000人	当該都市人口ないし周辺都市人口			
	距離時間	100m 徒歩1―2分	200―250m 2―3分	400―500m 5―6分	1―1.5km 10―15分 (バス利用5～10分)	5―10km			
	利用年令層	●幼児とその附添	●児童	●児童(一家族)―青少年：主体	●児童―青少年―壮年：主体	全年令層			
規模	面積	0.07Ha (0.05Ha)	0.35Ha (0.25Ha)	2.8Ha (2.0Ha)	10.0Ha	10Ha	40Ha	各種	
主要施設	自然(緑)	●住宅園地スケールの緑その他		●住区スケールでの緑の拠点	●在来地形，地物の活用が多い ●地区スケールでの緑の拠点	●都市～広域スケールでの緑の拠点		●特定の緑	
	遊び休養	●遊び	●遊び	●手軽な休息，野外レクリ，散策	●かなりまとまった形の野外レクリ，休養，散策 ●集う				
	運動	●芽ばえ	●子供スポーツ	●青少年層が主 ●非組織的参加が主 ●多目的利用が主 ●略式―少年用 ●無料使用	●一般層(スポーツ人口のピラミッドの中央主体部)が主 ●組織的参加が主 ●目的別利用が主 ●準公式―公式 ●必要に応じ施設毎に有料使用			●スポーツセンター的性格 ●一般層以上のレベルも入る ●組織的参加 ●観客収容 ●必要に応じ入場料	
利用	利用頻度	●デーリー	●デーリー	●児童：デーリー その他：ウィークリー	●一般にウィークリー及びそれ以上	●デーリー，ウィークリー及びそれ以上		●一般にウィークリー及びそれ以上	
	特定利用			●集い，行事等	●各種行事，大会等	●各種行事，大会，祭り等			
関連施設			●幼雅園等	●住区センター，小学校，中学校，管理事務所，派出所，託児所，診療所，日常店舗，パーキング等	●地区センター，高等学校，市役所支所，単科病院，警察署，消防署，郵便局，電気ガス水道サービスステーション等	●各種都心施設，市役所等			

図8・37　永山北公園（多摩ニュータウン）*4

図8・38　久留米地区4号公園

図8・39　西原公園（泉北ニュータウン）

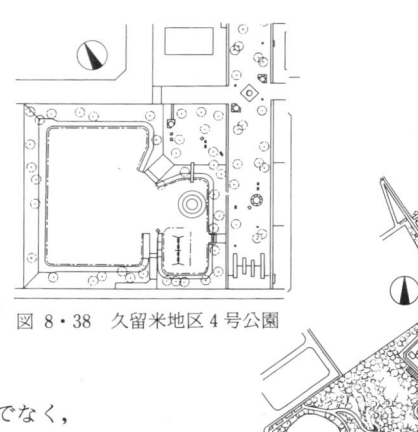

公園・緑地の計画にあたっては，健常者だけでなく，身体的ハンディキャップをもった人々に対する配慮についても留意する必要がある。[8]

1) **街区公園**　街区公園は，これまで児童公園と呼ばれていた公園であるが，都市公園法施行令の改正に伴い変更されたものである。児童公園が利用者を特定して設けられるものに対し，街区公園は特に利用者を特定せず，利用者が居住する範囲により配置及び規模基準を定めたものである点が異なる。したがって，街区公園ではブランコ，スベリ台等の必置規制は廃止されている。この改正の背景には，高齢化社会の進展，余暇時間の増大等の社会情勢の変化に伴い，公園配置計画上最も身近に存在する公園である当該公園の役割が重視されてきており，児童の利用に限らず，広い年齢層の住民による散策，休養等の日常的な利用に供される場となるべきであること，特に，高齢化社会を迎えたことにより，高齢者が日常的に利用できる公園に対するニーズが高まっていることなどがあげられる。

街区公園の計画に当たっては，こうした背景を踏まえ地区の実状に合わせて，児童の遊戯，運動等の利用，高齢者の運動，憩い等の利用に配慮し，遊戯施設，広場，休養施設等を最も身近な公園としての機能を発揮できるよう配置する必要がある。

2) **近隣公園**　近隣公園は，近隣の居住者の利用を対象として計画される。近隣公園の利用は，多目的利用が主で，組織されない青年層の利用が多く，スポーツ利用も見られるようになる。児童公園に比べて，面積的な余裕ができるため静的な修景施設も取り入れられている。

3) **総合公園**　総合公園は，休養，観賞，散策，スポーツ，コミュニケーション等，静的，動的レクリエーションのための幅広い機能をもつものとして計画される。この公園では，文化施設等の都市施設の立地と関連して計画されることも多い。

公園内に設置される施設との関連から利用形態も多様化する。夜間の利用も考えられるので照明計画をはじめとする管理計画もよく検討する必要がある。また，広域的な利用がなされるため，駐車場のような来園者のための施設も将来計画を考慮して配置される必要がある。

日常的な利用に対する配慮は当然のこととして，このような大規模な公園では，災害時の重要な避難地ともなる。非常時の飲料水の確保，避難者の便所などについても留意しておく必要がある。近年では，こうした防災機能を備えた東京都中野区・平和の森公園などの計画実例も見られる[9]。

4) **歩行者専用道**　歩行者専用道の計画で重要なことは，その規模，形状，周辺建築物との一体化，オープンスペースと施設配置との調和，多様性に富む利用への対応，ヒューマンスケール，個性的なデザインなどであろう。

歩行者専用道では，そこを利用する人々の行動自体が空間の主役であると言える。そのため，イベントの演出，管理が歩行者専用道の維持管理上重要な意味をもつといえよう。

---

8) 東京都建設局公園緑地部：身障者のための公園施設設計基準，東京都，1973.8

9) 鍵山喜昭：中野区平和の森公園の設計（造園雑誌 Vol.50, No.1, 1986）

8.3 都市水系計画

8.3.1 都市水系（治水計画）

　地上に降る降水は，最後には湖沼や川や海に流入するが，その降水の流路を河道，流水と河道を含めて河川と呼んでいる。そして河川の流水となる降水の全域が流域である。一般に河川は，流水の大きさ，河道の長さ，流域の広さなどが他の河川と比較して大きいものを本川，これと合流するものを支川，その支川に注ぐものを小支川と呼んでいる。また，湖沼や海に河川が注ぐ前にいくつか分岐する場合もあるが，この場合には主な河川を本川，その他のものを派川という。これら本川，支川，小支川，派川および湖沼を総称して水系という（図8.41）。

　流域に降水があり，地面の貯留が100％に達すると降水は地表面を流れて，表面流出となり河道に流れ込む。地中の地下水も河道に流出して地下水流出が起こる。また地下水が地表面に出たり，地表面を流れる水が地下に浸透したり，いわゆる中間流出あるいは二次流出と呼ばれる流水もあり，表面流出より遅れて河道に流入する。この場合，洪水で問題となる水は降水直後の表面流出であり，渇水量などの問題には，地下水流出が対象の水となる。

　また，本州の日本海側の各地域では，年間降水量の約20〜50％が雪として降り，春には融雪で流水となる。その流水量は，台風などの降雨時の流水と比較すれば，その流量は少なく大洪水の危険度はあまりない。むしろ，融雪出水は発電その他の利水の供給源として非常に重要である。河道に流入した水が河道からあふれて河川の周辺地域に氾濫を起こし，洪水による災害が発生することがある。この災害を防止するため，流路を広げたり，堤防を強化したり，洪水量を制御する目的でダムを建設したり，放水路を建設するなどの治水事業が行われる。

　この河川計画には，まず河道の各地点でどの程度の流量が発生するのかを知る必要がある。

　これには，過去の降水時の河道の各地点での水位，流速，流量などが記録されていれば，これを使って洪水時の流量推定値を得ることができる。しかし，一般にこれらの記録は少ないようである。そこで流域の降水資料により河道の各地点での流出量を予測する各種のモデルが研究されている。

　日本の河川の特色は，諸外国と比較して，流路が短く河床が急勾配で流出土砂が多量であり，河状係数（洪水時の最大流量と渇水時の最小流量の比）が大きい。

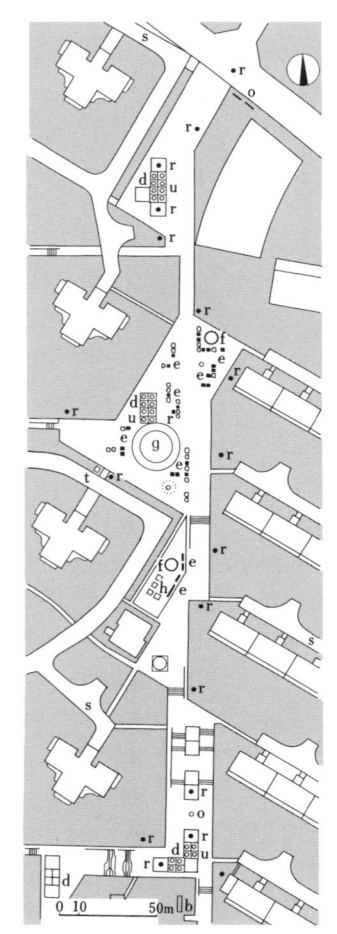

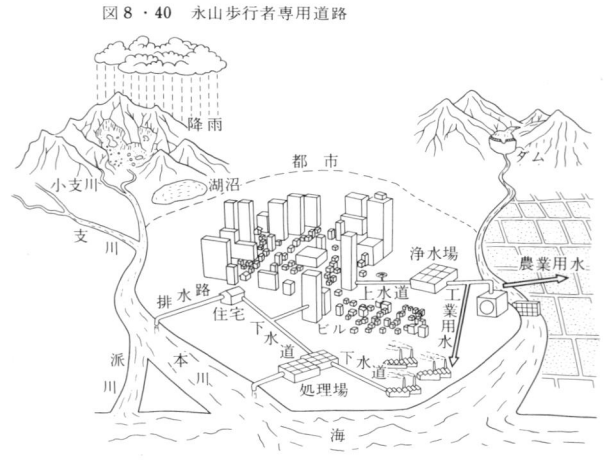

凡　例
b　花壇
d　シェルター
e　ベンチ・スツール
f　砂場
g　徒渉池
h　プレイスカルチェア
o　掲示板・案内板
p　くずかご
q　すいがら入れ
r　照明施設
s　ダストボックス
t　電話ボックス
u　ユニット

図8・40　永山歩行者専用道路

図8・41　都市の水系図

　そして，河川の水位が居住地よりも高いこともあり，災害が発生しやすい（図8.42）。河川では流水のある方を堤外地，表法と呼び，その反対側を堤内地，裏法と呼んでいる。そして，河川流量は流下とともに増加するが，河道内に上流の土砂が運ばれていても，侵食も堆積も起こらない状態を河川の平衡状態といい，そのような勾配

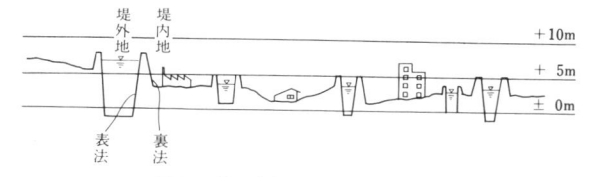

図 8・42 東京の断面図 (東京都資料)

と断面を有する河道が安定河道である。堤防が河川の流水によって破堤を起こす原因には、越水、洗掘および浸透に分類される。従来からの河川改修事業により越水と洗掘を原因とする破堤は大幅に減少し、昭和 51 年 9 月 12 日の岐阜県安八町の長良川堤防決壊のような浸透による破堤が今後の大きな問題であろう。この破堤で新幹線が 2 日間にわたって不通となり、約 2 週間徐行運転をし、国道および電話も 3 日間くらい不通となっている。

また、計画規模を上回る洪水対策（超過洪水対策）として、高規格堤防（スーパー堤防）の整備が始められている。この堤防は、堤内地側の地盤をかさ上げして設けられ、従来の堤防に比較して 5〜10 倍程度幅の広い堤防である。そしてこの地盤上は住宅地や公園などとして利用され、水辺に面した良好な市街地が形成されることになる。荒川、利根川、江戸川、多摩川、淀川および大和川で実施されている。

ところで、洪水調節だけでなく、灌漑、発電、水道などの水資源として、河川水を利用するダムも数多く建設され、高さ 15 m 以上のダムは約 2,200 か所にもなっている。

洪水調節や水資源確保のための多目的ダムも、貯水池内の堆砂によってダムの貯水容量（有効貯水容量）が減少するという重要な問題がある。わが国の発電用ダムのうち、約 10 % は、貯水容量の約 80 % 以上が流入土砂で埋まってしまっている。

日本の国土の約 2/3 は山地であり、しかも地形が急峻で降水により侵食や崩壊が発生しやすい。全国の山地で発生する土砂量は約 1 億 8 千万 m³ であり、その約 1/3 がダムに流入し、貯水池容量の約 1 % が毎年埋まっており[10]、100 年もすれば全国の貯水池は流入土砂で貯水池の堆砂容量が全部埋まる計算になる。しかし、実際は地域的に差異があり、中部山岳地帯の東海・北陸地方の全堆砂量が全国堆砂量の約半分を占め、年堆砂率も全国平均の約 2 倍の値を示している。

流域内での土砂の流出量を表す指標として、流域面積 1 km² 当りの年間堆砂量を示す比堆砂量が、一般に使用されている。この値は、降水が多く、風化が進んだ地域で大きな値を示し、全国平均値は約 500 m³/km²/年である。黒部川で約 4,000 と最高値を示し、中国地方の河川は約 150 で小さな値を示している。したがって、ダムを計画する場合には、100 年間の堆砂量を推定し、その容量は無効容量とし、洪水調節や利水に必要な有効貯水容量をその無効容量に加えて、ダムの容量としている。この堆砂に関する対策として、ダムの上流では、流出土砂量を減少させるために植林、山腹保護工、砂防ダムなどの治山工事を行っている。貯水池の入口付近には、スリットダムを作って大きな石を止め、ダムには排砂ゲートや排砂管を設置して貯水池内の土砂を排出している。しかし、これらの方法には、まだ多くの問題点を残している。

さらにダムの上流は、ダム建設のために河床が上昇して、洪水氾濫の危険性が増加している。一方、ダムの下流では、河床の低下がみられ、河川の局所的な洗掘による堤防、橋脚、護岸および取水施設などの被害が発生している。さらに河川から海への土砂流出が減少するため、河口付近の海岸の侵食が問題となっている。これらの主な原因の一つは、上流にダムがつくられ、山からの流出土砂がダムに貯留されて、下流への土砂の供給不足が原因である。

8.3.2 利水計画

日本に降る降水量は約 1,800 mm であり、合計約 6,700 億 m³ に達する。このうち約 1/3 の 2,200 億 m³ が草木の葉から蒸発散し、それとほぼ同量のものが洪水などで未利用のまま河川から海に流出している。結局、降水量の約 1/3 の 2,200 億 m³ のものが水力発電、農業用水、水産用水、都市用水および主として河川の安定河道を得るための河川維持用水などに利用されている。このうち農業用水は、春の田植の時期から稲が実る夏の終り頃まで灌漑用として集中的に使用される。また都市用水は、家庭用水、事業用水、消防用水および工業用水などなどに使用され、その水量は 350〜500 l/日・人 であり、年間を通じて使用される。

わが国は雨の多い国といわれているが、地方ごとにかなりばらつきがある。中部地方や東北地方は多いが、沖縄地方は降水量が少ない。都市用水としては、地下水を利用している都市もあるが、地下水のみでは十分な量が確保できないので、河川や湖沼の表流水や河川の伏流水を取水し利用している。このように都市で利用できる水

---

10) 石原藤次郎：土砂の流送・運搬に伴う自然環境変化に関する研究、文部省科学研究費自然災害特別研究成果報告書、1975

は日本全国どこでも豊富にあるとはいえず，水資源対策が重要問題となる。このためには，節水は当然のこととして，まず森林や草木の土壌中に降水を吸いこませ，地下水や伏流水として徐々に河川に流出させるべきであり，そのための植林を十分行う必要がある。第2は貯水用ダム，地下ダムおよび河口湖ダムである。わが国は地形が急峻であるから降水はすぐ海へ直接流出するように思われがちであるが，河川水の約1/3は地下水の流出分である。そこで地下水の流れをせき止め，地中に水を貯留しようとするのが地下ダムであって，長崎県野母崎町や沖縄県宮古島の地下ダムなどがある。一方，河口から海へ流出する河川水をせき止めて水を貯留しようとするものが河口湖ダムであり，広島県福山市にある。

8.3.3 親水計画

親水という言葉は，1970年代に入って使用されるようになった言葉であり，水遊び，散策，魚釣りなど，水辺のレクリエーションのようなイメージがある。しかし，最近では，河川，湖沼，池，海岸などの水辺を利用し，生態系の保全，植樹などを行って，心理的・情緒的満足を確保するための景観形成といった面も含んだ用語として用いられている。例えば，自然河川の氾濫源，ため池，森林，農耕地に代るものとして，多目的遊水池，治水緑地といった新たな水辺を親水空間として位置付けようとするものであり，前述のスーパー堤防による空間もその一例と考えることができ，全国的に広がりつつある。

8.3.4 上水道計画

上水道計画は，水質が良く十分な量を安い値段で需要家に供給することであろう。このうち水質については表8.13のように厚生省は定めている。厚生省は，水道水質の一層の安全性と国民の信頼性の確保を図る観点から，健康に関連する項目（水銀など29項目）と水道水が有すべき性状に関連する項目（銅など17項目）の合計46の基準項目，おいしい水などより質の高い水道水供給のための快適水質項目（残留塩素など13項目）および将来にわたる水道水質の安全性の確保のための監視項目（トルエンなど26項目）を決めているが，その主なるものが表8.13である。これらの基準値は世界各国で同一ではない。そして，給水栓のところで水中の残留塩素濃度が1.0 mg/l 以上あるように，浄水場で塩素ガスや次亜塩素酸ソーダを注入している。したがって，浄水場近くの家庭の給水栓から出る水道水は塩素くさく，いやな感じがす

表8・13 水道水の水質基準（厚生省）

要件	水質項目	基準	要件	水質項目	基準
病原生物による汚染を疑わせるような生物および物質	亜硝酸性窒素および硝酸性窒素	10mg/l以下	有害重金属着色性金属その他	銅	1mg/l以下
	塩素イオン	200mg/l以下		鉄	0.3mg/l以下
	有機物等(KMnO₄消費量)	10mg/l以下		マンガン	0.05mg/l以下
	一般細菌	1ml中100以下		亜鉛	1.0mg/l以下
	大腸菌群	検出されないこと		鉛	0.05mg/l以下
有毒物質	シアン	検出されないこと		6価クロム	0.05mg/l以下
	水銀	〃		カドミウム	0.01mg/l以下
	有機リン	〃		砒素	0.01mg/l以下
酸性・アルカリ性	水素イオン濃度	pH5.8～8.6		フッ素	0.8mg/l以下
				カルシウム，マグネシウム等(硬度)	300mg/l以下
異常な臭味	臭気	異常でないこと		蒸発残留物	500mg/l以下
	味	〃		フェノール類	フェノールとして0.005mg/l以下
外観	色度	5度以下		陰イオン界面活性剤	0.2mg/l以下
	濁度	2度以下			

ることもある。生きた病原菌を水道水と一緒に飲み込んでも病気にならないための消毒として，今のところ技術的にしかたがない。水道水は飲料水のみならず，台所，風呂，洗濯，散水などにも使用される。そこで飲料水以外は，それほど衛生的でなくてもよいのではないかという問題がある。これに対しては，飲料用とその他に分けて二元給水配管する方法とか，飲料水のみ容器に入れて各家庭に配達し，その他の用水は今までの方法で配水する方法などが考えられているが，今後の検討課題である。水量は前述のように350～500 l/日・人を目標とする。次に値段であるが，わが国では，水道料金は全国一律ではなく，都市間格差がある。全国平均では約127円/m³であるが，200円/m³以上の地域も数多くある。次に水道水源の悪化の問題がある。給水栓からの水が塩素臭だけでなく，カビ臭がすることがある。これは，水道の水源であるダム，湖沼などに藻が発生し，その藻が臭気物質を分泌したり，藻が死滅してカビ臭物質が水に溶け出したりするためである。藻が発生し繁殖するのは，藻類の生育上に必要な栄養分があるからであり，いわゆる水源の富栄養化の問題である。

また，上流の都市下水の放流先が下流の都市の上水道水源となっていることがある。今の下水道の処理技術では，放流水が水質的に十分な水道水源になるとはいえないが，水資源の不足している都市では，住宅，工場，農業などからいくらか汚染された水源にまでも頼らざるを得ない現状であろう。したがって，このような水源を利用している各浄水場では，水道水の水質基準を満足する水をつくるよう大変な努力をしている。一方，各都市において上水道施設を全部設置するのでなく，広域水道に

よって水量および水質を確保する方法も実施されている。良好な水道水源を確保することは都市計画の重要課題の一つである。そこで水道水源に関して少し検討してみる。前述したように水道水源の富栄養化のために，1990年度で約2,200万人（近畿1,200万人，関東500万人，九州29.3万人，北海道23.3万人，四国10.1万人，中国9.4万人，東北4.6万人，中部1.0万人）の人が異臭味被害にあっている。そして市民の水道への信頼性は低下しつつある。例えば，1989年大阪府の府民へのアンケート調査によれば，今までに家庭の水道水に不安を感じたことがあると回答したものが70.1％，ないが22.3％であった。また1992年東京都の都民要望に関する世論調査によれば，水道水の安全性についてどう思いますかに対して，安心13.7％，どちらかといえば安心38.0％，不安14.9％，どちらかといえば不安33.3％となっており，約50％の人が不安を感じているように思われる。そして，これら市民の水道水に対する不安は，家庭用浄水器およびボトルウォーターの普及状況に表われている。例えば，家庭用浄水器の全国出荷台数は，1989年約60万台，1990年235万台，1991年370万台も上昇し，ミネラルウォーターの生産と輸入量（輸入量は全体の約10％）の合計は，1989年12万 kl，1990年17.5万 kl，1991年28万 kl と急上昇している。これに対して，行政レベルでの暫定的対応として1981年トリハロメタンの制御目標，1984年トリクロロエチレン等暫定基準，1990年と1991年ゴルフ場農薬30種類の検討などが行われている。しかし，従来の水質保全対策では必ずしも十分でない点がある。

第1は，「都市と公害」の項で説明したように，公害対策基本法の「水質汚濁」の項の水質環境基準と水道水の水質基準の項目が少し異っている。「健康項目」は水道の水質基準とほぼ一致しているが，「生活環境項目」には水道の水質基準の項目が少なく，水道水の取水地点での基準達成率は低く，生活環境項目は常時達成されるべきこととなっておらず，特に渇水時の水質変化への対応に水道事業者は苦慮している事例も多い。第2は，水質汚濁防止法に基づく排水規制の問題がある。「健康項目」に関する排水基準は，排水の場所に関係なく公共用水域で10倍に希釈されるとの考え方を背景に，一律に水質環境基準の10倍の値が定められている。したがって，排水口が水道の取水口の上流近くに位置するような場合は，上水道の原水としては適さないこともある。特に水道水質基準にある有機溶剤や農薬等の化学物質は，標準的な浄水操作では除去することは非常に困難である。第3に，生活排水対策に対しては，現在，公共下水道，合併処理浄化槽，農業集落排水処理施設等の整備が進められているが，これらを併せても普及率は50％に満たず，これらが整備されるにはかなりの長期間を要する。したがって，このような状況に対する上水道の対応策としては，第1は，取水地点を1地点ではなく，できるだけ分散させて取水地点の汚濁に対処する。

第2は，取水方法を河川の表流水のみならず伏流水および地下水を考慮すべきであり，水道事業関係者も水源確保のためにダム，河川や森林事業に積極的に参加すべきである。第3は，ダム建設の場合，将来，藻類の発生をできるだけ防止するため，建設時にダム底の汚泥や樹木などを撤去することが望ましい。第4は，配水池容量を12時間分ではなく1〜2日分とする。特に近畿，関東および大都市は配水池容量を早急に増大させるべきであろう。

水道原水は浄水場で浄化されるが，上水道は，取水，導水，浄水，送水，配水の施設よりなる。

従来は，水源の水質も良く，土地も安価であったので，普通の沈澱を行った後，比較的こまかな粒度の砂層を4〜5 m/日のゆっくりしたろ過速度で浄化する緩速ろ過を行っていた。しかし，近年では，やや粒度の大きい砂層を120〜150 m/日のろ過速度で浄化する急速ろ過法のために，水道原水に塩素を注入し，硫酸アルミニウムや塩化アルミニウム（PAC）などを使用する凝集沈澱法を使用し，その上澄水を急速ろ過の方法で浄化している。そのため，ろ過面積は緩速ろ過の約1/30でよいが，緩速ろ過のように臭気はほとんど除去できず，藻の発生などを防止するために前塩素処理をする必要が生じている。このように急速ろ過法では緩速ろ過法より多くの塩素を使用するから，この塩素と水中の物質が化学反応を行って人間にとって有害な物質（トリハロメタンなど）をつくる可能性がある。本来，浄化を目的とした塩素が，有害物質を生成する原因となることは，大きな問題を提起している。このためには，前述の水源対策が必要であることが，改めて痛感される。しかも，凝集剤を使用しているので，かなり多くの汚泥が浄水場で発生し，その処理・処分が緊急な課題となっている。上水道が普及されると，井戸水や湧水を無くする傾向にあるが，上水道施設に地震・渇水時などに問題が発生した場合を考えて，これらの施設をぜひ存続させておくべきである。

上水道が生活用水を得る唯一の手段となっているので，その水質の安全性が要求されるのは当然であろうが，

表8・14　おいしい水の水質基準　　（単位：mg/l）

水質項目	おいしい水	日本の基準
蒸発残留物	30—200	500
硬　　度	10—100	10—100
遊離炭酸	3—30	20
KMnO1消費量	3以下	3
臭　気　度	3以下	3
残留塩素	0.4以下	1.0以下
水　　温	最高20度C以下	―

表8・15　計画給水と配管

都市規模	配水管総延長(km)	最小口径(mm)	最大口径(mm)	計画日最大給水量 1人1日(l/人/日)	給水量(千m³/日)
100万人	2,360	50	2,700	616	616
50万人	1,370	〃	1,500	634	317
25万人	798	〃	1,800	553	138
10万人	390	〃	1,500	531	53
5万人	227	〃	1,200	547	27
3万人	152	〃	1,000	537	16
2万人	111	〃	1,200	501	10
1万人	64	〃	700	467	4.7

「おいしい水」の供給も求められている（表8.14）[11]。

また，従来の緩速ろ過および急速ろ過で行われている砂ろ過中心の浄水処理技術で対応できない原水に対しては，活性炭，オゾン，生物処理，高分子膜などを導入した，より高度な浄水施設（高度浄水施設）が，東京，大阪などで実用化されている。

次に配管であるが，一般に浄水場は，都市の上流の河川水を水源にするから，河川の川幅の傾向とは逆に，人間があまり住んでいなく水の使用水量の少ない浄水場近くの配水管容量が最も大きく，最も使用水量の多くなる市街地へ近くなるほど水道管容量は小さくなっている。これは，都市の上流の高所に浄水場をつくり，自然流下方式で配水しようとするからである。したがって，都市計画で市街中心地の水使用量の将来予測を大きく間違えば，管の敷設変更は一般に困難であるから，市街地中心地の水の出方が悪くなる。配水管の末端では最小1.5 kgf/cm²の動水圧があるように計画されているが，この最小圧力と必要水量が必ずしも保障されない場合が生じることもある。

ところで，ガス供給においては，郊外でガスを生産し，消費地に近い所に大容量のガスタンクを建設しているから，一般に使用量の大きい地域に大容量のガス配管がなされており，上水道配管とは，逆の管口径の傾向になっている。したがって，非圧縮性の水を扱う上水道事業と圧縮性のガスを扱うガス事業は，どちらも流体であることには変わりがなく，どのような上水道配管計画がより適しているのか検討してみる必要があり，現実に市街地中心地近くに浄水場を建設している市もある。

次に建築関係者からは，末端の配水管水圧をもっと上げて，例えば3～4階建のビルでは，受水槽をなくして，直接給水してはという意見もある。しかし，水道関係者からは，配水管の圧力を今以上高くすると，もっと漏水（現在の漏水率10～15％）を多くすることになるなど困難な問題を多く発生するので，この問題については，今後の課題として十分検討する必要があろう。

上水道の将来計画に対する計画給水量と配管について人口規模別に示す（表8.15）。

8.3.5　下水道計画

下水道は，降水を集めて速やかに排水し，家屋などの浸水を防ぐことと，各家庭などから流される汚水を集めて浄化し，公共用水域の水質保全と生活環境保全を目的とし，これらを河川，湖沼や海に放流する働きをする。これら汚水（汚水管）と雨水（雨水管）の二系統で処理しているものを分流式，両方を一緒の管で扱っているものを合流式と呼んでいる。わが国では，主として財政面から安価である合流式が早くから採用されていたが，近年は分流式で下水道は整備されている。

一方，下水道を各都市ごとに処理するのではなく，広域的な処理を考え，流域の水質保全を目的とした流域下水道方式も行われている。

汚水は全量が汚水管に流入するが，雨水は全量が雨水管に流入するとは限らない。もし10年確率の降雨を対象に雨水管の容量を計画すれば，それ以上の降雨があれば，雨水のマンホールより下水が噴出してくる。何年確率の降雨を対象にすべきか，都市の排水計画にとって重要課題である。

下水は，有機性および無機性の汚濁物がかなり高濃度で含まれているが，BOD[12]で表示すると，一般に水質は150～250 mg/l であるので，下水処理場で浄化して放流（一般に，BOD 20 mg/l 以下，浮遊物質 70 mg/l 以下）する。分流式の場合は，汚水の全量を下水処理場で二次処理まで処理するが，雨水は未処理のまま放流されてい

---

11)　山村勝美：水道における水質上の諸問題，京都大学環境衛生工学研究会第8回シンポジュウム講演論文集，1986.7

12)　生物化学的酸素要求量（bio-chemical oxygen demand）有機物質の生物化学的酸化に必要な酸素の量を ppm（mg/l）で表わしたものであり，BODの大きい水ほど，汚ないということになる。

表8・16　計画下水量と配管

都市規模	汚水管総延長(km)	最小口径(mm)	最大口径(mm)	計画下水量(千m³/日)	
				日最大	時間最大
100万人	1,890	200	3,000	671	939
50万人	1,040	〃	2,200	342	491
25万人	575	〃	1,650	163	233
10万人	262	〃	1,100	62	88
5万人	145	〃	800	30	43
3万人	93	〃	700	19	26
2万人	66	〃	600	11	16
1万人	36	〃	450	6.3	9.0

る。その雨水の水質は BOD 50 mg/l 程度であり，汚濁負荷量から考えれば，汚水の汚濁負荷量と比較しても，決して小さくない。合流式の場合は，汚水と雨水の混合された下水であるが，汚水の3倍相当量のものが下水処理場に入り，そのうち汚水量相当分が二次処理され，残りは一次処理まで浄化されて放流される。下水処理場に入るまでに汚水量の3倍相当量を超える部分は，未処理 (BOD 100 mg/l 程度) のまま放流されている。したがって，分流式および合流式の両方式とも未処理部分の放流水対策が今後の重要課題である。

下水処理場では，沈澱などの主として物理学的作用の一次処理と，有機物を微生物に吸収・分解させるなどの生物学的な作用の二次処理の二段階処理を一般に使用している。

二次処理水の水質では放流先の環境が悪化したり，二次処理水を再利用 (工業用水などに) しようとする場合には高度処理 (三次処理) を行う。

一次処理の段階から非常に腐敗しやすい沈澱汚泥と，二次処理で一般に使用されている活性汚泥法からは，微生物の塊である余剰の活性汚泥が発生する。これらの汚泥は，下水中の土砂や有機物の変化した物質であるから，凝集剤を加えるなどの処理をして，埋立処理や農地還元などをする。

下水道の将来計画に対する計画下水量と配管について，人口規模別に示す (表8.16)。

8.4　情報システムとエネルギー供給計画

8.4.1　新しいインフラストラクチュアと地下利用

従来の都市供給処理施設として認められていた上下水道，電気・ガス，電話，工業用水道に加えて，最近の都市では，有線放送やごみ真空パイプ，地域冷暖房用パイプラインの必要性が高まってきた。それでなくとも日本の都市道路は狭く，新しい要求に応じられないため，道路下に共同溝を建設する必要が起こった。しかし共同溝は道路法でいう道路の一部で，道路をできるだけ掘り返さないためのものであり，従来の電力や電話線の地中化推進と共に都市供給処理施設を納入するのが精一杯の現状である。

さらには，交通のさくそうした広場や道路下には，地下商店街が建設されるなど，地表面下の公共空間は極度に少なくなっている上に，都市の拡大につれて，都心部における集積度はすべての面で限界に達している。

以上の状況から図8.43に見られるような道路地下空間利用の再配分が考えられてきた。もちろん，既存の都市供給処理施設や共同溝の意義は少しも変わらないわけであるが，新しい設備としてのエネルギーや情報系を収容し得る幹線共同溝や電力電話線を内蔵する供給管共同溝の道路下活用を可能にするソフトが必要になってきたのである。

公共事業と公益事業に加えて，私的にも公共地下空間の利用が要求される今日，法的には，未整備ながら三者が話し合いによって新しい都市機能の維持増進が期待されている。

図8.44は，都市供給処理施設のシステムフローを示している。横軸に都市規模と人口スケールをとり，縦軸に都市施設の項目をとり，マトリックスを作成すると，フロー (流れ) とジャンクション (結接点) に相当する部分に，各種の配線や配管，様々なプラントや変換器が設けられる。

特に，冷暖房用エネルギー配管は，冷温水系統が4管となり保温されたパイプラインの寸法は，従来の供給処理施設に比べて非常に大きく，直径が1メートルを超えるパイプが4本に及んだりする。そのため，従来の道路管理者の常識を超え，地下配管の維持管理・更新に当たっての問題が起こってきた。

その結果が，図のごとき，ジャンクション・フロー図を作成して，端末サービスの項目を確認した上で，途中の各種配管・配線のスペースやプラント建屋の位置，事業主体者の実際を知っておくことが大切になった。

エネルギー源として，電力，冷温熱供給，ガス，油の供給等があり，電力は特高圧から高圧，低圧に変電されながら端末利用される。ガスも同様で，人口10万人程度でガスホルダーがあり，これより高中圧で人口千人ほどの規模でガスガバナーに入り，低圧で端末供給される。熱供給系統は，一次エネルギー源として，天然ガスや石

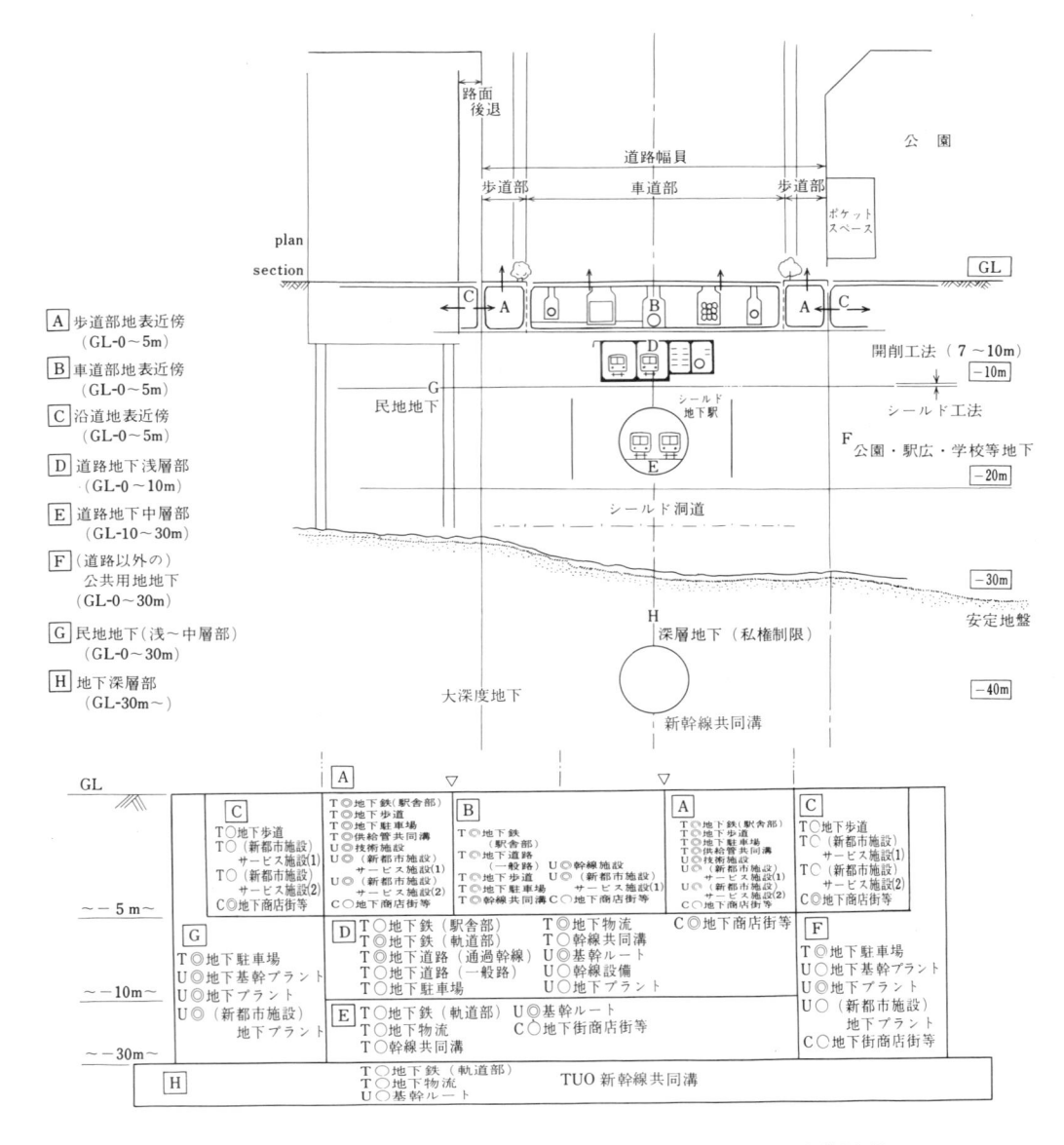

図8・43 道路地下空間の分割

油で高圧蒸気や高温水が製造され、これより保温埋設管により熱供給される。東京都では原則として、$10 kg/cm^2$の圧力で蒸気供給されることが都条例で定められている。パリやニューヨークでは$20 kg/m^2$の蒸気で地域暖房が完備している。この蒸気を利用して、吸収式冷凍機を利用した冷房も行われる。

5～7℃の冷水が地域配管される地域冷房は、返り管の冷水温度が13～15℃のため、都心部の高負荷密度で冷却塔の設置しにくい所に利用される。冷水供給系統は配管径が高温系統に比べて太いためと、循環に要するポンプ動力費の問題から1km圏が1プラントからの供給範囲

と考えられる。一方、10km圏が高温熱供給圏であり、その処点1km圏に冷水熱供給される地域冷暖房プラントが日本の大都市圏の将来像と考えられる。

エネルギー供給は、すべて電力のみでも石油やガスのみでも、端末で変換して、動力や照明、冷暖房や給湯に使えないことはない。多様な供給系統を持たせるのは、それぞれの事業主体の要望もさることながら、経済性や安定供給の点で、このように多段階供給網と多種類のエネルギー源を都市に供給する必要性がある。

情報・通信システムは、従来、電電公社の電信電話と放送局の無線放送システムに限られていたのが、1980年

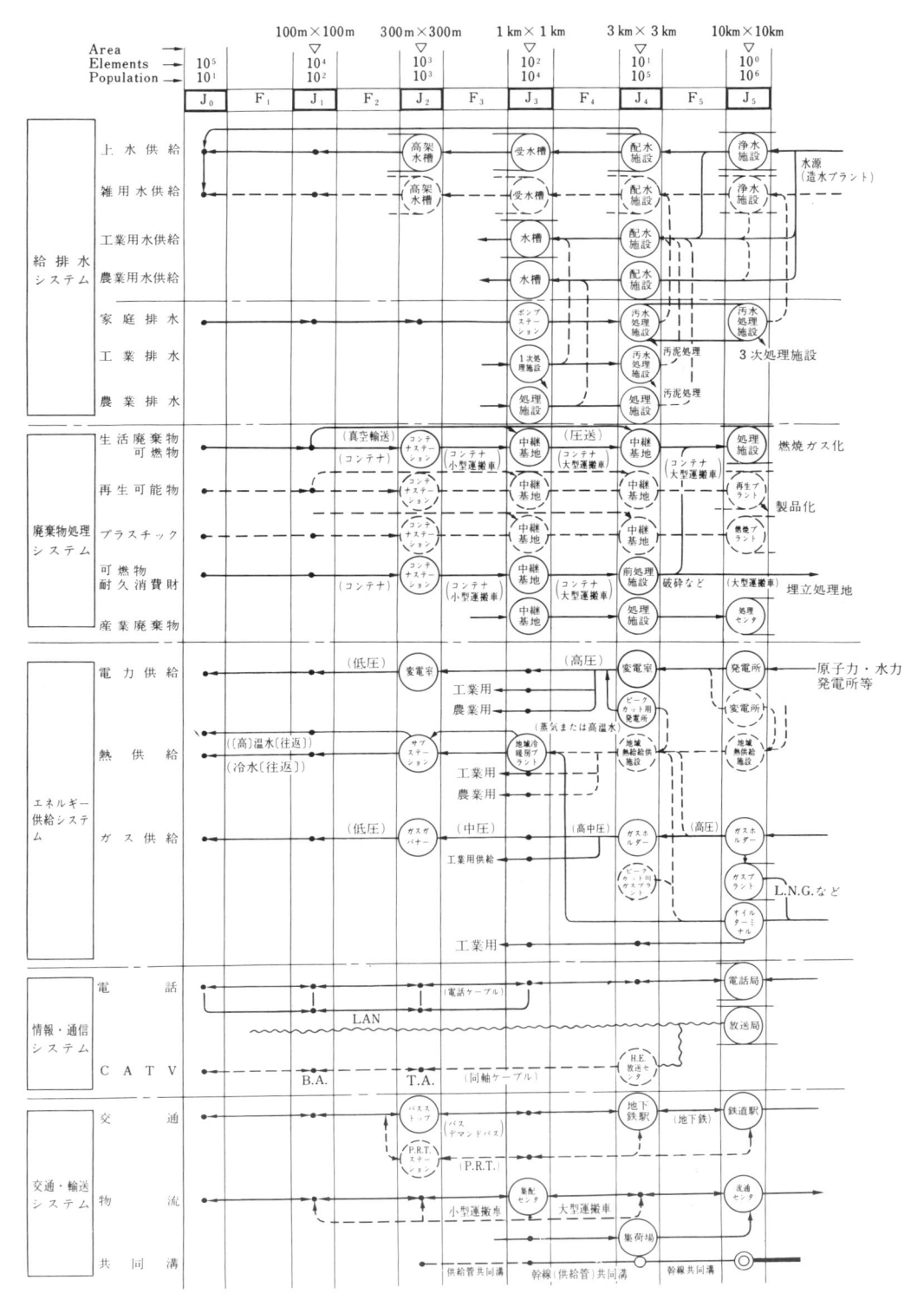

図8・44 都市供給処理施設のシステム

代に入って，LAN（局所回線網）やCATV（有線放送）が普及するにつれて，電電公社も株式会社として地域独占が許されなくなった。そして自由競争による通信回線企業が局所的にコンピューターと連動させたインテリジェントシティ構想を生んだ。この局所的コンピュータ・ネットワーク都市がさらに全国的，世界的ネットワーク

に接続される時代になった。人工衛星の民間への開放と共に，端末レベルが世界的ネットワーク化され，パソコンと大型コンピューターやパソコン同士が世界的通信網と組み合わさって，相互情報交換を容易にする時代を迎えた。

都市は，こうした情報通信の可能性を大きくするために，テレポート建設を促進する必要性が生じ，各地でその試みが始まっている。

8.4.2 エネルギー使用量の増大と地域冷暖房

人畜エネルギーが人間活動の源であった第一次産業社会から，化石エネルギーを使い始めた産業革命によって都市は一変した。自動車やエレベーターの登場で，都市のスケールが平面的にも立体的にも，この100年間で急速に拡大した。時速4kmの10km徒歩圏が都市域であった時代が，時速40kmの100km自動車都市域となった。都市が奴隷や畜馬で支えられていた社会から，化石エネルギーを利用した機械は，エネルギー換算で奴隷10～20人分に相当する社会になった。日本の人口は1億人として，20億人相当の生産と消費行為を行っていることになり，その活力が，日本のGNPを自由世界第二位とした。狭い国土で，第一次産業力では小さいが，第二次産業力では大きな力となっているのである。この力の源は，戦後の日本の高度成長を支えた山を削って海を埋め立て，ベッドタウンと工場コンビナートを建設したことによる。日本中に新産業都市の建設を促進したからである。しかし，エネルギー多消費社会を可能にした新産業都市は，日本の戦災都市を急速に復興した反面で，伝統的様式や風物を破壊し，公害や環境問題を提供した。

石油に支えられた工業国家としての日本は，1980年代に入って，幾多の石油ショックを越えて脱工業化社会に入った。その結果，鉱工業用エネルギーが減少した反面民生用エネルギーの利用が増大し始めた。その理由は，第二次産業国家としての重厚長大型エネルギー多消費型生産国家から軽薄短小型省エネルギーの工業国に変身しながら，さらには，第三次サービス産業社会になったからである。工場は，大都市から離れ，地方や開発途上国へ移転し，その跡地には，業務センターや高層住宅が建設され始めた。

オフィスやハウジング用エネルギーの大部分は，生産用ではなく，冷暖房や給湯など，エネルギーポテンシャルの低い熱を必要とした。工場のプロセス用電力や蒸気と違った冷暖房給湯用エネルギーは，ポテンシャルは低いが，敷地当りの熱エネルギー量は，工場時代以上のエネルギー量を必要とした。その結果，ごみ焼却や工場，火力発電所や下水の廃熱を活用した地域冷暖房システムの必要性がでてきた。欧米に遅れること50～100年あったが，敷地当りの熱必要量は，年間を通じて冷暖房用を加えると，欧米の先進都市以上の熱負荷密度を持った都市が，日本の諸都市に共通していた。

第二次産業時代の火力発電所で都心立地のプラントは，コ・ジェネレーション（熱併給発電）プラントに再生させつつ，今後の第三次産業型都市再開発を促進させることが重要である。

新しい時代の都市は，コンピューターの普及によって，CVCF（定電圧定周波数）の保証された高度にレベルの高い安定した電力供給の必要性と共に，冷暖房給湯のように，ごみ焼却や下水廃熱で十分可能な低レベルの安いエネルギー供給の必要性があるため，地域冷暖房ネットワークの建設が要望されてきたのである。

8.4.3 情報化社会の新基盤施設

都市は情報の発信拠点であり，新しい情報の生産によって都市成立の基盤があった。日本の都市は，第一次，第二次産業の中心地とし存在するのではなく，すでにそれらの都市は地方や開発途上国に分散してしまっており，これらの都市の情報を集めて管理統轄することによってのみ成立する都市となってきた。したがって，第三次産業型の都市基盤施設は，コンピューターと通信ネットワークのいかんによって左右されることになる。

世界中の情報を集め，分析し，正確な指令を出すために必要とされるテレポートやコンピューターセンターは，第二次産業社会における火力発電所や港湾施設に相当し，工業用地が業務核センターに置き換えられる必要があった。

単純に一対一対応で考えれば，世界人口に相当する頭脳が日本の都市のコンピューターに記憶され，それ相応の情報交換するに要する通信ネットワークを必要としている。

建築単体では，OA機器の発達やインテリジェントビルの普及によって，事務連絡情報ネットワークが一変した。電話や気送管に代わって，高度な情報ネットワークが完備し，こうした建物群が集まって，インテリジェントシティを形成するとき，第二次産業社会における工場コンビナートのように，業務核センター地区は，情報コンビナートのような高度情報システムが要求される。

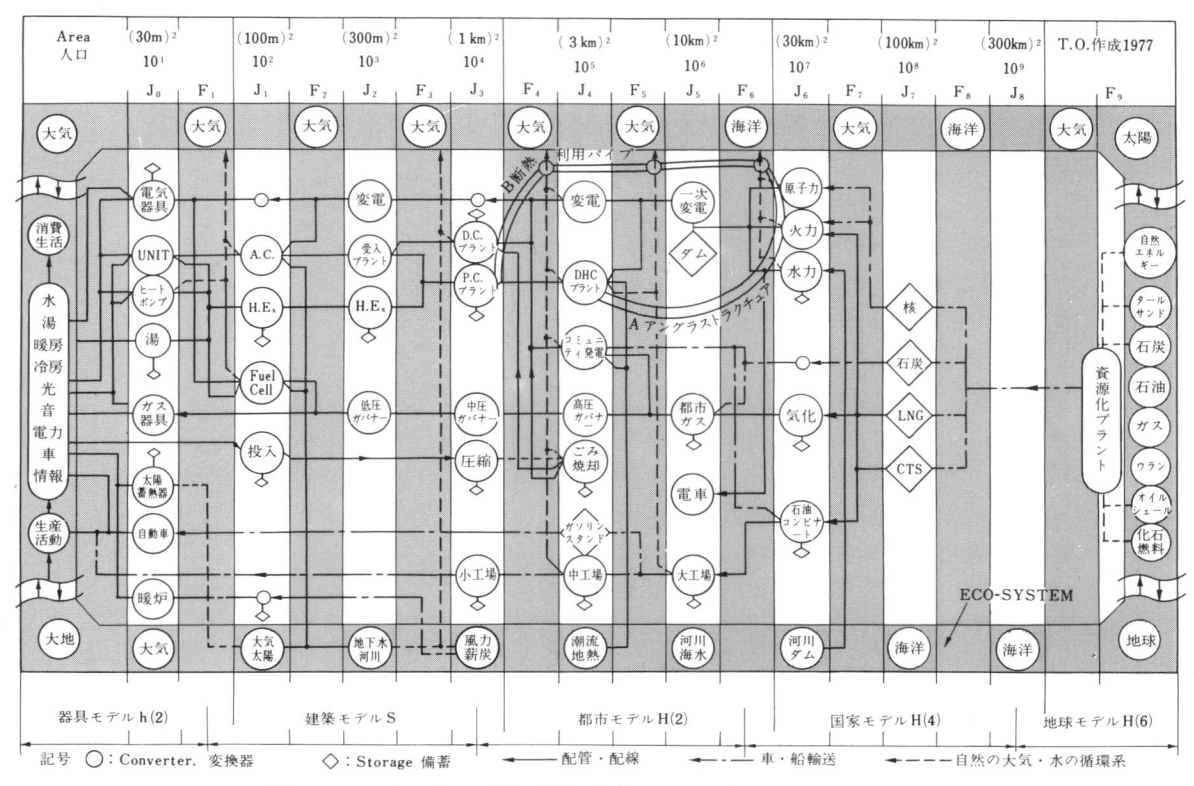

図8・45 エネルギーの分配と変換・備蓄のための社会資本と自然のつながり

8.4.4 ハイブリッド・システムの活用

人間の頭脳労働や管理能力を要求される，これからの都市機能で大切なのは，居住環境の向上と世界的情報網の整備である。

こうした要望は，第二次産業型の都市基盤整備にはあまり重要視されなかった。人間の労働力は，機械を管理するために要求されたものであって，主役は機械であり，エネルギー供給や空気調和設備もプロセス用であり，工場用空調が主体であった。しかし，第三次産業のエネルギー供給や空調は，あくまで人間用であり，人間の情緒や頭脳のサービス用である。そのためには，自然や歴史的経緯，先端性や体験性，刺激や安心感の要求される生産と消費のための都心部環境をつくり出すことが要求されている。

その都市施設としては，図8.45に見られるような，ハイブリッド型エネルギー供給システムが大切になる。

自然の太陽や風・雨水や地下水に恵まれた日本の都市では，この自然の資源を建築や部屋のレベルで十分に活用することができる。

もちろん，住宅用や業務核センター単位で，ヒートポンプや燃料電池を使って，トータルエネルギー供給システムや廃熱利用システムを採用することが可能である。

ソフト・エネルギーパスとハード・エネルギーパスを共存させた都市のハイブリッド型エネルギー供給システムは，別称，エコロジカルシティとか省エネルギー型都市と呼ばれる。この場合でも，地球レベルの化石エネルギー資源の活用のために，各種の輸送媒体が社会資本として投下される。それぞれのプラントや輸送の過程で，風や水や太陽が，マクロ・コスモスの主なる役割を演じている。エネルギー供給は，その法則から考えても一方通行であって，地球資源の無駄使いをしない都市エネルギー供給システムを考えることが大切である。

具体的には，電電公社の発展的民営化によって，世界中の情報回線が，経済性の追求や安全性，特殊用途やフレキシビリティの要求に応じて多重に回線され，都市機能の維持増進に役立つ時代となった。人工衛星を使ったパラボラアンテナや発信装置なども街区レベルや建物レベルで設置されるとき，地上空間においても，地下空間においても，都市形態の影響が大きい。

9 都市設計

　都市とは大勢の人間が高密度に住む社会空間である。この都市が成り立つためには，そこに住む人間相互，あるいは人間側の"場"に対する信頼が不可欠である。
　ある都市が人々の信頼を得ているかどうか，住民，市民相互に信頼感があるかどうかは，その形に端的に現れる。
　都市設計は都市を構成する要素の形をばらばらにではなく，建物相互，建物と街路，街路と公園などを相互に関連し合ったものとしてとらえ，整えて，美しく居心地の良い都市空間を造ることを役目とする。
　建築設計，土木設計，造園設計をつなぐ，都市設計はこの役目を通して，高密度な人間居住の場として信頼感の漂う豊かな都市を築くことに貢献しようとするものである。
　この単元では都市における形の意味を考え，人間（性）の住む器としての都市の造形の方法について学習する。

9.1 都市と形

9.1.1 現代都市の形の特徴

　太陽系の一惑星たる地球は現在50億近くの人間を住まわせて，円弧を描きつつ，宇宙に浮かんでいる。地球は厚く大気に覆われており，これに包まれた地球表面の7割が海洋，残りが無数のひだを持った陸地である。

　陸地は七つの大陸と多くの島々から成り，それぞれに独得な風土——気候，地理地形，地味，生態的相，景観等を示している。
　人間はこの地球の風土の中，多様な場所にさまざまに住んでいる。山間のわずかな窪地や気候の厳しい小さな海岸に少人数が肩を寄せ合って住んでいる場合もあれば，豊かな緑野にゆったりと家々を点在させている村も

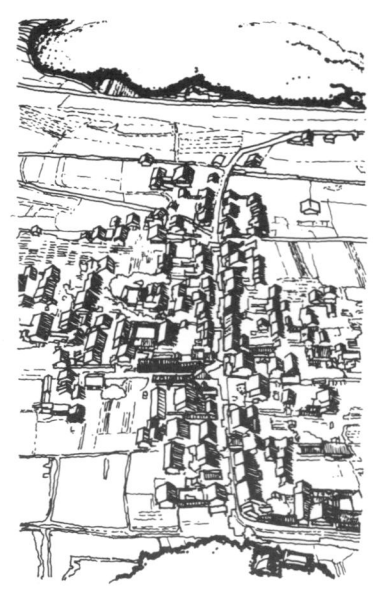

図9・1　明香村の沿道集落 　　　図9・2　京都の家並み（東寺付近） 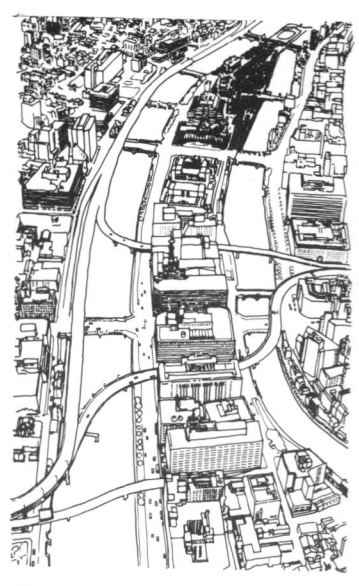　　　図9・3　大阪のビル群（中の島付近）

ある。川の辺に寺院を配し、古く良き時代の面影を色濃く残す落ち着いたたたずまいの都市の場合もある。

あるいは、千万人以上もの人口がいわゆる巨大都市を築き、夜もこうこうとして、密集して住んでいるケースもある。

地球における人間の居住の歴史、居住環境形成の歴史をひとかたまりに密集して住むことのできる規模のいかんという点において評価するならば、この巨大都市の発明は家から村へ、村から都市へといった、かつての時代の居住環境の発明を圧倒する20世紀都市文明を代表する今世紀最大の成果と見なすこともできよう。この発明物なしには地球における可住地の限定性、地域的偏在性という条件下、人類の量的拡大、人口の絶えざる増加はあり得なかったのである。

人間は〝道具をつくる動物〟ないしは〝道具類をつくる道具（基底道具）をつくる動物〟である。

この点で化石燃料を自由に取り出すいわゆる〝機械〟を基底道具とした時期を境に、時代を近代と前近代に歴史を分けるのは分かりやすい時代区分である。

近代―機械によって作り出された道具、装置類はほんの一世紀余の間に人間の生活の隅々、地球の隅々にまで行きわたり、社会の組立て（システム）や形にもはっきりと、しかし、しばしば過剰に現れている。近代の都市、工業都市や巨大都市は機械時代の都市である。

現在はまた、エレクトロニクス系の機械の登場と浸透により、都市の機構や形も少なからざる変ぼうを遂げようとしているかに見える。

かつての時代の都市、古代や中世、近世の都市は基本的には人間的な道具、端的には人体に直接の基礎をおく尺度によってつくられた都市であり、人間と自然の直接交渉の下に築かれた手づくりの都市である。したがって、その土地の風土に密接した固有の生態的システム、固有の形、景観をもつものであった。

これに対して、近代都市を具体的に構成する材料といったものも、木や石や土といった、有史以前から存在し、人類がその誕生以来身近に親しんできた形質のものではなくて、鉄とコンクリートとガラスに代表される無機質のものが主役となった。

都市の構成要素である建築や街路は都市の単なる部品と化し、この部品は機械的規準で成型された規格品で組み立てられ、何か薄手で奥行のなさを感じさせるものが多い。しかも老化が早いのである。

近代の都市は機械によって作られ、機械によって作動するシステムであり、装置である。いまや都市はおびただしい線や管の網に包まれて、これがコンピューターによって、微細にしばしば神経質に制御されようとしている。近代の都市はまた自動車の都市であり、地球のもろもろの場所をつなぐ飛行機の発着所である。

現代都市は人間が地球を共通な一体的生活圏とするための手段、基地になりつつあるという解釈も成り立つ。このために地球の都市は同じ機能をもち、形においても差異よりも共通性、画一性を志向しているかに見える。

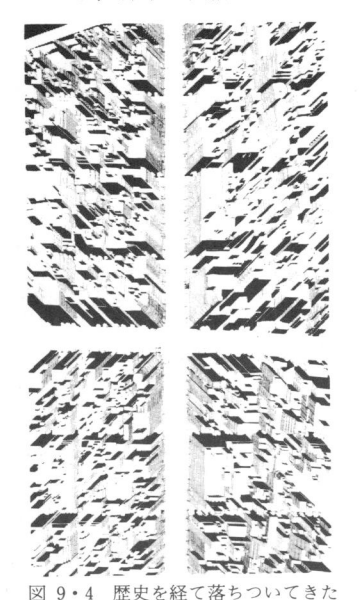

図 9・4 歴史を経て落ちついてきた銀座の通り
銀座グラフィックマップ ⓒ 洲嵜晴彦

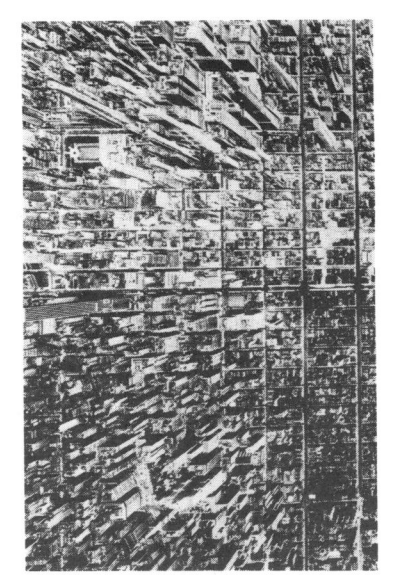

図 9・5 針のような摩天楼の足元には巨大な薄暗さに覆われた都市空間がある[*1]

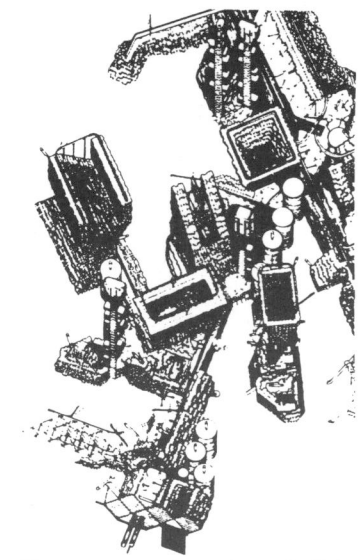

図 9・6 アーキグラムグループの描く未来都市イメージ プラグインシティ[*2]

9.1.2 都市生活と形

都市とは一定の定住人口を抱える居住地であるが，もともと人々の往来する場所であり，古来よく栄えた都市は，他国からも大勢の人々が集まり，文物が盛んに交換された所である。

しかし，国際化といわれる今日，現代都市に流れ込む異国の文物の量，交流交換の地域的広がり，そのスピードは過去の歴史に類例を見ないものであり，現代都市が提供する世界のファッションショーさながらである。

日本の形のデザイナーたち，建築家や土木技術者，造園家の手元には，巨匠の手になる造形，土着的な造形とを問わず，世界各地の建築や橋や庭園，公園，その他都市の形についての情報があふれ自由自在にコピーできるのである。

この都市における人々の生活，衣食住にわたる生活も和洋折衷とかではなく，世界の文化混合の最盛期のものであり，色とりどりで多様である。

しかし，日本の都市は国際化の激しい東京などの場合でも，人種と民族を越えた人々の集住を成り立たせているロンドンやパリやニューヨークのようなコスモポリスの経験がまだない。生活習慣も文化的背景も全く異なる人々が一緒に平和裡に相互に信頼感をもって住むことがいかに難しいかは先輩コスモポリスの教えるところである。日本人という同質集合がファッションとしての世界の都市の形を楽しむだけではすまされない時期に入りつつある。異質な人間同士が相互に誤解がなく信頼をもって住むことのできる都市の仕組みとその表現する形——住宅，住宅団地，広場，公園，看板，標識その他の造形物のあり方や形とは一体どんなものであろうか。新しい居住者にも守りやすい形，交りやすい形，分かりやすい形といったものが，これからの日本の都市の造形の課題として浮かんでくる。

これからの都市の形を考えるに際し，高度経済成長期の後，日本に急速に迫りつつある人口の老齢化の動向にも注意を払う必要がある。今，起こりつつある日本のいわば長寿社会において，即物的には老人のための医療施設，福祉施設，あるいは社会，文化施設といったものの必要性はおおいに高まるであろう。また，老人向けに住宅，公園，墓地，宗教施設といった需要も今まで以上に増すであろうし，道や坂，階段などの街のディテールも強壮な者たちのためではなく，子供や老人，社会的弱者に配慮した，やさしさをもったもの，社会的公平と正義

図9・7 松江の武家屋敷

図9・8 佃島

図9・9 公団木場三好住宅の生活と形

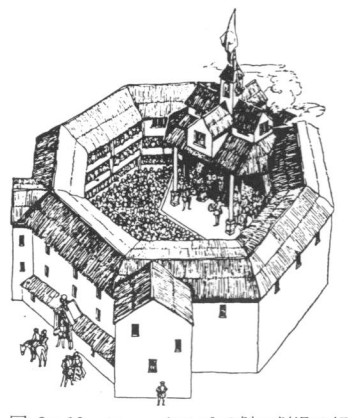

図9・10 シェークスピア劇の劇場は都市の広場のようだ*3

図9・11 シエナのカンポ広場では祭りの時競馬が行われる。広場はハレの舞台となる劇場のようだ*3

が表現されているものが求められよう。

今までのエネルギー剝き出しの工業型社会に対して，人間と自然，人と人との生命的交流と交換を重視した情報型の都市に変ぼうしていくと考えられるのである。

これからの情報型の都市がもたらす風景は，エレクトロニクスによるさまざまな情報機器や情報網が都市の中に巧みに収納されるならば寺院や教会などの宗教施設を中心として造られていた近代以前の都市，建築と絵画と彫刻が一体であった芸術的雰囲気をもった古典時代の都市空間にいくらか似てくるかもしれない。結局は人間の生と死のドラマが演じられていく主要な舞台として，21世紀の人間の都市は騒々しく浅薄なものではなく，成熟した文化の雰囲気をもつものが探し求められてゆくと思うのである。

都市は高密度に人間が住む社会空間である。

ここでは老若男女，さまざまな背景と立場を持ちながら濃密に住み，働き，遊び，往来し，そして情報を交換し合って共住している。

時として，人と人とが接触するなどの密接した距離に居住することが成り立つためには，社会的に，あるいは物的にそれなりの要件が必要である。

東南アジアの都市では下水道などの脆弱な都市基盤の上に驚くほどの高密度居住を実現している場合が多いが，ここにおいて住民の守るべき最低限の社会的ルールは環境を清潔に保つことである。もし，ごみが散らかり，細菌が散らかり伝染病が発生すれば，この高密度社会は直ちに壊滅してしまうわけである。都市設計が実現しようとしている都市美は根本的には都市の衛生問題につながっているのである。

建物の一杯つまった過密な都市空間には防災上からも，ことのほか空地が必要である。この空地が水や緑を配し，快適で美しい風情を持っていれば，これはまた込み合った社会生活にどんなにか潤いをもたらすことか。

日本の都市の高密度性は単に空間的にそれを示しているばかりではなく，時間の中にそれが強く現れている。日本の都市は単位時間，単位面積当りの経済の生産性が世界的にみて抜群に高く，日本人は都市の中で非常に忙しいのである。これに関連して，日本の都市は容易に過去のものを壊し，新しいものを受け入れてきたが，昨今はまた，民活や内需拡大にからんで市街地における地区の再開発問題がクローズアップされている。

図 9・12　香港の高層アパート 　　図 9・13　川崎河原町団地 　　図 9・14　アメリカ村の生活と形（大使館宿舎）

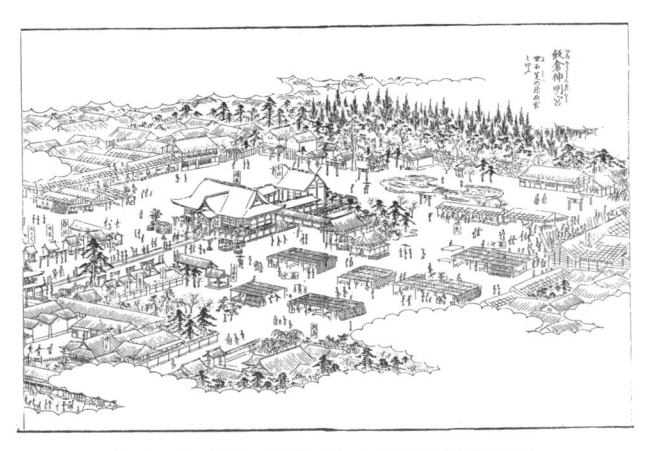

図 9・15　町中の広場に建つ飯倉神明宮（名所図絵） 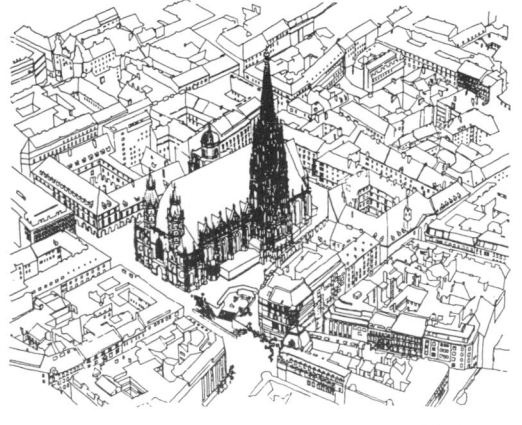　　図 9・16　町中の広場に建つ聖シテファン大聖堂[*4]

日本の都市問題は地価，土地の細分化など土地問題と深くかかわっており，その結果，市街地景観はこま切れで勝手気ままな相様を呈している。これにはまた，日本の都市計画制度では都市基盤と建築などのいわゆる上物が別々に発想され，作られていることにも大いに関係があろう。

　街区や地区単位のまとまり，景観を重視する立場からすれば，建築単位がこま切れではなく，基盤と上物を一体的にとらえ，細分された不規則な宅地をある程度まとめる地区再開発は好ましい面がある。ただし，その際には建築と都市をつなぐ地区単位の設計が重要となる。そして，一口に地区設計といっても新旧住民の権利問題，経済活動と日常の市民生活の調和など，後解決を迫られる多くの問題が含まれている。

9.2　都市設計のためのキーワード

9.2.1　都市美と人間尺度

　都市設計の目的は美しい都市空間をつくることである。

　美しい都市空間とは安全で衛生的でかつ利便，快適といった都市の要件を備え，景観に秩序が見られる都市のことである。したがって，水や空気が汚染され，土壌や緑が破壊され，ごみが散らかり，往来する人々が粗野であったり，無表情である都市は美しいとはいえない。また，自動車やオートバイが人を押しのけてやたらに走り回り，危険で騒々しい都市も美しいとはいえない。市民が街をゆっくりと観賞できる良い歩行者路がなければ，そもそも街に景観などは存在しない。

　この点で，われわれの時代の都市には都市美よりも，それと対照的な都市醜の方が多いといわざるを得ない。とするならば，都市設計では都市醜を取り除くことが大きな仕事となる。そのためにはまちづくりに携わる者として何が美で何が醜であるかを見究める目と心を養う必要がある。

　都市の美醜の判断は人間の5感のうち，主として視覚を通してなされるが，よく事態を省察すると，聴覚や嗅覚，さらには触覚や味覚までも動員してなされていることがわかる。逆にいえば，すべての感覚が生き生きとしていなければ美醜など区別がつかないのである。

　人間が生活する都市は抽象的なものではなく，具体的で等身大の人間と1：1で対応している原寸の形態的世界のものである。ということは，人間の身体のサイズや性質，性能（例えば歩行能力）に対応して都市は作られなければならないことになる。

　都市が美しいと感じられることなく，人々の生活するに不具合が多いとすれば，人間の環境に対する行為，行動——知覚し，認識し，価値づけ（意味づけ）し，判断し，表現することの根底にある人間尺度（ヒューマン・スケール——人体に内包された環境測定のシステム）——に対応していないことになる。

　古来，人間は自分自身の身体を物差しとして建築を作

図9・17　電線がむき出しの室内に住む人はほとんどいないのだが。

図9・18　銀座の街並みもこうして見ると立面が隠れてしまう。

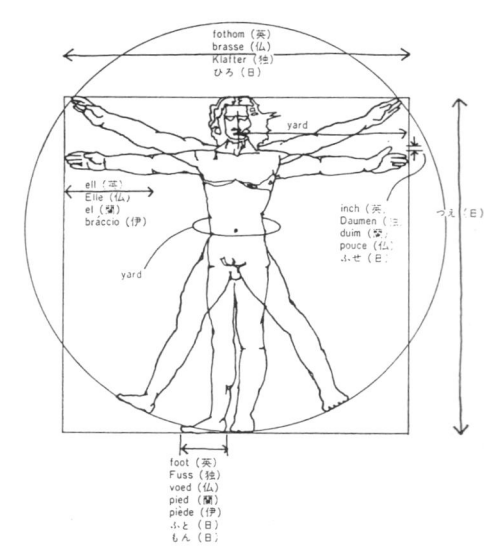

図9・19　身体の各部分はどの国でも物差しになっており，さまざまに呼ばれている。[*5]

り，都市を建設してきた。これにより出来上がった都市には身体のもつ比例までが投影されて，しばしば居心地の良い美しい，空間が出現した。

現代の都市はぶつ切れなメートル法に依存する機械の尺度，気まぐれな経済の尺度で作られ，全体に統一した秩序をもたらす確固たる寸法の体系——尺度に欠けている。現代においても，美しい都市を作ろうとするならば最も素朴な意味において，人間の身体を基準とした尺度を見直し，これに基づいて現代都市を再構成するほかないと思われる。

9.2.2 快適さ（アメニティ）とその場所らしさ（アイデンティティ）

最近，まちづくりにアメニティ（Amenity）という合言葉がよく用いられている。この言葉に託されて，がさがさとした経済活動の場としての都市ではなく，市民が落ち着いて生活を楽しめる快適で，潤いのある都市空間づくりが求められている。

アメニティという英語は，都市づくりに長い伝統のあるヨーロッパの都市のもつ，丁寧で成熟した雰囲気を表す言葉である。石を敷きつめた歩道は歩きやすく，店の看板も見て楽しく，街路樹も植木風ではなく，地中に十分に根を張るようにと，街並みを構成する一つ一つが，心を込めて柔らかくつくられなければ，都市にアメニティは生まれない。

また，成熟することのできる都市とは年を経るごとに風格の出る都市である。この点に関して，われわれのコンクリート都市は半世紀もたたないのに薄汚れて，老化してしまっている。20世紀につくられているわれわれの都市も使い捨ての都市ではなく，材質の面でもなんとか成熟し得る都市にしたいものである。

アメニティと並んで，まちづくりにはその都市らしさ，その場所らしさ，個性，アイデンティティ（Identity）といったものが求められている。

たしかに，どこの都市も同じパターンで同じような格好になってしまえば，他所をおとずれる楽しみも意味もなく，人がそこに住むことの居住感，存在感も薄くなってしまう。

都市が皆同じになってしまうことは，人間から，人間の精神から活気を奪うことである。都市に精神性を与えること，文化を作るという点で個性的まちづくりは重要な意味をもっている。

それでは，都市の個性とは何か，それはどこから来るものであろうか。

まず考えられるのはその都市が位置する風土そのもの，そして，その風土に合わせて人々の築いた歴史から都市の個性が生まれると考えられる。

しかし，歴史的にそのまちらしいと人々が考えているものも，調べてみればほんの2世代前につくられたものである場合が多い。ということは，未来的にそのまちらしさをつくり出す手法として，他からの大胆な移植や交

図9・20 広島県竹原市の道路の改装
（上：改装前，下：改装後）*6

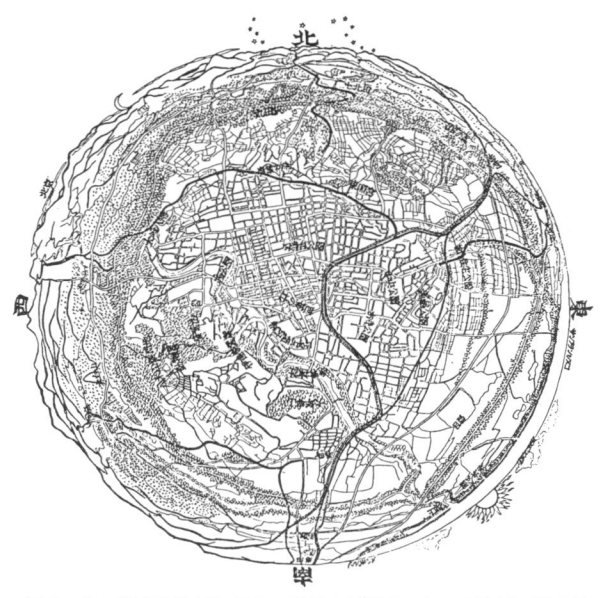

図9・21 視点を地域に据え，周辺を見渡すことから地域の独自性を育て上げることが始まる*7

配によって，他に無いものをつくり出すことが考えられる。ただし，情報化時代，日本の都市は他人がやり，評判のあるものについてはすぐ自分も真似し，結局はまたどこも同じになってしまう。具体的な都市設計として，対象をあくまでも特殊解として答を出し，できるだけ他に真似しにくいものをつくるのがよいわけである。

アメニティにしろアイデンティティにしろ，結局はその場所へのこだわりが大切なのである。アメニティとは語源的に〝愛〟というラテン語につながっているのである。

9.2.3 私と公

住宅や単体の建築設計と都市設計の大きな相違点は設計・建設の依頼者および利用者が個人的か不特定な集団のものかという点にあろう。

社会（公）の基礎単位である家族およびその構成員は〝私〟の典型であるが，住宅は〝私〟の生活の場であり，〝私〟が利用し，所有する空間（領域）である。また，都市を構成する多くの建物も私企業の経済活動の場として，利用者が限定された私の空間といってよいであろう。

同じ建物でも市庁舎や市立の美術館などは，設計・建設の発注者は市役所などのいわゆるお役所であるが，利用は住民・市民に開かれた公の空間である。

道路などの交通施設，ごみ処理場，水道などの供給処理施設，あるいは都市公園，などのいわゆる都市施設は文字通り，公共事業として設定され，維持管理される公のものである。これの利用も住民・市民，あるいは私企業を支えるための公の施設であることは，公共事業が〝私〟の税金でまかなわれる点からも明らかである。公的な都市施設は都市設計の最も分かりやすい対象であり，これにより，全体の形態の計画・設計が可能である。

これに対して〝私〟の集合，〝私〟が高密度に集合するための空間をいかに調和的に設定するかという点が都市設計の最も難しい課題である。まず，私と私の相隣関係をいかに整えるか，隣家との境界をどうするか，硬いものにするか柔らかいものにするか，あるいは家並み，町並みについて住民が一定のイメージをもって協力してそれを作り出すことができるか，どう考えるか，また，マンション問題に見られるように，私の領域を他の私が荒らす場合，あるいは利便性と快適性をめぐってエゴがぶつかり合う場合，それらをいかに調整し形に現すかは具体的作業として，当事者はしばしば難しい場面に出合うことになる。試行錯誤の末，住民自身によるまちづくり協定や自治体の条例で生活環境の質を守っている例が少しづつ増えている。

都市設計に限らず，社会的に，制度的に，より広範囲にわたって都市の将来方向を設定する都市計画において，しかし，公と私のぶつかり合いをどう調整するかは最大の課題といえよう。

公は本来，私の立場を擁護するためにあるが，しかし，公はしばしば私の立場を圧迫する。住宅地の側に飛行場をつくるとき，密集市街地に道路を通すとき，周囲に影響の多い特定の私企業の施設を認めるときなど，地域住民の同意を得ることは容易ではない。

公が私を説得する方法についても，いまだ，われわれの社会は未熟であり，今の段階において，少なくとも情報公開や環境アセスメントの技術と制度をもっと充実する必要がある。大きな施設の設計が地区景観，都市景観にどう影響を与えるか，模型などを多用し端的に分かりやすくしておくことが望ましい。

都市はさまざまな構成要素が集合して出来ているものである。構成要素そのものが生き生きと存在するためには要素がしっかりと作られると同時に，要素間に調和が感じられなくてはならない。要素をつなぐジョイントの考え方，設計が大切なのである。そしてそのためには都市の具体的構成要素の背景にある私と私，私と公，個と集団などの人間関係の調和に都市設計に係る者は心を砕かなくてはならない。

図 9・22 津軽地方の黒石市にみられる小店（修景計画案）[8]

図 9・23 台北市のチーロー（騎楼）[9]

都市設計には都市の物的表層の操作といったもの以前に，個の尊厳と社会的公平を標ぼうする民主主義社会の中で私と私がよく共存し，私が公を信頼する都市の内容と形について，考察をめぐらすことが求められる．

9.2.4 風土と歴史

人間は自分の体質に合った土地でなければそこに長く住み続けることはできない．そこに長く住むことができるとは自分の肉体および精神が風土――その土地の気候，地形，地味，景観と交差し，少なからず同化できるからである．

このことは，人間が地球を可住地と非可住地に区別し，可住地を限定（選択）していること，そして，地球上，不連続に広がっている可住地を人間が集団としてそれぞれに選択し住み分けている点に現れている．寒冷地と温暖地，乾燥地と湿地，山地と海岸とではそもそも住む人の体質，気質にそれぞれ大きな差が見受けられる．

この点で，結局はそこに住む人々が作る居住様式，居住環境，都市といったものにはおのずから風土が現れていると考えるべきであろう．このことは近代以前の都市において明らかであったが，近代都市，現代都市では土地の自然的特性を無視し，地域の生態系をばらばらにし，人工的に作り出した一定の気候の中に都市を閉じ込め，土地の風土を消去してしまうかのような傾向が見える．

このことは人間が大きな自然とのつながりにおいて生存し，その契機として風土が存在するのだということを忘れさせ，結局は自らの感性，人間性を弱化矮小化させ

ていることにほかならない．

現代都市の内容づくり，形づくりにおいても土地の地形や水系，地味，四季，生態系といった風土が強く現れることが望ましいのである．これを実現するやり方を具体的な場面で見いだすものも，これからの都市設計の仕事の内である．

都市はまた長い時間の中で息づいているものである．都市は発生，成長，成熟，老化，死，ないしは脱皮といった生物の生のサイクルにも似た変ぼうを見せながら数世代，数十世代にわたり，人間の生活を支える人間居住の場である．

日本の現代都市もそれぞれに経歴をもち，内包する建造物の形にそれを示しているが，概していえば，戦争という人間の狂気による大規模な都市破壊に引き続いて，この30年間の経済の高度成長期においては，ダイナミックに都市更新し，歴史的な建造物，家並み，町並みといったものは明治，大正はもとより，昭和初期のものすら，希少化している．ここで歴史的建造物を積極的に保存しておかなければ，この時代の証言を全く失ってしまうほどになっている．

一方，ヨーロッパの古くからの都市は石造といったこともあり，伝統的な形がよく保存されているが，過去は重荷となり，現代生活から活気を奪っているという問題もある．

一体，都市において歴史を大切にするとはどういうことであろうか．このことは人間が歴史をどう考えるか，人間の生活の積み重ね，生活様式の全体，すなわち文化

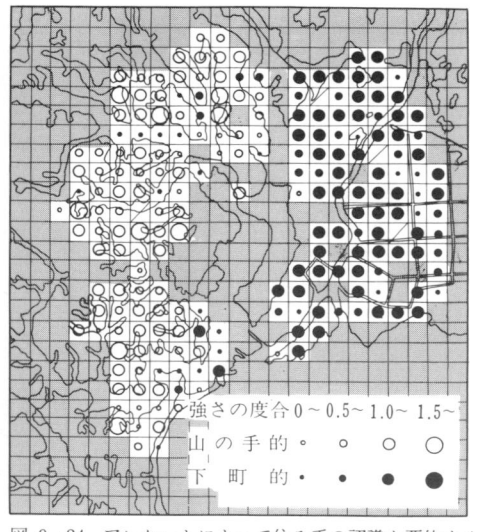

図9・24 アンケートによって住み手の認識を要約すると風土歴史に根ざした差が表われる*10

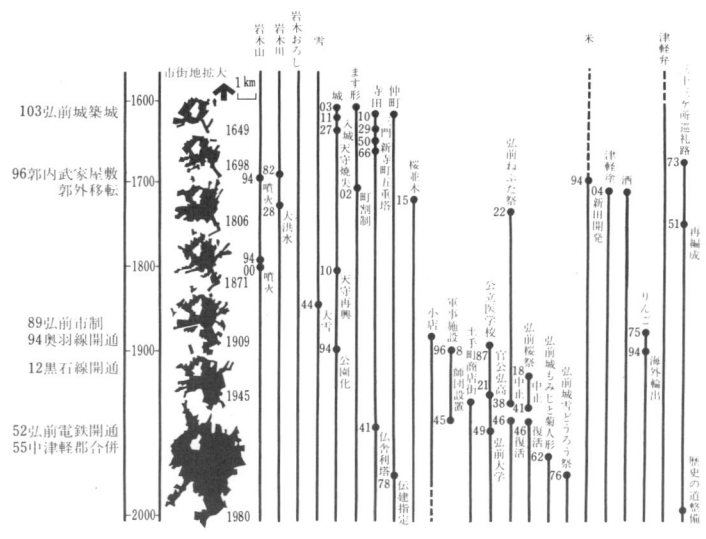

図9・25 弘前の風土と関係の深い名物が現われた時期を示す年表*11

といったものを都市の中でどう考えるかということにつながる。

　ということは，都市を支える秩序の源泉をどこに置くかということであり，人間が自己の存在をどう定位するかということに係る。風土が，空間の中で，人間固有の存在を位置づけるものだとすれば，歴史は時間の中で自己の存在を定位するものであろう。

　このことは単に過去の物，過去の形を大切にするということではなく，現代の問題に正面から取り組み，自己の生きている生々とした同時代のエッセンスを投入しながら未来を宿すまちづくりにおいて，歴史が生かされなければならないことになる。

　歴史に対する学習なしには都市設計ができないことはたしかである。

9.3　都市設計の対象の大きさと内容

9.3.1　建築物と土木構造のスケール

　都市には，主に人がとどまる場を提供する建築物と，大量の物資や情報，エネルギー，そして人を運ぶための土木構造物が必要である。建築物は人の生活する空間を包み込むのに対し，土木構造物は流体や車などを合理的に処理するための仕組みが追求されるため，往々にして人の目に触れることを十分考慮しない物が姿を現す。近代に入り，大量の物資をさばくため，高架の高速道路や鉄橋などが，人間の労働のスケールをはるかに超えた機械のスケールで建設されてきた。それは明らかに建築スケールとは区別される巨大な構造物であった。建築物も近代の機械のスケールで建設されるようになり，超高層ビルなどが巨大な量塊となって出現した。その巨大な姿は遠景としての存在意義を強め，その中にいる人間の姿は小さく見える。土木構造物と同じ技術体系でつくられる建築物になると，構築技術が優先され，生身の人間がその中にとどまる建築という側面が忘れられがちである。古来の優れた大規模建築物には，近景から遠景に至るまで，それぞれ視線をとらえる手掛りが階層的に存在した。近景で見分けられる細部の形と，中景での部分の形が相関連し，遠景においても重層的に中景，近景での構成要素が想起され，濃密な視覚体験をもたらした。これは，人間が労働して長い時間をかけてつくっていったことの自然の結果と言える。近代テクノロジーを用いた大規模建築物においても人のとどまる場であることを重視し，生身の身体とのスケール対応を十分考慮することは当然と言える。また土木構造物も人の目に触れる部分は同じ配慮が必要である。他方，巨大な土木構造物をなるべく人の目に触れないようにしつらえる方法も考えられてよい。建設技術はどちらも可能とする水準にあり，物理的な要素以外に環境をとらえる視点によって対応が異なってくる。技術的，経済的に建設が可能だという理由で巨大建造物が建設されてしまうと，巨大な故に，なおさらメンテナンスが困難となる可能性がある。周辺環境を重視し長期的な視点から，使いやすく安全性の高い建築物，構造物をつくることが重要である。

　人や物，情報などの流れを統御する土木構造物のなかで，地下埋設される情報・エネルギー関連の構造物に比べ，道路・鉄道は人間の目に触れやすい。これらを美しく造る必要があるし，建築空間と交通動線とをつなぐ拠点として，港湾・駅舎・空港などは合理的な動線処理を行うだけでなく，人間的な空間を演出することが望ましい。未知の世界へ旅立つ人々の気持ちにこたえ，また送り迎えの人々が集まる待ち合せの場として，安全で快適でドラマにあふれた空間を設計することが求められる。

図 9・26　川の上を通る都市の中の高架自動車専用道路

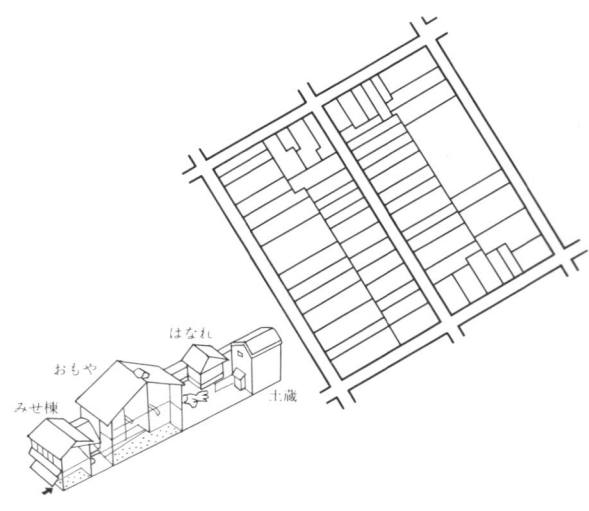

図 9・27　道路割り，宅地割りが町家の構成原則をつくりあげた

9.3.2 都市の構成単位の階層性と場所の特徴

都市の規模は多様であり，その規模によって設計内容は異なるが，どの都市にも共通して構成単位が階層的に存在している。建築―敷地―街区―地区―市街地というつながりで，段階的にスケールを押さえ，設計内容を整理することができる。道路などのインフラストラクチュアを境界線として構成単位が想定されるが，同時に道路などの配置パターンは都市の形態に大きく影響する。新都市設計のように，インフラストラクチュアからすべて新たに設計する場合は，道路の配置パターンでその後になされる地区，街区の設計内容をある程度制御することになる。道路割りによってできる街区内では，一般に地割りがなされる。地割りは伝統的な都市設計の中で重要な役割を担っている。成文化されていないが，建築物の形をある程度方向付けているといえる。こうした物的制限のほかに，法律，文化的な価値判断，経済条件，自然条件などとの応答で実際のまちが建ち上がってくる。

それぞれの構成単位には，一定の縮尺が対応し，設計するにあたって問題とする内容，設計する内容，およびその表現内容が異なってくる。

建築，敷地レベルでは，現寸（1/1）から1/20までのディテールと，1/50, 1/100, 1/200, 1/500の一般図が用いられる。街区レベルでは，敷地・家屋の平面配置について1/300～1/500程度の縮尺で調査検討し，さらに特別の街区設計は1/100～1/300程度の縮尺で，家屋の連なり方を立面や断面で検討して，日照・視線・メンテナンスなどをチェックする。地区レベルについては，現在ほとんどの都市で1/2,500の地形図が整備されており，細かくは，家屋の集合形態（1 cmが25 m）まで検討することができる。市街地全体となると，都市の大きさによるが，1/1万～1/5万の地図をもとに道路パターンなどを検討することになる。

a. 建築―敷地―街区

1家族を包む1軒の住宅は大きい方で数十坪（100～200 m²），敷地は一般的なもので100坪（330 m²）程度であろう。環境的に許容できる敷地規模について最小画地論が種々提案されているけれども，おおむね100～150 m²程度が妥当な数値と考えてよい。

市街地を秩序立てる基礎的な街区の寸法単位は1町（約100 m）ではないかと考えられる。町とは歩（＝1間＝1.82 m）の上の単位で60歩（＝109 m）に相当する。この "町" は歩行者が歩きながら目で前方を容易に確かめうる長さであり，街路の区切りとしての単位長の意味をもつと考えられる。

街区内の宅地の集合の仕方，すなわち街区内の宅地割りには伝統的に背割り型と，街区の真ん中を空地系とする囲み型が支配的であった。例えば平安京では約120 m角の正方形の街区を南北に細い街路を通して二つに割り，それぞれ2×8敷地の背割り街区としたし，江戸の初期に町割りされた日本橋周辺の街区は，120 m角の正方形の真ん中に会所地と呼ばれる共同の空地を持つ，囲み型の地割りであった。

背割り街区は，古代から現代の分譲住宅地にまで連なる，最も一般的な街区である。この街区割りでは宅地の奥行の2倍が街区幅になるので，大都市の標準的な宅地規模では，街区幅がせいぜい30～40 mとなり，この間隔で区画，街路を通すと発生交通量に比べて道路面積が過大となりがちである。また区画街路は外部空間とし

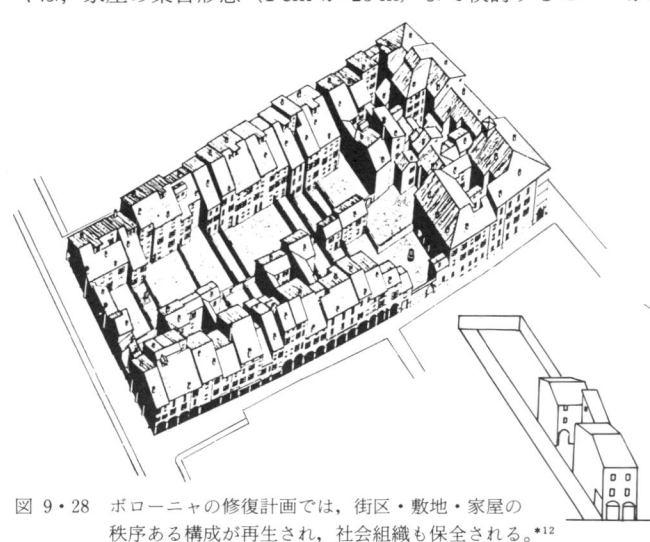

図9・28 ボローニャの修復計画では，街区・敷地・家屋の秩序ある構成が再生され，社会組織も保全される。[*12]

図9・29 典型的な街区に合わせて低層公共住宅の配置プロトタイプを開発したニューヨーク州都市開発公社の例[*13]

て特徴の乏しい，中途半端な空地となりがちである。

　一方，中高層の住棟を開放的に配置する近代的なRCアパートメントが，ヨーロッパの合理主義建築家を中心に設計・建設され，日本では公団住宅を中心として定着してきた。この場合伝統的な街区に代わって，スーパーブロックと呼ばれる，幹線街路に囲まれた比較的大きな単位が現れた。しかし日照確保のためあまりに均一な住棟配置が，手掛りのない分かりにくい空間をつくった感は否めない。背割り街区の問題点の反省から，街区幅を大きくとって4列割りとし，道路に面しない列の3宅地ごとに道路に面した1宅地分の空地からアプローチする宅地割りや，タウンハウスにおけるさまざまな家屋配置の試みなども行われている。一方スーパーブロックを用いた中高層住棟の配置において，平行配置だけでなく，囲み型その他の配置も試みられている。相当ランダムな配置が可能であるが，自由気ままな配置では空間認知の安定性を欠く面がでてくる。分かりやすい空間の秩序構成をもとにした気の利いた配置が必要で，建物と道路の断面を意識してしつらえた通りや快適な広場などの外部空間を，人間尺度に基づいて歩行者の視点から配置構成していくことが重要である。

　既成市街地の整備，再構成にあたっては，現況の街区形状および宅地割りパターンを考慮し，過去から形成されてきた空間構成秩序を発見する必要がある。そしてその地域の文化的な受容度，日照，視線，道路と建物との取付き方などを検討する。建物群を構成するひとつの単位として敷地・建築をとらえ，この単位が街区に適合して配置される形態のあり方を発見し，その原則を明示し，これに基づき個別更新や，一体的な再整備を行う必要がある。

b．街区―地区

　一般に同じ道路パターンが連担し同じような街区形状が連なっている範囲は，区画整理や団地設計などによりかなり広範囲に及んでいる。その範囲は一般には市街地全体に広がるわけではなく，地区と呼ぶ範囲に近いものも多い。同質な用途の連担している地区は集積している機能によって，CBD（中心業務地区），商業，工業，住宅，文教などと特徴づけられ，広がりの範囲，道路パターンや建物形態に用途ごとの特徴が見られる。このうち都市内で最も広い面積を占める住宅地の場合，単に物的な同質地区というのとは別に，住民が密度高く認知し慣れ親しんでいる広がりとしての徒歩圏があり，その圏域の切れ目によって切り取られた環境の単位が想定される。C. A. ペリーの提案した近隣住区は，こうした単位にあたるものと考えられ，住宅地における地区単位に相当するものといえる。

　新規に住宅市街地を建設する場合には，近隣住区を単位としてマスタープランをつくるのが一般的である。既

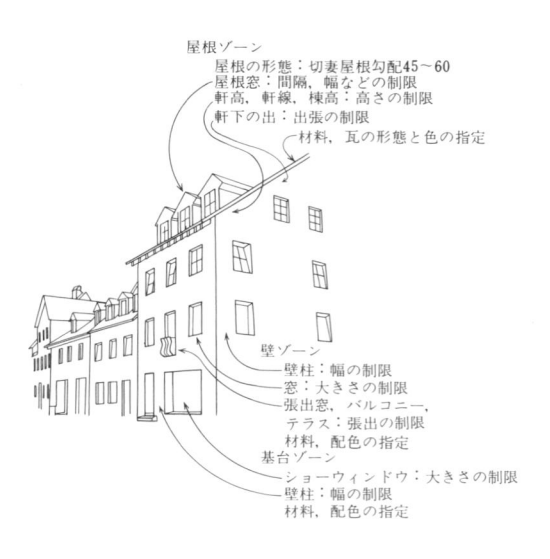

図9・30　西ドイツ フュッセンの地区計画の内容

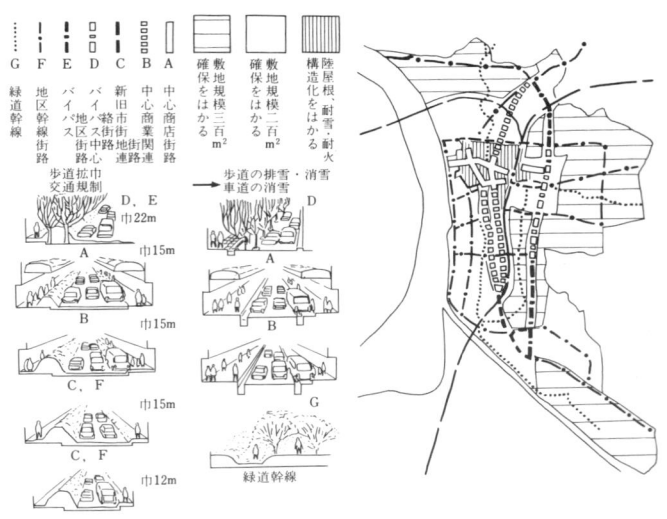

図9・31　津軽地域五所川原市での克雪のための地区区分と骨格づくりの提案。[8]
道路A～Gタイプの骨格ごとに段階的整備方針を示す。

成市街地においても地区はしばしば、まちづくりの対象範囲となっており、異なる用途やタイプの違う住居群が含まれる。それらを再構成しようとする場合、街区を単位とすることが有効である。相隣環境上の問題などは街区内でまず解決を図り、さらに、街路沿いやそのネットワークを通じて解決することが考えられる。

地区を対象とする設計・計画内容としては、地区全体の土地利用計画、中心的な役割を果たす骨格道路の整備、特定の街路沿いの壁面の位置指定と立面のモデル設計、特別な整備を要する街区の特定などの内容が考えられる。

西ドイツなどヨーロッパ諸国では開発に際してあらかじめ地区全体の形態を定めた計画がつくられていなければならない。日本では建築基準法のなかで地区計画についての定めがあり、かなりの形態規制が制度上は可能である。しかしセットバック距離を定めるなどにとどまり、形態設計の域には達していないのが現状である。地区整備計画作成にあたっては地区全体の形態設計に基づいて、規制のみでなく、事業や誘導的手法も用いて、形態の秩序を目指す方向が考えられてよい。

c．地区—市街地

新都市や新規開発市街地の設計をする場合には、土地利用計画をたて、近隣住区あるいは地区を単位として道路基盤のパターンを定めこれを実地に合わせて設計し、歩行者と車の動線の分離、併存などに配慮して形態を決めていく。地形、地盤、植生、局地的気象などの自然条件を根本に据えて、大局的に配慮していく必要がある。このとき地形を生かすか改変するかによって市街地の作り方は大いに異なってくる。軽微な地形の改変はやむを得ないが、大きな山と谷など基本的な地形は尊重し、これと適合した道路骨格をつくることが大切である。斜面地の盛り土などには先祖返りといって、地震などで元の地形に戻る現象もあるので十分注意する必要がある。また表層土は長い期間かかって形成された生態系の貴重な資源であるから、仮に造成する場合でも一時的に保管して造成後、空地に戻すなどの配慮が必要である。

既成市街地の整備にあたっては、風土に対応したその都市固有の建築様式などの文化的伝統、道路や地割りの形態によってどのように建築群が組み立てられているかなど、まちの構成原理の発見に努めて、それらを中高層化や工業製品の使用などに代表される現代的な形態の文脈の中で、再構成していく方向が重要である。構成原理の発見にあたっては、歴史的に骨格や用途・形態が似通って形成された地区をもとに、地形、市街地の焦点、道路、水路、緑のネットワークなどの、主導的な物的要素を見付けることが重要である。都市設計においてはこうした基本的な骨格や地区の建物形態などの成立基盤を深く把握したうえで、新しい考え方も盛り込んでいく必要

図9・32　通りの景観に対するデザインガイド（イギリス　エセックス州）

図9・33　広場の景観についてジョージアンスタイルを現代的に活かす方向でデザインガイドしている（イギリス　エセックス州）

図9・34　高さが揃い列柱で囲まれ、一体的な領域感をつくりだしている美しいサンピエトロ広場[14]

がある。

一般的に考慮しておく必要があることとして，中心部の商業・文化活動および人々の自由な交歓を安全に保証するため，中心ゾーンで歩行系道路を充実すること，またこれに伴い中心部に通過交通が流れないようにバイパスを設けることなどが挙げられる。その場合市街地の動向を見て，将来そのバイパスを越えて市街化が簡単に進まないように，地域地区指定とも連動させることが必要と考えられる。

その他市街地レベルで考慮すべき点として，魅力ある中心部を保つために夜間人のいなくなるゾーンを作らないこと，都市施設を将来的拠点に多めに配置し，将来の再開発にも備えること，環境条件特に騒音問題に配慮して，土木交通施設用地の隣地用地も一体で都市設計をすること，などの点が挙げられる。

9.3.3 施設系の都市設計

都市計画法で定義されている都市施設は概略，表9.1のようである。このうち，道路と公園・緑地・広場は，街並みのデザインにとって最も重要な意味をもっている。3と4は都市のインフラストラクチュアで土木構造物にあたる。河川，運河その他の水路はその断面を工夫し，親水空間としての価値を高める設計が求められている。5, 6, 7は敷地レベルの施設であり，個々の施設設計は建築設計の領域に属する。これらはネットワークのなかで立地選定をすると同時に地形上の適地を選ぶ配慮が重要である。8, 9, 10は地区および市街地規模の団地の設計である。団地については，周辺との境界がはっきりしすぎること，および周辺は団地開発に誘発されてスプロールが進行しやすく，それが計画的対応を欠いたまま放置される傾向があることなどが問題であろう。団地の周囲についても整備の方向を明らかにし，その実現化についても十分検討する必要がある。主なインフラの整備や土地利用などについて，より大きな計画単位の中で団地を位置付け，周辺の市街地パターンとの連続性を図ることが望ましい。

a. 道路と都市設計

都市内の道路の設計では，高架の自動車専用道路をどう考えるかが大きな問題である。都市河川や運河および道路の上部を覆う姿は，都市の視覚的快適性を著しく低下させる。こうした構造物が必要とならないように都市構造を変えることまで含め，渋滞の発生しない道路配置網と交通量のコントロール方法のソフトな仕組みなどの計画対応が重要である。そして必要不可欠な路線は半地下とするなど景観に十分配慮した方式が望ましい。

一般道路に関してはむしろ街並みづくりの視点から，建物と一体で考える必要がある。道路に沿った街並み設計において考慮すべき点は，断面寸法の比例関係および立面の連続性，壁面のリズムのパターンである。

断面寸法の比例関係については，動的な外部空間としてのD/H比（道路幅/建物高さ）＝1〜2が，適切に囲まれている感じをもたらすと一般的に言われている。建築基準法の道路斜線をD/H比にすると0.67（商業系），0.83（住居系）なので，両側の容積率が高く幅員の狭い道路では斜線の形そのままに建物の壁面が現れ，やや囲まれ方のきつい道路空間となる。街路断面で樹木，街路灯とその照明計画さらには様々な街路上の小道具などを検討し，快適な外部空間とすることなどが望まれる。立面の連続性，壁面のリズムのパターンについては，半透明など種々のガラス壁面もあって一概には言えないが，開口部を垂直方向に長くとる伝統的なパターンとするか，水平窓にするかを一定の区間にわたって決めておくことが望ましい。垂直方向に細長い開口部は異なった寸法でも比較的そろいやすくリズム感が出るので，レベルのそろいにくい水平窓よりは無難であろう。建物の高さがそろうと連続性が出る。低層部などの基本的な部分の高さをそろえることも有効であろう。切妻屋根を基本とする建物の場合，道路に面して妻入りとするか平入りとする

表9・1 都市施設の種類

1. 道路，駐車場などの交通施設	2. 公園，緑地，広場
3. 水道，下水道などの供給処理施設	4. 河川，運河，その他の水路施設
5. 教育文化施設	6. 医療，社会福祉施設
7. 市場，と畜場，火葬場	8. 一団地の住宅施設
9. 一団地の官公庁施設	10. 流通業務団地
11. その他政令で定める施設（公衆電気通信施設，防風，防火，防雪，防潮等施設）	

図9・35 細分類された地形や地盤高などの情報が得られる土地条件図[*15]

かが，街並みの表情に大きな影響を与える。平入りは街並みがそろいやすく，妻入りは活気のある雰囲気をつくる。これらについてもどう組み合わせるかなど，構成原則を一定の区間ごとに定めておくことが望ましい。

b．広場の設計

広場の設計にあたっては平面の大きさと形態，断面プロポーション，立面の統一感，リズムパターンについて構成原則が考えられる。平面としては隅部が閉じた形態が望ましく，中世都市広場の快適な大きさはカミロ・ジッテによれば，60 m×140 m である（ちなみに新宿西口広場は概略 120 m×160 m）。断面プロポーションは D/H 比＝2〜4 が快適な囲まれ感の規範的数値とされているが，これより大きな値の有名な大広場も多く，これらは囲まれた感じのほかに一体的に構成された広場としての領域感が大きな役割を果たしているためと考えられる。立面の連続感，リズムパターンは街路の場合と同様だが，特に高さのそろっていることが重要である。

西洋的広場とは異なる日本的な空地，例えば橋詰め，境内，広小路などの構成手法を応用し，きめ細かく外部空間をつなげていくのも重要な方法である。

9.4 都市設計の道具と技法

都市設計には，発想，設計内容の検討，表現という三つの局面が考えられ，それぞれに必要な道具と技法がある。発想を得るためには現地調査が重要であり，現地で発見し考えることが要求される。その成果は地図などに色を使うなどして定着させる。また現地調査の具体的内容を他人に伝達するために，写真，ビデオを用いることも必要である。これは設計内容を表現する際のプレゼンテーションとして用いることもできる。

設計内容をまとめるためには，設計に関係する人々が集まって進行具合を確認し，議論を行う場を確保する必要がある。設計内容を事前評価して，景観なども含めた環境影響のチェックが必要である。CADやCGを用いれば，連続的に見え方などをシミュレートして，設計に反映させることもできる。

設計内容を表現するにあたっては，透視図，模型，写真などを適宜使い分け有効に用いる必要がある。

9.4.1 発想を得るための道具と技法

実地調査で対象の都市やその周辺および関係のある地域を観察することは，発想を得る上で欠かせない。実地だけでなく，地誌，ヒアリングによって，地名の分布，歴史的な経緯などを知ることも必要である。このようにして得た情報は，一目で分かる大きさの地図に書き込んでおくとよい。地図は一目で眺められる大きさであることが重要で，現実の断片的な印象を全体的に統合し発想を整理できる。たまには地図を逆さにして見直すと新しい発見も出てくる。地図は極めて便利な道具であるが，地図上の作業では現実の認知において発想を与える重要な要素，例えば遠景で目をひく山や塔などを見逃す恐れがあるので注意が必要である。同時に現地で見ただけでは分からない自然条件，例えば土質，沖積層の厚さ，土地利用適性などを土地条件図などで知ることが，発想を得る上でも重要である。

過去の設計事例も参考になる。特に日本の都市の空間構成手法から学ぶ点は多い。よい発想が向こうからやって来るのを待つのではなく，探求する努力を惜しまないことが大切である。発想法は修練を積むことで身に付けるものといえる。都市設計のような分野では特にそうであるが，基本的な態度として五感を十分に活動させて現地をよく巡り，また分野の異なる人々のさまざまな考え方に接触する機会を確保しておくことが肝要である。

9.4.2 設計のための道具と技法

都市設計は協同作業であり，経済，社会など多方面の検討を要し，設計にかかわる人材も建築，都市，土木，

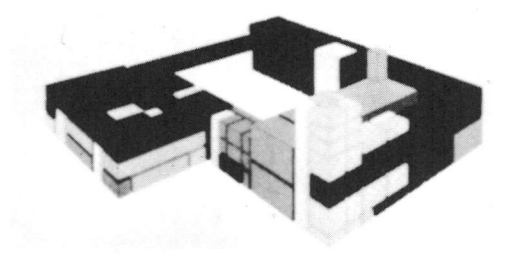

図 9・36 保存・修復のため，パラッツォ・ベネツィアの街区の成り立ちが分析・表現されている[16]

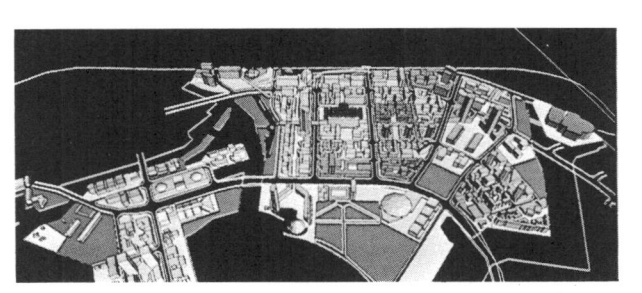

図 9・37 コンピュータグラフィックスによる横浜 MM21 の鳥瞰パース

造園関係にわたるので，設計案をまとめていくには途中段階での決定事項について，常にコンセンサスを確認していく必要がある。設計案を多人数でまとめていくにはさまざまな分野間を調整する役割が重要になる。形態化する方法の訓練を受けていない人々の考えを表現して見せ，設計家の案を都市全体のバランスの観点や一般の人々の考え方に立って見直すなど，全体のつなぎ役を行う職能領域が重要である。こうした職能領域は都市設計に求められる。自ら主要な建築のコンセプトづくりや道路づくり，造園設計を行い得ると同時に，これらを一体としてバランスよくまとめていく職能である。また共同作業をまとめるには一貫した設計思想の共有が必要である。始めに主要な方向を定める時点で，できるだけ広くまた掘り下げて着想が競われ，それぞれがお互いに深く理解されることが設計思想の共有の上でも大切である。

都市設計で形が定まるまで多くの段階がある。形になる前の段階における概念整理と，具体のあるいはモデル設計に分けて考える必要がある。前者については，都市設計にかかわるさまざまな発想を各自表出し，概念図やコメントを作ることで各自の考えをより明確にした上，それぞれの特徴を冷静に比較しながらコンセンサスの得られる概念にまとめ上げる必要がある。このとき，メンテナンスや社会，経済その他多方面のチェックをして，十分理にかなったものとすることが肝要である。これに基づき，より細部の設計を進めるにあたっては積極的に作業を分担し，例えばゾーンごとに担当を決めるなどして行う方法が考えられる。この場合ゾーンの大きさにもよるが，ある程度大きなゾーンであれば異なるゾーンごとに形の構成方法が違っても構わないという考え方もあり得よう。都市全体という視点からみると不都合なようだが，大規模になった現代の都市の姿としてはむしろこの方が適しているかも知れない。

このような具体の形の設計の段階についても，代替案を比較していく方法が望ましい。特に景観，自然条件，維持方策などについてのアセスメントを行いながら，比較考量することが重要である。アセスメントにあたっては遠景として見える範囲まで考慮し，電波障害など広範な影響にも注意すべきである。

9.4.3　表現の道具と技法

設計内容を二次元で表現するのに色彩は重要な役割を果たす。色鉛筆やマーカーが便利であるし，最終成果物の場合にはトーンを用いるときれいに仕上がる。またコンピューターを用いたカラーディスプレーはコピーしたり，設備が整った場所でならばそのままプレゼンテーションに活用する方法もあり便利である。三次元で表現する模型は鳥瞰的に建築物などを把握する上で大変分かりやすい。こうした表現は，現実の都市環境に関する情報を分かりやすく示し，多くの人々の理解を促す。したがって表現方法を学び工夫することは重要で，一般の人々の空間・環境教育という点でも有効な働きをする。

表現方法が設計内容を規定することもでてくる。例えば模型が精巧になるにつれて，現実の建築物がまるで模型のように見える傾向がある。しかしこれでは本末転倒であり，模型の縮尺を十分考慮し，現実の形の意味を現寸で考えることを忘れてはならない。

9.5　都市設計の実例

都市設計という人間の営為を全く経ていない都市はあり得ないだろうが，すべての部分にわたって地区計画などにより，建物などの形態が，秩序を持った群造形として設計されている都市も少ないだろう。都市設計の実例といっても，対象の広がりと設計の内容および方法において大きな幅がある。1個の建築であっても外部空間や都市景観などにおいて，その敷地が置かれている都市的な文脈と積極的にかかわって，都市環境を形づくる一つの典型となっているようなものは，都市設計の事例と見なせよう。建築敷地レベルから街区レベル，地区レベルの広さへと敷地が大きくなると，都市設計の様相は強まる。また特に明示された取決めがある訳ではなくても，暗黙のうちに合意されている設計上の作法のようなものが存在して，時を経ながら形態上の秩序を保ち，共通のモチーフを感じさせるところもある。これら建物群が外部環境とともに秩序ある形態となっている日本での事例をまず挙げ，次に東京での実例に絞って，いくつかの課題をもつ事例について述べる。

日本にはまちの景観などが魅力となって，旅行者を呼んでいる町がある。これらの町は近代技術体系以前の建築物群を含む場合が多いが，視覚的な楽しみに優れ，町としてのアイデンティティが感じられる所である。歴史的風土特別保存地区に指定されている奈良・京都・鎌倉，重要伝統的建造物群保存地区(1996年末で39市町)を持つ長崎・萩・倉敷・神戸・京都・関町(三重県)・高山・弘前などである。そのほか松江・金沢・津和野・川越などもよく知られている。また戦前に開発された私鉄沿線

住宅地にも，まとまった雰囲気をもつ環境の良好な一帯がある。代表的なところでは関西の香里園・甲子園・六麓荘，東京の田園調布・成城学園・国立・常盤台などである。主に都市基盤が整備されており，良好な郊外住宅地というモチーフがかなり強かったことで，秩序ある街並みが形成されたと考えられる。

近年の建築設計事例からは，建築家の設計によって都市の外部環境が豊かになっているなど，都市的文脈に対して優れた提案をしている実例が挙げられる。敷地レベルでは渋谷区ヒルサイドテラス，杉並区ライブタウン浜田山，江東区公団木場三好住宅，福岡県香椎のネクサス，福岡銀行本店，名護市庁舎，東京国際フォーラムなどである。外部空間として通り全体を快適に設計し，ペイヴメント，植栽，ストリートファニチュアなどを総合的に構成している事例は数多く出てきた。特に横浜市では総合的都市デザイン戦略の中で，一連の外部空間設計が行われている。また自然の中の群造型として八王子大学セミナーハウス，滋賀県立大学，やや大規模な開発では広島市の基町再開発地区，港区広尾ガーデンヒルズ，さらに大規模な地区設計・開発では福岡市シーサイド百地，神戸市六甲アイランド，千葉市幕張新都心などが挙げられる。新都市では，春日井市の高蔵寺ニュータウン，大阪府の千里ニュータウン，東京都の多摩ニュータウン，そして筑波研究学園都市などが挙げられる。

9.5.1 新宿西口副都心

淀橋浄水場跡地を売却し副都心をつくる事業計画は当初，1961年度に始まり1967年度に完成の予定であった。しかし売却が進まず最初の建物の確認申請は43年秋であった。申請された建物は47階と都の予想をはるかに超えていたため，都は自主規制を前提に許可をし，その結果建築協定が結ばれた。協定内容のなかには，天空を遮らないように形態規制をしている，小木曽理論に基づく「立面建蔽率」の制限がある。これは区域全域にわたる天空の残り工合がある程度以上に保たれるように，各敷地ごとに各方向からの平均立面面積を，敷地面積で除した「立面建蔽率」をある数値以下に抑えるというものである。学問的な成果が用いられた例として注目される。その結果開放的な超高層ビル街が出来上がった。一方，特定街区の活用で公開空地が豊富にとられたが，巨大なビルの敷地同士に空間の連続性がなく，歩行者の空間体験がまとまりのある連続的なものにならない点は問題であろう。

インフラストラクチュアとして，当初から将来を見越した集中冷暖房プラントを設置し，維持費の合理化を意図していた。予定していたようにはビルが建たず，スムーズな維持運営まで長期間を要してしまったが，初期にインフラ整備をしておいたことの意義は大きい。その他，風害，電波障害，複合日影，柔構造からくる揺れやすさなど，大規模超高層建築群にまつわる巨大な影響があり，建設後の維持，運営，使われ方についてあらかじめ広範なアセスメントが，こうした建築群をつくる際しては特に充分検討される必要がある。

9.5.2 丸の内オフィス街

江戸時代に譜代大名の屋敷地であった丸の内は，明治になって岩崎弥之助に払い下げられ，三菱地所の所有する一大ビジネス街が建設された。民間資本によって建設

図 9・38 新宿西口の超高層オフィス群

図 9・39 東京駅を控え整然と高さが揃ったビル街に超高層ビルが混ざる丸の内オフィス街

された日本の中心ビジネスゾーンであり，また過去の都市設計が目指した姿がそこにある。近年一部で超高層ビルも建ち始めているが，まだ多くは敷地一杯か，道路際に建物を寄せ中庭を設けた配置形式で，旧建築基準法の絶対高さ規制 31 m の高さでそろった街並みである。また美観地区がかかっており，看板などの広告物が設置されないので，すっきりとした外観である。新宿西口副都心と比べて街区規模，容積率が類似しているのに対照的な空間構成であって，通りに沿って建物が整然と連続し，通りが囲まれた空間として意識される。低くしつらえられた植栽と点在する彫刻が歩行者空間を演出している。斬新さはないが安定した連続的な外部空間構成は，非連続で近代的な超高層ビルと広場からなる新宿副都心と大いに異なり，一体的で落ち着いた背景を形造っている。このタイプの建物街区構成は，古くからの大学キャンパスにも共通である。もっとゆったりした密度で街区も小さめだが，東京大学本郷キャンパスや早稲田大学本部キャンパスなどが同じ構成をしている。

丸の内は単一機能のビジネス街であるため，昼は人があふれ夜は人気が全くない。住居が地区内ばかりか周辺にもないこともあって，人間的面白みに欠け疎遠な感じを与える。

9.5.3 原宿表参道

原宿表参道は，原宿駅前から青山通りまで約 800 m ある。歩道が広く，大きな欅並木が育っている。表参道の中間地点は原宿駅前から 14 m も低くなっており，ここから青山通り方向にかけて同潤会（関東大震災後の救援金によって設立された財団法人で罹災地の住宅建設にあたった）の鉄筋コンクリートアパートが，古いたたずまいを残して建っている。このような地形の通りを歩くと，初めは下りで歩きやすくリラックスでき，途中で一休みの感じのあと上りとなるので，気分が高揚して目的地点に至るというリズムがある。出雲大社の参道もこうした例である。両側に建ち並ぶ建物はいずれも趣向を凝らしたデザインで，建物一つ一つは面白いけれども，通り全体としてのデザインモチーフがなく，むしろ欅並木の方がこの通りを強く印象づけている。表通りから一歩内側に入ると細い路地に沿って，よくデザインされた建物が連続し，外部空間として面白い一帯ができている。組織的に都市設計を行い，地区全体を一挙にデザインするのに比べ，多様でありながら一つの共通した雰囲気を感じさせる点が興味深い。通りに面する建設主体がデザインの価値を心得ており，商いを発展させるために必要な美意識が，ある種のモチーフを醸成しているのだろう。表通りの広幅員街路，高容積指定に対して，幅の小さな街路に中容積指定という都市計画にかかわる違いも見逃せない。さらに周辺地域には連続的に居住地域が広がっており，境界の曖昧な，懐の深い商業地となっているところも，まちの生きた面白みを増大させている。

図 9・40　広々としたけやき並木の表参道

図 9・42　樹木を中心に舞台のような一角

図 9・41　デザインのよい広場のような通り

図 9・43　細い路地が魅力的な小道になった

10 都市の基本計画を実現する手段としての都市計画法

　都市の基本計画を実現する方法には，建築と開発を規制する方法（都市計画規制）と，都市施設を整備し，拠点的な場所を開発する「事業による方法」（都市計画事業）とがある。
　前者は個人の敷地の建築の仕方を規制する方法をとり，後者は道路用地や拠点的空間を強制的に買い上げたり，土地利用転換を強いたりして，具体の空間を作り上げる方法である。その強制のシステムが都市計画法である。
　都市計画が決定されると，市民は，法に基づく諸規定によって開発行為・建築行為が規制されるので，都市計画決定はそれ以後の市民の建設活動にとって重要な意味をもつことになる。
　この章では，都市の基本計画，都市計画規制，都市計画事業，都市計画決定手続きの順に説明を行う。
　なお，この章を読むときは，注記してある法律の条文，通達を参照して，内容を正確に理解することが必要である。

（注）　この章の法律条文は，2000年5月19日法律73号によるものである。

凡例）「都市計画法第五八条の二第1項第二号」は法58の二・1・二と略記
　　　「都市計画法施行令第9条第二項」は令9・2と略記
　　　「昭和四四年一〇月二二日建設省都計発第一三〇号建設省都市計画局通達」は通達130（44.10.22）と略記
　　　「建築基準法　第5条」は建5と略記

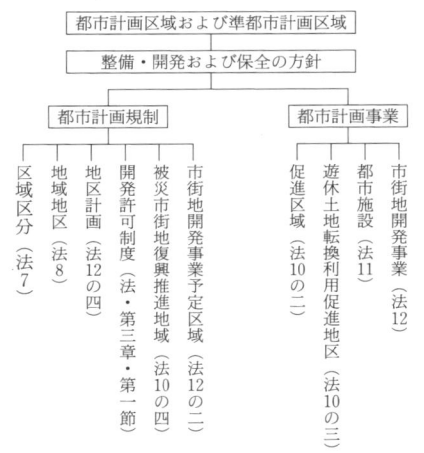

図10・1　都市計画法に基づく都市計画の一覧
　（注）　都市計画区域外でも規制の対象になることを図10.2で確認してほしい。

10.1　都市の基本計画とは何か

　都市は個人・法人が自由意思に基づいて集い，居住し，活動する空間である。都市に人が集まるのは，都市に集まっている人や法人のサービスを利用したり，人にサービスを売ったりするためである。
　自由意思による集積は，市民がそれぞれの活動しやすい場所を選んで集まるのであるから，集積の内容は，ある種の秩序が備わっていると考えられる。したがって，あるレベルの集積に達した地域では，その秩序を維持することが求められる。すなわち，ある種の活動を規制する方針を皆で同意することが必要で，皆が同意した秩序のシステムは規制に関する方針，すなわち土地利用基本計画である。
　道路，排水などの，個人で用意することがむづかしい施設は，社会資本として公共が整備する必要がある。公共側としては，人々がどのような社会資本を必要としているかを把握でき，将来の都市の集積と，都市活動はどのように変化するかを予測することができれば，効率的な施設整備が可能となる。
　すなわち，人々の必要性を把握した上で，社会資本を整備する方針を市民に確認し，都市の土地利用のあり方，都市施設の整備の方針，市街地開発の計画を一体的・総合的に組み立てたものは，都市計画事業を展開するための市街地整備基本計画である。
　都市の基本計画（土地利用基本計画と市街地整備基本

計画）を実現するために，公共性に基づいた強制力が必要であり，合法的な手段として，法定都市計画がある。

10.1.1　都市計画法の「整備・開発または保全の方針」

法6の二では，都道府県は「都市計画区域については，整備，開発又は保全の方針を都市計画に定める」としており，その内容は以下の通りである。

1．都市計画の目標
    1) 都市像
    2) 都市づくりの基本理念
2．区域区分をするか否か
    区域区分を定めるときは，その方針を示す
    1) 市街化区域の土地利用の方針
    2) 市街化調整区域の土地利用の方針
3．主要な土地利用を都市計画で定めるための方針
4．主要な都市施設を都市計画で定めるための方針
    1) 道路，鉄道などの交通施設
    2) 公園緑地
    3) 下水道，河川
    4) その他（ゴミ処理施設，卸売市場，学校，総合病院，文化会館，防災施設など）
5．市街地開発事業に関する都市計画を定めるための方針

10.1.2　市町村の都市計画に関する基本的な方針

住民に最も身近な自治体である市町村が，住民の合意形成を図りつつ，街づくりのビジョンを描き，地区ごとの整備課題として，美しい町並み形成，環境負荷の少ない都市形成，弱者に配慮した施設システムについて，「整備，開発又は保全の課題と方針（都市マスタープラン）」として定めることができる。（法・18の二）

「都市マスタープラン」は，都道府県が定める「都市計画区域の整備・開発および保全の方針」に反映されることになる（法15の二）。

10.2　都市計画規制

都市計画規制によって，都市の基本計画を実現する仕組みは図10.2の通りである。

都市計画規制は，都市計画法による開発許可の制度と，建築基準法による個別建築物の用途・形態・密度・構造・接道義務づけの制度を使って都市計画の目標を実現しようとするものである。

都市計画規制は，原則的には都市計画区域に適用されるが，図10.2のE2，E3で示した都市計画区域外にも規制を及ぼすことができる。

用途地域を指定して都市計画規制をする区域は，図10.2に示す通りA，C，E3である。

地区計画を定めて都市計画規制をする区域は，図10.2のA，B，Cである。

マスタープランで地域像が定まっていない地域の環境を守るために，条例を定めて建ぺい率，容積率等を規制することは，国土全部に対して可能である（建68の九，建6・1・四）。

同様に，マスタープランで地域像が定まっていない区域について，図10.2のD2（建築物の形態規制区域），D3（特定用途制限区域），E3（準都市計画区域）の指定も，今後重要なテーマになる。

10.2.1　都市計画区域

都市の基本計画は一体となった都市空間を対象として立案されるので，都市計画区域の範囲は既存の市町村界に拘束されることはない。

都市は一般的に中心の市街地を持つので，中心の市街地（40人/ha以上の密度で3千人以上集中している区域）からの連続的範囲で判断される。一体的都市空間の判断は主として都市的土地利用の連続性や通勤，通学等の生活圏，経済的物流圏，都市施設のサービス圏，コミュニティ活動の交流圏等の状況によって行われる。

また都市性の視点から区域内の人口は商工業就業者率が50％以上で1万人以上になるような区域設定が求められる。

10.2.2　市街化区域・市街化調整区域

一定水準の基盤を備えた市街地形式を図るためには，市街化に先行して市街地基盤整備が行われることが好ましい。一方基盤整備には多額の資金を必要とするため，資金投資の範囲を狭める意味で，市街化の範囲を限定しなくてはならない。

そこで都市計画区域を優先的，かつ計画的に市街化すべき区域（市街化区域―図10.2，A）と当面市街化を抑制すべき区域（市街化調整区域―図10.2，B）とに分けて，段階的な市街化を図ることを目的として法7が規定されている。

市街化を段階に応じて抑制する手段は，開発許可制度（都市計画法第三章）である。

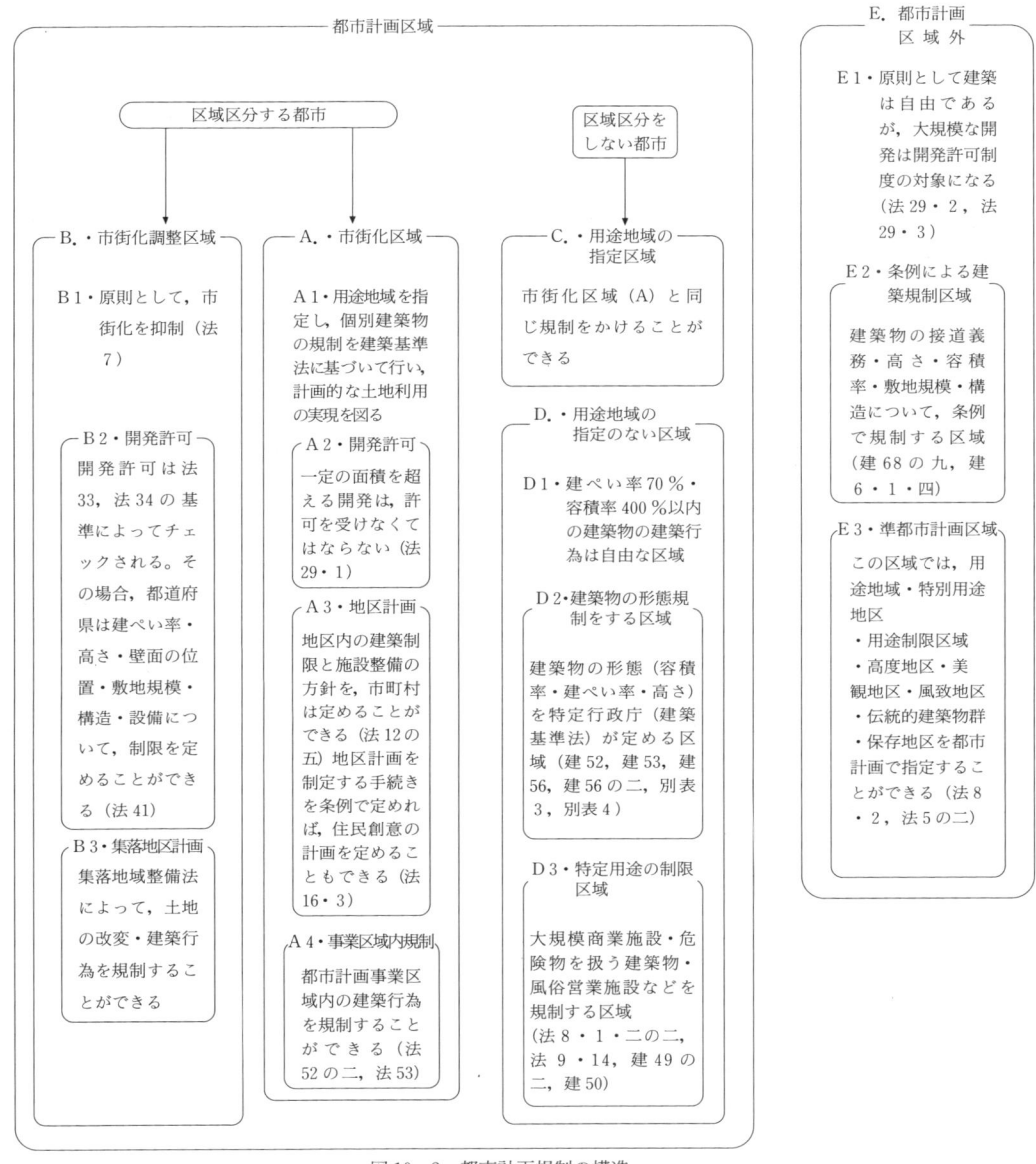

```
┌─────────────────────────────── 都市計画区域 ───────────────────────────────┐                    ┌─ E．都市計画
│                                                                              │                    │    区域外
│        ┌─── 区域区分する都市 ───┐              ┌─ 区域区分を ─┐              │                    │
│                                                │  しない都市  │              │                    │  E1・原則として建築
│   ┌─ B．市街化調整区域 ─┐  ┌─ A．市街化区域 ─┐  ┌─ C．用途地域の ─┐          │                    │   は自由である
│                                                 指定区域                      │                    │   が，大規模な開
│   B1・原則として，市    A1・用途地域を指       市街化区域（A）と同            │                    │   発は開発許可制
│     街化を抑制（法       定し，個別建築物      じ規制をかけることが           │                    │   度の対象になる
│     7）                  の規制を建築基準      できる                         │                    │   （法29・2，法
│                          法に基づいて行い，                                   │                    │   29・3）
│   ┌─ B2・開発許可 ─┐    計画的な土地利用      ┌─ D．用途地域の ─┐            │                    │
│                          の実現を図る           指定のない区域                │                    │  E2・条例による建
│   開発許可は法                                                                │                    │   築規制区域
│   33，法34の基          ┌─ A2・開発許可 ─┐   D1・建ぺい率70%・                │                    │
│   準によってチェ         一定の面積を超       容積率400%以内                  │                    │  建築物の接道義
│   ックされる。そ         える開発は，許       の建築物の建築行                │                    │   務・高さ・容積
│   の場合，都道府         可を受けなくて       為は自由な区域                  │                    │   率・敷地規模・構
│   県は建ぺい率・         はならない（法                                       │                    │   造について，条例
│   高さ・壁面の位         29・1）              D2・建築物の形態規               │                    │   で規制する区域
│   置・敷地規模・                              制をする区域                    │                    │   （建68の九，建
│   構造・設備につ        ┌─ A3・地区計画 ─┐                                   │                    │   6・1・四）
│   いて，制限を定         地区内の建築制       建築物の形態（容積              │                    │
│   めることができ         限と施設整備の       率・建ぺい率・高さ）            │                    │  E3・準都市計画区域
│   る（法41）             方針を，市町村       を特定行政庁（建築              │                    │
│                          は定めることが       基準法）が定める区              │                    │  この区域では，用
│   ┌─ B3・集落地区計画 ─┐ できる（法12の      域（建52，建53，建              │                    │   途地域・特別用途
│                          五）地区計画を       56，建56の二，別表              │                    │   地区
│   集落地域整備法         制定する手続き       3，別表4）                      │                    │   ・用途制限区域
│   によって，土地         を条例で定めれ                                       │                    │   ・高度地区・美
│   の改変・建築行         ば，住民創意の       D3・特定用途の制限              │                    │   観地区・風致地区
│   為を規制するこ         計画を定めるこ       区域                            │                    │   ・伝統的建築物群
│   とができる             ともできる（法                                       │                    │   ・保存地区を都市
│                          16・3）              大規模商業施設・危              │                    │   計画で指定するこ
│                                               険物を扱う建築物・              │                    │   とができる（法8
│                         ┌─ A4・事業区域内規制 ─┐ 風俗営業施設などを          │                    │   ・2，法5の二）
│                          都市計画事業区       規制する区域                    │                    │
│                          域内の建築行為       （法8・1・二の二，              │                    │
│                          を規制すること       法9・14，建49の                 │                    │
│                          ができる（法         二，建50）                      │                    │
│                          52の二，法53）                                       │                    │
└──────────────────────────────────────────────────────────────────────────────┘                    └──────────────────
```

図10・2　都市計画規制の構造

市街化区域と市街化調整区域を区分する（一般に線引きといわれる）技術的基準は，法33に規定されている。

市街化区域は，おおむね10年以内に市街化するよう促進する区域であるから，土地区画整理事業その他の市街地開発事業や公共施設の整備を積極的に行うほか，民間の開発行為も一定の基準にかなったもの（「法33」に適合）は好ましいものとされる。一方，市街化調整区域は農業や自然環境を保全すること，市街地基盤整備の見込みのない区域が乱開発されることを防止するために市街化を抑制する区域であるから特定の用途の建築（法34適合）のための開発を除いて開発行為（法4・12）は行わせないようにすることが開発許可制度として規定されている。

開発許可の対象となる開発行為は，法29に規定され，開発許可になる水準は法33，令23の2〜令29，省令20〜27に規定されている。

市街化調整区域で許される開発行為は法34条で規定されている。

大規模な開発を行おうとすると，一般に市街化調整区域が選定されることが多いが，その場合には法34・1・十・イならびに，法33の両条に適合せねばならぬことになる。

10.2.3 地域地区

都市は住宅地，商業地，工業地，業務地などの部分によって構成されており，その部分の性格は，個別建築物の集積によって形成される。

土地利用の方針を実現するためには，個別の建築物を計画の方針に合わせて建てさせるようにすることが肝要である。

そのような目的で，建築物の接道の仕方・用途・形態（高さ）・構造（含む材料）・密度（建ぺい率，容積率，オープンスペースの量）等に制限を加えることで，市街地の土地利用を誘導する制度が地域地区制である。

地域地区制の種別と内容は表10.1に示す通りである。表中の「規制の根拠法令」は，地域地区「種別」に対する規制内容を定義した法令である。したがって，根拠法を参照しながら，種別と接道条件・用途・形態・構造・密度に関する規制内容を確かめておくべきであるが，その概要は表3.7，表3.8によってつかむことができる。また1992年の都市計画法改正前後の用途地域の関係は，表3.6を参照されたい。

a．用途地域の指定基準について

1992年改正用途地域の指定に当たり，各県は現況の土地利用に対応する指定基準を作成した。次に示すのは，1993年時点の各用途種別選択方針の一例である。

a-1．第1種低層住居専用地域；住宅率95％以上，3階以上の共同住宅率5％以下，用途不適格建築物の敷地面積率5％未満，低層低密な面的整備事業を行う区域，住環境を阻害するおそれのある施設・用途地域に接していないこと，区域内の敷地の80％以上が300 m²の場合は建ぺい率30％・容積率50％を指定する。

a-2．第2種低層住居専用地域；住宅率90％以上，3階以上の共同住宅率5％以下，150 m² 2階以下の合併店舗が若干存在しても良い区域，用途不適格建築物の敷地面積率5％未満，住環境を阻害するおそれのある施設・用途地域に接していないこと，区域内の敷地の80％以上が300 m²の場合は建ぺい率30％・容積率50％を指定する。

a-3．第1種中高層住居専用地域；住宅率80〜89％，3階以上の共同住宅率6％以上，第2種低層住居専用地域を指定すると，用途不適格建築物の敷地面積率が5％以上になってしまう既存の低層住宅地（そのような区域では建物の最高限度を10〜12 mに制限する），500 m² 2階以下の併用店舗が若干存在しても良い地域，住環境を阻害するおそれのある施設・用途地域に接していないこと。

a-4．第2種中高層住居専用地域；住宅率80〜89％，3階以上の共同住宅率6％以上，1,500 m² 2階以下の併用店舗・業務施設が存在しても良い区域，用途不適格建築物の敷地面積率5％未満，住環境を阻害するおそれのある施設・用途地域に接していないこと。

a-5．第1種住居地域；住宅率70〜79％，3,000 m²以下の併用店舗・業務施設及び宿泊施設が存在しても良い区域，用途不適格建築物の敷地面積率5％未満，幹線道路沿いに指定するときは道路端より30〜50 mまたは1〜2画地。

a-6．第2種住居地域；住宅率70〜79％，3,000 m²以上の併用店舗・業務施設・宿泊施設・自動車教習所およびパチンコ店が存在しても良い区域，用途不適格建築物の敷地面積率10％未満，幹線道路沿いに指定するときは道路端より30〜50 mまたは1〜2画地。

a-7．準住居地域；住宅率50％以上で幹線道路沿い，20％以上が自動車関連施設の区域，映画館等娯楽施設があっても良い，幹線道路沿いに指定するときは道路端より30〜50 mまたは1〜2画地。

a-8．近隣商業地域；日用品店舗の敷地面積50％以上，住宅地の幹線道路沿い，幹線道路沿いに指定するときは道路端より30〜50 mまたは1〜2画地。

a-9．商業地域；主として商業・業務・娯楽の施設の集中立地を図る区域で，歓楽施設の存在を許す，住居専用地域に接して，また路線的商業地域は定めないこと，防火地域または準防火地域を併せて定めること。

a-10．準工業地域；主要幹線沿いで，住宅以外の敷地面積が50％以上あり，その大部分が工場で占められ準工業地域不適格工場の敷地面積が10％未満の区域，あるいは，新幹線・自動車有料道路のように住環境に適しない区域。

a-11．工業地域；大部分が工場で占められているが，住宅または，商業施設が混在して立地しており，準工業地域不適格工場の割合が10％以上の区域，住居専用地域に接して指定しないこと。

a-12．工業専用地域；住宅等の混在を排除し工業関連施設の集積を図る区域，住居専用地域に接して定めないこと。

b．市街地開発事業に併せて行う用途地域指定（港北ニュータウン）の例

1970年，建築基準法の改正に伴って，1973年に横浜市は，用途地域・地区指定を行った。港北ニュータウン

表10・1 地域地区の種別

	種別	設定の目的		規制の根拠法令
用途地域（法8・1・一，法8・3で定義）	第1種低層住居専用地域	法9・1参照	低層住宅の専用地域	法10 建48 建50 建52 建53 建54 建54の二 建55 建56 建57 建・別表第2
	第2種低層住居専用地域	法9・2参照	小規模な独立店舗を認める低層住宅の専用地域	
	第1種中高層住居専用地域	法9・3参照	中高層の住宅専用地域	
	第2種中高層住居専用地域	法9・4参照	住宅に必要な大規模な利便施設の立地を認める中高層の住宅地域	
	第1種住居地域	法9・5参照	大規模な店舗，事務所を制限するが，ある程度の用途混在を認める住宅地域	
	第2種住居地域	法9・6参照	大規模な店舗，事務所を容認する，ある程度用途が混在する住宅地域	
	準住居地域	法9・7参照	大規模な店舗，事務所だけでなく，自動車関連施設と住居も調和しうる地域	
	近隣商業地域	法9・8参照	近隣の住宅地のための店舗，事務所等の利便の増進を図る地域	
	商業地域	法9・9参照	店舗，事務所等の活動がしやすい地域	
	準工業地域	法9・10参照	環境の悪化をもたらすおそれのない工場が，活動しやすい地域	
	工業地域	法9・11参照	工業の利便を図る地域	
	工業専用地域	法9・12参照	工業の利便を図る専用地域	
特別用途地区（法8・1・二）	地方公共団体の条例	建49・2参照	用途地域の指定基準の緩和をする地区	建49・1 建50
（法8・3・二）	特例容積率適用区域		商業区域内の未利用容積の有効利用を図る目的で，未利用の容積を，他の敷地で活用することを認める区域	建52の二 建52の三
特定用途制限区域（法8・1・二の二，法8・3・ホ）	地方公共団体の条例	法9・14参照	用途地域が定められていない区域の環境を守るため，大規模な店舗・風俗営業施設・危険物を扱う施設などを制限する区域	建49の二 建50
高層住居誘導地区（法8・1・二の三，法8・3・へ）	高層住居誘導地区	法9・15参照	高層建築物で，床面積の2/3以上が住宅に利用されるように誘導する区域	建52・1・五
密度，形態地区（法8・1・三，法8・1・四，法8・3・二・ト，チ，リ）	高度地区	（最高限度型）主として，日照，環境の保持を目指す。（最低限度型）防火帯を形成させる場合等。		建58
	高度利用地区	昭和51．4．1建設省都市局長，住宅局長通達第25号を参照。市街地の高度利用を促進する場合のみならず中高層市街化の進行する地区で，オープンスペースを確保するための壁面指定も行うことができる。		建59
	特定街区	法10・12参照。主として市街地内オープンスペースの創出を目指す。		建60
防火地域（法8・1・五）	防火地域	商業地で火災危険率の高い地区の危険防除。		建61
	準防火地域	市街地の中心部一般の防火性能を高める。		建62
景観・保全地区（法8・1・六，法8・1・七，法8・1・十一，法8・1・十二，法8・1・十四，法8・1・十五）	美観地区	法9・20参照。都市の美観を保持するうえで必要な建築物に関する制限を行う。		建68 地方公共団体の条例
	風致地区	高級住宅地。別荘地。自然の景観地。公園の隣接地等の自然な景観を残す。		法58 地方公共団体の条例
	歴史的風土特別保存地区	古都を周囲の自然環境を含めて保持しようとするもの。		古都における歴史的風土の保存に関する特別措置法8条 同法6
	緑地保全地区	都市緑地保全法3参照。市街化の進行に対して，樹林地。草地。水辺地等の良好な自然的環境を現状凍結的に保全する。		都市緑地保全法5
	生産緑地地区	市街化区域内の農地を，都市のオープンスペース的機能として保全する目的，または，市街化の推移に従って，公共・公益施設が必要になった時の土地利用転換予定地としての目的で宅地化を保留する目的とがある。		生産緑地法3
	伝統的建築物群保存地区	伝統のある古い町並を保存する。		文化財保護法83の二 市町村の条例
機能的用途地区（法8・1・九，法8・1・十三）	臨港地区	港湾の機能を利用する建物以外は規制し，港湾の機能を十分発揮させる。		臨港法39・40・58 地方公共団体の条例
	流通業務地区	流通業務の機能を阻害する施設の立地を禁止し，原則として，トラックターミナル，鉄道貨物駅，卸売市場，倉庫及び卸売店舗等を誘導立地させる。		流通業務市街地の整備に関する法律4・1
（法8・1・八）	駐車場整備地区	商業地域。近隣商業地域内で路外駐車場の建設を義務づけることにより駐車容量を拡大させる。		駐車場法20 同法3・1

（注）法8・1・一⇒都市計画法第8条第1項第一号

(以下「KOH」と記す)はその当時，事業が進んでいなかったので，全域を「1.住」(1992年用途地域地区区分の改正以前の第1種住居専用地域)に指定した。この時の指定は暫定的な処置であり，将来土地利用計画に合わせて変更することが前提となっていた。

暫定的な処置としての「1.住」は，事業に長年月を要する区画整理事業(以下「区整」と記す)の期間中に無計画な建物が，地権者によって建築されることを防止するのに役立った。

「KOH」の土地利用計画は，一戸建低層の住宅地と中高層の公的住宅，一般地権者が将来住宅経営するためのアパート・マンション用地をベースとし，局地的な土地利用として，商業・業務センター(地下鉄駅前地区)，住区センター(住区に配置される)，小学校，中学校，高等学校用地，既存工場のための工業倉庫用地が計画された。

土地利用計画の実現は，最終的に土地を利用する者の認識と能力にかかっているといってよい。そこで土地利用の意味をよく理解した人に，しかるべき土地が換地されて，土地利用を行ってもらうことが好ましい，というわけで，申し出換地方式がわが国初めてのケースとして採用された。申し出換地方式とは，自らの換地先の希望を申し出ることのできる特別な用地として，各種センター用地，工業用地，アパート・マンション用地を定め，その用地への換地を希望できる方式である。

特別な用地の土地利用は，将来指定される用途地域を前提とすることが話し合いによって決定された。

申し出の受付は，将来の予定用途地域試案を示した上で実行された。

このとき示された予定用途地域は，地権者代表，市，公団メンバーによって研究された成果(「KOH」建設研究会：新しいまちづくりのために，1973～1975年度報告書)に基づいて作成されたものである。この研究は，用途地域立案方法について，ひとつの分野を切り拓いたものであった。この研究ではまずKOHの各種施設計画が計画人口22万人に対応して作られていることから，実際にKOHに定着する人口が計画人口を大きく上回らないように用途地域を指定する研究が行われた。

その結果，「1.住」は建ぺい率40％，容積率60％，第1種高度地区とし，標準敷地面積260 m²を守ることができれば160人/haになる。「2.住」は建ぺい率60％，容積率200％，第2種高度地区に木賃アパートが建てられた場合は680人/haになる。

住居地域は建ぺい率60％，容積率200％，第3種高度地区に，RCマンションが建てられたことを予想すると460人/haになる。センター地区は近隣商業地域が建ぺい率80％，容積率400％，商業地域建ぺい率80％，容積率600％に市街化住宅が建設されたとして580人/haになる。

用途地域の種類に以上の人口原単位を設定した上で，土地利用計画を実現するに適した用途地域を次のようにぬり分けてみる。すなわち，駅前センター地区には商業地域・近隣商業地域を，地区センターには住居地域を，幹線自動車道路沿いと，公的住宅団地には「2.住」を，工業用地には準工業地域を，その他の用地には「1.住」を指定したとして，人口を計算すると約24万人となり，計画人口22万人にほぼ適合する用途地域であることが確かめられた。

次に，換地を申し出る権利を持つ地権者が上記の土地利用制限のもとで不動産経営を行ったときの採算性のケーススタディが行われた。なぜならば採算性がとれない土地利用の地権者が容認するはずがないからである。

○ケース・スタディ①

「1.住」にサービスを提供する小規模店舗の場合である。設計条件は図10.3として収益計算を行うと表10.2の結果を得る。木造の場合の土地利回りは5％であり十分採算がとれる。

○ケース・スタディ②

「2.住」で木造賃貸アパートを経営する場合である。設計条件は図10.4として収益計算を行うと表10.3の結果を得る。土地の利回りは3.8％であり，標準利回りから考えると5～6％が望ましいが，木造アパートで，将来再開発が比較的容易であることを考え，採算性ありとして了解された。

その他，近隣商業地域，商業地域で市街化住宅を建築し，上層住宅部分を分譲して，下層を店舗，事務所に賃貸するケース等が検討された結果，用途地域原案は地元地権者によって理解され，特別な用地に対する申し出換地はスムーズに進行した。

この原案は，法定手続上の技術的条件によって一部修正されたのみで，1981年11月17日法的に決定された。現在は，1992年の法改正にしたがって，新しい用途地域が指定されている。

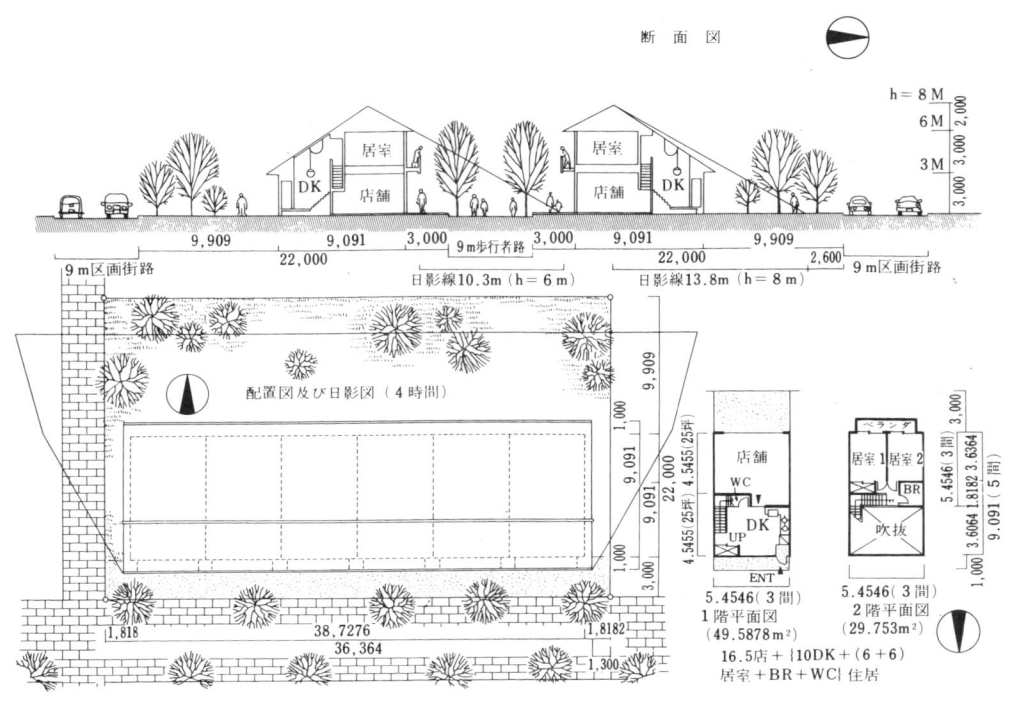

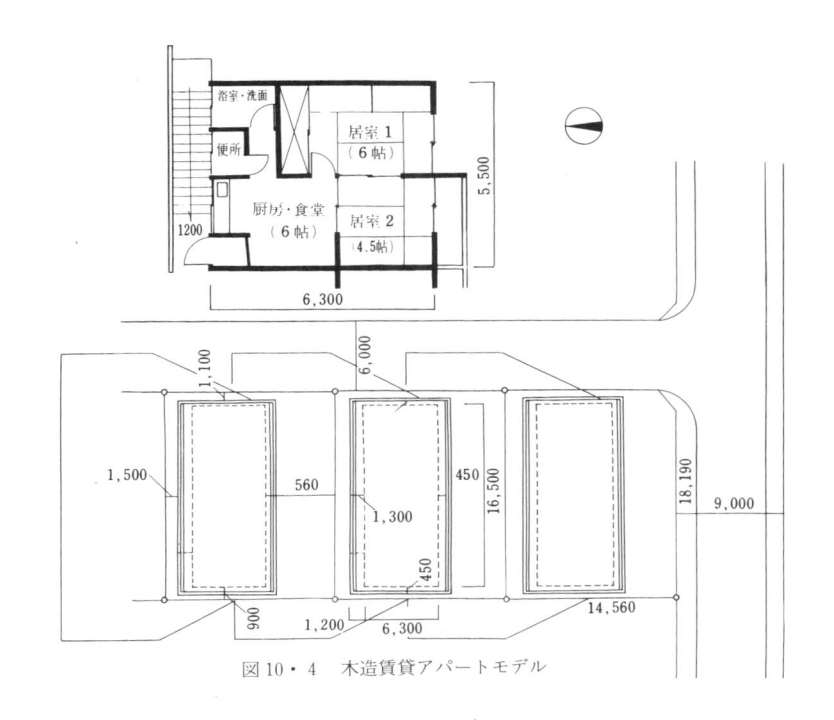

図10・3　店舗付住宅モデル

図10・4　木造賃貸アパートモデル

表10・2　店舗付住宅モデルによる収益計算事例

				○店舗付住宅モデル	○木造の場合	○鉄筋コンクリート造の場合
○積算法	○面積	①敷地面積			793m²(約240坪)	
		②建築面積			297.5m²(建ぺい率38%)	
		③床面積			476.0m²(容積率60%)	
		④階数・戸数			2階建て(住宅6戸+店舗6戸)	
		⑤1戸当り床面積			店舗27.27m²(8.25坪) 住宅52.7m²(15.75坪) 計 79.34m²(24坪)	
	○単価	⑥土地単価			90,750円/m²(30万円/坪)	90,750円/m²(30万円/坪)
		⑦建築単価			75,620円/m²(25万円/坪)	136,120円/m²(45万円/坪)
	○投下資本 (元本価格)	⑧土地単価	①×⑥		71,964,800円	71,964,800円
		⑨建築価格	③×⑦		33,995,100円	64,793,100円
		⑩	⑧+⑨		107,959,900円	136,757,900円
	○純賃料	⑪土地	0.06×⑧		4,317,900円	4,317,900円
		⑫建物	0.1×⑨		3,599,500円	6,479,300円
		⑬計	⑪+⑫		7,917,400円	10,797,200円
	○必要経費	⑭減価償却費	1/24×⑨		1,499,800円	1,619,800円(1/40×⑨)
		⑮維持管理費	1/100×⑨		360,000円	647,900円
		⑯火災保険料	2/1000×⑨		72,000円	129,600円
		⑰空室不払損料	0.5ヶ月×㉕		359,400円	446,000円
		⑱公租公課土地	1.6/100×課税標準額			
		⑲公租公課建物	0.6×1.6/100×⑨		345,600円	622,000円
		⑳計	⑭−⑲		2,636,800円	3,465,300円
	○実質賃料	㉑年額	⑬+⑳		10,554,200円	14,262,500円
		㉒月額	㉑×1/12ヶ月		879,500円	1,188,500円
○収益 還元法	○収益	○賃料	㉓単価(住)		66,150円/戸(4,200円/坪)	66,150円/戸(4,200円/坪)
			㉔単価(店)		53,630円/戸(6,500円/坪)	82,500円/戸(10,000円/坪)
			㉕月額	(㉓+㉔)×④	718,700円/戸	891,900円/戸
			㉖年額	㉕×12ヵ月	8,624,400円	10,702,800円
		○預り金	㉗敷金(住)			
			㉘敷金(店)			
			㉙保証金(店)			
			㉚計	㉗+㉘+㉙	9,000,000円(150万円/戸)	12,000,000円(200万円/戸)
			㉛同上の運用益	0.08×㉚	720,000円	960,000円
		○無返済金	㉜権利金(住)			
			㉝権利金(店)			
			㉞計	㉜+㉝		
			㉟権利金の収益(店)(住)	㉞÷10年		
			㊱総収益	㉖+㉛+㉟	9,344,400円	11,662,800円
	㊲必要経費		0.25×㉖		2,156,100円	2,675,700円
	㊳純収益		㊱−㊲		7,188,300円	8,987,100円
	㊴総合還元利廻り		(0.06×⑧+0.1×⑨)/⑩		0.073	0.079
	㊵土地・建物の収益価格		㊳÷㊴		98,469,900円	113,760,800円
○土地 残余法	㊶償却前の純収益		㊳+⑭		8,688,100円	10,606,900円
	㊷建物に帰属する純収益		(0.1+1/24)×⑨		5,099,300円	8,099,100円[(0.1+1/40)×⑨]
	㊸土地に帰属する純収益		㊶−㊷		3,588,800円	2,507,800円
	㊹土地の収益価格		㊸÷0.06		59,813,300円	41,796,700円
	㊺土地の単位当りの収益価格		㊹÷①		75,430円/m²(24.9万円/坪)	52,710円/m²(17.4万円/坪)
	㊻土地の利廻り		㊸÷⑧		0.050(5.0%)	0.035(3.5%)

表10・3 木造賃貸アパートモデルによる収益計算事例

○木造賃貸アパートモデル				
○積算法	○面積	①敷地面積		264m²(約80坪)
		②建築面積		107.4m²(建ぺい率41%)
		③床面積		207.9m²(容積率79%)
		④階数・戸数		2階建て・6戸(10.5坪/戸)
	○単価	⑤土地単価		90,750円/m²(30万円/坪)
		⑥建築単価		75,620円/m²(25万円/坪)
	○投下資本(元本価格)	⑦土地価格	①×⑤	23,958,000円
		⑧建築価格	③×⑥	15,721,400円
		⑨計	⑦+⑧	39,679,400円
	○純賃料	⑩土地	0.06×⑦	1,437,500円
		⑪建物	0.1×⑧	1,572,100円
		⑫計	⑩+⑪	3,009,600円
	○必要経費	⑬減価償却費	1/24×⑧	655,100円
		⑭維持管理費	1/100×⑧	157,200円
		⑮火災保険料	2/1000×⑧	31,400円
		⑯空室不払損料	0.5ヶ月×24	135,000円
		公租公課 ⑰土地	(1.4/100+0.2/100)×課税標準額	
		⑱建物	同上	
		⑲小計	⑰+⑱ 又は ⑧×0.6×1.6/100	150,900円
		⑳計	⑬~⑯+⑲	1,129,600円
	○実質賃料	㉑年額	⑫+⑳	4,139,200円
		㉒月額	1/12×㉑	344,900円
○収益還元法	○収益	㉓賃料単価		45,000円/戸・月
		㉔賃料月額	④×㉓	270,000円
		㉕賃料年額	12ヶ月×㉔	3,240,000円
		㉖敷金・礼金の運用益	2ヶ月×0.08×㉔	43,200円
		㉗総収益	㉕+㉖	3,283,200円
	㉘必要経費		0.25×㉕	810,000円
	㉙純収益		㉗-㉘	2,473,200円
	㉚総合還元利廻比率		1:⑧/⑦	1:0.656
	㉛総合還元利廻り加重平均		1×0.06+㉚×0.1/1+㉚	0.076
	㉜資本環元(土地・建物の収益価格)		㉙÷㉛	32,542,100円
○土地残余法	㉝償却前の純収益		㉙+⑬	3,128,300円
	㉞土地に帰属する純収益		㉝-(0.1+1/24)⑧	901,100円
	㉟土地の収益価格		㉞÷0.06	15,018,300円
	㊱土地の単位当りの収益価格		㉟÷①	56,890円/m²(18.8万円/坪)
	㊲土地の利廻り		㉞÷⑦	0.038(3.8%)

10.2.4 地区計画

都市計画法では，市街地形成をコントロールするために，二つの制度が用意されている。

すなわち，(1)都市レベルのマクロな視点から行う都市計画（地域地区，開発許可）に基づく建築基準法の敷地単位の建築規制，(2)街区や地区のミクロな環境を計画的に形成しようとする土地利用計画である。

地区計画は後者の制度である。

地区計画は，計画実現のための独自の事業制度は持たず，計画区域内に発生する個別の開発・建築行為を計画に沿って誘導・規制することによって計画の実現を図るもので，「線引き」や地域地区制と一見同じであるが，「線引き」や地域地区は都市域全体の土地利用構造を計画するために，規制内容は画一的になるのに対して，地区計画は地区の状況に応じて選択できるメニュー方式となっている。また誘導規制の方法についても，地域地区では建築基準法の建築確認で直接建築物を規制するのに対し，地区計画では，届出勧告制という比較的規制力の緩い誘導的手法と，市町村の条例によって建築確認で強く規制をするのと2段階の規制手段が用意されていると同時に，計画策定及びその実現に当たって，市町村が主体となる制度であり，計画策定段階から地区住民等の意向を十分反映することが義務づけられた，いわゆる住民参加の街づくりを目指す制度である。

用途地域が定められている区域ではどこでも地区計画を定めることができる，用途地域が定められていない区域および市街化調整区域では次の条件の区域についてのみ定めることができる（法12の五）。

1. 敷地の整備および公共施設の整備事業が行われるまたは行われた区域
2. 今後市街化する過程で不良な環境の街区が形成されるおそれがある区域
3. 現に良好な居住環境が形成されている区域

地区計画の区域について定められる地区整備計画の内容は次の通りである（法12の五・3～6）。

1. 地区施設の配置および規模
2. 建築物の用途・容積・建ぺい率・壁面の位置・高さの制限
3. 道路等の公共施設が不足している地区について，「目標容積率」と地区の公共施設の現況に見合った「暫定容積率」との二重の容積率を定める。公共施設が不十分な現況では「暫定容積率」を適用し，整備が整った段階で「目標容積率」を適用する（法12の五・4，建68の三・1）。
4. 公共施設が適正な規模で配置されている区域では，地域地区で定められた容積率を超えた率を一部指定することができる。この場合には区域の総容積率が，用途地域に定められた率を超えないように，他の一部の容積率を引き下げなければならない（法12の五・5，建築基準法68の三・2,）
5. 容積率及び敷地規模の最低限度が定められ，壁面線が定められている区域では，住宅用の建築の容積率を用途地域で定められた容積率の150％以下の範囲に指定することができる（法12の五・6，建築基準法68の三・3）
6. 自動車専用道路等の整備と併せて，道路の上空または地下を建築物として計画することができる（法12の五・8）

地区整備計画制定の効果は次の通りである。

1. 開発許可制度の対象になる行為の，許可基準になる。許可を要さない規模のものについても届出を義務づけ，計画に違反するものについては勧告することができる（法58の二）
2. 予定道路を指定すると，予定道路を前面道路とみなして，前面道路の幅員による容積率制限を適用できる（建築基準法68の七・5・6）
3. 市町村条例を定めた場合には，建築確認の条件になる（建築基準法68の二）

a. 地区計画策定の先進的な例（神戸市真野地区）

地区計画は，総合的な土地計画に従って公共公益施設の整備を進め，計画に適合する建物の建替えに対する融資，補助のような物づくりを併行して行うことによって，良好な市街地形成を図る目的をもつ制度として活用することができる。

神戸市が制定した条例（図10.5参照）は，上記の目的を市内の各地で推進するために作られたものである。

この趣旨に沿って展開されている神戸市真野地区は，長田区の南東端に位置し，南北700m，東西500m約38haの住工混合地域である。1971年地元の開園式に出席した市長と地元民の懇談会で，地域のことは住民が考え，市の計画と重ね合わせて環境改善が行われることを地元自治会役員が理解した。

1978年自治連合会，婦人会まちづくり構想提案を目的とした「検討会議」を設立，1980年「構想」が提案された。1982年10月に「まちづくり協定」を市と締結，1982年11月地区計画が都市計画決定されるに至っ

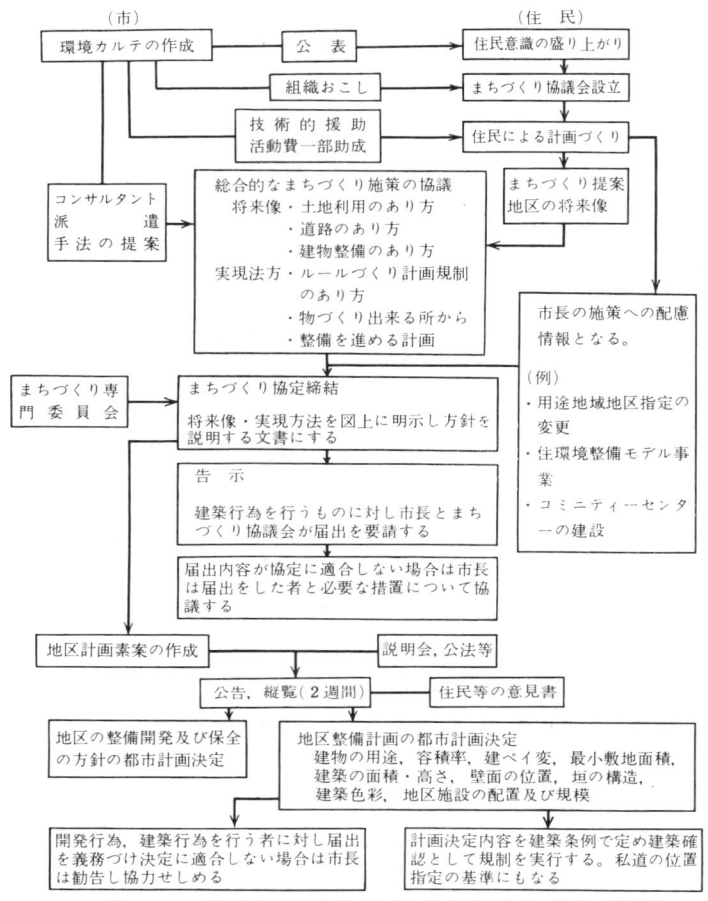

図10・5 「神戸市地区計画,及びまちづくり協定に関する条例」にもとづくまちづくり展開のフローチャート

「構想」の内容は、地区における実践活動の確認事項というべきものである。また「構想」の中には今すぐに実現できないことも含んでいるが、将来に向かって制度の改革などを国や市に働きかける一方、地元の受け入れ体制を整えて実現化しようと呼びかけている。「構想」はまた将来像（土地利用，道路，建物のあり方）を住民全員が理解することによって、「構想」に適合しない建築、例えば将来像の都市利用では工場と住宅を街区単位で分離する目的で「住宅街区」と「工場街区」を指定しているが、「住宅街区」では工場の新、増、改築をひかえ、「工場街区」では新規のマンションなどをひかえる等、互いにいましめ合うことを強調している。同時に住民全員の総意として将来像に沿って当面可能な道路や住宅建設について市の協力、たとえば工場跡地に市営住宅の建設等を要請することなどが挙げられている。

この「構想」に基づく住環境モデル事業が市によって取り上げられ（1981年）、RC 3階建の市営住宅、真野ハイツが1982年7月に完成するなど具体的なまちづくりが行われた。これなどは住民参加のまちづくりの典型例になっている。

10.2.5 開発行為の規制（都市計画法第3章）

地域の環境を守るために開発をコントロールするための規制である。

市街化調整区域では、計画的な市街化が可能な規模と計画内容を満たさない都市的開発は、許可されない（法34、令31）。知事は開発許可をするときには、建ぺい率、建築物の高さ、壁面の位置、建築物の構造・設備を定めることができる（法41）。

市街化区域では、一定の規模以上または都道府県の規則で定めた規模を超える開発行為は許可が必要である（法29）。許可の技術的基準は法33である。この技術基準はあらゆる都市的開発が守らねばならない最低基準である。

3大都市圏の自治体の約4分の3は、法律の裏付けの

ない宅地開発指導要綱を作って開発許可に連動させて運用している。これは，開発許可の技術基準が全国一律的な最低基準で地域の特性の開発条件に反映しがたいことによるものである。

都市計画区域外でも開発規制を行うために，準都市計画区域を指定し（法13・3），また全国的に環境を守るために大規模な開発行為を許可制度にのせることができる（法29・2）。

10.2.6 建築等の規制

都市計画事業（市街地開発事業，都市計画施設）の推進に支障となる建築行為は規制（法52の二〜法57の六）することができる。

都市計画事業に伴う建築規制の他，事業の推進のために区域内の土地の先買い権（法52の三，法57）が付与されている一方，区域内の権利者の立場に立って，買い取り請求権（法52の四，法56），更に損失の補償（法52の五，法57の六）の権利が付与されている。

10.3 都市計画事業

都市計画事業は都市計画施設の整備に関する事業と市街地開発事業とである（法4・15）。

都市計画事業を行うためには法59の規定による認可

表10・4　都市計画事業一覧

分類		事業名	事業の特色	根拠法	適用地域	市街化区域内の対象地区
土地収用事業方式	市街地開発事業	新住宅市街地開発事業	全面買収による宅地の供給	新住宅市街地開発法	人口集中の著しい都市の周辺	新市街地（一住区以上の規模）
		工業団地造成事業	全面買収による工場用敷地の供給	首都圏・(近畿圏)の近郊整備地帯(区域)及び都市開発区域の整備及び開発に関する法律。	近郊整備地帯内の中核となる工業市街地，都市開発区域の工業都市の区域。	新市街地
	都市施設	一団地の住宅施設・官公庁施設	全面買収による団地の造成と建築物の供給	都市計画法		
		流通業務市街地整備事業	全面買収による団地の造成と，流通業務施設用地の供給	流通業務市街地の整備に関する法律	大都市の幹線道路・鉄道等の整備に合致した地区。	新市街地
		公共公益施設（道路，病院等）	全面買収による施設の整備	都市計画法（第11条）		
権利変換事業方式	市街地開発事業	土地区画整理事業	換地による公共施設の整備と宅地の整序	土地区画整理法	都市計画区域内	既成市街地〜新市街地
		特定土地区画整理事業	換地による共同住宅用地・農地・教育施設・公営住宅用地の創設	大都市地域における住宅地等の供給の促進に関する法律	大都市圏地域の既成市街地もしくは近郊整備区域	新市街地で土地区画整理促進区域。
		住宅街区整備事業	換地による一戸建地区・農地・教育施設用地の創出と立体換地による共同住宅の建設	同　　上	大都市圏地域の市街化区域内。	第2種住居専用地域でかつ高度利用地区内で住宅街区整備促進区域指定区域
		第一種市街地再開発事業	土地・建物の権利を変換移動することにより，合理的な土地利用を実現する。	都市再開発法		高度利用地区で非耐火建築が多い等再開発の必要性の高い地区。
複合事業方式		第二種市街地再開発事業	事業完成後の建築と土地の優先譲渡を条件として，一時諸権利を施行者に移して速かに事業を行う。（収用権を有する）	同　　上		仝上のほかに災害のおそれが著しい地区
		新都市基盤整備事業	土地収用によって根幹的公共施設および開発誘導のための敷地を取得し，換地によって残余の土地を含めた区画整理を行う。	新都市基盤整備法	都心から離れた地域で開発の拠点を整備することが望まれる区域。	計画人口5万人をこえる新都市指定区域。

または承認を受けなければならない。この認可または承認を受けると土地収用法第20条による事業の認定とみなされる（法70）。法62の告示を行うと，土地収用法第26条第1項の告示とみなされ，以後土地収用法上の諸効果を発生することとなる。

市街地開発事業（表10.4参照）を行おうとするときは都市計画として定めるとともに都市計画事業として施行する（但し，個人または組合が施行する土地区画整理事業等を除く）。また大規模な宅地開発の適地で放置すれば，計画的な開発に支障を生ずるおそれのある状況の区域に対して，市街地開発事業等予定区域（法12の2）を定めることができる。

市街地開発事業の施行区域または市街地開発事業等予定区域（法12の2）においては，建築物の建築，土地売買について都市計画規制（法53〜57）が働くこととなる。

法65〜74の規定による都市計画制限は，土地収用法上の諸効果をもつ都市計画事業に適用されるものであり，換地方式・権利変換方式で行う都市計画事業については適用されない（法55）。

市街地開発事業は法12・1に列挙されているが，これらの事業については個々に事業法があり，都市計画法を母法として事業上の内容等につき詳細な定めをおいている。

市街地開発事業は公共施設と宅地，あるいは建築物を総合して開発を行うことができるので，都市基本計画の要となるような重要地域を拠点開発するのにふさわしい。新住宅市街地開発法によるニュータウン開発や都市計画施設としての流通業務団地造成事業などは，交通施設整備と共に，都市の骨格形成のための有力な手法として位置づけられる。また都市計画事業でないが土地区画整理組合と市街地再開発組合などの事業を同一地区において同時に進める合併施行は，局地的なまちづくりとして活発に進められるようになってきていることも知っておく必要がある。

10.3.1 新住宅市街地開発事業（多摩ニュータウンの事例）

多摩ニュータウンは，東京の住宅難を緩和し，南多摩丘陵の乱開発を防止するために，東京の西方約25〜40kmの位置に計画された面積3,020ha，計画人口（当初は約30万人）41万人の新都市である。

開発手法は新住宅市街地開発事業2,568ha（以下「新住」と記す），区画整理事業452haであり，「新住」を主体とするいわゆる合併事業である。

「新住」は土地収用を伴うので，計画のもつ公共性と緊急性および区域の適正性の裏づけが必要である。多摩ニュータウンの場合も企画段階（1966年）で公共性と緊急性の検討がなされ次のように報告されている。

1975年に，区部人口は1,140万人になると予想される。一方区部の適正人口は950万人とされているので，東京への人口集中圧力が弱まらないとすれば，三多摩地区でその増加分190万人を背負わなければならぬこととなる。

もともと三多摩地区の増加人口は，1975年までに135万人とされていたので，区部の増加分を追加して負担させると325万人の増加ということになる。

1963年における三多摩全体の人口増加分の20％を南多摩が占めており，また東京都長期計画によると，都内の住宅建設戸数の44％は施策住宅によってまかなうこととされている。この比率をそのまま三多摩地区にあてはめ，かつ南多摩における施策住宅は，重点開発として多摩ニュータウンに集中させることにすれば，325万×0.2×0.44＝28.6万人分の住宅建設団地の開発が必要になる。これが公共性と緊急性の根拠である。

一方，南多摩丘陵約7,600haのうち，多摩川水系にあって早急に宅地造成が可能である区域を選定すると，約3,000haの現ニュータウンの区域が浮かび上がった。この区域に良好な施設水準を備えた住宅市街地を計画した場合，28.6万人の計画人口は適切であるかどうかを土地利用ダイアグラム（図10.6）によって検討すると，住宅用地の面積率が約34％，低密住宅と高密住宅の比がほぼ半々，人口密度は95人/haとなり開発必要面積3,000haは都市計画として区域は適正であると判断された。

「新住」は公的施行者が必要とする区域を，すべて収用によって施行者の所有にして行う事業であるから，大規模な面積であっても工事は単純であり，造成期間を思い通りに定めることが可能であると考えられた。多摩ニュータウンの場合も東京の基幹的供給処理施設計画や鉄道計画等の変更・新増設に合わせて，供給に対応する需要を集中的に発生させることが可能であると考えられたので，広域的施設計画を成立させるための重要な手段として，多摩ニュータウンを東京都の基本計画の中に位置づけられることになった。

さらに多摩ニュータウンのもつ大規模性は，周辺市町村との連絡を強める働きがあると考えられた。すなわち南多摩連合都市地域が形成されることによって，東京都

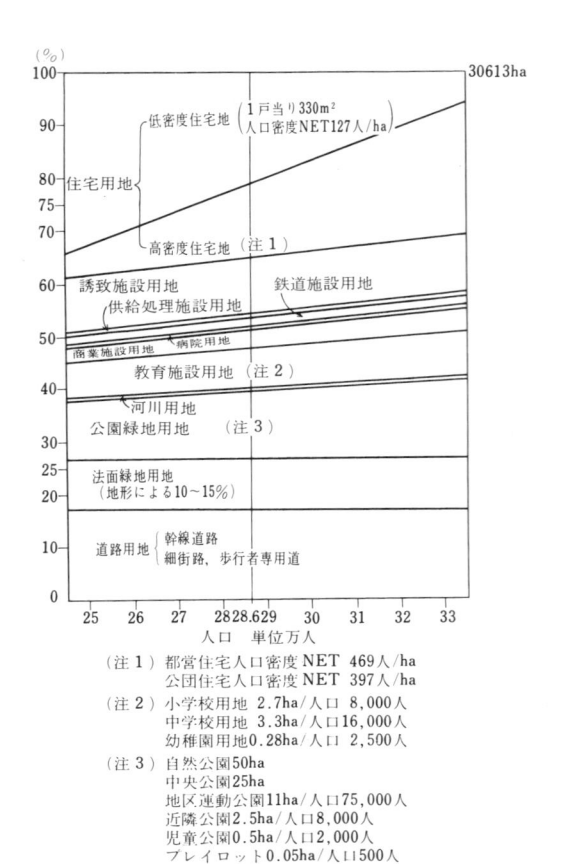

図 10・6　土地利用ダイヤグラムによる検討

(注1) 都営住宅人口密度 NET 469人/ha
　　　公団住宅人口密度 NET 397人/ha
(注2) 小学校用地 2.7ha/人口 8,000人
　　　中学校用地 3.3ha/人口 16,000人
　　　幼稚園用地 0.28ha/人口 2,500人
(注3) 自然公園 50ha
　　　中央公園 25ha
　　　地区運動公園 11ha/人口 75,000人
　　　近隣公園 2.5ha/人口 8,000人
　　　児童公園 0.5ha/人口 2,000人
　　　プレイロット 0.05ha/人口 500人

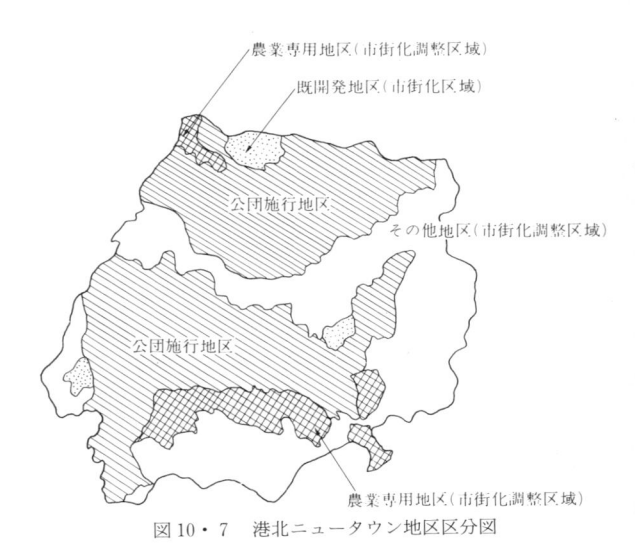

図 10・7　港北ニュータウン地区区分図

心に依存していた南多摩地区の性格を変えることができると期待され，この面からも東京都の基本計画の中に位置づけられるようになるのである。

さらに一方，多摩ニュータウンのように大きな区域を全面買収すると，土地が全く無くなってしまう地元の立場を考慮して「新住」と土地区画整理事業との合併施行が採用されることになった。

多摩ニュータウンの「新住」区域の住宅はほとんど全部が公的住宅であり，店舗，業務施設も限られた一面的な性格のまちになりがちであるが，土地区画整理事業と合併施行することによって，ニュータウンの中に民有地を混合することになる。この民有地における自由な土地利用がニュータウンの単調さを救っている面も見逃すことができない。

10.3.2　土地区画整理事業（港北ニュータウンの事例）

港北ニュータウン（以下 KOH と記す）は，横浜市の中心から北北西へ約 12 km，東京都心から西へ約 25 km あり，横浜市の港北，緑区の両区にまたがった約 2,530 ha の区域である。KOH の開発は横浜市の基本構想によって決定されたものであり，開発の方針は「乱開発の防止」，「都市農業の確立」，「市民参加のまちづくり」を基本理念とすることが定められた。

「乱開発の防止」とは市街化区域に編入するときは，計画的開発が予定されたときだけに認めるという姿勢である。「都市農業の確立」とは市街化の進行の中で近郊農業に向かって努力する農家の農地改良に対し市も積極的に支援するという方針である。「市民参加のまちづくり」とは関係地権者が，市街化を望むか，農業継続を望むかを自ら決定すること，したがって地権者の意志によって，市街化調整区域と市街化区域の境界が定められることになる。

このようにして KOH の地区区分は図 10.7 のように定められた。この図において「公団施行地区」は地権者が所有地の 30 % を公団に先買いさせ，公団も一地権者となった上で土地区画整理事業を行う市街化区域であり，「農業専用地区」は都市農業を支援する市街化調整区域である。この区域は農業団地であると共に，市街化区域側からみれば広大な緑地でもある。

「市民参加のまちづくり」理念によって土地区画整理事業も進められることになった。「参加」のための組織は港北ニュータウン事業対策協議会（その後，推進連絡協議会に改組され，それまで参加していなかった，小規模宅地会の人たちも参加するようになった）である。

協議会には各問題別に専門委員会が設けられているが，さらに深く種々の課題を研究するために研究部会が設置されており，その成果は KOH 事業に反映された。

このような市民参加の具体的成果として「特別な用地」の申し出換地がある（10.2.3.c 参照）。

従来の換地の仕方では換地は従前地の付近に指定されることが通例で，飛び離れた位置に換地されることはほとんどなかった。つまり現位置換地主義を前提として，土地利用計画を立案するとセンター地区のような将来性のある用地への換地は，従前地がたまたま計画案のセンター付近にあった人たちに偏ってしまう。

　このような不公平を起こしやすい現位置換地主義を改めて，申し出によって換地を定める方針がとられることになったのは，住民参加の成果である。

　申し出換地主義を採用することによって，換地に対する不平が解消するので，土地利用計画は自由に行うことができるようになった。例えば，工場経営を継続したい権利者の換地と住居専用の区域を分離して，また低層住宅地と中高層住宅地の区域を分離して計画するなど，用途混在から起こるさまざまな問題を，あらかじめ避ける計画が立案された。また新設される高速鉄道の駅の位置も合理的に定めることができた。

　土地利用計画についても KOH では各種の工夫が行われている。

　新住宅市街地開発では，施行区域のすべてが施行者の所有地であるため，公園，緑地，植栽地が十分かつ自由に計画できるのに対して，土地区画整理事業では，公園，緑地は道路などと共に，権利者の減歩によって生み出されるため，十分なオープンスペースを確保することが困難であるとされている。そこで KOH では公共用地のみに頼らない緑地空間づくりが工夫されている。例えば，従来の土地区画整理事業の道路が自動車優先型であったのを改め，自動車があまり進入しない区画街路（いわゆるボンエルフ）を計画した。これによって道路をオープンスペースの機能空間を変えることに成功している。またボンエルフ道路の沿道に神社や寺，保全された農家と屋敷林を電置し民間緑地を創造した。土地区画整理事業手法には，まだまだ工夫の余地があることを KOH からくみ取ることができる。

10.3.3　市街地再開発事業
a．事業の仕組み

　市街地再開発事業とは，市街地の土地の合理的で健全な高度利用と都市機能の更新を計画的にはかるための，建築物，敷地および公共施設の整備を行う事業である。

　市街地再開発事業には権利変換方式（第一種事業）と用地買収方式（第二種事業）の2種類の事業方式がある。権利変換とは法定の権利変換計画に基づいて土地および建物に関する権利を新しく建設される建物とその敷地に関する権利に変換することで，変換方法は，従前の権利を価額に評価し，それを新しい建物の床と敷地に関する権利に等価交換するものである。これは再開発の事業方式としてはわが国独特の仕組みである。図10.8 はその権利変換の仕組みをごく簡単に模式化し図解したものであるが，権利変換には原則型（地上権設定方式）と特則型（地上権を設定しない方式で地権者の全員同意を要する）がある。原則型であれば，従前の土地所有者 A_1 は，再開発後，土地の底地権（土地を他人に貸した場合に，その所有者が保有する土地に対する権利）と建物の権利床部分（従前資産の価額に対応して取得する再開発ビルの床）およびそれに対応する地上権（他人の所有地を借りて，そこを使う権利で，物権の一種である）（共有持分）を所有することになる。

　第二種事業は，地方公共団体，公団等に事業施行者が限定されるが，施行者に収用権が与えられている。

　市街地再開発事業は，事業の公共的性格から施行者は限定されており，市街地再開発組合（施行区域内の権利者と参加組合員による），地方公共団体，公団・公社および個人であるが，これらの中で個人施行者は，民間再開発の促進を狙いとした制度で1975年から創設された。

　市街地再開発事業の施行対象となり得る市街地は，現状が不健全で非効率的利用に放置されており，なおかつ都市計画で一定の区域指定や都市施設の計画決定をされている場合である。例えば，前者については，耐火建築物の建築面積が全体の既存建物の1/3以下であることや，十分な公共施設がなく土地の利用が細分化されていることなどが具体的要件であり，後者については，高度利用地区の指定や市街地再開発促進区域（第一種事業の場合），あるいは駅前広場で公園，緑地，避難広場などの重要な公共施設の整備を伴う場合（第二種事業）などである。

　第一種事業の資金は，基本的には，再開発による土地の高度利用により建設された建物の床のうち，権利変換により権利者に与えられる権利床以外の余剰の床（保留床）を売却することによって生み出されるが，通常公共施設の整備や調査・設計・計画等の費用には国および地方公共団体から施行者に補助金が支払われる。また，事業に関して各種の税制上の優遇措置や融資制度が講じられている。保留床処分金は再開発ビルの完成後に得られるので，その間の資金には公的融資制度も利用できるが，あらかじめ保留床取得予定者を参加組合員として組合に

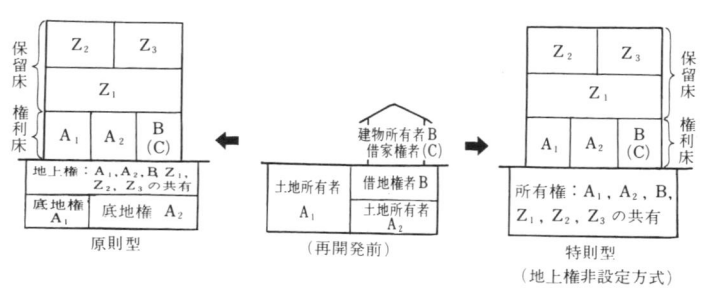

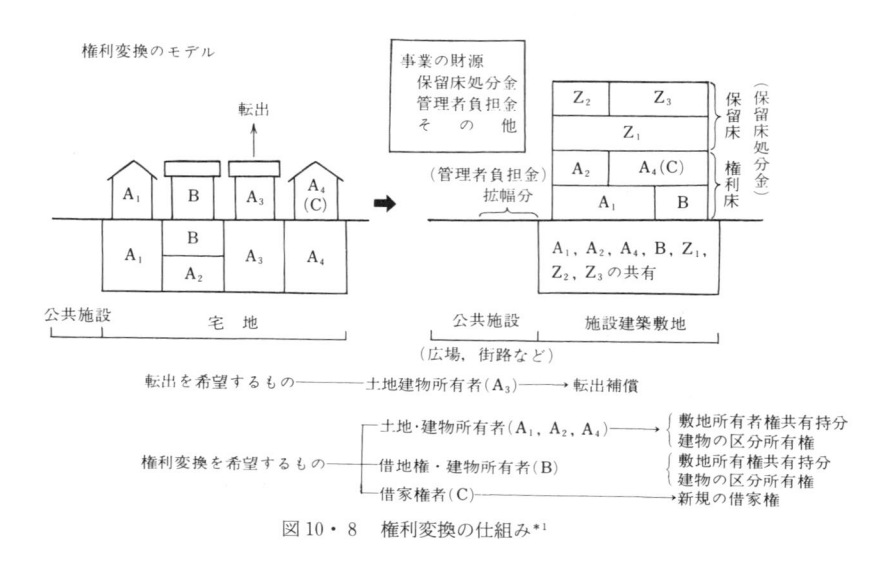

図10・8 権利変換の仕組み[*1]

加入してもらい，適宜保留床処分金に見合う負担金の支払いを得る参加組合員制度や，特定建築者として保留床のみからなる独立した施設建築物を建築させる方法（特定建築者制度）もある。

これまで事業の実績は図10.9に見るように，大体年間10地区程度の新規地区の都市計画決定がある。これらは第一種事業がほとんどで第二種事業は少ない。駅前広場整備を含む，公共団体施行の事業でも，第二種の収用型の事業よりも第一種の権利変換方式が用いられている。これは用地買収方式よりも権利変換方式の方が地権者との合意が得られやすいためであろう。

第二種事業の代表例には，東京都の防災拠点構想に基づく白鬚東地区（墨田区）（図10.10）や亀戸・大島・小松川地区（江東区），大阪市の阿部野地区がある。また，第一種事業の代表例としては，本町康生地区（愛知県岡崎市），江戸川橋地区（東京都文京区），上六地区（大阪市）（図10.11）などがある。

b．事業化のプロセス

市街地再開発事業の一般的なプロセスは，法手続で規定される部分とそうでない部分で成り立っている。手続き面での事業のプロセスの概略は図10.12に示されるもので，第一種事業と第二種事業は，促進区域に関する都市計画の有無，権利変換計画と管理処分計画の違いはあるが，手順としては大体対応している。次に，実際的な事業化のプロセスについて，ここでは第一種事業の組合

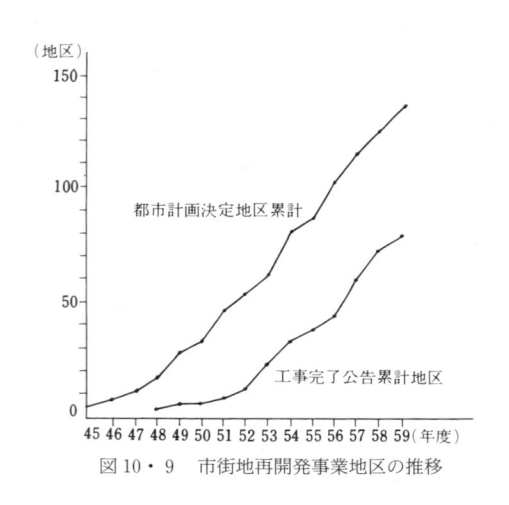

図10・9 市街地再開発事業地区の推移

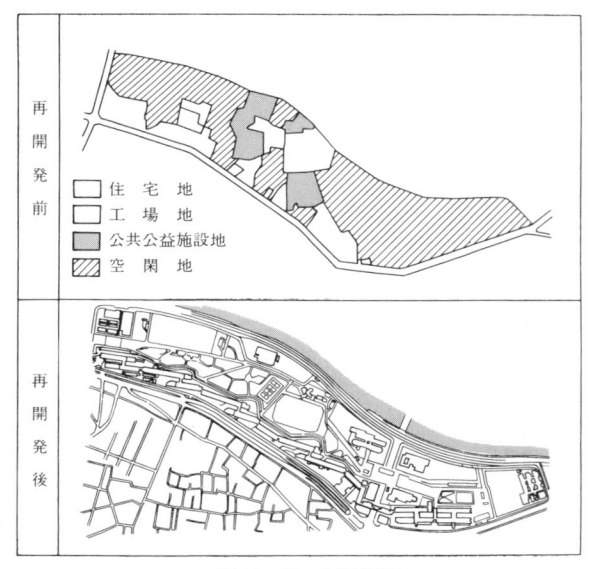

再開発前	
	住　宅　地
	工　場　地
	公共公益施設地
	空　閑　地

図10・10　白鬚東地区

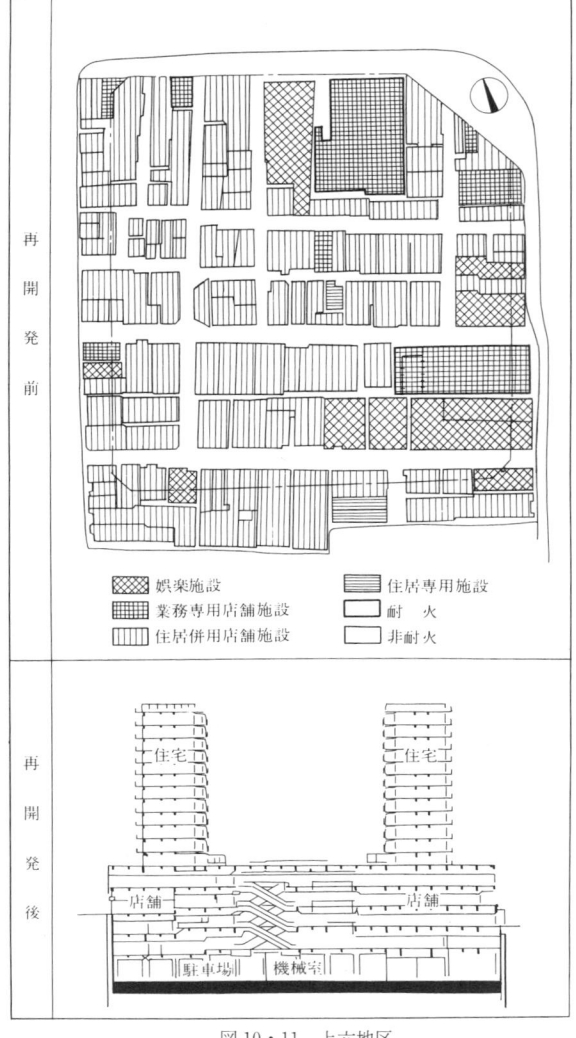

再開発前	
	娯楽施設
	業務専用店舗施設
	住居併用店舗施設
	住居専用施設
	耐　火
	非耐火

図10・11　上六地区

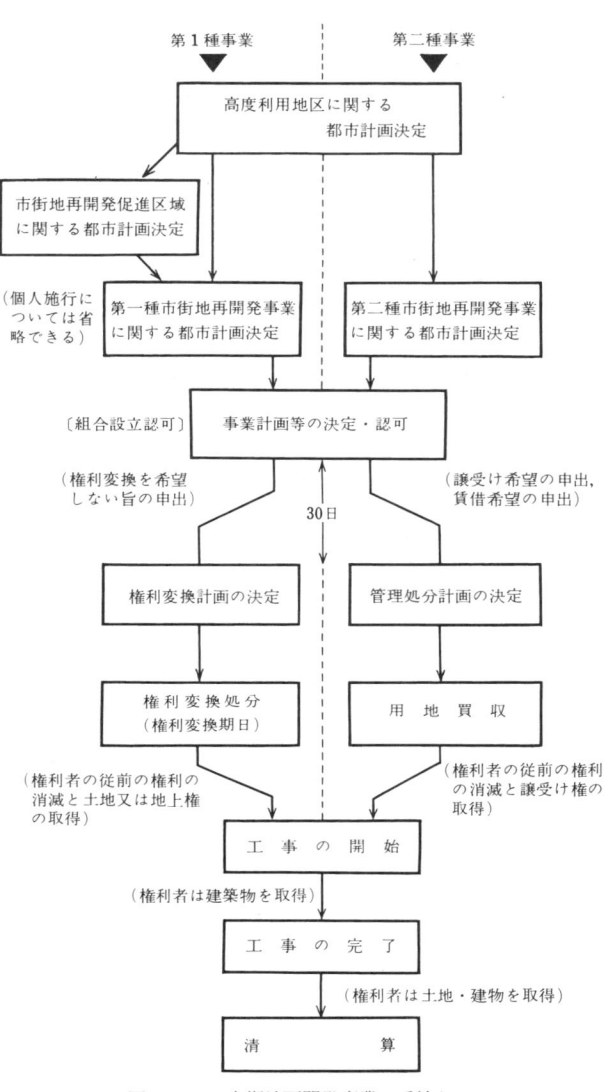

図10・12　市街地再開発事業の手続き

施行の場合について概観してみよう（図10.13）。

　事業化の初動期においては，住民・地権者側の合意形成と組織づくりのために，さまざまな活動が行われる。準備組合の発起人活動，研究会や各地の事例の視察，準備組合づくりから本組合（市街地再開発組合）の組織化によって事業化の成否はほとんど決まるといって良い。この間の時間が大半であり，長い場合には十年近くかかるケースもある。

　この間において，行政サイドでは，各種調査（現況実態や住民・地権者の意向）や構想計画の策定，基本計画の策定，計画についての地元指導が行われる。

　組合設立認可は，事業計画の認可をも併せて行われ，認可後直ちに権利変換計画の作成，認可および権利変換

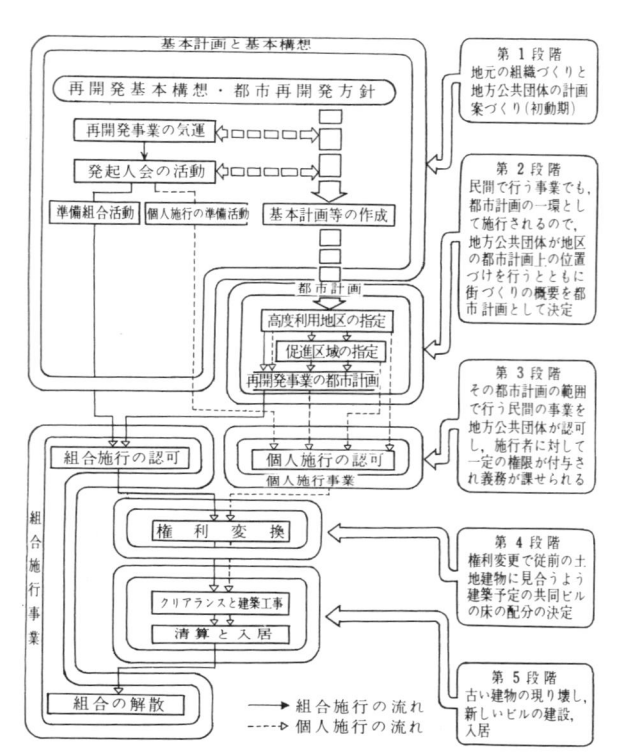

図10・13 市街地再開発事業（組合・個人施行の場合）の一般的事業過程

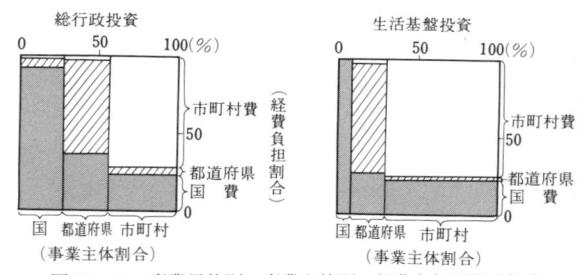

図10・14 事業目的別・事業主体別・経費負担別行政投資

を経て工事着工し，工事完了後事業の清算を経て組合の解散が行われる。市街地再開発事業は事業終了後も，一般に地権者，参加組合員による共同ビルが残るので，管理運営を法人化するようなかたちで行っている場合が多い。

10.4 都市計画事業の財源

10.4.1 事業主体と負担主体

都市計画法によれば，都市計画事業とは，「都市計画施設」の整備に関する事業および「市街地開発事業」をいう（法4・14）が，その事業主体の中心は市町村で，都道府県知事の認可を受けて施行することとなっている。しかし，市町村が施行することが困難または不適当な場合その他特別な事情がある場合には都道府県が，国の利害に重大な関係を有する場合には国が，それぞれ建設大臣の認可，承認を受けて都市計画事業を施行することができる。さらに国の機関，都道府県および市町村以外の者も，事業の施行に関して行政機関の免除，許可，認可等を得ているとき，都道府県知事の認可を受けて都市計画事業を施行することができる（法59）。

このように，都市計画事業は「公共事業」ないしは「公共的事業」の性格を持ち，市町村を中心とした公共的性格の事業主体が施行することになっている。

一方，都市計画事業にかかわる事業費は，事業の実施主体のみで全額を負担することは極めてまれで，一般的には事業主体および他の関係する主体とが一定の割合で共同負担するのが通例であり，その負担主体は国・地方公共団体・公団等・受益者の四者に集約される。

都市計画法の規定に基づく都市計画事業の実施主体および負担主体が現実にどの程度の事業を実施し，負担しているかといったデータは，必ずしも整備されていないが，都市計画事業を含むわが国の政府および政府企業の投資を行政投資としてとらえたデータによって事業主体別，負担主体別事業量と負担状況の概要をみることができる。

図10・14[3]は，総行政投資を事業主体別，経費負担別に整理したものであるが，国（ただし公団等については国に含めている）は全体の28.2％の事業を実施し，その財源の92.4％を国費で，残り7.6％を地方公共団体の経費で負担充当している。また，都道府県は，全体の30.7％の事業を実施しているものの，その経費負担では都道府県が62.0％，国が35.5％，市町村が2.5％となっている。一方，市町村は，全体の41.1％の事業を実施しているが，経費負担では市町村費74.2％，国費22.1％，都道府県費3.7％の構成となっている。

次に，行政投資のうち，都市計画事業と密接な関係を持つと思われる生活基盤投資（市町村道，街路，都市計画，住宅，環境衛生，文教施設，上下水道，厚生福祉，病院等の各投資）を，同様に事業主体別，経費負担別に見ると，国が事業主体となった事業はわずか8.4％であるが，経費負担ではその99.9％を国が，残り0.1％を地方公共団体が負担している。それに対し，市町村が事業主体となった事業は69.7％と高く，そのうち76.3％を市町村が，21.7％を国が，2.0％を都道府県が負担している。また，都道府県が事業主体となった事業は21.8％

で，その経費内訳は都道府県が70.8％，国が26.4％，市町村が2.7％となっている。こうした傾向はここ数年来大きな変化はない。

このように，公共的な事業の事業主体が単独で事業費を全額負担することは極めてまれで，国の事業にあっては，その一部を地方公共団体が，地方公共団体の事業にあっては，その一定割合を国が負担する構造となっている。もちろん，こうした負担構造は，個別事業や事業内の事業種目ごとに見ると必ずしも一定ではなく，かなりバラエティに富んだ負担構造を呈していることはいうまでもない。

10.4.2 各主体の事業費の財源

都市計画事業を含めたいわゆる公共的な事業の事業主体と負担主体の関係を簡単に整理してきたが，次に各事業主体の具体的な財源としてどのようなものがあるか，国，地方公共団体のそれぞれについて整理してみよう。

a．国

一般に，国の公共投資関係の負担やその財源調達の状況は，一般会計に集約して示されていると見られるため，一般会計投資部門の歳入内容を見れば公共投資の負担の財源は明確となる。それによると，財源としては公債金と揮発油税収入等のいわゆる特定財源の二つが中心で，地方公共団体負担金等のその他の収入が若干ある程度である。

1) **公債** 一般会計投資部門の歳入に占める公債金はおよそ8割前後を占め，国の投資の多くはいわば借金でまかなわれている。

国の財政運営の基本を定めている財政法第4条によれば「国の歳出は，公債又は借入金以外の歳入を以てその財源としなければならない。ただし，公共事業費，出資金及び貸付金の財源については，国会の議決を経た金額の範囲内で公債を発行しまたは借入金をなすことができる」と規定しており，この公債金を通常「建設国債の原則」と呼んでいる。戦後しばらく公債不発行の方針がとられてきたが，昭和40年代に入って財源不足や社会資本整備に対する強いニーズを背景に，1966年から本格的な建設国債が活用されてきたが（図10.15参照），今日にあっては，財政再建の問題ともからみ，その活用のあり方をめぐってさまざまな論議を呼んでいる。

2) **特定財源** 特定財源とは，文字通り特定の歳入をもって特定の歳出に充当する財源で，一般会計投資部門の歳入に占めるその割合は2割前後である。現在公共

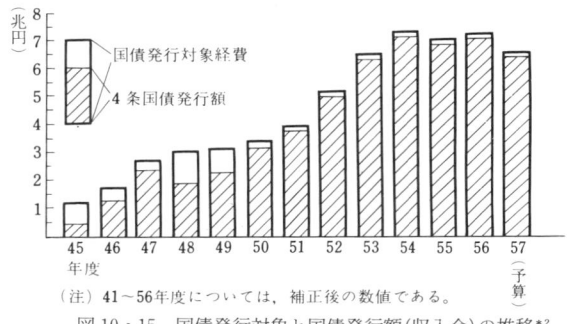

図10・15 国債発行対象と国債発行額（収入金）の推移*2

（注）41～56年度については，補正後の数値である。

表10・5 道路特定財源の状況 （単位：億円，％）

年　　　　度	57	58
道 路 国 費 (A)	18,992	19,022
特 定 財 源 (B)	16,813	17,301
揮 発 油 税	16,240	16,530
石 油 ガ ス 税	160	150
決 算 調 整	413	621
自動車重量税 (C)	2,117	1,632
純 一 般 財 源	0	0
前年度剰余金等	63	89
(B)/(A)	88.5	91.6
(B＋C)/(A)	99.7	99.5

建設省計画局監修：昭和61年版建設統計要覧より作成。

投資関連では，道路財源としての揮発油税等の収入と空港整備財源としての航空機燃料税の収入の二つがある。前者について少し細かく見ると，1954年の「道路整備緊急措置法」により，道路整備5箇年計画の期間中は，揮発油税収入の全額を，石油ガス税収入の1/2相当額を道路整備財源に充当するとされている。また，形式上は一般財源であるが，自動車重量税の国分(3/4)の8割相当額を道路整備財源に充当することになっているため，これも特定財源と一般には見なされている。

表10.5は，道路特定財源の状況を示したものであるが，道路投資に占める特定財源が極めて大きく，ほぼ全面的にそれに依存していることが理解される。

b．地方公共団体

地方公共団体が事業主体となる都市計画事業やその他の公共事業は，公営・準公営企業会計分があるものの，その多くは一般会計の「普通建設事業費」の内容を見れば財源等が把握できる。

表10.6は，普通建設事業費の財源内訳であるが，この表からも地方公共団体の投資の財源は国庫支出金，地方債，一般財源の三つでほぼ構成されていることが理解される。そこで，これら三つの財源と国の場合と比較して割合が低い特定財源について簡単に説明を加えることに

表10・6　普通建設事業費財源内訳

区　　　分	1983年度					1982年度	
	都道府県		市町村		総計額		総計額
国庫支出金	2,903,163	38.4	1,464,834	18.4	4,368,084	29.8	4,453,887	29.9
分担金,負担金,寄附金	314,798	4.2	153,043	1.9	307,316	2.1	331,386	2.2
財産収入	27,892	0.4	76,943	1.0	104,835	0.7	96,394	0.6
地方債	2,200,788	29.1	2,585,135	32.4	4,692,614	32.1	4,344,105	29.2
その他特定財源	252,940	3.2	1,170,535	14.6	705,602	4.8	725,474	5.0
一般財源等	1,866,088	24.7	2,527,559	31.7	4,461,300	30.5	4,932,112	33.1
合計	7,565,669	100.0	7,978,049	100.0	14,639,751	100.0	14,883,358	100.0

昭和60年版地方財政白書より

表10・7　国有補助・負担率

事　業	補助率
地方道・市町村道（改良）	6/10
〃　　〃　　（補修）	1/2
都市計画道路（改良）	一種6/10、二種1/2
市街地再開発事業	6/10
公共団体等土地区画整理事業	6/10
都市公園（施設）	1/2
〃　　（用地）	1/3
公共下水道（管渠等）	5.5/10
〃　　（終末処理場）	6/10
都市下水路	4/10
浄水場排水処理施設	1/4
ごみ処理施設	1/4
小・中学校校舎	1/2
幼稚園	1/3
保育所	1/2
養護老人ホーム	2/4
老人福祉センター	1/3
病院施設	1/3
公営住宅（第一種）	1/2
〃　　（第二種）	2/3

横田光雄編著：公共施設財源便覧、ぎょうせい、1984より作成。

図10・16　地方債資金の分類

する。

1) **国庫支出金**　国庫支出金とは、国が地方公共団体に対して、その行政を行うために要する経費の財源に充てるため、負担金、補助金、交付金、補給金、委託金等の名称によって支出するが、それらを総称したものである。普通建設事業費の財源の一つであるこの国庫支出金は、「地方財政法」でみれば、第10条の2の「地方公共団体または地方公共団体の機関が国民経済に適合するように総合的に樹立された計画に従って実施しなければならない法律または政令で定める土木その他の建設事業に要する経費」について、国がその全部または一部を負担する、いわゆる建設事業国庫負担金にほぼ該当し、実務上補助金と称されているものである。

具体的な国の補助・負担率は、個別事業法によって事業種目ごとに定められているが、財政力、地域の特殊性、国の重点施策等によって、その率を引き上げる特例措置がかなり広範にとられている。

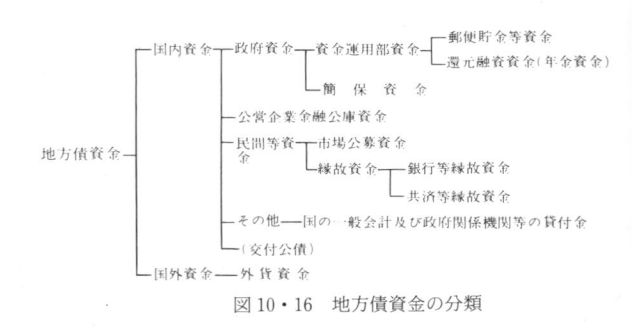

表10.7は、一般的な補助・負担率の例であるが、補助・負担率の差は、おおむね国の施策としての重要度、事業規模の大小、事業効果の影響範囲、機能面からみた優先度[4]等によって経験的に生じてきたものと見られる。

なお、個別事業の補助・負担額は基本的には補助基準面積に補助基準単価を乗じた補助基本額に、補助・負担率を乗じて算定されるが、図書館・公民館等のように一定基準に対して一定額の補助金が交付される定額補助事業もある。

2) **地方債**　地方財政法第5条によれば、公共施設、公用施設の建設事業費等の5種類の経費に対して、地方債をもってその財源とすることができるとされているが、この地方債の役割は第一に、大規模な事業を行う等、臨時的に多額の資金が必要になった時の財源調達手段であり、第二には、公共施設の建設による便益は現在時点の人々だけでなく、将来時点の人々まで及ぶため、世代間の負担の公平を実現するためのものである。しかし、地方債の活用は、当然のことながら後年度負担を伴うため、将来における財政を圧迫する恐れがあり、その活用にあたってはさまざまな制約がある。

---

4)　中島富雄編：公共投資その理論と実際、ぎょうせい、1982

許可される地方債の資金は，図10.16に示される通りであるが，政府資金と民間等資金がその中心である。また，表10.8に示すように地方債は利率，償還期限，据置期限等の発行条件が資金によってそれぞれ異なっており，条件によって後年度の返済金である公債費額が決定される。

なお，普通建設事業費の財源としての地方債額は，ほぼ事業費の地方負担額に起債充当率を乗じて求めることができる。この起債充当率は，事業ごとに毎年度詳細に定められるものであるが，最近の充当率の大要は表10.9の通りである。

3) **一般財源** 一般財源の源泉は，地方税等による地方公共団体固有の収入と地方交付税がその中心である。しかし，いずれの税もその使途は自由度が高く，多くは地方公共団体の経常的経費に充当されるため，普通建設事業への一般財源の充当には限度がある。今日，税収増や経常的経費の削減が叫ばれているのは，財政力の強化や財政運営の合理化といった大きな目標だけでなく，投資的経費充当一般財源が伸び悩み，それがまた投資的経費の拡大にブレーキをかける恐れを回避するためでもある。

4) **特定財源** 普通建設事業の財源の一つとして国と同様に特定財源があるが，種類の多さに比してその割合は極めて小さい。具体的には，表10.9に示すように，大きくは各種譲与税と各種目的税とがあり，道路整備を中心とした使途が決められた特定財源である。前者の譲与税は国が徴収した税収の全部または一定割合を特定の使途に充当するために地方公共団体に譲与されるもので，後者は，応益的負担の原則にならって，税法等に使途が明記された文字通りの目的税である。

表10・9 地方公共団体の特定財源制度

〔譲与税関係〕

名称	譲与対象	譲与額	使途
地方道路譲与税	県・市町村	地方道路税収入の金額	道路整備
石油ガス譲与税	県・指定市	石油ガス税収入の1/2	道路整備
自動車重量譲与税	市町村	自動車重量税収入の1/4	道路整備
航空機燃料譲与税	県・市町村	航空機燃料税収入の2/5	空港関連対策
交通違反反則金	県・市町村	反則金収入の金額	交通安全施設

〔目的税関係〕

名称	課税主体	使途
軽油引取税	県	道路整備(市町村への配分を含む)
自動車取得税	県	道路整備(市町村への配分を含む)
事業所税	市町村	都区環境の整備改善
都市計画税	市町村	都市計画事業，区画整理事業
水利地益税	市町村	都市計画事業，土地・山林関連事業，水利に関する事業
共同施設税	市町村	汚物処理施設
宅地開発税	市町村	宅地開発に伴い必要となる道路等の公共施設

「地方財政法」より作成

以上，都市計画事業を含む一般的な公共事業の事業主体である国と地方公共団体の基本的かつ一般的な投資関連財源について概説してきたが，現実の個別事業でみれば上述の基本的な財源を基本としながらも，それが直轄事業，補助事業，単独事業かによって財源構成が変わったり，さまざまな特例措置の導入によって財源構成が変化したり，極めて多様である。また事業によっては，いわゆる「受益者負担の原則」が採用され，受益に応じた関連主体(サービスの購入者，利用者等)に応分の負担を求め，それを財源の一部に充てる場合も少なくない。

表10・8 地方債発行条件

資金	利率	償還期限
政府資金	7.3%	5年以内〜30年以内
公営企業金融公庫資金	7.4%(上下水道，工業用水道，一般交通，市場，都市高速，電気，ガス，臨時三事業)	5年以内〜28年以内
	7.45%(公営住宅，産業廃棄物)	
	8.2%(その他の事業)	
	7.7%(借換)	
市場公募資金(応募者利回り)	7.868%	10年(満期借換あり)
地方公務員共済組合資金	7.3%(義務運用分)	5年以内〜30年以内
	7.5%(任意運用分)	
銀行等縁故資金	借りる側と貸す側の協議による	概ね10年〜15年(一部満期借換あり)

地方債制度研究会編：地方債，財団法人地方財務協会，1983年より作成。

表10・10 事業別起債充当率

事 業 名		起 債 充 当 率
一 般 公 共 事 業（補助事業分）		75%
〃 （直轄事業分）		75%
公 営 住 宅 建 設 事 業		85%
災害復旧事業（公共土木施設等）	（原則）	100%
義 務 教 育 施 設 整 備 事 業	建物	75%
	用地	90%
廃 棄 物 処 理 事 業		100%
一 般 単 独 事 業	（原則）県指定市	70%
	市町村	75%
公 営 企 業 債		100%

「地方債」1983年より作成

こうした財源および財源構成の多様化は，事業に伴う受益と負担の帰属をどのような基準によって決定するかといった問題に深くかかわるばかりでなく，税財政制度，金融制度，国や地方の諸政策とその優先度等と密接な関連を持っている。

国や地方の財政が必ずしも豊かでなく，しかも国づくり，まちづくりの社会的要請がますます強くなっている今日にあって，事業資金の財源を今後どのように確保していくか，また，その際の判断基準をどこに求めていくのか大きな課題である。

10.5 都市計画決定手続

都市計画の決定者は，市町村，都道府県知事（以後知事と記す），国土交通大臣（以後大臣と記す）で，それぞれの決定権限は表10.11の通りである。

都市計画は市町村が作成することを基本にしている。

知事にゆだねられる権限は，第1に国の機関たる知事が国土利用的視点にたって定めることが適当と考えられるもので表10．11②d，eがこれにあたる。第2は都市の広域性をふまえて立てられる基本計画に対応するもので，表10．11の②a，c，d，eがこれに当たる。

図10．17は市町村が決定する都市計画の手続の流れを示すものである。

この図で注視すべきことは，法15・3，法16，法17，法20・2で示される住民参加の考え方である。

住民参加は市民の代表である市町村議員を通して反映される間接参加の方法（法15・3）と直接意見を反映させる方法（法16，法17）とがある。

公聴会は都市の基本計画を策定するときに行われる。民意の反映を補完するためには公共団体はアンケート調査，対話集会，陳情受付などを行うようになってきている。縦覧は法決定するときに行われる。民意を反映するために，都市計画決定の理由に対して意見を提出することができる。提出された意見は都市計画審議会にかけたうえで決定される（法18・2）。

表10・11 都市計画を定める者の一覧表

① 市町村が定める都市計画（法15）
 ②・③以外の一切の都市計画
② 都道府県知事が定める都市計画（法15）
 a．都市計画区域の整備開発保全の方針
 b．都市再開発の方針
 c．市街化区域・市街化調整区域
 d．臨港地区・歴史的風土特別保存地区
  明日香村第1・2種歴史的風土特別保存地区
  緑地保全地区・流通業務地区
 e．広域的観点からする地域地区（令9）
  （i）大規模な風致地区 （ii）大都市圏関係法適用地域の都市計画区域の地域地区 （iii）新産業都市・工業整備特別地域の地域地区 （iv）東京都・県庁所在の市・人口25万人以上の市の地域地区 （v）国立・国定公園の集団施設地区の地域地区
 f．根幹的都市施設（令9・2）
 g．市街地開発事業（20ha未満の土地区画整理事業を除く）全予定区域
③ 国土交通大臣が定める都市計画（法22）
 2以上の都道府県にまたがる都市計画区域に関わるもので②に定義された計画

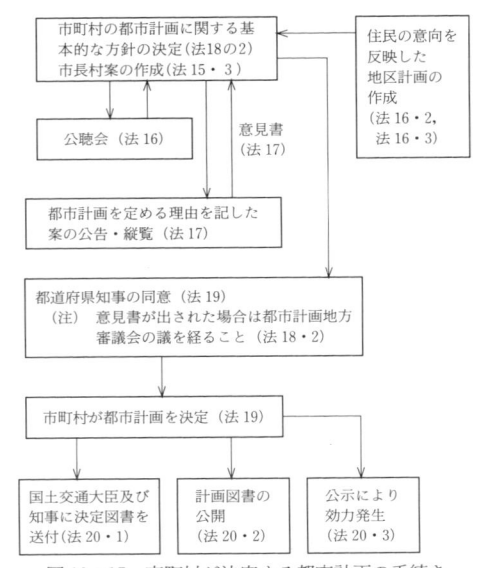

市町村の都市計画に関する基本的な方針の決定（法18の2）
市長村案の作成（法15・3）
　↓
公聴会（法16）　　意見書（法17）
　↓
都市計画を定める理由を記した案の公告・縦覧（法17）
　↓
都道府県知事の同意（法19）
（注）意見書が出された場合は都市計画地方審議会の議を経ること（法18・2）
　↓
市町村が都市計画を決定（法19）
　↓
国土交通大臣及び知事に決定図書を送付（法20・1）　計画図書の公開（法20・2）　公示により効力発生（法20・3）

住民の意向を反映した地区計画の作成（法16・2，法16・3）

図10・17 市町村が決定する都市計画の手続き

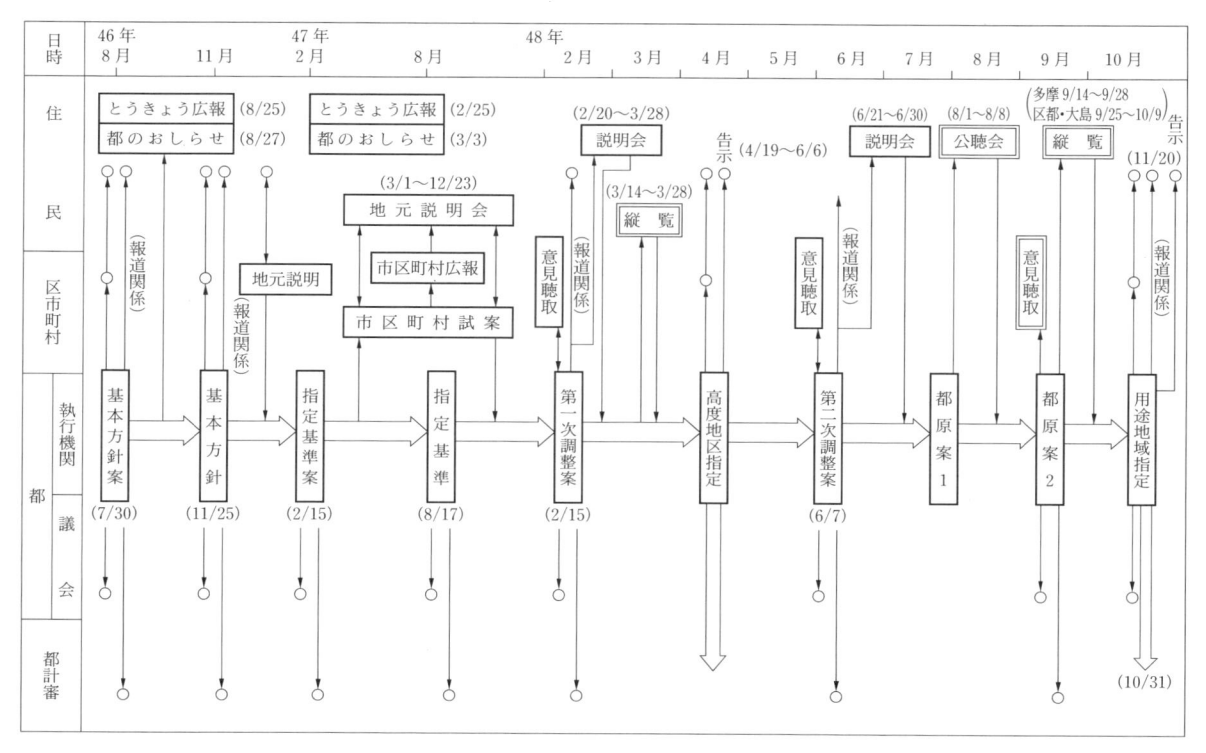

図10・18 地域地区改正作業スケジュール

用途地域指定手続の実際

1969年6月新しい都市計画法が施行され，東京都では法7に基づく市街化区域，市街化調整区域を1970年12月に決定した。一方，建築基準法が1970年6月に大改正されたのを受け，用途地域指定の作業を，約2年半かけて1973年11月，都の用途地域は決められた。

用途地域指定の要は，基本方針・指定基準をどう策し，どのような論理で住民に説明するかである。

基本方針について，都は1971年7月30日基本方針として東京改造への一つの足がかりとして用途地域決定を積極的に活用することとし，都心，山手，下町，城東，城西，城南，城北，多摩近郊，多摩遠郊，島しょ地区別に，土地利用計画に基づく用途地域指定の考え方を発表した。これに対し，区市町村から，①現行容積率を低下させないこと，②工業専用地域は埋立て地の一部に限ること，③防火地域の指定には補助制度を考えること，④住宅地の日照確保を留意すること等の意見書が出された。これらの意見を参考として，1971年11月25日都議会，都市計画審議会を経て基本方針は決定された。

1972年8月17日都市計画審議会の議を経て決定された指定基準は，用途地域別に指察定すべき地区として，①第1種住居専用地域（以下「1.住」と記す）は，現況一戸建地区，面的整備予定地区，②第2種住居専用地域（以下「2.住」と記す）は，環状6号および荒川放水路に囲まれた内側の住宅適地，「1.住」内の幹線道路沿線，③住居地域は，商業地域，準工業地域，工業地域内で住環境保護すべき地区および「1.住」「2.住」内幹線道路沿線，④近隣商業地域は乗車人員の少ない鉄道駅周辺等，⑤商業地域は都心，副都心，盛り場，乗降人員の多い鉄道駅周辺等，⑥準工業地域は住，商，工の混在地区，⑦工業地域は大規模工場集中地区等，⑧工業専用地域は，工場集積地区で住宅を禁止する必要のある地区とされた。

決定された指定基準に基づいて，各区市町村は指定案を独自に作成し，地元説明会とそれぞれの審議会の議を経た試案が1973年2月に各市区町村1か所ずつ地元説明会を，同年3月に高度地区の縦覧を行い，ついに第二次調整案作成後同年6月下旬に地元説明会，同年8月公聴会，区市町村との意見調整を経て最終が作成され，同年10月31日決定されることとなった。

11 都市計画と国土の利用

都市の総合的な計画を策定しようとする際には，広く地域や国土のなかでの都市の展望をもつとともに，地域の広がりに応じた各種の計画制度のなかで，都市計画のもつ意義や役割を認識する必要がある。

わが国では1919（大正8）年都市計画法制定の後，さらに地方計画，国土計画などが必要であるとされていたが，第二次大戦後の1950（昭和25）年からようやく国土総合開発法などの制度が設けられ，その後各種の地域開発制度の整備が進められた。特に1974（昭和49）年の国土利用計画法の制定により，都市地域を含む国土利用に関する計画行政制度の体系が整えられて今日にいたっている。

本章は，国土利用計画，国土総合開発計画をはじめとする現行の地域開発計画の制度を説明し，都市計画をめぐる諸計画の体系の理解に資することをねらいとしている。

11.1 国土の成立ちと国土利用

11.1.1 国土の成立ち

日本の国土は北太平洋の西端，アジア大陸の東縁に位置し，日本海を隔てて，大陸とほぼ平行に連なる弧状列島から成っている。この日本列島は，北海道・本州・四国・九州の四大島をはじめとする大小4,000の島々から成り，その総面積は約38万 km^2 である。1990（平成2）年現在，約1億2,360万の人々が生活している。

地形は起伏に富み山地（火山帯，丘陵地を含む）は国土面積の75％を占めるが，谷によって細かく刻まれ，急峻かつ小規模な山塊に分かれている。複雑な分水嶺によって数多くの流域に分割され，主要な河川を基準としてみても，約230の流域がある。

平地は国土面積の25％であり，山間部の盆地や海岸部の沖積平野を形成している。利用の比較的容易な低地，台地，丘陵地の面積は約13万 km^2，傾斜度8度以下の面積は約12万 km^2，高度100m以下の面積は約10万 km^2 で国土面積の30〜35％に過ぎない。都市のほとんどすべてがここに立地し，人口の大部分がここに定住している。

入江，岬，小島など変化に富んだ海岸線は約3.3万kmに及び，この海岸線に沿う水深50m以下の浅海域の面積は8万 km^2 に達する。さらに海岸線から200海里の海域面積は国土面積の10倍を超える。

日本列島は北緯20度から45度にかけて，南北3,000kmの広い範囲にわたるため，気候の差が著しい。国土の大部分は温帯気候に属するが，琉球諸島，小笠原諸島な

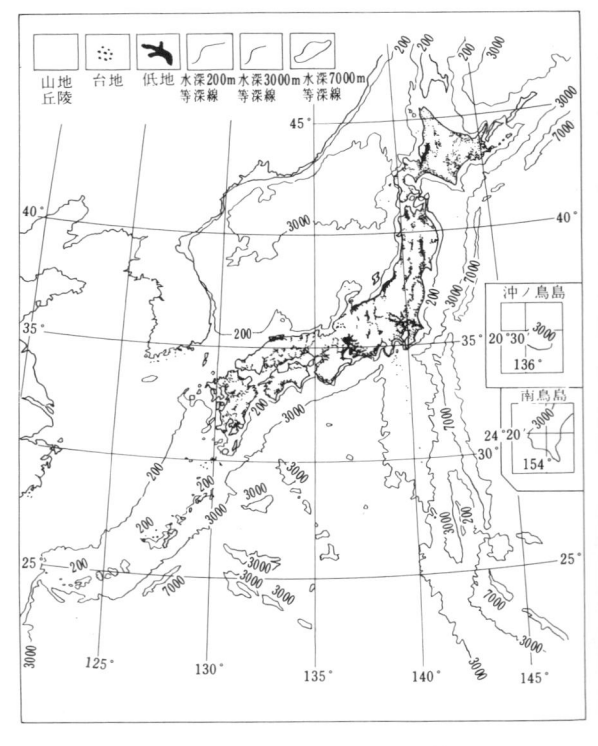

図11・1 我が国の陸海域区分図[*1]

どは亜熱帯気候に，北海道はおおむね寒帯気候に属している。さらに複雑な地形と沿岸をあらう黒潮・親潮などの海流の影響によって，日本海側と太平洋側，山地と平地，内陸と臨海など地域による気候の差も著しい。特に日本海側は冬期間多量の降雪があり，根雪期間も長い。

比較的温暖・多雨な気候のもとで，複雑な気象の変化と起伏に富んだ地形によって，多様な植生などの豊かな自然環境が形成されている。北から亜寒帯針葉樹林，温帯落葉広葉樹林，暖帯照葉樹林，亜熱帯林など，緯度や標高によって異なる多彩な植物相に恵まれている。

しかし，一方で台風常襲地帯に位置し，複雑な地形と気象による集中豪雨も多発するなど，洪水，土砂くずれなどによる自然災害も多い。また，日本列島が環太平洋火山帯の一部をなし，地球規模でみれば新しい造山帯にあるため，地震や火山活動が活発であり，歴史上も多くの記録が残されている。

この日本列島に有史以来およそ4億7千万人と推計される人々が，2,000年にわたる営みを続けてきた。特に明治以降の百年余りの間に，国土利用のありかたは急激な変貌を遂げた。これに伴って，自然の営みにも変化が進んでいる。

現在では，原生の自然は極めてわずかしか残されていない。しかし，多様な条件が地域性の豊かな風土を形成し，四季の変化と豊かな緑が独特の自然観を生み出し，地域によって特色のある生活様式や生産活動をつくりあげてきた。この歴史の上に，現在のわれわれがある。

国土は，このような自然の営みと人々の営為とが有機的に総合された結果としての歴史的な蓄積であると考えることが重要である。

11.1.2　国土利用計画

「国土の利用は，国土が現在及び将来における国民のための限られた資源であるとともに，生活及び生産を通ずる諸活動の共通の基盤であることにかんがみ，公共の福祉を優先させ，自然環境の保全を図りつつ，地域の自然的，社会的，経済的及び文化的条件に配慮して，健康で文化的な生活環境の確保と国土の均衡ある発展を図ることを基本理念として行うものとする。」（国土利用計画法：1974年6月25日法律第92号）

国土利用計画は，この基本理念に即し長期にわたって安定した均衡ある国土の利用を確保することを目的とし

表11・1　国土利用の現況と目標（単位：万ha）

地　目	現状	国土利用計画（全国計画）目標		
	全国	全国	割合%	三大都市圏	地方圏
1　農用地	554	559	14.8	59	500
農　　地	543	550	14.6	59	491
採草放牧地	11	9	0.2	0	9
2　森　　林	2,533	2,535	67.1	207	2,328
3　原　　野	32	23	0.6	0	23
4　水面河川水路	131	136	3.6	15	121
5　道　　路	103	127	3.4	22	105
6　宅　　地	145	170	4.4	54	116
住　宅　地	90	106	2.8	33	73
工場用地	15	17	0.4	6	11
その他宅地	40	47	1.2	15	32
7　そ の 他	280	230	6.1	37	193
合　　計	3,778	3,780		394	3,386
市街地	100	133		66	67

注：現状は1982年（国土庁調）による。目標は1995年。三大都市圏は東京圏（埼玉，千葉，東京，神奈川），名古屋圏（愛知，三重），大阪圏（京都，大阪，兵庫）。
　　地方圏は三大都市圏を除く地域。
　　市街地は国勢調査の定義による人口集中地区である。

て，国，都道府県および市町村の各段階において，国土の利用に関する行政上の指針として法に基づいて定める計画である。

国土利用計画の計画事項は3項目から成っている。このうち，「国土の利用目的に応じた区分」とは，農用地，森林，宅地等の地目ならびに公共施設用地，環境保全地域等の国土の主要な用途等の区分をいい，その区分ごとの「規模の目標」とは，地目別，用途別等の目標面積をいうものである。また，「その地域別の概要」とは，自然的，社会的，経済的および文化的条件を勘案して定める地域ごとに，前述の目標についてその概要を示すものである。

全国計画（全国の区域について定める国土の利用に関する計画）は，内閣総理大臣が国土利用計画審議会および都道府県知事の意見を聴いて案を作成し，閣議の決定を得て決定する計画である。表11.1は第二次の全国計画（1985年決定・1995年目標）における国土の利用目的に応じた区分ごとの規模の目標および，その地域別概要を

表11・2　国土利用計画の体系

国土利用計画	計画主体	決定の方法	決定のための手続き	計画の意義, 性格
全国計画	国	閣議決定	国土利用計画審議会及び都道府県知事の意見を聴く。	国の計画は，国土の利用に関しては全国計画を基本とする。
都道府県計画	都道府県	議会の議決	国土利用計画地方審議会及び市町村長の意見を聴く。	全国計画を基本とする。
市町村計画	市町村	議会の議決	公聴会の開催等	都道府県計画を基本とするとともに市町村の建設に関する基本構想に即する。

示すものである。

都道府県計画（都道府県の区域について定める国土の利用に関する計画）は，都道府県が，全国計画を基本とし，国土利用計画地方審議会および市町村長の意見を聴くとともに，議会の議決を経て決定する計画である。この計画はすべての都道府県で策定されている。

市町村計画（市町村の区域について定める国土の利用に関する計画）は，市町村が，都道府県計画を基本とするとともに市町村の建設に関する基本構想に即し，あらかじめ公聴会の開催等を行い，議会の議決を経て決定する計画である。1993年5月末において，全市町村の52％に相当する約1,700の市町村が策定している。

国土利用計画は，個々の土地に即して，その利用のありかたを規定し，あるいは規制する計画ではない。全国，都道府県あるいは市町村の区域について，国土の利用に関する基本的な構想や利用目的に応じた区分ごとの規模の目標などを，行政の指針として定めるものである。特に全国計画は，国土の利用に関して国の計画の基本となるものと位置づけられており，また，土地利用基本計画は全国計画および都道府県計画を基本として定めることとされている。

11.1.3 土地利用基本計画

国土利用の基本理念に基づいて，土地の投機的な取引きや地価の高騰が国民の生活に及ぼす弊害を除去し，乱開発を未然に防止し，遊休土地の有効利用を促進して長期にわたって安定した均衡ある国土の利用を図るためには，土地取引規制，開発行為の規制，遊休土地に関する措置等を総合的かつ計画的に実施していく必要がある。

土地利用基本計画は，これらの措置を実施していくための基本となる計画である。すなわち，都市計画法，農業振興地域の整備に関する法律，森林法等の個別規制法に基づく諸計画に対する上位計画として，行政部内の総合調整機能を果たすとともに，土地取引に関して直接的に，開発行為については個別規制法を通じて間接的に規制の基準としての役割を果たすものである。

土地利用基本計画は，都道府県知事が，国土利用計画（全国計画及び都道府県計画）を基本とし，国土利用計画地方審議会および市町村長の意見を聴くとともに，内閣総理大臣の承認を受けて決定する。

土地利用基本計画の計画事項は，都市地域，農業地域，森林地域，自然公園地域，自然保全地域の五つの地域と「土地利用の調整等に関する事項」である。これらの計画

表11・13 地方圏の面積と人口の推移

(1993年3月末日現在)

都 市 地 域	9,671千ha	25.9
農 業 地 域	17,348 〃	46.5
森 林 地 域	25,535 〃	68.5
自 然 公 園 地 域	5,347 〃	14.3
自 然 保 全 地 域	101 〃	0.3
五 地 域 計	58,002 〃	155.6
白 地 地 域	241 〃	0.6
単 純 合 計	58,243 〃	156.2

割合は全国面積に対する割合を示す（北方四島の数値は含まない）。五地域が重複して指定されているものもあり，単純合計面積は全国土面積に対して約1.5倍となっている。

表11・4 土地利用基本計画の内容

地域の種類	地域の要件
都市地域	一体の都市として総合的に開発し，整備し及び保全する必要がある地域
農業地域	農業地として利用すべき土地があり，総合的に農業の振興を図る必要がある地域
森林地域	森林の土地として利用すべき土地があり，林業の振興または森林の有する諸機能の維持増進を図る必要がある地域
自然公園地域	優れた自然の風景地で，その保護及び利用の増進を図る必要があるもの
自然保全地域	良好な自然環境を形成している地域で，その自然環境の保全を図る必要があるもの

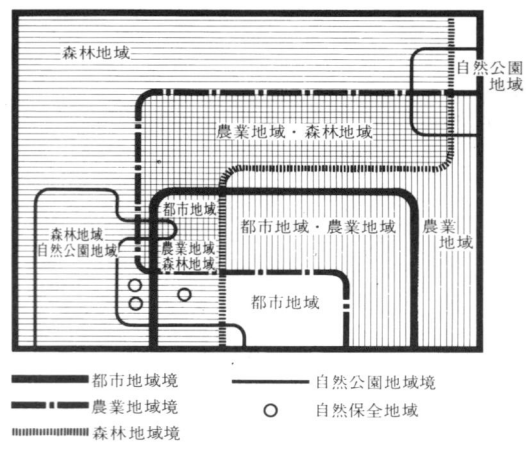

図11・2 概念図

事項は計画図と計画書によって表示される。

計画図は50,000分の1の縮尺の地形図により五つの地域を表示するとともに，都市計画法の市街化区域・市街化調整区域・用途地域（区域区分が定められていない場合）；農業振興地域の整備に関する法律の農用地区域；森林法の保安林・国有林・地域森林計画対象民有林；自然公園法の特別地域・特別保護地区；自然環境保全法

の原生自然環境保全地域・特別地区を参考表示できることになっている。

計画書では，土地利用の基本方向，5地域区分の重複する地域における土地利用に関する調整指導方針，土地利用上配慮されるべき公的機関の開発保全整備計画等を記載する。

土地利用基本計画は，規制力をもつ各種制度の運用のかなめとしての役割を果たすものであり，したがって個別規制法による各種土地利用計画との調和を図りつつ策定する必要がある。個別規制法による地域・区域を変更しようとする場合には，原則としてあらかじめ基本計画の変更を行うこととしている。現在都道府県知事によって定められている計画を合計したものは表11.3の通りである。

5地域の決定が重複している場合には，例えば都市地域－農業地域の重複地域について，市街化区域および用途地域以外の都市地域と農用地区域の重複するところは「農用地としての利用を優先する」，市街化区域および用途地域以外の都市地域と農用地区域以外の農業地域の重複するところは「土地利用の現況に留意しつつ，農業上の利用との調整を図りながら，都市的な利用を認める」など，土地利用の調整指導方針が定められる。

関係行政機関の長，関係地方公共団体および関係地方公共団体の長は，土地利用基本計画に即して適正かつ合理的な土地利用が図られるよう，国土利用計画法およびその他の法律に基づいて，公害の防止，自然環境および農林地の保全，歴史的風土の保存，治山，治水等に配慮しつつ，土地利用の規制に関する措置その他の措置を講じなければならない。

11.1.4 土地利用規制

計画の実効性を担保するためには，所定の手続きを経て決定する具体的な計画に基づいて，個々の土地の利用を規制する仕組みが必要である。

国土利用計画法では，都市計画法，農業振興地域の整備に関する法律，森林法，自然公園法，自然環境保全法の五つの法制度を個別規制法とし，開発行為に関する土地利用基本計画の実効性の担保を，これらの個別規制法による具体的規制措置にゆだねている。

農業振興地域の整備に関する法律は，農業振興地域における農業の健全な発展を図るとともに，国土資源の合理的な利用に寄与することを目的とするものである。この法律に基づいて，都道府県知事は「農業振興地域整備

表11・5　個別規制法

都市地域	都市計画法
農業地域	農業振興地域の整備に関する法律
森林地域	森林法
自然公園地域	自然公園法
自然保全地域	自然環境保全法

基本方針」を作成するとともに「農業振興地域」を指定する。市町村は，その区域内にある農業振興地域について，「農業振興地域整備計画」を定め農用地区域およびその区域内にある土地の農業上の用途区分（農用地利用計画）を定めなければならない。農用地区域内においては開発行為などの土地利用が規制される。

森林法は森林の保続培養と森林生産力の増進とを図り，国土の保全と国民経済の発展とに資することを目的とするものである。この法律に基づいて，農林水産大臣が全国森林計画および森林計画区を定め，都道府県知事はこれに即して「地域森林計画」を定めなければならない。地域森林計画の対象となっている民有林においては都道府県知事の許可を受けなければ開発行為をすることができない。また，農林水産大臣の指定する保安林等においては，都道府県知事の許可を受けなければ，立木の伐採その他土地の形質を変更する行為を行うことができない。

自然公園法は，優れた自然の風景地を保護するとともに，その利用の増進を図り，国民の保健，休養および教化に資することを目的とするものである。この法律に基づいて環境庁長官が国立公園または国定公園を指定し，公園計画を決定するとともに特別地域，特別保護地区，海中公園地区を指定する。また，都道府県は条例の定めるところにより都道府県立自然公園を指定することができる。国立公園または国定公園については法律により，都道府県立自然公園については条例により，開発行為が規制される。

自然環境保全法は，自然環境の適正な保全を総合的に推進し，現在および将来の国民の健康で文化的な生活の確保に寄与することを目的とするものである。この法律に基づいて，内閣総理大臣が自然環境保全基本方針を定め，環境庁長官が原生自然環境保全地域および自然環境保全地域を指定し，それぞれ保全計画を決定する。自然環境保全地域については特別地区・野生動物保護地区・海中特別地区が，保全計画に基づいて指定される。これらの地域，地区についてはそれぞれ開発行為が規制される。

個別規制法には，それぞれ固有の立法目的があり，その目的に従って規制内容やその基準が定められているが，これらの規制に関する措置等は土地利用基本計画に即して適正かつ合理的な土地利用が図られるように講ずることが求められている．

11.2 地域の計画

11.2.1 市町村の計画

わが国の地方公共団体には，普通地方公共団体と特別地方公共団体があり，市町村は都道府県とともに普通地方公共団体とされている．1990年10月現在で，全国に3,246の市町村がある．このうち市の数（東京都特別区部は1市として計算）は656である．なお，東京都の23の区（特別区）はそれぞれ市に準ずる特別地方公共団体である．

市，町および村は，制度上同じ範疇に属する基礎的な地方公共団体であるが，その実体は，人口百万人を超える大都市から人口数千人の村まで，その規模も大いに異なり，その性格も大都市，地方中枢都市，地方中核都市，地方中心都市，工業都市，港湾都市などから，都市近郊農村，平地村，山村，漁村などさまざまである．また，大都市圏と地方圏，太平洋側と日本海側，臨海部と山間部など，市町村の置かれている位置によって，当面する問題も異なる．

1960年代からの高度成長期には，人口の都市集中が急速に進み，市町村の人口が激しく増減したのに対し，70年代後半から人口の地域間移動が沈静化し，市町村ごとの人口増減も比較的安定した動きをみせてきた．しかし過疎山村の人口流出は相変わらず続き，産業構造の変化に伴う基礎資材型産業の停滞などに起因する特定産業都市の衰退など，新しい問題も発生した．さらに最近は，東京大都市圏への一極集中や地方中枢・中核都市におけ
る人口と諸機能の集積とともに，その集積の利益を享受しにくい地域における人口の減少が進み，1985〜90年の5か年間に2,066（63.6％）の市町村で人口が減少している．

市町村および特別区にはそれぞれ首長および議会が置かれ，議会の議員および首長は，住民の直接選挙によって選出される．市町村は基礎的な地方公共団体として，地方自治の本旨に基づき，法令に即して公共事務およびその他の行政事務で必要な事務を処理する．市と町村とでは処理しなければならない事務の範囲が異なっている．また政令で指定する人口50万以上の市（指定都市）は都道府県が行うべき事務の一部を処理する．1994年4月現在，札幌，仙台，千葉，横浜，川崎，名古屋，京都，大阪，神戸，広島，北九州，福岡の12市が指定都市となっている．

市町村および特別区は，その事務を処理するに当たって，議会の議決を経てその地域における総合的かつ計画的な行政の運営を図るための基本構想を定め，これに即して行うようにしなければならない（地方自治法第2条第5項，第281条第3項）．

この基本構想は開発行為の制限など，権利の制限に直接つながる計画ではないが，国土利用計画（市町村計画），都市計画（市町村の決定に係るもの）などは基本構想に即して定めることとされている．自治省行政局長通達（1969年）では，その性格を「長期にわたる市町村の経営の根幹となる構想であり，当該市町村の総合的な振興計画あるいは都市計画，農業振興地域整備計画等の各分野における行政に関する計画または具体的な諸施策がすべてこの構想に基づいて策定され及び実施されるものである」と規定し，その内容は「その地域の振興発展の将来図およびこれを達成するために必要な施策の大綱を定める」ものであるとしている．

1991年現在で全市町村の95％にあたる約3,100市町

表11・6 市町村の現況（1990年）

人口階級	市町村数	人　　口	(%)	人口階級	市町村数	人　　口	(%)
総　　　　数	3,246	123,612	100.0	3万〜5万	165	6,487	5.2
市	656	95,644	77.4	3 万 未 満	63	1,561	1.3
100 万 以 上	11	25,295	20.5	町　村	2,590	27,968	22.6
50万〜100万未満	10	6,383	5.2	3 万 以 上	103	3,887	3.1
30万〜 50万	44	16,849	13.6	2万〜3万未満	223	5,339	4.3
20万〜 30万	38	9,260	7.5	1万〜 2万	738	10,255	8.3
10万〜 20万	106	14,564	11.8	5千〜 1万	897	6,528	5.3
5万〜 10万	219	15,244	12.3	5 千 未 満	629	1,960	1.6

1990年国勢調査速報による．
人口の単位＝1,000人
東京都特別区部は一市として計算した．

村が基本構想を策定している。また，多くの市町村において，法律に基づく基本構想のほかに，基本計画，実施計画などの計画を策定している。

11.2.2 都道府県の計画

わが国には，1都1道2府43県の合計47都道府県がある。都道府県の区域については，1871（明治4）年の廃藩置県以来の府県の廃置分合の結果，1888（明治21）年に3府43県となってから，ほとんど変更されていない。府と県は沿革的な名称の差で，その内容には差がない。北海道は当初は国の行政区画であったが，1901（明治34）年から地方公共団体とされ，その後，府県との差異は次第に少なくなり，現在では全く同じ性格のものとなっている。都は大都市制度の一つであり，現在は東京都だけに適用されている。

都道府県ごとの人口は，この1世紀の間に大きく変化した。第1回国勢調査の行われた1920（大正9）年には，東京の370万人を最大に，大阪・北海道・兵庫・福岡・愛知と200万人代の府県が続き最小の鳥取は45万人であった。その後，大都市とその周辺に人口が集中し，大都市圏が形成された結果，第15回国勢調査（1990年）では，東京都は約1200万人の人口を擁し，大阪・神奈川・愛知・埼玉・北海道・千葉・兵庫の7道府県が500万人を超えている。また，最小の鳥取（60万人）をはじめ，島根・福井・山梨・徳島・高知・佐賀の7県の人口は100万に満たない。

1970年代後半からは都道府県ごとの人口増減傾向は比較的安定し，ことに75～80年には東京都を除く46道府県で人口増加が見られた。しかし，80～85年には東京都の人口が増加基調に回復する一方，秋田県の人口が減少に転じ，さらに東京大都市圏への一極集中の進んだ85～90年には北海道，東北，四国，九州などを中心に18もの道県において人口が減少した。

都道府県は，市町村を包括する広域の地方公共団体として，その地方の総合開発計画の策定などの役割を担っている。都道府県には，議会と執行機関がおかれ，議会の議員および執行機関の長である知事は，住民の直接選挙によって選出される。

国土総合開発法および北海道開発法に基づいて，都道府県はそれぞれの議会の議決を経て，総合開発計画を策定することができる。しかし，実際にはこのような手続きを経て公式の総合計画を策定した例はなく，長期計画，総合計画などの名称の下に，それぞれの都道府県の長

表11・7 都道府県の面積と人口

（面積：千km²，人口：千人）

	面積	人口		面積	人口
北海道	83.4	5,644	滋賀	4.0	1,222
青森	9.6	1,483	京都	4.6	2,602
岩手	15.3	1,417	大阪	1.9	8,735
宮城	7.3	2,249	兵庫	8.4	5,405
秋田	11.6	1,227	奈良	3.7	1,375
山形	9.3	1,258	和歌山	4.7	1,074
福島	13.8	2,104	鳥取	3.5	616
茨城	6.1	2,845	島根	6.6	781
栃木	6.4	1,935	岡山	7.1	1,926
群馬	6.4	1,966	広島	8.5	2,850
埼玉	3.8	6,405	山口	6.1	1,573
千葉	5.2	5,555	徳島	4.1	832
東京	2.2	11,856	香川	1.9	1,023
神奈川	2.4	7,980	愛媛	5.7	1,515
新潟	12.6	2,475	高知	7.1	825
富山	4.2	1,120	福岡	5.0	4,811
石川	4.2	1,165	佐賀	2.4	878
福井	4.2	824	長崎	4.1	1,563
山梨	4.5	853	熊本	7.4	1,840
長野	13.6	2,157	大分	6.3	1,237
岐阜	10.6	2,067	宮崎	7.7	1,169
静岡	7.8	3,671	鹿児島	9.2	1,798
愛知	5.1	6,691	沖縄	2.3	1,222
三重	5.8	1,793	計	377.7	123,611

注：1990年国勢調査調査速報による。百人以下四捨五入。

的な行政の指針を定めている。

都道府県を統轄し，これを代表する知事は地方公共団体としての都道府県の事務等を管理し，執行するほか，国の機関として，その権限に属する事務を処理する。戦後の計画制度の展開のなかで，土地利用基本計画や都市計画など，国土の利用に関する計画の決定権限あるいは承認権限が国の機関としての都道府県知事に集中した。

特に，開発行為の規制等に関する計画の策定とその管理については，ほとんどすべて都道府県知事が市町村の意見を聴きつつ執行するようになっている。この知事の行政権限を支える都道府県の役割が非常に重要になっている。

11.2.3 広域生活圏の計画

経済の高度成長とモータリゼーションの進展に伴って，1960年代以降，地域住民の生活の広域化が急速に進み，都市と農山村にわたり市町村の区域を越える新しい生活圏域が形成されてきた。第二次全国総合開発計画において，新ネットワークの形成と関連しながら大規模プロジェクトを進める開発方式と合わせて，広域生活圏を設定し，その整備を推進する必要が説かれて以来，地方生活圏，広域市町村圏，モデル定住圏などの計画が進め

られている。

地方生活圏整備計画は1969年から建設省が推進している施策であり，そのねらいは圏域内の住民生活の都市化と広域化の傾向に沿いながら，都市と周辺農村を一体としてとらえ，圏域内の住民すべてが都市のもつ利便性と農山村のもつ自然の良さの両方を享受できるような条件を整備し，豊かな住み良い安定した地域社会を建設することにある。このため大都市圏を除く全国土に179の地方生活圏を設定し，圏域の将来の人口・産業経済の見通し，土地利用計画等の基本構想をベースに，生活環境施設・交通施設の整備，国土の保全等の整備計画を策定し，この計画に基づいて所管事業を執行してきた。

1990年からは，生活圏整備の重要性がますます高まってきたことを受け，各地方生活圏について将来ビジョン・主要プロジェクト計画・施設整備の基本方針・地域行動計画を内容とする新地方生活圏計画の策定を進め，これに基づく圏域整備を行っている。

広域市町村圏計画は自治省が推進している施策である。1979年以降それまで地方圏で進めてきた広域市町村圏計画に**大都市周辺地域広域行政圏**の計画を含めて新しい広域市町村圏等の振興整備が進められている。広域市町村圏は，336圏域（2,940市町村）が指定され，広域行政機構（市町村の一部事務組合または協議会）が圏域の総合的かつ合理的な振興整備を促進するために，都道府県知事と協議して広域市町村圏計画（基本構想，基本計画および実施計画）を定めている。大都市周辺地域広域行政圏は24圏域（226市町村）が指定され，広域行政機構（市町村の協議会）が圏域の一体的かつ合理的な振興整備を促進するため大都市周辺地域振興整備計画（基本構想，基本計画および実施計画）を定めている（以上いずれも1989年5月1日現在）。これらの計画の策定および実施に際し，国は所要の財政措置を講じており，特に広域市町村圏計画については，補助金交付および起債上の考慮をしている。

モデル定住圏計画は国土庁が推進している施策である。モデル定住圏は，一の都道府県について知事が市町村長と協議して一の圏域を選定し，関係市町村および都道府県が圏域ごとにモデル定住圏計画を策定している。全国では44圏域（44都府県，630市町村）が設定され，①定住圏整備構想（定住人口の見通しおよび基本構想），②定住圏整備計画（特別事業計画および地域行動計画），③土地利用計画，④定住基礎条件整備水準を内容とするモデル定住圏計画を策定している。国は計画策定に要す

表11・8 広域生活圏の種類と性格

	地方生活圏	広域市町村圏	大都市周辺地域広域行政圏	モデル定住圏
圏域の性格	都市的地域を中心とし周辺農山漁村地域を一体とした住民の日常圏域で住民の基礎的生活条件の確保を図る上で一体的に整備する必要のある区域。	就業，生活物資の調達，医療，教育，娯楽その他住民の日常社会生活上の通常の需要がほぼ満たされるよう一体的に整備する必要のある都市及び周辺農山漁村地域を一体とした圏域。	地理的，歴史的または行政的に一体と認められる圏域を形成し，一体的な将来像を描き，それを達成するために必要な都市的行政課題を有していること。	都市と農山漁村を一体とした圏域で自然環境，生活環境及び生産環境を総合的に整備していく上で必要な一体性を有していること。
圏域の規模	圏域の半径おおむね20～30km，人口おおむね15～30万人を標準とする。	圏域の人口おおむね10万人以上の規模を有することを標準とする。	圏域の人口おおむね40万人程度の規模を有することを基準とする。	
中心都市の要件	DID人口が1万5千人以上で通勤通学，小売販売額，サービス業就業者数等の面で地域の中心性を有すること。	日常生活上の通常の需要を充足する都市的施設及び機能の集積を有する中心市街地が存在すること。		
その他	大都市地域以外の地域にあること。	大都市及びこれと一体性を有する周辺地域を除く。	広域市町村圏に属する市町村を除く。	都市化・工業化が相当に進展している地域または過疎現象の著しい地域でないこと。

表11・9 地方生活圏の圏域構成の考え方

	地方生活圏	2次生活圏	1次生活圏	基礎集落圏
圏域範囲	半径20～30km	半径6～10km	半径4～6km	半径1～2km
時間距離	バス1～1.5時間	バス1時間以内	自転車30分 バス15分	老人・幼児の徒歩限界15分～30分
中心都市及び中心部人口	15万人以上	1万人以上	5千人以上	1千人以上
中心部の施設	総合病院，各種学校，中央市場等の広域利用施設	高度の買い物ができる商店街，専門医をもつ病院，高等学校等の地方生活圏中心都市の広域利用施設に準じた施設	役場，診療所，集会場，小中学校等基礎的な公共公益的施設	児童保育，老人福祉等の福祉施設

る経費の一部を補助している。

11.2.4 特定地域の計画

地方の開発を促進し，国土の均衡ある発展を図るためには，政策的に特定の地域を選定し，重点的に地域開発の施策を講ずることが必要である。

第一次全国総合開発計画（1962年）の拠点開発方式による工業開発地区の構想を背景として，新産業都市建設促進法および工業整備特別地域整備促進法が制定され，15の新産業都市地域（17道県，260市町村）と6の工業整備特別地域（6県，90市町村）が指定されている。（以上いずれも1991年4月1日現在）

新産業都市については，関係大臣の協議による要請に基づき，内閣総理大臣が国土審議会の議を経て新産業都市の建設基本方針を決定し，関係都道府県知事はこれに基づいて建設基本計画を作成し，内閣総理大臣の承認を受ける。建設基本計画においては，工業開発の目標，人口の規模および労働力の需給，土地利用，施設の整備，経費の概算などが定められる。

工業整備特別地域については，関係県知事が国の地方支分部局の長および関係市町村の意見をきいて，整備基本計画を作成し，内閣総理大臣の承認を受ける。整備基本計画の内容は，新産業都市の建設基本計画とほぼ同じである。

新産業都市および工業整備特別地域については，施設の整備，財政上の特別措置，地方債についての配慮，資金の確保などの施策が講じられ，その建設または整備が進められた。1991年には，おおむね95年を目標とする第

表11・10 特別地域指定状況一覧表

（単位：km²，万人）

区 分	地 域 数	面 積	人 口
過 疎 地 域	1,199市町村（45都道府県）	180,133	808
半島振興対策実施地域	23地域（376市町村，22道府県）	36,857	492
振 興 山 村	1,195市町村（一部指定市町村を含む）（44道府県）	178,904	489
豪 雪 地 帯（うち特別豪雪地帯）	962市町村（24都道府県）（280市町村（15道県））	194,869（75,360）	2,046（368）
特 殊 土 壌 地 帯	560市町村（14県）	57,688	1,354
離島振興対策実施地域	184市町村（26都道県）	5,437	59
奄 美 群 島	14市町村	1,239	14
小 笠 原 諸 島	1村	106	0.2

資料：国土庁調べによる。
注：地域数は1993年4月現在，人口は総務庁「平成2年国勢調査」による。

図11・3 新産業都市・工業整備特別地域・テクノポリス

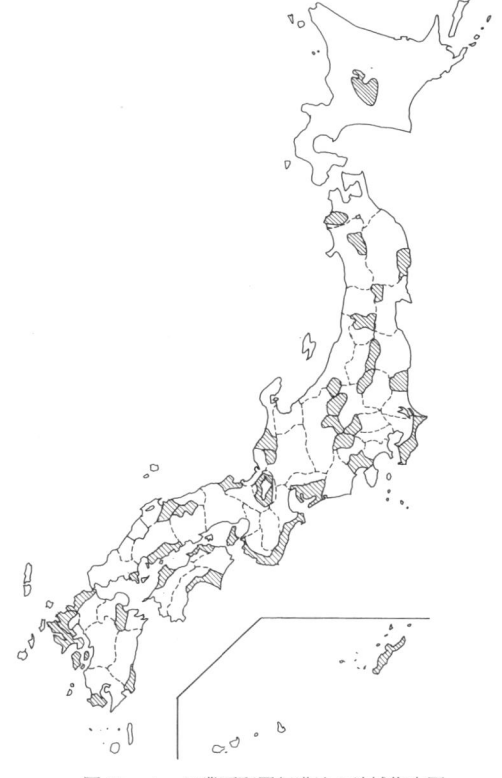

図11・4 工業再配置促進法の地域指定図

5次の建設基本計画と整備基本計画がそれぞれ定められている。地域によって当初計画の達成度には相違があるが、全体として、高度成長期における基礎資源型工業の地方分散と、地方における新しい工業コンビナートの形成に役割を果たした。

1980年代に入り、国民総生産が世界第2位となるなど、日本経済が新しい局面を迎え、国民生活の向上と産業構造の高付加価値化、知識集約化が求められるようになったことに対応して、次々と新しい特定地域の開発整備のための計画が進められた。

83年 テクノポリス地域の開発（高度技術工業集積地域開発促進法）：高度技術に立脚した工業開発を軸に産・学・住を有機的に結合した地域づくりを促進する。93年現在26地域の開発計画を承認。

87年 リゾート地域の整備（総合保養地域整備法）：国民の誰もが利用できる総合保養地域を民間活力を活用しつつ整備する。93年9月末現在で40道府県の基本構想を承認。

88年 頭脳立地地域の整備（地域産業の高度化に寄与する特定事業の集積の促進に関する法律）：研究所、ソフトウェア業等の産業の頭脳部分の集積を促進する。94年3月までに26地域の集積促進計画を承認。

88年 振興拠点地域の整備（多極分散型国土形成促進法）：大都市圏から機能の分散を図り、地方において特色ある産業、文化等の集積する拠点を整備する。93年3月までに4道県の基本構想を承認。

92年 地方拠点地域の整備（地方拠点地域の整備及び産業業務施設の再配置の促進に関する法律）：地方の自立的成長を牽引し、地方定住の核となるべき地域を整備し、産業業務施設の再配置を支援する。94年2月15日現在で44地域を指定。

なお、地方圏における戦略的な拠点の開発整備と平行して、1960年代から、低開発地域工業開発の促進、農村地域工業導入の促進、工業再配置の促進（移転促進地域、誘導地域等の指定）が進められているほか、離島振興、産炭地域振興、豪雪地帯対策、山村振興、過疎地域振興、半島振興などの特別地域の振興が図られている。

11.3 大都市圏と地方圏の計画

11.3.1 首都圏整備計画

首都圏整備計画は、首都圏整備法（1957年）に基づい

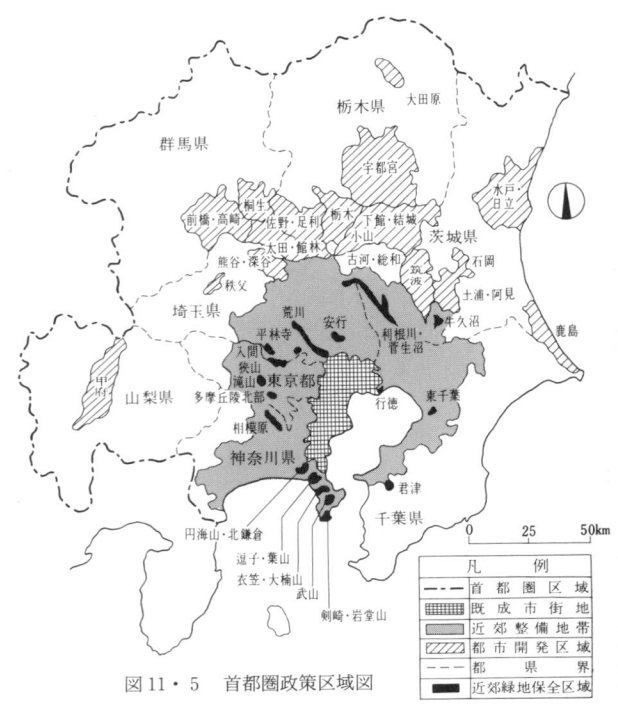

図11・5 首都圏政策区域図

表11・11

首都圏整備の体系	
首都圏	東京都の区域及びその周辺の地域（埼玉、千葉、神奈川、茨城、栃木、群馬及び山梨の七県の区域）を一体とした広域
既成市街地	東京都及びこれと連接する枢要な都市を含む区域のうち政令で定める市街地の区域
近郊整備地帯	既成市街地の近郊で、無秩序な市街地化を防止するため、計画的に市街地を整備し、あわせて緑地を保全する必要がある区域
都市開発区域	既成市街地への産業及び人口の集中傾向を緩和し、首都圏の地域内の産業及び人口の適正な配置を図るため、工業都市、住居都市その他の都市として発展させることを適当とする区域
首都圏整備計画の内容	
基本計画	首都圏内の人口規模、土地利用その他整備計画の基本となるべき事項について定める
整備計画	一及び二の各事項ごとに、それぞれその根幹となるべきものについて、整備の基本方針及び事業の概要を定める 一 既成市街地、近郊整備地帯及び都市開発区域の整備に関する事項 二 広域的に整備する必要がある交通通信体系または水の供給体系の整備に関する事項
事業計画	整備計画の実施のため必要な毎年度の事業で、国、地方公共団体、公団等が行うものを定める。

て、内閣総理大臣が関係行政機関の長、関係都県知事および国土審議会の意見を聴いて策定する計画である。この計画は基本計画、整備計画、事業計画の三つから成り、これまで四次にわたって基本計画が策定されてきた。

首都圏整備の目的は、わが国の政治、経済、文化等の

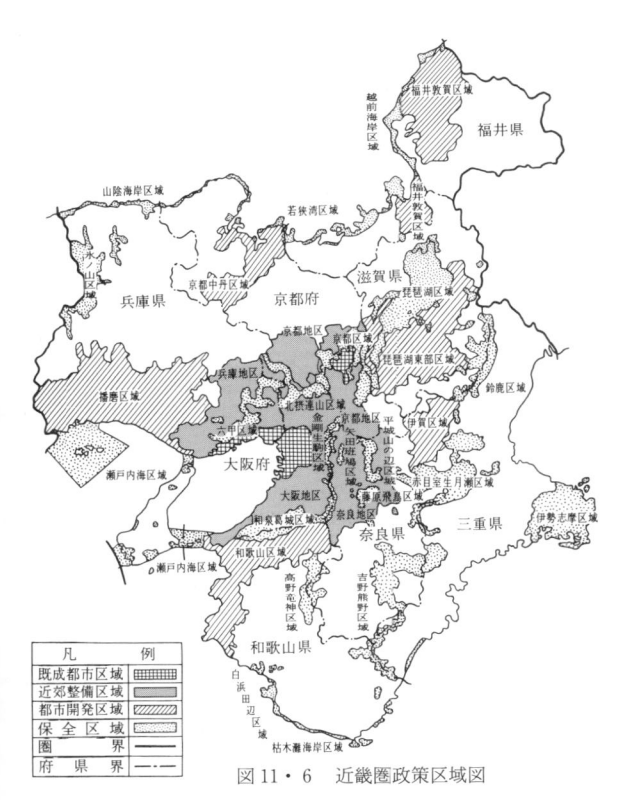

図 11・6 近畿圏政策区域図

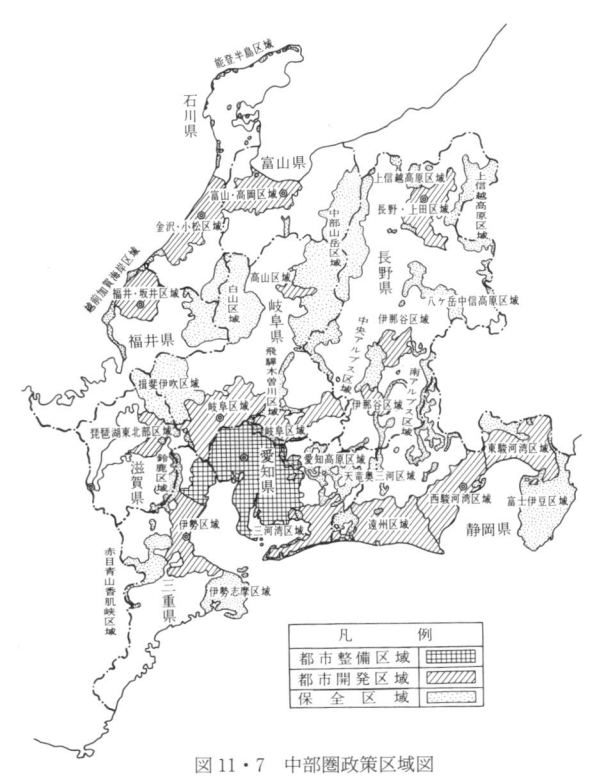

図 11・7 中部圏政策区域図

中心としてふさわしい首都圏の建設とその秩序ある発展を図ることにあるが，特に人口と産業の集中の著しかった高度経済成長期においては，首都およびその周辺の地域における過密の弊害の解消とさまざまな大都市問題への対応が基本的な課題であった。

このため第一次基本計画（1959年）では，大ロンドン計画1944にならって，既成市街地の周囲に幅5～10 kmのグリーンベルト（近郊地帯）を設け，その外側に衛星都市（市街地開発区域）を開発して，工場等の既成市街地への立地を抑制し衛星都市に誘導することによって首都東京の過大化と過密化の防止を図ろうとした。

しかし，1960年代の激しい人口集中と市街地の急速な拡大によって近郊地帯の無秩序な開発が進み，この計画の達成が困難となったため，1965年の法律改正によって政策区域の区分を改め，第二次基本計画以降は，既成市街地への人口および諸機能の集中の抑制と分散の促進を基調として，その周囲の幅40～50 kmの近郊整備地帯の計画的な市街地整備と緑地の保全を図り，さらにその外側に工業都市，研究学園都市などの都市開発区域の整備を進めてきた。

この間，日本経済の成長とともに首都圏は急速な発展を遂げ，1990年にはその人口は3,940万人に達し，特に南関東地域には，東京を中心として約3,000万人が生活する世界にも例を見ない巨大都市が形成された。

第四次基本計画（1986年）では，今後は過去に見られたような急激な集中は起きず，人口の自然増を中心とする緩やかな増加が見込まれるとして，西暦2000年の人口を4,150万人と想定している。そして，東京を中心とする東京大都市圏について，複数の核と圏域を有する多核多圏域の地域構造を形成し，連合都市圏として再構築するとともに，周辺地域については，高次の都市機能を中心とした諸機能の集積する中核都市圏と，それぞれ特色のある自立性の高い都市群を育成することとしている。

なお，首都圏整備計画の実現を図るため，次の特別制度がある。

工場・大学等の新増設の制限（既成市街地）
工業団地造成事業（近郊整備地帯または都市開発区域）
近郊緑地の保全（近郊整備地帯）
財政特別措置（近郊整備地帯または都市開発区域）

11.3.2 近畿圏と中部圏の計画

三つの大都市（京都，大阪，神戸）を含む近畿圏については近畿圏整備計画が，また大都市名古屋を含む中部圏については中部圏開発整備計画が定められている。

近畿圏整備計画は，基本整備計画と事業計画とから成り，近畿圏整備法（1963年）に基づき内閣総理大臣が関

係府県，関係指定都市および国土審議会の意見を聴き，関係行政機関の長と協議して策定する計画である。

計画の対象区域は福井・三重・滋賀・京都・大阪・兵庫・奈良・和歌山の二府六県（約3.7万km²）で1990年の人口は約2,300万人にのぼっている。政策区域としては，既成都市区域，近郊整備区域，都市開発区域および保全区域の四区域が定められている。

近畿圏の政策体系は首都圏と同様で，既成都市区域における工業等の制限，近郊整備区域および都市開発区域における工業団地造成事業等が行われている。なお，近郊整備区域および都市開発区域の建設計画は「近畿圏の近郊整備区域及び都市開発区域の整備及び開発に関する法律」に基づいて府県知事が策定する。

近畿圏の第四次基本整備計画（1988年）はおおむね15年間を計画期間として，首都圏と並ぶ全国的，世界的中枢機能を担う圏域整備を進め，創造的で個性あふれる自由な活動が展開される社会の実現を図ることにより，新しい近畿の創生をめざすこととしている。

中部圏開発整備計画は基本開発整備計画と事業計画とから成り，中部圏開発整備法（1966年）に基づき，関係県が協議により中部圏開発整備地方協議会の調査審議を経て作成した案に基づいて，内閣総理大臣が国土審議会の意見を聴き，関係行政機関の長と協議して策定する計画である。

計画の対象区域は富山・石川・福井・長野・岐阜・静岡・愛知・三重・滋賀の九県（約6万km²）で1990年の人口は約2,070万人にのぼっている（福井・三重・滋賀の三県は近畿圏にも含まれている。）政策区域としては，都市整備区域，都市開発区域および保全区域の3区域が定められている。

中部圏においては首都圏の既成市街地や近畿圏の既成都市区域に見られるような過密問題が生じていないため，工業等の制限，工業団地造成事業などの施策は行われない。なお，近畿圏と同様に，都市整備区域建設計画，都市開発区域建設計画および保全区域整備計画などの計画は「中部圏の都市整備区域，都市開発区域及び保全区域の整備等に関する法律」に基づいて，関係県知事が策定する。

中部圏の第三次基本開発整備計画（1988年）はおおむね15年間を計画期間として，産業と技術の中枢的圏域の形成，創造的で活力ある経済社会の構築，多様な交流機会の創出などをめざすこととしている。

表11・12 地方圏の計画と対象区域（道，県）

北海道総合開発計画	北海道
東北開発促進計画	青森，岩手，宮城，秋田，山形，福島，新潟
北陸地方開発促進計画	富山，石川，福井
中国地方開発促進計画	鳥取，島根，岡山，広島，山口
四国地方開発促進計画	徳島，香川，愛媛，高知
九州地方開発促進計画	福岡，佐賀，長崎，熊本，大分，宮崎，鹿児島
沖縄振興開発計画	沖縄

表11・13 地方圏の面積と人口の推移

	面積（千km²）	人口（万人）		
		1920年	1960年	1990年
北海道	83.4	236	504	564
東　北	79.5	757	1,177	1,221
北　陸	12.7	207	276	311
中　国	31.8	497	694	775
四　国	18.8	307	412	420
九　州	42.1	816	1,290	1,330
沖　縄	2.3	57	88	122
合　計	270.7	2,877	4,442	4,742
全　国	377.7	5,596	9,430	12,361
比　率	71.7%	51.4%	47.1%	38.4%

11.3.3 地方圏の開発計画

北海道・東北・北陸・中国・四国・九州・沖縄の各地方圏については，国がそれぞれ法律に基づく開発計画を定めている。

このうち，東北開発促進計画，北陸地方開発促進計画，中国地方開発促進計画，四国地方開発促進計画，九州地方開発促進計画は，各地方における土地・水・山林・鉱物・電力その他の資源の総合的開発の促進に関する計画であり，それぞれ内閣総理大臣が国土審議会の審議を経て作成する。これらの計画に基づく事業は国，地方公共団体等が実施し，国土庁長官はその毎年度の事業計画について必要な調整を行う。

北海道総合開発計画は，戦後の国民経済の復興および人口問題の解決に寄与するため制定された北海道開発法（1950年）に基づいて，北海道における資源を総合的に開発するための計画として国が定めるものである。この計画の策定，事業の実施等のため，北海道開発庁を設置し，その地方支分局として北海道開発局を設け，農林水産，運輸，建設の各省の直轄事業の実施等を行っている。

沖縄振興開発計画は，沖縄振興開発特別措置法（1971年）に基づき，この年に祖国復帰した沖縄の特別の事情にかんがみ，住民の生活・職業の安定と福祉の向上に資することを目的として，基礎条件の改善と地理的自然的特性に即した振興開発を図るため必要な諸事項を内容と

する計画である。この計画は内閣総理大臣が沖縄県知事の作成した案に基づき，沖縄振興開発審議会の議を経，関係行政機関の長に協議して策定する。この計画に基づく事業を推進するため，国の負担または補助の割合の特例等が定められている。また沖縄開発庁が設置され，その地方支分部局として沖縄開発事務所が置かれている。

これらの地方圏は，全体として1960年には全国人口の47％を占めていたが，90年には38％までそのシェアをおとした。これは戦後ベビーブーム期に出生し，高度経済成長期に成年に達した，いわゆる団塊の世代を中心とした多くの人々が，大都市とその周辺に向かって移動したことによる。

1970年代後半に入って人口移動の勢いは沈静化してきたが，地方圏における高齢化の進展，農林漁業や基礎資源型工業の相対的な停滞など，21世紀に向かって地方圏の豊富な土地・水等の資源を活用し，国土の均衡ある発展を図るための開発計画の課題は数多く残されている。

11.4 国土の総合開発計画

11.4.1 国土総合開発計画の推移

国土総合開発計画は，国土利用計画とならぶ国土に関する基本的な計画であり，国土総合開発法（1950年）に基づいて定められる。

同法では，国土総合開発計画を①土地・水等の天然資源の利用，②災害の防除，③都市・農村の規模と配置，④産業の適正な立地，⑤電力・運輸・通信等の重要な公共的施設及び自然の保護の5項目に関する国または地方公共団体の施策の総合的かつ基本的な計画であり，全国総合開発計画，都府県総合開発計画，地方総合開発計画，特定地域総合開発計画から成るとしている。

当初は，河川流域の総合開発を目指して特定地域総合開発計画が全国19地域において計画されたが，工業化の進展と高度経済成長に対応するため，国民所得倍増計画（1960年）の策定を契機に，62年におおむね10年を計画

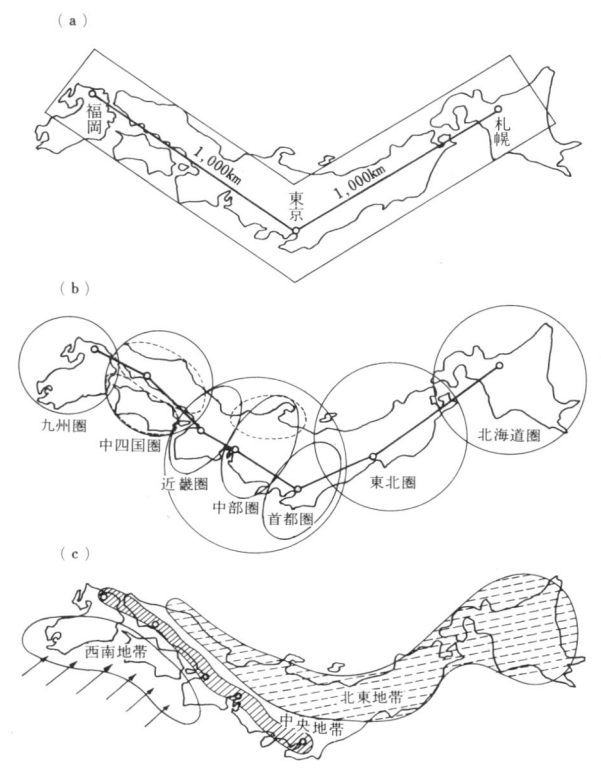

図11・8 国土整備の構想（二全総）

期間とする全国総合開発計画（一全総）が策定された。

第一次全国総合開発計画

一全総においては，企業の適度の集中は企業の採算を有利にし，社会資本の効率を高め，国民経済全体の成長を促進するが，過度の集増によって過大都市問題をひき起こす一方，地方の都市化，工業化の停滞をもたらし地域間格差問題をひき起こしているとし，都市の過大化を防止し地域間格差を縮小するため，経済発展の起動力である工業の分散を図ることが必要であるとしている。

この目標を効果的に達成するため，一全総では拠点開発方式を採用した。この方式により，全国を過密地域，整備地域，開発地域に区分して，東京・大阪・名古屋などの既成の大集積と関連させながら，いくつかの大規模な開発拠点（工業開発拠点と地方開発拠点）を設定し，さらに中規模，小規模開発拠点を適切に配置し，優れた交通通信施設によって，これをじゅず状に有機的に連結させ，連鎖反応的に発展させることを狙いとした。新産業都市の建設はこの開発方式を実践するために進められたものであった。

第二次全国総合開発計画

1960年代後半に入ってからも日本経済の成長が続き，全面的な都市化と新しい情報化の時代が予見され，国土

表11・14

全国総合開発計画	国が全国の区域について策定する。
都府県総合開発計画	都府県がその区域について策定する。
地方総合開発計画	都府県が二以上の都府県の区域についてその協議によって策定する。
特定地域総合開発計画	都府県が内閣総理大臣の認定する区域（特定地域）について策定する。

総合開発においても，主として民間企業からなる工業の地方分散を進めるだけでなく，国自らが大規模な社会資本投資によって，国土の総合的な開発の基本方向を主導することが必要であるとされるに至った。

これを受けて，1969年に1985年を目標年次とする新全国総合開発計画（二全総）が策定された。二全総は巨大化する社会資本を先行的，先導的，効果的に投下するための基礎計画であり，併せて，民間の投資活動に対して指導的，誘導的役割を果たすものである。このため，拠点開発方式の成果を踏まえつつ，新しい開発方式として新ネットワークの整備を中心とする大規模開発プロジェクト方式を選択した。

この方式は，開発基礎条件として中枢管理機能の集積と物的流通の機構とを体系化するための全国的なネットワークを整備し，この新ネットワークに連関させながら，各地域の特性を生かした自主的，効率的な産業開発および環境保全に関する大規模開発プロジェクトを計画し，これを実施することによって，その地域が飛躍的に発展し，漸次その効果が全土に及び，全国土の利用が均衡のとれたものとなることを狙いとしている。また，これと併せて，国民が等しく安全で快適な生活環境を享受できるよう，広域生活圏を設定し，圏内の生活環境施設および交通通信施設を整備することを提案している。

二全総の国土利用の考えかたとして図11.8が示されている。わが国の国土が，東海道から山陽道にかけての中央地帯において集中的に利用されている状況を概観的に示したものが（c）である。このように偏在している土地利用を日本列島全域に拡大するため，全国土を7ブロックに分け，各ブロックを主軸によって結びながら開発整備を進める考え方を示したものが（b）である。そして，情報化，高速化がさらに進展し，ネットワークの効果がいっそう浸透する段階においては，南北2,000kmにわたる日本列島が一体となって機能することが期待され，これを模型的に示したものが（a）である（なお，沖縄復帰に伴って，1972年に一部改訂増補が行われている）。

11.4.2 三全総から四全総へ

二全総の策定後も，しばらくの間経済の高度成長が続いたが，公害問題や環境問題が著しくなり，さらに世界経済に大きな影響が与えたオイルショック（1974年）によって，経済社会は新しい段階に移行した。

その中で，資源の有限性の認識が高まり，世界的なエネルギー問題，食料問題など国際環境が一段と厳しさを増す一方，国民の価値観や欲求が多様化し，生活の安全性や安定性の確保などが強く求められるようになった。

第三次全国総合開発計画

このような経済社会の新しい変化に対応するため，1977年に二全総の見直しと西暦2000年を見通した超長期展望を踏まえて，おおむね10か年間の基本的な整備目標を示す第三次全国総合開発計画（三全総）が策定された。

三全総においては，限られた国土資源を前提として，地域特性を生かしつつ，歴史的，伝統的文化に根ざし，人間と自然との調和のとれた安定感のある健康で文化的な人間居住の総合的環境を計画的に整備することを基本的目標とし，これを達成するための計画方式として定住構想を選択した。

定住構想は，第1に，歴史的，伝統的文化に根ざし，自然環境，生活環境，生産環境の調和のとれた人間居住の総合的環境の形成を図り，第2に，大都市への人口と産業の集中を抑制し，一方地方を振興し，過密過疎に対処しながら新しい生活圏を確立することである。

このための仕組みとして，自然環境をはじめとした国土の保全および管理，生活環境施設の整備と管理ならびに生産施設の設置と管理等が一体として行われ，住民の意向が十分反映され得る計画上の圏域を想定し，これを定住圏と名づけている。

定住圏は二全総における広域生活圏を発展させたもの

表11・15 定住構想と定住構想の圏域

定住構想	定住構想は，第1に，歴史的，伝統的文化に根ざし，自然環境，生活環境，生産環境の調和のとれた人間居住の総合的環境の形成を図り，第2に，大都市への人口と産業の集中を抑制し，一方地方を振興し，過密過疎に対処しながら新しい生活圏を確立することにある。
居住区	生活圏の最も基本的な単位として，世帯を形成しつつ住民の一人ひとりが日常生活を営んでいる身近な圏域。この圏域は，生活・生産を通じ地理的にも機能的にも密接な関係を保っている農村部の集落圏や身近かな環境保全の単位となる街区で，おおむね50〜100程度の世帯で形成されている。全国はおよそ30〜50万の居住区で構成される。
定住区	居住区が複数で構成する圏域。例えば，小学校を単位とする広がりをもち，コミュニティ形成の基礎となる。全国はおよそ2万〜3万の定住区で構成される。
定住圏	都市，農山漁村を一体として，山地，平野部，海の広がりをもつ圏域。定住区が複合して定住圏を形成し，全国はおよそ200〜300の定住圏で構成される。定住圏は地域開発の基礎的な圏域であり，流域圏，通勤通学圏，広域生活圏として生活の基本的圏域であり，その適切な運営を図ることにより，住民一人ひとりの創造的な活動によって，安定した国土の上に総合的居住環境を形成することが可能となる。

であり，その整備の方向は，地方公共団体が住民の意向等をしんしゃくして定める。この場合，市町村は生活環境の整備と地域の振興を中心に総合的居住環境の整備を進め，都道府県は市町村と連携して国土資源の利用・管理，交通ネットワークの形成，居住の安定性を確保するための根幹的施設の整備等を中心に計画的な定住圏の整備を推進する。国は定住圏整備のための諸施策の充実，強化を推進することとした。

定住構想推進のための計画課題としては国土の管理，国民生活の基盤，大都市およびその周辺地域，地方都市および農山漁村，国土利用の均衡を図るための基盤整備の五つを掲げ，特に教育・文化・医療等の機能の適正配置と工業の再配置を進め，幹線交通通信網の整備を図った。

三全総の策定された1970年代の後半は，世界の先進工業国はオイルショックからの立ち直りに苦心しており，経済の先行きは極めて不透明な時期であった。日本経済は安定成長への移行に成功し，さらに第二次のオイルショックも乗り越えて，明治以来の悲願であった欧米先進諸国へのキャッチアップを果たし，経済面における国際的地位は大いに高まった。国土利用においても，大都市圏への集中傾向は緩和され，三全総のねらいとした地方定住の方向に進んだ。

第四次全国総合開発計画

1980年代に入るとエレクトロニクス，バイオテクノロジーなどの先端技術の発展，新素材の開発などが進み，技術先端産業の発達を通じて日本の工業力が飛躍的に強化され，これを背景とした情報化，国際化が進んで経済社会のあり方にも大きな転機がおとずれてきた。

国土利用の面においても，国際的な金融，情報機能が東京に集中するとともに，東京が日本の首都であることを超えて，その世界都市化が始まっている。また，全面的に都市化が進行し，農村地域においても都市的生活様式がいきわたってきた。

このような新しい状勢に対応し，21世紀を見通した国土開発を進めるため，1987年に第四次全国総合開発計画が策定された。

四全総は21世紀への国土づくりの指針として，おおむね西暦2000年を目標年次とし，①定住と交流による地域の活性化，②国際化と世界都市機能の再編成，③安全で質の高い国土環境の整備の三つの基本的課題を踏まえて，「安全でうるおいのある国土の上に，特色ある機能を有する多くの極が成立し，特定の地域へ人口や経済機能，行政機能等諸機能の過度の集中がなく，地域間，国際間で相互に補完，触発しあいながら交流している多極分散型国土を形成すること」を目標としている。

この多極分散型国土は「生活の圏域（定住圏）を基礎的な単位とし，さらに，中心となる都市の規模，機能に応じて定住圏を越えて広がる広域的な圏域で構成され，それらは重層的に重なりあった構造をもち，それぞれの圏域が全国的に連携することによりネットワークを形成する」

「この場合，東京圏をはじめとして，関西圏，名古屋圏さらには地方中枢・中核都市を中心とする広域的な圏域が全国的に連携することとなるが，地方中心・中小都市圏の中でも，技術，文化，教育，観光等特色ある機能に応じて，日本全国あるいは世界との関係をもつものが数多く出現する。」

「この計画では，交流の拡大による地域相互の分担と連携関係の深化を図ることを基本とする交流ネットワーク構想の推進により多極分散型国土の形成を目指す」とした。

これを受けて1988年には業務機能，中枢管理機能など諸機能の東京一極集中を是正し，住民が誇りと愛着を持つことのできる豊かで住みよい地域社会の実現に寄与するため多極分散型国土形成促進法（多極法）が制定され，国の行政機関等の移転，地方圏における振興拠点地域の開発整備，東京大都市圏における業務核都市の整備などを推進することとなった。

11.5 都市計画と国土の利用

11.5.1 国土利用の展望

19世紀の後半から近代化の歩みを始めたわが国は，おおむね1世紀をかけて工業化を進め，世界にもまれにみる高度成長を遂げて，欧米の先進諸国への経済面のキャッチアップを達成した。この間，総人口は約3倍に増加し，国民の生活水準も大幅に上昇した。

国土の利用も，この1世紀の間に大きな変化を遂げた。近代化の当初においては，全国にわたって工業化と都市の成長がみられたが，鉄道敷設の進展，エネルギー供給システムの整備などとともに東京をはじめとする六大都市の成長，四大工業地帯の発展が著しく，さらに第二次大戦後の高度成長期には人口，産業の太平洋ベルト地域への集中が激しくなり，世界最大の巨大都市圏に成長した東京大都市圏とこれに連なる東海道メガロポリスが形

成されるなど，国土利用の偏在が進んだ．

1960年以降は，特に急速な都市化が進み，農地，森林の転用や海岸の埋立などによって市街地は飛躍的に拡大した．これに対応する社会資本の整備は順次進められつつあるが，国土構造の骨格を形成する高速交通体系や情報ネットワークは，なお整備の途上にある．

この間，日本の国民総生産の世界の総生産に占める割合は1965年の4.1％から1991年の15.6％と飛躍的に増大した．これからのわが国の経済社会の動きは，世界経済のあり方にも大きな影響を及ぼす．

21世紀初頭にかけて，世界は発展途上国の人口爆発，南北間の所得格差，食料問題，エネルギー問題，環境問題など多くの困難な問題に直面するであろう．この中で日本は，これらの問題の解決に積極的な役割を果たすとともに，経済社会の門戸を世界に向かって開かなければならない．

このことは，国土利用のあり方に大きな変革をもたらすことになる．工業の分野で先進工業国や発展途上国との役割分担を進める中で，工場など生産機能の配置の転換を図らなければならない．農業，林業の分野の自由化を進めながら，これらの産業の再構築を行わなければならない．200海里経済水域の体制のもとで，水産業のあり方も抜本的な見直しが必要となる．サービス業や資本の自由化がサービス産業分野に与える影響も大きい．

一方，一世紀以上にわたって増加を続けてきた日本の総人口は2010年頃にはピークに達し，その後はなだらかな人口減少に転ずる可能性が強い．特に労働力人口の増加がとまり，本格的な高齢化社会を迎えることが見込まれる．20世紀，特に第二次世界大戦後に生まれ育った日本人は，高い水準の教育を受け，家の束縛からは比較的自由となり，そのライフスタイルは自由時間の積極的活用，多様な社会集団への選択的帰属を求める方向へ向かっている．また，経済的な豊かさを背景に，自然を保全し，自然と人間との共生を回復しようとする志向が高まっている．

11.5.2 国土政策の方向

1980年代からの経済社会の国際化，情報化，ソフト化の本格的な展開にともなって，東京への人口や諸機能の新たな集中が進み，東京一極集中型の国土構造の問題が指摘されることとなった．その背景には，明治いらいの急速な近代化の過程で追求してきた効率性，画一性の重視，中央集権的性格の強い政治行政システムなどが東京の求心力を高める方向に作用してきたことが挙げられている．

国の内外にわたる諸情勢の変化に対応し《公共の福祉を優先させ，自然環境の保全を図りつつ，地域の諸条件に配意して，健康で文化的な生活環境の確保と国土の均衡ある発展を図る（国土利用計画法）》ためには，20世紀につくり上げてきた政治行政システムや社会経済システムの改革とあわせて，一極集中型の国土構造の基本的な改革を進めることが必要である．

東京一極集中構造は，明治いらい東京を首都として進めてきた近代化の一つの帰結でもある．国会は，1990年に国会開設百周年を契機として「国土全般にわたって生じた歪みを是正するための基本的対応策として一極集中を排除し，さらに，21世紀にふさわしい政治・行政機能を確立するため，国会及び政府機能の移転を行うべきである」との決議を行った．これを受けて，首都機能の移転の具体化に向けた検討が進められている．

また，政府は多極分散型国土の形成を基本目標とする第四次全国総合開発計画を推進するとともに，さらに，新しい情勢の変化に対応し，長期的視点にたった国土政策の方向を明らかにするための総合的点検作業を進めている．

これらの検討作業を積み重ねていくとともに，国民の理解と参加を得ながら，新しい時代の国土利用のあり方と，それを実現するための国土開発の具体的な展望を明らかにしていく必要がある．

11.5.3 都市計画の課題

国土利用の展開とともに，都市計画においても多くの新しい課題が生まれている．

まず，国民生産の高度化にともなって，国民の生活行動の地域的な範囲が拡大し，実質的な都市は市町村の行政区域を超えて，都市圏を形成しながら成長している．大都市圏は都府県の範囲を越えて発展し，そのなかで多くの核都市が成長する可能性がある．一方，既成市街地やその周辺では居住の空洞化が進むおそれがある．地方都市についても，周辺の農山漁村とのつながりを一層強め，都市圏として成長する傾向がみられる．

さらに，近年の都市化の一つの特徴として，市街地の人口密度の低下傾向がある．この現象をもたらしているものは，第一に，一般的な世帯人員規模の縮小があり，第二は，市街地の外延的拡大による低密度地域の増加と高密度の中心市街地の密度低下がある．これに対して，

新しい時代の安定した都市居住のビジョンを明らかにする必要がある。そして，市街地の拡大に際しては，都市的土地利用と農業的土地利用との適切な調整が必要となり，また，市街地中心の活力を維持するための再開発等の対応が求められる。

都市の計画に当たっては，このような動向を把握し，それぞれの都市の将来の展望に基づき，都市の個性を生かしつつ固有の課題に的確に対応していく必要がある。この場合，平面的な土地利用の類別や遠い将来の理想像を描くだけでなく，具体的かつ現実的な施策を重視し，地域住民の合意を得ながら道路や公園や建物などが一体となった望ましい市街地の姿を明らかにし，適切なプログラムの下に都市整備を推進することが重要である。

また，従来の都市計画を超えた新しい問題として，都市近郊農村の計画的整備の必要が高まっている。都市化の波のなかで，都市近郊の農村は混住化が進み，農村に所得の基盤をもたない都市勤労者が増加するとともに，これまでの農業生産を基盤とする地域共同体の変質が迫られている。これに対応するためには，新しい土地利用，水利用，施設整備などのルールをつくりだし，これを担保する都市計画的な手法の確立が望まれている。

さらに，高度成長期において重要視された，開発あるいは再開発などの建設活動の計画に加えて，自然環境の保全や都市景観の形成などを含む都市の環境管理計画としての役割を果たしていく必要がある。この場合，公共施設は公共が，民間施設は民間がそれぞれ区分して，建設し，管理するという二分論にとどまらず，一つの地区を構成する市街地の住民と公共団体が一体となって，その環境の整備と管理を進めていくことが重要であり，これを基礎として組み上げた都市の計画をつくることが望まれる。

個別の都市の当面する課題はここに掲げたものにとどまらず，極めて多岐にわたるであろう。都市計画のプランナーは，現実の都市に取り組み，住民の悩みや希望を深く理解するとともに，幅広い展望のもとに都市のかかえる課題を摘出し，対応の方向を組み上げていかなければならない。その役割は重大であり，かつ困難である。

だが，二千年を超える国土の歴史の上に，新しい成果をつけ加え，次の世代に引き継いでいく喜びもまた，プランナーに帰するものである。

資料：総府庁統計局「国勢調査」をもとに国土庁計画・調整局作成。
注1：人口集中地区（DID）とは「市区町村の境域内で人口密度の高い（4,000人／km²以上）国勢調査調査区が隣接して，その人口が5,000人以上となる地域」をいう。
  2：上図は便宜上，標準地域のメッシュのうち人口密度が4,000人／km²以上である第3次地域区画（約1 km²）を表示している。

図11・9 人口集中地区（DID）の分布（1985年）

12　第三世界の都市と都市計画

　本章は三つの部分で構成される。第1は第三世界諸国における主要都市の人口規模と位置，都市化の実態等を概観する部分である。第2はそうした実態に対してこれまで各国でとられてきた都市開発政策を，アジアを中心に考察し，その成果と今後の課題を要約している。

　わが国の場合，すでに都市化がほぼ究極的なところに近づくまでに進展しており，したがって国民の大半は都市に居住しているが，第三世界では，いまだに国民の大半は農村にあるため，都市開発ないしは都市化制御のための政策は農村の活性化が大きな前提となることに留意しつつ，本章を読み進めていただきたい。

　一方また，わが国の都市計画は西欧先進国の伝統を大幅に取りいれ，豊富な都市関連諸統計や詳細かつ信頼性の高い地図等の自由な活用ならびに比較的高度に整備された行財政諸制度を前提条件に，都市の土地利用計画を中心とするひとつの行政工学的な専門領域としてすでに自らを確立している感があるが，第三世界ではそれらの前提条件がわが国とはきわめて異なっている。一方また，これらの諸国は現在，国家の総力をあげて貧困克服のために努力を集中しているため，都市開発（都市計画はその手段にほかならない）もまた，国家総合開発の文脈のなかの総合的なアプローチとしてとらえられることが多い。したがって，発展段階の違いのために基本的な尺度（例えば，1戸当り宅地の規模など）を変えて考えねばならないばかりでなく，専門領域としても社会・経済（特に雇用対策）・制度問題などの社会科学領域をふまえた知見が求められるのが通例であることも考えておかねばならない。

　そうした認識を背景に，第3の部分では現在整備の途上にあるこれら諸国の都市計画関連諸制度と，制度づくりにむけて試みられている試行錯誤の事例を紹介し，第三世界諸国の都市計画の全体像把握をたすけることを意図している。なお紙幅の制約上，都市交通問題には触れていないので留意されたい。また，重要な用語は英語その他の外国語を併記しているので，今後第三世界の都市問題を一層研究したい者はそれらにも親しんでおく方がよい。

12.1　都市と都市化の実態

　国連が1980年に行った推計によれば，1980年現在，人口500万を超える大都市地域は世界に30か所存在し，そのうち20か所，すなわち2/3がいわゆる第三世界に位置しているが，西暦2000年にはその総数が57とほぼ倍増するとともに，うち43か所，つまり全体の3/4が第三世界に存在すると予測されている（図12.1）。なお，80年現在の第三世界にある20の大都市のうち，その半分の10か所はパキスタン以東のアジアに含まれ，2000年予測段階での44か所のうちでは，23か所がアジアに属する（表12.1）。

　第三世界の都市化率（総人口に対する都市人口の割合）を見ると，南米地域がアジア・アフリカ地域に比べて際立って高い。これは，もともと南米では，アジア・アフリカのような小農を主体とする農業社会の規模が極めて小さく，欧米からの植民定住は，大規模プランテーション経営の基地としての都市を主要な対象として開始されたためと考えられる。このことは，土地人口比（国土総面積を人口で除した数値）の点でも，南米がアジア・アフリカよりはるかに恵まれた状況にあることにも反映している（表12.5参照）。しかし，第三世界の総人口という観点からすれば，こうした南米の状況はむしろ例外であって，第三世界総人口の大半は農村に居住しているのである。

　本章は第三世界，すなわちアジア・アフリカおよび南米の都市の実態と都市計画について論ずることを目的としているが，資料と紙数の制限上，アジア，なかでも東南アジアを中心として考察を進めることとする。

　かくて，人口大国である中国・インド・インドネシア

図12・1 世界の都市人口動向 *1

などの都市人口比がアジア・アフリカ地域の平均値に近いものと判断すれば，それは20〜25％となる。これは総人口の4/5から3/4が農村に居住する状態であり，農村人口は都市人口の3〜4倍の水準にある。このことは，農村から都市への人口流出比を都市側からみれば，およそ3〜4倍の人口流入比（社会増率）となってはね返ることを意味している。これをUNESCAP（国連アジア太平洋地域社会経済委員会）管内40か国（イラン以東）につい

表12・1 *2 (単位：100万人)

	都　市　(圏)　名	国　　名	1980年人口規模	2000年予測人口
一九八〇年にすでに人口五〇〇〇万をこえる都市圏	Beijing（北京）	China, P.R.O.	10.7	19.9
	Shanghai（上海）	〃	13.4	22.7
	Seoul	Korea, R.O.	8.5	14.2
	Manila	Philippines	5.7	12.3
	Jakarta	Indonesia	7.2	16.6
	Delhi	India	5.4	11.1
	Bombay	〃	8.3	17.1
	Calcutta	〃	8.8	16.7
	Madras	〃	5.4	12.0
	Karachi	Pakistan	5.0	11.8
	東京・横浜	日本	20.0	24.2
	大阪・神戸	〃	9.5	11.1
上記のほかに、二〇〇〇年に五〇〇〇万をこえると予測される大都市(圏)	Tientzin（天津）	China, P.R.O.	4.8	7.8
	Shienyang（瀋陽）	〃	3.2	5.1
	Lanchou（蘭州）	〃	2.5	5.3
	Kanton（広東）	〃	3.2	5.5
	Taipei（台北）	Taiwan島	3.1	6.5
	HongKong（香港）	HongKong	4.1	5.2
	Busan（釜山）	Korea, R.O.	3.1	5.6
	Danan	Vietnam	1.6	6.3
	BangKok/Thomburi	Thailand	4.9	11.9
	Surabaya	Indonesia	2.4	5.7
	Dhaka	Bangladesh	2.8	9.7
	Hyderabad	India	2.5	5.3
	Lahore	Pakistan	2.9	6.7

て見ると，ほぼ半数が1984年現在，総人口増加率で2％を超え，1970～82年間の平均人口都市化年率が4％を超えるものが13か国に達する。インドネシアはその一つであり，インドも3.9％と大差ない。中国が示す下降傾向が，今後持続する確証もない（表12.2）。年4％とは20年をまたずして都市人口が2倍となる速度を意味しており，しかも各国の都市化は全国均等に起きるわけではなく，首都をはじめとする大都市地域に集中するので，人口増加によってもたらされるさまざまの都市問題は爆発的なかたちで顕在化すると予想される。

こうした都市化の速度を歴史的に見たのが図12.2である。これによって都市化率がおよそ50％増加する期間，すなわち，もしも人口増加がなかったとすれば国家人口のおよそ半分が農村から都市へ移動した期間をみると，イギリスやアメリカ合衆国などがおよそ100年かかっているのに，日本ではそれが約50年に半減している。図12.2からは必ずしも明確には読みとれないが，図の右端に示されている韓国（ROK）などは，その期間がさらに短縮される気配を感じさせる。このように都市化の速度が加速すれば，それだけ随伴して起こる都市問題解決

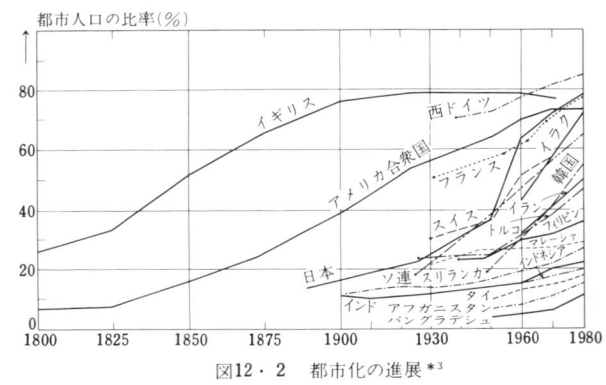

図12・2　都市化の進展 *3

（UN, Housing Situation in the ECE Countries；UN, Demographic Yearbook；UN, Compendium of Housing Statistics；UN, Statistical Yearbook；日本国勢調査などから作成）

のための時間がとぼしくなるわけであるから，財源的にも西欧先進国とは比較にならぬほど貧しい第三世界では，それらの諸問題解決のためにはこれまでとは抜本的に異なる処方箋を用意する必要がある。

一般に都市問題は二つの基本課題で構成されている。第1は，さきに見たようにおおよそ4％程度の年率で増加する都市人口の1/2程度を占めるとみられる就業必要人口（いわゆる Labour Force）に見合うだけの雇用機

表12・2　各国の都市化 *4

国 名	都 市 人 口				都市人口比(％)				人口150万以上都市の数	
	全人口に占める比率		平均年次増加率		最大都市のみ		人口150万以上都市の総人口			
	1960	1982	1960-70	1970-82	1960	1980	1960	1980	1960	1980
Afghanistan	8	17	5.4	5.8	33	17	0	17	0	1
Bangladesh	5	12	6.2	6.0	20	30	20	51	1	3
Burma	19	28	3.9	3.9	23	23	23	29	1	2
China（中華人民共和国）	18	21	3.6	3.1	6	6	42	45	38	78
Fiji	30	42a	5.8	3.7	‥	44	0	0	0	0
Hong Kong	89	91	2.6	2.4	100	100	100	100	1	1
India	18	24	3.3	3.9	7	6	26	39	11	36
Indonesia	15	22	3.6	4.5	20	23	34	50	3	9
Islamic Republic of Iran	34	52	5.3	5.1	26	28	26	47	1	6
Japan	63	78	2.4	1.8	18	22	35	42	5	9
Lao People's Democratic Republic	8	14	3.8	4.7	69	48	0	0	0	0
Malaysia	25	30	3.5	3.4	19	27	0	27	0	1
Mongolia	36	53	5.3	4.2	53	52	0	0	0	0
Nepal	3	5a	4.2	6.7	41	27	0	0	0	0
Pakistan	22	29	4.0	4.3	20	21	33	51	2	7
Papua New Guinea	3	17	15.2	6.6	‥	25	0	0	0	0
Philippines	30	38	3.8	3.8	27	30	27	34	1	2
Republic of Korea（韓国）	28	61	6.5	5.0	35	41	61	77	3	7
Singapore	100	100	2.3	1.5	100	100	100	100	1	1
Thailand	13	17	3.6	4.3	65	69	65	69	1	1
Sri Lanka	18	24	4.3	2.5	28	16	0	16	0	1
Viet Nam	15	19	5.3	3.2	32	21	32	50	1	4

イタリック文字は上欄の年次と異なる数字を示す。
1980年の数字は国際連合編, Patterns of Urban and Rural Population Growth, New York, 1980. による。

会を提供することであり，第2は，この急激に増加する人口の生存のために不可欠な生活要求（通常 Basic Human Needs, BHN と略称される）のうち，住居ならびに上下水・宅地・交通通信施設，教育と医療のための施設などの社会基盤施設を遅滞なく供給することである。ここにいう，人間生活のために最低限必要とみなされる住居と居住環境諸施設を最近は Human Settlement（人間居住）という総合概念で包括的にとらえることが一般化してきているので，第2の課題は「急激に増加しつつある都市人口への Human Settlement 条件の確保」と表現することができる。

ともあれ，雇用にせよ人間居住条件にせよ，現時点において相当に惨憺たる状況にある上に，今後の人口増加に伴うニーズ総量の増大に対応してゆかねばならないのであって，それはまさに容易ならざる大きな課題なのである。表12.2は，アジアの主要国における都市化の横断面を示している。

12.2 都市開発政策

当然のことながら，前節で概観したような都市の実態に対してさまざまな政策努力が積み重ねられてきているが，それは大別して二つの範疇に分けられる。第1は国家全体ないしは広域レベルの発想であって，農村とその中心地（central places）としての中小都市の社会的，経済的魅力を強化することによって大都市地域への人口集中圧力を弱めようとするものである。こうした考え方に沿って，開発への可能性を潜在的にもっていると考えられるいくつかの地方都市を開発拠点，いわゆる Growth Pole に指定して雇用機会増進のための工業誘致や，基本インフラ施設の整備を重点的に行う政策が多くの国で試みられてきた。1960年代初期にわが国でも強力に推進された新産業都市や工業整備特別地域の開発整備政策と同様の発想である。

一見まことに理にかなって見えるこれら一連の政策は，しかし見るべき成果を挙げていないが，それは二つの基本的な理由による。第1には，第三世界諸国の地方における基本インフラの水準が大都市よりもかなり劣っているため，多少の重点投資程度では到底企業投資家に魅力ある社会経済環境を造りだすほどのインパクトはもたらし得なかったのであり（わが国の上述の地方都市開発・整備政策にも同様の問題があった）[1]，第2にはこの開発政策がもっぱら近代的な製造業の生産拠点づくりに努力を限定する傾向があり，第三世界諸国経済のなかで重要な役割を担っている流通サービス部門，なかでもいわゆる非公式部門 Informal Sector（近代的な雇用契約に基づいて雇用されるのでなく，極めて零細な家内工業や流通サービス業に従事している貧困層を指す。街頭での屋台売り・花売り・靴みがきなどはその典型であり，それに従事する者の数はたいへん多い。統計上は自営業 self-employed として分類されることが多いが，その業務内容には永続性がなく，その実態に関する定量的把握は十分に行われていない）の存在に全く考慮を払わなかったためである[2]。

こうした反省に学んだアジア各国で現在展開されつつある地方中小都市振興策は，以下の三つの考え方が組み合わされていると考えることができる。すなわち①農村地区自体のなかでの生活条件の改善，②地方中小都市の開発政策を工業部門のみに限定せず，人間居住条件の改善や周辺農村で生産される農産品の流通センターとしての機能の充実とともに総合的に推進する方式，そして③中小都市振興にいわば「見切り」をつけ，人口の大集中が起きるに違いないと見られる大都市とその周辺地域の基本インフラ整備に政策の重点を移していくもの，である。

12.2.1 農村自体の開発整備計画[3]

本章はもともと都市計画を論ずるのが目的ではあるが，12.1にも述べた通り第三世界の人口の大半はいまだに農村にあり，したがって農村開発推進政策の帰趨は各国の都市化の速度に大きな影響を与えると考えられるので，農村自体に関する政策をも踏まえて都市を考える必要がある。

インドの第5次5か年計画（1975—80）以来取り上げられてきている Minimum Needs Programme (MNP) はその典型的なもので，初等教育，農村保健，農村飲用水供給，農道開発，農村電化，土地なし農民向け住宅建設補助，都市スラム居住者の居住環境改善，栄養改善などを実施している。教育・保健・栄養・住居改善などいわゆる BHN 志向の事業と並行して農道整備や農村電化を推進しているわけで，生活の質的改善とともに農産品の流通を促進し，電化（動力揚水ポンプ利用による灌漑を可能とする）によって生産性向上を狙うなど，農民，

---

1) 巻末参考文献5，P.112ほか

2) 巻末参考文献5，P.142〜153

3) この項は主として Asian Development Bank 1885によっている。

特に最低貧困層に焦点を合わせつつも総合的な地域社会の経済的自立力を強化する意図が明らかである。農民の暮らしとはあまり関係のない近代的な工業誘致で生産と雇用を促進しようとした，いわば外部需要志向型の過去の政策とは逆の方向を目指すものにほかならない。

バングラデシュの農村貧困層向け生産・雇用促進事業 (Production and Employment Programme for the Rural Poor) は，インドよりさらに貧困な国情を反映して農民の自立的経済能力向上に一層重点がかけられ，農業増産・家内手工業・農村工業・流通業などが中心である。

一方，わが国でもすでに紹介されることの多いフィリピンの農村 BLISS 事業（農村コミュニティの規模に合わせて生活環境改善や授産事業を行なうもの），マレーシアの連邦土地開発公社 FELDA による入植事業（厳密な選考によって適格と判定された貧困農民に 2.5 ha の油椰子またはゴムなどの農園を与え，自立経営ができるまで組織的な訓練を行うもの），インドネシアで長年にわたり続けられている農村補助事業（Bantuan Desa），韓国のセマウル運動（いずれも農村内部での事業の選定と実施の過程に農民組織の活発な参加を実現させた成功例）など，都市化が比較的進んだ諸国でもさまざまの注目すべき進展がある。

12.2.2 地方中小都市の総合開発

これは，これまで第三世界諸国で追求されてきた都市開発政策の最大公約数的なものということができる。その中心はいうまでもなく，開発拠点政策（Growth Pole Strategy）である。インドは独立以来，この政策を最も熱心に追求した国の一つであり，1968年以来，①設備投資への補助金（総投資額の15％），②政府系開発銀行からの融資金利面での優遇措置，③連邦政府から州政府への融資枠の拡大，④投資のうち土地・土地建物・輸送施設・電力など特定項目への補助金支出などの政策がとられてきている。また1975年に開始された第5次5か年計画期間中の政府工業設備投資の60％はいわゆる「後進地域」に投入されている[4]。

こうした長年にわたる政策努力の結果，ボンベイ・マドラス・カルカッタなどの伝統的工業地域が生産・雇用・設備投資額などに関して占めていたシェアを，1948年から75年までの27年間に70〜75％の水準から50〜60％の水準にまで低下せしめ得たのはひとつの成果とみなされているが，地方の中小都市に自律的な成長発展力をつけるという基本的な狙いからすれば，その効果は希薄なものにすぎなかったといわなくてはならない。その理由としては，次のような問題点が指摘されている。

第1に，こうした地域選別方式による開発投資は政府の直接介入が可能な公営企業を中心として行わざるを得ないために比較的大規模な「近代的」工場が多く，地域的な雇用創設にあまり効果をもたらさなかった。

第2は対象地域の水増しである。インドの発展の趨勢からみて，工業部門で期待し得る新規雇用創出量を大幅に上回るような投資を行っても，需要の伴わぬところに生産や雇用の伸びは期待できない，という点である。

第3に，インドのような広大な国家を「先進地域」と「後進地域」という2種類のみの色わけを行ったことは，例えば「先進地域のなかの後進地域（大都市の近郊でおくれた地区など）」と，「後進地域のなかの先進地域（停滞地域のなかの中心地方都市など）」では，明らかに内在する問題，したがって開発政策も異なったものでなくてはならない，という点が明確に打ち出されていなかったという点である。

第4に，工業立地は基本的に市場への接近性，交通・通信・電力などの産業基盤施設の整備，質のよい労働力，企業者能力などを不可欠の条件としているのにもかかわらず，工場誘致政策は団地の造成と設備投資をいうのみであった，という点である。

インドは歴史的に社会主義的政策をとってきており，企業設備投資の半分以上が政府によってなされている（これは他のアジア諸国と際立った相違を示している）[5]。したがって，ここに論じている工業投資地方分散政策などの点では公共投資の介入が他国の場合よりも大きな影響力をもち得ると期待できるのにもかかわらず，全般的には「先進地域の方がより多くの利益を得てしまった」[6]ということは，大幅な公共的介入にもかかわらず，工業発展は市場原理によってリードされるほかはなかった，ということになる。

ここに要約したような，いわば工業地方分散政策の「失敗」は，わが国の新産都市開発政策についてもほぼそのままあてはまる。ただしわが国の場合は，その後の環境破壊の進展に伴う大都市側の工業投資規制の強化や地価の高騰などによって，企業の多くが地方分散を選択する

---

4) 巻末参考文献 5, P.110〜111

5) 巻末参考文献 5, P.106
6) 巻末参考文献 5, P.113

が，はるかに低開発水準にあるインドではそうした情勢の進展は，その良し悪しは別として，まだ起きていない。

　では，先進工業国日本と，低開発国インドの中間に位置する諸国，例えばタイ・マレーシア・フィリピンなどのアセアン諸国ではどうか。これら諸国はいわゆる NICs (Newly Industrializing Countries, 新興工業化諸国，韓国・香港・シンガポール・台湾島・ブラジル・メキシコなど10か国) には及ばないが，平均国民所得ならびに経済成長率などの点でインド・パキスタンほかの南アジア諸国よりも格段と高い水準にある。しかしその都市発展は首都などの大都市に極端に集中して，いわゆるプライマシー状況 (国家のなかで最大の都市のみが極端に肥大する状況。第2位都市の30〜40倍の規模に達するタイのバンコクや，同じく10倍近い規模のマニラ都市圏はその典型例) を呈し，したがって地方中小都市の発展は低迷を続けており，その状況は1960年代の高度経済成長当時，工業設備投資が東京・大阪間の太平洋ベルト地域に集中した頃の日本に似た状況ということができる。現にタイ国ではこれまでの開発5か年計画のなかで10か所ほどの小都市を「開発拠点 (いわゆる growth pole)」に繰り返し指定して一応の誘導努力を続けてきているが，首都バンコク側での企業立地や土地利用上の規制がほとんど有名無実に等しい現状では，こうした政策もプランナーたちの「願望」の域を出ることが難しそうである。というのは，企業の側からすれば消費市場への接近性においても，交通通信その他の産業基盤整備の点からも，バンコク都市圏地域は圧倒的な優位に立っており，規制が講ぜられぬかぎり遠隔地への立地を選択する動機が企業の側には生まれにくいからである[7]。

　最近作成されたインドネシアの新都市開発政策 New Urban Development Strategy (NUDS) は，同国の第四次国家開発5箇年計画 (1984〜88年) 以降，西暦2000年に向けての全国的都市開発政策の枠組みを示すものであるが，大規模な調査研究に立脚して，政策的選択肢を明示的に提示しているという意味では興味深いものである[8]。すなわち，今後のインドネシアの開発パターンを規定する基本的次元として，①人口の地域配分 (ジャワ島とその他の外領諸島との人口配分比)，②雇用のセクター配分 (労働力の何％を非農業部門にふり向けるか)，の二つを選び，三つの可能なシナリオを想定する。

　第Ⅰシナリオは労働集約型工業重視による産業組織の強化 (元請・下請業者間のリンケージ強化) を目指し，農村ならびに小都市住民の需要 (すなわち，国内需要) を重視する。国内需要に対して市場メカニズムを通ずる対応を基本線とするので，外領諸島への工業分散政策は積極的に採用せず，これまでの最大人口集積地であるジャワ島の潜在的発展力の自然成長に期待をかけるものである。したがってジャワの対全国人口比はごくわずかしか減少しないが，1980〜2000年の20年間の新規雇用需要の77％は非農業部門で吸収しようと意図する (うち71％はジャワ島で吸収)。

　これと対照的な第Ⅲシナリオでは，外領諸島への移住策を積極的に進め，農業を重視する。したがって非農業部門の雇用吸収は同期間中の新規参入労働力の65％にとどまり，ジャワ島の対全国人口比を51％まで低下せしめるというものである (1980年現在，62％)。

　この中間をゆく折衷案が最終案として採用されている第Ⅱシナリオで，工業はある程度分散させ (その際は天然資源や農産物加工型・輸出志向型・労働集約型のものを重視する)，農業もまたある程度の促進を行う，というものである。ジャワの人口比は54％を想定し，非農業部門による労働力吸収は73％ (うち56％のみがジャワ島で吸収) としている。

　こうしたマクロのシナリオ想定に基づいて国内総生産と公共投資必要量についての試算が行われている。容易に想像される通り，所要公共投資はⅠ＞Ⅱ＞Ⅲの順である。工業重視によるエネルギー投資と，ジャワの大都市集中人口への人間居住条件確保のためのインフラ投資が増えるためである。国連開発計画 United Nations Development Programme (通常，UNDP と略称) が作成したこの報告書は，国内総生産についてはⅡ＞Ⅲであることを示しているが，Ⅰについては何故か算定されていない――Ⅰ＞Ⅱであることはほぼ確実と推測されるが。

　かくて第Ⅱシナリオを選択したあと全国の都市を：
1. 国家レベル都市 (既成熟) Mature National Development Cities
2. 国家レベル都市 (形成中) Emerging National Development Cities
3. 広域レベル都市 Inter-regional Development Cities

---

[7] しかし，1986年6月に公表された第六次国家開発5箇年計画への提案 (NESDB, 1986) は，このいわば「問題の核心」に対して現実的な処方箋を提起しており，世界銀行や USAID などの援助のもとに実施されたこの提案書に対するタイ政府や自治体の今後の対応が注目される。

[8] 巻末参考文献19。

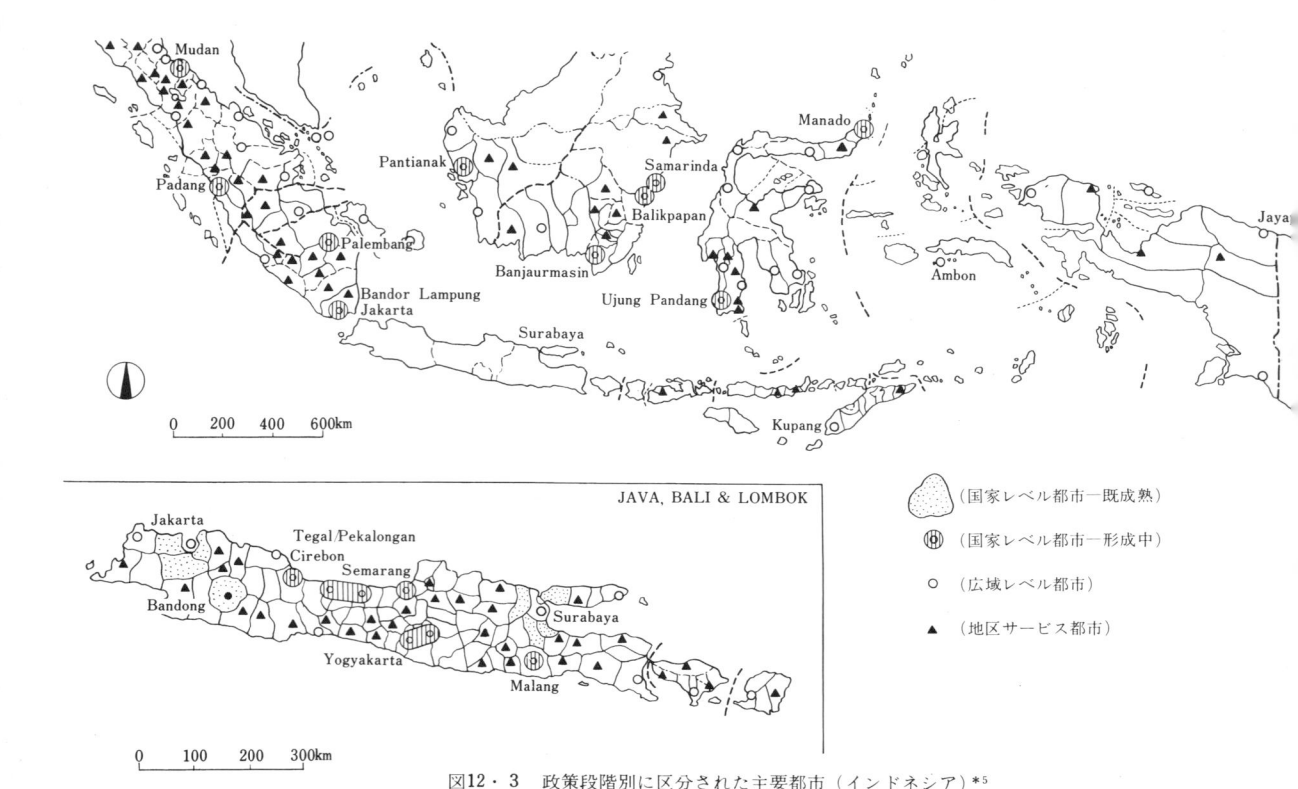

図12・3 政策段階別に区分された主要都市（インドネシア）*5

4. 地域中心都市 Regional Development Cities
5. 地区サービス都市 Local Service Cities

の5段階に分け，それぞれが分担すべき開発拠点としての機能ならびに政策の大枠を規定し，全国を州を基本とする24の地域ブロックにブレイクダウンして，各ブロックの開発指針を略述している（図12.3）。

全国の都市を五つのランクに分け，それぞれが果たすべき役割を明示しているのは健全な考え方といえるが，私たち日本人がこうした構想に接する際に見落としやすいのは，インドネシアはもとより，アジアの発展途上諸国国民の大半はこの都市システムの外に居住しているという事実である。また，貧しい国といえども規模の大きな都市は自律的な経済成長力という点ではすでに成熟した水準に達していると見られるのであって（でなければ大きくなる筈がない），都市システムのなかで最も弱体なのは地方末端の都市，特に周辺の農村地域との関連が深く，農村人口に対して市場機能と生活上必要なサービス機能を果たすレベルである。ここをいかに強化し得るかが第三世界諸国の都市開発政策の核心の一つなのである（もうひとつは，本章1部ですでに論じた通り，大都市における人間居住条件の確保である）。いまこのインドネシアのNUDS構想の末端に位置づけられている「地区サービス都市」の数は264となっており，これはカブパテンと呼ばれる行政単位の数とほぼ等しい。これはわが国の都道府県に相当する地域的規模をもつ地域単位であって，農村と小都市を中心とする「草の根の経済圏」としては，その一段下の行政単位であるケチャマタンを重視しなくてはならない。その数は全国で約3,000である。しかしNUDSはそのレベルについてはなんら具体的指針を示していない。広大な国土（インドネシアの国土面積は日本の約5.5倍，人口は1億6千万である）で3,000に及ぶ地方小都市の計画に全国共通の指針を出すことの困難は当然であって，これは今後州政府のもとで地方的特色を加味して肉づけされるべきものであろうが，そこでどのように現実的かつ効果的な政策を提示し得るかに，NUDSの成否はかかっていると筆者は考える。章末の図12.11は，アジア各国の総人口と，制度としての行政区画の構成を示す。詳しくは，図下欄の注を参照のこと。なお，図中Level-1とあるのは，これらの国々でマクロの地域開発計画が作成されているレベルを示し（日本での首都圏・東北圏などに当るもの），Level-2は「草の根」からの積上げとして地区計画が作成されているレベルを示す（日本での町づくり・村起し計画と似た発想）。

フィリピンの地方都市基盤整備事業 Programme for Essential Municipal Infrastructure, Utilities, Maintenance and Engineering Development (PREMIUMED)

は世界銀行の援助のもとに1985年以降開始されているもので，全国で16の中堅地方都市を選び，インドネシアのNUDSと同様の趣旨で，インフラ整備のための投資と，施設設置後の維持管理と運営を目的とする事業である。こうした地方レベルでの事業の実施と事後の管理運営のための制度の整備，ならびに担当行政官の能力向上に大きな比重がかけられているが，各都市で具体的に行われるべき投資の内容は今後明らかにされていく予定である。わが国の高度経済成長時代にもそうであったように，インフラの整備は工業分散政策には極めて重要な役割を演ずるので，その意味ではインフラの整備とその維持管理を中心にすえているのは正しい着眼といえるであろう。ただし，ここでも近代的な工場をいきなり持ち込むだけでは，周辺の農村中心のヒンターランドとの相乗効果が誘発できないので，誘致すべき業種の選定が事業の成否を大きく左右することとなろう。

12.2.3 大都市の開発整備をめぐる重要課題

上記の12.2.1，12.2.2で概観したような農村や地方中小都市の自律的経済力を強化するための諸政策にもかかわらず，大都市への人口集中傾向はいっこうに弱まる気配を見せていないので，大都市自体，内部における上下水，交通通信，宅地と住居，教育医療施設などの絶対的不足に対応するための効果的政策が必要となる。いわゆる人間居住（Human Settlement）政策である。多くの第三世界諸国においてそれなりの努力が進められてはいるものの，急速な都市化のために累増する行政需要には追いつけないのが平均的な実情といわなくてはならない。例えば第三世界の諸都市の総人口における不法定住人口（Squatters）の比率を推定した資料によれば，1970年代中にそれが不変もしくは増加したとみられる都市の方が多い（表12.3参照）。ただし，こうした経年変化を多数の事例について横断的に分析した資料はとぼしく，またここに扱われている事例数も多くはない上に，全体的な居住環境条件把握のためには不法定住者とともに，スラム地区の消長をも考慮に入れねばならないので，あくまでも例示的な資料の域を出るものではないことは注意しなくてはならない。図12.4はマニラの事例を示す。

一方，大都市を主な対象とするHuman Settlement政策の考え方には，近年注目すべき変化がみられる。第三世界都市の居住環境改善のための戦いは国連を中心としてすでに1950年代から開始されているが，当初は不良住宅地区・不法定住地区はその存在自体が好ましからざる

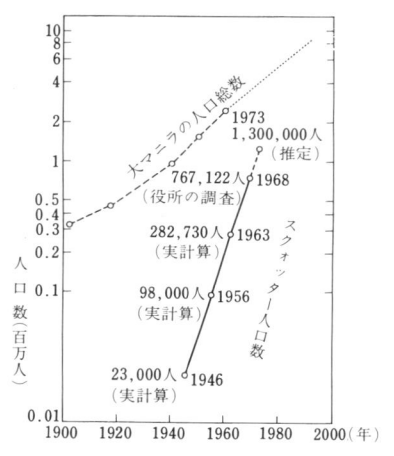

図12・4　マニラ大都市圏の人口総数と自然発生的集落の人口数*6

ものとみなされ，それを抹殺することに政策の重点がおかれていた[9]。しかし時の流れとともに，この考え方が現実の問題を解決せぬばかりか，かえって事態を悪化させることが認識されはじめ，たとえ外見のむさ苦しいスラムといえども除却したりせず，必要最低限のインフラのみを補い，何とか耐えることのできる人間居住条件を最低のコストで実現しようという，いわゆるスラム改善事業方式に転換してきている。その最も典型的なものが，インドネシアでの一連のカンポン改良事業　Kampung Improvement Project（KIPと略称）であり，これについては後述する。

全く同様の趣旨から，膨大なニーズの量に対して，建設費のためにごくわずかの戸数しか供給できない在来の公営の低家賃住宅建設政策を転換して，最小限の敷地（マニラのトンド地区の場合，1世帯平均48 m²の敷地，最高96 m²，最低30 m²）と必要最低限のインフラ施設（上下水道へのコネクション・パイプと洪水時にも冠水しない歩道など）のみを提供し，住居そのものは居住者の自主的建設にまかせるという，いわゆるサイト・アンド・サービス方式 Site & Service Scheme（SSSと略称）などが住宅供給計画の主流となりつつある。タイ政府の場合，1982～86年の現行5か年計画のもとでは公営賃貸住宅の建設はとりやめ，もっぱらスラム改善事業とSSSに努力を集中している[10]。

---

9)　巻末参考文献20, P.88, P.93
10)　Sithijai Thamphiphat, Thailand:" Country Study on Urban Land Management Policies and Experience" より。この論文はNagamine, H.ed. 1986. 巻末参考文献21, P.204

表12・3 総都市人口に占める不法定住者の比率（推定，一部都市のみ）[*7]

都市				
Blantyre	56 (1970)			
Dakar	60 (1970)	30 (1969)		
Dar-es-Salaam	50 (1970)	34 (1967)		
Kinshasa	60 (1970)			
Lusaka	27 (1967)			
Algiers	33 (1954)			
Amman	12 (1974)			
Ankara	65 (1970)	47 (1965)		
Baghdad	25 (1970)	29 (1965)	25 (1960)	
Casablanca	70 (1970)	16 (1969)		
Istanbul	45 (1970)			
Izmir	65 (1970)	35 (1965)		
Oran	33 (1954)			
Tunis	16 (1960)			
Bangkok	4 (1970)	20 (1970)	23 (1968)	5 (1966)
Calcutta	33 (1970)	33 (1961)		
Colombo	57 (1973)			
Delhi	14 (1968)	9 (1959)		
Hong Kong	10 (1979)	5 (1971)	10 (1970)	
Jakarta	25 (1971)	26 (1969)	80 (1968)	25 (1961)
Kabul	21 (1968)			
Kaohsiung	20 (1970)			
Karachi	23 (1970)	27 (1968)	33 (1961)	
Kuala Lumpur	37 (1971)	25 (1969)	25 (1961)	
Manila	35 (1977)	18 (1973)	35 (1972)	20 (1968)	35 (1968)
Seoul	30 (1970)			
Singapore	34 (1970)	15 (1970)	15 (1966)	
Taipei	25 (1966)			
Saigon	26 (1973)	35 (1970)		
Arequipa	40 (1970)	40 (1968)	40 (1961)	9 (1957)
Brasilia	41 (1970)	41 (1962)		
Buenaventura	80 (1969)	80 (1964)		
Cartagena	50 (1974)			
Caracas	40 (1969)	35 (1964)	21 (1961)	
Guayaquil	49 (1968)			
Lima	40 (1970)	36 (1969)	21 (1961)	9 (1957)
Maracaibo	50 (1969)	50 (1964)		
Mexico	46 (1970)	46 (1966)		
Montego Bay	40 (1971)			
Rio de Janeiro	20 (1975)	30 (1970)	16 (1974)	27 (1961)
Santiago	17 (1973)	25 (1964)		

大都市における不良住宅地区分布の事例としてマニラ（図12.5）およびバンコク（図12.6）を示す。

a．カンポン改良事業（KIP）

インドネシア公共事業省住宅総局幹部のひとりであるワヒューディ・スバギオは，この事業が企画されるに至った背景として，①カンポンと呼ばれるインドネシアの伝統的な居住地域に住むものが都市人口の7〜8割を占めるが，こうした地域は Human Settlement としての基本インフラ施設が極めて貧弱であること，②急速な人口都市集中の結果，低所得者層の居住地であるこれらカンポンの人口密度が，許容限度を超えて上昇しはじめたこと，③こうした環境改善のための公共財源は極めてとぼしいこと，そして，④カンポン居住者の大半は生産的な市民であって（つまり，浮浪者や失業者の吹きだまりで

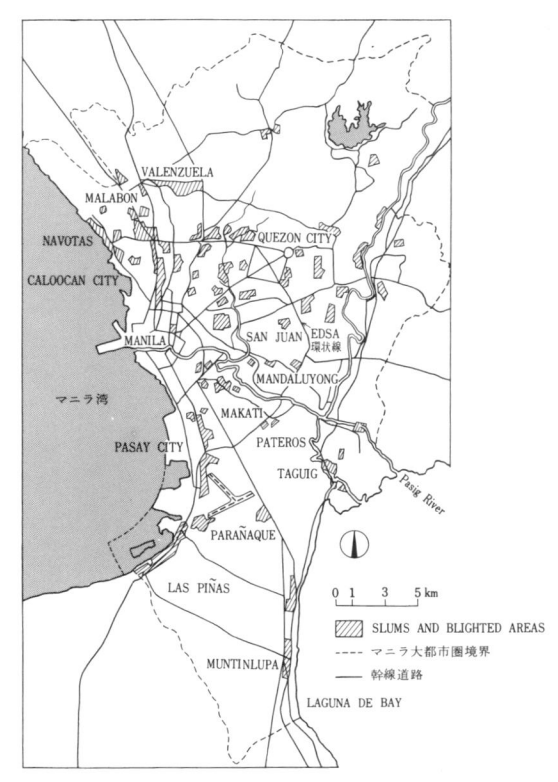

図12・5　マニラにおける不良住宅密集による荒廃地区 *8

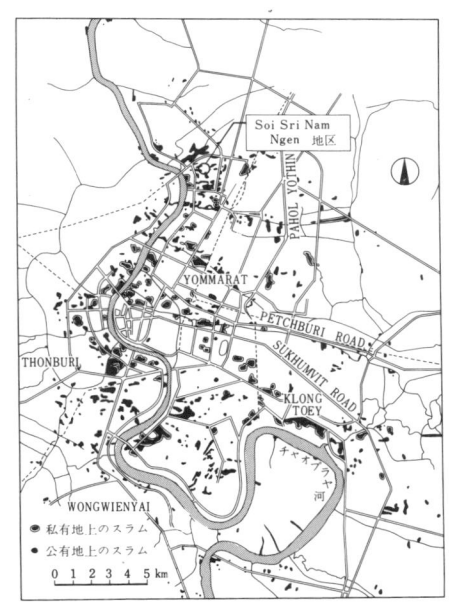

図12・6　バンコクにおける不良住宅密集地区（20戸以上の集団）410箇所（1981年現在）*8

はないということ），彼らが自力で支払い可能な住居の供給が極めて限られていること，の四つを挙げ，KIPの中心的な狙いとして，①公共機関の手による第一着手としてまず地区の物的環境の整備を行い，住居そのものの改善は爾後のカンポン住民の自主的努力にまつこと，②人間居住環境の改善は物的施設の改善のみで達成し得るものではなく，社会経済ならびに人間的な側面での改善活動とともに総合的に導入すべきこと（現に，カンポンの改善計画の決定，事業実施後の施設の継持管理，さらに授産活動をふくむ各種のコミュニティ活動は地区の住民組織を中心として展開されている），そして，③物的施設の改善は，それに続く社会経済的，人間的なコミュニティ活性化のための諸活動への「呼び水」と位置づけること，の3点を強調している[11]。KIPはもともとジャカルタ市独自の事業としてインドネシアの第一次5か年計画（1969～74，PELITA Iと略称）期間中に開始されたが，第二次計画（1974～79，PELITA II）以降は国家レベルの事業として取り上げられ，全国の主要都市で推進されてきている。図12.7はジャカルタ市におけるKIPの実施状況を示しているが，これによって，KIPが小規模なショウ・ケース的事業にとどまらず，全市的な規模をもっていることが分かる。

KIPは公共事業省所管のもと，地方自体の手で実施されているので，インドネシアの地方自治に大きな実権をもつ内務省（現地語でDalam Negeri, ダラム・ネグリと略称される）も，所定の基準に従ってKIPを目的とする補助金を支出するというかたちで連携している。KIPの計画標準のうち主要なものを示せば，次の通りである。

　1）　**街路**　すべての住居から街路（自動車交通の可能な道路）までの距離は100m（一方通行街路の場合）または300m（二方向通行の場合）以内とすること。居住地域1ha当りの街路延長は50～100m（一方通行の場合）または15～35m（二方向通行の場合）とする。街路用地Right-of-way幅員は交通事情に応じて6～10mとし，うち4～6mを舗装すること。

　2）　**歩行者路**　各住戸へのアクセスは20m以内とする。幅員はカンポンの用地事情に応じてRight-of-way 3～6m，ネット通路幅1.5～3mとする。必要に応じて，幅員1mの副歩道を設けて上記歩行者路の不備を補うこと。

　3）　**上下水等**　市水道幹線もしくは深井戸に接続する共同水栓を20～50世帯に1か所の割で設置のこと。道路沿いに下水排水路を設置のこと。住戸内に便所設置が

11)　Wahyudi Subagio, Indonesia:" Country study on Urban Land Development and Policies", Nagamine, H.ed. 巻末参考文献21, P. 75

図12・7 ジャカルタにおけるKIP実施状況[*8]

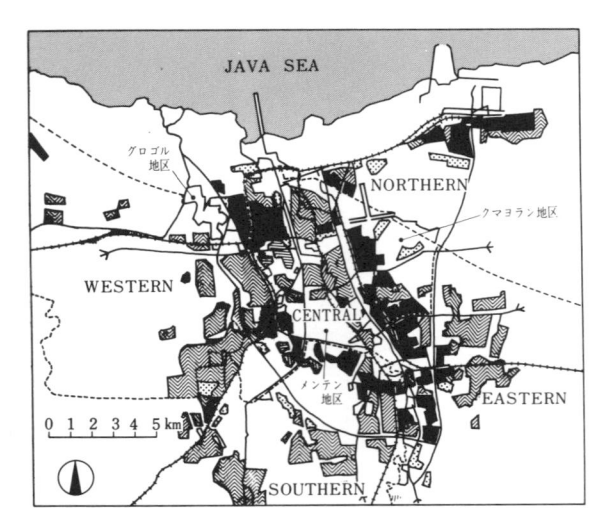

■ PELITA-1 (1969-74) 期間に完了した事業
▨ PELITA-2 (1974-79) 期間に完了した事業
▧ PELITA-3 (1979-82) 期間に実施中のもの

困難なときには12世帯ごとに1か所のMCK（共同の水浴・洗濯・便所をとりまとめた施設）を設けること。

4) KIP適用の選定基準 ある地区にKIPを導入するか否かは、13の要素によるスコアリング方式によって優先順位が決定されることになっている。13の要素は下記の通りである[12]。

1. 浸水事例：全地域浸水（9点）——事例なし（3点）
2. 水供給：水道施設なく、水売りに依存する場合（9点）——水道あり、良質水の井戸あり（3点）
3. 下水・汚水：トイレ皆無、住民は川に依存（9点）——川に依存する住民皆無（3点）
4. 保健衛生：死亡率高い（9点）——死亡率低い（3点）
5. 土地利用：都市全体のマスタープラン中、住居地区内に位置する場合（9点）——工場またはグリーンベルト地区内（3点）
6. 接近性：街路なし、または無舗装道のみ（6点）——舗装ずみ街路多い（2点）
7. 住民の態度：住民相互の協力度高く参加率高い（6点）——住民相互の協力度低く参加低調（2点）
8. カンポンの古さ：1945年以前に形成（3点）——1960年以降の形成（1点）
9. 人口密度：551〜900人/ha（3点）——100〜270人/ha（1点）
10. 世帯収入：月収3万ルピア以下（3点）[13]——月収6万ルピア以上（1点）
11. 立地条件：都心地区内部（3点）——都市周辺地区内（1点）
12. 建物の状態：仮設もしくは応急建築（3点）——耐久建築（1点）
13. 学校：学校なし（3点）——良好な水準の学校あり（1点）

上記のような、一応客観的な基準を適用して優先順位を定めるところまでは行政機関のイニシアチブのもとに進められるが、ひとたび事業指定が行われたあとは、町内会長もしくはチャマットと呼ばれるケチャマタンの責任者を中心とするかなり徹底した住民参加方式で改善計画やその実施後の運営計画を定める点に大きな特徴がある。なお、このワヒューディ報告は私たち日本人には理解しにくい重要事項に触れているので、それを見ておこう。

KIPとは、すでにかなり密集している居住区の改善を手がける事業であるから、計画のなかで自らの住む土地や建物の一部が拡幅すべき通路などに「ひっかかる」という事態が再三発生することになる。しかしこうした場合、当該土地もしくは建物の占有者は自らのロスに対して補償を受けないのが原則であるという。コミュニティとしての利益が何よりも優先され、現代の日本人のような「個人の権利」に対する認識が、いまだに希薄な状況といえる（無論、例えば当人の家の床面積が半減するなど、あまりにも大きな影響を受ける際には別途敷地が与えられることになるが、それに伴う費用はすべてコミュニティサイドの負担となり、公共的な補償の対象とはならない）。こうした方式に対して、これまでのところ住民側からの深刻な反発は出ておらず、むしろその逆に、道路拡幅その他のために必要となる用地は住宅側からの自主的な土地の提供でまかなってきているのが実情だという。なお、誤解を防ぐために付け加えておかねばならないが、KIP事業はインフラ整備に必要な資金や労働力を住民の無償協力に頼っているわけではない。さきに指摘した土地の提供などは別として、住民の労務提供は応分の反対給付を得ているのであり、またそれでなければ事業が永続するはずはない。ワヒューディはKIPがもたらした開発効果を、①低コストによる環境衛生水準の向上、②道路等の改善によりカンポン内部の零細企業の取引き

---

12) 紙幅の都合上、スコアリングは最低と最高のみを示す。現実には両者の中間的な評価点がつけられる場合がある。

13) 4ルピア≒1円（1986年現在）

の拡大，③コミュニティ医療の普及（家族計画運動などを含む），などとともに，④建設工事に伴う雇用の増加（持に非熟練労働——これは最貧層が潤うことを意味している），の4点に集約している[14]。

本節の冒頭で見たような，KIP型のアプローチを必然たらしめた四つの背景は，第三世界の大都市住民の大半を占める都市貧困層 Urban Poor にそのままあてはまるものであり，したがってまたKIPの基本的な政策意図として指摘した3項目（①必要最小限のインフラ整備への公共介入，②総合的，全人間的な姿勢，③住民の自主的参加の誘導——日本流にいえば"民間活力の導入"と同義と考えてよい）もまた，今後の大都市を中心とする開発整備政策の modalities（基本線）と見なすことができる。その核心は，意思決定過程における住民の参加であって，すでに，そうした考え方に沿った人間居住条件改善のための努力は，アジアの大都市で注目すべき新たな波頭を形成しつつある[15]。

b. **トンド海浜地区におけるスラム改善事業ならびにデガット・デガタン地区のSSS事業（マニラ）**

スラムすなわち不良住宅地区改善の手法としてインドネシアのKIPがひとつの政策モデルを形成してきていることをすでに見たが，KIPはもともと住宅地であったカンポンの環境悪化への対策としての有効性が評価されてきたのであった。しかし，大都市における都市貧困層にはもうひとつのグループがある。それはすでに表12.3で見たところの「不法定住者たち Squatters」である。不法定住地として選ばれやすいのは都心に近く，したがって雇用が得やすいのに空地として放置されている所や，河川敷・湿地など災害の危険が大きかったり，居住地区として魅力のない場所であり，必ずしも公有地に限られているわけではない。ここで概観するマニラ市北部のトンド海浜地区は，もともと国内港用地として政府が海水面を埋め立てた所で，第二次世界大戦中の混乱期にすでに不法定住が開始され，1974年の再開発事業着手の頃には194 haに18万人が居住する，アジア最大のスクォッター地区に肥大していた（人口密度は約1,200人/ha）。地区人口の10歳以上のものの53％以上は労働力人口（労働に従事しているか，労働を希望している失業者）と見なされ，失業率は18％を超えていた。雇用者のうち30％は自営業，すなわち物売り・靴みがきといった零細な日銭稼ぎに携わるものがその大半を占めると考えてよい（1970年の調査による）。

このような地域は当然，治安も居住環境も悪く，ボス支配下の無法地帯と考えて大過ないが，その大半は善良で働く意思をもつ地方出身の貧困層，もしくはその二世たちであり，住民にとって最大の関心事は，土地占有権 Land Tenure の確保である。

1974以来，フィリピン政府は住民に居住権を保証することを条件に住民代表と地区再開発構想の話し合いに入ることに成功し，当地区再開発のための専任機関としてトンド地区開発庁（TFDAと略称）を設立し，事業を開始した。地区の居住密度があまりにも高いため，隣接する埋立地区デガット・デガタン（410 ha）をも加え，地区住民の一部を移住させることでトンド地区の再開発を軌道にのせたのである。トンド地区の事業実施前の状態と，一種の区画整理方式によって整備された姿とを，それぞれ図12.8，図12.9に示す。すでに触れた通り，1世帯当り平均画地は48 m²（最低30 m²）である。事業は世界銀行の援助を得て実施されたが，土地の分譲価格を貧困世帯にも25年賦により支払い可能とするために Cross Subsidy 方式［地区の一部を商工業用地に指定して営業希望者に分譲し，その収益を一般の宅地分譲価格に還元する方式（事業内補助金）］を用いている。かくて総地区面積147 haの土地利用は，①住居用地60％，②商工業用地13％，③公共施設用地6％，④街路及びオープンスペース21％といった構成となった。デガット・デガタン地区に移住したものは従前人口の10％ほど（約2,000人）であり，大半はトンド地区にそのまま居住することができた（デガット・デガタン地区自体はSSSを主体に整備される予定であり，最終人口は8万人である）。

住民の切実な願いを無視した長年の政府の一方的な立退きや，スクォッター取締り政策のなかで住民の間に累積されていた不信感を取り除くことに成功したカギは，TFDAの徹底した住民参加組織づくりと住民意思の尊重であった。話し合いの核心が居住権問題であったことはいうまでもない。また，単に物的環境の改善のみでなく，コミュニティ組織づくりや地区保健医療，さらに住民への授産活動などに携わる各政府機関が協力して事業に関与したやり方は，インドネシアのKIPと全く軌を一にする。ほかにも印象深い成功事例は決して少なくないが，ここに紹介した東南アジア大都市の二つの事例のなかから，第三世界の大都市における最大の課題，都市貧

---

14) 巻末参考文献21, P.99～100
15) 巻末参考文献22, Sithijai 巻末参考文献21, Orangi Pilot Project 刊行の一連の報告書は，ここで論じているトンドやKIPの事例とともにこの意味で重要である。

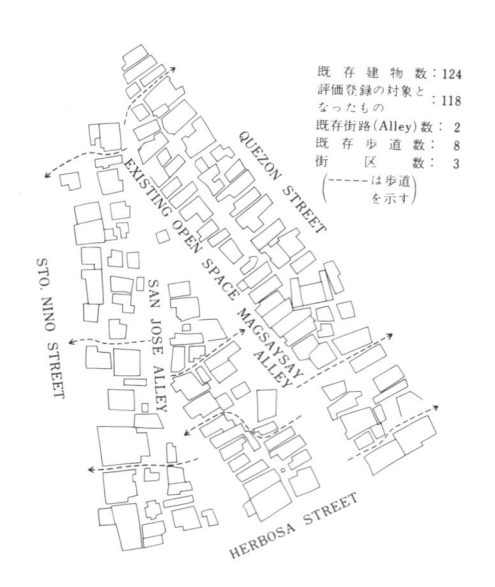

図12・8 マニラ・トンド海岸地区の改善実施前の状況 *8

困層への Human Settlement 条件の確保のための思想と方法への手がかりを得ることができよう。

12.2.4 都市開発政策の今後の課題

これまでのところで，第三世界の都市開発に関する主要な政策課題を，①農村自体の開発整備，②地方中小都市の総合開発，そして③大都市をめぐる重要課題という三つの領域にわけ，具体的事例を用いて主要な問題点の考察を進めてきたが，国連アジア太平洋地域社会経済委員会 ESCAP が1984年に刊行した報告書「アジア太平洋地域の人間居住問題に関する概況報告書」第1巻[16]は，これら全部を俯瞰するかたちで有益な総括を行っているので，ここにその要点を紹介する。

a． 土地問題

スラムや不法定住地区改善の体験が蓄積されるにつれ，いかなるスラム改善事業や SSS 事業にせよ，その計画・実施ならびに事後の維持管理の過程で住民・住民組織の自主的な参加がなければ所期の成果を持続し得ぬことが明らかとなり，また，そうした住民の自主的意欲を導くには住民への土地の占有権の保証が決定的な意味をもつことが明らかとなった。土地の所有権といわぬまでも，ごく小さな土地でもその占有権を保証してやることが重要なのである。この考え方は，本来非合法であり，法的には強制退去を命ずべき不法定住 Squatter 地区にも適用されはじめており，各国政府の考え方が一層現実

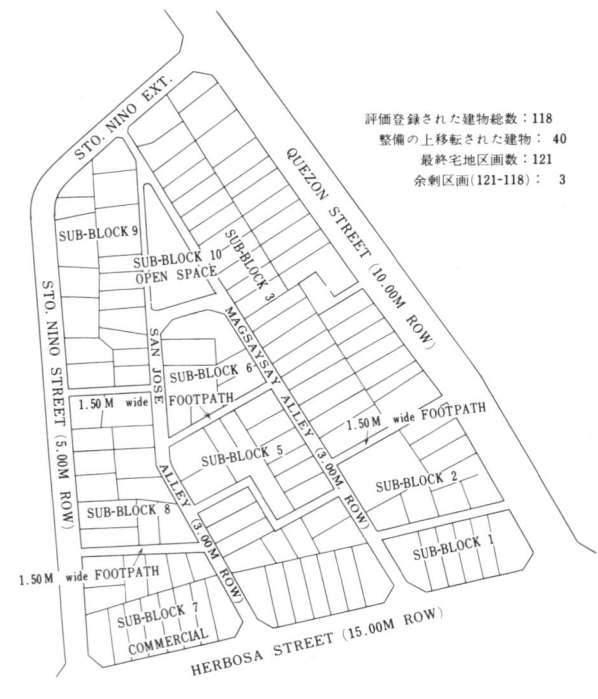

16) UNESCAP, 1983のこと。巻末参考文献2参照

図12・9 トンド海岸地区の宅地区画整理事業 *8

的かつ弾力的となってきたことが評価される。

一方，急激な人口圧力に対応するには大量の宅地供給を行う必要があるが，必要最小限のインフラ施設をそなえた土地を造成するために，日本・韓国・台湾島などで進展をみている土地区画整理方式を導入して新規土地開発事業の採算性をたかめるとともに，Cross Subsidy 方式（トンド＝デガット・デガタン地区の項参照）によって事業の採算性確保と貧困層向け施策の充実という，通常は相互に矛盾する要請への対応など，政策技法上の工夫が高く評価される。

b． 開発行政管理運営能力の強化

各省庁のタテ割り主義や，中央政府・州政府・市町村自治体など相互間の調整のまずさや各種権限の境界の不明確と重複，あるいは地方末端での政府職員の量質両面での不足など古典的な難問題はいまなお持続しているが，その改善のための努力（フィリピンの PREMIUMED はその一例）はそれなりの成果をもたらしつつあること，また開発計画作成段階での事業相互間の優先順位の決定方法（KIP 選定基準はその一例）や，都市計画公共事業部門を担ってきた物的計画部門と社会・経済部門とを総合する計画手法が徐々に進歩してきており（KIP もトンドもその例である），10年・20年先の青写真（いわゆるマスター・プラン）を描きながら，それに到達する経路

や手段は語ろうとしない前時代的な計画技法に取って代わりつつあることを指摘している[17]。

一方，こうした開発行政内容の向上は，そのために働く多くの政府職員の資質の向上が不可欠の前提となるが，そのためには講義主体の研修や教育ではなく，実務研修 On-the-Job Training（OJTと略称）によらねば成果が期待し得ぬことが，ますます広く認識されるようになったことを指摘しているのは注目される。

人材養成面では，先進国の援助が重要な役割を演じているが，USAID（アメリカ国際開発庁）やオランダのBaucentrum（建築センター），UNDP（国連開発計画）などの名を挙げてその貢献を評価しているのに，この報告書は日本の寄与についてはなんら言及していない。わが国を訪れる研修生（留学生ではない）の受入れはすでにイギリス・西ドイツについで大きく，他のDAC諸国に比してさほど遜色はないのだが[18]，特定の国を対象に連続的かつ組織的な人づくり協力を，現地において行う（その方が個人ベースでわずかの人々を日本に連れてくるよりもインパクトがはるかに大きい）という点では，わが国の援助は今なお大きく出遅れていると見られる。

c. 民間活力の導入

住宅建設分野では，私企業はもっぱら中・高所得層の需要に対応してきているが，マレーシア・韓国などでは私企業が低所得者向け事業を行いやすくするような金融措置を政府が導入しはじめており，また，中近東への出稼ぎが多いバングラデシュ・マレーシア・パキスタン・フィリピンなどでは，彼らの母国向け送金が私企業の建設資金融資として有効に活用されてきているという。マレーシアでは，民間銀行の融資残高に対する一定の比率の資金を住宅建設に割り当てるよう義務づけている。

d. 都市整備のための財源確保

これまで都市計画担当者の間では，都市の生活環境改善と経済開発とは競合する（いわゆるトレード・オフ関係）とみるのが一般的だったが，貧しい諸国における現実問題として，経済成長なしには都市整備の財源も生まれてこない，との長期的，経済自立志向の考えがこの報告書にうたわれているのは興味深い。このような考え方は，先にKIPやトンドでみた総合的アプローチにも結びつくものといえる。

e. 事業の採算性の重視

公共投資需要は増加の一途をたどる一方，充当すべき財源は厳しく限られるとすれば，投入する資金を極力回収して事業資金の回転をたかめるほかはない。アジア諸国で土地区画整理手法が注目されているのはまさにそのためである。この方式によれば，道路・公園・排水施設等を敷設するための費用と，これら施設設置のために必要となる公共用地相当分の地価を，事業区域のなかの一部（保留地）を第三者に売却して回収する（事業の実施によってかなりの地価上昇が見込めるのでこれが可能となる）ことが期待できるからである。しかし，区画整理方式がより貧しい国々で，宅地を求めている貧困大衆の負担能力の範囲で事業を実施し得るか否かは今後の試行錯誤にかかっているといってよい――マニラのトンド地区再開発の成功は前途に明るい希望を与えるものではあるが[19]。

f. 計画理念の充実と計画手法の改善

大都市の肥大を抑制する手段として地方都市の振興を目指すのは論理的ではあるが，Growth Pole 政策として知られたこの開発政策は，第三世界では所期の成果を挙げ得なかったし，その改善策として現在いまだに多くの国で進められている地方都市総合開発政策（インドネシアのNUDSはその例）の成否も，未知数といわなくてはならない。

この問題に限らず，開発計画の手法それ自体の現実的有効性をたかめる努力を続けねばならない。さもないと，実現する手段の裏づけのないバラ色の将来像を描くのみでは，一般大衆はもとより，計画にかかわる専門家たちの期待をも裏切る結果となり，かえって弊害をもたらす恐れのあることを警告しているのは注目される。

なお，このESCAP報告は特に言及していないが，重要と考えられる「計画水準の見直し」について付言しておく。各種インフラ施設を建設する際，施設の水準を規定する必要にせまられた第三世界諸国は，旧宗主国や影響力の大きい先進諸国のものを借用することが多く，したがって自国の貧困大衆の生活水準や生活様式からかけはなれた基準を適用する結果となった。そのために施設が高価で庶民には利用不可能なものとなったり，もぐり使用を誘発したり，あるいはまた規定にうたわれた水準の維持が放棄され，事実上規準不在の野放し状態が生まれたりしている。飲用水の水質，放流する汚水の浄化基

---

[17] 後述するマニラ大都市圏庁が導入しているCapital Investment Folio（CIF）方式は，この好例である。

[18] 巻末参考文献9, P.430

[19] 巻末参考文献10, P.12〜14

準，最低限宅地規模その他もろもろの事項に関して，各国の民度と公共財政力に見合った基準の確立が望まれるゆえんである。

12.3　都市計画ならびに関連諸制度

　第三世界諸国においても，10年〜20年先を目標とする将来構想，いわゆるマスタープランづくりは多くの都市で手がけられてきている。1982年6月，国連アジア太平洋地域社会経済委員会（ESCAP）は横浜市と共催で人間居住問題に関する大都市間会議を開催したが，その際作成された『ESCAP地域内諸都市の物的現況図集 Physical Profile of Cities in the ESCAP Region』に収録された13のアジアの大都市（ボンベイ・バンコク・釜山・チタゴン・コロンボ・香港・ジャカルタ・カラチ・マニラ・ペナン・上海）は，すべて何らかの形での将来構想図を掲げている。他の都市のものも，同工異曲と考えて大過ない。(参考文献11参照)。

　しかし，わが国でもそうであるように，こうした構想を実現するための制度的手段は未熟な部分が多く，そのためすでに前節の末尾部で触れたように，マスタープランづくりは都市整備のためには無益であるのみならず有害ですらあるとの反省が強まりつつある。

　将来構想の実現を保証する最も基本的な手段は土地利用規制（いわゆるZoning）と財源の確保であるが，各国とも，それら双方もしくはいずれか片方が極めて不備な状況にあるといわなくてはならないが，旧英領植民地では制度の枠組みが比較的整備されている。その一例としてインドの場合を表12.4に示す。

　この表から察せられるように，インドの都市計画は長期的な構想（マスタープラン）から日常行政事務としての用途地域制度までが体系的にリンクしており，論理的な仕組みをそなえているといえる。したがって，ここでの問題は制度の枠組みの弱さではなく，全体の構想を実施していくための財源と地方自治体末端での専門家能力(エキスパティス)の不足である。

　ところが東南アジアでは，こうした制度の枠組みそのものが未成熟なため，問題はさらに混乱した様相を見せる。アジアの大都市であるバンコクでは[20]，いまだに用途地域制が確立していない。したがって，タイではその他の中小都市にも，用途地域制はもちろん存在しない。外国のコンサルタントを起用して，これまでにバンコクのマスタープランは3度作成されたが（1960年，1969年，1971年），行政的都市計画事業にほとんどリンクしていない。1975年に改正された都市・地方開発法によって，中央政府内務省所属の都市・地方開発局は各都市に用途地域制を策定する権限を一応は付与されているのだが，その手続きが非現実的な方法で取り決められているため，実効を発揮し得ていない。そこで最近はバンコク大都市圏庁 Bangkok Metropolitan Authority（BMAと略称）が中心となって，1979年制定の建築物規制法によって用途地域制の不在を補うべく努力が続けられているが，現在のタイの政治風土のなかでは「免責はごく普通のこと」[21]なのである。

　バンコクと同様に首位都市 Primate City として急膨張を続けているマニラで，全都市圏的な用途地域制が公布されたのは1978年のことであり，1981年に修正されて今日に至っている。地域区分としては①住居（密度により3段階に分ける），②商業（中心性により同じく3段階），③工業（公害度により2段階に分ける），④公園・レクリエーション地区が用いられ，このほかに，公共施設用地・農用地・農業関連工業用地・交通用地・文化地区・漁業用水面・墓地のほか，特定の住居建設事業区域などを「特別用途地区」と規定している。規制内容・用語の定義，地区境界の詳細，許可される建築形式一覧などが小冊子のかたちで市販され[22]，また用途地域図も大都市圏下17の市町村ごとに10,000分の1で作成されたものが入手可能となっている。新政権のもとで，マルコス時代に推進されたこのような近代的都市計画行政が（これらをとりしきった所管官庁であるマニラ大都市圏庁の知事は，イメルダ・マルコス夫人であった），一層望ましいかたちでフォローアップされるよう祈りたい。

フィリピンの Capital Investment Folio 方式（CIF）

　さて，これまでに見てきた土地利用規制を中心とする都市計画行政は，都市計画の制度的根幹をなすものであることは当然だが，住民の大半にとって人間居住条件が劣悪であり，居住のみならず都市の業務的活動にとっても不可欠な交通・通信施設をはじめとするインフラが貧弱な水準にある場合，規制という消極的手段のもつ意味はわが国など先進国の都市におけるよりもはるかに限られたものとならざるを得ない。第三世界の都市では，より積極的な投資を誘導する整合的なガイドラインの方

---

20)　タイの都市計画制度に関する記述は，主として Sithijai 前掲論文によっている。

21)　巻末参考文献21，P.197

22)　巻末参考文献12，13，14

表12・4　都市計画関連業務の分担状況（インドの事例）*

	A. 連邦政府	B. 州政府	C. 大都市圏当局	D. 自治体（市または町）
① 総合都市開発政策の策定	第3次5ヵ年計画以降、基本指針の策定をおこなっており、現行の基本指針は下記をふくむ。 イ）MNP（本章12.2.1参照）および現政府与党が作成した「20項目開発計画」にもとづくスラム改善と居住環境整備対策諸事業 ロ）1978年作成の地方中小都市総合開発政策 ハ）総合都市開発政策 ニ）1985年作成のデリー首都圏開発整備計画 ホ）都市・農村開発法のモデルを示し、各州政府に採用をよびかける。	インド共和国憲法によれば、都市開発は州所轄事項であるため、各州政府は連邦政府の基本指針に準拠しつつ、具体的事業を企画・実施してゆく。 しかし、ほとんどの州政府はいまだに総合的な都市開発政策を確立するにいたっていない。 連邦政府の仲介により、州政府は国連その他から国際援助資金を入手している。	大都市圏は目下12の地区で設立されており、そのすべてが総合的大都市圏開発政策をすでに策定している。そのうち5大・大都市圏では、周辺をもふくめた広域的な地域開発計画を策定している。	中小都市のほとんどは、自らの総合開発計画を作成していない。その主な理由はスタッフの不足である。彼等の努力は、行政区域内部の問題地区への局所的対応に限られている。
② 大都市圏ワイドのマスタープラン策定	連邦政府所属の都市・地域計画庁（Town & Country Planning Organization, TCPOと略称）が、これまで連邦政府直轄の大都市圏地域のマスタープランを作成してきた（1967年のデリー・マスタープランはその例）。 TCPOは州政府の要請があれば、その他の大都市圏地域のマスタープランをも作成する。	各州政府は都市・地方計画局（T & CP Department）をもっており、必要な地区から順にマスタープランを作成してきている。第7次5ヵ年計画（1961-65）以降、これらは連邦政府の財政援助のもとに進められている。	ほとんどすべての大都市圏地域において、大都市圏開発庁またはそれに代る機関が設立されている。 これら大都市圏は州の都市・地方計画局（T & CP Deptt.）によるマスタープラン策定を契機に設立されることが多い。従って大都市圏庁の目的はそのマスタープランの修正と円滑な実施である。 上記と並行して、多くの大都市圏庁は大都市圏広域開発構想を作成している。	地方中小都市は通常 T & CP Deptt. をもたない。これら中小都市の開発は州の都市・地方計画局の責任となる。 地方中小都市は自ら計画機能をもたず、州のT & CP Deptt. が策定した計画の実施をうけもつのが一般である。
③ 都市レベルでの用途地域指定	連邦政府は直接関与せず	州が定める都市・地方開発法にもとづき、州のT＆CP Deptt. がシティ・ワイドの用途地域制を指定する。	大部市地域にあっては、大都市圏庁が用途地域を指定する。	大都市圏開発庁が存在しない時は、各傘下市または町がそれぞれの行政区域内に用途地域を定める。
④ 個々の用途地域認可事務	全　上	地域制適用の免除申請に対しては、州政府が対応するが、通常は大都市圏庁もしくはT & CP Deptt. の地区管轄局がことの処理にあたる。	大都市圏庁の主務のひとつである。	中小都市自治体の主務のひとつ。

* この表は、筆者の要請に応じて、デリー建築・都市計画大学のB.ミスラ教授により作成されたものであり、同教授の協力に感謝する。

が、より重要なのである。そのような意味で、マニラで過去数年来適用されている Capital Investment Folio 方式（以後 CIF 方式と略称する）[23]は注目に値するので、以下、1982年にマニラ大都市圏整備委員会の手で刊行された中間報告書によって、その概要を紹介する[24]。

CIF方式を導入する目的は3点に要約される。すなわち、①部門ごとに提案される各種事業に対して、その相互関連・実施場所に関する優先順位を定めるための基準を確立すること、②上記の手続きで選択される諸事業のための財政支出を、首都圏整備5か年計画の財政規模のなかに調整すること、そして、③このような手続きを通じて、国家経済企画庁・マニラ首都圏庁・首都圏内の市町村など関連公共団体の協議と調整のプロセスを確立していくこと、である。この方式が注目されるのは、「やらねばならぬこと」と「やれること」との調整過程に、分

---

[23] Capital Investment Folio；直訳すれば「主要投資台帳」といったような意味となる。政府の公共投資事業を一覧表として整理し、その相互関連・整合性をチェックするのが狙いである。
[24] 巻末参考文献15

表12・5　第三世界諸国における基礎指標（日本を含む）*11

	A 国民1人あ たりGNP GNP per capita	B GNP年次 成長率 Annual GDP growth rate	C 総人口 Population	D 人口増加率 Annual population growth rate	E 農家人口[b] Farm household population	F 農業従事 労働力比[c] Ratio of employment in agric.
単位	US$[a]	%	(百万人)	%	(百万人)	%
年次 出典	1982 S-2 (S-1) (S-1, 1982)* [S-6] [S-7]**	1970-82 S-2) (S-1) [S-6]	mid-1982 S-2 (S-4)	1970-82 S-2 (S-1, 1981)* [S-7]	1983 S-4	1983 S-4
Afghanistan	1975[190]	1973-79[1.5]	16.8	2.5	13.16	77
Bangladesh	140	4.1	92.9	2.6	79.38	83
Burma	190	5.0	34.9	2.2	18.86	50
China, P.R.O.	310	5.6	1,008.2	1.4	591.22	57
Fiji	1,950	1971-83(3.5)	0.7	1978-83(2.1)	0.25	38
India	260	3.6	717.0	2.3	442.08	61
Indonesia	580	7.7	152.6	2.3	87.88	57
Japan	10,080	4.6	118.4	1.1	10.72	9
Kampuchea. D.	—	—	(7.2)	1972-81(2.2)*	5.20	72
Korea, R.O.	1,910	8.6	39.3	1.7	14.15	35
Lao, P.D.R.	—	—	3.6	2.0	2.88	72
Malaysia	1,860	7.7	14.5	2.5	6.73	45
Nepal	170	2.7	15.4	2.6	14.09	92
Pakistan	380	5.0	87.1	3.0	49.09	52
Papua New Guinea	820	2.0	3.1	2.1	2.77	81
Philippines	820	6.0	50.7	2.7	18.31	44
Sri Lanka	320	4.5	15.2	1.7	8.26	52
Thailand	970	7.1	48.5	2.4	37.14	74
Vietnam, S.R.O.	—	—	57.0	2.8	39.45	69
Western Samoa	—	—	0.2	1978-83(0.6)	—	—
Kiribati（キリバスと読む）	(770)*	—	(0.06)	1978-83(2.1)	—	—
Brazil	2,240	7.6	126.8	2.4	47.01	36
Guyana	1981[565]**	1970-76[2.0]	(0.94)	1975-80[0.8]	0.19	20
Nigeria	860	3.8	90.6	2.6	43.03	51
Tanzania	280	4.0	19.8	3.4	15.64	79

注）——は資料入手不能を示す。
a) 10位以下四捨五入
b) 農業従事者ならびにその扶養家族数の合計
c) 農業従事人口を全労働従事人口で除した値
d) 内水面（主要河川，湖沼等）を含む
e) 農用地＝耕地[1]＋永年作物用地[2]＋牧草地[3]
　1) 耕地：短期性作物用地，牧場，牧草地，小規模菜園，一時的休閑地を含む。
　2) 永年作物用地：ココア・コーヒー，ゴム，その他果樹/堅果（ナッツ類）樹・ブドウ園など。ただし，製材用樹林地を除く。
　3) 自生もしくは栽培による草地・牧草地
f) 耕地

かりやすく，しかも体系的な手法を導入しようとする点のみでなく，そうした手法を直ちに立法制度化する前に，インフォーマルな協議として発足させている点である。以前にも触れたように，性急な新制度の導入は各種の抵抗のために空洞化・形骸化する恐れがあるからである。

また，CIF方式は調整されるべき各事業部門としてA.水道，B.下水と環境衛生，C.排水と洪水制御，D.廃棄物処理，E.道路，F.その他交通施設，G.エネルギー（電力・ガス幹線等），H.通信，I.教育・医療，J.住居，K.殖産事業，L.公共建築物，M.埋立，の13領域を挙げているが，第三世界の大都市圏において取り扱わねばならない諸セクターの一例として参考となる[25]。

評価の基準としては以下の5項目が挙げられてい

25) 一方，先に紹介したところの，最近世界銀行やUSAIDらの援助により作成されたばかりのバンコク大都市圏整備計画（NESDB, 1986）では事業部門を，①交通，②上水道，③洪水制御，④住宅ならびにスラム改良の4部門に絞り込んでおり，緊急計画的な性格が強い。したがって，バンコクの場合，関係省庁が行うすべての公共事業をカバーしてはいない。

G 総国土 面積[d] Total area	H 農用地[e] Agric. area	J 耕　地[f] Cultivated	K 人口密度 （グロス） Gross population density C/G	L 全人口 農　地 Tot. pop'n/ agric. area C/H	M 全農地 農家戸数 Agric. area /household H/(E/5.5)	N 森林および 林　地 Forest & woodland	P 森林・林地 全国土 Ratio of forest & woodland in total land area
1,000km²	1,000km²	1,000km	人/km²	人/km²	ha	1,000km²	%
1982 S-4	1982 S-4	1982 S-2	1982	1982 C/H	1982 (S-5) ＊は全農家数 で除した値	1982 S-4	1982 N/G
647.5	380.5	79.1	26	44	15.90	19.0	2.9
144.0	97.6	89.2	645	952	0.68	21.5	14.9
676.6	104.4	96.3	52	334	3.04	321.6	47.5
9,597.0	3,865.8	975.3	105	261	3.60	1,282.3	13.4
18.3	3.0	1.5	38	233	6.60	11.9	65.0
3,287.6	1,811.4	1,656.0	218	396	2.25	675.2	20.5
1,904.6	315.5	142.8	20	484	1.97	1,218.0	64.0
372.3	54.3	42.6	318	2,180	(1.19)＊	252.0	67.7
181.0	36.3	29.0	40	198	3.84	133.7	73.9
98.5	22.3	20.5	399	1,762	0.87	65.6	66.6
236.8	16.9	8.7	15	213	3.23	128.0	54.1
329.8	43.6	10.2	44	333	3.56	219.1	66.4
140.8	41.2	23.2	109	374	1.61	44.5	31.6
803.9	253.0	199.6	108	344	2.83	28.7	3.6
461.7	4.8	0.2	7	646	0.95	321.6	69.7
300.0	129.0	78.0	169	393	3.87	121.5	40.5
65.6	26.1	10.5	232	582	1.74	23.8	36.3
514.0	192.8	171.0	94	252	2.86	158.0	30.7
329.6	110.0	56.6	173	518	1.53	102.3	31.0
2.9	1.2	0.6	69	167	——	1.3	44.8
0.7	0.4	0.4	86	150		0.02	2.9
3,512.0	2,376.7	600.0	15	53	27.81	5,701.4	67.0
215.0	17.2	4.8	4	55	49.79	163.7	76.1
923.8	513.4	279.0	98	176	6.56	143.0	15.5
945.1	402.0	41.4	21	49	14.14	419.0	44.3

［出典］
S-1：Asian Development Bank, *Key Indicators of Developing Member Countries of ADB*, Vol.XV, Apr. 1984.
S-2：The World Bank, *World Development Report*, 1984. (Annex: World Development Indicators).
S-3：Statistics Bureau, Prime Minister's Office, Japan, *Kokusai Tokei Yoran 1981* [International Statistical Handbook 1981], 1981.
S-4：FAO, 1983 FAO Production Yearbook, Vol.37, 1983 (FAO Statsitics Series No.55).
S-5：Statistics Bureau, Prime Minister's Office, Japan, *Japan Statistical Yearbook 1983*.
S-6：United Nations, *United Nations Statistical Yearbook 1981*.
S-7：CEPAL, *Economic Survey of Latin America*, 1981.

る[26]。

1. 実施可能性 Feasibilty（事業がいまなお調査段階にあるか，すでに実施中か，外部からの資金援助の可能性，などが含まれる）。

---

26) 以下に挙げられる Feasibility, CBR, IRR 等はプロジェクト評価の手法としてこれまで世界銀行を中心に世界に流布しているもので，複雑な評価という作業を定量化したことの功績とともに，その弱点についても十分認識する必要がある。市中多く出回っている関連の参考書とともに，長峯, 1985 の 40 p. なども参照されたい。

2. 長期開発構想との整合性（Compatibility）。
3. 社会的公正への寄与（Impact on Equity）。
4. 経済性（Economic Viability；算定できる場合には，費用便益比 CBR や内部収益率 IRR などが算定されるが，こうした算定が不可能な事例も多いことが例示されている。教育投資などはその例）。
5. 採算性（コスト回収の見通しなど）

これらを総合的に考慮して最終的な判定が行われる。具体的には各事業を大きな一覧表にリストアップするか

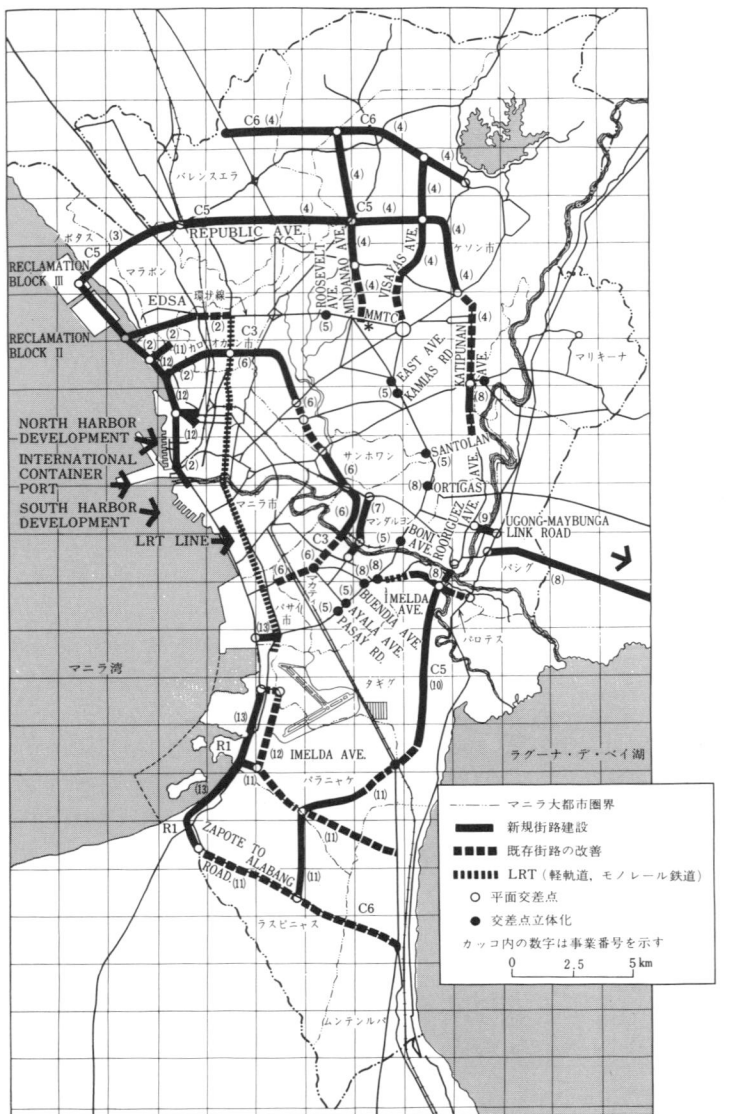

図12・10 マニラ大都市圏の主要関連事業計画図 (1983〜87) *10

たちでこれらの評価基準による分析結果が示される。ある事業の実施可能性といえば定量的な分析手法（すなわち，上記の経済性分析と採算性分析）のみが想起されることが多いが，現実にはそうした手法は総合判断のごく一部を構成するにすぎぬことが明らかに示されている点にも注目しておきたい。これは第三世界に限ったことで

はないが，ひとつの社会的状況のなかで計画や開発を進める際の価値判断は決して単純ではあり得ない。最終的にあくまでも人間的な良識の判断が必要となることを，この CIF 方式は示唆している。

なお，先に私たちはインドネシアの KIP 事業において，事業優先順位を定めるための簡便な採点評価方式が

国	バングラデシュ	スリランカ	インドネシア	マレーシア	ネパール	タイ
全国 P：35,000,000 A：100,000	全国 P：70,000,000 A：150,000	全国 P：13,000,000 A：70,000	全国 P：130,000,000 A：2,000,000	全国 P：10,000,000 A：150,000	全国 P：12,000,000 A：140,000	全国 P：40,000,000 A：540,000
						4●Region 2) P：15,000,000 A：170,000
			▽ Level-Ⅰ			
Province(Do) 道 /Metropolitan P：3,000,000 A：12,000	4●Division P：17,000,000 A：35,000		27●Province 州 P：2,500,000 A：4,000 (80,000)	14●State P：700,000 A：10,000	41●Development Region P：3,000,000 A：30,000 14●Zone P：1,000,000 A：10,000	チャンワット 71●Province(Changwat) 2) P：1,800,000 A：20,000
Gun/Si 郡/市 P：170,000 A：700	19●District P：3,500,000 A：8,000 55 Sub Division	22●District P：600,000 A：1,300	カブパテン／コタマジャ 3) 253●Kabupaten/Kotamadya P：500,000 A：600 2) (8,000)	72●District P：100,000 A：2,000	75●District P：200,000 A：2,000	642●District(Amopoe) 2) P：100,000 A：1,000
Myeon/Eup 面/邑 P：20,000 A：80 Comprised of 15 villages(Ris/Dongs)	435 Thana P：150,000 A：300 (Union) Comprised of 150 villages	AGA's Division 3063 P：60,000 A：100	ケチャマタン Kecamatan P：30,000 A：40 2) (500) Comprised of 15 Desas	△ Level-Ⅱ		5505 Commune(Tambon) タンボン P：10,000 A：100 Comprised of 10 villages(Mubans) ムバン

バングラデシュ
 1) Statistical Pocket Book of Bangladesh, 1978。
    バングラデシュ経済企画庁資料(1978)。
スリランカ
 1) Statistical Pocket Book of Sri Lanka, 1975。
インドネシア
 1) Statistical Pocketbook of Indonesia 1977。
    Regional Development of Yogyakarta(UNCRD GCC Training Report), vol.1,Book 3。
 2) 各レベルの数字はヨグャカルタ州の数字を示す。(　)内は全国平均を示し、かなりの差異あることに注意。
 3) 「カブパテン」は州のなかの県にあたり「コタマジャ」は中堅基幹都市を示す(ジャカルタのみは州と同格の扱い)。
マレーシア
 1) Statistical Handbook of Peninsular Malaysia, 1972。
    INTAN(政府内務省研修所)資料による(1978)。
ネパール
 1) Statistical Pocketbook, 1974。
タイ
 1) Regional Development of Nakhon Ratchasima (UNCRD GCC Training Report), 1977。
 2) ナコン・ラチャシマ県の数字。タイ国の平均的な水準と考えてよい。

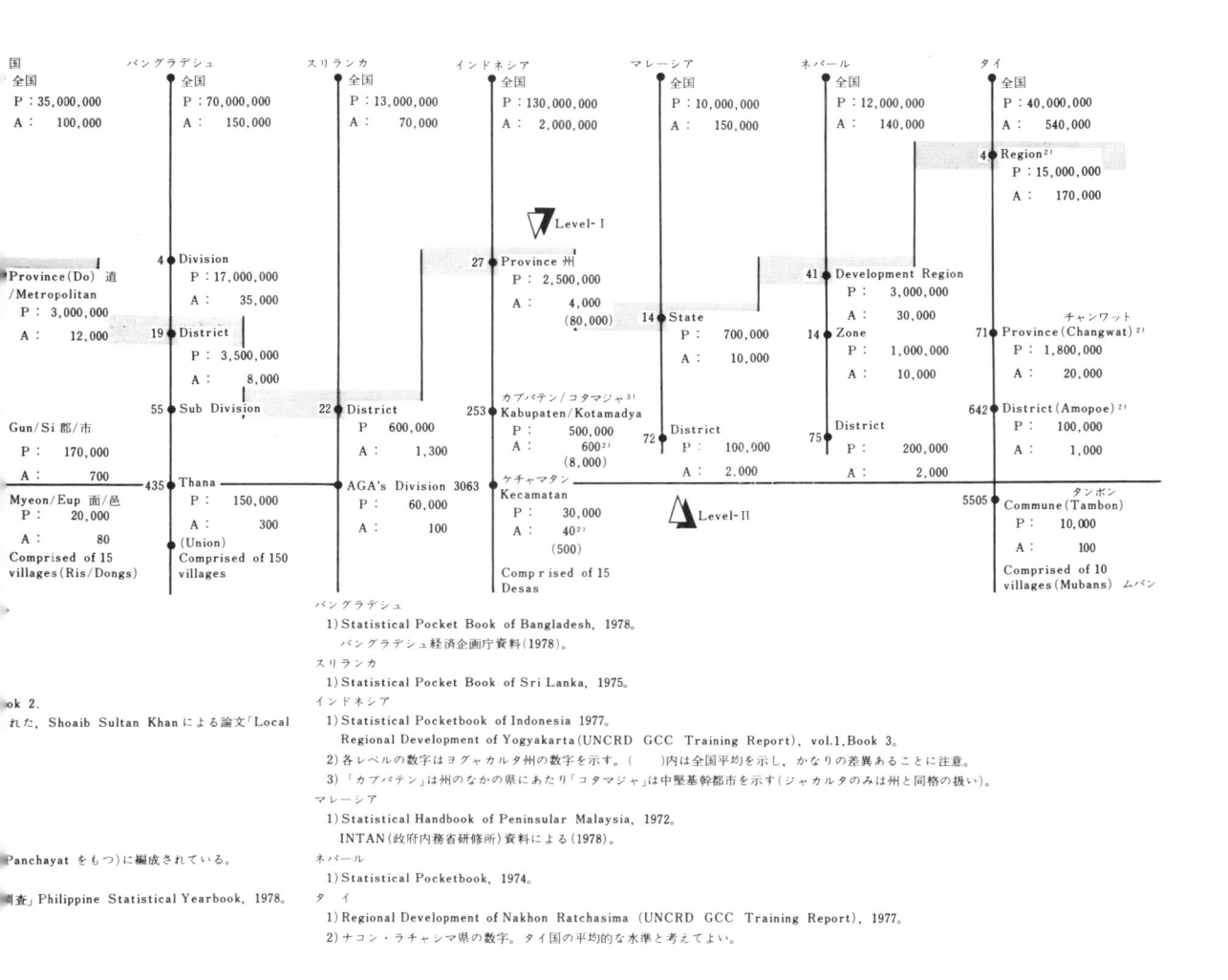

図12・11　各国の行政機構と開発計画づくりのレベル*9
　　　　　(この資料はもともと国連地域開発センターの研修用資料として穂坂光彦氏の協力を得て1979年に作製したもの。)

使われていることを見たが，このCIF方式においても，上記5項目のそれぞれに例えば5点評価方式を上乗せして，予備的な判断の一助とすることも考えられてよかろう。

一方，このCIF中間報告は各種事業の実施地区や事業内容を示すためのセクター別の地図とともに，大都市圏全体としての問題を総合的把握を助けるためにプログラム・マップを作成している。一例として，大都市圏の交通計画マップを示す（図12.10）。

都市計画年表

年	社会情勢・一般事項	都市計画（日本）	都市計画（外国）
～1889	69 東京遷都 72 京浜鉄道開通 89 東京・神戸間鉄道全通	72 銀座煉瓦街着工 84 芳川顕正府知事「東京市区改正ノ儀ニ付上申」 86 ベックマン・日比谷官庁街集中計画 88 東京市区改正条例	75 ドイツ：プロセイン街路線及び建築線法 89 フランス：パリ万博（エッフェル塔建設）
1890	4 日清戦争		3 米国：シカゴ・コロンビア世界博覧会開催 4 英国：ロンドン建築線法 8 英国：E・ハワード「明日の田園都市」 9 英国：田園都市協会設立
1900	4 日露戦争		0 ドイツ：ザクセン一般建築法 2 ドイツ：フランクフルト市アヂケス法（区画整理） 6 英国：ハムステッド田園郊外法
1910	0 韓国併合 4 第一次世界大戦	8 田園都市株式会社設立 9 市街地建築物法・都市計画法	6 米国：ニューヨーク市ゾーニング条例 7 フランス：T・ガルニエ「工業都市」 9 英国：住居, 都市及び地方計画法
1920	0 第1回国勢調査 3 関東大震災 4 同潤会発足 7 東京・上野―浅草間地下鉄開通 9 世界恐慌	1 借地法, 借家法 3 帝都復興計画 5 東京用途地域指定 7 不良住宅地区改良法	2 フランス：コルビュジェ「300万人の大都市案」 4 国際住宅及び都市計画協会アムステルダム会議 6 米国：ユークリッド・ゾーニング判決 8 ラドバーン住宅地建設 9 米国：C・A・ペリー「近隣住区論」
1930	1 満州事変 6 二・二六事件 7 防空法 8 国家総動員法 9 地代家賃統制令	3 満州国国都建設計画法 4 朝鮮市街地計画令 6 台湾都市計画令 6 満州都邑計画法 8 関東州計画令 8 市街地建築物法改正（空地地区, 専用地区）	3 国際近代建築家会議（CIAM）アテネ憲章 5 米国：グリーン・ベルト・タウンズ計画
1940	1 太平洋戦争 3 東京都制 5 敗戦 7 日本国憲法 7 地方自治法 7 労働基準法 9 シャウプ勧告	1 住宅営団法 5 戦災復興院設置 6 特別都市計画法 6 戦災都市115都市指定	0 英国：バーロー委員会報告 4 英国：大ロンドン計画 6 英国：ニュータウン法 7 英国：都市農村計画法
1950	0 朝鮮戦争 1 サンフランシスコ講和条約 2 農地法 3 町村合併促進法 6 日ソ共同宣言 6 国連加盟 6 新市町村建設促進法 8 下水道法 8 水質保全法	0 住宅金融公庫法 0 国土総合開発法 0 首都建設法 0 北海道開発法 0 建築基準法 1 公営住宅法 2 耐火建築促進法 4 土地区画整理法 5 住宅公団法 6 都市公園法 6 首都圏整備法 6 道路公団発足 7 駐車場法 7 東北開発促進法 8 第一次首都圏基本計画 8 千里ニュータウン着工 9 首都高速道路公団法 9 首都圏の既成市街地における工場等制限法	
1960	0 所得倍増計画 0 日米新安全保障条約 1 農業基本法	0 住宅地区改良法 0 戦災復興事業完成 1 宅地造成等規制法 1 市街地改造法 1 公共施設の整備と都市再開発を進めるための防災建築街区造成法 1 建築基準法改正（特定街区） 2 全国総合開発計画	0 ドイツ：連邦建設法 2 米国：連邦ハイウェイ補助法

2頁にまとめることを前提に，簡単な年表を作成した。

作成に当っては，①日本近代都市計画の百年(石田頼房著，自治体研究社，1987)の年表，②近代都市計画の百年とその未来（日本都市計画学会編，1988）の年表，③近代日本都市計画史年表（東京大学工学部川上秀光氏の教材）をベースとした。これら年表は，本年表より詳細である。

また，住宅・住宅開発に関しては，p.93（図5.5）の年表に詳しい。

年	社会情勢・一般事項	都市計画（日本）	都市計画（外国）
1960		2 新産業都市建設促進法 3 筑波研究学園都市建設閣議決定	3 英国：ブキャナン・レポート「Traffic in Town」
		3 近畿圏整備法 3 建築基準法改正（容積地区の導入） 3 新住宅市街地開発法	
	4 東京オリンピック 4 東海道新幹線開通 4 新潟地震 5 名神高速道路全線開通	4 工業整備特別地域整備促進法 5 地方住宅供給公社法 5 多摩・泉北ニュータウン新住宅市街地開発事業計画	5 米国：住宅・都市開発法（住宅都市開発省の設置）
		6 流通業務市街地整備法 6 首都圏近郊緑地保全法 6 住宅建設計画法 6 古都保存法 6 中部圏開発整備法	
	7 公害対策基本法	7 大阪府川西市で初の宅地開発指導要綱 8 都市計画法 8 第二次首都圏基本計画	8 英国：都市農村計画法
	9 東名高速道路全線開通	9 農業振興地域整備法 9 新全国総合開発計画 9 都市再開発法	
1970	0 大阪で万国博開催 0 公害関連14法 1 沖縄返還協定調印（翌年返還） 1 ドルショック 1 環境庁発足	0 建基法改正（用途地域改正） 0 過疎地域対策緊急措置法 1 大都市震災対策推進要綱 1 沖縄振興開発特別措置法 1 東京都・広場と青空の東京構想 1 農村地域工業導入促進法	1 ドイツ：連邦建設促進法
	2 札幌冬期オリンピック 2 日中共同声明 2 日本列島改造論 3 オイルショック	2 新都市基盤整備法 2 工業再配置法 2 公有地の拡大の推進に関する法律 3 都市緑地保全法 3 工場立地法	3 フランス：都市計画法典
	4 国土庁発足	4 過密住宅地区更新事業 4 国土利用計画法 4 都市計画法・建築基準法改正（開発行為の定義） 4 生産緑地法	
	5 ベトナム戦争終結 5 沖縄海洋博	5 宅地開発公団法 5 大都市地域における住宅地供給促進特別措置法 6 建築基準法改正（日影規制） 6 第三次首都圏基本計画 7 市街地整備基本計画 7 第三次全国総合開発計画	
	8 成田国際空港開港	8 住環境整備モデル事業制度要綱 9 特定住宅市街地総合整備促進事業	8 英国：インナーアーバンエリア法
1980		0 幹線道路沿道整備法 0 都市防災不燃化促進事業 0 都市計画法・建築基準法改正（地区計画制度） 0 都市再開発法改正（都市再開発方針） 1 東京都総合実施計画（マイタウン構想） 1 住宅都市整備公団法	
	2 東北・上越新幹線開通	2 建設省・自治省，宅地開発指導要綱の緩和を通達 2 木造賃貸住宅地区総合整備事業	
	5 筑波で科学技術博覧会開催	5 首都改造計画 6 第四次首都圏整備計画 7 集落地域整備法 7 第四次全国総合開発計画 9 土地基本法	6 英国：大ロンドン議会廃止 6 ドイツ：建設法典
1990		0 都市計画法・建築基準法改正（地区計画メニュー増） 2 都市計画法改正（用途地域改正・市町村マスタープラン） 2 建築基準法改正（用途地域改正）	0 英国：都市農村計画法

都市計画関連資料

ここでは都市を考え計画する際によく利用する資料を関連雑誌リストと合わせてまとめる。資料項目については、①都市計画基礎調査、②地方公共団体刊行物または所蔵資料、③各種地図、④政府指定統計等、⑤各種統計要覧、⑥国の白書、⑦都市計画関連雑誌、⑧用語集、⑨資料ガイドブック、の順で記すこととする。

①都市計画基礎調査
(制度上の位置づけ) 都市計画を立案検討する際の基礎的な資料であり、都市計画法の第六条（省令第五条）に規定されている「6条調査」といわれていて、5年ごとに行うものとされている。
(調査の内容) 建設省都市局都市計画課は、1987年1月に「都市計画基礎調査実施要綱」をまとめている。これは、①人口、②産業、③住宅、④土地利用および土地利用条件、⑤建物、⑥都市の歴史と景観、⑦都市の緑とオープンスペース、⑧地価、⑨都市施設、⑩交通、を調査対象としている（やや詳細な内容は、本編 p.70、表 4.1 にまとめられている）。各都道府県は建設省のこの要領をベースとして独自の要領をつくり、市町村はそれに従って調査を実施している。
(調査の実施) 都道府県の要領には内容の精粗があり、指示された内容の実施も市町村によってまちまちであるが、どの市町村でも必ず行われており、利用頻度も高いのは、建物調査（用途別・階級別・構造別）である。これは 1：2,500 の地図に整理され、都市の現状把握や用途地域の改訂作業には必須の資料である。

大都市地域では、これを 1：10,000 程度のスケールにまとめて印刷しているところも多く、またデータをコンピュータや GIS（地理情報システム）に入力し、さまざまな利用に供しているところも多い。

②地方公共団体刊行物または所蔵資料
都道府県と市区町村では資料所在の様相に異にするが、ここでは平均的な「市」を中心に考える。近年ほとんどの市で情報公開制度を採っている。そして、これと関連して、市役所には市民資料コーナーが置かれている。コーナーは図書館と連携をもっている例も多い。特定市の都市計画を勉強する場合には、まずこのコーナーを訪問するとよい。下記のような資料が整備されている。
(市勢要覧・統計書) 要覧には当該市の概要が、統計書には、政府指定統計の主要な部分や、住民登録や固定資産課税データ等が時系列的にまとめられている。
(人口・世帯統計) 人口・世帯の的確な把握は市政の基礎である。この意味から多くの市は、国勢調査や住民登録調査の結果を、町丁目単位で詳細に把握し、前記した全体的統計書とは別に公開している。
(固定資産資料) 土地・建物に関する定量的なデータは、都市計画基礎調査の中の土地利用調査や建物利用調査を電算処理して入手する方法があるが、簡便な方法としては、土地・建物課税データを利用することができる。多くの市で、同データを町丁目別に集計したものを所有している。
(道路台帳) 道路の幅員や延長を知ることができる。
(建築確認申請書・同台帳) 新しく建つ建物の建築主・用途・床面積・敷地面積が記されていて、都市の市街化の動向を知ることができる。
(都市計画要覧) 「××市の都市計画」などさまざまな名称が付せられているが、当該市の都市計画の概要を知るのに便利である。
(市史) 計画には、対象地域の歴史の的確な認識が不可欠である。最近充実しつつある市史の利用は有効な方法である。
(各種計画書・調査書) 市は多くの計画をもっている。全市的なものには総合計画・基本計画、整備開発または保全の方針や部門別（市街地整備、みどり、再開発、住宅、景観、環境管理等）マスタープランがあり、この他に特定地区や特定テーマを対象とした調査計画も多い。
(条例・要綱) 都市計画行政に占める市町村条例・要綱の役割は、今後ますます大きくなっていく。まちづくり条例、住宅条例、宅地開発指導要綱、住宅付置要綱、ワンルームマンション要綱などの内容を知ることは、市の抱えている課題やそれに対する姿勢を知る上で重要なことである。

③各種地図
都市計画の検討作業には各種地図の利用が欠かせない。よく利用される地図には、次のようなものがある。
(地形図) 国土地理院からは、300万分の1の日本とその周辺、100万分の1の日本、50万分の1の地方図、20万分の1地勢図に加えて、全国をカヴァーする形で5万分の1（4色刷）、2万5千分の1（3色刷）の地形図が、全国主要都市（東京、京浜、京葉、京都、大阪、名古屋等周辺）を対象に1万分の1（5色刷）の地形図が刊行されている。また、各自治体は、必要に応じて 2,500 分の1（1955年頃までは 3,000 分の1）の地形図と、それを縮小して全行政区域全域が一枚に納まる形の、1万分の1から2万5千分の1の地形図を準備している。
(土地条件図等) 国土地理院からは、2万5千分の1の土地利用図、土地条件図、沿岸海域地形図、沿岸海域土地条件図、湖沼図等が刊行されている。
(住宅地図) 一定規模以上の都市に対して、1：5,000から1：3,000のスケールで、建物の居住者(企業・商店名)、階数、構造が記入されている。精度は必ずしも高くはないが、都市

計画基礎調査が5年間隔であるのに対して毎年刊行されていることから，建物利用変化（新築・用途変更・住み替え）の概略を把握するのに有用である。出版社にはゼンリンと公共施設地図株式会社等がある。

(航空写真) 地形図では捉えることのできない緑の分布や耕作状況なども探ることが可能である。

(都市計画図) 市街化区域・用途地域地区・都市施設・市街地開発事業・地区計画等を記入した図で，自治体の面積により，1万分の1から3万分の1（主流は2万5千分の1）で作成されている。統括図の他に，用途地域地区のみ，指定容積のみ，都市施設のみを別に作成している自治体も多い。

(日本図誌大系・全12巻，朝倉書店，1974年6月完結) 国土地理院の地形図を動員して，全国を都市別に，明治中期から昭和40年代に至るまでの変化を地図で紹介し解説を加えた図集で，市街地形成を歴史的に理解するのに役立つ。

(公図) 登記所で土地登記簿を閲覧する際に用いられる地図で，その土地の位置・形状・境界等の状況を把握できる。ただし，必ずしも精度は高くない。

(その他) 特定の指標を（場合によっては時系列的に）追いかけることで有効な示唆を与えてくれる地図は沢山ある。東急不動産㈱の首都圏地価分布図などはその好例である。

④政府指定統計等

A．政府統計

【人口】

国勢調査報告 総務庁統計局 1920〜 5年刊
　全国すべての世帯を対象に，人口，世帯，住宅，職業，最終学校，通勤・通学，前住地等について調査した結果をまとめた報告書。基本単位である調査区データ（1調査区は概ね50世帯）は総務庁統計局で閲覧可能。大規模調査と小規模調査が交互に行われる。

人口動態統計 厚生省 1946〜 年刊
　人口の増減に関するデータ集。出生，死亡，婚姻，離婚，死産の届出を集計する。全数調査。

住民基本台帳に基づく全国人口・世帯数表，人口動態表
自治省 ㈶国土地理協会 1980〜 年刊
　住民基本台帳に基づき，3月31日現在の男女別の人口，世帯数，死亡・出生・転入出等の人口動態を都道府県別，市町村別に集計。

人口移動調査 厚生省人口問題研究所 5年刊

【住宅・建設】

住宅統計調査報告 総務庁統計局 1948〜 5年刊
　全国の抽出された世帯に対し，住宅の立地環境，利用状況，収入と住宅所有の関係等，住宅および世帯の居住状況に関する総合的な調査を行った結果報告。国勢調査区を標本抽出し全数調査する。

住宅需要実態調査報告 建設省，都道府県，1960〜 5年刊
　全国の抽出された普通世帯に対し，住宅・住環境に対する意識，住宅改善の状況，住み替え実態等を調査。住宅統計調査よりも収載項目は多岐にわたるが標本の抽出率が低いので，精度に難がある。

建築統計年報（建設統計月報あり） 建設省 ㈶建設物価調査会 1950〜 年刊
　建築工事届をもとに，建築物の着工動向（床面積，工事費他，老朽・増改築・災害等により除却または失われた建築物の状況について動態を明らかにした統計資料。建築着工統計調査，建築物滅失統計調査の調査結果をまとめたもの。

住宅着工統計／月刊 ㈶建設物価調査会 月刊
　新設住宅等の戸数，床面積を構造・種類・建て方・利用関係・資金別等に区分し，毎月の着工動向を全国都道府県別，都市区分別にまとめたもの。建築着工統計調査結果の一部。

空家実態調査報告書 建設省 5年刊
　大都市圏における空家の実態を把握する。

【土地】

地価公示 国土庁土地鑑定委員会 大蔵省印刷局 1970〜 年刊
　毎年1月1日現在の地価公示標準地の地番，1 m²当りの評価額，利用状況等の公示内容を掲載。

地価公示要覧 地価公示研究会 住宅新報社 1972〜 年刊
　地価公示価額標準地の地番，付近の案内図，地価を掲載。

都道府県地価調査標準価格一覧 地価調査研究会・㈶土地情報センター 住宅新報社 年刊
　国土利用計画法に基づき都道府県が調査した毎年7月1日現在の基準地における評価額を収録。

土地基本調査 国土庁・総務庁 1993〜
　法人および個人の土地の所有，利用，購入形態等について調べたもの。資本金1億円以上の企業については全数調査，未満の企業および個人については標本調査。

【開発】

開発許可制度施行状況調査 建設省 年刊
　都市計画法に基づく開発許可の施行状況を調査。

宅地造成等規制法施行状況調査 建設省 年刊
　宅地造成等規制法に基づく宅地工事許可の施行状況を調査。

民間宅地造成事業実態調査に関する結果報告 建設省 年刊
　団地数，敷地面積，供給戸数，土地利用面積，宅地供給量，業者数。

農地の移転と転用 農林水産省 農林統計協会 年刊
　都市計画法による用途地域別の転用件数・面積を調査。

【商業・業務】

商業統計表 通商産業省 1952〜 1976年以前2年刊，1979年以降3年刊
　商店数，店舗数，従業員数，売上高，来客収容人員等，我が国における商業活動の状況を調査した統計表。全数調査。

商業動態統計年報（月報あり）　通商産業省調査統計部
　1953〜　年刊
　　売場面積，従業員数，店舗数等。
事業所統計調査報告　総務庁統計局　1947〜　1981年以前3年刊，1981年以降5年刊
　　個人経営の農林漁業を除く全国すべての事業所を対象に，事業の種類，従業員数等について調査。全国編，都道府県編，会社企業編，サービス業編等で構成。

【工業】

工業統計表　通商産業省調査統計部　1947〜　年刊
　　事業所数，企業数，従業者数，出荷額，工場の敷地面積等を調査。全数調査。
工業実態基本調査報告書　通商産業省　1960〜　5年刊
　　製造業に属する事業所を経営する企業の実態を総合的に把握し，その経営に関する諸問題を多角的に解明し，中小企業の基礎資料を得ることが目的。

【農業】

農業センサス　農林水産省　5年刊
　　農業の世帯・事業体の状況および活動状況を調査する。全数調査。

【運輸・交通】

パーソントリップ調査　建設省　広島1967〜
　　概ね30万人以上の都市圏を対象に10年ごとに，抽出された市民の1日の行動についてアンケートを行い，起終点，交通目的，利用交通手段等において追跡調査することで都市圏の交通の全体像を把握しようとするもの。
物資流動調査　建設省　広島1971〜
　　都市内の物の動きとそれに伴う交通の実態を把握するもので，全国の大都市圏を対象に実施される。前掲のパーソントリップ調査を補完するもの。一般地区事業所調査（標本アンケート調査），ターミナル調査（悉皆アンケート調査），スクリーンライン調査に大別される。
道路交通センサス（全国道路・街路交通情勢調査報告書）
建設省　自動車OD調査…1958〜　3年おき・1978〜　5年おき，一般交通量調査…1928〜1958　5年おき，1962〜　3年おき
　　全国の自動車の動きを把握する調査。自動車起終点（OD）調査と，一般交通量調査に分かれる。
大都市交通センサス　運輸省　5年刊
　　3大都市圏における大量交通輸送手段の利用実態を把握するための調査。定期券調査，一般乗合バスおよび路面電車OD調査，鉄道普通券調査から構成される。国勢調査時に合わせて実施。
交通量常時観測調査　建設省　年刊
　　全国の一般国道，主要都市の主要地点において，年間を通して断面交通量を連続して機械観測するもの。
自動車輸送統計年報（月報あり）　運輸省　1958〜　年2回刊
　　全国から抽出した車両を対象に一定期間，輸送重量，輸送人員，走行距離等を調査するもの。標本調査。
港湾統計年報（月報あり））　運輸省　1948〜　年刊
　　港湾調査の集計結果。港湾の状況および利用状況を調査する。全数調査。

【労働・賃金】

労働力調査報告年報（月報あり）　総務庁統計局　1950〜　年刊
　　労働力人口，就業者数，雇用者数，15歳以上人口，完全失業者数等の調査。国勢調査区を標本抽出し全数調査する。
就業構造基本調査報告　総務庁　1956〜　1977年以前3年刊，1979年以降5年刊
　　就業・不就業の実態および，これに影響を及ぼす要因を明らかにするための基本調査。標本調査。
賃金センサス（賃金構造基本統計調査）　労働省　㈶労働法令協会　1948〜　年刊
　　労働者の種類，職種，性，年齢，学歴，勤続年数，経験年数等の労働者の属性別にみた我が国の賃金の実態を，事業所の属する地域，産業，企業規模別に明らかにする。標本調査。

【家計・消費・貯蓄】

家計調査年報（家計調査報告＜月報＞あり）　総務庁統計局　㈶日本統計協会　1953〜　年刊
　　全国の農林漁家および単身者を除く消費者世帯の家計収支の実態。標本調査。
家計消費の動向（消費動向調査年報）　経済企画庁調査局　大蔵省印刷局　1957〜　年刊
　　消費者行動の解明や，消費者行動分析のための基礎資料。家計における収入・支出，貯蓄などを調べた消費動向調査の結果をまとめたもの。
全国消費実態調査報告　総務庁統計局　1959〜　5年刊
　　家計の収支と主要耐久消費財，貯蓄，負債の保有状況等を調査した報告。家計収支編，品目編等に分かれている。標本調査。
貯蓄動向調査報告　総務庁統計局　㈶日本統計協会　年刊
　　消費者世帯の貯蓄，負債および投資に関する事項を調査。

【物価】

全国物価統計調査報告　総務庁統計局　1967〜　5年刊
　　店舗の形態別，地域別および銘柄別の価格差等を明らかにし，総合的な価格資料を提供。標本調査。
小売物価統計調査年報（月報あり）　総務庁　1950〜　年刊
　　小売価格，サービス料金，家賃を，全国的な規模で調査した，消費者物価に関する資料。標本調査。

【生活・福祉・社会保障】

社会生活基本調査報告　総務庁統計局　1976〜　5年刊
　　国民の生活時間の配分方法と，自由時間の活動内容について調査・解説したもの。生活時間編，時間帯別編等に分か

れている。

国民生活基礎調査報告　厚生省　1962〜　年刊
　保健，医療，福祉，年金，所得等，国民生活の基礎的事項について，世帯面から総合的に把握。調査周期は3年に1回大規模調査，中間年は小規模調査を実施する。標本調査。

国民生活実態調査報告　厚生省大臣官房統計情報部　1962〜年刊
　国民各層の生活実態を把握し，社会保障および社会福祉関係行政の企画運営のための基礎資料。所得金額，借金返済額，有業人員，世帯数，居室数等。

【地域施設】

学校基本調査報告書　文部省　年刊
　学級数，児童・生徒・学生数，教員・職員数，学校建物面積，学校土地面積等の調査結果をまとめたもの。

医療施設調査（動態調査）病院報告　厚生省　年刊
　医療施設調査と病院報告の調査結果。病床数，病院数，医師数，患者数等。

社会福祉施設調査報告　厚生省　年刊

公共施設状況調　自治省財政局指導課　年刊
　公共施設の実態に関する調査。

B．非政府統計

【地価・建築費】

市街地価格指数　㈶日本不動産研究所　1959〜　年2回刊
　地価の最近の推移，長期的推移をまとめたもの。全国の用途地域別市街地価格指数および木造建築費指数を掲載している。

建設物価建築費指数　㈶建設物価調査会　月刊

全国木造建築費指数　㈶日本不動産研究所　年2回刊
　全国木造建築費の推移を調査。

【住宅金融公庫融資関係】

住宅敷地価格調査報告　㈶住宅金融普及協会　1978〜　年刊
　住宅金融公庫の個人住宅資金利用者の敷地について，その面積，価格，利益性を調査したもの。

個人住宅建設資金利用者調査報告　㈶住宅金融普及協会　1978〜　年刊
　住宅金融公庫の一般個人住宅資金利用者を対象に行った調査結果報告。

建売住宅購入資金利用者調査報告　㈶住宅金融普及協会　1978〜　年刊
　住宅金融公庫の建売住宅購入利用者を対象に行った調査結果の報告書。

都道府県・都市別地域住宅データ　住宅金融研究会　㈶住宅金融普及協会　1986〜　年刊
　人口，世帯，所得，住宅数，住宅着工戸数，住宅金融公庫の申込み受理，融資契約数，申込み者の特性等のデータを都道府県別・都市別に収録したもの。

住宅・建築主要データ　住宅金融公庫　㈶住宅金融普及協会　1988〜　年刊
　住宅金融公庫融資住宅を戸建てと共同住宅に分けて，その面積，建築コストなど平均値と地域的特性を全国的に調査・収録したもの。

【公団住宅】

公団住宅入居者調査報告　住宅都市整備公団　住宅都市試験研究所　年刊
　住宅・都市整備公団住宅の入居者を対象にした各種調査報告。同公団の内部資料。支社別集計編は同公団の各支社で閲覧可。

【マンション】

全国マンション市場動向　不動産経済研究所　1974〜　年刊
　首都圏・近畿圏・中部圏，その他地方中核都市におけるマンション建設・発売データを集計分析。

高層住宅供給動向調査　㈳日本高層住宅協会　1973〜　年刊
　各年ごとに供給される，マンション計画についての動向調査。

首都圏高層住宅全調査　㈳日本高層住宅協会　1970〜　年刊
　首都圏1都3県における5階建て以上の分譲および賃貸マンションの供給戸数，価格などの統計資料。

【住宅一般】

住宅産業ハンドブック　㈶住宅産業情報サービス　1976〜年刊
　住宅産業関連の統計・資料データをまとめたもの。住宅の供給，需要，経済，労務，資材等に関する各種統計資料。

【国民生活】

国民生活時間調査　NHK放送世論調査所　1960〜　5年刊
　日本人の毎日の生活を曜日別に捕捉し，国民の平均的な生活パターン，男女別・年齢・職業・地域などによる層別の特性を知ろうとするもの。

⑤各種統計要覧

【総合統計】

日本統計年鑑　総務庁統計局　㈶日本統計協会　1882〜　年刊
　日本の国土，世帯，人口動態，産業，財政，物価等，あらゆる分野にわたる基本的な統計を総合的かつ体系的に収録したもの。

日本の統計　総務庁統計局　大蔵省印刷局　1956〜　年刊
　国の各種統計機関から発表される統計資料を総合的に取りまとめた統計ハンドブック。

日本国勢図会　㈶矢野恒太記念会　国勢社　1927〜　年刊
　我が国の経済・国土・人口・産業・資源・文化・教育などの現状を統計数字で示し，世界各国と比較。

日本アルマナック　教育社出版　1984〜　隔年刊
　自然，国土，人口，世帯，経済，教育，医療福祉，行政・財政等の統計資料を都道府県別，市町村別に掲載。

民力／地域データベース　朝日新聞社出版局　1964～　年刊
　国民の持つ生産，消費，文化等のエネルギーを「民力」と定義し，地域ごとの民力指数を調査したもの。

【都市・都市計画・都市開発】

日本都市年鑑　第一法規出版　1931～　年刊
　日本全国の市ごとに，人口・市域，市政，財政関係，都市インフラ整備状況，社会福祉，教育・文化，経済，交通・通信の状況等のデータを集計したもの。

全国市町村要覧　第一法規出版　1967～　年刊
　全国の市町村別に人口・世帯数・面積・人口密度・産業別就業人口・国勢調査人口他・各市町村の変遷と現況・連絡先等を掲載。市町村コード番号付き。

都市計画年報　建設省　㈶都市計画協会　1966～　年刊
　都市計画区域，市街化区域，地域地区，都市施設，市街地開発事業，地区計画等の決定状況。

【国土・国土計画・国土開発】

国土統計要覧　大成出版社　1976～　年刊
　国土，人口をはじめ，土地取引，水資源，各種長期計画等，国土行政に関する統計資料を分類・収録している。

全国プロジェクト要覧　月刊同友社　1987～　年刊
　都道府県や政令指定都市の全国各地のプロジェクトをまとめたものを掲載。

全国都市再開発マップ　東洋経済新報社　1987～　不定期刊
　進行中の計画・構想のプロジェクトを網羅。

【地域・地域計画・地域開発】

大都市圏要覧　国土庁大都市圏整備局　年刊
　首都圏・中部圏・近畿圏の各県別に，国土・人口・経済・社会・文化などあらゆる分野にわたる基本的な統計資料を掲載。

首都圏都市開発情報　ユー・シー・プランニング　1987～　年刊
　首都圏のプロジェクトの進展状況，目的，手法等の詳細。

地域統計要覧　地域振興整備公団　ぎょうせい

【住宅・建設】

建設統計要覧　㈶建築物価調査会　1970～　年刊
　建設省で作成される建設関係の諸統計を中心にまとめた建設統計ハンドブック。建設行政をはじめ，建設産業の経営活動に役立つ基礎データを網羅し収録。

【経済】

経済要覧　経済企画庁調査局　大蔵省印刷局　1954～　年刊
　産業・物価・金融・貿易等，我が国の経済活動に関する主要統計を収録している。

経済統計年鑑　東洋経済新報社　1917～　年刊
　長期経済統計，国内主要統計等を網羅。

地域経済要覧　経済企画庁調査局　大蔵省印刷局　1987～年刊
　財政・金融・産業・労働・物価・生活等に関する詳細なデータを都道府県別に収録している。

地域経済総覧／週刊東洋経済臨時増刊　東洋経済新報社　1971～　年刊
　地域別の購買力や文化水準についてまとめたもの。県別，都市別，町村別の人口，商業，工業総計，所得，消費等の諸データを掲載。

物価指数年報(月報あり)　日本銀行　日本信用調査　1965～年刊
　我が国における物価水準変動の測定，商品の需給動向の把握，景気動向判断等の統計書。

【交通】

交通年鑑　㈶交通協力会　1947～　年刊
　JR，私鉄，自動車，海運，航空，観光等，年間における交通関係全般の情報と資料を収録。

地域交通年報　㈶運輸経済研究センター　1988～　年刊
　都道府県別，県庁所在都市別，輸送機関別の輸送人員，通勤・通学状況，交通施設の状況等。

都市交通年報　㈶運輸経済研究センター　1971～　年刊
　首都・中京・京阪神交通圏の交通の現況，鉄・軌道，バス・ハイタクの輸送量・輸送力・関連資料および地方都市の交通指標を収録。

交通統計　㈶全日本交通安全協会　1965～　年刊
　交通事故および交通安全に関する統計を収録。

鉄道要覧　電気車研究会　1948～　年刊
　日本の鉄道会社別の路線免許の認可年月日，開業年月日，路線距離等を収録。

数字でみる鉄道　㈶運輸経済研究センター　1975～　年刊
　JR，民営鉄道，公営鉄道の旅客および貨物の輸送状況や，大都市・地方鉄道の経営状況，運賃，施設，安全対策等の資料を収録。

自動車統計年報　㈳日本自動車工業会　年刊

運輸経済統計要覧　運輸省　㈶運輸経済研究センター　1960～　年刊
　鉄道，自動車，海運，航空などの輸送量，各種施設の状況，運輸事業の経営状況等の諸統計。

【観光】

数字でみる観光　日本観光協会　年刊
　国民生活と余暇，国際観光，観光資源，観光施設など，観光全体にわたるデータを紹介している。

【生活】

高齢社会統計要覧　㈶高年齢者雇用開発協会　年刊

【労働】

労働統計年報　労働大臣官房政策調査部　1948～　年刊
　我が国における労働経済および労働情勢の現状と推移に関する統計を収録。

⑥国の白書

建設白書　建設省　1949〜　年刊
土地白書　国土庁　1975〜　年刊
首都圏白書　国土庁　1990〜　年刊
運輸白書　運輸省　1955〜　年刊
経済白書　経済企画庁　1947〜　年刊
国民生活白書　経済企画庁　1956〜　年刊
観光白書　総理府　1964〜　年刊
地方財政白書　自治省　1953〜　年刊
防災白書　国土庁　1963〜　年刊
環境白書　環境庁　1972〜　年刊
通商白書　通商産業省　1949〜　年刊
交通安全白書　総務庁　1971〜　年刊
(参考)
住宅白書　日本住宅会議　ドメス出版　1985〜　隔年刊
　住宅問題に悩む国民の側からの白書。
レジャー白書　㈶余暇開発センター　1977〜　年刊
　日本人の余暇の過ごし方に関する調査分析，解説資料。

⑦都市計画関連雑誌

【学会関係】
都市計画　㈳日本都市計画学会　1952.6〜　隔月刊
都市計画論文集　㈳日本都市計画学会　1966〜　年刊
建築雑誌　㈳日本建築学会　1887.1〜　月刊
日本建築学会計画系論文報告集　㈳日本建築学会　1938〜　月刊
大会学術講演梗概集　㈳日本建築学会　1968〜　年刊
土木学会誌　㈳土木学会　1915.2〜　月刊
土木計画学研究　㈳土木学会　1979.1〜　年刊
土木学会論文集　㈳土木学会　1944.3〜　月刊
年次学術講演会概要集　㈳土木学会　1937.4〜　年刊
都市住宅学　都市住宅学会　1993〜　季刊
不動産学会誌　日本不動産学会　1985.6〜　季刊
不動産学会大会梗概集　日本不動産学会　1985〜　年刊
交通工学　㈳交通工学研究会　1966.4〜　隔月刊
交通学研究　日本交通学会　1957.10〜　年刊
国際交通安全学会誌（IATSS Review）　㈶国際交通安全学会　1975.9〜　季刊
GIS―理論と応用　地理情報システム学会　1993〜　年刊
地理情報システム学会講演論文集　地理情報システム学会　1992〜　年刊
計画行政　日本計画行政学会　1978.11〜　季刊
農村計画学会誌　農村計画学会　1982.6〜　季刊
地理学評論 SERIES A　日本地理学会　1923.4〜　年5回刊
造園雑誌　㈳日本造園学会　1934〜　年5回刊

【都市関連】
新都市　㈶都市計画協会　1947.1〜　月刊

SD　鹿島出版会　1965.1〜　月刊
都市問題　㈶東京市政調査会　1922.2〜　月刊
都市問題研究　都市問題研究会　1949.2〜　月刊
都市政策　㈶神戸都市問題研究所　1975.11〜　季刊

【建築関連】
日経アーキテクチュア　日経BP社　1976.4.23〜　隔週刊
建築と社会　日本建築協会　1917.9〜　月刊
新建築　新建築社　1925.8〜　月刊
建築文化　彰国社　1946.4〜　月刊
建築画報　建築画報社　1965.9〜　年数回刊
A+U／建築と都市　エー・アンド・ユー　1971.1〜　月刊
建築知識増刊号　建築知識　1987〜　年刊

【住宅関連】
住宅　㈳日本住宅協会　1952.7〜　月刊
ハウジング・レポート　㈳日本住宅協会　1982.1〜　月刊
住宅土地経済／季刊　㈶日本住宅総合センター　1991.7〜　季刊
すまいろん　㈶住宅総合研究財団　1984.7〜　季刊
住宅総合研究財団研究年報　㈶住宅総合研究財団　1974〜　年刊
住宅金融月報　㈶住宅金融普及協会　1951〜　月刊
住宅問題研究　㈶住宅金融普及協会　1985.9〜　季刊
都市住宅　鹿島出版　1968.5〜　月刊

【マンション関連】
CRI/COMPREHENSIVE REAL ESTATE INFORMATION　長谷工コーポレーション総合研究所　1978.9〜　月刊
高層住宅　有朋社　1967.5〜　月刊

【土地・不動産関連】
日経リアルエステート・東京　日経BP社　1987.7〜1994.10　月刊
不動産研究　㈶日本不動産研究所　1959.7〜　季刊
不動産経済調査月報　不動産経済研究所　1971.4〜　月刊
不動産流通／月刊　不動産流通研究所　1982.6〜　月刊
不動産ジャーナル　㈳住宅産業開発協会　1974.9〜　月刊
不動産鑑定　住宅新報社　1964.2〜　月刊
住宅情報／週刊　リクルート　首都圏版1976.1〜，関西版1978.6〜　週刊

【開発関連】
地域開発　㈶日本地域開発センター　1965.2〜　月刊
新都市開発　新都市開発社　1962.11〜　月刊
宅地開発　日本宅地開発協会　1966.10〜　隔月刊
区画整理　㈳日本土地区画整理協会　1958〜　月刊
地域開発データ速報　データ・ラボ　1973.1〜　旬刊
日経地域情報　日経産業消費研究所地域経済研究部　1986.4〜　月2回刊

【再開発関連】
都市再開発　㈳東京都再開発促進会　1960.3〜　年2回刊

市街地再開発　㈳全国市街地再開発協会　月刊
市街地再開発ニュース　㈳全国市街地再開発協会　月刊
【まちづくり関連】
まちつくり研究　首都圏総合計画研究所　1977.1〜　不定期刊
建築とまちづくり　新建築家技術者集団　1970〜　月刊
【国土関連】
国土問題　国土問題研究会　1963.8〜　年数回刊
首都圏整備　㈳首都圏整備協会　1957.1〜　季刊
人と国土　国土庁　㈶国土計画協会　1975.7〜　隔月刊
【交通関連】
都市と交通　㈳日本交通計画協会　1983.8〜　季刊
総合交通／月刊　総合交通社　1974.3〜　月刊
近代交通／月刊　近代交通社　1964.7〜　月刊
交通公論／月刊　交通公論社　1969.4〜　隔月刊
トランスポート　㈶運輸振興協会広報事業部　1970.10〜　月刊
運輸と経済　㈶運輸調査局　1948.4〜　月刊
みんてつ　㈳日本民営鉄道協会　1976.8〜　季刊
鉄道ジャーナル　鉄道ジャーナル社　1967.5〜　月刊
モビリティー／季刊　㈶運輸経済研究センター　1970.10〜　季刊
道路　㈳日本道路協会　1939.7〜　月刊
道路交通経済　㈶経済調査会　1977.10〜　季刊
高速道路と自動車　㈶高速道路調査会　1958.5〜　月刊
PARKING　㈳全日本駐車場協会　1957〜　季刊
【公園・緑地関連】
公園緑地　㈳日本公園緑地協会　1937.1〜　月刊
都市公園　㈶東京都公園協会　1956.3〜　季刊
緑の読本　公害対策技術同友会　1986〜　季刊
【法律・地方自治関連】
ジュリスト　有斐閣　1952.1.1〜　月2回刊
法律時報　日本評論社　1929.12〜　月刊
自治研究　良書普及会　1925.10〜　月刊
住民と自治　自治体研究社　1963.7〜　月刊
【大学・行政付属研究所関係】
総合都市研究　東京都立大学都市研究センター　1977.11〜　年3回刊
建築研究報告　建設省建築研究所　㈳建築研究振興会　1949〜　不定期刊
建築研究資料　建設省建築研究所　㈳建築研究振興会　1972.3〜　不定期刊
建築研究所年報　建設省建築研究所　1959〜　年刊
人口問題研究　厚生省人口問題研究所　1940.4〜　季刊
人口問題研究所研究資料　厚生省人口問題研究所　1946.6〜　不定期刊
人口問題研究所年報　厚生省人口問題研究所　1956〜　年刊

⑧用語集
都市用語辞典　エイブラムス・チャールズ著／伊藤滋監修　鹿島出版会　1978
都市計画用語集　日本都市計画学会　日本都市計画学会　1986
東京都都市計画用語集　東京都都市計画局　東京都情報連絡室都政情報センター管理部センター管理室　1991
現代都市計画用語事典　山田学・川瀬光一・梶秀樹・星野芳久　彰国社　1992
最新 都市計画用語辞典　都市計画用語研究会　ぎょうせい　1994

⑨資料ガイドブック
『93年版雑誌新聞総かたろぐ』　メディア・リサーチ・センター　1993
『建築・都市・住宅・土木情報アクセスブック』　菊岡倶也編著　学芸出版社　1994
『統計情報インデックス1994』　総務庁統計局　1994
『建築知識増刊　都市・建築企画開発マニュアル '93』　建築知識　1993
『建築・都市計画のための調査・分析方法』　日本建築学会編　井上書院　1987
『現行日本法規8，9　統計』　法務大臣官房編　帝国地方行政学会
※本文中、④，⑤の記述は、以上の資料をベースにしている。

演習問題

3.2節
1. 住宅地における落ち着いたたたずまい，商業地における活気に満ちたにぎわいをつくり出す視覚的要素を観察比較し，あわせてそれら地区における建築，敷地，道路の規模・形状との関係について考察せよ．
2. 密度は土地の面積のとり方と地区の単位のとり方によって左右される．具体的な市街地を選定し，地区スケールを設定して，人口や建物面積などの諸元について，グロス密度，セミグロス密度およびネット密度を計測し，それらの数値と空間実態との関連について考察せよ．
3. わが国における市街地密度のコントロール手法の基本に地域地区制がある．具体的地区を選び，用途・建ぺい率・容積率などの集団規定による許容容積・形態制限の実際と現状容積とを比較し，地区，街区のあり方について考察せよ．
4. わが国における住宅形式（特に外庭式平面構成）の伝統と，現代の集合住宅における住戸計画との連続性と不連続性について考察せよ．

3.3節
1. 居住している地域の緑被地要素をとりあげ，それぞれの要素について規定している要因について述べよ．
2. 上記の地域について，1945年以前，1965年，1985年における緑被地の状況を調査し，当該地域の人口密度の変化との関係について論ぜよ．また，緑被地の構成の変化に最も大きく作用した要因について論ぜよ．
3. 住区基幹公園を選び，利用状況について調査し，その公園の空間構成上の特徴について記せ．
4. 上記の公園の利用者のアクセスについて調査し，改善すべき点及び整備手法について論ぜよ．

4章
1. 都市計画基礎資料の各項目が計画づくりにどのように役立つかを，具体的な計画の例について考えよ．
2. ある都市について，その都市を支える中心的な活動が時間的にどのように移り変わり，空間的にどのように移動してきたかを調べ考察せよ．
3. 現実の都市がバージェスの同心円モデルとどのように類似し，どのように相違しているかを考えよ．
4. 人口百万人以上の都市について，夜間人口（国勢調査）と産業大分類別従業員数構成比（事業所統計調査）の相関係数を計算せよ．このとき東京をサンプルに含めたケースと含めないケースを比較して，相関係数の利用上の注意を検討せよ．
5. 任意の都市について複数の人口予測モデルを構築し，それぞれの長所短所を比較せよ．

5章
1. あなたが居住している自治体における住宅事情（世帯数住宅戸数の推移，新設住宅の所有関係，価格，家賃，構造，戸建型式，住宅難，住宅困窮状況など）のデータを調査し，できれば他の自治体と比較して，感想を述べよ．
2. あなたのすまいをとりまく環境の諸問題（大気汚染，日照，騒音，振動，車公害，みどり，公園，教育文化施設，下水道など）の実態を調査し，できれば他の地域と比較して，都市計画との関連について考察せよ．
3. あなたが居住している自治体について，自治体外に通勤する世帯と自治体内で働いている世帯の割合，それぞれの特性，居住地域などを調査し，通勤階層，居住立地限定階層と都市計画との関連について考察せよ．
4. 日本の住宅行政，都市計画は住民本位でないといわれている．そのような視点から欧米自治体で行われているウェイティングリストやコミュニティカルテの制度について知っていることを述べよ．
5. 年収の5倍の価格で適正水準の住宅を入手できることが理想だといわれている．住宅価格の中で土地の占める割合，家賃の中身，生計費と住居費の関係などについて，諸外国と比較しながら日本の実態を述べよ．

6章
1. 都市災害の特徴について説明し，それの対応策について述べよ．
2. 公害の定義について説明し，それら各公害に対する問題点と対応策について述べよ．
3. 自然災害の定義について説明し，それら各災害に対する問題点と対応策について述べよ．
4. ダム建設によって発生する問題点とそれに対する対応策について述べよ．

7章
1. 読者のよく知っている都市（例えば出身都市や学校の立地都市）を選び，空間基盤系・循環施設系・利用空間単位系の相互関係を概述し，かつ，三つの系の関係で問題となる点を指摘せよ．
2. 上記都市について，1960，70，80，90年の夜間人口密度分布の変化を定量的に把握し，同変化が要求した(する)都市計画対応について述べよ（できれば昼間就業人口密度についても同様の考察を行うこと）．
3. 上記都市の総合計画の中で，住区計画や地域の段階構成の考え方がどのように展開してきたかを略述し，評価せ

よ．
　4．同じように，総合計画の流れの中で計画の目標や中心的課題がどのように設定されてきたかを論ぜよ．

8.1節
1. 交通需要の予測におけるパーソン・トリップ調査の役割について述べよ．
2. 四段階方式による交通需要の予測方法を概説せよ．
3. 分布交通量の予測モデルを列記し，各モデルの基本的な考え方を説明せよ．
4. 現代都市が直面している都市交通問題を挙げ，その対策の基本的な方向を論述せよ．
5. 自動車時代における望ましい都市形態のあり方を論述し，内外における事例を列挙せよ．
6. 人と自動車交通の調和を重視した街路網の構成手法について述べよ．

8.4節
1. 日本の共同溝の定義について．
2. 公共事業と公益事業の違いについて．
3. 都市供給処理施設にはどんなものがあるか．
4. 地域冷暖房が日本の都市に必要とされる理由を五つ考えよ．
5. エコシティとは，どんなものか．

8.5節
1. 水道水源の水質が悪化しているが，その原因について説明し，それに対する対応策について述べよ．

9章
1. 「私の原風景」について，文章と図を用いて表現せよ．
2. 「私のヒューマンスケール」について，文章と図を用いて表現せよ．
3. 同じ場所を，車に乗って走りながら見る沿道景観と，歩いて見る景観とがどのように異なるか，それぞれ別に体験したうえで，そのイメージマップを描いて比較せよ．
4. 丸の内，新宿西口，原宿の都市計画図と都市計画手法を事前に調査したうえで，それぞれの地区を現地踏査して，町並みデザインの差異について考察せよ．
5. 各自が住んでいる近隣における住居系街区で，ボリューム設計を行え．都市計画規制値（建ぺい率，容積率，形態規制等）を限度一杯利用する場合と，これにこだわらない場合でデザインにどのような差ができるか検討せよ．

10章
1. 都市計画区域の指定基準を説明せよ．
2. 市街化調整区域内で許される開発行為と建築行為は何か，条文によって説明せよ．
3. 整備・開発・保全の方針について，都道府県知事が行う都市計画の場合と，市町村が行う都市計画の場合との相違を説明せよ．
4. 地区計画における「暫定容積率」と「目標容積率」と「用途地域で指定される容積率」との関係を説明せよ．
5. 新住宅市街地開発事業と土地区画整理事業の際だった相違は何か説明せよ．
6. 市街地再開発事業の仕組みを類型化し，その特徴を述べよ．また，組合施工の一般的な事業調程について説明せよ．
7. 都市計画決定の内容と，決定権者の関係を対比して説明せよ．

11章
1. 国土利用計画法では都道府県知事は土地利用基本計画を定めるものとしている．土地利用基本計画において定める事項を列挙し，都市計画を含む土地利用計画全体における土地利用基本計画の役割を述べよ．
2. 国土利用計画には全国計画，都道府県計画，市町村計画がある．市町村が定める国土利用計画（市町村計画）と都市計画との関係について，それぞれがどのような役割を担うべきかあなたの意見を述べよ．
3. 全国総合開発計画（一全総から四全総まで）の計画方式（開発方式）の展開を整理し，それぞれの計画方式とその歴史的展開について，あなたの評価を述べよ．
4. 日本は明治以来東京を首都として近代国家をつくりあげてきたが，国会開設百周年を契機とする衆参両院の国会等移転決議いらい首都機能移転問題の検討が進められている．この首都機能移転についてのあなたの意見を述べよ．
5. 21世紀の前半は，現在の若者たちが社会の中心となって活動し生活する時代である．その時代の国土利用のあり方として，あなたがもっとも重要と考える点を挙げ，その主旨を論ぜよ．

12章
1. 第三世界諸国の都市開発政策は，①農村地域，②地方中小都市，③大都市地域のそれぞれに対して施策を講ずる必要があるといわれるが，この問題について下記の問いに答えよ．
   a. これまで地方中小都市発展政策が不成功に終った主要な理由は何か．わが国の新産業都市・工業整備特別地域政策との対比において考えてみよ．
   b. これら諸国の今後の大都市政策の中心的課題は何か．それらの課題相互間の関連性をフローチャートのかた

ちに整理し，そのなかで土地利用行政を中心とする日本その他先進諸国の在来の都市計画が果たしうる役割を考えてみよ。
2. インドネシアの KIP やマニラのトンド地区改善事業に関して，下記の問いに答えよ。
 a. これらの事業のなかで住民の参加が都市計画とその実施の過程で果たした役割を分析し，概念的に整理してみよ。
 b. これらの事業に，わが国の土地区画整理事業の手法を適用しうるかどうか，諸条件を整理して考えてみよ。

参考文献（解題）

1章

1. 建設省督修・国際都市政策研究会訳：都市への警告——OECD対日都市レビュー政策勧告，商事法務研究会，1986
2. 建設省：国土建設の現況，1981
3. 山田浩之：都市化の動向と都市・地域政策（都市問題研究36巻10号），1984-10
4. 藤岡謙二郎：日本の都市　その特質と地域的問題点，大明堂，1980
5. 田村　明：都市を計画する，岩波書店，1977
6. 浜林正夫ほか：エンゲルス・イギリスにおける労働者階級の状態，有斐閣，1980
7. 西川幸治：日本都市史研究，日本放送出版協会，1972
8. 国土庁計画・調整局：四全総長期展望作業中間とりまとめ——日本21世紀への展望，1984
9. 国土庁地方振興局・㈱テイクナイン計画設計研究所：地方都市の景観整備に関する調査報告書，1982
10. 建設省大臣官房政策課監修・うるおいのあるまちづくり研究会編：うるおいのあるまちづくり，大成出版社，1984

2章

1. 伊藤鄭爾：都市論・住宅問題（新訂建築学大系2），彰国社，1969

　　新訂建築学大系は，1954年に企画された建築学大系の改訂版で，その2巻は都市史，都市論，都市と農村，住宅問題から成っている。都市史は，西洋都市史（106頁）と日本都市史（118頁）から成り，古代から第2次世界大戦までの歴史を扱っているが，日本都市史は建築史家である著者の専門でもあり，内容の充実した入門書となっている。

2. レオナルド・ベネヴォロ著，横山正訳：近代都市計画の起源（SD選書），鹿島出版会，1976

　　ルネッサンス期と近代を得意とする著者が近代都市計画の誕生を論じた本で，単なる計画技術の紹介ではなく，技術と政治的・社会的背景との係りを重視している。本書の大半は1815年（ワーテルロー）から1848年（2月革命）までの考察にあてられ，空想社会主義者たちの主張と，英仏の近代都市計画の成立過程がかなり詳細に記述されている。

3. G.ギーディオン著，太田実訳：時間・空間・建築，丸善，1974

　　スイスの美術史家ギーディオンの 'Space, Time and Architecture'（1954，増補第3版）の訳書であり，ルネッサンス期から現代に至るまでの建築と都市計画の発展の軌跡を，明快な筆致で記述している。ギーディオンは，CIAMの活動とも深くかかわりをもっており，このことが，本書を単に個別の建物を論ずる建築史書の枠を超えた，都市計画史書としても成熟度の高いものとしている。

4. ルイス・マンフォード著，生田勉訳：都市の文化，鹿島出版会，1974

　　L.マンフォードは，P.ゲデスより都市に対する興味を刺激されて，文明史的観点から，建築・都市に関する多くの著書を残している。本書は，著者が30代の頃の作品で，都市計画の基本概念は民主主義と地域主義であるとする考え方が骨太に展開されている。晩年にまとめた「歴史の都市・明日の都市（原題 The Cities in History）」（新潮社，1969年）は，同じ思想を，歴史上の沢山の事例を踏まえて論じている。

5. E・ハワード著，長素連訳：明日の田園都市（SD選書），鹿島出版会，1968

　　ハワードの田園都市論は，1898年に「明日—真の改革にいたる平和な道」として刊行され，1902年に若干の修正加筆が加えられて，「明日の田園都市」と改名された。本書はその1946年版の訳であり，都市計画の大御所であるF.J.オズボーンやL・マンフォードの序言，飯沼一省の跋があるのも興味深い。ハワードの理論の物理的側面は，どの教科書にも紹介されているが，本書には，同氏の基本的理念や都市経営の考え方の全貌が展開されている。

3章

1. 井手久登：景域保全論，応用植物社会学研究会，1971
2. 江山正美：スケープテクチュア，鹿島出版会，1977
3. 品田　穣：都市の自然史（中公新書），中央公論社，1971
4. 高原栄重：都市緑地の計画，鹿島出版会，1974
5. 只木良也編著：みどり——緑地環境論，共立出版，1981
6. 田畑貞寿：都市のグリーンマトリックス，鹿島出版会，1979
7. 田畑貞寿ほか編著：緑と居住環境，古今書院，1985
8. 中野尊正ほか：都市生態学，共立出版，1973
9. 日本造園学会編：環境を創造する，日本放送出版協会，1985
10. 辰己修三：緑地環境論，地球社，1974
11. 福冨久夫ほか編：緑の計画，地球社，1985
12. リジオナルプランニングチーム編：エコロジカルプランニングⅠ・Ⅱ（建築文化 1975-6，1977-5）
13. 斉藤一雄・田畑貞寿編著：緑の環境デザイン，日本放送出版会，1985

4章

1. ディーター・プリンツ著, 小幡一訳：イラストによる都市計画のすすめ方, 井上書院, 1984

    本書はそのタイトル通り, 計画案のつくり方を視覚的に示したものである。紙面の半分以上が適切なイラストに占められており, 少ない文章で十分に意図を伝えている。取り扱っている計画は, 良好な居住環境を目的としたもので, 地域活性化や都市産業振興のための計画ではない。その限りでは, このドイツの教科書が日本にも普遍性を持っていることが分かる。本書のもう一つの特長は, 都市基礎調査を, いかに分析し計画づくりに役立てるかを適格に示していることである。

2. マックス・ウェーバー著, 世良晃志郎訳：都市の類型学, 創文社, 1964

    都市を理解する上で社会学の役割は大きく, シカゴ学派による社会階層住み分けのモデル化はその代表例であるが, 都市社会学の古典中の古典といえばまず本書があげられよう。大著「経済と社会」の一節に過ぎない本書は, 都市をその支配する原理によって説明するという見方を確立したものであり, 資本主義以前の都市の比較分析ではあるが, 政治都市と経済都市の相違, 都市構成員の行動規範と民主制の意味など, 古くて新しいテーマが論じられている。

3. ジェーン・ジェイコブズ著, 中江利忠, 加賀谷洋一訳：都市の原理, 鹿島出版会, 1971

    都市を安定的な秩序において理解する視点と, 生成し変化するダイナミクスにおいて理解する視点がある。前者を短期的視点, 後者を長期的視点とみなすこともできるが, 都市計画において何を大事にするかという場合に, 後者はしばしば忘れられがちである。本書は都市をダイナミックに解釈する数少ないしかし貴重な文献である。分業と輸出入の二つのキーワードで都市の内生的変動を論じた本書は, 彼女を他の著書とともに, 社会における都市の創造的重要性を説いている。

4. リチャード・F・ミュース著, 折下功訳：都市住宅の経済学, 鹿島出版会, 1971

    経済学の均衡理論をベースに地代付け値概念を用いて, 都市内土地利用の秩序を説明することは, 都市計画者の一つの"常識"となっている。この分野の多数の出版物と比較して, 先駆者の手になる本書は, その豊かな内容により特に優れている。本書の主題は密度分布の解釈にある。この点で有名なアロンゾの著作とは異なり, さらに, デベロッパーの役割や時間コストをとりあげている点, また実証分析の見本を示している点にも特長がある。ミクロ経済学の基礎知識が必要。

5. 天野光三編：計量都市計画, 丸善, 1982

    計画づくりにおいては, ある種の最適化, 予測推計, 評価などの作業が必要になり, 数量的な分析表現が期待されることが増えている。課題にふさわしい手法の選択には相当の知識を要するが, 本書はその知識を要領よく理解させてくれる。本書の特長は, 人口や土地利用の予測モデルから施設の最適配置モデル, さらには環境評価モデルまで広範囲な分野を網羅した点にある。さらに, モデルの背景の理論や適用例を紹介し, 理論と現実の両面を示しているのも特長の一つである。

5章

1. 牛見章：解説住宅・宅地・都市問題, ドメス出版, 1983, 1988

    これまでの「住宅問題」「土地問題」「都市問題」といった個別の視点ではなくて, 住宅・宅地・都市の問題を一体の問題として取扱い, また「個の制度の解説」といった視点ではなくて, 国の制度を自治体サイドで見直し, 一般市民向きの常識的な時事問題や実務に必要な基礎知識の解説を中心に, 手軽に読める教科書。

2. 早川和男：住宅貧乏物語（岩波新書）, 岩波書店, 1978

    日本は世界一の黒字国として世界各国から羨望されているけれども, 国民の大半はすまいや環境の面で大きな不満をもっており, その原因は土地政策, 都市計画, 住宅政策の貧困にあることが指摘されている。本書はかつて河上肇が「貧乏物語」で日本の社会的貧困の実態を明らかにしたように, 日本のすまい, 居住環境の貧しさ, 通勤難などの実態を摘出したもので, 都市計画の根底に横たわる社会問題を知るうえで必読の書である。

3. 下山瑛二・水本浩・早川和男・和田八束編著：住宅政策の提言（住宅政策研究1）ドメス出版, 1979

    住居は人間の生活の器であり, 市民生活の基礎である。それと同時に, 自治体をつくり, 都市をつくり, 文化をつくっていく基盤でもある。ところが, これまでの日本の政治には, 国民の生活を本当によくしていこうとする考えにたった住宅や都市づくりの姿勢がなかった。このような問題意識のもとに行われた学際的共同研究の成果である本著は, 都市計画の基底にある社会問題への認識を高めるためにきわめて有用な図書である。

4. 水本浩・早川和男・牛見章編著：自治体の住宅・都市政策（住宅政策研究2）, ドメス出版, 1981

    人間が人間らしく生きるにふさわしい住宅やまちをつくっていくためには, 住宅・都市政策は, 市民の要求や参加を基礎として自治体主導のもとに政策を立案・決定・実施していくことが必要で, このような手法を全国にさきがけて試行した埼玉県の自治体行政の実践例を, それに携わった自治体職員自らの手で紹介したもので, 自治体職員はもちろんのこと, 市民にとっても行政の実態を知りうる貴重な書。

5. 本間義人：自治体住宅政策の検討, 日本経済評論社, 1992

日本の都市計画，とりわけ大都市における都市計画の立ちおくれの最大の原因は，産業基盤を優先し，市民の生活基盤を後まわしにしたことにあった。これからの都市計画は，自治体の住宅・都市政策の視点に立つことが必要で，本著はそのような視点をふまえて具体的な実例をまとめたもので，今後の都市計画のすすめ方を考えるうえで有用な図書である。

6章

1. 久野収・鶴見俊輔：思想の科学事典，勁草書房，1969 特にⅡ章の環境（吉良竜夫・梅棹忠夫，pp 19-68）
2. 加藤三郎・清水良次編著：都市環境，ぎょうせい，1983
3. 堀内三郎：建築防火（朝倉建築工学講座10），朝倉書店，1972

   都市と火災に関する問題が，建築を通して広く説明されている。特に都市防災の項目は，都市火災と都市計画との関係がよく説明されている。図表も多く，大学生および一般技術者を対象にまとめられており，防火対策および避難対策にも重点を置いて記述されている。
4. 日本火災学会編：火災便覧（新版），共立出版，1984

   火災の基礎科学から火災対策の実用面にわたって，広範に最新の知識を集大成したものである。主な項目は，燃焼，熱と気流，統計および気象，都市火災，建物火災，各種火災，防災，防火材料，消火設備などである。

7章

1. ガリオン＆アイスナー著，日笠端・森村道美・土井幸平訳：アーバン・パターン―都市の計画と設計，日本評論社，1975

   本書は，教科書として世界的に読まれている「THE URBAN PATTERN」の1966年版の翻訳書である。ひとことでいえば都市の歴史を扱ったものであるが，本書の特色は，他の教科書と比べて①住宅・住環境を重視していること，②計画は社会の機構や制度を通じて実現すべきものとして実務的に捉えていることの2点である。1960年代のアメリカの状況をベースに書かれてはいるが，時間と空間を越えて示唆されるところが多い。
2. 土井幸平・川上光秀・森村道美・松本敏行：都市計画（新建築学大系16），彰国社，1981

   本書は，6章からなっている。すなわち，①都市計画の社会的役割と概念，②都市の計画課題と都市計画，③都市計画の理念と制度，④都市基本計画，⑤密度計画，⑥交通計画である。

   このうち2，3，4，5章は，本書の7.2（都市空間構成の計画），7.3（都市空間構成の実現）の内容を補うものであり，6章は，本書の8章（都市の構造計画）に対応するものである。
3. F.S.チェピンJr.著，佐々波秀彦・三輪雅久訳：都市の土地利用計画，鹿島出版会，1976

   本書の初版は1957年に刊行されているが，これは第2版（1965）の訳書である。土地利用の決定要因，各種土地利用の推計方法，需要予測の計画（プラン）へのつなぎ方など，土地利用計画の理論的側面から技術的側面までも扱ったユニークな著書である。

   1979年には，カイザーとの共著という形で，需要予測がより数理的に，プランニング・プロセスも時代に合わせてよりダイナミックに展開されているが，訳書はない。
4. 彰国社編：都市空間の計画技法―人・自然・車，彰国社，1974

   技法編（人と車，人と人，人と自然）と事例編から成っている本書は，ニュータウンや地区再開発や大規模跡地の複合開発などを対象に，その計画技法を豊富な図面と写真で紹介していて，解説も的確である。1974年時点のプロジェクトに限定されているという問題はあるが，現在でも現役の教科書と考える。
5. 森村道美編著：コミュニティ計画の技法，彰国社，1978

   1971（昭和46）年に開始された自治省のモデル・コミュニティ事業は，コミュニティ活動を活性化させるためのコミュニティ・センターや公園・運動場をつくる，いわば「地区計画」の先鞭であった。本書は，16のモデル・コミュニティ地区に加えて，13地区のコミュニティ・スクール，過疎地域集落整備事業，さまざまな地区整備計画事例を紹介したもので，80年代に盛んになった地区計画の，初動期の意識をまとめたものと位置づけられる。

8章

1. 土木学会：交通需要予測ハンドブック，技報堂，1981
2. 谷藤正三：都市交通計画，技報堂，1974
3. 小川博三：交通計画，朝倉書店，1966
4. 松本博編：交通計画学，培風館，1985
5. 今野博編：新編都市計画，森北出版，1984
6. 八十島義之助，井上孝共訳：都市の自動車交通――イギリスのブキャナン・レポート，鹿島出版会，1965
7. PAUL RITTER : Planning for Man and Motor, PERGAMON PRESS, 1964
8. 今野博：まちづくりと歩行空間，鹿島出版会，1980
9. 天野光三監訳：人と車の共存道路，技報堂，1982
10. トヨタ交通環境委員会：都心交通の改善――トラフィック・ゾーン・システム導入の可能性，トヨタ自動車販売㈱，1982
11. トヨタ交通環境委員会：欧州の都市交通改善，トヨタ自動車販売㈱，1981
12. 新井正ほか：都市の水文環境（都市環境学シリーズ2），共立出版，1984

都市水文学を系統的に解説している。主なる項目は，都市の水収支と地表水，都市と地下水，都市の水循環，都市の歴史的水文環境である。

13. 尾島俊雄・村上處直・根津浩一郎・増田康広：都市環境（新建築学大系9），彰国社，1982

都市環境の在り方，考え方に関して，基本的学習事項から原論までを網羅して書かれている。都市の安全化，都市の環境アセスメント，都市の供給処理施設を挙げ，その現状，意義・必要性，計画手法，管理手法について実例を用いながら解説している。それに加えて，都市自体の歴史的変遷，都市生活の変化，都市の自然環境，都市の文化，都市計画の原論，都市の評価・計測方法等を記し，都市環境の原論としてまとめている。

14. 尾島俊雄編：都市（リモートセンシングシリーズ），朝倉書店，1980

リモートセンシング技術を都市域に適用する際の，考え方，方法，解析例に関して，写真・図面等を用いながら詳述している。内容は，人工衛星，航空機，写真測量等の活用による，都市気象の観測，都市地盤，建造物の計測，立地・土地利用計画への適用例，交通調査，公害調査，都市災害，都市空間の構成調査と，都市の問題に関する広範囲のテーマを扱っている。実際の活用例に即して，関連調査結果を合わせ，まとめられている。

15. 尾島俊雄・JES編：日本のインフラストラクチャー，日刊工業新聞社，1983

第3の波とも呼ばれる第3次産業社会に突入してしまっている日本にあって，未だに，インフラストラクチャーは，第2次産業社会の域を出ていない。そこで本書は，都市インフラストラクチャーこそが，今後の日本のインフラストラクチャーであることを述べ，その実例として，その芽が育ちつつある状況を具体的に記す。そして，地表の空間が開発されつくしたところから，再開発と都市蘇生の空間として残された地下開発の可能性を記し，今後の計画案を記した。

16. 尾島俊雄編：都市の設備計画，鹿島出版会，1973

人間生活のための物質・エネルギーの代謝は，基本的に自然の代謝機構に依存している。しかし，人間集落である都市の規模が自然の代謝能力を越えた密度と広がりをもつときに，代謝を自然にのみ依存せず人工的に補う土木技術や機械的仕掛けが必要となる。これが都市の設備である。本書は，そのような観点から，人間と環境のかかわりなどの総論と都市設備として給排水，エネルギー供給，情報，輸送・交通，廃棄物処理設備などの計画法についてまとめたものである。

17. 佐藤秀一監修，赤松惟央・懸保佑・久保田荘一：共同溝（改訂版），森北出版，1991

共同溝というものはこれからの近代都市の形成に欠かすことのできないものである。本書は，道路と地下埋設物の現状，共同溝の歴史・役割，諸外国の事例を説き起こすことから始まり，整備計画・費用負担の算出・調査・設計・施工・維持管理及び共同溝整備の課題について解説している。また，巻末には共同溝整備に関する法令が付録として掲載されており，本書のみで共同溝に関する総ての内容が分かるようになっている。

18. 吉野正敏編：地球環境への提言—問題解決に向けて，山海堂，1994

本書は，日本学術会議の第14期（1988〜1991年）と第15期（1991〜1994年）における，「資源・エネルギーと地球環境」に関する特別委員会の仕事の一つのまとめとして出版されたものである。第1部は，人文社会学，および自然科学の各研究分野からの提言であり，第2部は，政界，財界，官界等のそれぞれの立場からの科学者への提言である。地球環境の解説書ではなく，その問題を本質的に解決するため，どのような調査・研究が望まれるか等について書かれたものである。

19. 伊藤滋・高橋潤二郎・尾島俊雄監修，建設省都市環境問題研究会編：環境共生都市づくり—エコシティ・ガイド，ぎょうせい，1993

「環境共生都市」づくりを目指す建設省が設立した「都市環境推進研究部会」がまとめた中間報告を中心に編集したもので，まず良好な都市環境を都市全体レベルで確保する都市環境計画策定の必要性に始まり，省エネルギー，都市緑化および水環境の立場から見た都市環境整備手法について，環境問題に関するデータや現在考え得る環境関連システムの事例などの紹介も交え，最後にそうしたエコシティ施策の実現を目指す関連施策や関連事業，関連資料についてまとめている。

9章

1. 都市デザイン研究体編：日本の都市空間，彰国社，1968

第1章で都市デザインを近代以降の歴史的経緯から4段階論で解説し，現代都市デザインを構造論，象徴論の段階と認識したうえ，第2章以降，形成の原理，構成の技法，要素の作用，実例の検討，表現の技法に分けて説明している。これらは日本の歴史的空間や町の特性をキーワードと写真・図版によってまとめ，デザインの着想喚起を促す語彙集の趣がある。都市デザインを日本的な形から切り込んで再認識する営みは日本での都市デザインにとって有益といえる。

2. ジョナサン・バーネット著，六鹿正治訳：アーバン・デザインの手法，鹿島出版会，1977

序章および第8章にその経緯が書かれているように著者らは，リンゼーニューヨーク市長選挙を機会に，幸いにもその後ニューヨークの都市デザインに深くかかわる

ことになり実績を上げた。本書の原題でもある公共政策としての都市デザインを，近代都市デザイン思想の現実離れや芸術家気取りを排して，より本格的に政治・経済の過程に組み込み実践する方策が論理的に説明されており，一般の素直な認識を優先させて，形を合意することが目指されている。都市設計の実務を目指す者にとって，勇気を与えてくれる書物といえる。

3. 戸沼幸市：人間尺度論，彰国社，1978

　　人間の力をはるかに越えた作業を機械が行うようになって，巨大な建造物が現代都市空間に溢れているが，改めて人間が快適でいられる適正な寸法の重要性を，多面的に論じたものである。人間の身体寸法，運動能力，認識能力等について，過去の事例や種々の調査結果等に基づきながら，人間尺度の重要性を確認している。空間や環境を計画するときの心構えを，多面的に知るうえで示唆に富んでいる。

4. クリストファー・アレグザンダー著，平田翰那訳：パターンランゲージ，鹿島出版会，1984

　　都市や建築空間が優れているとされるのは，体験される一連の環境セットのためであるとして，これを言語化した全部で253のパターンランゲージを分かりやすく解説したものである。空間を設計する側と利用する側が，共有できる空間言語集としてこのランゲージを用いれば，環境ないしは空間のイメージを，計画段階で分かりやすく事前に把握できるとしている。人の空間体験は一連の環境セットとして言語化でき，これが優れたデザインの設計論として役立つとの信念に基づいて作成された労作である。

5. 鳴海邦碩・田端修・榊原和彦編：都市デザインの手法，学芸出版社，1990

　　都市デザインを学ぶうえでの入門書として，都市デザインの基本にかかわる多くのトピックを網羅し，図版・写真も国内外の事例を中心に豊富にあって参考になる。1～3章で都市デザインの基本的考え方，系譜，都市イメージを，4～12章で，街路，歩行者空間，広場，緑と公園，水辺，街区と敷地，町並み，商業空間，歴史的環境の保存について物的デザインを概説し，13～14章で住民参加，イベントについて述べている。

10章

1. 大塩洋一郎：日本の都市計画法，ぎょうせい，1969

　　著者は，都市計画法（1968年）を制定したときの建設省の責任課長である。1968年法は先進各国における都市計画の新しい流れを調査し参考にして，わが国の都市計画の体系を一大転換したものである。何故，新しい法体系が必要であったか，そのためにいかなる規制・許可の方法を欧米に学んだかが良く解説されている。

2. 稲本洋之助ほか：ヨーロッパの土地法制，東京大学出版会，1983

　　書名の土地法制とは，都市計画法の制度のこととしてよい。都市計画とは土地に関する権利をいかに公共の概念によって規制するかという体系のことである。

　　わが国の都市計画法はヨーロッパに学びながら確立されてきたといってもよい。その原点となる英独仏の法体系をかなり詳細に分かりやすく解説された書物である。

3. 日笠端：土地問題と都市計画法，東京大学出版会，1981

　　都市計画法は，私的な土地利用と私的な土地独占に対する公的規制の体系である。

　　いかにして公的規制が正当性を持ち得るかについては多くの議論のあるところである。本書は，この問題に対して主に法哲学の視点からやさしく論じている。

　　著者達は，土地法に関する大家であり，論拠は明快である。

4. 堀内亨一：都市計画と用途地域制，西田書店，1978

　　都市計画1968法と建築基準法の1970年改正にもとづく，東京都の用途地域指定変更の，実際を整理した実践の報告書である。

　　同時に，東京都の用途地域指定行政を支えた複数の精鋭が，用途地域のあり方を議論し，検討して練り上げた，土地利用規制計画の理論書という側面を有している。

5. 建設省都市局都市計画課：都市計画法令要覧，ぎょうせい

　　法令要覧を参考書に推薦するのはおかしいようであるが，あえて参考書にした理由は，建設省が地方自治体にあてた通達をぜひ読んで頂きたいからである。

　　通達・例規を理解することによって，実際の都市計画行政の運用の考え方，建設省が，都道府県の都市計画行政担当者の運用上の問題を聴取し，意見交換をする過程で，法運用の基本方針を練り上げたものが通達例規であるから，通達例規は実践の書ということができる。

11章

1. 国土庁編：明日の国土を考える，ぎょうせい，1987

　　四全総を策定するに当たり開催された国土政策懇談会における議論の概要をとりまとめたもの。1.国土政策をめぐる環境変化とその視点，2.集中と分散の考え方，3.多極分散型国土の形成，4.東京圏の整備，5.国土整備のための基本的政策手段の5項目に整理。多くの参考図表を載せている。

2. 本間義人：国土計画の思想，日本経済評論社，1992

　　社会政策としての都市・住宅法制および政策を研究する立場から，一全総から四全総にいたる全国総合開発計画の30年を点検し，問題点を指摘。1.新産都市その後，

2. 大規模工業基地の開発構想, 3. 新幹線計画の遅延と将来, 4. モデル定住圏の行方, 5. 森林の運命, 6. 土地問題の推移, 7. 巨大都市・東京問題の各章からなる。
3. 下河辺淳:戦後国土計画への証言, 日本経済評論社, 1994
   戦後の国土計画に一貫してたずさわってきた著者がインタビューに答える形で語った記録を編纂したもの。「20世紀の大都市文明, 科学技術文明を超克して, 21世紀の新しい文明を創造するために, 人と自然とのかかわり合い, 人と人との関係を風土伝統の上に重ねあわせながら, 未来の国土 (居住環境) を思考すること」を語りかける。
4. 日本都市計画学会編:東京大都市圏—地域構造・計画の歩み・将来展望, 彰国社, 1992
   東京大都市圏の地域構造の変化を大都市圏計画の変遷との関連において分析し, 今後の発展方向と 21 世紀に向けての政策課題を明らかにする。第 1 部「東京大都市圏の地域構造と変遷」, 第 2 部「東京大都市圏計画の変遷と課題」では最近の研究成果が豊富な図表とともにまとめられ, 第 3 部「東京大都市圏の基本的構成と重点施策への提言—21 世紀を展望して—」では専門家からの提言を載せている。
5. 国土庁編:国土レポート '94—人々のくらしと社会資本整備—, 大蔵省印刷局, 1994
   国土庁がまとめた年次レポート。第 I 部「国土をめぐる情勢」, 第 II 部「国土行政の展開」。第 I 部第 2 章は年次ごとのテーマに対応して特集している。90 年版:国土づくりのあゆみ, 92／93 年版:首都と国土, 94 年版:個性的で活力ある地域社会のための社会資本の整備

12 章

1. 柴田徳衛・加納弘勝編:第三世界の人口移動と都市化, アジア経済出版会, 1985
2. UNESCAP (国連・アジア太平洋地域社会経済委員会): Study and Review of the Human Settlements Situation in Asia and the Pacific Vol. 1 (Regional Overview of the Human Settlements Situation), ST/ESCAP/282, 1983
3. 住宅・都市整備公団:住宅・都市分野における国際協力の課題 (公団の国際協力に関する研究) ——都市開発編——, 調研 85-486, 1985
4. Honjo, M. ed.: Urbanization and Regional Development, Regional Development Series of UNCRD Vol. 6. Maruzen Asia, Singapore, 1981
5. 長峯晴夫:第三世界の地域開発——その思想と方法, 名古屋大学出版会, 1985
6. Asian Development Bank (アジア開発銀行): Rural Development in Asia and the Pacific Vol. 2, Country Papers Presented as the ADB Regional Seminar or Rural Development, Manila, Philippines, 15-23 October 1984. 139 pp, 1985
7. National Economic and Social Development Board (NESDB, タイ国社会経済開発庁): Bangkok Metropolitan Regional Development Proposals, Recommended Development Strategies and Investment Programmes for the Sixth Plan (1987-1991), June 1986
8. D. Drakakis-Smith: Urbanization, Housing and the Development Process, Croom Helm, London, 1981
9. 海外経済協力基金編:海外経済協力便覧, 1983
10. Honjo, M. and T. Inoue eds.: Urban Development Policies and Land Management——Japan and Asia, City of Nagoya, 1984
11. ESCAP/Yokohama/HABITAT: Physical Profile of Cities in the ESCAP Region, Yokohama, 1982
12. Metropolitan Manila Commission, a: Comprehensive Zoning Ordinance for the National Capital Region, 1981
13. Metropolitan Manila Commission, b: Appendix B, 1981
14. Metropolitan Manila Commission, c: Appendix C, 1981
15. Metropolitan Manila Commission: Metropolitan Manila Capital Investment Folio Study: Interim Report (mimeo), 1982
16. ESCAP: Guidelines for Rural Centre Planning, 1978.
17. Rondinelli, Dennis A; Spatial Analysis for Regional Development A Case study in the Bicol River Basin of the Philippines, the UN University, NRTS-9/UNUP-166, 1980
18. Mathur, Om P.: The Role of Small Cities in Regional Development, UNCRD, Nagoya, 1984
19. Directorate of City and Regional Planning: Directorate General of Human Settlements, Department of Public Works, Government of Indonesia, UNDP and UNCHS, National Urban Development Strategy, Draft Report T2, 3/3, 1985
20. D. J. ドワイヤー著, 金坂清則訳:第三世界の都市と住宅——自然発生的集落の見通し, 地人書房, 1984 (D. J. Dwyer: People and Housing in Third World Cities, Perspectives on the Problem of Spontaneous Settlements, Longman, 1975)
21. Nagamine, H. ed.: Urban Development Policies and Programmes, Focus or Land Management, UN Centre for Regional Development, Nagoya, 1986, 382pp (本章ではもっぱらフィリピン・インドネシア・タイという東南アジアの事例にかぎって紹介しているが, 本書に

はそれらのほかにインドおよび韓国の事例も含まれているので参考とされたい）
22. Asian Institute of Technology (AIT), Seven Asian Experience in Housing the Poor,
23. Orangi Pilot Project (OPP) publications (mimeo) :
   (1) Dr. Jorge Anzorena's Report on Pakistan Projects
   (2) OPP's Three Progrommes, August 1984
   (3) 18th Progress Reports, 1984
   （発行所）1-D/26, Daulat House, Orangi, Karachi.

図版提供・出典

1章

* 1 政府報告書「都市への警告——OECD対日都市レビュー政策勧告」1986〔表1.1, 1.2, 1.4, 1.5, 1.6〕
* 2 Hokins, W. G.: The Making of the English Landscape. Pelican Book. 1978〔図1.4〕
* 3 Reader, W. J. 小林司・山田博久訳:英国生活物語,晶文社,1985〔図1.5〕
* 4 奈良国立文化財研究所〔図1.10〕
* 5 高山市教育委員会:高山城跡発掘調査報告書Ⅰ,〔図1.11〕
* 6 内山正絵,北沢猛文:ある都市のれきし—横浜・330年,(月刊たくさんのふしぎ1986年1月号),福音館書店,1986〔図1.12〕
* 7 国土庁地方振興局:地方都市の景観整備に関する報告書,テイクナイン計画設計研究所,1982より〔表1.3〕

2章

* 1 函館中核都市圏開発整備事業推進調査報告書,1983〔図2.2〕
* 2 東京大学都市工学研究所:いわき都市整備基本計画報告書,1968〔図2.3〕
* 3 レオナルド・ベネーヴォロ著,佐野敬彦・林寛治訳:図説都市の世界史4,相模書房,1983〔図2.4〕
* 4 開拓史事業報告,第2編土木,1882〔図2.5〕
* 5 日本建築学会編:近代日本建築学発達史,丸善,1972〔図2.6〕
* 6 Stüben : Der Städte-Bau, 1880〔図2.7〕
* 7 Howard, Ebenezer : Garden City of Tomorrow, the Town and Country Planning association, 1965(複刻版)〔図2.8〕
* 8 Garnier, Tony : Une cite industielle, etude pour la comstruction des villes, 1917,〔図2.9〕
* 9 Burnham, Daniel H. & Bennett, Edward H : Plan of Chicago, The Commercial Club of Chicago, 1909,〔図2.10〕
* 10 Scott, Mel.: American City Planning Since 1890, Univ. of Calif Press, 1969〔図2.11, 図2.22〕
* 11 Boardman, Philip : The World of Patrick Geddes, Routledge & Kegan Paul Ltd., 1978〔図2.12〕
* 12 Eugene, Henard : Etudes sur Les Transformations de Paris, 1909〔図2.13〕
* 13 Wolf, Poul. : Städtebau-das Formproblem der Stadtain Vergankeit and Zukunft, Klinhardt & Biermann, Leipzig, 1919〔図2.14〕
* 14 Boesiger, W. and O. Stonarov : Le Corbusier 19 10-1929, Editions Girsberger, Zurich 1965〔図2.15〕
* 15 Gallion, Arthur B. & Eisner. Simon : The Urban Pattern, D. Van Nostrand Company, Inc., 1950〔図2.16, 図2,21, 図2.23, 図2.24〕
* 16 Perry, Clarence A.: The Neighborhood Unit—Neighborhood Community Planning, New York, Committee on Regional Plan of New York and Its Environs, 1929〔図2.17〕
* 17 Feder, Gottfried : Die Neue Stadt, 1939〔図2.18〕
* 18 ナチス党定住局編:独逸国中央計画叢書,内務省国土局内都市研究会,1942〔図2.19〕
* 19 Abercrombie, Patrick : Greater London Plan 1944,英国王立刊行物センター〔図2.20〕

3章

* 1 日笠,入沢,大庭,鈴木:集団住宅(新訂建築学大系27),彰国社,1971〔図3.30〕
* 2 吉田靖〔図3.34〕
* 3 小柳津醇一:韓国の住宅の近代化過程に関する考察,日本建築学会大会学術講梗概集(北海道),1986〔図3.36〕
* 4 西山夘三:日本のすまいⅠ,勁草書房,1981〔図3.37, 3.44〕
* 5 富山県:住まいと街なみ(百年のあゆみ),1983〔図3.39〕
* 6 飯島友治:家主と店子,日本生活風俗史・江戸風俗第3巻,雄山閣〔図3.39〕
* 7 伊藤ていじ:民家,平凡社〔図3.40〕
* 8 日笠端:都市と環境,日本放送出版会,1966〔図3.46〕
* 9 日笠端:都市計画,共立出版,1985〔図3.47〕
* 10 高山英華:都市計画よりみた密度に関する研究,東京大学博士論文,1949〔図3.48〕
* 11 日本建築学会:建築術語集(都市計画の部),丸善,1949〔図3.49〕
* 12 Gallion, Eisner : The Urban pattern, van nostrand, 1950〔図3.51〕
* 13 田畑貞寿,五十嵐政郎,白子由起子:緑被地からみた江戸と東京の都市構造に関する研究,造園雑誌,Vol. 47, No. 5, 1984〔図3.53, 3.54〕
* 14 田畑貞寿:都市のグリーンマトリックス,鹿島出版会,1979より作成〔図3.55〕
* 15 末松四郎:東京における緑地計画の推移,都市公園第17号,1980〔図3.56〕
* 16 日本造園学会編:環境を創造する,日本放送出版協会,1985〔図3.57〕
* 17 田畑貞寿:自然環境保全に関する研究,都市計画No. 69, 1974〔図3.58〕
* 18 東京の自然研究会:ホタル,トンボの退行前線,

*19 日本造園学会編：造園ハンドブック，技報堂出版，1978〔図 3.61, 表 3.11〕
*20 只木良也編著：みどり，共立出版，1981〔表 3.10〕
*21 大道章一ほか：樹木による大気浄化の実態実験，第 26 回大気汚染学会講旨集，1985〔図 3.62〕
*22 名古屋市：名古屋緑道整備基本計画，名古屋市，1981〔図 3.65〕

4 章

*1 森村道美，上野勝弘，星居和義：Community Renewal Program (CRP) について（都市計画，65, 1971）〔図 4.3, 図 4.4〕
*2 Christaller, W., 江沢譲爾訳：都市の立地と発展，大明堂（原著 1933）〔図 4.5〕
*3 Doxiadis, C. A. 著，磯村英一訳：新しい都市の未来像，鹿島出版会，1955〔図 4.6〕
*4 山田浩之：都市化の経済分析・序説（季刊現代経済 42, 1981）〔表 4.3〕
*5 Alonso, W. 著，折下功訳：立地と土地利用，朝倉書店（原著 1964）〔図 4.10〕
*6 内山久雄，鹿島茂，上西時彦，村井俊治：国土調査論（土木工学大系 18），彰国社，1978〔表 4.4〕

5 章

*1 建設省：建設白書，大蔵省印刷局，1985〔図 5.1〕
*2 建設省：建設白書，大蔵省印刷局，1985〔図 5.4, 図 5.7〕
*3 建設省：建設白書，大蔵省印刷局，1978〔図 5.2〕
*4 同潤会：不良住宅改良事業（横浜市南太田町），1930〔図 5.6 の一部〕
*5 建設省：建設白書，大蔵省印刷局，1986〔図 5.8〕
*6 牛見章：解説住宅・宅地・都市問題，ドメス出版，1983〔図 5.10, 図 5.11〕

6 章

*1 消防庁編：消防白書（平成 4 年版），大蔵省印刷局，〔表 6.1, 表 6.2, 表 6.3, 表 6.9〕
*2 国土庁編：防災白書（平成 5 年版），大蔵省印刷局，〔図 6.3, 表 6.4〕
*3 環境庁編：環境白書（平成 5 年版），大蔵省印刷局，〔図 6.4, 表 6.5〕
*4 光田寧：都市と気象災害，学術月報，Vol. 38, No. 12, 1985〔図 6.5〕
*5 高橋裕：都市の変貌と水害，学術月報，Vol. 39, No. 2, 1986〔表 6.7〕
*6 栗山弘：雪国の都市計画の進め方，雪氷，Vol. 48, No. 1, 1986〔表 6.8〕
*7 定道成美：震災対策の現況，学術月報，Vol. 39, No. 4, 1986〔図 6.6, 表 6.11〕

*8 亀田弘行：ライフライン系（上水道システムの事例，地震被害の予測と復旧技術(3))，土木学会誌，Vol. 71-4, 1986〔表 6.10〕

7 章

*1 彰国社編：都市空間の計画技法，彰国社，1973〔表 7.4〕
*2 土井幸平ほか：都市計画（新建築学大系 16），彰国社，1981〔図 7.14〕
*3 Chapin, F. Stuart Jr. & Kaiser, Edward J.: Urban Land Use Planning (Third Edition), Univercity of Illinois Press, 1979〔図 7.15〕
*4 Gallion Arthur B., Eisner Simon, : The Urban Pattern, D. Van Nostrand Company, Inc., 1950〔図 7.20〕
*5 Gibberd. Frederick, : Town Design, The Architectural Pless, 1959〔図 7.21〕
*6 The London County Council : The Planning a New Town, The London County Council, 1961〔図 7.22〕
*7 Arthur Ling : Runcorn New Town, Runcorn Development Corporation, 1967〔図 7.23〕
*8 日笠端：都市計画（大学講座建築学計画編 5），共立出版，1977〔図 7.24〕

8 章

*1 今野博編：新編都市計画，森北出版，1984〔図 8.5〕
*2 田畑貞寿：都市のグリーンマトリックス，鹿島出版会，1979〔図 8.31〕
*3 日本造園学会編：造園ハンドブック，技報堂出版，1978〔図 8.33〕
*4 日本住宅公団南多摩開発局，市浦開発コンサルタンツ：多摩ニュータウン計画設計マニュアル '76 計画・設計編，日本住宅公団，1975〔表 8.12, 図 8.37〕

9 章

*1 J. ジェリコー著，山田学訳：図説景観の世界，彰国社，1980〔図 9.5〕
*2 建築術編集委員会編：空間をとらえる（建築術 2），彰国社，1977〔図 9.6, 図 9.10〕
*3 芦原義信：外部空間の構成，彰国社，1967〔図 9.11〕
*4 R. ブランブラ，G. ロンゴ著，月尾嘉男訳：歩行者空間の計画と運営，鹿島出版会，〔図 9.16〕
*5 戸沼幸市：人間尺度論，彰国社，1985〔図 9.19〕
*6 地方都市問題研究会：個性と魅力のまちづくり戦略，第一法規〔図 9.20〕
*7 吉阪隆正：杜の都仙台，早稲田大学吉阪研究室報告書，〔図 9.21〕

* 8 戸沼幸市編：あづましい未来の津軽，津軽書房，1977〔図9.22, 図9.31〕
* 9 早稲田大学吉阪研究室：台北の都心居住を見る，1980〔図9.23〕
* 10 後藤春彦：日本建築学会計画系論文報告集第370号，1986〔図9.24〕
* 11 早稲田大学理工学部都市計画・戸沼研究室：2001年弘前まちのすがた，〔図9.25〕
* 12 Cervellati, Pier Luigh : La Nuova Cultura delle Cittá Milano, 1977〔図9.28〕
* 13 L. ハルプリン著，伊藤ていじ訳：都市環境の演出，彰国社，1970〔図9.34〕
* 14 国土地理院：土地条件図，東京東南部1：25,000より〔図9.35〕
* 15 法政大学第6回国際シンポジウム：都市の復権と都市美の再発見，法政大学出版局，1984〔図9.36〕

10章
* 1 全国市街地再開発協会：権利変換の仕組み，1981〔図10.11〕
* 2 安原正編：図説日本の公共債，財経詳報社，1982〔図10.18〕

11章
* 1 国土庁編：国土利用白書，大蔵省印刷局，1982〔図11.1〕

12章
* 1 住宅・都市整備公団：住宅・都市分野における国際協力の課題——都市開発編，調研85-486，1985〔図12.1〕
* 2 柴田・加藤編：第三世界の人口移動と都市化，アジア経済出版会，1985〔表12.1〕
* 3 Honjo, M. ed. : Urbanization and Regional Development, Regional Development Series of UNCRD Vol. 6. Maruzen Asia, Singapore, 1981〔図12.2〕
* 4 UNESCAP : Study and Review of the Human Settlements Situation in Asia the Pacific Vol. 1 (Regional Overview of the Human Settlements Situation), ST/ESCAP/282, 1983〔表12.2〕
* 5 Directorate of City and Regional Planning : Directorate General of Human Settlements, Department of Public Works, Government of Indonesia, UNDP and UNCHS, National Urban Development Strategy. Draft Report T2, 3/3, 1985〔図12.3〕
* 6 D. J. ドワイヤー著，金坂清則訳：第三世界の都市と住宅，地人書房，1984〔図12.4〕
* 7 D. Drakakis-Smith : Urbanization, Housing and the Development Process, Groom Helm, London, 1981〔表12.3〕
* 8 Nagamine, H. ed. : Urban Development Policier and Programmes, Focus or Land Management, UN Center for Regional Development, Nagoya, 1986〔図12.5, 図12.6, 図12.7, 図12.8, 図12.9〕
* 9 Asian Development Bank : Rural Development in Asia and the Pacific Vol. 2, Country Papers Presented as the ADB Regional Seminar or Rural Development, Manila, Philippines, 15-23 October 1984〔図12.11〕
* 10 Metropolitan Manila Commission : Metropolitan Manila Capital Investment Folio Study : Interim Report (mimeo), 1982〔図12.10〕
* 11 長峯晴夫：第三世界の地域開発，名古屋大学出版会，1985〔表12.5〕

索　　引

あ～お

アイデンティティ　175
アディケス　32
アテネ憲章　37,50
アーバンクロンビィ卿　38
アムステルダムの会議の7原則　36
アメニティ　175
アルマン　77
アロンゾ，W.　78
アンウィン，R.　32,36
アンケート調査　72
1次生活圏　133
一全総　219
一酸化炭素　109
一般交通量調査　140
一般財源　206
一般廃棄物　111
因果連鎖モデル　84
インタビュー調査　72
インドネシアのNUDS構想　232
インフラストラクチュア　182
ウィンゴ，J.　78
ウェーバー，A.　78
ウェルウィン　32
雨水貯留施設　113
運動公園　65
衛星都市　36
ESCAP　238
ESCAP　地域内諸都市の物的現況図　240
HOPE（地域住宅）計画制度　96
エナール，H.　35
MNP　229
LAN　166
OR　83
沖縄振興開発計画　220
OJT　239
オスマンのパリ改造　30
オゾン層保護　112
汚濁負荷量　164
OD調査　140
オームステッド，F.L.　34

か～こ

海岸災害　114
海岸法　114
海岸保全区域　114
回帰分析　83
街区　179
改善地区　136
開発許可制度　188
開発拠点　229
開発拠点政策　230
開発行為　190
開発行為の規制　199
核都市　224
確率過程論　81
火災危険度　107
過集積問題　27
河川維持用水　162
河川計画　161
過大都市問題　221
ガルニエ，T.　33
環境管理計画　225
環境基準　109
環境水準　56
緩衝緑地　65
幹線道路　43
幹線分散路　46
カンバーノールド　148
カンポン改良事業　233
基幹的施設　27
気象災害　112
基盤構造　31
規範的アプローチ　69
基本高水　112
基本構想図　28
帰無仮説　82
Capital Investment Folio 方式　241
急速ろ過法　163
旧都市計画法　31
供給処理施設　52
共同溝　165
局地分散路　46
居住環境空間　133
居住環境地域　46,147
居住市地限定階層　86
巨大都市　15
巨大都市圏　21
拠点開発方式　217,221

近畿圏整備計画　219
近郊緑地特別保全地区制度　65
近代都市計画　57
近隣公園　65,159
近隣住区　180
近隣住区理論　39,131
近隣商業地域　190
近隣単位　37
クイックサンド現象　116
空間基盤系　122
空間利用強度　56
区画整理　32
区画道路　43
クラーク，C.　129
クラッセン，L.H.　77
クリスタラー，W.　75
Growth Pole　229,239
Growth Pole Strategy　230
グロス人口密度　127
グロピウス，W.　37
計画給水量　163
計画提案図　28
計画フレーム　127
経済の高度成長　86
計量評価モデル　84
下水処理場　164
下水道　163
ゲデス，P.　34
建設国債　205
建築基準法　57
建築協定　60
建築線　32
建築等の規制　199
建築の自由　57
権利床　202
権利変換方式　201
広域市町村圏計画　216
広域生活圏　216
公営住宅法　94
公園系統　34,62
公害対策基本法　108
光化学オキシダント　109
高架自動車道　37
高規格堤防　161
工業整備特別地域　218,229

工業整備特別地域整備促進法　217
工業都市　33
格子・環状混成型　44
交渉型モデル　84
洪水調節　161
交通環境整備計画　50
交通セル　147
交通セル方式　49,151
交通体系　15,138
高度技術工業集積地開発促進法　218
高度経済成長期　23,172
高度浄水施設　164
高度成長期　214,218,224
高度成長期の市街化　122
国際近代建築家会議　37
国土構造　224
国土総合開発計画　221
国土総合開発法　215,221
国土利用計画　211,212
国立公園　65
国連アジア太平洋地域社会経済委員会　238
国連開発計画　231
国民所得倍増計画　221
コ・ジェネレーションプラント　167
コスト・ベネフィット分析　84
コスモポリス　172
個別規制法　213
コミュニティ　18,133
コミュニティ・カルテ　94,99

さ〜そ

再開発地区　136
最小画地論　179
最小限住宅　37
最低居住水準　89
サイト・アンド・サービス方式　233
最尤推定値　82
産業廃棄物　111
3次生活圏　133
三全総　222
暫定容積率　195
三八豪雪　114
サンプリング　74
CIF方式　242
CIAM　37
Cross Subsidy方式　237
CRP　136
CATV　166
ジェネラル・プラン　133

市街化区域　121,135,188
市街化調整区域　135,188
市街地開発事業　197
市街地建築物法　57
市街地の密度　56
事業主体　204
時系列資料　70
地震危険度　116
地震防災対策強化地域　119
システムズ・アプローチ　69
システム・ダイナミックス・モデル　84
自然環境保全法　213
自然公園法　65,213
自然地形区分　154
市町村計画　212
ジップの順位規模法則　75
シティビューティフル運動　33
児童公園　65,159
自動車交通施設　145
ジードルング　37
地盤沈下　111,115
シミュレーション・モデル　80
社会空間　133
重回帰分析　83
住環境整備モデル事業制度要綱　95
住区　133
住区幹線　43
住区基幹公園　65
住宅営団　92
住宅建設計画法　94,97
住宅困窮　88
住宅水準　89
住宅政策　92,96
住宅難　87
住宅問題　87,92
住宅立地モデル　125
集団規定　57
住民参加組織　237
首都圏整備計画　218
シューテューベン，H. J.　32
主要幹線道路　43
循環施設系　122
準工業地域　190
準住居地域　190
城下町　19,20
商業地域　190
上水道計画　162
上水道施設　162
上水道水源　162
上水道配管計画　163

条坊制　54
将来フレーム　70
将来予測　142
ショッピングモール　49
所得倍増計画　86
人口集中計画　13,120
新産業都市　167,217,221,229
新産業都市建設促進法　217
新住宅市街地開発事業　200
親水空間　162
親水計画　162
新都市　131
森林法　213
水害　113
水質　154
水質汚濁　109
水質保全　163
水道管容量　163
水道原水　163
数理計画法　80,83
数量化理論　81
スティヴネイジ　131
スーパー堤防　161
スプロール市街地　121
生活環境　54
生活環境保全　163
政策区域　220
整備・開発又は保全の方針　126,135,187
成分分析　83
背割り街区　179
1909年住居・都市計画法　92
線形計画法　83
全国総合開発計画（一全総）　221
全国総合開発計画（二全総）　222
先祖返り　181
泉北ニュータウン　132,150
相関係数　83
総合火災危険度　107
総合火災指標　107
総合公園　65,159
総合交通体系計画　138,141
総合設計制度　60
総合治水対策　113
相隣関係　32
属地データ　70
ゾーニング　33

た〜と

第1種住居地域　190
第1種中高層住居専用地域　190
第1種低層住居専用地域　190
第一次基本計画　219
第一次全国総合開発計画　217
大規模開発プロジェクト方式　222
第三次全国総合開発計画（三全総）　222
大都市圏　224
大都市震災対策推進要項　119
第2種住居地域　190
第2種中高層住居専用地域　190
第2種低層住居専用地域　190
第四次基本計画　219
大ロンドン計画　38,219
宅地割　179
多心型構造　138
多心型都市構造　27
建物利用現況図　122
ターナー, C.　129
多摩ニュータウン　132,199
多目標型モデル　84
断面交通量　140
地域共同体　17,18
地域社会像　28
地域制　57
地域地区　190
地域冷暖房システム　167
地球温暖化　112
地区　133
地区公園　65
地区計画　60,181
地区再開発　40
地区対策計画　135
地区分散路　46
地形・水系図　122
地図　70,183
地方計画　36
地方公共団体　214
地方債　206
地方財政法　206
地方生活圏整備計画　216
中部圏開発整備計画　220
調節池　113
通勤交通　138
DID　120,124
定住圏　222
定住構想　222
テクノポリス　218
田園都市　32

東京市区改正　31
東京市区改正条例　31,61
東京市建築条例（案）　57
統計的方法　81
等質空間　133
同潤会　92
同心円構造　76
透水性舗装　113
動的計画法　83
道路現況図　122
道路構造令　50
道路網　43
特殊道路　43
特定街区　60
特定財源　205,207
特定地域総合開発計画　221
特別地方公共団体　214
都市アメニティ　17
都市化　10,20,23,25,228
都市拡張　32
都市化率　226
都市環境　18,24,101
都市基幹公園　65
都市機能　14,24,26,33,40,146
都市基盤施設　24,26,167
都市供給処理施設　165
都市計画　26,29,55,70,101
都市計画規制　188
都市計画基礎調査　28
都市計画区域　187,188
都市計画決定手続　211
都市計画事業　187,203
都市計画の基本機能　28
都市計画の法律体系　16
都市計画の目標　188
都市計画法　57,187
都市景観　18,52
都市形態　15
都市計画決定手続　187
都市圏　13,126
都市憲章　28
都市公園法　155
都市公園等整備緊急措置法　156
都市公害　17
都市構造　26,33,37,40,62,76,138,139,182
都市高速道路　42
都市交通　140
都市交通調査　139

都市災害　17,23
都市再開発　40
都市産業　24
都市システム　232
都市施設　24,55,187
都市住宅　54
都市人口　24
都市生態系　63
都市設計　177
都市総合計画　29
都市的機能　14
都市的諸機能　17
都市の環境評価　55
都市の基本計画　187
都市の基本的性格　12
都市の構造　22,42,122
都市の個性　175
都市の時代　11
都市の存立基盤　17
都市の排水計画　164
都市の範域　12
都市の物理的空間　121
都市の分類・類型化　14
都市美観　50
都市問題　10,16,17,18,174,228
土砂の流出量　161
土壌汚染　111
都市緑地　65
都市緑地保全法　65
都心地域　49
都心部　49
土石流　115
土地区画整理事業　201
土地区画整理手法　239
土地収用法　199
土地条件図　183
土地人口比　226
土地政策　86
土地利用　18,40
土地利用規制　240
土地利用基本計画　212,213
土地利用強度　56
土地利用計画　36,56,126,128,135,146
土地利用計画図　28
土地利用現況図　122
土地利用ダイアグラム　199
土地利用パターン　78
土地利用モデル　125
ドーナツ現象　86
トラフィックゾーンシステム　151

トリハロメタン　163
トンド海浜地区　237

な〜の
二元給水配管　162
二酸化窒素　109
二酸化硫黄　109
2次生活圏　133
二全総　220
ニュータウン　39, 125
人間的ぬくもり　18
人間居住　229
人間尺度　174
ネット人口密度　127
年間降水量　160
農業振興地域　213
農業振興地域の整備に関する法律　213

は〜ほ
配水管容量　163
配分交通　144
バウハウス　37
バウマイスタ, R.　32
バージェス, E. W.　76, 129
バーゼル条約　111
パーソントリップ調査　139, 140
発生集中交通量　125
ハード, R. M.　78
バーナム, D.　33
ハリス, C. D.　77
パーリンク, J. H. P.　77
ハーロー　131
バーロー勧告　39
ハワード、エベネツァ　32
判別分析　81
ヒアリング調査　72
BOD　164
美観規制　59
比堆砂量　161
PT調査　139, 140
避難地　119
避難路　119
Human Settlement　229
標準大都市統計圏　13
表層土　181
フィジカル・プランナー　121
フィリピンの地方都市基盤整備事業　232
フィールド・マップ　72
フィンガープラン　147
風致地区制度　66
フェーダー理論　38
ブキャナン・レポート　46, 79
副都心　27
袋路型（クルドサック）　47
普通地方公共団体　214
フック　131
物資流動調査　140
物的計画　26, 55
不法定住者たち Squatters　237
不法定住人口　233
浮遊粒子状物質（SPM）　109
プライマシー状況　231
不良住宅地区改良法　95
ブールバール　30, 34, 62
PREMIUMED　232
フレーム　28
ブロイヤー, M.　37
分析単位　126
分布交通量　142
平均係数法　143
ペリー, C. A.　37, 79, 130
ホイト, H.　76, 129
防火規制　59
方格条坊制　19
法権力　188
防災再開発　30
放射環状型　44
放水路　161
法定都市計画　187
放流水対策　164
歩行者専用道　48, 160
歩道車の分離　48
補助幹線道路　43
保全地区　136
北海道総合開発計画　220
ポテンシャル・モデル　84
保留床　202
ボンエルフ　201

ま〜も
マスタープラン　40, 240
水資源確保　161
水資源対策　162
密度計画　57
密度構造　128
密度指標　56
緑のネットワーク　156
緑のマスタープラン　61
ミュース, R. F.　78
ミルトン・ケインズ　149
無効容量　161
メッシュ・データ　71
メッシュ・マップ　71
申し出換地主義　200
目標達成マトリックス法　84
目標容積率　196
モデル定住圏計画　217
モンテカロル型モデル　84

や〜よ
UNDP　231
有効貯水容量　161
融雪出水　161
誘導居住水準　89
容積率構造　130

ら〜ろ
ライフライン　116
ラドバーン　38, 48, 131
ランコーン　132
離散的確率分布　81
立体交差　36
立地条件　16, 127
立地性向　125
立地論　77
リモート・センシング　74
流域下水道方式　164
利用空間単位系　122
緑化協定制度　66
緑地空間系　67
緑地帯　36
緑道　65
緑被地　152
緑被地構造　60, 152, 153, 154, 155
緑被地率　154
緑被度　154
ル・コルビュジエ　36
歴史的風土特別保存地区制度　65
レッチウォース　32
連続的確率分布　81
ローリー・モデル　84

わ
ワシントン2000年計画　147

編者・執筆者略歴

川上 秀光（かわかみ　ひでみつ）
1929年　京都府に生まれる
1954年　東京大学工学部建築学科卒業
　　　　東京大学名誉教授，工学博士
2012年　没

鈴木 忠義（すずき　ただよし）
1924年　東京都に生まれる
1949年　東京大学第二工学部土木工学科卒業
現　在　(株)アイ・エヌ・エー特別顧問，
　　　　鈴木計画企画研究室
　　　　東京工業大学名誉教授，農学博士

戸沼 幸市（とぬま　こういち）
1933年　青森県に生まれる
1966年　早稲田大学大学院建設工学専攻博士課程修了
現　在　早稲田大学名誉教授，工学博士

広瀬 盛行（ひろせ　もりゆき）
1930年　広島県に生まれる
1954年　早稲田大学第二理工学部土木工学科卒業
　　　　明星大学理工学部教授を経て
現　在　明星大学名誉教授，TPI都市計画研究所代表

渡辺 貴介（わたなべ　たかすけ）
1943年　熊本県に生まれる
1966年　東京大学工学部都市工学科卒業
　　　　東京工業大学工学部教授，工学博士
2001年　没

石黒 哲郎（いしぐろ　てつお）
1933年　富山県に生まれる
1957年　早稲田大学工学系大学院建設工学専攻修了
現　在　芝浦工業大学名誉教授

田畑 貞寿（たばた　さだとし）
1931年　長野県に生まれる
1954年　千葉大学園芸学部造園学科卒業
現　在　千葉大学名誉教授，工学博士

深海 隆恒（ふかみ　たかつね）
1940年　大阪府に生まれる
1966年　東京工業大学工学部建築学科卒業
現　在　東京工業大学名誉教授，工学博士

阪本 一郎（さかもと　いちろう）
1949年　東京都に生まれる
1973年　東京工業大学工学部社会工学科卒業
現　在　明海大学不動産学部教授，工学博士

内山 久雄（うちやま　ひさお）
1947年　東京都に生まれる
1969年　東京工業大学工学部土木工学科卒業
現　在　東京理科大学名誉教授，工学博士

鹿島　茂（かしま　しげる）
1948年　神奈川県に生まれる
1976年　東京工業大学大学院理工学専攻博士課程修了
現　在　中央大学理工学部教授，工学博士

牛見　章(うしみ　あきら)
1926年　神戸に生まれる
1950年　京都大学工学部建築学科卒業
　　　　東洋大学工学部教授を経て
現　在　元埼玉県住宅防火対策推進協議会会長
　　　　工学博士

保野健治郎(やすの　けんじろう)
1933年　広島県に生まれる
1963年　京都大学大学院（土木工学）修士課程修了
現　在　元近畿大学工学部教授，工学博士

森村道美(もりむら　みちよし)
1935年　群馬県に生まれる
1964年　東京大学工学系大学院博士課程修了
　　　　東京大学名誉教授，工学博士
2013年　没

尾島俊雄(おじま　としお)
1937年　富山県に生まれる
1960年　早稲田大学理工学部建築学科卒業
現　在　早稲田大学名誉教授，工学博士

相羽康郎(あいば　やすお)
1951年　東京都に生まれる
1982年　早稲田大学大学院(建設工学専攻)博士課程修了
現　在　東北芸術工科大学教養教育センター教授
　　　　工学博士

川手昭二(かわて　しょうじ)
1927年　東京都に生まれる
1956年　東京大学工学部旧制大学院修了
現　在　筑波大学名誉教授，工学博士

日端康雄(ひばた　やすお)
1943年　満州に生まれる
1967年　東京大学工学部都市工学科卒業
現　在　慶応義塾大学大学院政策・メディア研究科教授
　　　　工学博士

小泉允圀(こいずみ　まさくに)
1940年　東京都に生まれる
1965年　東京工業大学工学部建築学科卒業
現　在　元明海大学不動産学部教授，工学博士

宮澤美智雄(みやざわ　みちお)
1930年　東京都に生まれる
1953年　東京大学工学部建築学科卒業
現　在　元㈶社会開発総合研究所理事長

長峯晴夫(ながみね　はるお)
1931年　大分県に生まれる
1954年　東京大学工学部建築学科卒業
　　　　名古屋大学経済学部教授，工学博士
1997年　没

中出文平(なかで　ぶんぺい)
1957年　神奈川県に生まれる
1984年　東京大学大学院工学系研究科博士課程修了
現　在　長岡技術科学大学副学長，工学博士

勝又済(かつまた　わたる)
1967年　新潟県に生まれる
1995年　東京大学大学院工学系研究科都市工学専攻博士
　　　　課程中退
現　在　国土交通省国土技術政策総合研究所都市研究部
　　　　都市開発研究室主任研究官

都市計画教科書　第三版

1987年6月20日　第1版　発　行
1995年2月10日　第2版　発　行
2001年4月10日　第3版　発　行
2015年1月10日　第3版　第11刷

著作権者と の協定によ り検印省略	編　者　都市計画教育研究会
	発行者　下　出　雅　徳
	発行所　株式会社　彰　国　社

162-0067　東京都新宿区富久町8-21
電話　03-3359-3231（大代表）
振替口座　00160-2-173401

Printed in Japan
©都市計画教育研究会（代表）2001年　装丁：長谷川純雄　製版・印刷：壮光舎印刷　製本：誠幸堂
ISBN 4-395-00612-4　C 3052　　http://www.shokokusha.co.jp

本書の内容の一部あるいは全部を，無断で複写（コピー），複製，および磁気または光記録媒体等への入力を禁止します。許諾については小社あてご照会ください。